제 I 부

전기기초 실무

CHAPTER

01 전기개론 및 수동소자

【학습목표】

1】 전기의 기본 개념에 관하여 학습한다.

2】 전압, 전류, 기전력에 관하여 학습한다.

3】 저항, 코일, 콘덴서 소자에 관하여 학습한다.

• 요점정리 •

❶ 전류가 흐르는 길을 "전기회로"라고 하며, 자유전자의 이동에 의하여 전류가 흐르고, 전류는 (+)극에서 (−)극으로 흐르고, 전자는 (−)극에서 (+)극으로 이동한다.

❷ 전류를 흘려주는데 필요한 전위차가 발생하는 것을 "기전력"이라고 한다.

❸ "전하(電荷)"는 어떤 물질이 가진 전기량을 의미하여, "(−)전하"는 중성인 상태의 물체가 전자를 얻어서 (−) 전기적 성질을 띠고, "(+)전하"는 중성인 상태의 물체가 전자를 잃어서 (+) 전기적 성질을 가진다.

❹ "전류"는 I=Q/t로 정의하며, 1[A]는 1초 동안에 6.24×10^{18}개의 전자가 도선을 통과할 때 발생하는 전류 세기이며, 단면을 통과하는 전자 개수가 많으면 많을수록 전류 세기가 커진다.

❺ "전압"은 어떤 두 점 사이의 전위차를 의미하여, "전위"란 대지(영전위)를 기준으로 한 전위차[V]를 의미한다.

❻ "저항기(Resistor)"는 전기에너지를 저장하지 않고 소비만 하며, 저항에 전류를 흘리면 열을 발생, 회로 내에서 전류 세기, 전압 크기를 제어하는 역할을 한다.

❼ 저항의 컬러코드는 4개의 띠를 가진 저항의 경우, 첫째, 둘째 색 띠가 저항값의 유효 숫자이고, 셋째 띠는 10의 승수, 넷째 색 띠는 허용오차를 나타낸다.

❽ "콘덴서"는 전하를 축적하여 전기에너지를 저장하며, 전하를 축적하는 능력을 "정전용량"이라 한다.

❾ "코일"은 자기에너지 형태로 전기에너지를 저장하며, 코일 스스로 기전력을 발생하여 전류의 급격한 변화를 억제, 콘덴서는 전압의 급격한 변화를 억제하는 역할을 하며, 코일과 콘덴서는 전기에너지를 소비하지 않고, 단지 에너지를 저장했다, 방출했다 하는 과정을 되풀이하는 소자이다.

1.1 전기개론

1.1.1 전기개요

1 전기(電氣 : Electricity)

① "전기"는 사람의 눈으로는 볼 수 없는 무형으로 존재하는 에너지며, 다시 말하면 일할 수 있는 능력의 한 형태이며, 일반적으로 물리적으로 존재하는 에너지에는 전기에너지 외에 자기(磁氣)에너지, 光에너지, 열에너지, 운동에너지, 위치에너지 등이 있다.

② 전기의 종류에는 동전기(動電氣)와 정전기(靜電氣)가 있다.

㉮ 동전기(動電氣)

일반적인 전기를 말하며, 도체 내의 전하를 움직이게 하는 힘을 말하며 이것에 의하여 전기적인 에너지가 발생한다. 도체 내 전하의 흐름을 적절히 제어함으로써 원하는 다양한 형태로 전기적인 에너지를 제어할 수 있다.

㉯ 정전기(靜電氣)

움직이지 않고 정지하고 있는 전기를 정전기라고 하며 정전기는 우리 생활 속에서 쉽게 찾아볼 수 있는데, 사람들의 머리카락을 문지를 때, 두 개의 플라스틱 조각을 문지를 경우에 발생하는 전기를 말한다.

2 전기의 근원

【1】 원자구조

① "원자"란 물질을 쪼개고 또 쪼개서 더는 쪼갤 수 없는 입자를 말한다.

> ☞ **입자**
> 아주 작고 거의 눈에 보이지 않을 정도의 작은 물체를 의미하며, 원자, 원소, 분자를 말한다.

② 구성은 중심에 있는 원자핵과 그 주위를 돌고 있는 전자로서 구성되었으며, 원자핵은 다시 "양성자와 중성자"라고 하는 두 종류의 입자로 구성되었다.

③ 일반적으로 원자 상태에서는 전자와 양성자의 숫자가 서로 균형을 이루어서 전체적으로 중성을 띠게 된다.

④ 각 입자의 질량은 양성자 1.673×10^{-27}[kg], 중성자 1.675×10^{-27}[kg], 전자 9.109×10^{-31}[kg]이다.

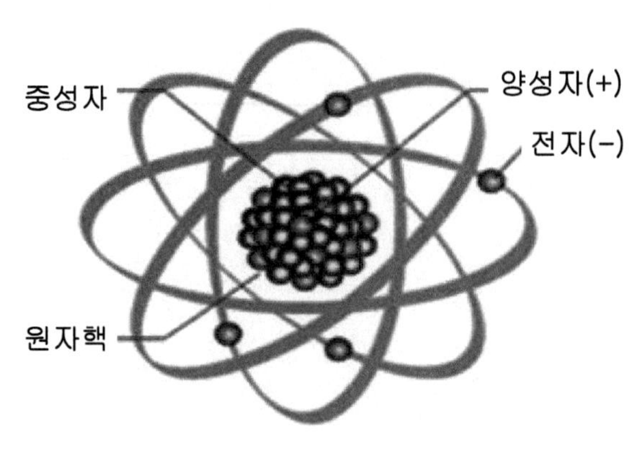

【그림 1.1】 원자의 구성

⑤ 입자 사이에는 아주 작지만, 만유인력(모든 물체 사이에 작용하는 인력)과 함께 전자와 양성자는 서로 끌어당기고, 전자나 양성자 자신들끼리는 반발하는 전기력이 작용한다.

☞ **원자와 전자의 크기 비교**

원자와 전자의 크기를 비교하자면, 원자의 크기가 "극장" 정도라면, 전자는 극장에 떠다니는 먼지 하나 정도의 크기이다.

☞ **중성자 역할**

㉮ 양성자는 전기적으로 (+)로 대전되기 때문에 양성자끼리는 전기적으로 척력을 갖는다. 서로 척력이 작용하는데도 양성자는 핵 안에서 강하게 결합하는 이유는 다음과 같다.

㉯ 핵 안에서는 전기력도, 중력도 아닌 다른 힘이 존재하기 때문이다. 그것이 바로 "강한 핵력"이다.

㉰ 강한 핵력은 양성자끼리의 전기적인 반발력을 뛰어넘는 힘이다. 그 힘의 원천은 중성자이다. 중성자는 전기력이 아닌 핵력을 사용하여 양성자와 양성자끼리를 묶어주는 일종의 접착제 역할을 한다.

⑥ 원자에서 가장 먼 최외각 궤도를 회전하는 전자들은 외부에너지(빛, 열, 전계)를 받게 되면, 원자핵의 인력에 의한 구속에서 벗어나 자유롭게 이동할 있는 자유전자가 되며, <u>자유전자</u>가 이동하게 되면 전기·전자회로에서 전류가 <u>흐르</u>게 된다.

【2】 전하(電荷 : Electric Charge)

① "전하"는 어떤 물질이 갖는 전기량을 의미하여, 전하는 (+)전하와 (-)전하로 나눌 수 있다.

② 금속 속에서는 전자이며, 전해액 속에서는 이온, 반도체 속에서는 전자와 정공이 전하가 되어 이동하여 전기 · 전자회로에 전류를 흐르게 한다.

④ (-)전하

중성상태는 핵 안의 전자의 개수와 양성자의 개수가 같으며, 중성상태에서 전자를 얻으면, 전자가 많아져서 (-) 전기적인 성질을 띤다.

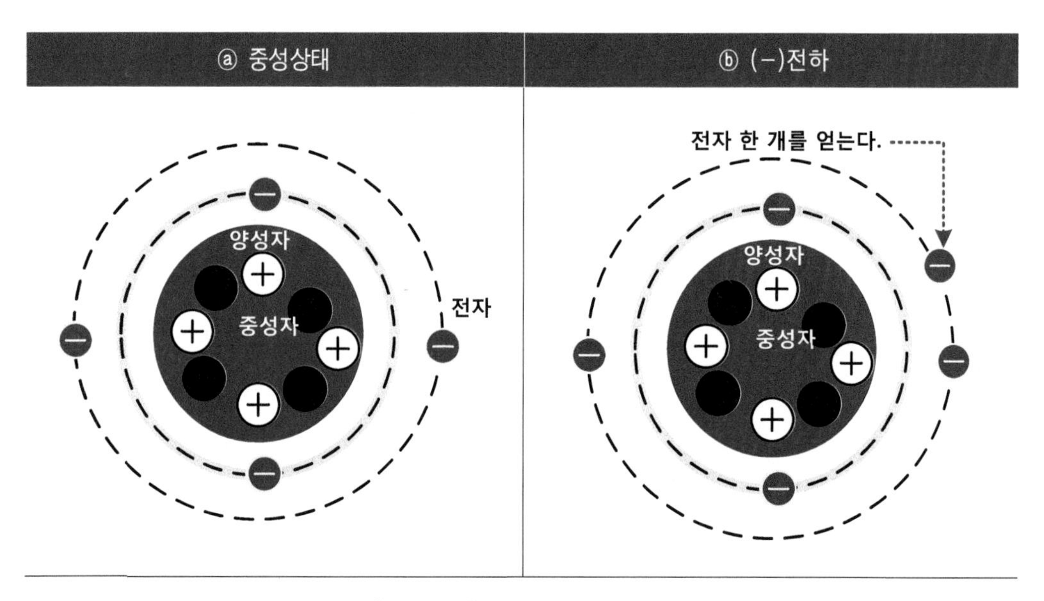

【그림 1.2】 중성상태와 (-)전하

⑤ (+)전하

중성인 물체가 전자를 잃으면, 전자가 부족하여 (+) 전기적인 성질을 갖는다.

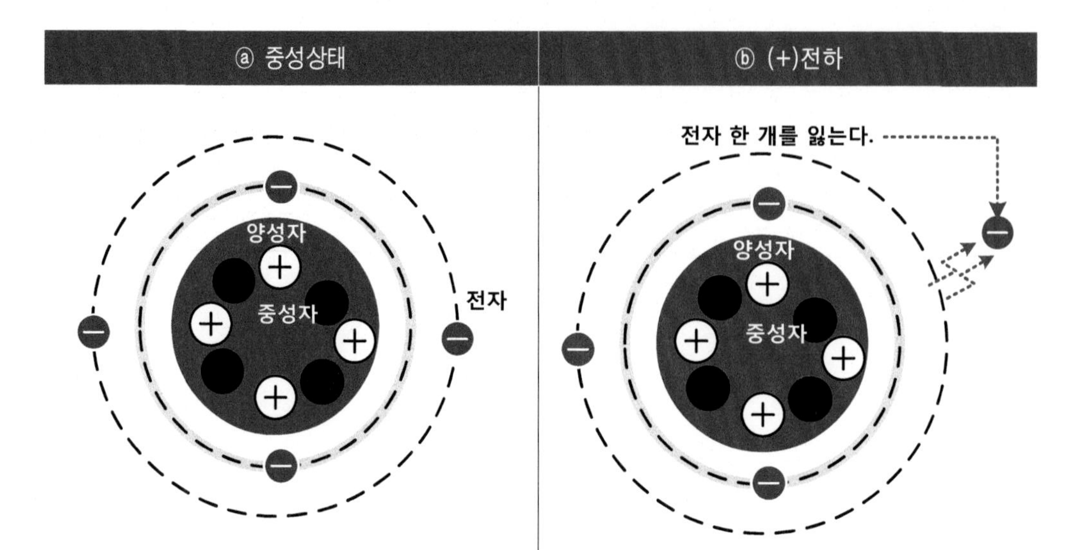

【그림 1.3】 중성상태와 (+)전하

【3】 전기량(電氣量 : Quantity of Electricity)

① 전기량은 각 입자에 주어진 전하량이다. 전자는 (-) 전기량을 가지고, 양성자는 (+) 전기량을 갖는다. 중성자는 입자와의 사이에서 전기력이 전혀 작용하지 않으므로 중성자는 전기량이 제로인 입자다.

㉮ 전자 한 개의 전하량 : (-)1.602×10^{-19} [C] [C : 쿨롱],

㉯ 양성자 한 개의 전하량 : (+)1.602×10^{-19}[C]

㉰ 중성자 : 제로이다.

㉱ 전자와 양성자의 전기량은 크기는 같고 부호는 반대이다.

② 전기량 단위는 "쿨롱(C)"이며, 1[A] 전류는 1초 동안에 이동하는 전기량이 1[C]을 의미한다.

③ 도선 속을 흐르고 있는 전류의 정체는 전자의 흐름이다. 전자가 갖고 있는 전하(전기량)는 (-)이고, 전원의 (-)극에서부터 (+)극으로 이동한다.

【4】 전기력

① 전하(電荷)를 갖고 있는 물체 사이에 작용하는 힘을 "전기력(電氣力 : Electric force)"이라고 한다.

② (+)전하와 (-)전하 사이에서 발생하는 힘은 서로 다른 극끼리는 서로 끌어당기는 힘인 "인력"이 작용하고, (+)전하와 (+)전하 사이에서 또는 (-)전하와 (-)전하 사이에 작용하는 힘은 서로 밀어내는 힘인 "척력"이 작용한다.

1.1.2 전기회로

1 구성요소

① "전기회로(電氣回路)"는 각종 전기부하를 제어하기 위하여 회로소자(회로부품)를 결합한 회로를 말한다.

② 회로를 구성 요소는 저항 · 코일 · 콘덴서 · 다이오드 · 트랜지스터 · 전원 등이 있다.

③ 각 소자 사이는 도선으로 접속하며, 도선은 전원, 전기부하, 스위치 등으로 전기회로를 구성할 때 전류가 흐르는 통로 역할을 한다.

④ 전기회로는 전원의 공급방식에 따라서 직류회로와 교류회로(단상회로 · 삼상회로)가 있으며, 회로에 소자를 접속하는 방법에 따라서 직렬회로와 병렬회로가 있다.

⑤ 회로를 구성하는 부품들은 특성에 따라 능동소자와 수동소자로 구분된다.

㉮ 수동소자(受動素子 : Passive Element)는 전기에너지의 변환과 같은 능동적 기능을 갖지 않은 대부분 소자를 말하며, 저항, 콘덴서, 코일 등이 대표적인 수동소자이다.

㉯ 능동소자(能動素子 : Active Element)는 회로에서 전원 및 증폭기와 같은 역할을 하는 부품이며, 트랜지스터, IC(집적회로) 같은 부품이 대표적 능동소자이다.

☞ **전기 부하 [負荷 : load]**

㉮ 전기에너지를 발생 또는 변환하는 장치로부터 전기에너지를 받아서 소비하는 부품 또는 기기.

㉯ 전기에너지가 다른 형태의 에너지로 변화하는 부품 또는 기기를 말하며, 전열기, 전동기, 전구 등은 전기 부하 (load)의 일종이다.

2 전기회로

① 전류(Current)가 흐르는 길을 "전기회로"라 한다. 【그림 1.4】와 같이 전구에 전원을 연결하고 스위치를 누르면, 스위치가 연결 상태가 되어서 전구가 점등하는데, 그 이유는 전원에서 전류가 전구에 공급되었기 때문이다.

② 전류가 흐르는 길을 살펴보면 【그림 1.4】 ⓐ에 나타낸 바와 같이 전원(+) 단자 ⇒ 전선 ⇒ 스위치 ⇒ 램프 ⇒ 전선 ⇒ 전원(-) 단자 순서로 전류가 흐른다.

③ 【그림 1.4】 ⓑ와 같이 스위치가 연결되지 않으면 전류가 흐르는 길에 끊어진 곳이 존재하기 때문에 전원(+) 단자에 나온 전류는 흐르지 못한다.

④ 폐회로와 개회로

㉮ 전류가 흐르는 길이 끊어진 곳이 없는 회로를 "폐회로(Closed Circuit)"라고 한다.

㉯ 스위치를 누르지 않으면 전류가 흐르는 길이 차단되어서 (회로가 끊어져서) 전류가 흐르지 않는데, 이처럼 전류가 흐르는 길이 끊어진 전기회로를 "개회로(Open Circuit)"라고 한다.

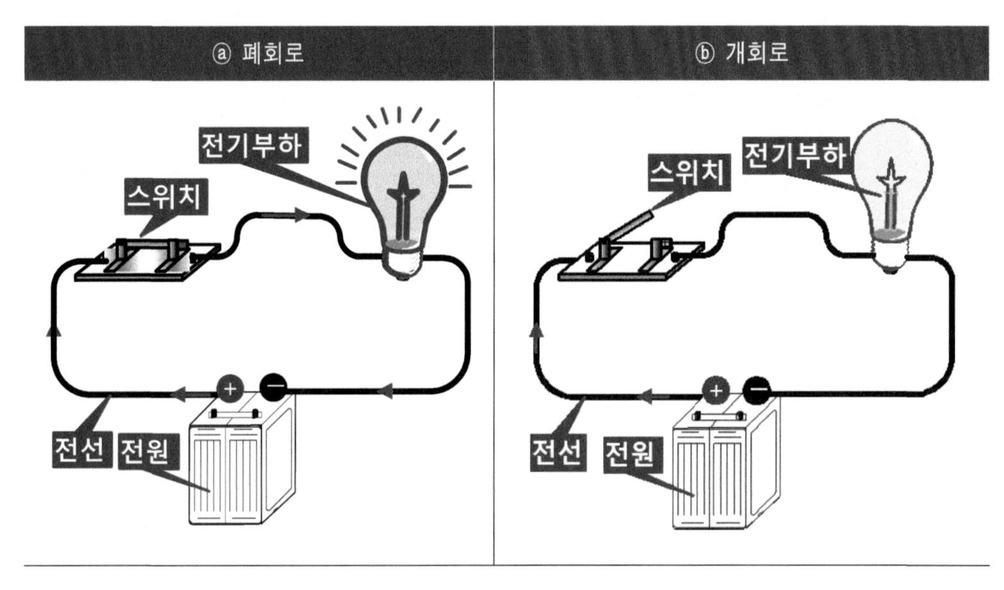

【그림 1.4】 전기회로 구성

3 전류(Current)

① 도체 내에는 자유전자가 많이 존재하며, 이 자유전자에 전원을 인가하면, 전자는 (+)극으로 이동하고, 전류는 전자의 방향과 반대로 흐른다.

② 전류는 자유전자들의 무리가 부딪치면서 이동하는 것이며, 전자는 전원 (-)극에서 (+)극으로 이동하고, 전류는 (+)극에서 (-)극으로 흐른다.

ⓐ 전류의 흐름	ⓑ 전기회로
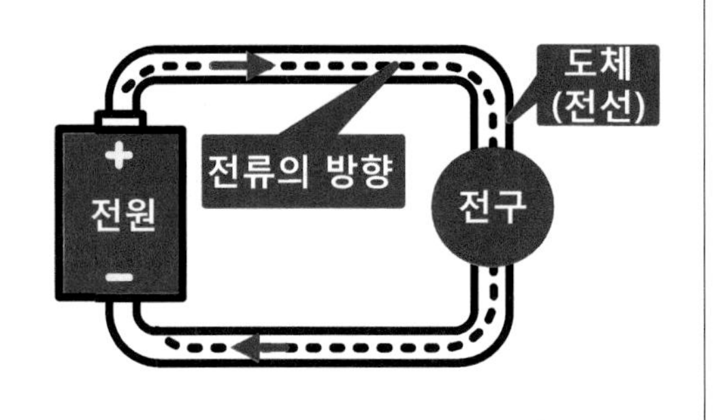	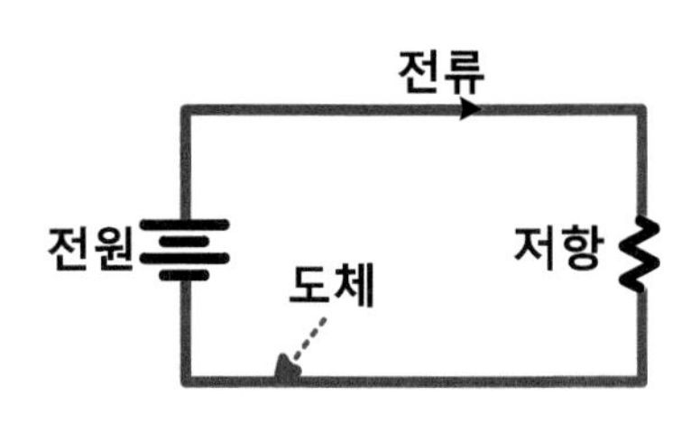

【그림 1.5】 전류흐름의 회로적인 표현

③ 전자 이동방향

㉮ 양성자는 전자와 비교하면 너무 커서 움직일 수 없기 때문에 전자의 이동을 "전류"라고 하며, 전자가 전원의 (-)극에서 (+)극 방향으로 이동한다는 것은 과학자들은 실험으로 알았다.

㉯ 전자의 움직임이 알려지지 않았던 시절의 과학자들은, 물의 흐름에 비교하여 전류도 전압이 높은 쪽 (+)에서 낮은 쪽 (-)로 흐르는 것으로 생각해서 전류를 전원의 (+)극에서 (-)극으로 흐른다고 이미 정의하여 관습적으로 사용하고 있다.

④【그림 1.6】과 같이 스위치를 켜는 순간에 전기가 바로 들어오는 이유는 무엇일까?

㉮ 도체 내에서 자유전자의 속도는 많은 사람이 굉장히 빠르다고 생각하지만 실제로는 초당 몇 [mm] 움직이는 수준에 불과하다.

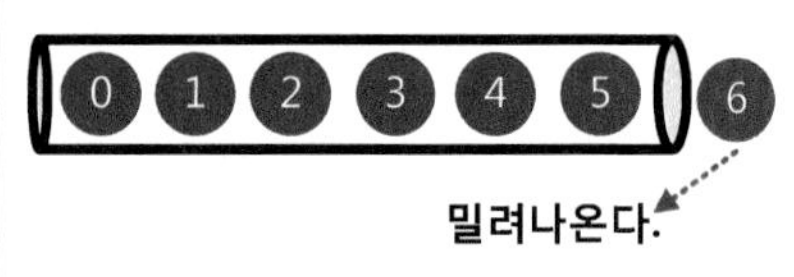

【그림 1.6】 도체 내에서의 전하의 이동

㉯ 도체 내부는 이미 자유전자들로 꽉 차있으므로 새로운 전자가 도선의 한쪽에 들어오면 전자들이 하나씩 밀려 결국 다른 쪽에 있는 전자가 밀려 나오기 때문에 시간

이 거의 걸리지 않는다. 이는 수도꼭지를 틀면 물이 바로 나오는 원리와 같다.

⑤ 전류

㉮ 전류의 **문자기호는 "I", 단위는 "A(암페어)"**를 사용한다.

㉯ 전류(Current)는 얼마나 많은 전하가 흘러가는가 하는 세기를 의미하는 것이므로 Intensity의 첫 자를 따서 "I"로 표기한다.

㉰ 1초 동안 단면을 통과하는 전하량이 **"전류"**이며, [t]초 동안에 도체에 총 전하량 Q[C]이 통과하면 그 회로의 전류 **I[A]는 I=Q/t**로 정의한다.

㉱ 전류 세기(I)는 1초 동안 단면을 지나가는 전하량을 의미하며, 1[A]란 1초 동안에 6.24×10^{18}개의 전자(1[C]의 전하량)가 통과했을 때의 전류의 세기이다.

예제

어떤 지점을 5[C] 전하가 0.1초 동안 통과하였을 때 이 점의 전류 크기는 몇 [A]인가?

풀이

$$I = \frac{\text{전기량}}{\text{시간}} = \frac{5\,[C]}{0.1\text{초}} = 50\,[A]$$

⑥ 단위

전류 단위	승수	단위기호
1,000[A]	10^3[A]	1[kA]
1[A]	1[A]	1[A]
$\frac{1}{1,000}$ [A]	10^{-3}[A]	1[mA]
$\frac{1}{1,000,000}$ [A]	10^{-6}[A]	1[uA]

⑦ 전류를 지속적으로 공급하는 원동력이 되는 것을 **"전원" 또는 "기전력"**이라고 하며 전류의 근원은 전원의 (-)극에서 발생한다.

⑧ 전기·전자회로에서는 시간에 관계없이 전류의 절대적인 크기만 제어하고 싶을 경우에

는 "**저항**", 시간의 변화에 따른 전류의 크기를 제어할 경우에는 "**코일**", 시간의 변화에 따른 전압의 크기를 제어할 경우에는 "**콘덴서**"라는 소자를 사용한다.

☞ **10진 접두사**

지수 승수	접두사	표시
10^{12}	테라	T
10^{9}	기가	G
10^{6}	메가	M
10^{3}	킬로	K
10^{2}	헥토	h
10^{1}	데카	da
10^{-1}	데시	d
10^{-2}	센티	c
10^{-3}	밀리	m
10^{-6}	마이크로	μ
10^{-9}	나노	n
10^{-12}	피코	P

4 기전력

① 전류를 연속적으로 흘리는 원동력이 되는 것을 "**기전력(Electromotive Force)**"이라고 하며, 【그림 1.7】과 같이 B 수조의 물을 A 수조까지 퍼 올리는 펌프 압력과 같은 역할을 하며, 물의 흐름을 연속적으로 유지하기 위해서는 B 수조에서 A 수조로 펌프에 의하여 물이 지속적으로 순환해야 한다.

② 기전력은 전기회로에서 펌프와 같은 역할을 하며, 연속해서 전류를 공급하는 전원장치를 말하며, 전기 에너지의 원천이라는 의미에서 "**전원(電源)**"이라고 한다.

㉮ 전지나 발전기 등을 "**전원**"이라 한다.

㉯ 그리고 전구나 전열기, 전동기 등은 전류의 공급을 받아서 빛이나 열이나 동력을 발생시킬 수 있는 즉, 이와 같이 전원으로부터 전류 공급을 받아서 빛, 회전력 등을 발생하는 전기기기를 "**전기부하**"라고 한다.

③ 기전력의 문자기호는 "E", 단위는 "V(볼트)"로 표시한다.

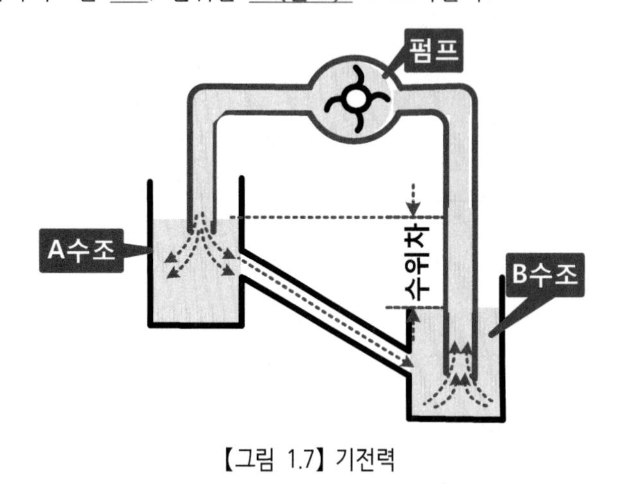

【그림 1.7】 기전력

☞ **기전력**

전하를 이동시켜 전류를 흐르게 하기 위해서 전위차를 발생하는 원동력

④ 기전력의 종류에는 직류전원(DC : Direct Current)과 교류전원(AC : Alternating Current)이 있다.

⑤ 직류전원

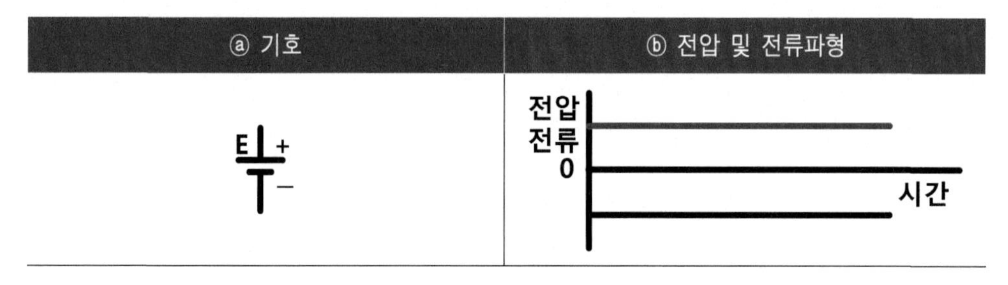

【그림 1.8】 직류전원

㉮ 건전지의 전류와 같이 항상 일정한 방향으로 흐르는 전류를 말하며, 약칭으로 보통 DC로 쓴다.

㉯ 흐르는 방향과 크기가 일정한 전류를 칭하는 경우가 많으나 넓은 의미로는 일정한 방향으로 흐르는 전류를 말한다. 그리고 전류의 방향은 일정하지만 크기가 변하는

경우를 "맥동전류"로 구분한다. 정류기나 전압조정기를 통해 출력되는 직류의 전압은 거의 변화가 없지만, 전류의 크기는 변하기도 한다.

⑥ 교류전원

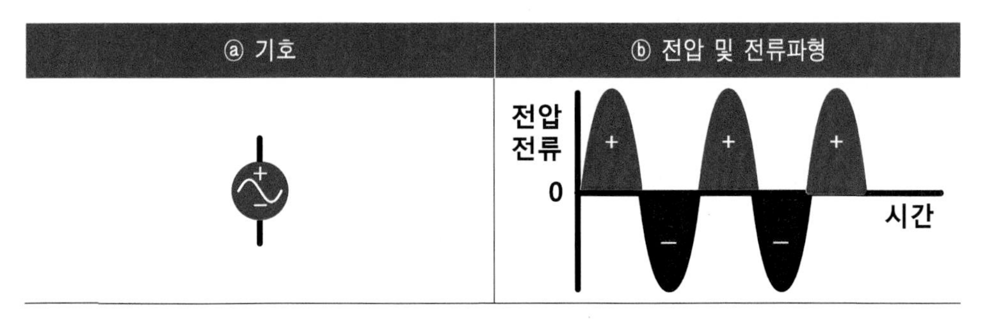

【그림 1.9】 교류전원

㉮ 시간에 따라 크기와 방향이 주기적으로 변하는 전류로서 보통 AC로 표시한다.

㉯ 정현파(사인파)가 가장 전형적이며 그 외에 구형파, 삼각파 등이 있다.

㉰ 전류 흐름의 방향이 일정한 직류와 여러 가지로 다른 성질을 갖고 있다.

㉱ 전압원과 전류원 : 부하전류의 크기에 따라서 전압이 변화하지 않는 것이 "전압원"이고, 부하전압의 크기에 따라서 전류가 변화하지 않는 것이 "전류원"이다.

㉲ 정전원과 가변전원 : 전압·주파수 등이 일정한 것과 가변적인 것이 있다. 이런 것 외에 전압·전류 등의 크기, 변동률·안정도, 교류의 경우는 다시 주파수·상수(相數)·파형 등에 따라 성질을 표현할 수 있다.

5 전압(전위차)

① "<u>전위</u>"란 대지(영전위)를 기준으로 한 전위차[V]를 말하며 이것을 산에 비유하면 표고에 해당하며, 해수면보다 높은 것은 플러스 몇 미터의 표고가 되고 또 해면보다 낮은 것은 마이너스 몇 미터의 표고가 된다.

② "<u>전위차</u>"란 산에 비유하면 표고 차에 해당하며 어떤 두 점 사이의 전위차를 "전압"이라 하며, 전위차의 발생에 의하여 전류가 흐른다.

③ 물이 높은 곳에서 낮은 곳으로 흐르는 것처럼 전류는 전위가 높은 곳에서 낮은 곳으로 이동한다.

④ 전위차(전압)는 서로 다른 두 지점 사이의 전기적인 위치에너지의 차이를 "<u>전압</u>"이라고

하며, 전압이 크다는 것은 두 지점 사이의 전기적인 위치에너지의 차이가 크다는 것을 의미한다. 전압의 문자기호는 "V", 단위는 "V(볼트)"로 표시한다.

⑤ 낮은 곳보다 높은 곳에서 떨어지는 물이 더 많은 에너지를 갖고 있듯이, 전압이 클수록(전위차가 클수록) 더 많은 전기 에너지를 갖고 있다. 그리고 수위차가 없으면 물이 흐르지 않듯이 전위차가 0[V]라면 전류가 흐르지 않는다.

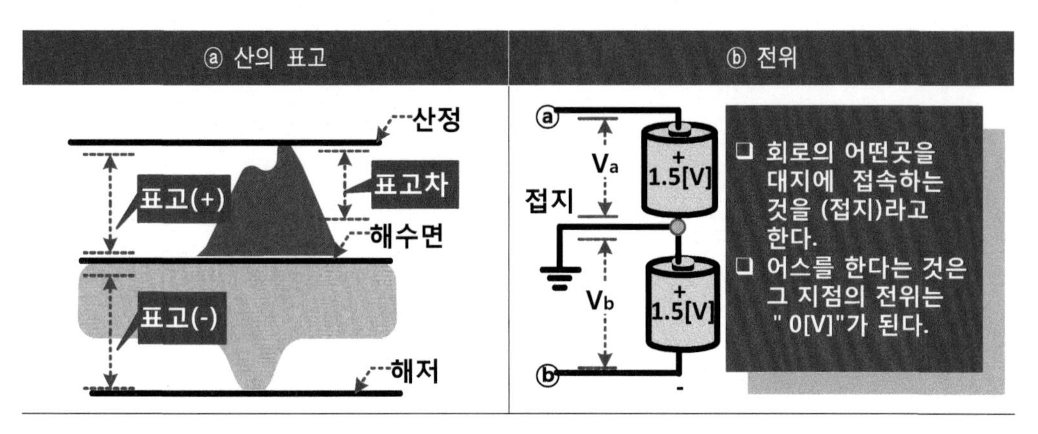

【그림 1.10】 전위

⑥ 【그림 1.11】 ⓐ에서 전지 (-)극의 전위가 0[V]이고 (+)극 전위가 1.5[V]이면 전위차는 +1.5[V]이며, 전류는 전지 (+)극에서 (-)극으로 흐른다.

⑦ 한편으로 【그림 1.11】 ⓑ에서는 어스 되어 있는 (+)극의 전위가 0[V], (-)극의 전위는 그 보다 1.5[V]가 낮으면 (-)1.5[V]가 된다.

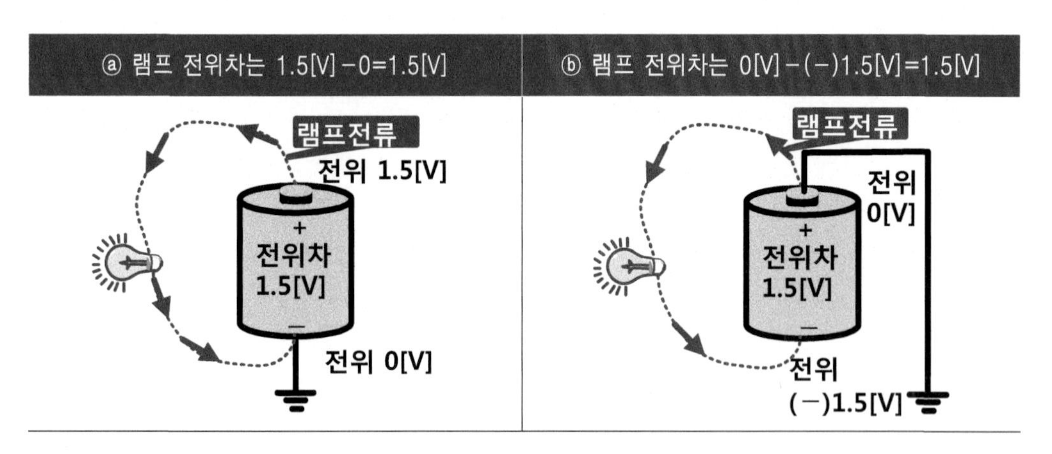

【그림 1.11】 전위차

⑧ 단위

전압 단위	승수	단위 기호
1,000[V]	10^{3}[V]	1[kV]
1[V]	1[V]	1[V]
1/1,000[V]	10^{-3}[V]	1[mV]
1/1,000,000[V]	10^{-6}[V]	1[μV]

⑨ 종류

전압 종류	전압 범위
저압	직류 : 750[V] 이하 교류 : 600[V] 이하
고압	직류 : 750[V] 이상 7,000[V] 이하 교류 : 600[V] 이상 7,000[V] 이하
특별고압	7,000[V] 이상

⑩ 전류 방향

전기회로에서 전류는 시계방향으로 흐르면 (+)전류값, 반시계방향으로 흐르면 (-) 부호를 갖는 전류가 흐른다.

㉮ 【그림 1.12】 ⓐ에서 E_1 전압 > E_2 전압보다 크기 때문에 부하에는 시계방향으로 전류가 흐르고, 이 경우 전류 부호는 (+)값을 가진다.

㉯ 【그림 1.12】 ⓑ에서 E_1 전압 < E_2 전압이 크기 때문에 부하에는 반시계방향으로 전류가 흐르고, 이 경우 전류 부호는 (-)값을 가진다.

㉰ 【그림 1.12】 ⓒ에서 E_1과 E_2 전압이 크기가 같기 때문에 부하에는 전류는 흐르지 않고, 이 경우 흐르는 전류크기는 0[A]이다.

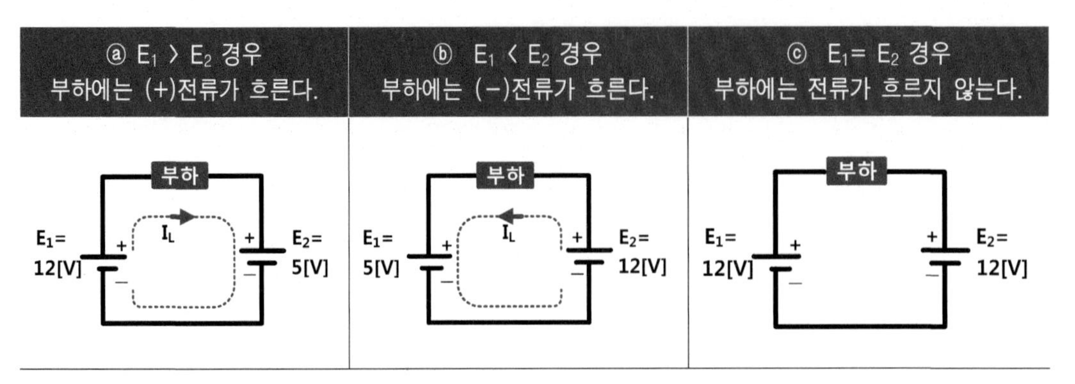

【그림 1.12】 기전력의 크기에 따른 전류방향

6 기전력과 부하단자전압의 차이

① 전원과 전기부하에 스위치를 연결하는 경우

㉮ 전원과 전기부하에 스위치를 연결하고 전압을 측정하면 전원전압 양단(V_1)에는 24[V], 전기부하 양단(V_3)에도 24[V]가 측정된다. 이와 같은 경우에는 두 측정위치의 전압이 동일하기 때문에 전원과 부하단자전압을 구별할 수 없다.

㉯ 스위치가 연결 시에는 스위치 양단의 전압(V_2)은 0[V] 전압이 측정된다.

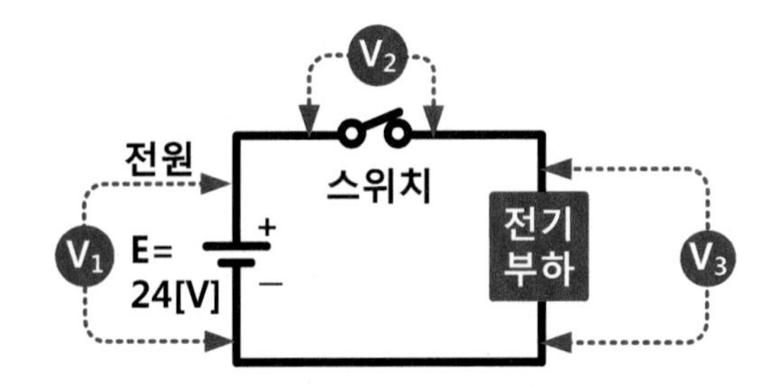

【그림 1.13】 부하에 전류를 공급할 때 기전력과 전압의 차이

② 전원과 전기부하에 스위치를 차단하는 경우

㉮ 전원과 전기부하에 연결된 스위치를 차단하면 전원전압 양단(V_1)에는 전원(기전력)으로부터 전류가 공급되기 때문에 24[V], 전기부하 양단(V_3)에는 전류가 차단되어서 0[V]에 가까운 전압이 측정된다.

㉯ 전원 전압과 부하 단자전압의 차이는 전류를 차단 시 전압을 측정하여 전원전압과 같은 크기로 측정이 되면 전원(기전력), 전압이 0[V]로 측정이 되면 부하단자 전압

이라고 한다.

㉰ 스위치 차단시 스위치 양단의 전압(V_2)은 전원전압 24[V]가 측정된다.

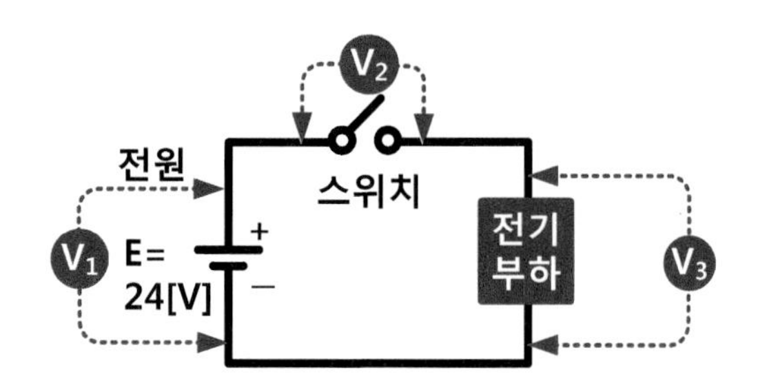

【그림 1.14】 부하에 전류를 차단할 때 기전력과 전압의 차이

전기의 어원

전기를 영어로 일렉트리서티(Electricity)라고 하는데 이것은 그리스어 일렉트론(Electron)에서 유래한 말로, 본래는 호박을 의미한다. 기록에 의하면 기원전 600년경 그리스 사람들은 호박을 마찰하면 물체가 흡인되는 것을 알고 있었고, 이것이 전기현상을 발견한 최초라고 전해 내려오고 있다.

장식품으로 사용하던 호박을 헝겊으로 문지르면 먼지나 실오라기 따위를 끌어당기는 이른바 마찰전기 현상이 일찍부터 알려져 있었다고 한다. 동양에서 쓰는 전기의 전(電)자는 번개를 뜻하는 뢰(雷)자에서 유래했고 번개도 구름에 마찰전기가 일으키는 불꽃쇼이다.

에디슨이 백열전구를 발명(1879)하고 20년쯤 지나서 영국의 물리학자 톰슨이 전기의 정체를 맨 처음 밝혀냈다. 톰슨은 여러 가지 실험 끝에 전기라는 것이 아주 미세한 입자라는 것을 알아냈다. 그는 이 작은 입자가 빛도 만들고, 열도 나게 한다는 것을 알고 전자(Electron)라고 이름을 붙였다.

1.2 저항(R)

1.2.1 저항(Resistance) 개요

① "저항(Resistance)"은 물질을 통과하는 전하의 흐름을 방해하는 정도를 나타내는 물리량이며, 단위는 (Ω, 옴), 문자기호는 Resistance의 머리자인 R과 함께 저항기에 표시하고 기호는 【그림 1.15】처럼 도시한다.

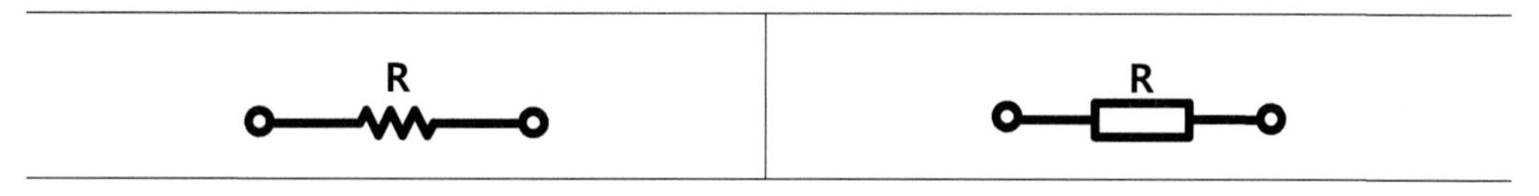

【그림 1.15】 저항 기호

② 물질이 갖고 있는 저항의 크기는 다음과 같이 정의한다.

$$R = 저항율(\rho) \times \frac{길이(\ell)}{단면적(S)} [\Omega]$$

㉮ 물질의 저항은 길이에 비례하고 그 단면적에 반비례한다.

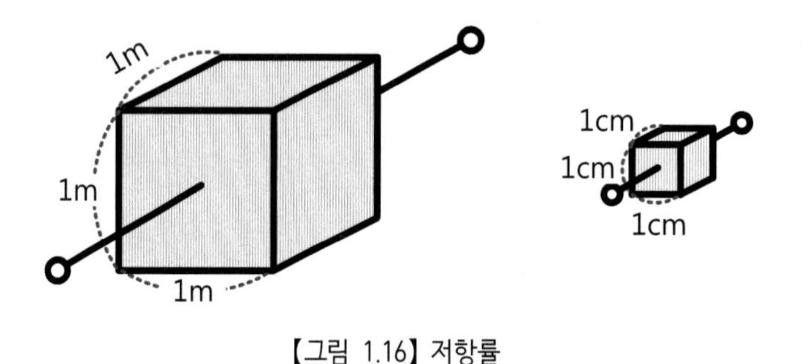

【그림 1.16】 저항률

㉯ "고유저항(저항률)"은 물질이 갖고 있는 고유한 저항특성을 말하는 것으로 [Ω·m] 단위로 표시하며, 고유저항(ρ)은 【그림 1.16】과 같이 가로, 세로 높이가 각각 1[m], 직경 0.1mm인 정육면체의 각면에 도체 판을 대고 그 양단의 저항을 측정해서 구한 저항치를 말한다. 각 변의 길이가 1[cm]면 이는 [Ω·cm]가 된다.

③ 도선의 굵기와 저항의 관계

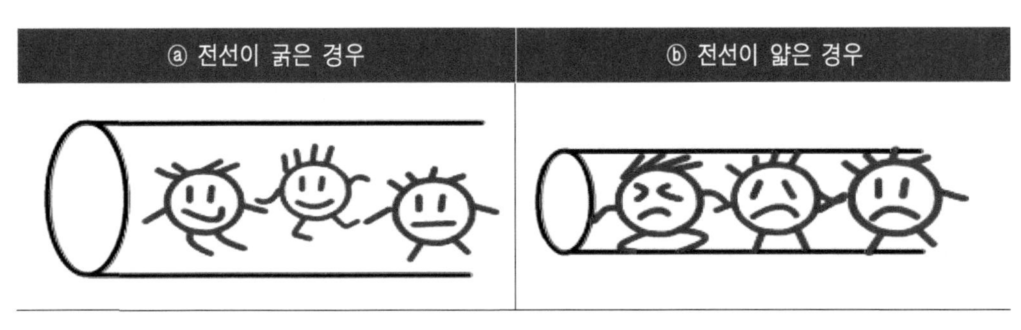

【그림 1.17】 도선의 굵기와 저항의 관계

㉮ 수도관에 물이 흐를 때, 일정한 물의 힘을 가하면 수도관이 짧으면서 굵거나, 수도관의 내면이 매끄러우면 물은 쉽게 흐른다. 그러나 수도관이 가늘고 길며, 내면이 거칠면 물이 잘 흐르지 못한다. 이와 마찬가지로 전류가 흐르는 전선에도 전기의 흐름을 방해하는 성질이 있는데, 이것이 전기 저항이다.

㉯ 도로가 넓으면 자동차가 많이 지나갈 수 있는 것처럼 도선의 단면적이 클수록(굵은 전선일수록) 많은 전류를 흐르게 한다. 그래서 많은 전류가 필요한 곳에서는 굵은 전선을 사용하며, 만약 가는 전선을 쓰게 되면 열이 발생하여 전선이 타버린다.

④ 저항의 온도계수

㉮ 금속도체는 온도가 올라가면 원자들의 진동운동이 증가하고 자유전자와 원자간의 충돌이 증가하여 자유전자 흐름이 방해를 받기 때문에 저항값이 증가한다.

㉯ 온도에 따른 저항증감비율을 **"전기저항의 온도계수"**라 한다.

1.2.2 저항기(Resistor)

① 금속 또는 비금속의 저항체에 단자를 만들어 일정한 저항값을 갖도록 만들어진 소자가 **"저항기(Resistor)"라고 하며, 보통 "저항"이라고 부른다.**

② 전기에너지를 소비하는 소자로, 소비된 전기에너지는 줄열 형태로 변환한다.

③ 전원에서 받은 전기 에너지를 열이나 빛 등으로 소모만 할 뿐이지 저장할 수 없다.

④ 전기·전자회로에서 원하는 **전류의 세기와 전압의 크기를 제어하는 소자**이다.

⑤ 실질적으로 저항기는 전자의 이동개수를 조절하는 역할을 하는데 저항값이 크면 전자의 이동개수가 적고 따라서 전류의 세기가 작아지고, 저항값이 적으면 전자의 이동개수가 많으므로 따라서 전류의 세기도 커진다.

⑥ 저항기는 크게 **고정저항기**와 **가변저항기**로 분류되며 사용하는 재료에 따라 탄소계와 금속계로 분류된다.

㉮ 고정저항기는 고정된 저항값만을 갖는 저항소자.

㉯ 가변저항기는 제어회로에 맞게 저항값을 임의적으로 변화시켜 회로에서 전류와 전압의 크기를 제어할 목적으로 주로 사용하며, 저항, 코일, 콘덴서, 다이오드의 애노드-캐소드, 트랜지스터의 컬렉터-이미터, MOSFET의 드레인-소스, 각종 센서는 가변저항이라는 개념으로 접근하면 쉽게 전기·전자소자를 이해할 수 있다.

ⓐ 고정저항	ⓑ 반고정 저항	ⓒ 가변저항

【그림 1.18】 저항기 기호

⑦ 저항기나 콘덴서 등의 소형부품에는 규격값을 써넣기가 곤란하므로 색상에 의하여 값을 나타내는 경우가 많으며, 저항기의 컬러코드를 읽는 방법은 다음과 같다.

㉮ 저항값과 허용오차를 표시하기 위하여 저항기의 몸통에 색 띠를 이용한다.

㉯ 보통의 경우는 4개의 색 띠로 저항값과 허용오차를 표시하나 정밀저항의 경우는 5개의 색 띠를 사용한다.

㉰ 컬러코드는 저항의 한쪽으로 치우친 곳을 시작으로 하여 컬러코드를 읽는다. 4개의 띠를 가진 저항의 경우, 첫째, 둘째 색 띠가 저항값의 **유효 숫자**이고, 셋째 띠는 **10의 승수**, 넷째 색 띠는 **허용오차**를 나타낸다.

㉱ 5색 띠의 경우는 셋째 색 띠까지는 저항치의 유효숫자, 넷째 색 띠는 10의 승수, 다섯째 색 띠는 허용오차를 나타낸다.

㉲ 【그림 1.19】와 같이 탄소피막 저항기에는 4개의 띠가 그려져 있는데, 4개의 띠 색

깔 중에서 금색, 은색, 무색의 띠를 가장 오른쪽에 위치하도록 하고, 그 앞에 있는 2개의 띠 숫자를 그대로 읽고 3번째 띠의 승수를 곱하면 된다. 예를 들어 저항의 첫번째 띠 색상은 2(빨강색), 두 번째 띠 색상은 1(갈색), 세 번째 띠 색상은 2(빨강색)이면 저항값은 $21 \times 10^2 = 2.1[k\Omega]$이다.

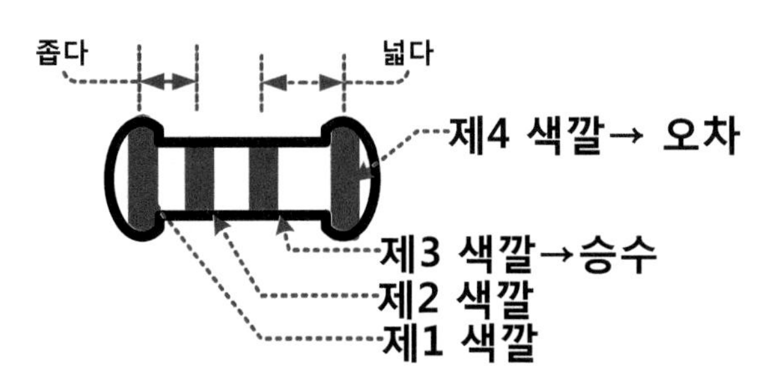

【그림 1.19】 탄소피막 저항기의 컬러코드

㉳ 컬러코드

색	첫번째 띠	두 번째 띠	세 번째 띠 (승수)	네 번째 띠 (오차)
검정	0	0	$\times 10^0 = 1$	
갈색	1	1	$\times 10^1 = 10$	±1% [F]
빨강색	2	2	$\times 10^2 = 100$	±2% (G)
주황색	3	3	$\times 10^3 = 1000 = 1[k]$	±3%
노랑색	4	4	$\times 10^4 = 10[k]$	±4%
초록색	5	5	$\times 10^5 = 100[k]$	±0.5% (D)
파랑색	6	6	$\times 10^6 = 1000k = 1[M]$	
보라색	7	7	$\times 10^7 = 10[M]$	±0.1% (B)
회색	8	8	$\times 10^8 = 100[M]$	±0.05% ⓐ
흰색	9	9	$\times 10^9 = 1000[M]$	
금색			$\times 10^{-1} = 0.1$	±5% (J)
은색			$\times 10^{-2} = 0.01$	±10% (K)

【그림 1.20】 컬러코드 표

예제

저항의 컬러코드가 다음과 같으면 저항값은 몇 [Ω]인가?

① 제1색 : 황색 ② 제2색 : 자색(보라색) ③ 제3색 : 등색(오렌지색) ④ 제4색 : 금색

풀이

제1색	제2색	제3색	제4색	저항값
4	7	$\times 10^3$	오차±5%	47[kΩ]

⑧ 저항기가 과도하게 열을 발생시키지 않고 소모할 수 있는 최대 전력을 <u>정격전력(Wattage Rating)</u>이라고 하고 전류의 제곱(I^2)×저항(R)으로 구할 수 있다. 정격전력 이상으로 사용하게 되면 저항기가 열을 발생하게 되고 결국 타버리는 경우가 발생한다. 전기·전자회로에서 흔히 사용되는 저항기의 정격전력은 1/8[W], 1/4[W], 1/2[W], 1[W], 2[W] 등이 있다.

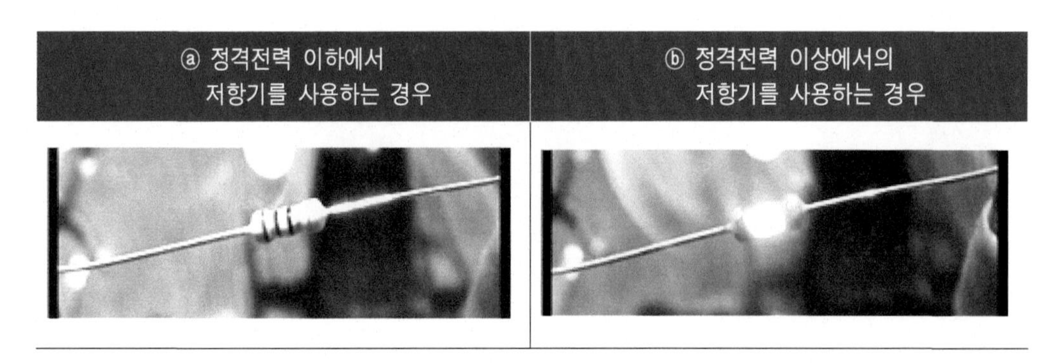

【그림 1.21】 정격전력 이하와 이상에서 저항기의 사용

1.2.3 고정저항기

고정저항기란 명칭과 같이 고정된 저항값을 갖는다.

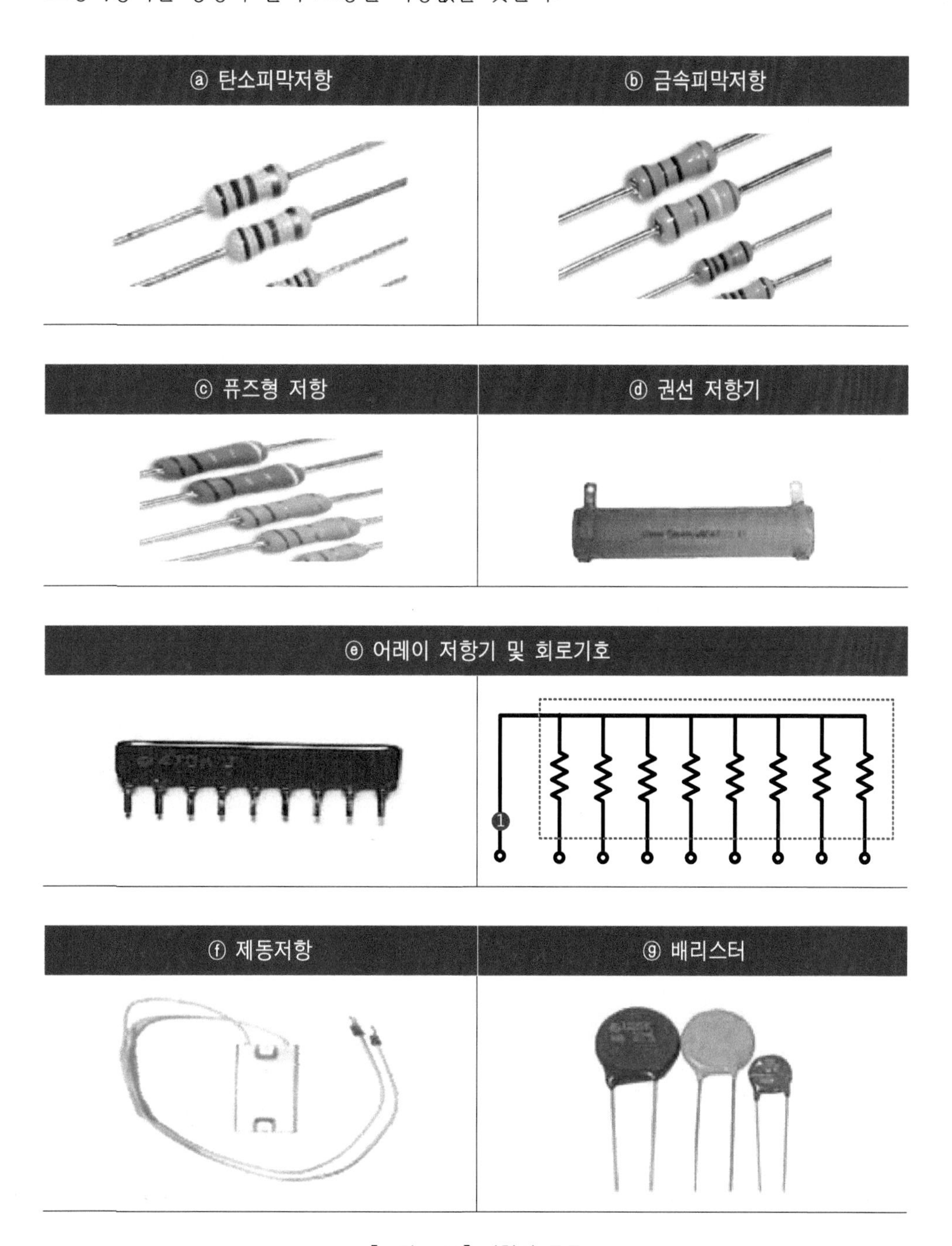

【그림 1.22】 저항의 종류

1 탄소피막저항기(Carbon Film Resistor)

① 온도에 의한 저항값 변화가 크기 때문에 정밀한 용도로는 적합하지 않다.

② 또한 전기잡음(Noise) 때문에 미소신호를 취급하는 회로에도 적합하지 않다.

③ 저항의 정격전력이 충분해도 정격전압 이상의 고압펄스(Pulse)에 의한 아크(Arc)방전이 발생하기 쉽다.

☞ **전기 잡음(Noise)**

㉮ 전기제어회로에서 목적으로 하지를 않는 신호로 정의할 수 있는데 전기·전자 회로에서는 정상동작에 요구되는 신호 이외의 신호를 말한다.

㉯ 회로 내에서 정상적인 신호가 다른 회로에 결합하여 비정상적인 회로 동작을 유발하는 신호라고 할 수 있다.

④ 장점 및 단점

장 점	단 점
㉮ 견고하며 가볍고 소형이다. ㉯ 제조 가능한 저항값의 범위가 넓다. ㉰ 단선 등의 치명적 불량이 거의 없다. ㉱ 절연체에 의해 보호 되므로 내전압 양호 ㉲ 소형저항기 중에서 펄스(Pulse) 및 써지(Surge)에 강하다. ㉳ 고주파 특성이 양호	㉮ 온도, 습도 의존성이 크다. ㉯ 저항의 온도계수와 전류잡음이 크다. ㉰ 정밀한 제품을 만들기 어렵다.

☞ **단선**

전기·전자회로가 끊어짐

☞ **써지(Surge)**

전기회로 내에서 간헐적으로 나타나는 정격이상의 고전압, 대전류를 의미한다.

2 금속피막저항(Metal Film Resistor)

① 탄소피막저항기의 탄소피막 대신에, 저항재료로서 니켈(Ni), 크롬(Cr) 등의 금속재료를 사용한 저항기이다.

② 탄소피막 저항기에 비해 온도특성이나 전류잡음, 직선성이 뛰어나고 있어 정밀한 곳에 사용하는 반면 탄소 피막 저항기보다 비싸다.

③ 장점 및 단점

장 점	단 점
㉮ 저항온도계수가 낮다. ㉯ 잡음이 대단히 낮다. ㉰ 내열성이 우수하다. ㉱ 고주파 특성이 양호하다. ㉲ 고정밀, 고안정성의 저항기 제작이 가능	㉮ 가격이 비싸다.

3 산화금속피막 저항기

① 장점 및 단점

장 점	단 점
㉮ 소형이면서 큰 전력에 견딜 수 있다. ㉯ 내열성, 불연성이 우수하다.	㉮ 저항기의 표면온도가 높게 상승되어 주위의 타 부품에 영향을 미칠 수 있으므로 주의하여 사용한다. ㉯ 단위면적당 전력밀도가 높아 저항기의 사소한 결함이 고장으로 연결되기 쉽다.

4 휴즈형 저항기

① 휴즈형 저항기는 저항기의 특수한 형태 중의 하나로 일정한 수준 이상의 전류가 흐를 때 전류의 흐름을 차단하도록 만들어진 저항기이다.

② 다른 저항기들도 정격전압이나 정격전류 이상의 전류가 흐를 때는 저항이 파괴되지만 그 반응 시간이나 반응 후의 전류차단 특성을 보장하지 않는다.

③ 장점 및 단점

장 점	단 점
㉮ 정상상태에서는 저항기로 동작하고 과전류가 흐를 때 단선상태로 되어 회로 및 기기를 보호한다. ㉯ 저항기로서의 신뢰성이 높고 확실한 용단 특성이 있다.	㉮ 단선상태로 되어 있을 때 높은 전압이 가해지면 아크(Arc)방전을 일으킬 우려가 있다.

5 권선형 저항기

① 권선형 저항기는 금속저항선을 세라믹 로드와 같은 권심에 감아서 일정한 저항값을 갖게 한 저항기이다.

② 따라서 정밀한 저항값을 갖는 저항기를 만들기 쉬울 뿐만 아니라 고온과 습도에 우수한 특성을 갖는 저항기이다.

③ 장점 및 단점

장 점	단 점
㉮ 고온에 견디므로 부하전력을 크게 할 수 있다. ㉯ 과부하에 강하다. ㉰ 온도계수가 작다. ㉱ 잡음이 극히 적다. ㉲ 낮은 저항값이 비교적 용이하게 얻어진다.	㉮ 고저항값을 얻기가 어렵다. ㉯ 고저항의 경우 단선의 우려가 크다.

☞ **과부하**

과부하란 정격이상의 전류가 전기부하에 공급되어서, 공급전류의 제곱에 비례하여 소자나 기기에 발열이 발생하는 상태

6 어레이 저항기(Array Resistor)

① 어레이 저항은 여러 개의 같은 값을 가진 저항을 일체형으로 만들거나, 각 저항기의 한쪽이 내부에서 접속한 것도 있다.

② 여러 개의 발광 다이오드를 제어하는 경우에 실장 공간이 줄어들어 편리하다.

③ 【그림 1.22】 ⓔ는 8개의 저항을 가진 어레이 저항이며, 이 저항에는 9개의 리드(다리)가 있으며, 저항값의 인쇄 면에서 보았을 때, 맨 좌측의 리드가 공통(Common) 리드 단자이다.

7 DB 저항(Dynamic Break Resistor)

① DB란 Dynamic Brake의 약자로 인버터 시스템의 제동을 의미하여, 인버터에서는 부하를 차단할 때 DBR(Dynamic Brake Resistor)이라는 제동저항을 사용하고 있다.

② 인버터로 모터를 급격한 감속이나 빈번한 감속을 할 경우 모터코일에서 역기전력이 발생하여 발전기와 같은 역할을 하게 된다. 그로 인해 모터에서 인버터로 거꾸로 전류가 흘러간다. 이 전류를 회생전류라 하며 이 전류는 일차적으로 모터 권선저항에서 소비한다.

③ 모터의 권선저항에서 회생전류를 다 소비하지 못할 경우에는 인버터에 정격 이상의 과전압이 발생하게 되는데, 이것을 방지하기 위하여 인버터에는 별도의 회생되는 전류를 소비시키기 위한 장치를 제동유닛(DBU=Dynamic Brake Unit)이라 하며, 제동유닛에 설치하는 저항을 제동저항(DBR=Dynamic Break Resistor)이라고 한다.

☞ **인버터**

상용교류의 전원 주파수, 전압을 가변시켜서 교류전동기의 속도를 제어하는 전기기기

8 배리스터(Varistor)

① "배리스터"는 Variable Resistor 약자로 전압에 따라 저항값이 변화하는 저항으로 어떤 임계전압 이하에서는 저항이 매우 커서, 거의 전류가 흐르지 않으나 임계전압(배리스터전압)을 넘으면 급격히 저항이 낮아져 전류가 잘 흐르는 성질을 갖고 있다.

② 회로 내부에서 발생하는 써지를 흡수하고 전자부품을 보호하는 역할을 하여 통신기기, 가전, 자동차, 사무기기, 산업기기 등의 분야에서 사용한다.

1.2.4 가변저항기

① 가변저항기는 일반적으로 "볼륨(Variable Ohm)"이라 부르고 있으며, 라디오의 음량조정과 같이 용이하게 저항값을 바꿀 수 있다.

② 통상적인 가변저항기는 회전할 수 있는 각도가 300° 정도이지만, 저항값을 세밀하게 조정하기 위해 기어(gear)를 조합하여 다(多)회전(10~25회 정도)시킬 수 있는 퍼텐쇼미터(potentiometer)라는 것도 있다.

③ 가변저항은 【그림 1.23】 ⓑ와 같이 저항값을 쉽게 바꿀 수 있으며, 【그림 1.23】 ⓒ는 프린트 기판 등에 실장 하는 반고정 가변저항기이다.

ⓐ 가변저항 기호	ⓑ 회전형 가변저항	ⓒ 반고정 가변저항	ⓓ 직선형 가변저항
❶ ❷ ❸	❶ ❷ ❸ 23	25 27 29	❶ ❸ ❷ LP-50F

【그림 1.23】 가변저항

④ 저항값 변화

①과 ③단자 저항값	①과 ② 단자 저항값	②과 ③ 단자 저항값
축의 회전에 관계없이 저항값이 고정	축을 회전하면 저항값이 가변	축을 회전하면 저항값이 가변

【그림 1.24】 가변저항의 저항값 측정

1.3 코일(L)

1.3.1 코일(Coil) 개요

① "코일"이란 자기장(Magnetic Field) 형태로 전기에너지를 저장하는 소자로서 전도성이 좋은 선재를 절연성 재료로 덮어씌워 통형 또는 나선형으로 감은 것으로서, 전류 에너지를 자속이라는 자기에너지로 변환하는 역할을 하는 소자이다.

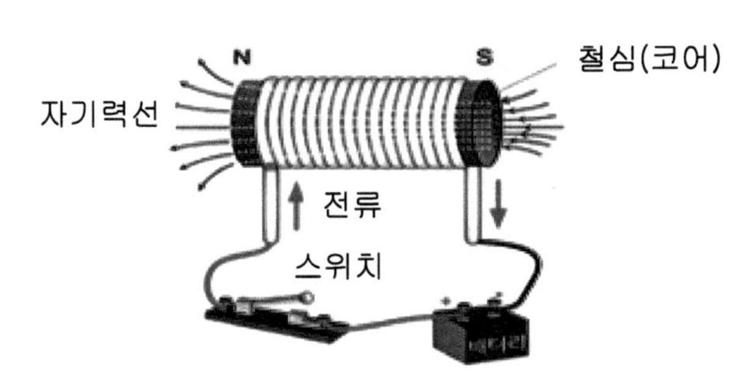

【그림 1.25】 코일의 자기장

② 회로기호는 ⌐ooo⌐ 로 표시하며, 단위는 "H"(Henry)로 나타내고, 문자 기호로는 L(Link)을 **사용한다.**

③ Link는 코일과 코어의 자기적인 결합을 의미한다.

④ 코어(Core)

㉮ 실제로는 그저 단순하게 전선을 감은, 이른바 공심코일보다도 속에 "철심"이라 불리는 코어를 삽입하여 사용한다.

㉯ "코어"란 자기특성이 있는 주성분이 철계의 금속으로 만들어지며, 적은 권선수를 가지고 코일의 인덕턴스를 증가시킬 목적으로 사용된다.

⑤ 권선을 많이 감을수록 코일의 성질이 강해지며 헨리의 값도 커진다.

⑥ 인덕터는 코어(Core)에 도체의 코일(Coil)을 감는데, 이 도체에 전류가 흐를 때 발생하는 자기장의 형태로 에너지를 저장하는 수동소자이다.

⑦ 코일은 내부에 아무것도 넣지 않은 공심으로 하는 것보다 철심에 감거나 "코어"라 부르는 철분말을 응고시킨 것에 감는 편이 보다 큰 인덕터값을 얻는다.

⑧ 인덕터(Inductor)

㉮ 회로 내에서 전류의 변화를 억제할 목적으로 사용하는 수동소자이며, 전류가 인덕터에 흐르면 인덕터의 코어 내에 자속이 발생한다.

㉯ 자속이 전류의 흐름을 방해하는 방향으로 유도기전력을 발생시킴으로써 전류의 변화를 억제하며, 이 때 발생한 유기기전력의 크기는 E=L(di/dt)으로 표현된다.

⑨ 코일의 권선 저항(Winding Resistance)

㉮ 코일은 절연된 구리전선이기 때문에, 전선은 단위 길이당 어떤 저항값을 갖는다.

㉯ 이 고유 저항성을 "직류 저항성" 또는 "권선 저항성"이라고 한다. 이것은 코일의 인덕턴스와 함께 직렬로 구성된다.

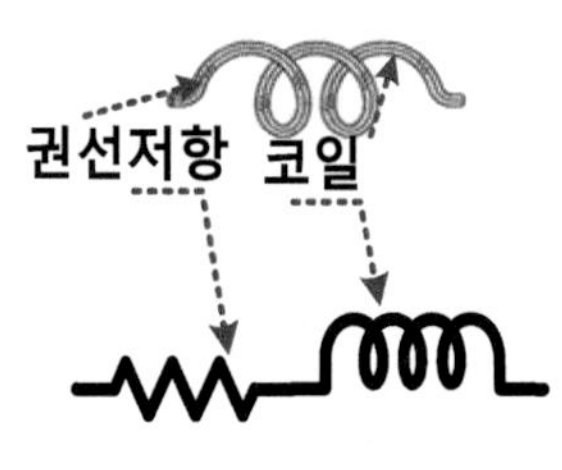

【그림 1.26】 코일의 권선저항

1.3.2 특성

1 전류 변화를 안정화

① 유도 작용(Induction)

㉮ 어떤 물체가 다른 물체에 직접 접촉하지 않고 전기적이나 자기적으로 영향을 미치는 현상을 "유도작용(Induction)"이라고 한다.

㉯ 전류가 흐르면 전선 주위에 자기장이 발생하는 즉, 자신이 발생하는 자속의 변화가 자신에게 영향을 주는 "자기유도작용"과 자석을 움직여 도체를 가로질러 지나가게 하면 도체 속의 전자가 움직여 전류가 흐르게 되는 "전자유도작용"이 있다.

② 자기유도의 크기는 "자기인덕턴스(Self Inductance)"로 나타낸다. 자기인덕턴스의 경우, "1[H] 인덕턴스"는 초당 1[A] 비율로 전류가 변할 때, 1[V] 기전력이 전원전류의 방향과 반대방향으로 발생하여 전류의 급격한 변화를 억제한다.

③ 코일은 전류가 흐르려고 하면 전류를 흘리지 않으려고 하고, 전류가 감소하면 계속 흘리려고 하

는 성질이 있다. 이것을 **"렌쯔의 법칙"**이라고 하는데, 이는 **전자유도작용**에 의해 회로에 발생하는 유도작용을 일으키는 자속의 변화를 방해하는 방향으로 전류가 흐르기 때문이다.

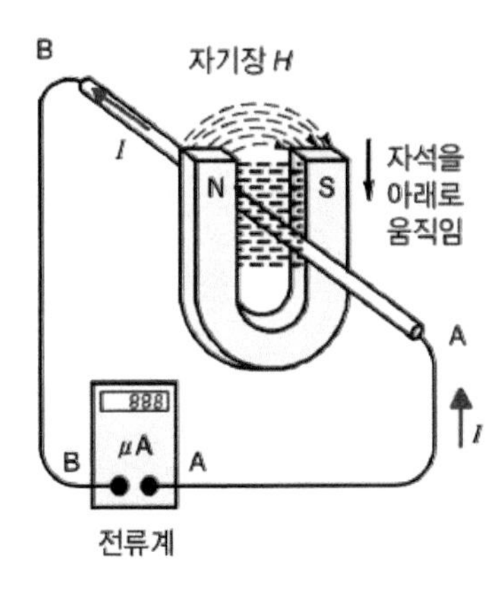

【그림 1.27】 도체를 가로질러 지나가는 자기장에 의해 발생하는 유도전류

2 상호유도작용

① 코일에 교류전원을 인가하는 경우에는, 이 코일에 다른 코일을 가까이 했을 경우, 상호유도작용(Mutual Induction)에 의해, 접근시킨 코일에 교류전압이 발생한다.

② "1[H] 상호인덕턴스"는 어떤 코일에 매초 1[A/s] 비율로 전류가 변화할 때, 다른 쪽의 코일에 1[V] 기전력이 유도가 되면, 두 코일간의 상호 인덕턴스가 1헨리[H]가 된다.

③ 변압기(Transformer)는 코일의 상호유도작용을 이용한 전기기기로 교류회로에 인가한 전압을 높이거나 또는 낮게 변환한다.

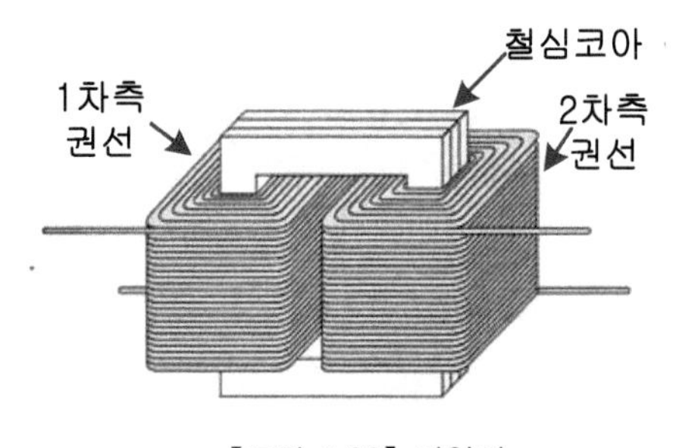

【그림 1.28】 변압기

④ 전원에 연결하는 1차권선(입력전압)과 부하에 연결하는 2차권선(출력전압)은 같은 철심(鐵心) 위에 감겨 있다. 출력전압은 코일의 권수비와 입력전압으로 결정된다. 이들 관

계식을 수식으로 나타내면 다음과 같다.

$$\frac{1\text{차 전압(입력전압)}V_{in}}{2\text{차 전압(출력전압)}V_{out}} = \frac{1\text{차 코일의 권선수}(N_1)}{2\text{차 코일의 권선수}(N_2)}$$

⑤ 변압기 출력전압은 입력과 출력의 코일 권선수에 비례하는데, 1차코일과 2차코일의 권선수가 같으면 그 출력전압은 입력전압과 같게 되고, 2차코일의 권선수가 1차코일의 반이 되면 출력전압은 입력전압의 반이 된다.

3 전자석(Electromagnet)

① 도선에 전류가 흐르면 자기장이 발생하며, 【그림 1.29】와 같이 도선을 코일 모양으로 감으면 자기장이 더 좁은 공간에 모이게 되므로 자기장이 강해진다.

② 코일을 촘촘하고 균일하게 원통형으로 길게 감아 만든 형태를 솔레노이드(Solenoid)라고 하며, 이 코일에 전류를 흘리면 쇠못 양끝은 N극과 S극이 있는 막대자석과 마찬가지로 동작한다.

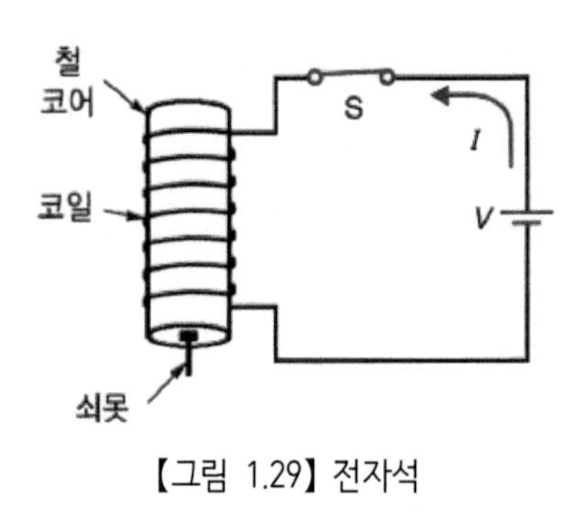

【그림 1.29】 전자석

③ 솔레노이드에 흐르는 전류가 크고 감은 횟수가 많을수록 자기장은 더욱 강해지고, 코일의 내부에 철 코어를 넣으면 자기력선이 더욱 집중한다. 코어로는 연철이 주로 사용되는데 자성을 띠게 하거나 잃게 하기가 쉽기 때문이다.

④ 스위치가 닫혀 전류가 흐르면 코일은 전자석이 되어 쇠못을 끌어 당긴다. 스위치가 열리면 자기장이 없어지므로 쇠못이 떨어진다. 이처럼 전자석으로 강한 자기력을 "ON · OFF"할 수 있으므로 부저(Buzzer), 벨(Bell), 릴레이(Relay)에 널리 사용되고 있다.

⑤ 릴레이는 내부에 들어 있는 전자석의 작용으로 접점을 열고 닫을 수 있는 스위치의 일

종이며, 전류가 릴레이 흐를 때에 철판을 끌어당겨 철판에 부착된 스위치를 연결해 전기부하를 "ON · OFF"한다.

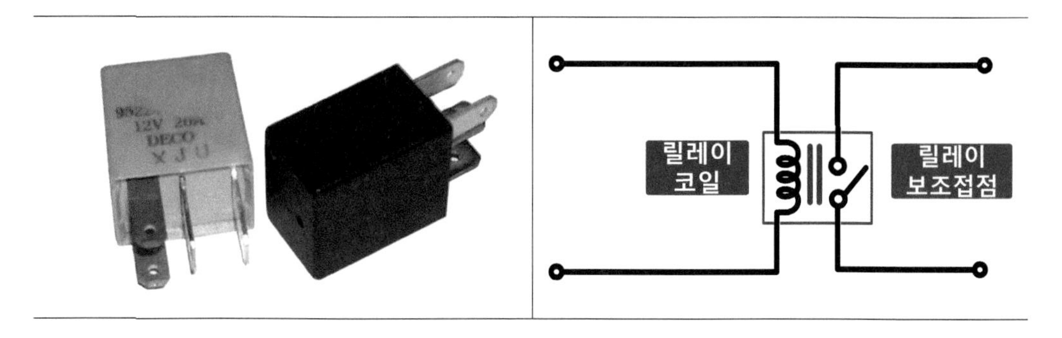

【그림 1.30】 계전기(Relay)

4 교류차단 필터

① 교류를 정류기에 의해 직류로 변환한 경우, "맥류"(리플 : Ripple)라고 하는 교류성분이 많이 포함된 직류가 발생한다.

② 코일은 맥류에서 교류분은 거의 통과시키지 않고, 직류분만 통과시킨다.

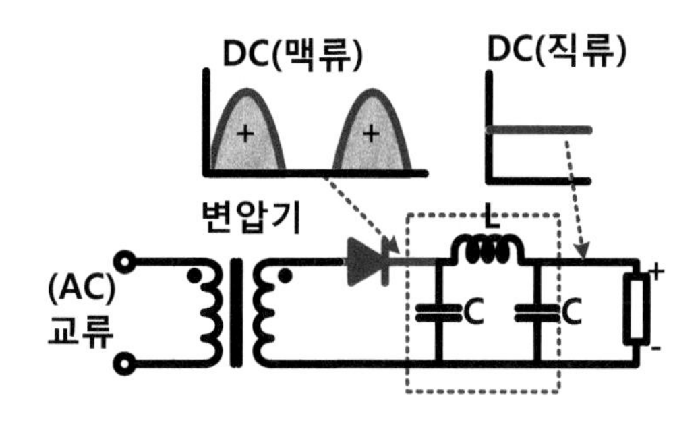

【그림 1.31】 교류차단 필터

☞ **맥동전류 [脈動電流 : Pulsating Current]**

㉮ 주기적으로 또는 단시간 동안만 흐름의 크기가 맥박 뛰듯이 변화하는 전류로 맥류(脈流)라고도 하며, 펄스와 같은 뜻으로 쓰이는 일이 많다.

㉯ 정류전원회로에서, 남은 교류성분이 출력 직류에 겹쳐 있는 맥동전류를 "리플(Ripple)"이라 한다.

1.3.3 코일 종류

【그림 1.32】 코일의 종류

1 고주파 초크 코일(RFC)

① 코일은 고주파에서 큰 저항과 같은 기능을 하기 때문에 고주파를 감쇠시키는데도 사용한다.

② 용도는 단순한 고주파 필터용 코일이다.

2 고주파 동조용 코일

① 코일과 콘덴서를 병렬 접속하여 어느 특정 주파수에 동조하여 신호를 추출하기 위해 사용한다.

② 용도는 TV나 라디오의 동조 회로 등 고주파 회로의 전달시 효율을 개선할 목적으로 사용하는 코일이다.

3 전원용 초크 코일

① 저주파에 대해서도 특히 큰 저항으로 작용하여, 전원 노이즈 방지용의 필터나 평활 회로의 필터에 사용한다.

② 전원 주파수대역에서 충분한 인덕턴스를 가진 코일로 코어에 동선을 감아서 만든다. 입력 전원용 필터나 스위칭 전원의 출력 필터로 사용되고 있다.

☞ **필터(Filter)**
입력된 여러 주파수 성분 중에서 원하는 주파수만 통과시키고 나머지는 감쇄시켜 버리는 역할을 하는 회로

4 전원 트랜스

① 주파수가 낮고 전류 용량이 큰 대형 코일로 출력 전압과 전류 용량에 따라 많은 종류가 있다.

② 여러 가지 코일을 동일한 철심에 감은 것으로 전압을 변환 하는 기능이 있으며, 이것을 이용하여 전압을 높이거나 낮추는 데 사용한다.

1.3.4 컬러코드

① 필터, 초크 코일의 경우 인덕턴스(L)값이 제품 표면에 컬러코드로 표기되어 있다. 읽는 방법은 컬러코드 저항기와 비슷한데, 단위가 마이크로 헨리(μH)인 것만 다르다.

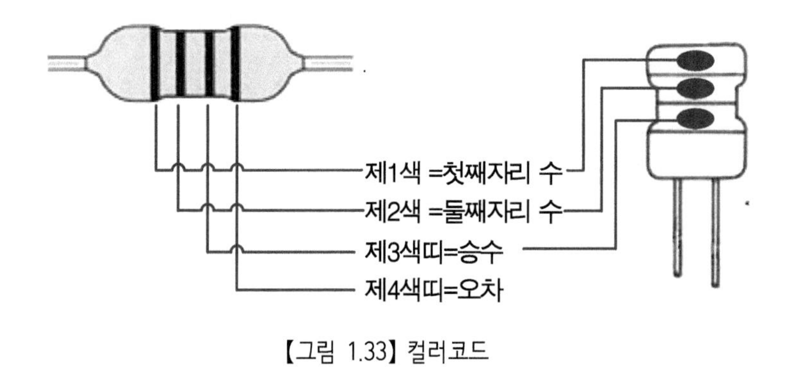

【그림 1.33】 컬러코드

② 컬러코드 표기법

색(Color)	제 1 숫자	제 2 숫자	승수	오차(%)
흑색(Black)	-	0	$\times 10^0=1$	
갈색(Brown)	1	1	$\times 10^1=10$	
적색(Red)	2	2	$\times 10^2=100$	
주황(Orange)	3	3	$\times 10^3=1000=1[k]$	
노랑(Yellow)	4	4	$\times 10^4=10[k]$	
녹색(Green)	5	5	$\times 10^5=100[k]$	
파랑(Blue)	6	6	$\times 10^6=1000k=1[M]$	
보라(Violet)	7	7	$\times 10^7=10[M]$	
회색(Gray)	8	8	$\times 10^8=100[M]$	
흰색(White)	9	9	$\times 10^9=1000[M]$	
금색(Gold)	-	-	$\times 10^{-1}=0.1$	±5%
은색(Silver)	-	-	$\times 10^{-2}=0.01$	±10%

③ 예를 들어 인덕터에 첫번째 띠 색상은 4(노랑색), 두 번째 띠 색상은 7(보라색), 세 번째 띠 색상은 0(검정색)이므로 인덕터값은 $47\times 10^0 \times 10^{-6}[H]=47[\mu H]$가 된다.

1.4 콘덴서(C)

1.4.1 콘덴서(Condenser) 개요

1 정전유도현상

① 대전(帶電 : Electrification)

㉮ 물체가 (+), (-) 전기를 띠는 것을 "대전"이라고 하고, 대전 된 물체를 "대전체"라고 한다.

㉯ 물체가 전기적인 성질을 띠게 하는 것은 전자이다. 전자의 이동에 의해서 전기적인 성질을 갖는데, 물체에서 전자가 다른 물체로 이동하면 물체는 (+)전기를, 다른 물체에서 전자가 이동해오면 (-)전기의 성질을 갖는다.

② 정전유도(靜電請導 : Electrostatic Induction)

㉮ 전하에는 (+)전하와 (-)전하의 2종류가 존재하며, 【그림 1.34】 ⓑ와 같이 도체에 (+)전하로 대전된 물체를 접근시키면 도체 내의 자유전자가 (+)전하로부터 인력을 받아 대전체 쪽으로 이동한다.

㉯ 결과적으로 대전체와 가까운 표면에 (-)전하가 유도되고, 반대편은 (+)전하가 유도된다. (-)전하로 대전된 물체를 접근시키면 그 반대가 된다. 이 현상을 "**정전유도(靜電請導)**"라고 한다.

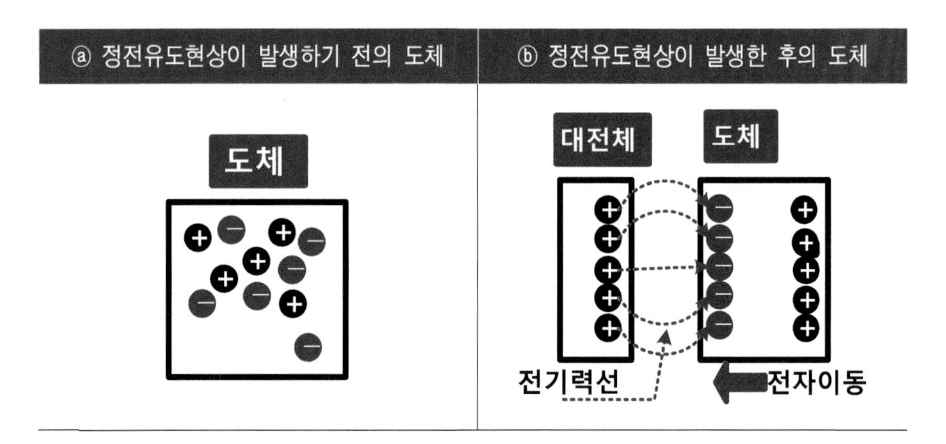

【그림 1.34】 정전유도현상

㉰ 이것은 도체 내에 자유로이 움직이는 전자(자유전자)가 전하로부터의 전계(電界)의 작용을 받아 새로 배치되기 때문이다.

☞ **전계(전기장 : Electric Field)**

㉮ 전계는 전하로 인하여 전기력이 미치는 공간이다.

㉯ 전계의 세기는 전기장 내의 한 점에 단위 양전하(+1C)를 놓았을 때 그 전하가 받는 전기력의 크기로 정한다. 전계의 방향은 고전위인 (+)극에서 저전위인 (-)극으로 향한다.

2 콘덴서 구조

① 콘덴서는 【그림 1.35】 ⓐ와 같이 2장의 금속 평행판에 전극을 부착한 것이며 평행판 사이에는 공기나 유전율이 높은 절연물을 삽입하여 전하를 축적한다.

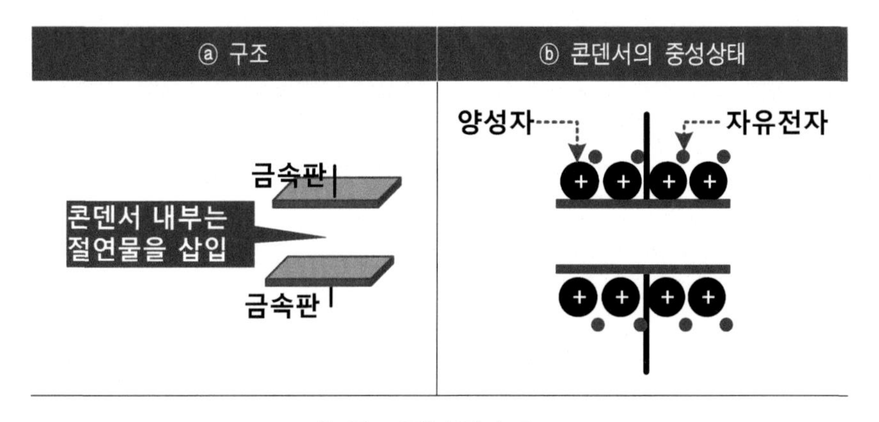

【그림 1.35】 콘덴서 구조

② 유전체와 절연체

㉮ 유전체는 금속판과 금속판 사이에 전기를 저장할 수 있는 물질을 말하고, 절연체는 도선과 도선 사이의 전기를 차단하는 물질을 말한다.

㉯ 유전체가 전하를 담아둘 수 있는 정도를 나타내는 지표는 비유전율(Dielectric Constant)이고, 절연체의 전기를 차단하는 정도를 나타내는 지표는 비저항이다.

㉰ 비유전율

비유전율에서 비(比)자 비교한다는 의미로 진공의 유전율에 비교한 다른 물질의 유전율을 의미한다.

1.4.2 정전용량

1 정전용량

① 콘덴서는 전하를 축적하여 전기에너지를 저장하는 소자로서, 전하를 축적하는 능력을 콘덴서의 "**정전용량**"이라고 한다.

② 콘덴서의 회로기호는 "⊣⊢" 이며, 정전용량의 기호는 C, 단위에는 [F : 패럿]을 사용하며, 실용적으로 [F]단위는 너무 크기 때문에 [μF]단위를 사용한다.

③ 각종 센서 예를 들면 광전, 열전, 초전계열의 센서들은 다이오드를 역방향으로 사용하면 콘덴서와 유사한 기능을 수행하며, 빛에 대한 전하, 열에 대한 전하를 축적한다.

④【그림 1.36】ⓐ와 같이 물을 저장하는 용기처럼 전하(전기량)를 축적하는 용기가 콘덴서이며, 이 전하를 축적하는 능력을 "**정전용량**"이라 한다. 용기의 밑면적에 상당하는 것이 "**정전용량**"이며, 수위에 상당하는 것이 "**콘덴서 전위 또는 전위차(전압)**"가 된다.

⑤ 콘덴서는 정전용량의 값을 변화시켜 전압의 상승시간을 제어한다. 즉, 시간에 따라서 전압의 크기를 제어하는 소자라고 할 수 있다.

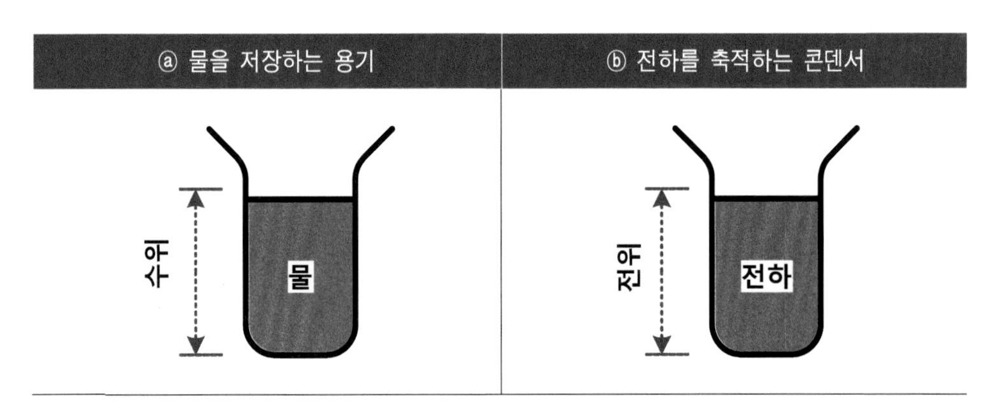

【그림 1.36】 수량과 정전용량 비교

⑥ 예를 들면【그림 1.37】과 같이 용기의 높이가 같고, 일정한 양의 물을 밑면적이 다른 용기 A, B에 넣은 경우에 수위 차를 비교하면, A 용기의 수위는 낮고, B 용기에서는 높은 수위가 된다.

ⓐ 정전용량이 큰 콘덴서	ⓑ 정전용량이 작은 콘덴서
㉮ 용기의 밑면적이 넓으면 물을 저장하는 능력이 커지고, 수위가 올라가는 시간이 길어진다. ㉯ 정전용량이 크다는 것은 용기의 밑면적이 넓은 것과 같으며, 전하를 축적하는 능력이 큰 대신에 콘덴서에 원하는 전압까지 상승하는 시간이 길다.	㉮ 용기의 밑면적이 작으면 물을 저장하는 능력이 작아지고, 대신에 수위가 올라가는 시간은 짧아진다. ㉯ 정전용량이 작다는 것은 용기의 밑면적이 작다는 것과 같으며, 전하를 축적하는 능력이 작은 대신에 콘덴서에 원하는 전압까지 상승하는 시간이 짧다.

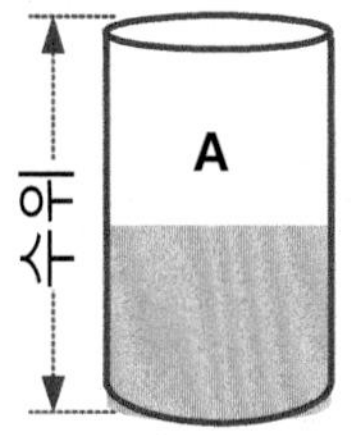

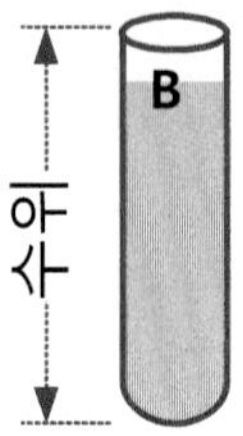

【그림 1.37】 콘덴서의 정전용량

⑦ 정전용량은 【그림 1.38】에서 보는 것과 같이 전극판의 표면적(A)이 클수록, 전극판의 간격(d)이 좁을수록, 또 유전체의 유전율(ε)이 높을수록 콘덴서의 정전용량(C)이 커진다.

$$C = \text{유전율}(\varepsilon) \times \frac{\text{단면적}(A)}{\text{전극판거리}(d)}$$

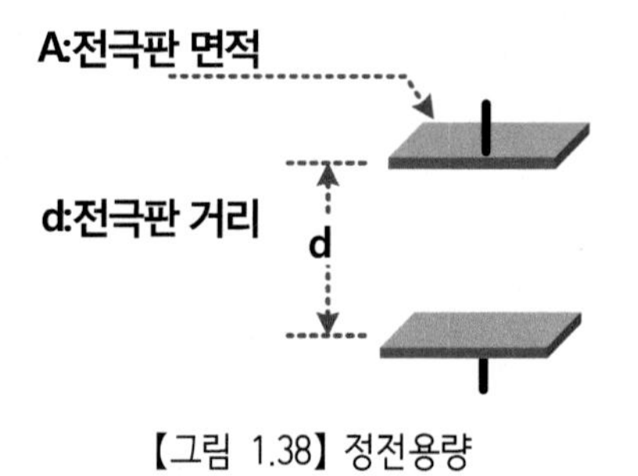

【그림 1.38】 정전용량

예제

동일한 면적을 갖는 콘덴서의 극판거리가 d일 때의 정전용량이 C라고 하면 극판거리를 3배 증가하면 정전용량의 변화는?

풀이

① 콘덴서의 정전용량은 극판거리에 반비례하고, 전극판의 면적에는 비례하므로 전극판 거리를 3배 하면 정전용량은 C/3, 극판거리를 4배 하면 C/4로 정전용량이 감소한다.

② 전극판 거리를 d/3, d/4 배로 감소하면 정전용량은 3C, 4C로 증가한다.

2 정전용량 표시

① 콘덴서의 정전용량 표시에 3자리의 숫자가 사용되는 경우가 많으며, 3자리 숫자로 나타내면 앞의 2자리 숫자(=제1숫자와 제2숫자)는 정전용량을 나타내고, 세 번째 숫자는 승수를 나타낸다.

② 표시의 단위는 [pF](피코 패럿)이다.

③ 예를 들면 콘덴서의 정전용량이 "104"이면 10×10^4[pF]=100,000[pF]=0.1[μF]이 되며, 정전용량이 "103"은 10×10^3=10,000[pF]=0.01[μF]이다.

④ 100[pF] 이하의 콘덴서는 [pF] 용량을 그대로 표시하는데, 예를 들면 정전용량이 "47"이면 47[pF]를 의미한다.

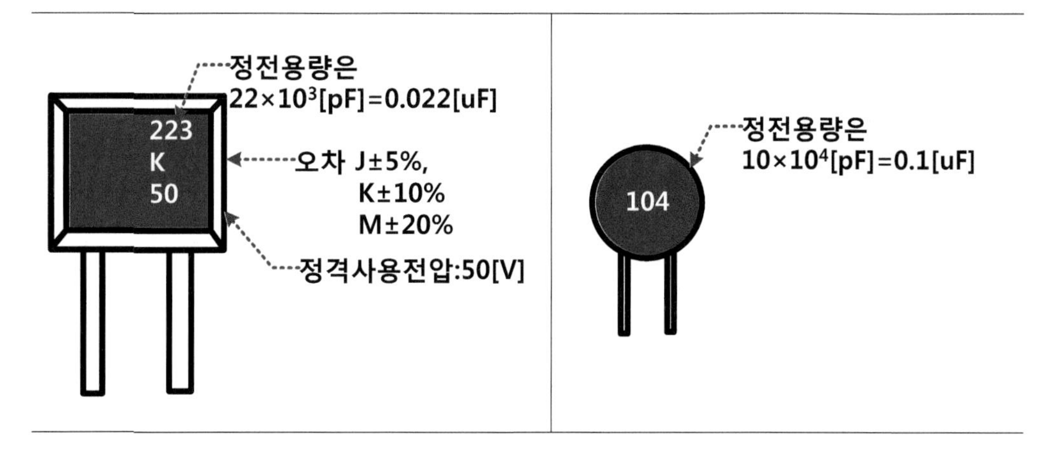

【그림 1.39】 용량표시

1.4.3 내압

① 콘덴서에는 몸체에 허용전압이 기재되어 있는데, 이는 허용전압 이상의 회로에는 사용할 수 없다는 것을 의미한다.

【그림 1.40】 콘덴서 내압

② 【그림 1.40】 콘덴서는 직류에서는 630[V], 교류에서는 400[V] 이하에서 사용할 수 있는 콘덴서이며, 만일 허용전압 이상의 전압을 콘덴서에 인가하면, 콘덴서가 파손되어 사용이 불가능하거나 수명이 단축된다.

【그림 1.41】 콘덴서에 정격전압 및 과전압 인가

1.4.4 콘덴서 종류

1 종류

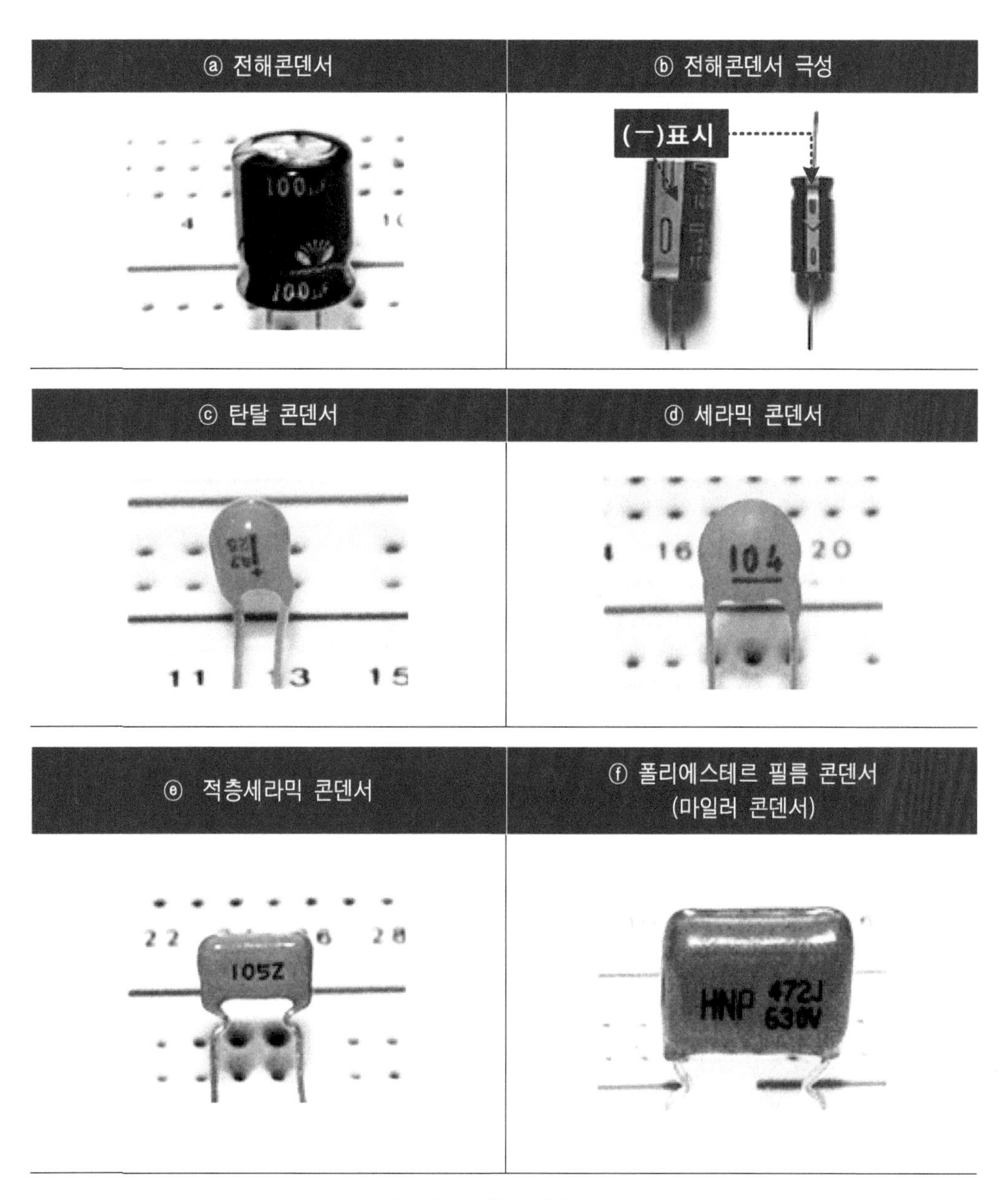

【그림 1.42】 콘덴서 종류

2 유극성 콘덴서

【1】 전해콘덴서(알루미늄 전해콘덴서)

① 전극의 극성이 있으며 【그림 1.42】 ⓑ와 같이, 일반적으로 콘덴서 자체에 (-)를 표시하는 마크가 있으며, 사용할 수 있는 전압, 정전용량이 표시되어 있다.

② 단순히, 전해콘덴서 또는 케미컬 콘덴서(Chemical Condenser)라고도 부른다.

③ 이 콘덴서는 유전체로 얇은 산화막을 사용하고, 전극으로는 알루미늄을 사용하며, 유전체를 매우 얇게 할 수 있으므로 콘덴서의 체적에 비해 큰 용량을 얻을 수 있다.

④ 극성을 바꾸어서 접속하거나, 인가전압이 너무 높으면 콘덴서가 파열되기 때문에 극성을 바꾸어 사용하면 전기사고의 위험이 있다.

⑤ 정전용량은 1[μF]부터 수 천 [μF], 수 만 [μF]까지 비교적 큰 용량을 갖고 있다.

⑥ 주로 전원의 평활회로, 저주파 바이패스(저주파 성분을 어스 등에 패스시켜 회로 동작에 악영향을 주지 않는다.) 등에 사용된다. 단, 리액턴스(코일)성분이 많아 고주파에는 적합하지 않다.(이것을 주파수 특성이 나쁘다고 말한다.)

⑦ 직류신호는 제거하고 교류신호를 통과시킨다.

【2】 탄탈 콘덴서

① 탄탈 콘덴서도 전해 콘덴서와 마찬가지로 (+), (-) 극성이 있으며, 전극(리드선)의 (+)측을 나타내는 기호가 콘덴서 자체에 표시되어 있다.

② 단순히, 탄탈 콘덴서(Tantalum Condenser)라고도 부르며, 전극에 탄탈륨이라는 재료를 사용하고 있는 전해콘덴서이다. 알루미늄 전해콘덴서와 마찬가지로 비교적 큰 용량을 얻을 수 있다.

③ 온도 특성(온도의 변화에 따라 용량이 변화한다. 용량이 변화하지 않을수록 특성이 좋다고 말한다), 주파수 특성 모두 전해콘덴서보다 우수하다.

④ 100[μF]/30[V] 이하의 전해 콘덴서 업그레이드용으로 사용할 수 있으며, 전해 콘덴서보다 내압이 낮고 용량이 작은 것이 단점이다.

⑤ 주로 저주파, 시정수 회로에 사용한다.

3 무극성 콘덴서

【1】 세라믹 콘덴서

① 전극의 극성이 없다.

② 세라믹 콘덴서는 전극간의 유전체로 티탄산 바륨(Titanium - Barium)과 같은 유전율이 큰 재료가 사용되고 있다.

③ 인덕턴스(코일의 성질)가 적어 고주파 특성이 양호하다는 특징을 가지고 있어, 고주파의 바이패스(고주파 성분 또는 잡음을 어스로 통과시킨다)에 흔히 사용된다.

④ 모양은 원반형으로 되어 있으며, 용량은 비교적 작다.

⑤ 세라믹은 강유전체의 물질로 아날로그 신호계 회로에 사용하면 신호에 일그러짐이 나오므로 이와 같은 회로에는 사용할 수 없다.

⑥【그림 1.42】ⓓ와 같이 콘덴서에 "104"이라고 인쇄되어 있는데, 정전용량으로 환산하면 10×10^4[pF]=0.1[μF]이 된다.

☞ **평활회로**

교류를 직류로 바꿀 때 리플이 없는 직류를 얻기 위해 사용하는 회로.

☞ **바이패스 콘덴서(Bypass Condenser)**

① Bypass는 어떤 신호가 바로 지나가는 의미를 갖는다.

② Bypass 콘덴서를 전원라인과 접지 사이에 삽입하면, 콘덴서는 교류신호에 대해서는 단락된 스위치로 동작하기 때문에 ⓐ점에서 접지로 교류신호를 흘려서 제거한다.

③ 직류신호가 연결되면 바이패스 콘덴서는 개방회로가 되기 때문에 아무런 영향이 없다.

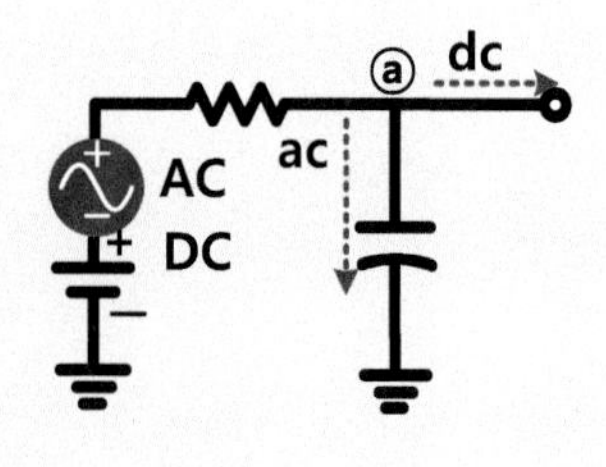

【2】 적층 세라믹 콘덴서

① 전극의 극성이 없다.

② 적층세라믹 콘덴서는 전극간의 유전체로 고유전율계 세라믹을 다층 구조로 사용하고 있으며, 온도 특성, 주파수 특성이 양호하고, 게다가 소형이라는 큰 특징이 있다.

③ 디지털 회로에서 취급하는 구형파(펄스파) 신호는 비교적 높은 주파수 성분이 함유되어 있는데, 이 콘덴서는 주파수 특성이 양호하고, 소형이라는 점 때문에 바이패스용으로 흔히 사용된다.

④ 온도 특성도 양호하므로 온도변화를 꺼리는 회로에도 사용된다.

⑤ 【그림 1.42】 ⓔ와 같이 콘덴서에 "105"이라고 인쇄되어 있는데, 정전용량으로 환산하면 10×10^5[pF]=1[μF]이 된다.

【3】 마일러 콘덴서(폴리에스테르 필름 콘덴서)

① 전극의 극성은 없다.

② 마일러(Mylar) 콘덴서라고도 하며, 얇은 폴리에스테르(Polyester) 필름을 양측에서 금속으로 삽입하여, 원통형으로 감은 것이다.

③ 저가격으로 사용하기 쉽지만, 높은 정밀도는 기대할 수 없으며, 오차는 대략 ±5[%]에서 ±10[%] 정도이다.

④ 【그림 1.42】 ⓕ와 같이 콘덴서에 "472"이라고 인쇄되어 있는데, 정전용량으로 환산하면 47×10^2[pF]이므로 0.0047[μF]이 된다.

실험실습

1 실험기기 및 부품

【1】 브레드보드 및 DMM(Digital Multi Meter)

【2】 저항

① 10[Ω] 1/4[W] ② 51[Ω] 1/4[W] ③ 330[Ω] 1/4[W] ④ 1[kΩ] 1/4[W]

⑤ 2.2[kΩ] 1/4[W] ⑥ 4.7[kΩ] 1/4[W] ⑦ 2.2[kΩ] 2[W]

⑧ 가변저항 1[kΩ]

【3】 마일러 콘덴서

① 103K 630V ② 472J 630V ③ 473J 630V

2 저항의 컬러코드

① 다음 저항값을 보고, 빈 칸에 알맞은 컬러코드값을 넣으세요.

저항값	제1색	제2색	제3색
100[Ω]	( )	( )	( )
330[Ω]	( )	( )	( )
1[kΩ]	( )	( )	( )
2.2[kΩ]	( )	( )	( )

② 다음과 같이 저항을 브레드보드에 배치하고 저항의 컬러색을 기록한다.

No	저항값	첫 번째 색	두 번째 색	세 번째 색
①	51[Ω] 1/4[W]			
②	330[Ω] 1/4[W]			
③	1k[Ω] 1/4[W]			
④	2.2k[Ω] 1/4[W]			
⑤	4.7k[Ω] 1/4[W]			
⑥	2.2k[Ω] 2[W]			

3 저항값 측정

다음과 같이 저항과 센서를 브레드보드에 배치하고 DMM을 이용하여 저항값을 측정한다.

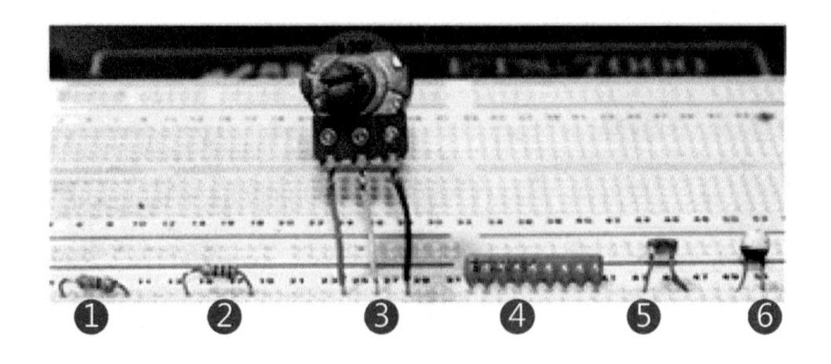

① 저항 10[Ω]	컬러코드값 : ( )[Ω]	측정값 : ( )[Ω]
② 저항 330[Ω]	컬러코드값 : ( )[Ω]	측정값 : ( )[Ω]
③ 가변저항	1번과 3번 단자 저항값 : ( )[Ω]	
	1번과 2번 단자 저항값 : ( )[Ω]	
	2번과 3번 단자 저항값 : ( )[Ω]	
④ 어레이저항(9핀)	1번과 2번 단자 저항값 : ( )[Ω]	

4 콘덴서 종류

다음 콘덴서 종류는 무엇인가?

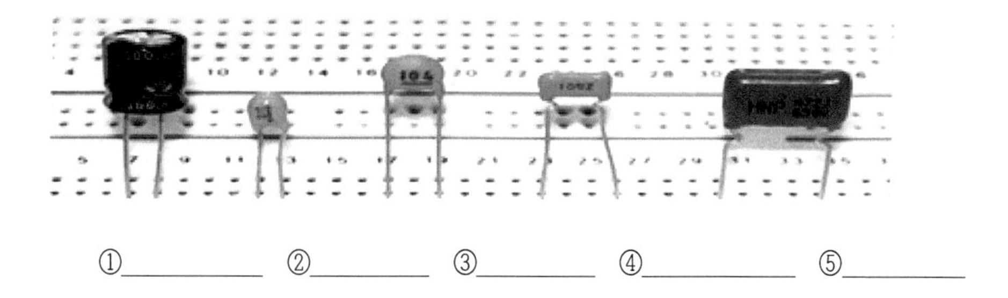

①__________ ②__________ ③__________ ④__________ ⑤__________

5 콘덴서 정전용량

① 다음 콘덴서의 정전용량은?

콘덴서	표시	정전용량
	104	
	105	

② 다음과 같이 마일러 콘덴서를 브레드보드에 배치하고 콘덴서 숫자 코드를 보고 용량과 오차를 판독한다.

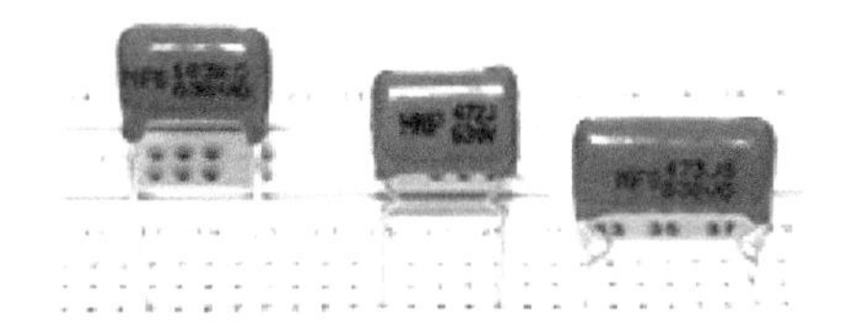

No	숫자코드	용량	오차	내압
①	103K 630V			
②	472J 630V			
③	473J 630V			

전기 · 자기 관련 분야의 주요 과학자

이름	활동기간	업적	단위
탈레스(Thales)	636~546 B.C.	전기와 자기의 개척자	-
길버트(Gilbert, W.)	1544~1603	지구가 거대한 자석임을 확인	길버트[Gb]
뉴턴(Newton, I.)	1642~1727	운동 법칙과 만유인력을 공식화	뉴턴[N]
프랭클린(F ranklin, B.)	1706~1790	전하의 보존 법칙 발견	-
쿨롱(Coulomb, C.A.)	1736~1806	전기력과 자기력 측정(쿨롱의 법칙)	쿨롬[C]
와트(Watt, J.)	1736~1819	증기력의 응용 분야를 개척 증기기관 발명	와트[W]
가우스(Gauss, K.F.)	1771~1855	전속에 대한 발산 정리 발표	가우스[G]
볼타(Volta, A.)	1745~1827	볼타 전지 발명(연속적인 전류 발생)	볼트[V]
외르스테드(Oersted, H.C.)	1777~1851	전기가 자기를 생성함을 발견(나침반)	에르스텟[Oe]
암페르(A mp ère, A.M.)	1775~1836	솔레노이드 발명	암페어[A]
헨리(Henry, J.)	1797~1878	전자 유도 실험 전신기와 중계 장치 발명	헨리[H]
옴(Ohm, G.S.)	1787~1854	옴의 법칙을 세움. I= V/ R	옴[W]
패러데이(Faraday, M.)	1791~1867	자기가 전기를 생성함을 입증 (전자 유도 작용)	패럿[F]
웨버(Weber, W.E.)	1804~1891	지구 자기에 대한 선구적인 연구	웨버[Wb]
줄(Joule, J.P.)	1818~1889	열과 전류의 관계 입증(줄의 법칙)	줄[J]
맥스웰(Maxwell, J.C.)	1831~1879	전자기학의 이론(맥스웰의 방정식)	맥스웰[Mx]
헤르츠(Hertz, H.R.)	1857~1894	라디오 전파의 송 · 수신 실험	헤르츠[Hz]
에디슨(E dison, T.A.)	1847~1931	백열 전구 발명, 최초의 발전소 세움.	-
테슬라(Tesla, N.)	1857~1943	전력을 교류로 송전함. 유도 전동기 발명	테슬라[T]

CHAPTER

02 전기 및 자기회로

【학습목표】

1】 전기회로의 기본법칙에 대하여 학습한다.

2】 자기회로의 기본법칙에 대하여 학습한다.

• 요점정리 •

❶ "옴의 법칙"은 회로에 흐르는 전류의 크기는 전원전압에 비례하고, 저항의 크기에 반비례한다. $I[A] = \frac{E[V]}{R[\Omega]}$

❷ "저항의 직렬연결"은 전류가 하나의 길로 흐르도록 저항을 일렬로 연결하는 방법으로 저항을 직렬연결하면 각 저항에 인가되는 전압은 저항값의 크기에 비례하고, 각 저항에는 일정한 전류가 흐른다.

❸ 저항을 병렬연결로 연결하면 전원전류가 한길로 흐르다가 병렬 연결된 부분에서 나뉘게 되며, 각 저항에 흐르는 전류 크기는 저항의 크기에 반비례하며, 각 저항에는 일정한 전압이 인가된다.

❹ 키르히호프의 제1법칙은 "전류법칙"이라고 하며 한 소자에서 흘러들어 오는 전류와 흘러나가는 전류 크기는 같고, 부호는 반대이다.

❺ 키르히호프의 제2법칙은 "전압법칙"이라고 하며, 임의의 폐회로를 따라 전류가 일주할 때, 회로에서 발생하는 기전력의 총합은 각 저항에서 발생한 전압강하의 총합과 같다.

❻ "전력"이란 전기에너지를 입력받아서 다른 형태의 에너지(열, 빛, 회전력 등)로 변환되었는가를 나타내는 지표로서, 단위 시간당 전기에너지가 한 일을 의미한다.

❼ "전자유도현상"이란 자계의 변화에 의해 코일에 기전력이 발생하는 현상을 말하며, 이때 발생하는 기전력을 "유기 기전력", 흐르는 전류를 "유도 전류"라고 한다.

❽ 코일에 전류를 흘려보내거나, 전류를 차단하면 전류의 변화를 방해하는 방향으로 코일 내에 "유기 기전력"이 발생한다.

❾ "자기유도(자체유도)"란 코일에 전류를 흘리면 자속(磁束)이 발생하고 그 코일 자체에서 자속을 상쇄시키는 방향으로 코일에서 유기 기전력이 발생하는 현상이며, 자기유도의 대소를 나타내는 값을 "자기인덕턴스"라고 한다.

2.1 전기회로의 기본법칙

2.1.1 옴(ohm)의 법칙

1 옴의 법칙

① 【그림 2.1】처럼 직류 전원전압을 부하 저항에 인가하여 저항, 전류, 전압의 관계를 나타내는 법칙을 "옴의 법칙"이라고 한다.

㉮ 전지 1개에 전구 1개를 연결하거나, 전지 2개에 전구 1개를 연결하면, 전구 밝기는 전지 2개를 연결한 쪽의 전구가 더 밝다.

㉯ 그 이유는 전지 2개를 연결한 쪽의 램프에 더 많은 전류가 흘렀기 때문이다.

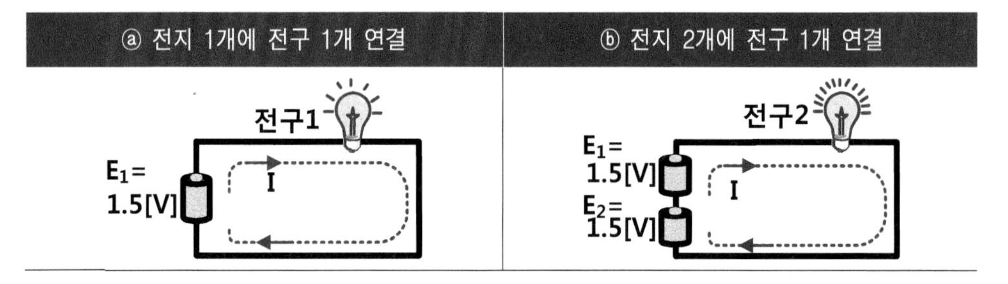

【그림 2.1】 옴의 법칙

② "회로에 흐르는 전류의 크기는 인가한 전원전압의 크기에 비례하고, 저항값에는 반비례한다." 이것을 "옴의 법칙"이라고 한다.

㉮ 전류를 I[A], 전원전압을 E[V], 저항을 R[Ω], 저항양단의 전압을 V_R이라고 하면 회로에 흐르는 전류는 다음과 같이 정의한다.

$$I\,[A] = \frac{E\,[V]}{R\,[\Omega]}$$

㉯ 위 식에서 양변에 저항 R을 곱하면 부하저항의 전압은 $E[V]=V_R=I[A]\times R[\Omega]$이 된다.

㉰ 양변을 전류 I로 나누면 R은 다음과 같이 정의할 수 있다.

$$R\,[\Omega] = \frac{E\,[V]}{I\,[A]}$$

㉣ 저항 R은 저항부하에 인가되는 전압과 전류의 비가 된다.

2 전원전압과 부하저항을 알고 전류를 구하는 【예】

① 6[Ω] 저항값을 가진 램프에 24[V] 전원전압을 인가한 경우 램프에 흐르는 전류는 옴의 법칙에 의하여 구하면 다음과 같다.

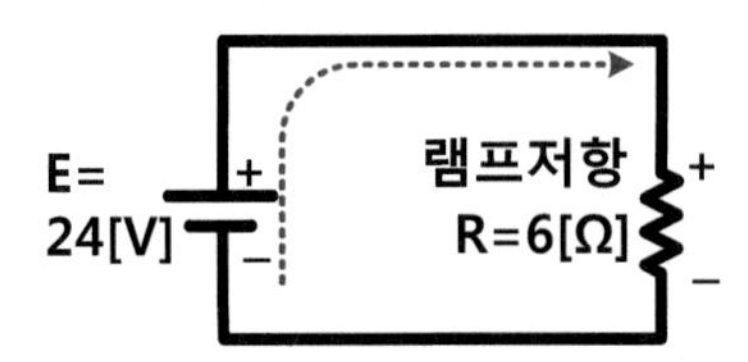

② $I\,[A] = \dfrac{E\,[V]}{R\,[\Omega]} = \dfrac{24\,[V]}{6\,[\Omega]} = 4\,[A]$

3 전원전압과 전류를 알고 부하저항을 구하는 【예】

① 24[V] 전원전압을 부하저항에 연결하고, 회로에 4[A] 전류가 흐르는 경우에, 부하저항값을 구하면 다음과 같다.

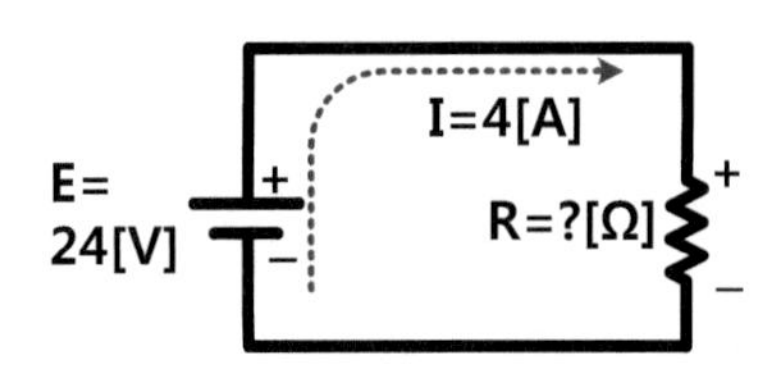

② $R\,[\Omega] = \dfrac{E\,[V]}{I\,[A]} = \dfrac{24\,[V]}{4\,[A]} = 6\,[\Omega]$

4 부하저항과 전류를 알고 전원전압을 구하는 【예】

① 6[Ω] 부하저항에 4[A] 전류를 흘리게 하고 싶은 경우에 인가할 전원전압을 구하면 다음과 같다.

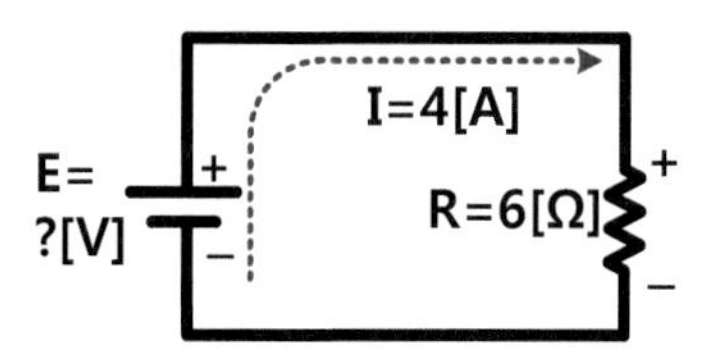

② 저항 단자전압 V_R=I×R=4[A]×6[Ω]=24[V] ⇒ 인가할 전원전압 E는 24[V]

2.1.2 저항 연결

1 직렬연결

① 전기·전자회로에서는 저항값을 증가시키기 위해 직렬로 저항을 연결하며, 저항값을 감소하기 위해서 병렬로 저항을 연결한다.

②【그림 2.2】ⓐ와 같이 전류가 1개의 저항을 지나 다음의 저항을 통하여 한 길로 흐르게 하도록 저항을 일렬로 연결하는 방법을 **"직렬연결"**이라 하며, 이렇게 연결하면 어느 저항에서나 동일한 크기의 전류가 흐른다.

③ 직렬저항 2개 연결

㉮ 직렬연결회로를 예를 들면, 10[Ω] 저항과 2[Ω] 저항을 직렬로 연결하여 24[V] 전원전압을 인가하면 저항에는 2[A] 전류가 흐른다. 따라서 합성저항은

$$R_T\,[\Omega] = \frac{E\,[V]}{I\,[A]} = \frac{24\,[V]}{2\,[A]} = 12\,[\Omega]$$

이 된다.

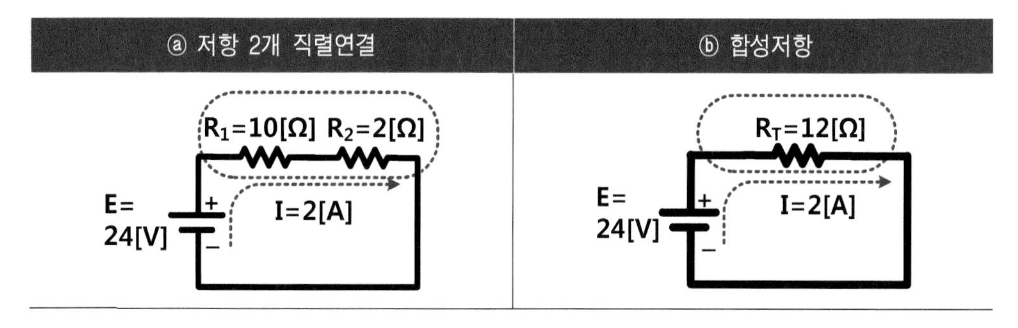

【그림 2.2】 저항의 직렬연결(저항 2개)

㉯ 【그림 2.2】 ⓑ와 같이 직렬로 연결된 여러 개의 저항을 12[Ω] 하나의 저항으로 보고 계산한 저항을 "합성저항"이라고 한다.

$$R_T = R_1 + R_2 + R_3 + ... + R_n$$

⑤ 직렬저항 3개 연결

㉮ 【그림 2.3】 ⓐ와 같이 3개의 저항 R_1, R_2, R_3를 직렬로 연결하고 여기에 전원전압 E[V]를 인가하면 3개의 저항에는 같은 크기의 전류 I가 흘러서, 각각의 저항에는 전원전압을 분할한 전압이 인가된다.

㉯ 회로의 합성저항은 각 저항을 더한 합계와 같으며, 또한 각 저항에 흐르는 전류는 같고, 각 저항에 가해지는 전압의 합계는 전원전압과 같다.

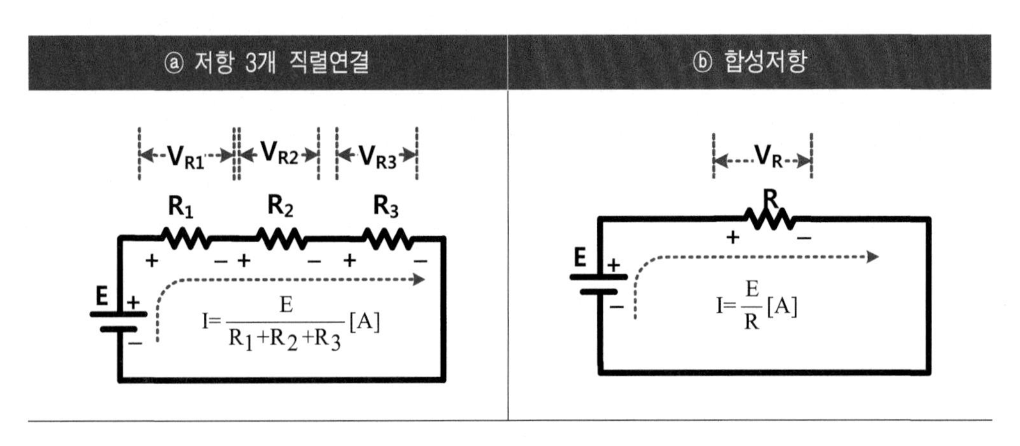

【그림 2.3】 저항의 직렬연결(저항 3개)

㉰ 저항 R_1, R_2, R_3에 인가되는 전압을 각각 V_{R1}, V_{R2}, V_{R3} 회로에 흐르는 전류를 "I"라고 하면 각 저항 양단전압은 $V_{R1}=I×R_1$, $V_{R2}=I×R_2$, $V_{R3}=I×R_3$가 된다.

㉱ 회로에 흐르는 전류 : $I = \frac{E}{R_1 + R_2 + R_3} = \frac{E}{R}$ [A]

㉲ 전체 저항에 걸리는 전압 V는 $V_{R1}+V_{R2}+V_{R3}=I \cdot R_1+I \cdot R_2+I \cdot R_3=I(R_1+R_2+R_3)$

㉳ 여기에서 R(합성저항)은 $R_1+R_2+R_3$이 된다.

예제

【그림 2.2】 ⓐ와 같이 R_1=8[Ω], R_2=16[Ω]을 직렬로 연결하고, E=24[V]를 연결한 경우에 V_{R1}, V_{R2} 단자전압과 회로에 흐르는 전류는 몇 [A]인가?

풀이

① 회로에 흐르는 전류는 $\frac{24\,[\mathrm{V}]}{8\,[\Omega]+16\,[\Omega]} = 1\,[\mathrm{A}]$

② R_1, R_2 전압은 $V_{R1}=I_{R1}$=1×8=8[V], $V_{R2}=I_{R2}$=1×16=16[V]가 된다.

③ R_1 저항값이 R_2 저항값에 2배이면 그에 따라 V_1도 V_2의 2배의 값이 된다. 즉, 각 저항 양단 전압은 저항값에 비례하여 배분된다.

④ $V_1 : V_2 = R_1 : R_2$이면 $V_1R_2 = V_2R_1$의 관계식이 성립된다.

⑤ 전압분배 법칙에 의하여 V_1, V_2 전압을 구하면 다음과 같다.

㉮ V_1 전압은 $V_1 = \frac{R_1}{R_1+R_2} \times E = \frac{8}{16+8} \times 24 = 8\,[\mathrm{V}]$

㉯ V_2 전압은 $V_2 = \frac{R_2}{R_1+R_2} \times E = \frac{16}{8+16} \times 24 = 16\,[\mathrm{V}]$

예제

R_1=6[Ω], R_2=4[Ω], R_3=2[Ω]을 직렬로 연결한 경우, V_{R1}, V_{R2}, V_{R3} 전압과 회로에 흐르는 전류는 몇 [A]인가?

풀이

① 합성저항

$R_T=R_1+R_2+R_3$=6+4+2=12[Ω]

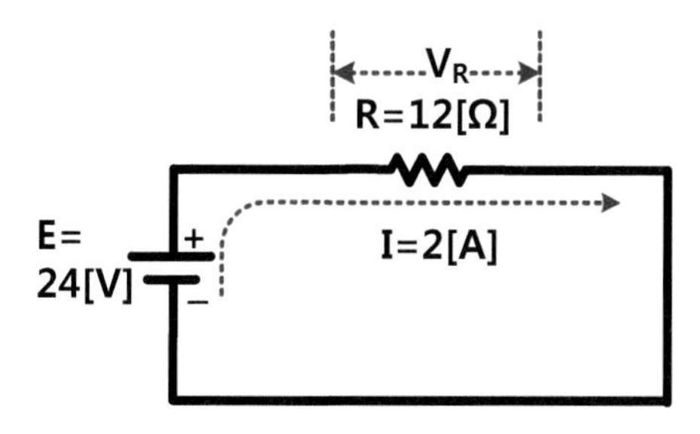

② 회로에 흐르는 전류는 I[A]는

$$I = \frac{E}{R} = \frac{24}{12} = 2\,[A]$$

③ 각 저항의 단자전압은

㉮ $V_{R1} = IR_1 = 2 \times 6 = 12[V]$

㉯ $V_{R2} = IR_2 = 2 \times 4 = 8[V]$

㉰ $V_{R3} = IR_3 = 2 \times 2 = 4[V]$

④ 각 저항의 단자전압을 전압분배 법칙에 의하여 구하면 다음과 같다.

㉮ V_{R1} 전압은 $V_{R1} = \frac{R_1}{R_1 + R_2 + R_3} \times E = \frac{6}{6+4+2} \times 24 = 12\,[V]$

㉯ V_{R2} 전압은 $V_{R2} = \frac{R_2}{R_1 + R_2 + R_3} \times E = \frac{4}{6+4+2} \times 24 = 8\,[V]$

㉰ V_{R3} 전압은 $V_{R3} = \frac{R_3}{R_1 + R_2 + R_3} \times E = \frac{2}{6+4+2} \times 24 = 4\,[V]$

2 병렬연결

① 저항의 병렬연결은 【그림 2.4】 ⓐ와 같이 전류 I가 한 길로 흐르다가 병렬연결점에서 분기된다.

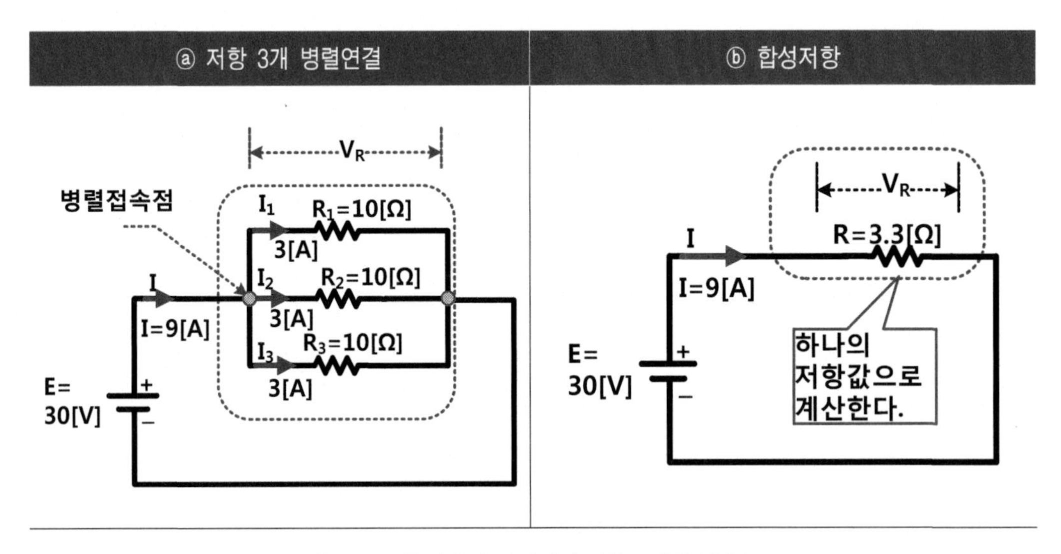

【그림 2.4】 저항의 병렬연결(저항 3개인 경우)

㉮ 분배되는 전류 비율은 저항값이 작은 쪽으로 많은 전류가 흐르고, 저항값이 큰 쪽으로 적은 전류가 흐른다.

㉯ 각 저항에 인가되는 전압의 크기는 같다.

② 10[Ω] 저항 3개를 병렬로 연결하고 여기에 30[V] 전원전압을 인가하면 각 저항에는 30[V]÷10[Ω]=3[A] 전류가 흐르고, 각 저항에 흐르는 전류의 합인 I(=전체전류)는 $I_1+I_2+I_3$=3[A]+3[A]+3[A]=9[A]가 된다.

③ 30[V] 전압을 가하는 경우 회로의 합성저항 R_T은 옴의 법칙에 의하여

$$R_T\,[\Omega] = \frac{E\,[V]}{I\,[A]} = \frac{30\,[V]}{9\,[A]} = 3.33\,[\Omega]$$

또는

$$R_T = \frac{1}{\dfrac{1}{R_1} + \dfrac{1}{R_2} + \dfrac{1}{R_3}}$$

이 된다.

④【그림 2.5】ⓐ와 같이 R_1, R_2 2개의 저항이 병렬로 연결된 회로에 전원전압 E[V]를 가했을 때 전원에서 유입하는 전류는 ⓐ점에서 각 저항에 분배되어 흐른다.

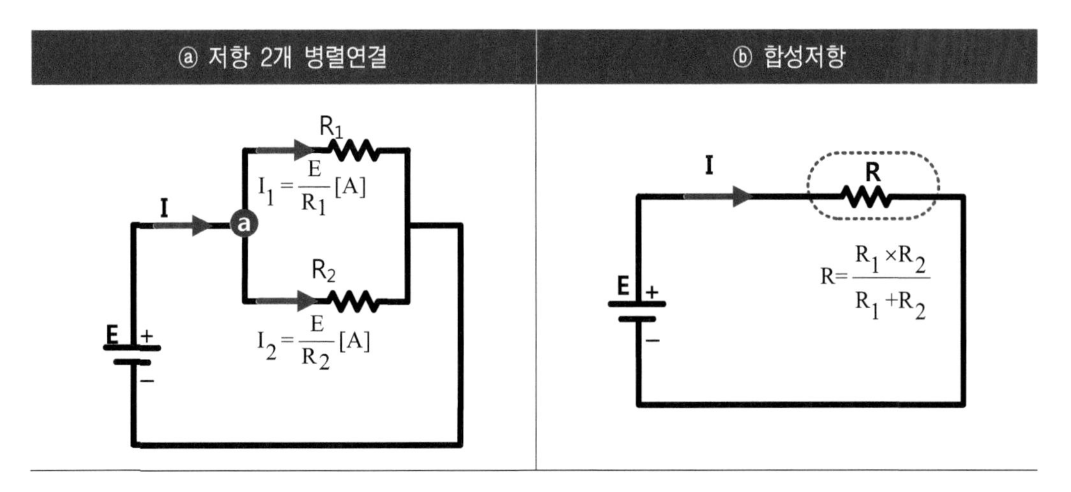

【그림 2.5】 저항의 병렬연결(저항 2개인 경우)

⑤ 각 저항에 흐르는 전류를 I_1, I_2라고 하면 옴의 법칙에 의해

$$I_1 = \frac{V}{R_1}[A],\ I_2 = \frac{V}{R_2}[A]$$

⑥ 전원전압에서 발생된 전류 I는 각 저항에 흐르는 전류의 합과 같다.

$$I = I_1 + I_2$$

⑦ 2개의 저항 R_1, R_2가 병렬로 연결하였을 때의 합성저항을 R[Ω]이라고 하면

$$R = \frac{1}{\frac{1}{R_1} + \frac{1}{R_2}} = \frac{R_1 \times R_2}{R_1 + R_2}[\Omega]$$

⑧ 전류분배 법칙에 의하여 I_1, I_2 전류를 구하면

$$I_1 = \frac{R_2}{R_1 + R_2} \times I,\quad I_2 = \frac{R_1}{R_1 + R_2} \times I$$

예제

다음 병렬회로에서 R_1=100[Ω], R_2=300[Ω] 저항에 흐르는 I, I_1, I_2 전류는 몇 [A]인가?

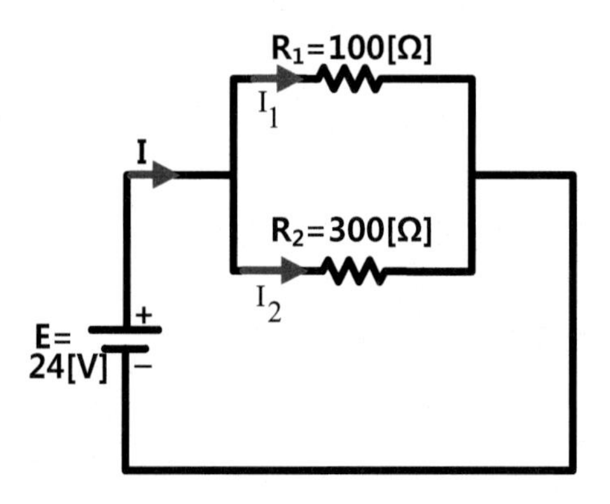

풀이

① 합성저항 R_T은

$$R_T = \frac{R_1 \times R_2}{R_1 + R_2} = \frac{100 \times 300}{100 + 300} = 75[\Omega]$$

② 회로에 흐르는 전류는 I, I_1, I_2는

$$I_1 = \frac{E}{R_1}[A] = \frac{24}{100} = 0.24[A]$$

$$I_2 = \frac{E}{R_2}[A] = \frac{24}{300} = 0.08[A]$$

$I=I_1+I_2=0.24[A]+0.08[A]=0.32[A]$

가 된다.

③ 전류분배 법칙에 의하여 회로에 흐르는 전류 I, I_1, I_2 구하면 다음과 같다.

$$I = \frac{E}{R} = \frac{24}{75} = 0.32[A]$$

$$I_1 = \frac{R_2}{R_1 + R_2} \times I = \frac{300}{100 + 300} \times 0.32 = 0.24[A]$$

$$I_2 = \frac{R_1}{R_1 + R_2} \times I = \frac{100}{100 + 300} \times 0.32 = 0.08[A]$$

예제

다음 직·병렬회로에서 R1=100[Ω], R2= 200[Ω], R3=300[Ω] 저항회로에 흐르는 I_1, I_2, I_3 전류는 몇 [A]인가?

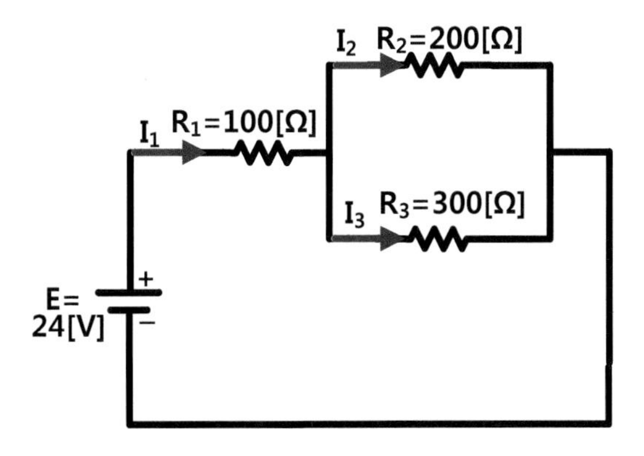

풀이

① 합성저항 R_T은

$$R_T = R_1 + \frac{R_2 \times R_3}{R_2 + R_3}$$

$$= 100 + \frac{200 \times 300}{200 + 300}$$

$$= 220[\Omega]$$

② 회로에 흐르는 전류 I는

$$I_1 = \frac{24}{220} = 0.11[A]$$

$$I_2 = \frac{R_3}{R_2 + R_3} \times I_1[A] = \frac{300}{200 + 300} \times 0.11 = 0.066[A]$$

$$I_3 = \frac{R_2}{R_2 + R_3} \times I[A] = \frac{200}{200 + 300} \times 0.11 = 0.044[A]$$

2.1.3 코일 연결

① 저항과 마찬가지로 코일을 직렬 또는 병렬로 연결 할 수 있으며, 코일을 직렬연결하면 인덕턴스의 크기가 증가하고, 반면에 병렬연결을 하면 인덕턴스의 크기가 감소한다.

② 코일을 직렬로 연결하는 경우에 합성인덕턴스의 값은 직렬로 저항을 연결할 경우와 같은 방법으로 구할 수 있다.

$$L_T = L_1 + L_2 + L_3$$

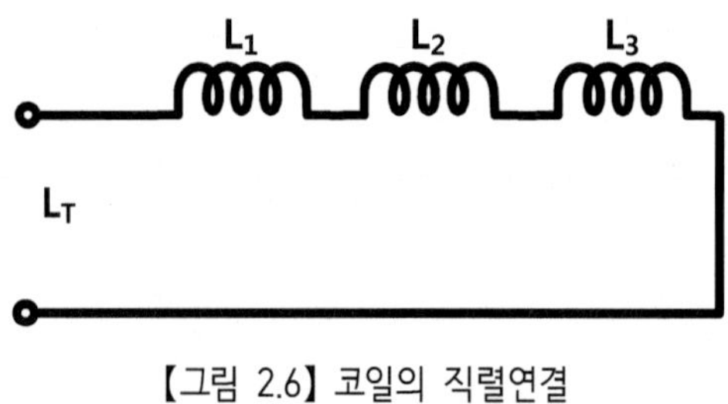

【그림 2.6】 코일의 직렬연결

③ 코일을 병렬로 연결하는 경우의 합성인덕턴스의 값은 병렬로 저항을 연결할 경우와 같은 방법으로 구할 수 있다.

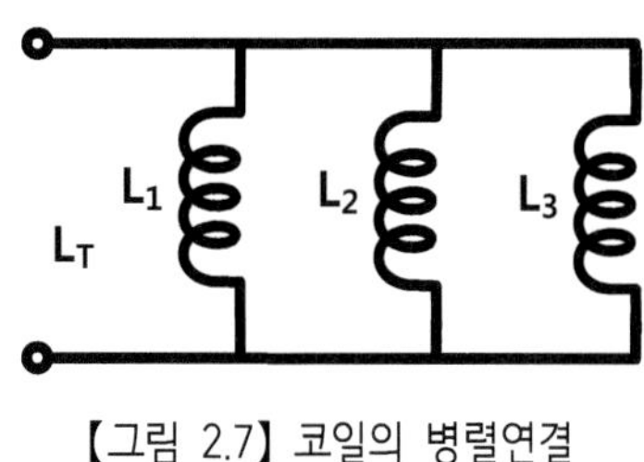

【그림 2.7】 코일의 병렬연결

$$\frac{1}{L_T}=\frac{1}{L_1}+\frac{1}{L_2}+\frac{1}{L_3}$$

두 병렬 코일에 대해서는 합성인덕턴스는

$$L_T=\frac{L_1\times L_2}{L_1+L_2}$$

예제

다음 회로와 같이 코일을 연결할 때 코일에 합성인덕턴스?

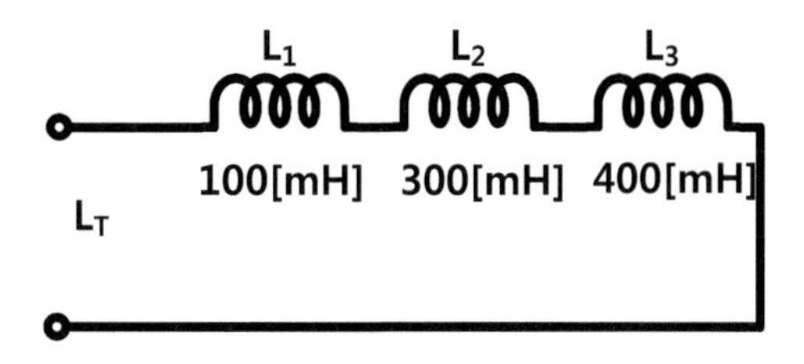

풀이

직렬로 코일을 연결할 경우, 합성인덕턴스는

$$L_T=L_1+L_2+L_3=100[mH]+300[mH]+400[mH]=800[mH]$$

2.1.4 콘덴서 연결

콘덴서는 저항과 똑같이 직렬이나 병렬로 연결하여 사용하는 경우가 많으며, 이때 합성정전용량, 전하, 전압과의 관계를 알아보자.

1 직렬연결

① 한 개의 콘덴서에 가할 수 있는 전압은 한계가 있으며, 따라서 한 개의 콘덴서에 인가하는 전압의 크기가 커지면 두 개 이상의 콘덴서를 직렬로 연결하여 사용한다.

② 【그림 2.8】은 정전용량 C_1, C_2, C_3[F]의 용량을 가진 3개의 콘덴서를 직렬로 연결하고 양단에 전원전압 E[V]를 가한 회로이다.

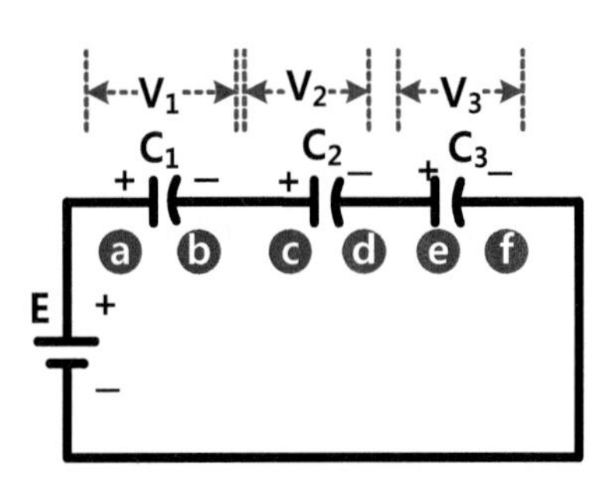

【그림 2.8】 콘덴서의 직렬연결

③ 콘덴서 C_1 ⓐ측 전극판에는 (+)Q[C]의 전하가 축적되고, 정전유도작용으로 ⓑ측 전극판에 (-)Q[C]의 전하가 발생한다. 또 C_3 ⓔ측 전극판에 (+)Q[C], ⓕ측 전극판에 (-)Q[C]의 전하가 축적된다.

④ 이와 같이, 각각의 전극에는 한쪽에 어떤 전하가 주어지면 다른 쪽의 전극에는 이것과 극성이 반대이고 같은 크기의 전하가 정전유도작용에 의하여 나타난다.

⑤ 콘덴서를 직렬로 연결했을 때 각각의 콘덴서에 축적되는 전하량은 같으며, 각각의 콘덴서에 인가한 전압을 V_1, V_2, V_3[V]라 하면

$$V_1 = \frac{Q}{C_1}[V],\ V_2 = \frac{Q}{C_2}[V],\ V_3 = \frac{Q}{C_3}[V]$$

⑥ 인가전압 E[V]는

$$
\begin{aligned}
E &= V_1 + V_2 + V_3 \\
&= \frac{Q}{C_1} + \frac{Q}{C_2} + \frac{Q}{C_3} = Q\left(\frac{1}{C_1} + \frac{1}{C_2} + \frac{1}{C_3}\right)[V]
\end{aligned}
$$

⑦ 합성정전용량 C

㉮ $C_T = \frac{Q}{E} = \frac{Q}{Q\left(\frac{1}{C_1} + \frac{1}{C_2} + \frac{1}{C_3}\right)} = \frac{1}{\left(\frac{1}{C_1} + \frac{1}{C_2} + \frac{1}{C_3}\right)}$

㉯ 콘덴서를 직렬로 연결했을 때 합성정전용량의 합은 각 콘덴서 정전용량의 역수합의 역수와 같다.

㉰ 예를 들면, 같은 용량의 콘덴서 두 개를 직렬로 연결하면 합성정전용량은 한 개의 용량의 1/2이 되고, 3개를 연결했을 때의 합성정전용량은 한 개의 용량의 1/3로 감소한다.

예제

콘덴서를 직렬 연결할 경우 콘덴서의 합성정전용량과 각 콘덴서에 인가되는 전압 V_1, V_2, V_3은 몇 [V]인가?

풀이

① 콘덴서 합성정전용량은 직렬연결이므로

$$
\begin{aligned}
C_T &= \frac{1}{\left(\frac{1}{C_1} + \frac{1}{C_2} + \frac{1}{C_3}\right)} = \frac{1}{\left(\frac{1}{0.1\mu F} + \frac{1}{0.5\mu F} + \frac{1}{0.2\mu F}\right)} \\
&= \frac{1}{17}[\mu F] = 0.0588[\mu F]
\end{aligned}
$$

② 각 콘덴서 전압은

$$V_1 = \frac{Q}{C_1}[V] = \frac{C_T}{C_1} \times E[V] = (\frac{0.0588[\mu F]}{0.1[\mu F]}) \times 12[V] = 7.056[V]$$

$$V_2 = \frac{Q}{C_2}[V] = \frac{C_T}{C_2} \times E[V] = (\frac{0.0588[\mu F]}{0.5[\mu F]}) \times 12[V] = 1.39[V]$$

$$V_3 = \frac{Q}{C_3}[V] = \frac{C_T}{C_3} \times E[V] = (\frac{0.0588[\mu F]}{0.2[\mu F]}) \times 12[V] = 3.48[V]$$

2 병렬연결

① 【그림 2.9】는 C_1, C_2, C_3[F]의 정전용량을 갖는 3개의 콘덴서를 병렬로 연결하고, 전원 전압 E[V]를 인가한 회로이다.

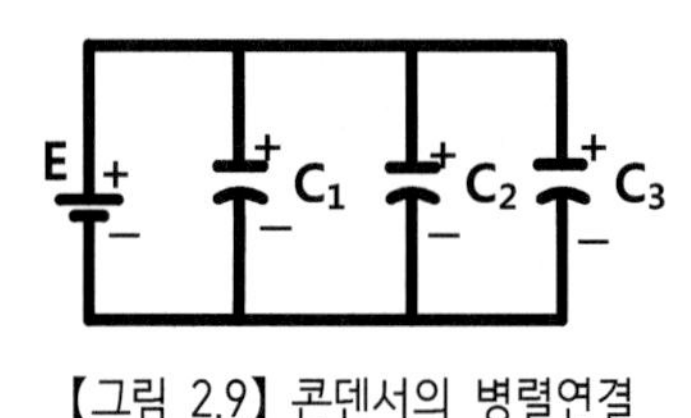

【그림 2.9】 콘덴서의 병렬연결

② 각 콘덴서에 축적되는 전하량은 각 콘덴서의 정전용량에 비례하므로 다음과 같다.

$$Q_1 = C_1E[C],\ Q_2 = C_2E[C],\ Q_3 = C_3E[C]$$

③ 회로 전체에 축적되는 전하 Q[C]는

$$Q = Q_1 + Q_2 + Q_3[C]$$

$$= Q_1E + Q_2E + Q_3E[C] = E(Q_1 + Q_2 + Q_3)[C]$$

④ 합성정전용량 C

㉮ $C_T = \frac{Q}{E} = C_{1+}C_2 + C_3[F]$

㉯ 따라서, 콘덴서를 병렬로 연결했을 때의 합성정전용량은 각 콘덴서의 용량의 합과 같다.

㉰ 여기서, 알 수 있는 것은 한 개의 콘덴서에 전압을 가해서 전하를 축적할 때와 같은 콘덴서 두 개를 병렬로 연결하여 같은 전압을 가해서 전하를 축적할 때를 비교해 보면 병렬로 연결한 쪽이 축적되는 전체 전하가 크다.

예제

콘덴서를 병렬연결할 경우 콘덴서의 합성정전용량과 각 콘덴서에 인가되는 전압 V_1, V_2, V_3는 몇 [V]인가?

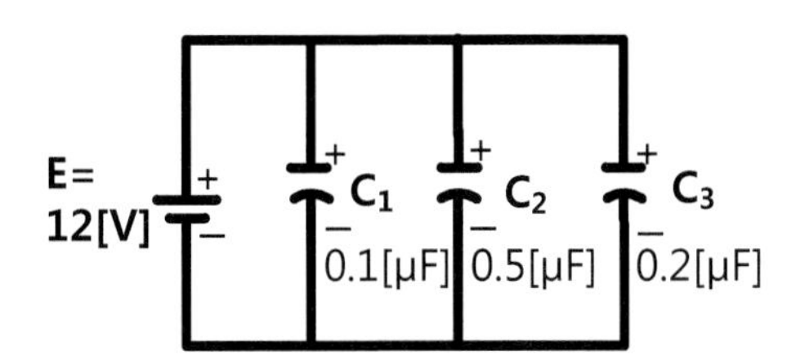

풀이

① 콘덴서의 합성정전용량은 병렬연결이므로

$$C_T = C_1 + C_2 + C_3[F] = 0.1[\mu F] + 0.5[\mu F] + 0.2[\mu F] = 0.8[\mu F]$$

② 각 콘덴서 전압은 V_1, V_2, V_3는 전원전압과 병렬회로이므로 전압은 12[V]가 인가된다.

2.1.5 키르히호프 법칙(Kirchhoff's Law)

키르히호프의 법칙(Kirchhoff's Law)에는 제1법칙인 전류법칙과 제2법칙인 전압법칙이 있다.

1 키르히호프의 제1법칙

① 키르히호프의 제1법칙은 "**전류법칙**"이라고 하며, 【그림 2.10】과 같이 한 분기점에서 흘러 들어오는 전류 I는 흘러 나가는 전류 I_1, I_2의 합은 같다.

② 회로 분기점으로 흘러 들어오는 전류를 (+), 흘러 나가는 전류를 (-)로 부호를 붙여 구별하면, 분기점에서 유입되고, 유출되는 전류의 합은 "0"이 된다.

③ 회로에 흐르는 전류는 저항에 반비례하여 흐른다.

④ 【그림 2.10】과 같이 node에 7[A] 전류가 흘러가면 2[Ω] 저항에는 5[A]가 흐르고, 5[Ω] 저항에는 2[A]가 흐른다.(전류의 분배 법칙)

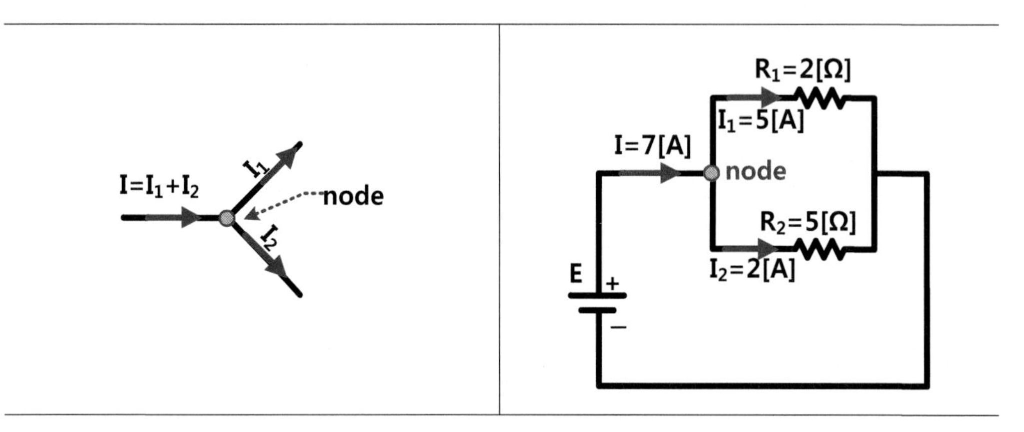

【그림 2.10】 키르히호프의 제1법칙

☞ **분기점 또는 마디(Node)**
여러 개의 전류가 흘러 들어오고 나가는 회로의 연결점

2 키르히호프의 제2법칙

① 키르히호프의 제2법칙은 **"전압법칙"**이며, 임의의 폐회로에서 회로 내의 모든 전위차의 합은 "0"이다. 즉, 전류가 임의의 폐회로를 따라 한 바퀴 흐르면서 저항에서 발생한 전압강하의 총합은 기전력의 총합과 같다.

② 【그림 2.11】 회로에서 인가한 전원전압은 3개의 저항에서 나누어져 소비된다.

③ 전압강하(Voltage Drop)

㉮ 전류가 두 전위 사이를 흐를 때 저항을 직렬로 여러 개를 연결하면, 전류가 각 저항을 통과할 때마다 전류(I)×저항(R)]만큼 전압이 감소하는데 이것을 **"전압강하"**라고 한다.

㉯ 전원전압은 각 저항에서 발생한 전압강하의 합계와 같다.

④ 각 저항마다 전류가 흘러서 전압강하가 발생하고, 각 저항의 전압강하를 모두 합하면 가해진 전원전압 E[V]가 된다.

⑤ 전원전압 E=6[V]=R_1 양단 전압강하+R_2 양단 전압강하+R_3 양단 전압강하

=1[V]+2[V]+3[V]

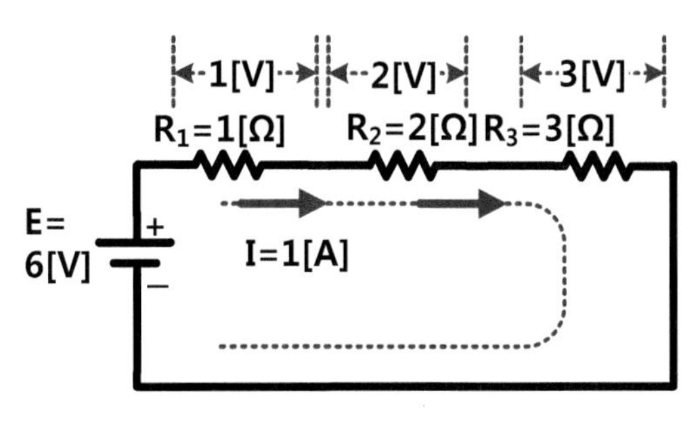

【그림 2.11】 키르히호프의 제2법칙

2.1.6 중첩의 원리

① "중첩의 원리"는 전압원과 전류원이 여러 개가 존재하는 전기·전자회로에서 어떤 한 소자에 흐르는 전류는 각각의 전압원과 전류원을 단독으로 생각하고 계산한 전류의 총합과 같다.

② 예를 들면, 전압원과 전류원 두 개가 동시에 존재하면 전압원은 단락하고 계산한 전류값을 "I_1", 전류원을 개방하고 계산한 전류값은 "I_2"라고 하면, 소자에 흐르는 전류는 I_1+I_2 이며, 소자의 인가되는 전압은 $(I_1+I_2)\times$(소자 저항값)이다.

☞ **단락(Short)**

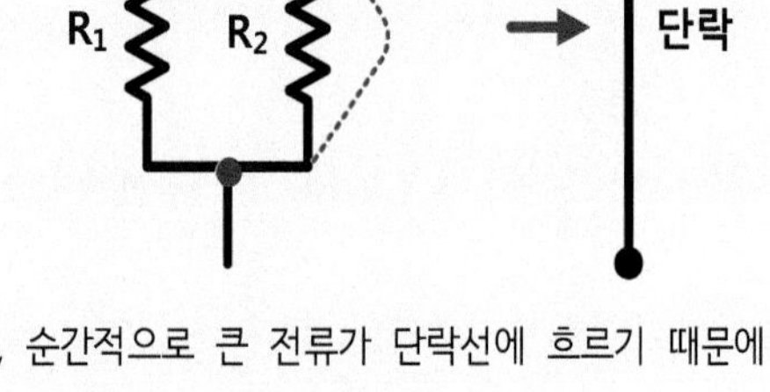

㉮ "단락"은 전원을 부하가 없는 상태로 바로 전선이 연결되는 것이다.

㉯ 회로에서 보면 저항 R_2양단을 전선으로 연결하면 단락상태가 된다.

㉰ 이 경우에는 단락선의 저항은 0[Ω]에 가까워지기 때문에 상대적으로 저항이 높은 저항 R_2로는 전류가 흐르지 못하기 때문에 R_2양단에는 거의 0[V] 전압이 인가되지만, 순간적으로 큰 전류가 단락선에 흐르기 때문에 전류에 의한 전기기기 소손의 원인이 된다.

㉱ 전원전압이 0[V]일 때는 전원의 저항값은 거의 0[Ω]이므로 단락상태와 같다.

☞ **개방(Open)**

㉮ "개방"은 단락과 반대로 전기회로가 끊어진 상태를 의미하며, 저항 R_2가 전선으로 연결되지 않고 끊어져 있다.

㉯ 개방상태가 되면 개방단자의 저항은 무한대에 가까워지기 때문에 상대적으로 저항값이 작은 저항 R_1으로 전류가 전부 흐른다.

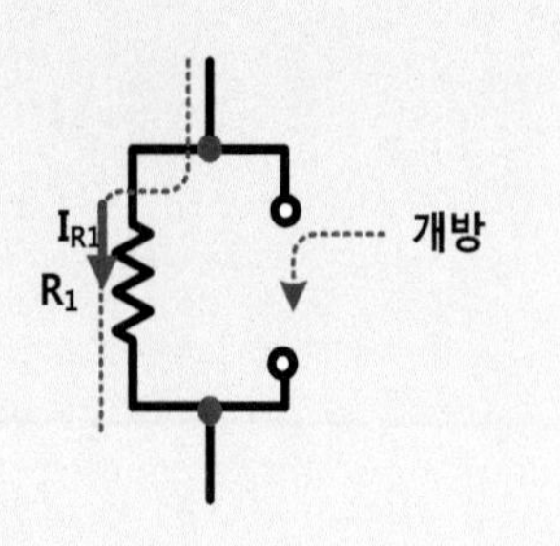

예제

다음 회로에서 저항 R_1에 흐르는 전류와 전압을 중첩의 원리에 의하여 구하여라.

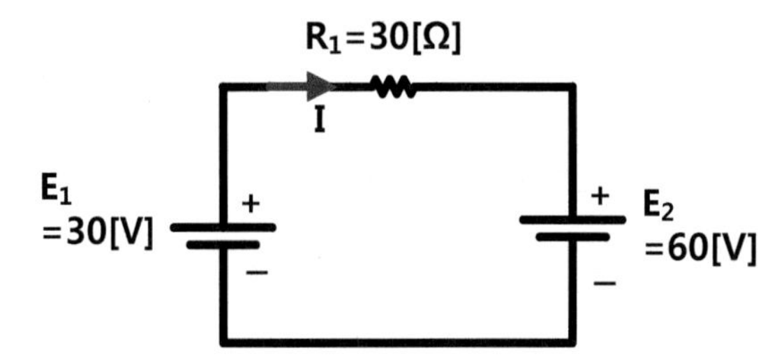

풀이

① 회로에는 E_1, E_2라는 두 개의 전압원이 존재하고 있으며, R_1에 흐르는 전류를 구하기 위해서는 E_2 전압원은 단락하고, E_1 전압원에 의하여 저항 R_1에 흐르는 전류를 먼저 구하면 다음과 같다.

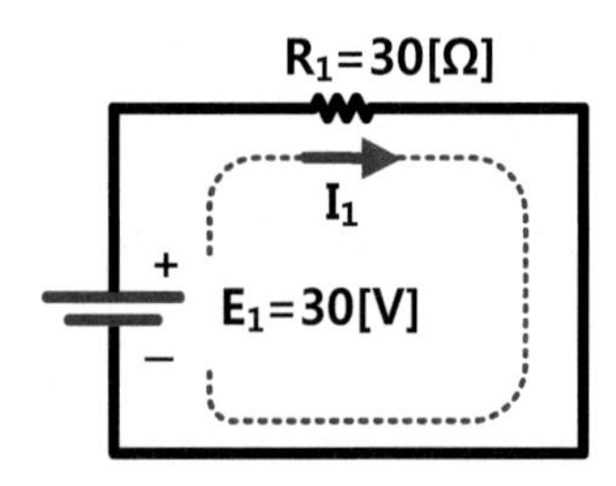

$$I_1 = \frac{E_1}{R_1} = \frac{30\,[V]}{30\,[\Omega]} = 1\,[A]$$

② E_1 전압원을 단락시키고, E_2 전압원에 의하여 저항 R_1에 흐르는 전류는 다음과 같다.

$$I_2 = \frac{E}{R_1} = \frac{60\,[V]}{30\,[\Omega]} = -2\,[A]$$

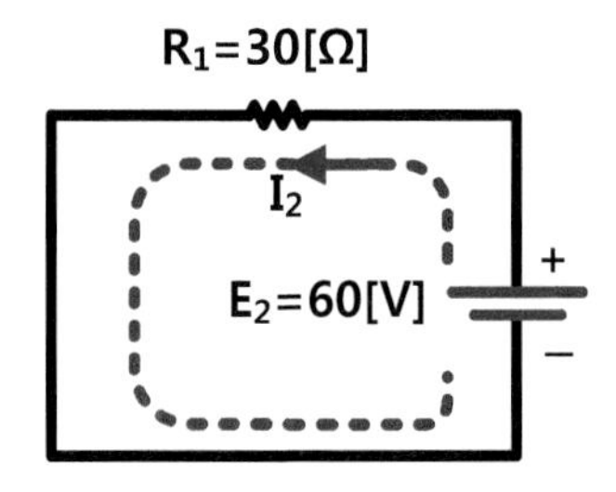

☞ I_2 전류는 반시계방향으로 흐르기 때문에 -2[A]가 흐른다.

③ 두 개의 전류를 더한 -1[A] 전류가 저항 R1에 흐른다.

④ 저항 R_1에 인가되는 전압은 $V_{R1}=I\times R_1=-1[A]\times 30[\Omega]=-30[V]$이다.

전자기파(電磁氣波)

전기장이 자기장을 만들고 또 그 자기장이 전기장을 만들며 진동하듯이 퍼져 나가는 것을 "전자기파"라 한다. 파장에 따라 라디오파(전파), 마이크로파, 적외선, 가시광선, 자외선, 엑스선, 감마선 등이 있으며, 우리 가정에서 사용하는 전자레인지에서는 마이크로파에 해당한다.

① 텔레비전 방송시간이 끝난 후 TV를 켜 보면 알 수 있다. 이 잡음신호는 우주대폭발(Big Bang)시 발생한 신호로, 우주에서 날아온 우주배경복사선이다.

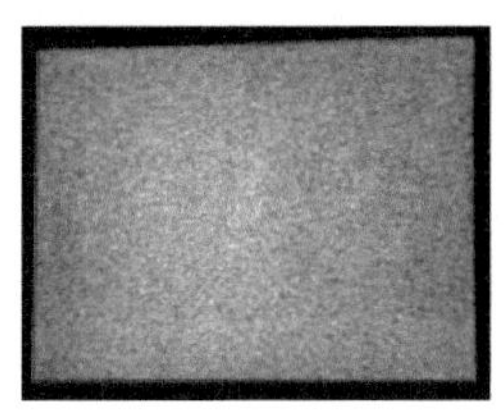

② 태양이나 전등과 같은 뜨거운 발광체에서는 가시광선이 발생되며, 뜨겁게 달궈진 돌에서는 적외선이 발생된다. 원적외선이 방출되는 돌은 노란색의 빛을 발한다.

③ 온도와 색에 관하여 살펴보면, 모든 물체는 해당 온도에 상응하는 양의 전자기파를 방출하며 이는 열복사에 해당한다. 별이나 태양의 온도를 측정하는 원리도 이를 바탕으로 한다.

④ 번개가 칠 때나 형광등의 스위치를 넣을 때 라디오나 TV에 잡음이 들어오는 것도 전자기파이며, 우리 주변에는 언제나 무수히 많은 전자기파가 방사되고 있다.

2.2 직류전력

2.2.1 직류전력

1 직류전력(Direct Current Power)

① "전력"이란 전기에너지를 입력받아서 다른 형태의 에너지(열, 빛, 회전력 등)로 어느 정도 변환되었는가를 나타내는 지표로서 단위시간당 전기에너지가 한 일을 의미한다. 예를 들어, 큰 전동기는 작은 전동기에 비해 큰 회전력을 갖는다. 그 이유는 같은 시간에 더 많은 전기에너지를 기계적 에너지로 변환할 수 있기 때문이다.

② 변환된 에너지는 줄[J]로 측정이 되며, 시간은 초[s]이다.

③ 전력의 단위는 W(와트)이며, 다음과 같이 정의할 수 있다.

$$P = \frac{W}{t}\,[W] = [J/s]$$

2 저항회로에서의 전력

옴의 법칙을 적용하여 회로에서 전력을 구하면

① 전류와 부하저항값을 알고 있을 때의 전력을 구하면

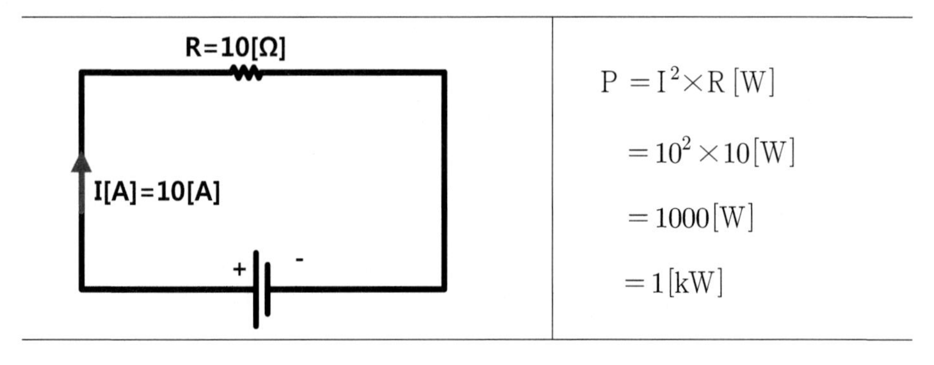

$$P = I^2 \times R\,[W] = 10^2 \times 10\,[W] = 1000\,[W] = 1\,[kW]$$

② 전원전압와 부하전류값을 알고 있을 때의 전력을 구하면

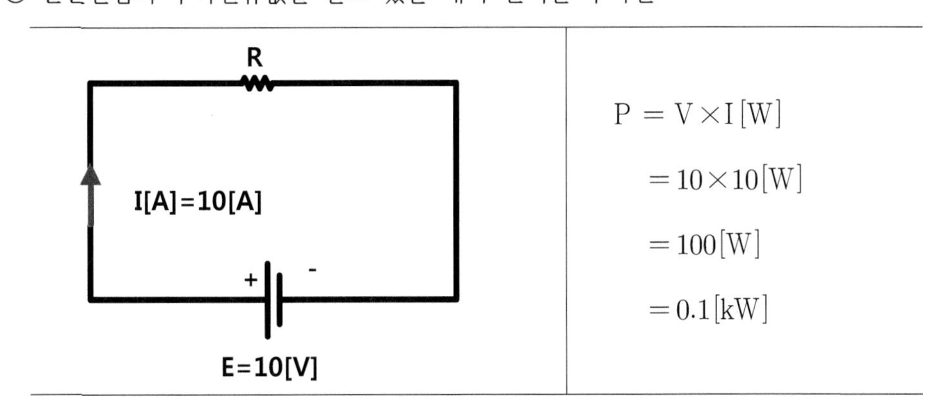

$$P = V \times I\,[W] = 10 \times 10\,[W] = 100\,[W] = 0.1\,[kW]$$

③ 전원전압과 부하저항값을 알고 있을 때의 전력을 구하면

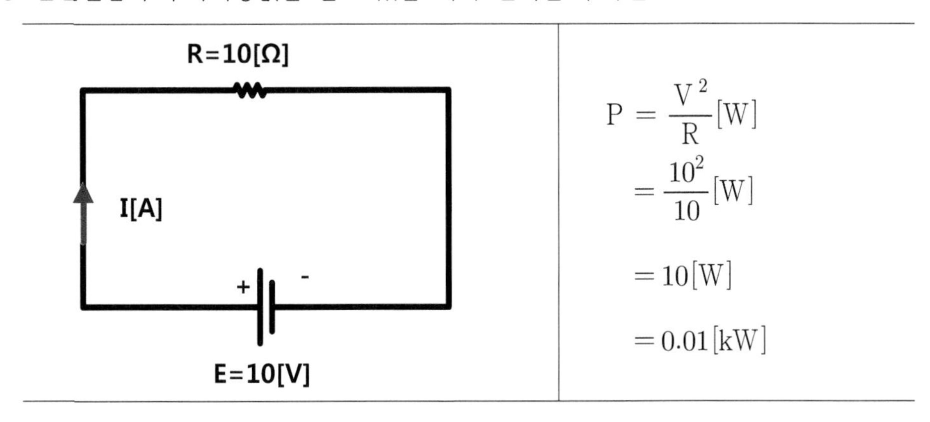

$$P = \frac{V^2}{R}\,[W] = \frac{10^2}{10}\,[W] = 10\,[W] = 0.01\,[kW]$$

3 저항의 열용량과 허용전압 및 전류

① R[Ω] 저항에, I[A]전류가 흐르면, 매초 I^2R[W]의 전력을 소비하고 $0.24I^2R$[cal]의 열량을 발생하여 온도가 상승한다.

② 전류가 정격이상으로 과도하게 흐르면, 과열하여 피막이 타게 되어 저항체가 파손이 되므로 저항기에 흐르는 전류에 대한 제한이 필요하다. 이것을 제한하는 전류를 "정격전류" 또는 **"허용전류"**라고 한다.

③ 저항에서 소비되는 전력의 한계, 즉 **저항의 내열용량**(허용 최대 소비전력=정격전력=Rated Power) 또는 **정격전력**을 표시하고 있다.

④ 저항기를 쓸 때는 정격전력이나 정격전류를 고려하여 정격 이상으로 초과하지 않게 주의를 하여야 한다.

⑤ 저항의 내열용량은 다음과 같은 식에 의하여 구할 수 있다.

㉮ 전압 기준식 : 저항 R에서 소비되는 전력은 인가된 전압 V의 제곱에 비례한다.

$$P = \frac{V^2}{R}$$

㉯ 전류 기준식 : 저항 R에서 소비되는 전력은 소자에 흐르는 전류의 제곱에 비례한다.

$$P = I^2R$$

㉰ 위 식으로부터 저항 R과 정격전력(내열용량) P가 주어졌을 때 인가할 수 있는 최대 전압 V와 허용전류 I는 다음 식에 의하여 구할 수 있다.

$$V = \sqrt{PR} \qquad I = \sqrt{\frac{P}{R}}$$

☞ **줄열(Joule Heat)**

㉮ 전류에 의하여 단위시간에 발생하는 열량은 (도체의 저항×전류의 제곱)에 비례하는 것을 "줄의 법칙"(Joule's Law)이라 하며, 발생하는 열을 "줄열(Joule Heat)"이라 한다.

㉯ 저항이 R[Ω]인 도체에 I[A]의 전류가 t[s] 동안 흐를 때 그 도체에 발생하는 열에너지 H는 다음과 같다. $P=I^2Rt$ [J]이고 , H[cal]로 표시하면 $H=0.24I^2Rt$ [cal]가 된다.

㉰ [J]는 에너지의 단위로 줄(Joule)이라고 한다.

☞ **정격전력**

㉮ 각 전기제품 및 소자는 사용할 수 있는 전력에 한계가 정해져 있다.

㉯ 이 한계는 순간적인 한계와 장시간 사용했을 때의 한계가 있는데, 장시간 사용해도 기기와 소자에 손상이 가지 않고 연속적으로 사용할 수 있는 최대전력을 정격전력으로 규정하고 있으며, 정격전력 이하로 기기를 사용해야 한다.

㉰ 고정저항의 내열용량은 그 크기와 재질에 따라 정해지며, 피막형 저항은 1/4[W], 1/2[W], 1[W], 2[W] 제품만 생산된다. 대용량의 저항기는 시멘트 저항이나 권선저항의 형태를 가진다.

예제

전원전압 5[V]를 1/4[W], 100[Ω] 저항에 인가하는 경우 저항의 허용전류를 구하여라.

풀이

허용전류는 소비전력 $P = I^2 \times R$의 식에서 I에 대하여 정리를 하면

허용전류는 $I = \sqrt{\frac{P}{R}} = \sqrt{\frac{0.25}{100}} = 0.05\,[A] = 50\,[mA]$ 가 된다.

예제

전원전압 5[V]를 1/2[W], 100[Ω] 저항에 인가하는 경우에 허용전류를 구하여라.

풀이

허용전류는 $I = \sqrt{\frac{P}{R}} = \sqrt{\frac{0.5}{100}} = 0.0707\,[A] = 70.7\,[mA]$가 된다.

예제

전원전압 12[V]를 인가한 회로에 20[mA] 전류가 흐르게 저항을 결선하려고 한다. 이 경우 정격에 맞는 저항값과 열용량은 얼마인가?

풀이

① V=12[V], I=0.02[A]를 옴의 법칙에 대입하면 저항값은

$$R = \frac{V}{I} = \frac{12}{0.02} = 600\,[\Omega]$$ 이 되고

② 열용량은 $P = \frac{V^2}{R} = \frac{12^2}{600} = 0.24\,[W]$ 또는 $P = I^2R = 0.02^2 \times 600 = 0.24\,[W]$이다.

③ 여기에서 실제적으로 사용하는 열용량은 이론적으로 계산값의 2배 이상으로 선정하는 것이 안정적으로 사용할 수 있기 때문에 저항의 열용량은 0.5[W]가 된다.

예제

220[V], 100[W] 전구와 220[V], 200[W] 전구가 직렬로 연결하면 100[W] 전구와 200[W] 전구가 실제 소비하는 전력의 비는 [W]는?

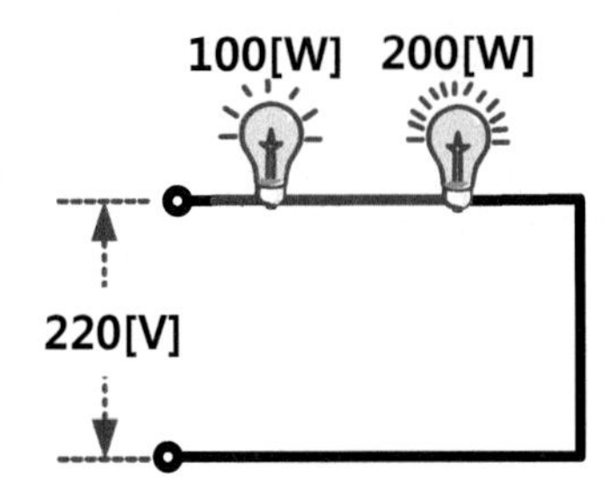

풀이

① $P = \frac{V^2}{R}$에서 $R = \frac{V^2}{P}$

100[W] 전구 저항은 $R_{100} = \frac{220^2}{100} = 484[\Omega]$

200[W] 전구 저항은 $R_{200} = \frac{220^2}{200} = 242[\Omega]$

② 직렬회로에서는 전류는 일정하기 때문에 소비전력은 $P = I^2R \propto R$이 되기 때문에 실제 소비되는 전력의 비는 2 : 1이 된다.

2.2.2 전력량

① 전기에너지가 어떤 시간 안에 행한 전기적인 일의 총량, 즉 전기에너지의 총량을 "전력량"이라고 하며 이 전력량과 전력 사이에는 다음과 같은 관계가 있다.

전력량=전력×시간

② 전력량의 기호는 W, 단위에는 Ws(와트초)를 사용한다.

③ 따라서 전력을 P[W], 전기에너지가 소비된 시간을 t[s]라고 하면 전력량 W는 다음과 같이 정의한다.

W=Pt[Ws]

㉮ 1와트초(=1[Ws]) ⇒ 1[W]의 전력으로 1초간 사용한 전력량

㉯ 1와트시(=1[Wh]) ⇒ 1[W]의 전력으로 1시간 사용한 전력량

㉰ 1킬로와트시(=1[kWh]) ⇒ 1[kW] 전력으로 1시간 사용한 전력량

2.2.3 코일 및 콘덴서의 축적에너지

① 이상적인 코일은 공급받은 전기에너지를 소비하지 않고 자기에너지 형태로

$W = \frac{1}{2}LI^2[J]$ 에너지를 저장한다.

② 이상적인 콘덴서는 공급받은 전기에너지를 소비하지 않고 정전에너지 형태로

$W = \frac{1}{2}CV^2 = \frac{1}{2}QV = \frac{Q^2}{2C}[J]$ 에너지를 저장한다.

예제

전류 5[A]가 20[mH] 인덕턴스에 흐르는 경우 축적되는 자기에너지는 W_L[J]은?

풀이

$$W = \frac{1}{2}LI^2 = \frac{1}{2}(20\times 10^{-3}\times 5^2) = 0.25[J]$$

예제

어떤 콘덴서를 220[V]로 충전하는데 9[J]의 에너지가 필요한 경우에 이 콘덴서의 정전용량은 몇 [μF]인가?

풀이

$W = \frac{1}{2}CV^2$에서 $C = \frac{2W}{V^2} = \frac{2\times 9}{220^2} = 371.9[\mu F]$

2.3 콘덴서 충 · 방전

2.3.1 콘덴서 충·방전

1 콘덴서 충전

① 【그림 2.12】와 같이 콘덴서의 전위가 중성인 상태는 (+)극, (-)극의 전자개수와 양성자개수는 동일한 상태이다.

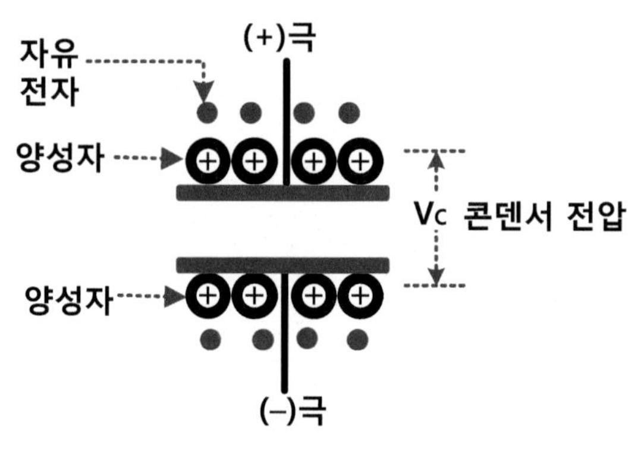

【그림 2.12】 콘덴서의 중성상태

② 충전과정

㉮ 【그림 2.13】 ⓐ와 같이 콘덴서 양단에 직류전원 E[V]을 인가하면, 위쪽 극판에 있는 자유전자들이 이동하기 시작하여, 두 극판의 전기적인 중성상태가 깨지며 위쪽 전극은 전자를 잃어서 (+)전하로, 아래쪽 전극은 전자를 얻어서 (-)전하로 대전된다.

㉯ 두 평행극판 사이는 전계가 형성되기 시작하며, 콘덴서 전압은 증가한다.

㉰ 위 극판에 있는 전자가 모두 아래 극판으로 이동이 완료되면 더 이상 전자의 이동이 없기 때문에 콘덴서에 충전전류가 흐르지 않는다.

㉱ 이와 같이 콘덴서의 (-)전극에 전자가 축적되는 과정을 **"충전"**이라고 한다. 이와 같이 전자들을 이동시켜 전하를 축적할 수 있는 용량을 "정전용량"이라고 한다.

㉲ 콘덴서 충전전압은 저항을 통하여 콘덴서에 충전전류가 흐르고, 이 때 콘덴서 양단 전압은 0[V]에서 시간이 경과함에 따라서 지수적으로 전압이 증가한다.

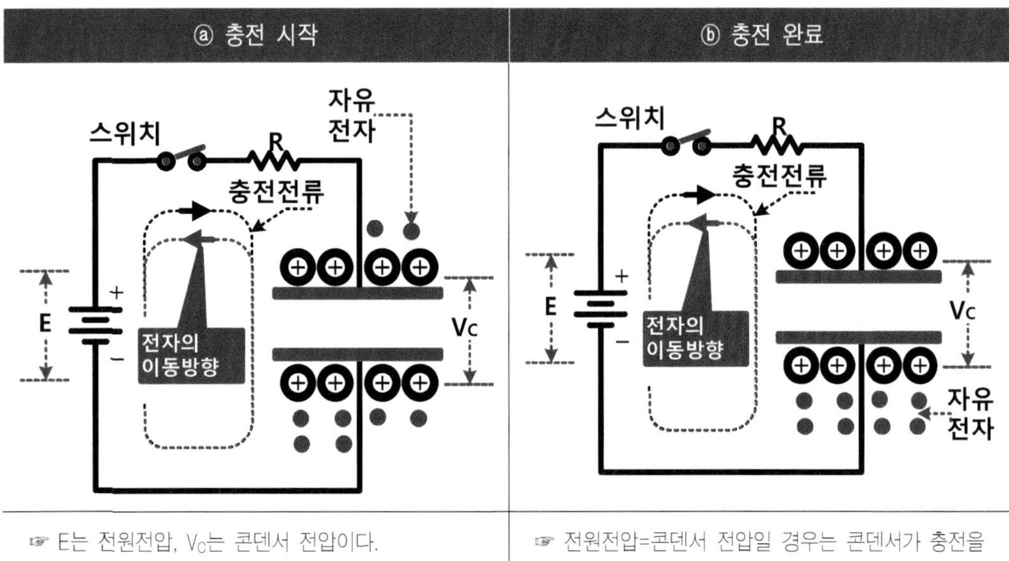

ⓐ 충전 시작

☞ E는 전원전압, V_C는 콘덴서 전압이다.
☞ 전원전압 〉 콘덴서 전압일 경우는 콘덴서가 충전을 시작
☞ 콘덴서 전압은 0[V]에서 지수적으로 증가
☞ 충전전류는 충전이 시작할 때 가장 큰 (+)전류값을 가지며 시간이 지남에 따라서 지수적으로 감소한다.

ⓑ 충전 완료

☞ 전원전압=콘덴서 전압일 경우는 콘덴서가 충전을 완료
☞ 콘덴서 전압은 전원전압과 같다.
☞ 충전전류는 0[A]이다.

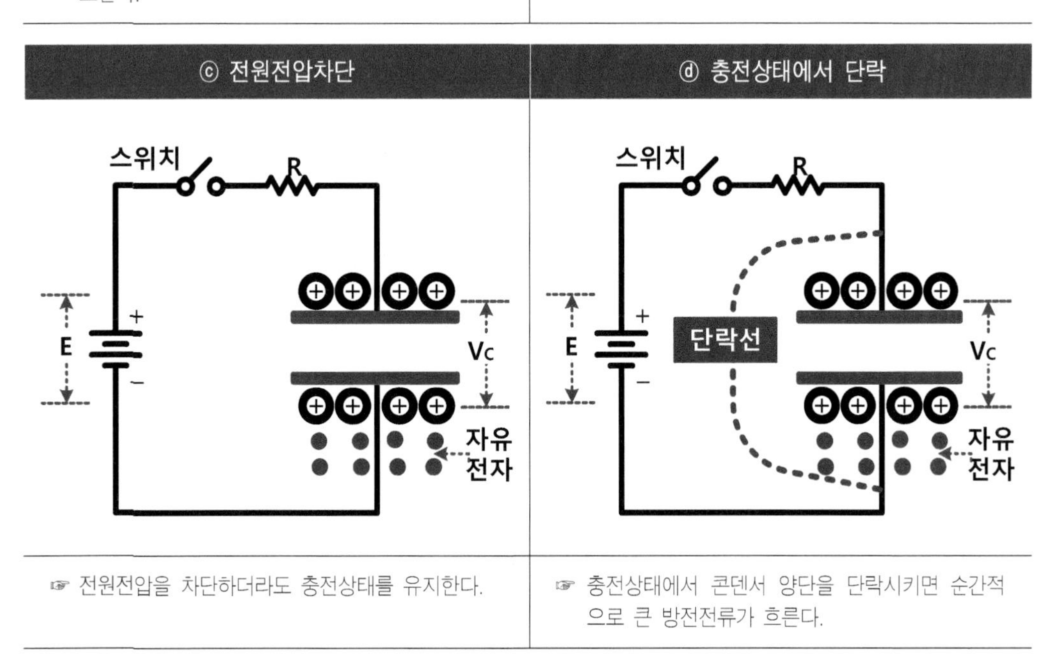

ⓒ 전원전압차단

☞ 전원전압을 차단하더라도 충전상태를 유지한다.

ⓓ 충전상태에서 단락

☞ 충전상태에서 콘덴서 양단을 단락시키면 순간적으로 큰 방전전류가 흐른다.

【그림 2.13】 콘덴서의 충전과정

㉶ 이는 큰 물통에 수돗물을 받을 때 물의 높이가 서서히 올라가는 것과 같다. 큰 물통의 경우는 물 수위가 천천히 올라가고 작은 물통의 경우는 물 수위가 빠르게 올라가는 것처럼 콘덴서의 정전용량이 크면 전압이 천천히 올라가고 정전용량이 적으면 빠르게 올라간다.

③ 【그림 2.13】 ⓒ와 같이 콘덴서는 일단 충전된 상태에서 전원전압을 차단하더라도 전하 충전된 상태를 유지하고 있다. 콘덴서는 이와 같이 전하를 축적하는 성질을 갖고 있으므로, **"콘덴서(Condenser=Capacitor=축전기)"**라고 한다.

2 콘덴서 방전

① 방전과정

㉮ 【그림 2.14】 ⓑ와 같이 충전이 완료된 콘덴서에 저항을 연결하면, 아래쪽 극판에 있는 자유전자들이 위쪽 극판으로 이동하기 시작하면서, 방전전류가 흐르고, 콘덴서 전압은 지수적으로 감소하기 시작한다.

㉯ 충분한 시간이 경과하면 아래쪽 극판의 전자개수와 위쪽 극판의 전자개수가 같아지면 더 이상 이동할 전자가 없기 때문에 더 이상 전류는 흐르지 않는다. 이 때 콘덴서에서 나오는 전류를 "방전전류"라고 하며, 이런 과정을 **"방전"**이라 한다. 방전이 완료되면 콘덴서에는 더 이상 방전전류가 흐르지 않고 콘덴서 전압은 0[V]가 된다.

㉰ 콘덴서 방전전압은 스위치가 연결 상태가 되면 콘덴서의 전류가 저항을 통하여 방전한다. 이는 물이 물통 구멍을 통하여 빠져나갈 때 물 높이가 서서히 낮아지는 것과 같다. 큰 물통의 경우 물 수위가 천천히 낮아지는 것처럼 콘덴서의 정전용량이 클수록 전압은 천천히 감소한다.

② 이와 같이 콘덴서에는 전하가 이동하는 시간동안만 충전·방전전류가 흐르며, 전원으로부터 받은 에너지를 저장하였다가, 방전조건이 되면 전자를 다시 돌려주기 때문에 **"에너지 저장소자"**라고 한다.

☞ **콘덴서 방전**
콘덴서 (+), (-) 양극판의 전하를 중성으로 만드는 작용

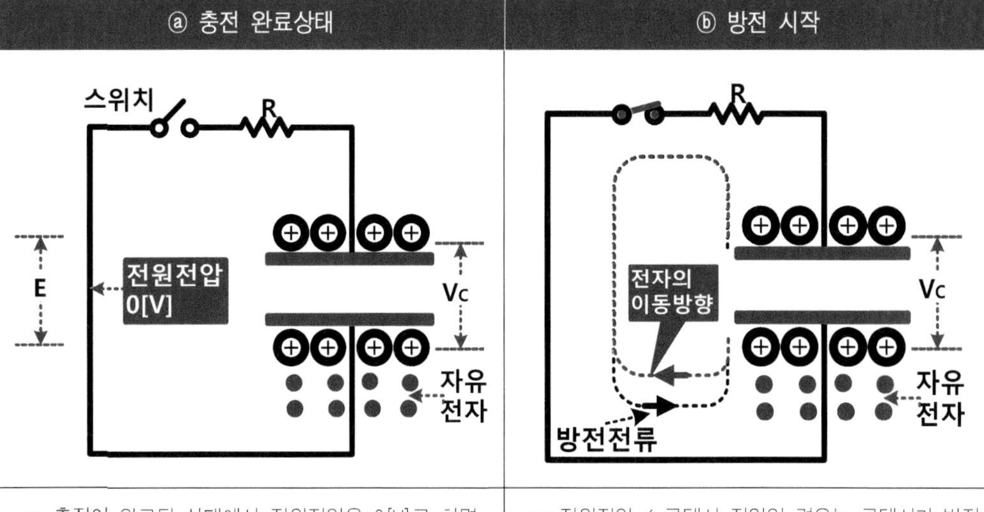

ⓐ 충전 완료상태

☞ 충전이 완료된 상태에서 전원전압을 0[V]로 하면 콘덴서가 방전을 시작한다.

ⓑ 방전 시작

☞ 전원전압 < 콘덴서 전압일 경우는 콘덴서가 방전을 시작
☞ 콘덴서전압은 지수적으로 감소
☞ 방전전류는 방전이 시작할 때 가장 큰 (-)방전류 값을 가지며, 시간이 지남에 따라서 지수적으로 감소한다.

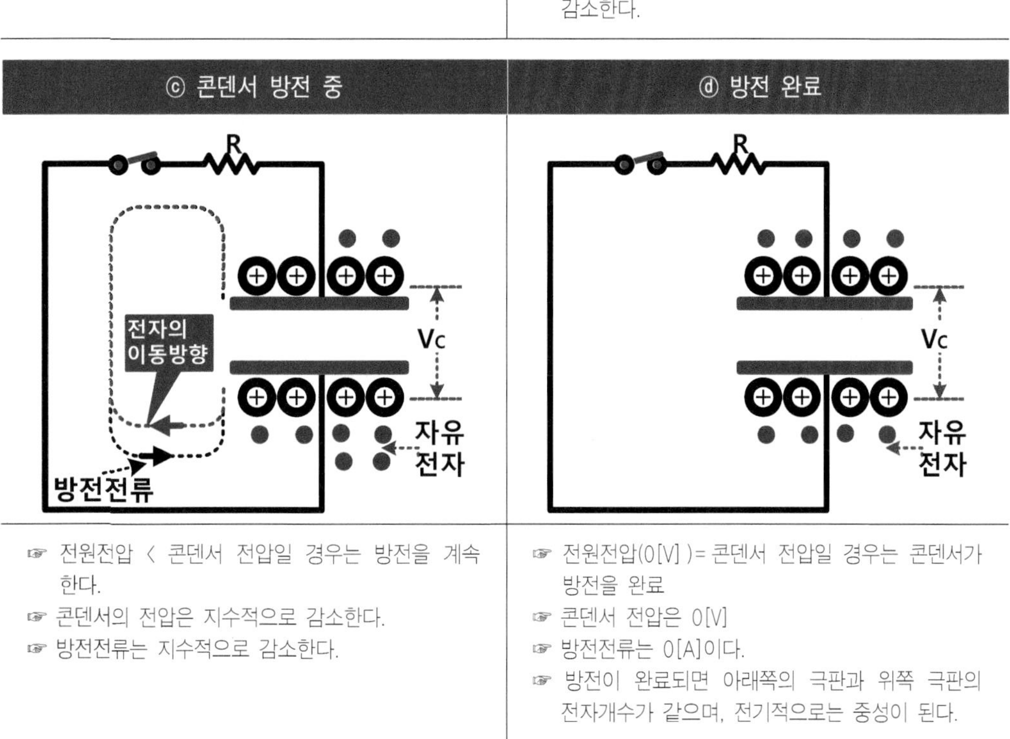

ⓒ 콘덴서 방전 중

☞ 전원전압 < 콘덴서 전압일 경우는 방전을 계속한다.
☞ 콘덴서의 전압은 지수적으로 감소한다.
☞ 방전전류는 지수적으로 감소한다.

ⓓ 방전 완료

☞ 전원전압(0[V])= 콘덴서 전압일 경우는 콘덴서가 방전을 완료
☞ 콘덴서 전압은 0[V]
☞ 방전전류는 0[A]이다.
☞ 방전이 완료되면 아래쪽의 극판과 위쪽 극판의 전자개수가 같으며, 전기적으로는 중성이 된다.

【그림 2.14】 콘덴서의 방전과정

2.4 자기회로의 기본법칙

2.4.1 자기(Magnetism)

① 자철광은 철이나 니켈 등을 흡인하는 성질을 지니고 있는데 이 성질을 "자성(磁性)"이라고 하며, 흡인하는 힘을 "자기(磁氣)"라고 한다.

② 자성을 지니고 있는 물체를 "자석(磁石)"이라고 한다.

㉮ 철, 니켈, 코발트와 같이 자기작용을 하거나 자석이 될 수 있는 물체를 "자성체"

㉯ 알루미늄, 구리 등과 같이 자기가 거의 없는 것을 "비자성체"라고 한다.

㉰ 자석의 양끝을 "자극(磁極)"이라고 부르며 이곳에서 자력이 가장 크다.

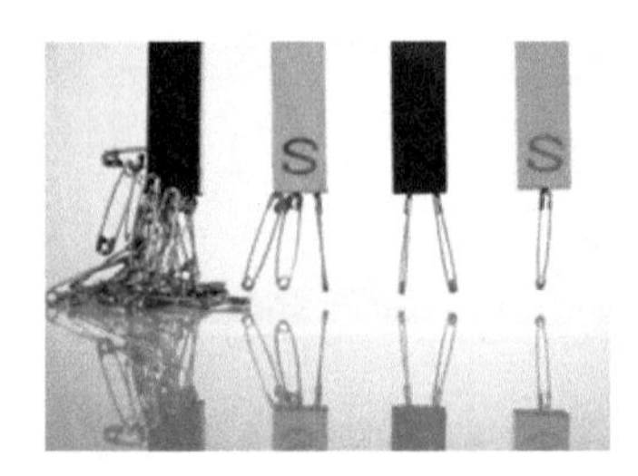

【그림 2.15】 영구자석

㉱ 자석에는 자철광과 같은 천연(天然)자석 이외에 직류 발전기의 계자 철심에서 사용되는 영구(永久)자석과 전동기의 솔레노이드 스위치와 같이 코일에 전류를 흐르게 하면 자석이 되는 인공자석(전자석) 등이 있다.

㉲ 자석은 N(North)극과 S(South)극이 있으며, 그 성질은 같은 종류(同種)의 자극은 서로 밀어내고, 다른 종류(異種)의 자극은 서로 인력이 작용한다.

☞ **솔레노이드(Solenoid)**
도선을 촘촘하고 균일하게 원통형으로 길게 감아 만든 전자석.

2.4.2 자계와 자기력선

① 자석 위에 유리판을 올려놓고 그 위에 쇳가루를 뿌린 후 유리판을 가볍게 두드리면 【그림 2.16】과 같이 N극과 S극을 연결하는 가상의 선이 있으며, 이 선을 "자력선(磁力線) 또는 자기력선"이라 한다. 이와 같이 자력선에 의하여 영향을 받는 공간을 "자계(磁界) 또는 자장(磁場)"이라 한다.

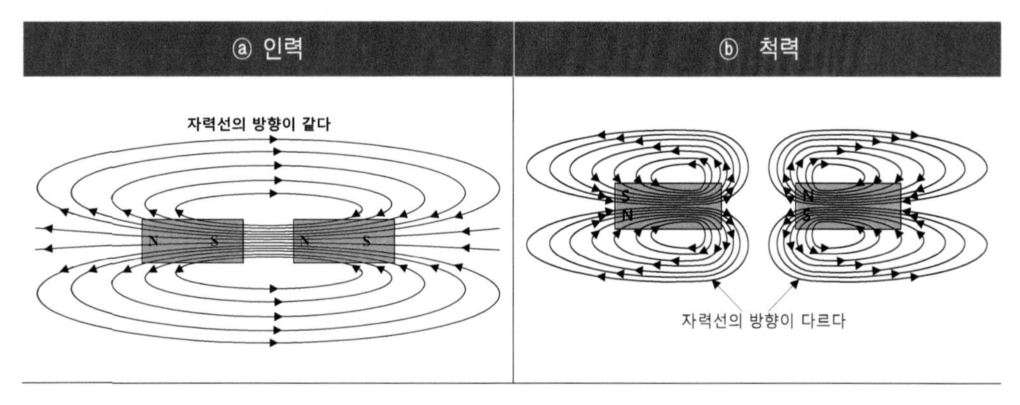

【그림 2.16】 자기력선

② 쇳가루가 배열되는 것은 쇳가루 입자 하나하나가 모두 작은 자석이 되어 자력이 작용하는 방향으로 배열되기 때문이다.

③ 자력선의 성질은 N극과 S극을 마주하면 서로 잡아당기고, N극과 N극, S극과 S극을 마주하면, 자력선이 서로 반발하여 서로 멀어지려는 현상을 갖고 있다.

④ 공기 중에서는 N극에서 S극으로 자기력선이 향하고, 자석 내부에서는 S극에서 N극으로 이동하며 자력선과 자속의 관계는 물질에 자력선이 통과하는 비율로 결정된다.

⑤ 자속(磁束, Magnetic Flux)

㉮ "束"은 묶음, 다발을 뜻하며, 자속은 전체 자기력선을 한데 묶은 다발이며, 그리스 문자 "φ"로 나타낸다.

㉯ 단위는 [Mx(맥스웰)], [Wb(웨버)]를 사용하는데, 1[Mx]는 자기력선 1개를 뜻한다. 예를 들면 【그림 2.17】과 같이 N극에서 나와 S극으로 들어가는 자기력선의 수가 여섯 개이므로 전체자속은 6[Mx]가 된다.

㉰ 웨버는 맥스웰보다 큰 단위로 1[Wb]=1×10^8[Mx]이다.

㉱ 자기장이 세고, 코일의 면적이 클수록 코일을 관통하는 자기력선의 개수가 많다.

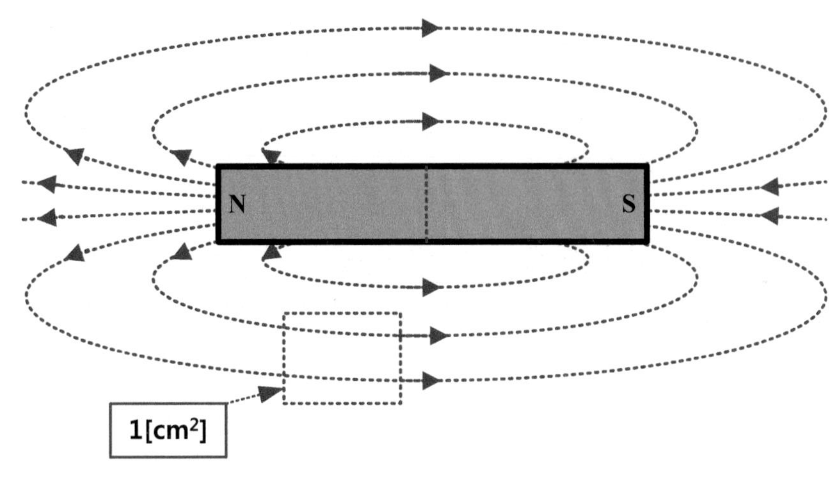

【그림 2.17】 자기력선 및 자속밀도

⑥ 자속밀도(B)

㉮ 단위 면적을 수직으로 지나는 자기력선의 수. 줄여서 "자속밀도"라고 한다.

㉯ 식으로 나타내면 $B = \frac{\Phi}{S}$ 이다.

㉰ 단위는 [G=가우스] 또는 [T=테슬라]를 사용한다.

㉱ 가우스 단위는 1[cm^2]당 자기력선수(=Mx)를 나타내므로 1G=1[Mx/cm^2]

㉲ 테슬라 단위는 1[m^2]당 자속(=Wb)를 나타내므로 1T=1[Wb/m^2]

2.4.3 전류가 형성하는 자계

1 직선도선 주위의 자기장

【그림 2.18】과 같이 두꺼운 종이에 구멍을 뚫고 전선을 통과시킨 후 전선에 전류를 흘리면 종이 위에 쇳가루를 뿌리면 쇳가루는 전선을 중심으로 여러 갈래의 원형(링) 모양을 형성하는데, 이것은 전선에 전류가 흘러서 전선주위에 맴돌이 자기력선이 발생하기 때문이다.

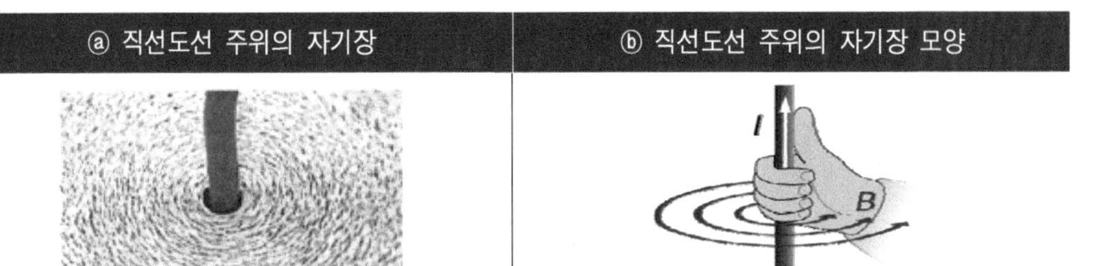

【그림 2.18】 직선도선 주위의 자기장

2 오른나사 법칙과 엄지손가락 법칙

① 오른나사 법칙(직선전류)

직선도체에 전류가 흐를 때 생기는 자기력선의 방향을 알려면 전류 방향을 오른나사가 진행하는 방향과 같게 하면 자기력선의 방향은 오른나사가 도는 방향이 된다. 이 법칙을 "오른나사 법칙"이라 한다.

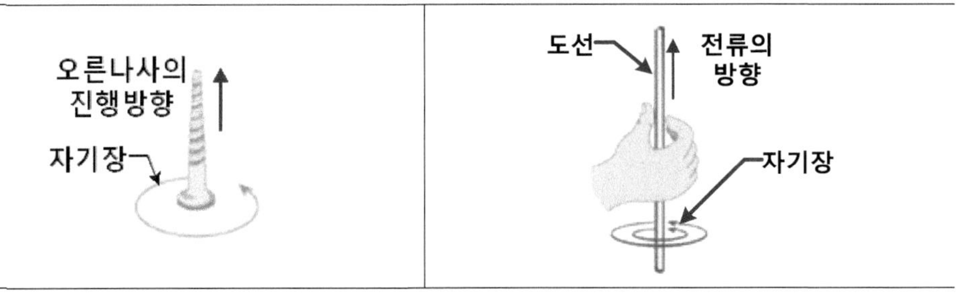

【그림 2.19】 직선전류에 의한 자기장 방향

☞ **전류 방향표시**

자기장에서 전류 방향을 일일이 화살표로 표시하는 것은 불편하므로 일반적으로는 점과 가위표로 표시한다. 여기서 점⊙은 전류가 흘러나오는 방향을 표시하고 가위표⊗는 전류가 흘러 들어가는 방향을 표시한다.

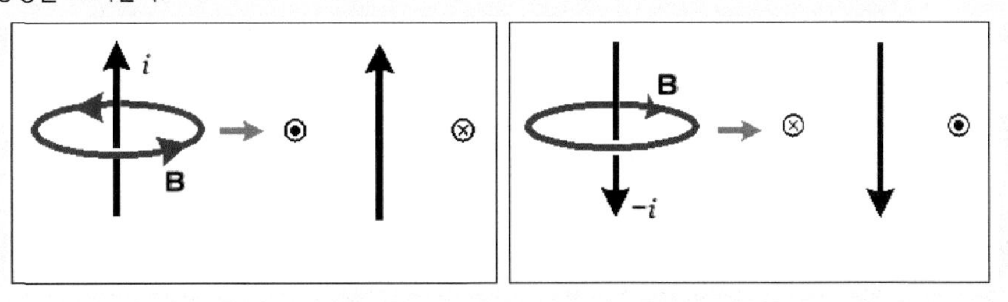

② 오른나사 법칙(코일)

코일에 전류가 흐르고 있을 때 전류방향으로 나사를 돌리면 나사가 진행하는 방향이 코일 속을 지나는 자력선의 방향과 일치한다.

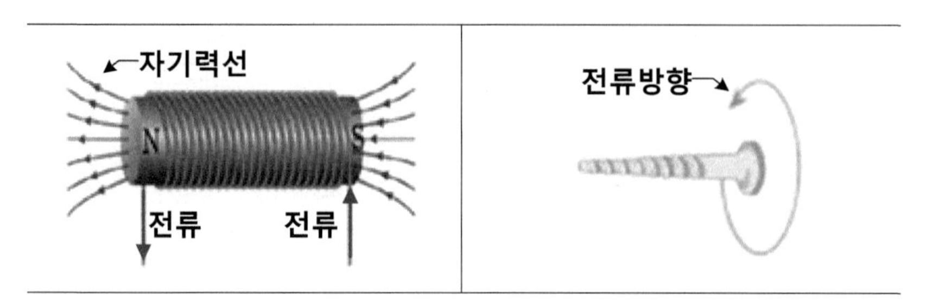

【그림 2.20】 코일에 전류를 흘리는 경우에 자기장 방향

③ 오른손 엄지손가락 법칙

㉮ 솔레노이드에서 발생하는 자기장의 방향을 구할 때는【그림 2.21】과 같이 "오른손 엄지손가락 법칙"을 사용한다. 즉, 코일에서 전류가 흐르는 방향에 맞추어 "오른손" 손가락으로 코일을 감싸면 엄지손가락이 가리키는 방향이 솔레노이드의 북극(N)이 된다.

㉯ 이처럼 막대자석과 마찬가지로 동작하는 솔레노이드의 내부에 철 코어를 끼워 넣으면 내부에 자속밀도를 더욱 증가시킬 수 있다. 또한 코어 전체 영역에서 자기장의 세기를 균일하게 만들 수 있다. 코어가 있든 없든 솔레노이드의 극성은 변함이 없다.

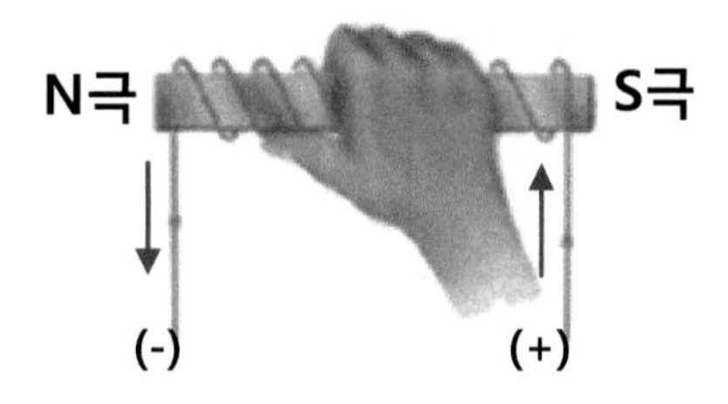

【그림 2.21】 오른손 엄지손가락 법칙

㉰ 솔레노이드의 극성을 결정하는 것은 전류의 방향과 코일의 감은 방향이다. 전류가 흐르는 방향은 코일에 연결된 전압원의 극성에 의해 결정된다. 즉, 전원의 (+)단자에서 코일을 지나 전원의 (-)단자로 들어가는 방향으로 전류가 흐른다.

㉱ 코일의 감는 방향은 위에서 아래로 가는 방향, 또는 아래서 위로 가는 방향으로 할 수 있으며, 【그림 2.22】와 같이 코일의 감은 방향이나 전류의 방향이 바뀌면 솔레노이드의 극성도 바뀐다. 따라서 감은 방향과 전류 방향이 동시에 바뀌면 극성은 변하지 않는다.

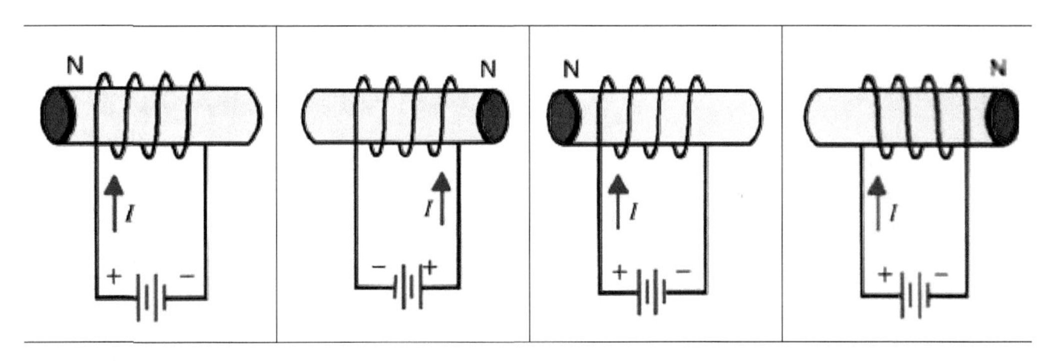

【그림 2.22】 전류와 코일의 자기장 방향

3 플레밍의 왼손 법칙

① 전류가 흐르고 있는 도체에 대해 자기장이 미치는 힘의 작용방향을 정하는 법칙이다.

② 자기장에 의해서 전류가 흐르는 도체에 받는 힘은, 왼손의 중지를 전류가 흐르는 방향으로, 검지를 자기력선의 방향으로 향하게 하여, 이것에 대해 수직으로 편 엄지가 가리키는 방향으로 작용한다. 단, 전류와 자기장의 방향이 평행일 때는 이와 같은 힘은 작용하지 않는다.

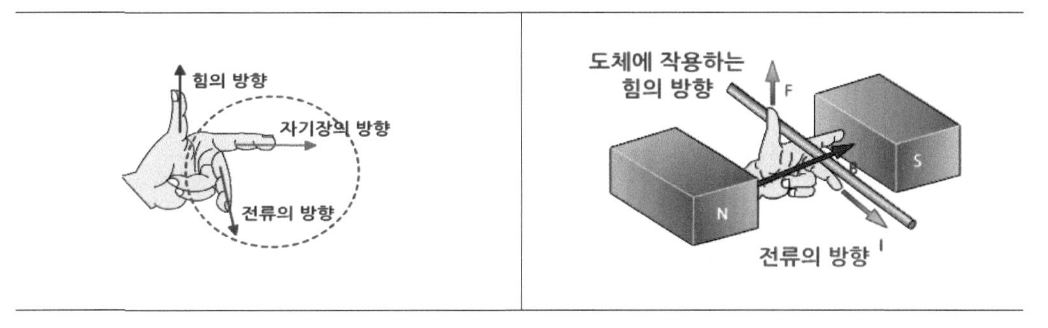

【그림 2.23】 플레밍의 왼손 법칙

4 플레밍의 오른손 법칙

① 자기장 속을 움직이는 도체 내에 흐르는 유도전류의 방향과 자기장의 방향(N극에서 S극으로 향한다), 도체의 운동방향과의 관계를 나타내는 법칙이다.

② 자기장 속에서 자기력선에 놓은 도선을 자기장에 대해 수직으로 움직일 경우, 오른손의 엄지를 도체가 운동하는 방향으로, 검지를 자기력선의 방향으로 향하게 하면, 도체 속에 발생하는 유도전류는 이것들에 대해 수직으로 구부린 중지 방향으로 흐른다.

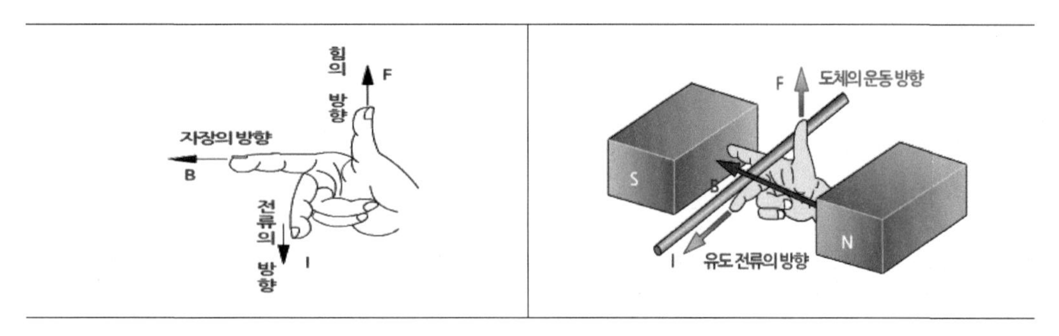

【그림 2.24】 플레밍의 오른손 법칙

2.4.4 전자유도현상

1 전자유도작용

① 코일의 양 끝에 검류계를 【그림 2.25】와 같이 연결하고 자석을 코일에 가까이 했다 멀리 했다 하면 검류계의 바늘이 흔들린다. 이것으로 전류가 흐르고 있다는 것을 알 수 있다.

② 전류 크기는 자석을 움직이는 속도가 빠를수록 크고, 전류 방향은 가까이 할 때와 멀리 할 때 반대가 된다.

③ 이처럼 자계 변화에 의해 도체에 기전력이 발생하는 현상을 **"전자유도(電磁誘導)"**라고 하며 발생한 기전력을 **"유도(유기) 기전력"**, 흐르는 전류를 **"유도전류"**라고 한다.

④ 유도 기전력의 크기에 관해 페러데이는 코일을 관통하는 자력선의 변화 속도에 비례한다는 사실을 발견했다. 이것을 페러데이의 "전자유도 법칙"이라고 한다.

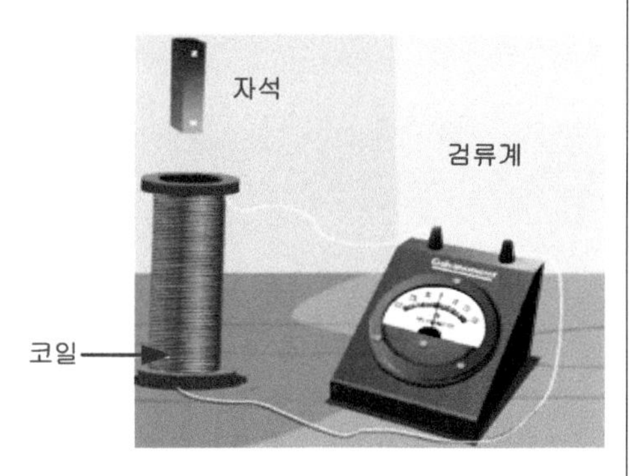

【그림 2.25】 전자유도작용

⑤ 전자유도현상에서 도체 또는 자석의 운동속도를 빠르게 하거나 강한 자석을 사용하면 같은 시간에 코일을 지나는 자속의 변화가 커진다. 또 코일의 감은 수를 증가시켜도 큰 유도 기전력이 발생한다. 이러한 사실을 수식으로 다음과 같이 정의할 수 있다.

e : 유기(유도)기전력의 크기
△Φ : 자속의 변화량
△t : 시간의 변화량
N : 코일의 감은 횟수

$$e = N\frac{\Delta\phi}{\Delta t}$$

☞ **검류계**
비교적 큰 전류의 크기를 측정할 때는 전류계를 사용하지만, 매우 작은 전류를 측정할 때는 검류계를 이용한다.

2 렌츠의 법칙

① 렌츠의 법칙은 전자유도현상에서 발생하는 유기 기전력의 방향을 결정하는 법칙으로서, 코일에 자석의 N극을 가까이 하면 코일에서 유기 기전력이 발생하고 자속의 증가를 방해하는 방향으로 유도 기전력이 발생한다.

ⓐ 코일에 N극을 가까이	ⓑ 유도 기전력 방향
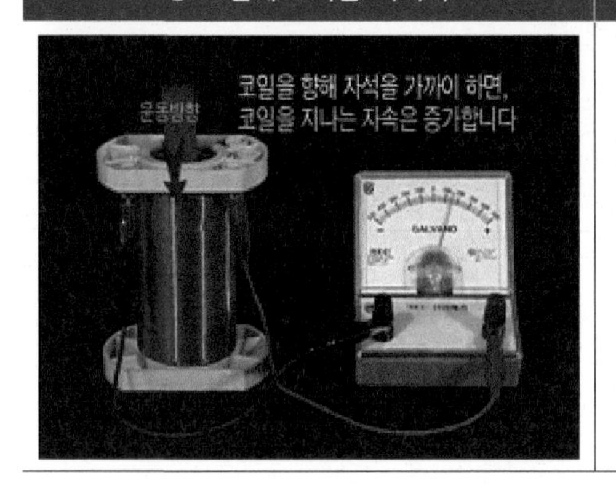	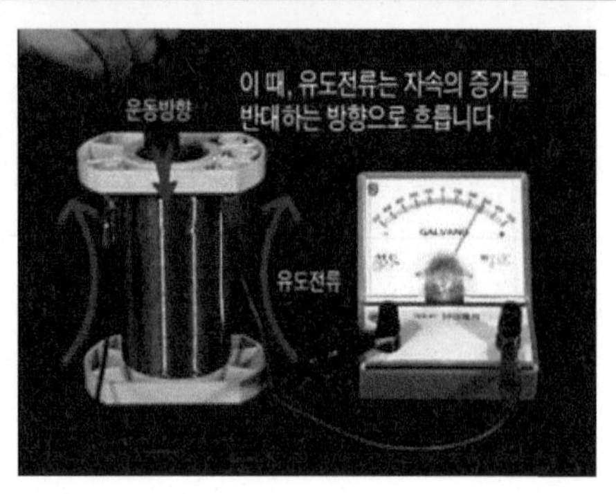

【그림 2.26】 코일에 N극을 가까이 하는 경우의 유도 기전력의 방향

② 코일에 자석을 빼면 이때도 마찬가지로 코일에서 발생하는 유기 기전력 방향은 자속의 감소를 방해하는 방향으로 유도 기전력이 발생한다.

ⓐ 코일에 N극을 멀리	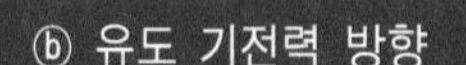 ⓑ 유도 기전력 방향
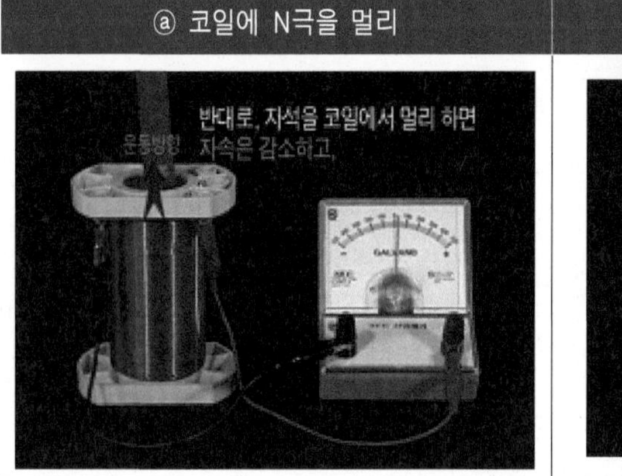	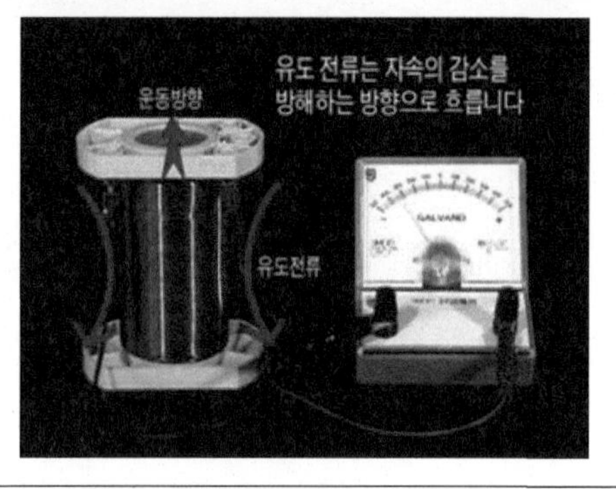

【그림 2.27】 코일에 N극을 멀리 하는 경우의 유도 기전력의 방향

③ 유기 기전력 극성은 전자유도법칙에서 발생한 유기 기전력에 (-)부호를 부친다. "(-)" 부호의 의미는 자석 운동을 방해하려는 방향, 즉 자기력선의 증가 또는 감소를 방해하려는 방향으로 기전력이 발생한다.

$$e = -N\frac{\Delta\phi}{\Delta t}$$

3 자기인덕턴스

① 코일에 전류를 흘려보내다가 전류를 갑자기 끊으면 전류의 변화를 방해하는 방향으로 코일 내에서 역기전력이 발생한다. 이 현상은 코일의 자기유도현상(磁氣誘導現象)에 의해 발생한다.

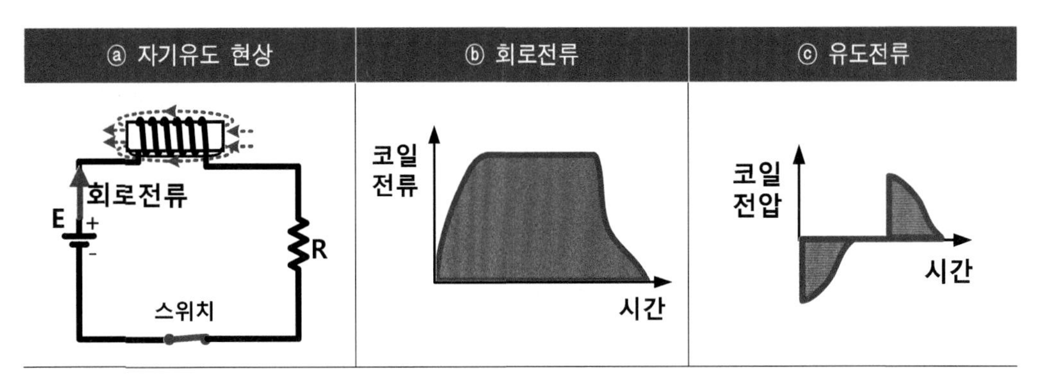

【그림 2.28】 자기유도현상

② **"자기유도현상"**이란 코일에 시간에 따라 크기가 변하는 전류가 흐를 때, 코일에 생성된 자기장의 변화가 전자유도법칙에 따라 반대방향으로 기전력을 유도된다. 이와 같이 코일 자체에서 유도기전력이 생기는 현상을 **"자기유도 또는 자체유도"**라고 하고, 자기유도의 대소를 나타내는 값을 **"자기인덕턴스"**라고 한다.

③ 자기유도에 의해 발생하는 기전력은 전류의 변화율 "ΔI", 전류가 변화하는 데 걸리는 시간 "Δt"라고 하면 다음과 같이 정의할 수 있다.

$$e = L\frac{\Delta I}{\Delta t}\,[V]\ (L : \text{자기인덕턴스})$$

④ 코일에 흐르는 전류가 1초 동안에 1[A]의 비율로 변화시켰을 경우, 코일에서 발생하는 기전력의 크기가 1[V]가 될 때 자기인덕턴스의 크기는 1[H]가 된다.

실험실습

1 실험기기 및 부품

【1】 브레드보드

【2】 측정기

① 전류계 ② 전압계 ③ DMM(Digital Multi Meter)

【3】 저항

① 10[Ω] ② 100[Ω] ③ 330[Ω] ④ 680[Ω] ⑤ 1[kΩ] ⑥ 10[kΩ]×2[EA]

【4】 LED

【5】 절환스위치

【6】 콘덴서 − 470[㎌]

2 전류측정

【1】 회로도

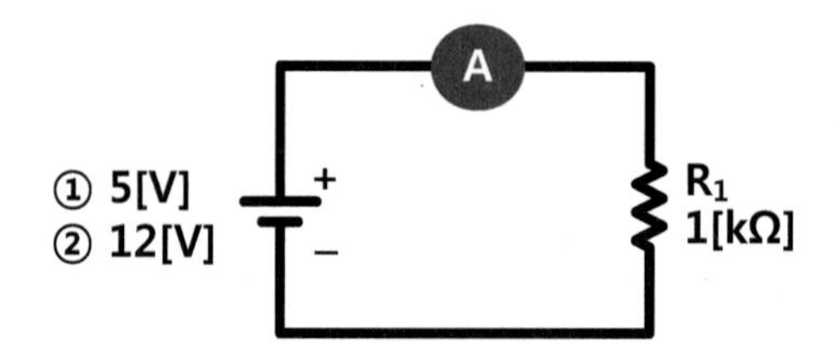

【2】 실습방법

① E(전원전압)을 5[V], 12[V] 가변하면서 1[kΩ] 저항에 흐르는 전류값을 측정한다.

② 측정

입력전압	① 5[V]	② 12[V]
측정값		
이론값		

3 직렬회로의 전압 측정

【1】 회로도

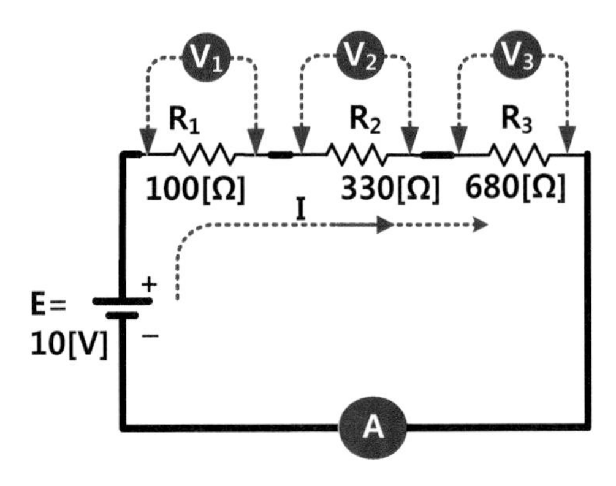

【2】 실습방법

① 직렬회로를 구성하고 R_1, R_2, R_3 합성저항을 측정하고, 각 저항의 전압, 전류를 측정한다.

② 측정

분 류	$R_1+R_2+R_3$ 합성저항	V_1	V_2	V_3	I
측정값					
이론값					

4 병렬회로의 전압 · 전류 측정

【1】 회로도

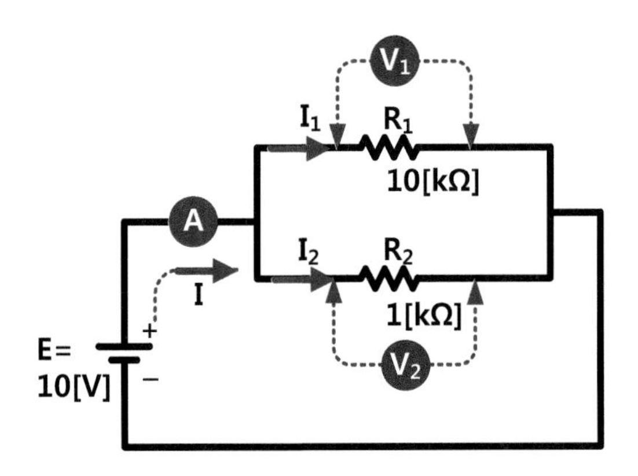

【2】 실습방법

① 병렬회로를 구성하고 각 저항의 전압 V_1, V_2와 전류 I, I_1, I_2를 측정한다.

② 측정

분 류	V_1	V_2	I	I_1	I_2
측정값					
이론값					

5 직 · 병렬회로

【1】 회로도

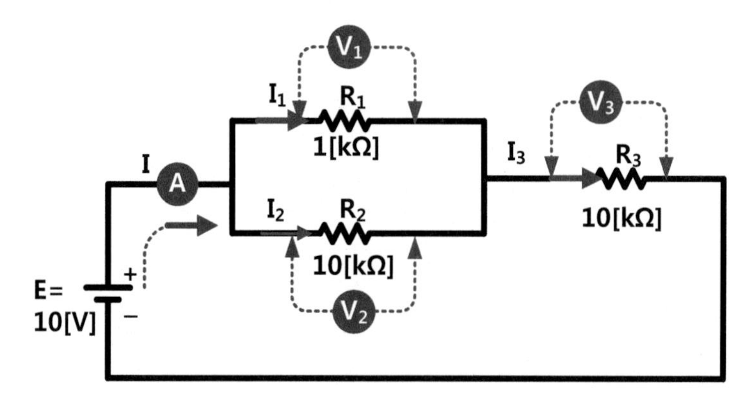

【2】 실습방법

① 직·병렬회로를 구성하고 전압 V_1, V_2, V_3와 전류 I, I_1, I_2, I_3를 측정한다.

② 측정

분 류	V_1	V_2	V_3	I	I_1	I_2	I_3
측정값							
이론값							

6 LED 제어회로

【1】 회로도

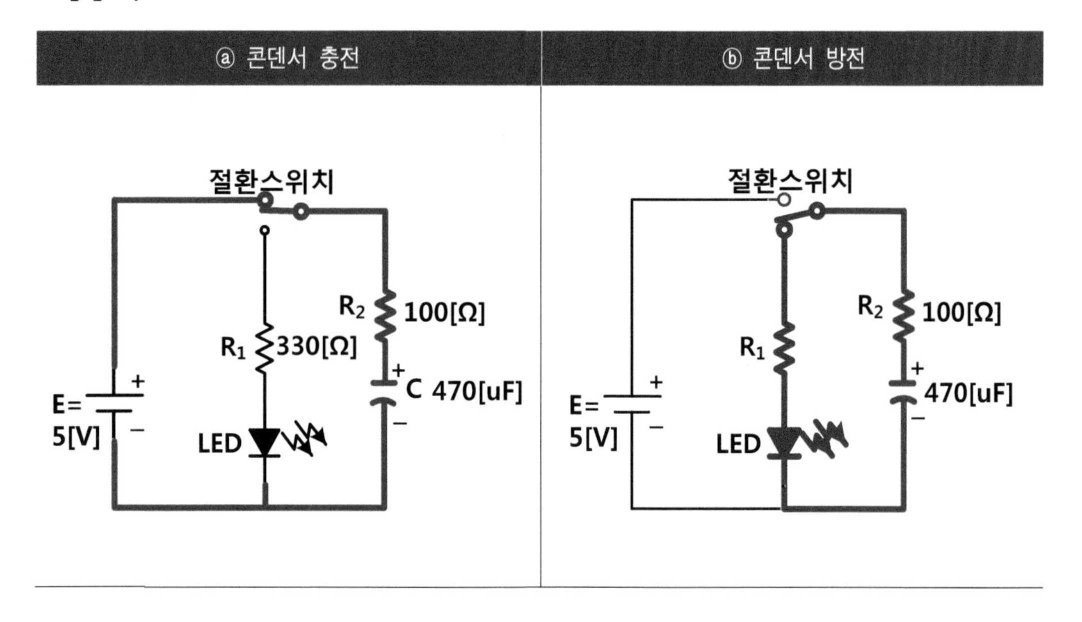

【2】 실습방법

콘덴서 충·방전회로를 구성하고 스위치를 절환하여 LED "ON·OFF" 상태를 확인한다.

희토류

반도체와 전자기기, 하이브리드 자동차 등 미래 첨단산업에 없어서는 안 될 재료로 휴대전화와 반도체, 레이저, 카메라, 캠코더, 광섬유, 텔레비전을 만드는데 필요한 공통 재료, 바로 희토류(稀土類)다.

희토류는 원소를 특성에 따라 배열해놓은 주기율표에서 원자번호 57인 란타넘부터 71인 루테늄까지의 15개 원소와 스칸듐, 이트륨을 합한 17개 원소를 말한다. 주기율표에선 보통 원자번호가 작을수록 가볍다. 17가지 가운데 국내 광산에 묻혀 있는 희토류는 가벼운 경(輕)희토류(란타넘, 세슘, 프라세오디뮴, 네오디뮴)가 약 95%다. 이들을 제외한 나머지 희토류는 국내 매장량이 사용량을 충족시킬 수 있을지 전문가들도 아직 정확한 판단을 내리지 못하고 있다. 예를 들어 형광체에 많이 쓰이는 이트륨은 국내에 많지 않다.

CHAPTER

03 교류회로

【학습목표】

1】 교류회로의 여러 가지 법칙에 대하여 학습한다.

2】 R-L-C 교류회로에 대하여 학습한다.

• 요점정리 •

❶ "주파수(frequency)"는 1초 동안 교류전원이 같은 모양의 파형을 반복하는 횟수이며, 주기와는 역수 관계이다.

❷ 교류 크기를 나타내는 값은 순시값, 최대값, 피크-피크값, 평균값, 실효값으로 나타낸다.

❸ 교류파형은 ① 최대값 ② 파형 ③ 변화의 속도 ④ 위상을 사용하여 나타낸다.

❹ 교류를 저항회로에 인가하면 전류와 전압위상은 동상, 코일회로에서는 전압위상이 전류위상보다 90° 앞서며, 콘덴서회로에서는 전류위상이 전압위상보다 90° 앞선다.

❺ "유도성 리액턴스(reactance)"는 $X_L=2\pi fL$, 용량성 리액턴스 $X_c=1/(2\pi fC)$이다.

❻ "임피던스"는 직·병렬교류회로에서는 코일과 콘덴서 용량에 주파수를 고려한 저항값으로 계산한 유도성 리액턴스, 용량성 리액턴스와 저항을 벡터적으로 계산한 합성저항을 "임피던스(Impedance)"라고 한다.

❼ "교류전력"은 전압과 전류의 위상차를 고려해서 전력을 구하며, 종류는 피상전력, 유효전력, 무효전력이 있다.

❽ "3상 교류"는 E_a(a상=R상), E_b(b상=S상), E_c(c상=T상)이 120°의 위상차를 갖는 3개의 기전력에 나온 전류가 전기부하에 흐른다.

3.1 교류회로

3.1.1 교류의 개요

1 교류

① "교류"는 시간 변화에 따라 흐르는 전류방향과 크기가 일정한 주기로 변화하는 전류를 말하며, 이 전류가 흐르게 하는 근본은 교류전원이다.

② "교류회로"는 회로 내의 전력공급원으로부터 발생하는 전류의 크기과 방향이 주기적으로 바뀌는 회로를 말한다.

③ 교류 파형은 사인파, 삼각파, 구형파, 톱니파 등이 있으며 그중에서도 사인파(정현파)가 가장 전형적인 교류 파형이며, 이것 이외의 파형을 "비사인파"라고 한다.

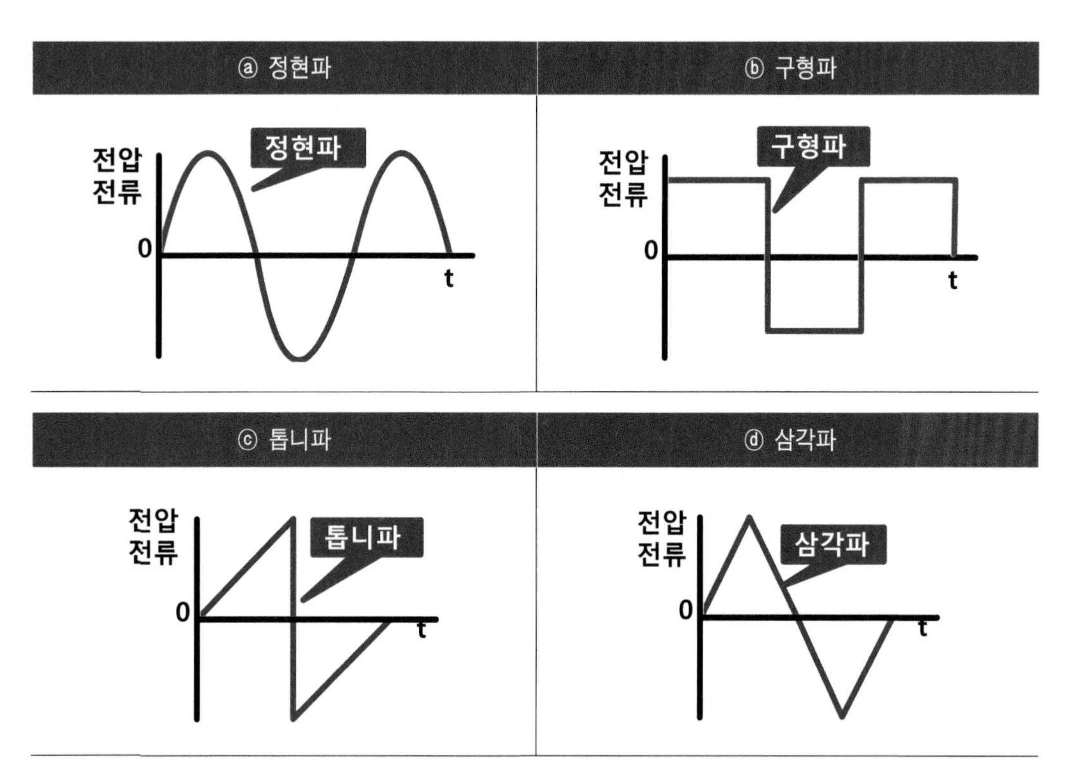

【그림 3.1】 여러 가지 교류 파형

2 주파수

① 【그림 3.2】와 같이 정현파 교류 전류·전압 파형은 0 ⇒ (+) 최대값 ⇒ 0 ⇒ (-)최대값 ⇒ 0을 지나며, 일정한 시간마다 같은 모양의 파형을 반복한다.

② 교류 전류의 (+) 최대값에서 다시 (+) 최대값까지의 시간(같은 크기의 전류값으로 돌아오기까지의 시간)을 "주기(Period) T"라고 한다.

③ 이와 같은 주기적인 현상이 1초 동안 반복되는 횟수를 "주파수(Frequency)"라고 하며, 단위는 Hz(헤르츠)를 사용한다.

④ 1[Hz]의 주파수를 가진 교류는 1초에 1번, 2[Hz]는 1초에 2번, 60[Hz]는 1초에 60번 주기적인 현상이 반복한다.

⑤ 주파수 f와 주기 T의 관계는 다음과 같다.

㉮ 주파수 $f = \frac{1}{T}$ [Hz]

㉯ 60[Hz] 주파수를 주기로 변환하면 $T = \frac{1}{f}$ [ms] $= \frac{1}{60} = 16.7$ [ms] 가 된다.

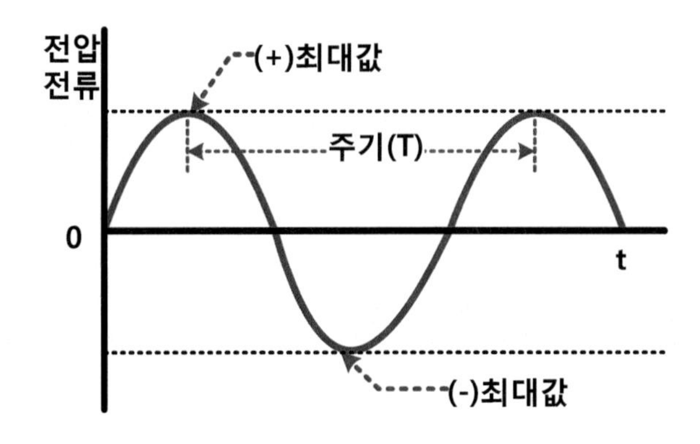

【그림 3.2】 교류 주파수와 주기

⑥ 주파수와 주기의 승수를 읽는 법은 다음과 같다.

	읽는 법	헤르츠	킬로 헤르츠	메가 헤르츠	기가 헤르츠
주파수 [f]	단위기호	[Hz]	[kHz]	[MHz]	[GHz]
	승수	1	1×10^3	1×10^6	1×10^9
주기 [t]	읽는 법	세컨드	밀리 세컨드	마이크로 세컨드	나노 세컨드
	단위기호	[s]	[ms]	[μs]	[ns]
	승수	1	10^{-3}	10^{-6}	10^{-9}

3 전원 상수에 따른 교류

① 단상 교류는 하나의 기전력으로 전기부하에 교류 전류를 공급하는 방식

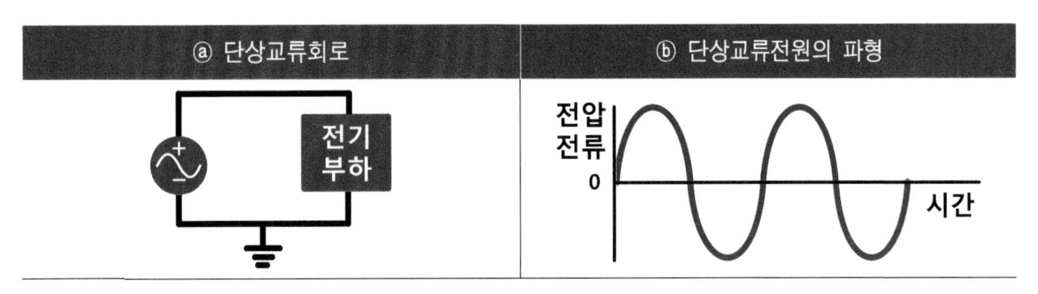

【그림 3.3】 단상교류회로

② 3상 교류는 3개의 기전력(R상, S상, T상)으로 전기부하에 교류 전류를 공급하는 방식

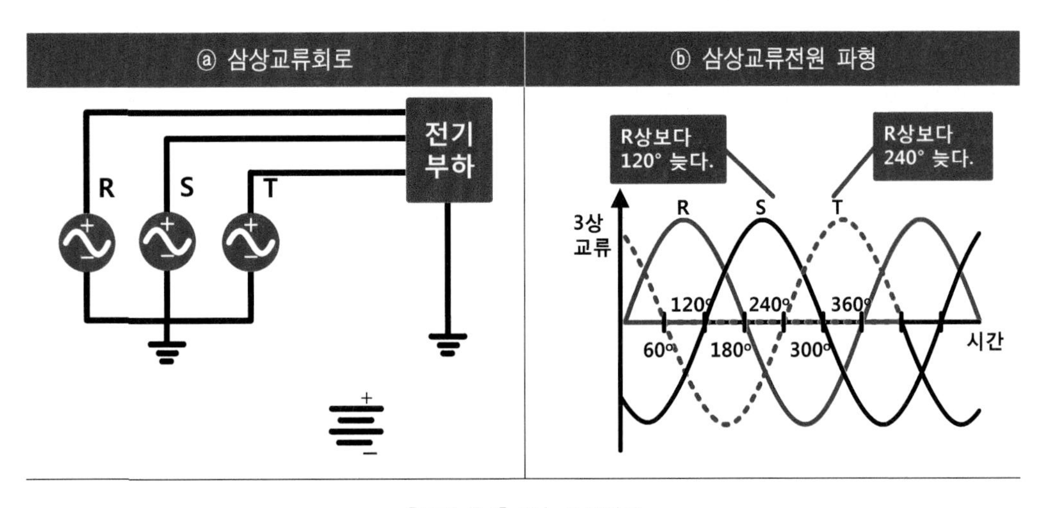

【그림 3.4】 3상 교류회로

3.1.2 도수법과 호도법

① 도수법

각도를 1°, 2° 같이 표시한 단위법

② 호도법

㉮ 발전기처럼 원운동을 하는 코일 도체의 속도를 나타내는 경우, 1초간에 얼마만큼 각도가 움직였는지를 각도로 나타내면 편리하다.

㉯ 이 경우 각도는 호도법을 사용하며, 호도법은 원호 ℓ의 길이가 반경 r의 몇 배인가, 그 배율로 각도를 나타내는 방법이며, 단위는 라디안[rad]이다.

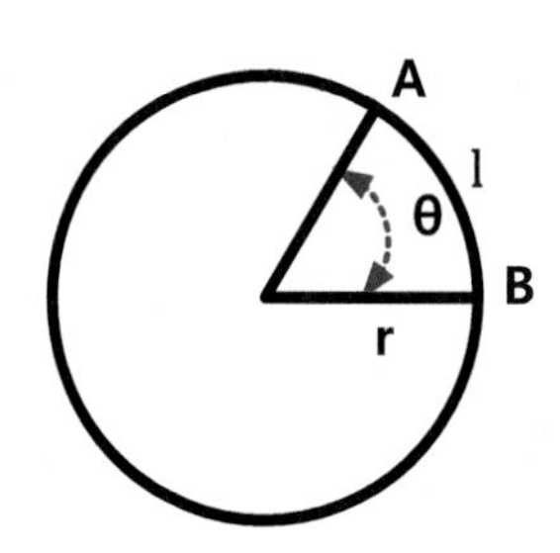

$$\theta = \frac{\ell}{r}[\text{rad}]$$

여기서

θ : 중심각[rad]

ℓ : 원호의 길이[m]

r : 원의 반지름[m]

도수 [°]	0°	30°	45°	600°	90°	180°	270°	360°
호도 [rad]	0	$\frac{\pi}{6}$	$\frac{\pi}{4}$	$\frac{\pi}{3}$	$\frac{\pi}{2}$	π	$\frac{3\pi}{2}$	2π

【그림 3.5】 라디안과 각속도

③ 각주파수(각속도)

㉮ 회전체가 1초 동안에 회전한 각도를 "각속도"라고 하며, ω[rad/s]로 나타낸다.

㉯ 따라서 회전체가 1회전한 경우, 2π[rad] 회전하므로 매초 n회전한 도체의 각속도는 $\omega = 2\pi n[\text{rad/s}]$가 된다.

㉰ N과 S가 한 쌍인 발전기에서는 1회전이 1[Hz]에 해당하므로 회전수 n이 주파수 f가 되므로 $\omega = 2\pi f[\text{rad/s}]$가 된다.

3.1.3 교류 크기

교류 크기를 나타내는 방법은 **순시값, 최대값, 피크 - 피크값, 평균값, 실효값**이 있다.

1 순시값

① 시시각각으로 변하는 교류 파형의 전압, 전류의 크기를 말하며, 시간적인 변화에 따라 전압, 전류의 크기를 나타낼 때 사용하고 소문자(e, v, i 등)로 나타낸다.

② [예, $e = E_m \sin(\omega t + \theta)$]

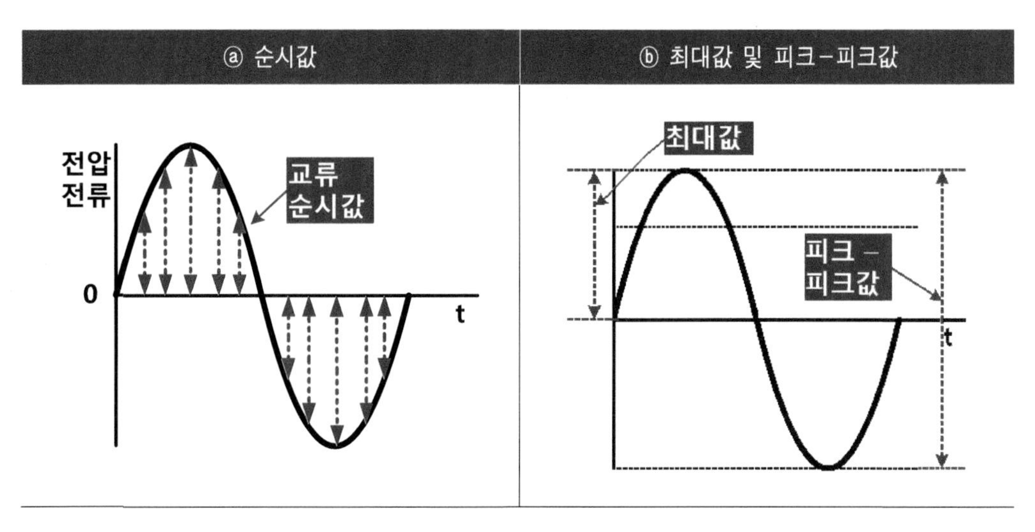

【그림 3.6】 순시값, 최대값, 피크-피크값

2 최대값

① 순시값 중에서 가장 큰 값을 나타낼 때 사용하며 대문자에 첨자인 m을 붙여서 표시한다.

② [예, E_m, I_m, V_m]

3 피크 - 피크값(Peak to Peak)

① 파형의 (+) 최대값과 (-) 최대값 사이의 값을 V_{P-P}(피크 - 피크값)이라 한다.

② [예, V_{P-P}]

4 평균값

① 평균값은 순시값에 대한 반주기 동안의 평균적인 값이며 대문자에 첨자인 a 또는 ave를 붙여서 표시한다.[예, E_a, E_{ave}, V_a, V_{ave}, I_a, I_{ave}, P_a, P_{ave}]

② 일반적으로 교류는 1주기간의 평균을 취하면 (+)값과 (-)값이 서로 상쇄되어서 "0"이 된다. 그래서 교류의 평균값은 1주기의 평균값이 아니고 교류파형의 (+), 또는 (-)의 반주기 구간을 평균해서 구한다.

③ 정현파 교류의 평균값은 다음과 같이 정의를 한다.

$$\text{평균값} = \frac{2}{\pi} \times \text{교류 최대값} = 0.637 \times \text{교류 최대값}\,(V_m)$$

5 실효값(r.m.s = root mean square)

① 교류 전압 또는 크기를 나타내는 방법으로 실효값이라는 것이 있는데, 가정이나 산업현장에서 통상 110[V], 220[V], 380[V]라고 부르는 전압은 실효값을 의미한다.

② 교류에서 시간에 따라 순시값이 교번함으로써 평균값으로 산정하면 교류 전류와 전압은 "0"이 되기 때문에 실질적인 유효값을 찾아내기 위해서는 수학적인 계산에 의하여 실효값(root mean square=r.m.s)을 산출한다.

③ 실효값은 저항 R에 직류 전압 V를 인가할 경우와 교류 전압을 인가할 경우의 소비전력이 같은 경우에 이 값을 교류에서는 "실효값"이라고 한다.

④ 기호는 대문자로 나타낸다.[예, E, V, I]

⑤ 정현파 교류 실효값은 다음과 같다.

$$\text{정현파 실효값} = \frac{1}{\sqrt{2}} \times \text{교류 최대값} = 0.707 \times \text{교류 최대값}\,(V_m)$$

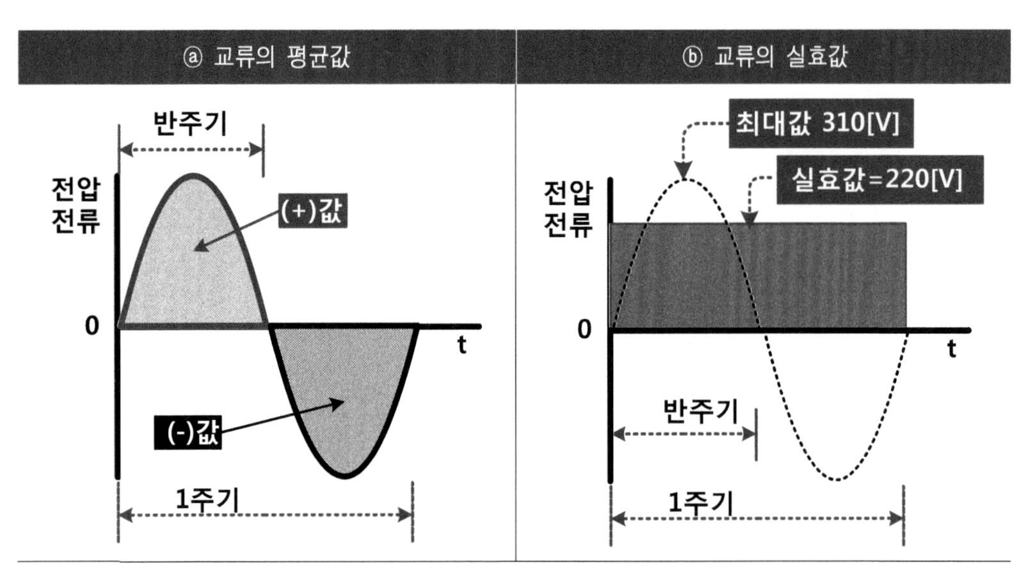

【그림 3.7】 평균값과 실효값

예제

최대값(V_m=Vp)이 200[V]인 사인파(=정현파)의 실효값은?

풀이

$$\text{정현파 실효값} = \frac{1}{\sqrt{2}} \times \text{최대값} = 0.707 \times \text{최대값}$$

$$= \frac{200}{\sqrt{2}} = 141.4[V]$$

3.1.4 교류의 기본성질

직류 전압·전류를 나타내는 경우에는 크기만을 나타내면 되는데, 교류의 전압과 전류를 나타내는 경우에는 다음과 같은 4가지를 사용하여 표현할 수 있다.

① 최대값 ② 파형 ③ 변화의 속도 ④ 위상

1 순시값

어떤 시간 t에서 정현파 교류의 순시값은 다음과 같이 표현된다.

$$e = E_m \sin(\omega t + \theta)$$

2 위상각

① "위상각"은 주파수가 동일한 2개 이상의 교류가 동시에 존재할 때, 같은 추세에 있는 값(피크값과 피크값, 또는 0과 0 등) 사이의 시간차를 각도의 차이로 나타낸 것이다.

② 어떤 순간에 한 정현파는 최대값, 다른 정현파는 0이 될 때, 이 두 파형은 90°만큼 위상차가 발생하고, 두 파형이 위상이 같으면 두 파형 사이의 위상각은 0°이며 이 경우를 "동상"이라고 한다. 두 파형의 위상이 정반대이면 두 파형 사이의 위상각은 180°이다.

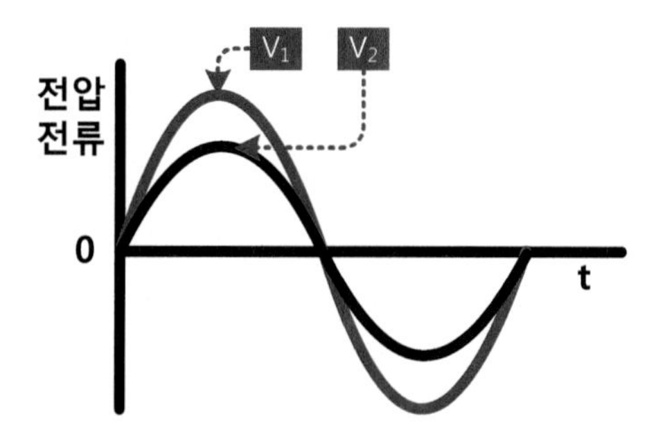

【그림 3.8】 위상차가 동상인 교류파형

3 위상차와 교류표시

① 위상이 0°인 교류전압은

$$V_1 = V_{m1} \sin \omega t \, [V]$$

② 위상이 V_1보다 θ_2만큼 뒤진 교류 전압은

$$V_2 = V_{m1} \sin(\omega t - \theta_2) \, [V]$$

③ 위상이 V_1보다 θ_3만큼 앞선 교류 전압은

$V_3 = V_{m1}\sin(\omega t + \theta_3)$ [V]로 표현한다.

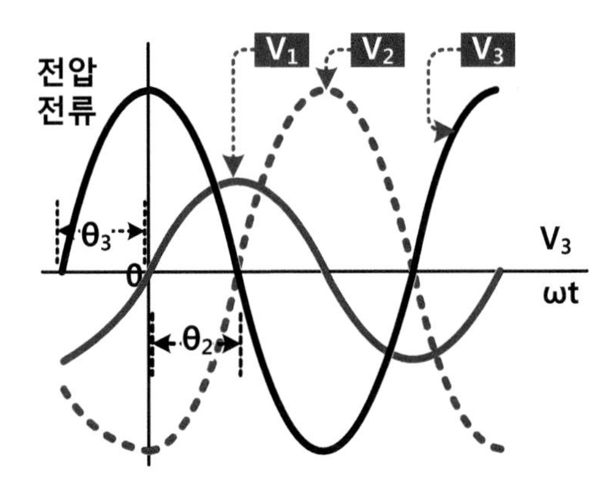

【그림 3.9】 위상차가 발생하는 교류파형

예제

$v = 141\sin(377t - \frac{\pi}{6})$인 교류 주파수는 몇 [Hz]인가?

풀이

$\omega t = 377t$에서 $\omega = 2\pi f = 377$이므로 $f = \frac{377}{2\pi} = 60$ [Hz]

3.2 R-L-C 교류회로

3.2.1 저항회로

① 【그림 3.10】 ⓐ와 같이 교류 전원을 저항에 인가할 때에는 전압은 0[V]부터 증가하여 (+)최대치까지 증가했다가 감소하여 다시 0[V]로 되고, 반대 극성으로 (-)최대치까지 증가했다가 또다시 0[V]으로 떨어지는 전압파형을 나타낸다.

② 전류는 【그림 3.10】 ⓒ와 같이 전원전압과 동상으로 움직인다. 즉, 전압이 증가함에 따라서 전류도 증가하고 전압이 감소하면 같이 감소한다. 그리고 전압극성이 바뀌는 순간에 전류도 그 극성이 바뀐다.

③ 저항에 교류 전압을 인가하면 흐르는 전류는 어느 시간에서도 전원전압 e에 비례한다. 즉, 전압이 0[V]일 때는 전류도 0[A]가 되고, 전압이 최대가 되면 전류도 최대가 된다. 또 전압 극성이 바뀌면 그에 따라서 전류 극성도 변화된다. 전류 파형은 전압에 비례해서 변화되므로 전류와 전압이 "동상(In Phase)"이라고 한다.

④ 저항에 교류 전압을 인가할 때 흐르는 전류 크기는 저항에 직류 전압을 인가했을 때와 마찬가지로 옴의 법칙에 의하여 $I = \frac{V_R}{R}$ [A]가 된다.

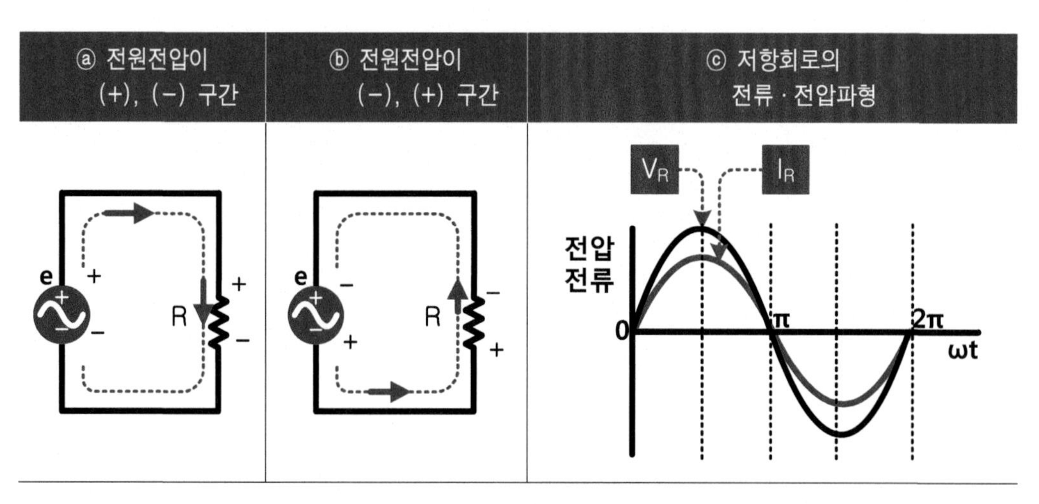

【그림 3.10】 저항회로에서의 교류전류와 전압

예제

다음 교류회로에서 전원전압의 최대값, 합성저항, 전류, 각 저항의 전압 V_1, V_2를 구하여라.

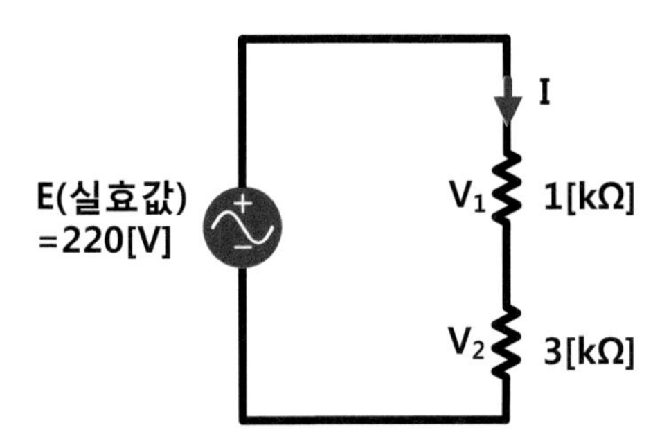

풀이

① 교류 실효값이 220[V]이므로 교류 전원전압의 최대값은

$$V_m = \sqrt{2} \times E = \sqrt{2} \times 220[V] = 311[V]$$

② 합성저항은 직렬이므로 $R_1+R_2=1[k\Omega]+2[k\Omega]=4[k\Omega]$이 된다.

③ 전류 $I = \frac{E}{R_T} = \frac{220[V]}{4[k\Omega]} = 0.055[A] = 55[mA]$

③ 각 저항의 전압은

$$V_1 = \frac{R_1}{R_1+R_2} \times E = \frac{1}{1+3} \times 220[V] = 55[V]$$

$$V_2 = \frac{R_2}{R_1+R_2} \times E = \frac{3}{1+3} \times 220[V] = 165[V]$$

3.2.2 코일회로

① 코일에 교류 전압을 인가하면 코일에 흐르는 전류와 전압이 변화하는 파형은 형태가 일치하지 않는다.

② 이 회로에서 코일에 흐르는 전류가 변화하는 파형을 살펴보면 전압이 0[V]로 되는 순간에 전류는 (-) 최대값을 가지며, 전압이 (+) 최대값일 때 전류는 0[A]로 된다. 다시 전압이 0[V]일 때 전류는 (+) 최대값을 가진다.

③ 이처럼 전류파형이 변화하는 모양은 전압파형보다 늦다. 이 경우에는 전압과 전류 사이에 위상차가 발생한다.

④ I_L전류는 V_L전압보다 90°만큼 위상이 늦고, 반대로 V_L전압은 I_L전류보다 90°만큼 위상이 앞선다고 표현할 수 있다.

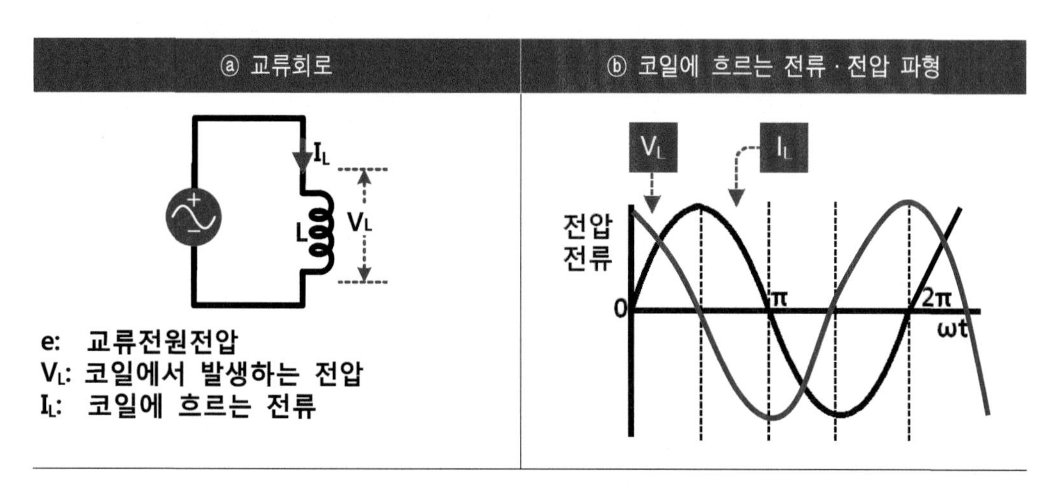

【그림 3.11】 코일회로에서의 교류전류와 전압

⑤ 실제의 코일은 권선저항의 형태로 저항성분이 존재하지만, 코일에 권선저항이 존재하지 않는 다고 가정하여, 주파수를 고려한 코일의 교류저항을 알아보자.

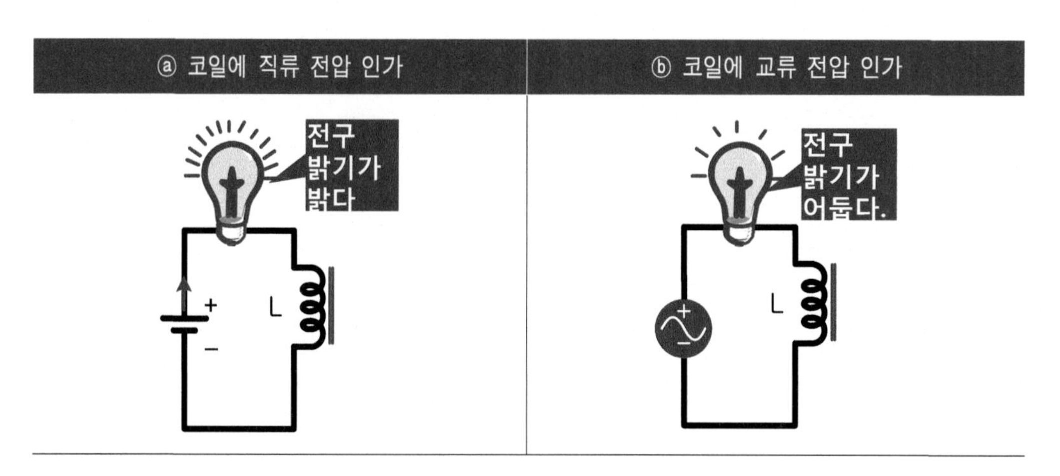

【그림 3.12】 코일 회로에서의 전등의 밝기 비교

㉮ 【그림 3.12】에서 직류전원에 직렬로 접속한 전구는 밝게 점등이 되지만, 교류전원을 인가한 전구는 점등이 하지만 같은 전압을 인가하더라도 직류의 경우보다 어둡다. 왜 어두워질까? 교류를 인가하면 코일 자체의 전기저항이 증가하는 것이 아니다.

㉯ 이것은 "자체유도"라고 하는 현상이 원인이 되며, 교류 전압을 인가했을 때 코일 내부로 흘러가는 전류는 바로 증가하지 않고 서서히 증가하는데 이것은 코일의 자체인덕턴스가 교류 전류의 흐름을 방해하기 때문이다.

㉰ 이처럼 코일의 자체인덕턴스는 교류 전류의 흐름에 대하여 일종의 저항과 같은 작용을 하며, 이 작용을 **"유도성 리액턴스(Reactance)"**라고 한다. 유도성 리액턴스는 X_L 기호로 표시하고, 그 단위를 나타낼 때는 저항과 마찬가지로 [Ω]을 사용한다.

㉱ 자체인덕턴스를 L[H], 주파수를 f[Hz]라 하면, 유도성 리액턴스는 $X_L = 2\pi fL$ [Ω]로 정의한다.

㉲ **주파수가 증가하면 유도성 리액턴스의 크기는 증가하고, 주파수가 감소하면 유도성 리액턴스의 크기는 감소**한다. 즉, 유도성 리액턴스와 주파수는 비례관계가 성립한다.

㉳ 코일이라는 소자는 주파수에 따라서 저항값의 크기가 변화되는 가변저항이라고 할 수 있다.

⑥ 코일에 흐르는 전류 크기는

$$I_L = \frac{\text{코일양단전압}}{\text{유도성 리액턴스}} = \frac{V_L}{X_L} = \frac{V_L}{2\pi fL} \text{ [A] 이다.}$$

⑦ 코일에 흐르는 전류는 인덕턴스 L값이 클수록, 전류가 쉽게 흐르지 못하고, 주파수가 높을수록(주기가 짧을수록), 즉 시간에 따른 전류의 변화가 빠를수록 전원전류의 흐름을 방해하는 큰 역기전력이 발생하기 때문에 전류가 흐르기 어렵다.

예제

자체인덕턴스 L이 0.2[H]인 코일에 220[V], 60[Hz]의 교류 전압을 인가했을 때 리액턴스 X_L값과 코일에 흐르는 전류는 몇 [A]인가?

풀이

① 유도성 리액턴스

$$X_L = 2 \times \pi \times f \times L = 2 \times \pi \times 60 \times 0.2 = 75.36\,[\Omega]$$

② 코일에 흐르는 전류는

$$I_L = \frac{E}{X_L} = \frac{220}{75.36} = 2.92\,[A]$$

3.2.3 콘덴서회로

① 【그림 3.13】 ⓐ와 같이 콘덴서에 전구, 직류전원을 직렬로 연결하면 아주 짧은 시간만 점등하고 바로 소등한다.

㉮ 그 이유는 콘덴서에는 전하가 이동하는 아주 짧은 시간 동안만 전류가 흐르고, 전하가 완전히 축적되면 전하는 이동을 중지하므로 전류는 더 이상 흐르지 않기 때문이다.

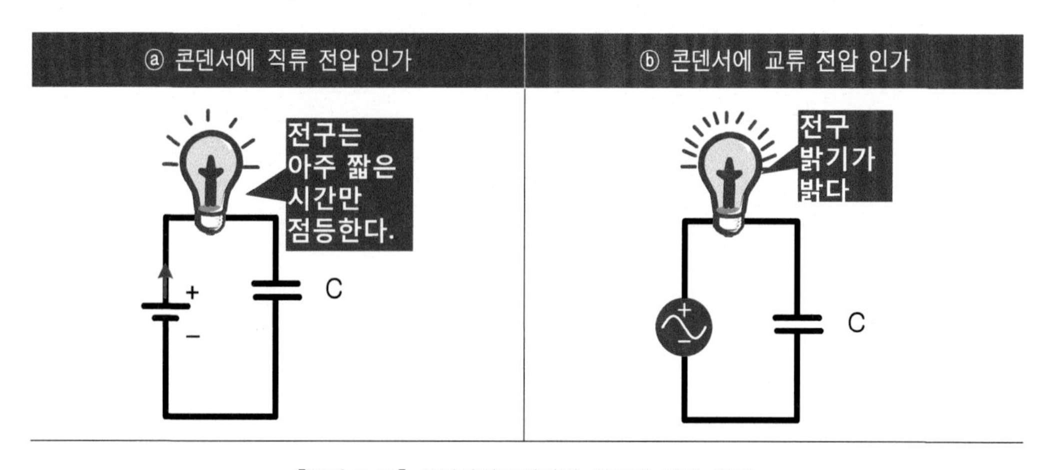

【그림 3.13】 콘덴서회로에서의 전등의 밝기 비교

㉯ 【그림 3.13】 ⓑ와 같이 교류 전원을 연결하면 전구는 직류전원을 연결할 때보다 밝다. 그 이유는 교류에서는 전원전압이 (+) ⇒ (-) ⇒ (+) ⇒ (-)로 변화하기 때문에 콘덴서의 극판에는 번갈아 가면서 플러스(+), 마이너스(-) 전하가 저장된다. 콘덴서의 극판 사이에는 전류가 흐르지 않지만, 전구의 관점에서는 전자가 왔다, 갔다 하므로 지속적인 전류가 흘러서 전구가 계속 점등한다.

② 콘덴서에 교류 전압을 인가했을 때 흐르는 전류는 【그림 3.14】와 같이 코일에 흐르는 전류와는 반대로 전압보다 90° 위상이 앞선다. 즉, 콘덴서 양단에 교류전원을 인가했을 때 콘덴서 내부의 충전작용에 의해 인가된 전압이 바로 걸리지 않고 서서히 증가한다.

③ 콘덴서가 갖는 리액턴스를 **"용량성 리액턴스"**라고 하며, 용량성 리액턴스는 X_C로 표시하고, 그 단위는 저항과 마찬가지로 [Ω]을 사용한다.

㉮ 콘덴서의 정전용량을 C[F], 주파수를 f[Hz]라 하면, 용량성 리액턴스

$$X_C = \frac{1}{2\pi fC}\ [\Omega]$$ 이다.

㉯ 주파수가 증가하면 용량성 리액턴스가 감소하고, 주파수가 감소하면 용량성 리액턴스가 증가한다. 즉, 주파수와 용량성 리액턴스는 반비례 관계이며, 콘덴서라는 소자는 주파수에 따라서 저항값의 크기가 변화되는 가변저항이라고 볼 수 있다.

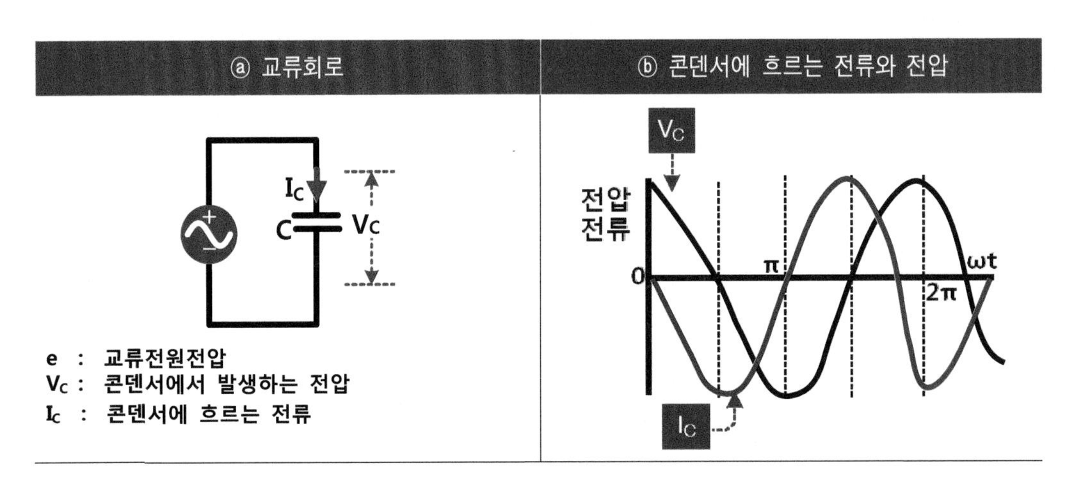

【그림 3.14】 콘덴서회로에서의 교류전압과 전류

④ 콘덴서에 흐르는 전류 크기는

$$I_c = \frac{\text{콘덴서양단전압}}{\text{용량성 리액턴스}} = \frac{V_C}{X_C} = \frac{V_C}{\frac{1}{2\pi fC}}\ [A] = V_C \times 2\pi fC\ [A]$$

⑤ 콘덴서 전류는 정전용량이 클수록 많은 전하량이 이동하므로 전류가 흐르기 쉬우며, 또 주파수가 높을수록 충·방전 횟수가 증가하기 때문에 전류가 쉽게 흐른다.

예제

10[μF] 콘덴서에 60[Hz], 220[V] 교류 전압을 인가하면 몇 [A]가 흐르는가?

풀이

① 용량성 리액턴스 $X_C = \frac{1}{2\pi fC} = \frac{1}{2\times3.14\times60\times10\times10^{-6}} = 265.39\,[\Omega]$

② 콘덴서 전류 $I_C = \frac{E}{X_C} = \frac{220}{265.39} = 0.83\,[A]$

3.2.4 임피던스

1 리액턴스(Reactance)

① 직류회로에서 전류 흐름을 제한하는 것은 저항뿐이지만, 교류회로에서는 전류를 제한하는 요소에 리액턴스가 추가된다.

② 리액턴스에는 인덕턴스(코일)에 의한 유도성 리액턴스와 정전용량(콘덴서)에 의한 용량성 리액턴스 두 가지가 있다.

③ 코일의 리액턴스

㉮ 직류전원에서 코일의 리액턴스는 $X_L = 2\pi fL = 2\pi(0)L = 0[\Omega]$

㉯ 매우 높은 교류 주파수에서는 코일의 리액턴스는 $X_L = 2\pi fL = 2\pi(\infty)L = \infty[\Omega]$

㉰ 코일은 저주파신호에 대해서는 작은 저항, 고주파신호에 대해서는 큰 저항의 역할을 한다.

④ 콘덴서의 리액턴스

㉮ 직류일 때 콘덴서의 리액턴스는 $X_c = \frac{1}{2\pi fC} = \frac{1}{2\pi(0)C} = \infty[\Omega]$

㉯ 매우 높은 교류 주파수의 콘덴서 리액턴스는 $X_c = \frac{1}{2\pi fC} = \frac{1}{2\pi(\infty)C} = 0[\Omega]$

㉰ 콘덴서는 저주파신호에 대해서는 큰 저항, 고주파신호에 대해서는 작은 저항의 역할을 한다.

2 임피던스

① 직류는 주파수가 0[Hz]이기 때문에 코일과 콘덴서에 직류를 인가한 경우 코일의 저항값은 0[Ω], 콘덴서의 저항값은 무한대가 된다. 저항은 직류·교류 모두에서 주파수와 관계없이 일정한 저항값을 가진다.

② 그러나 교류에서는 주파수가 존재하기 때문에 코일과 콘덴서에 교류를 인가한 경우에는 저항과는 다르게 리액턴스(주파수에 따라서 저항값이 변화되는 가변저항)라는 요소가 추가되어서 전류를 제한하는 역할을 수행한다.

③ 따라서 직·병렬 교류회로에서는 코일과 콘덴서 용량에 주파수를 고려한 저항값으로 계산한 유도성 리액턴스, 용량성 리액턴스와 저항을 벡터적으로 계산하여 합성저항을 구한다. 이 합성저항을 **"임피던스(Impedance)"**라고 한다.

㉮ 단위는 주파수를 고려하여 저항값으로 환산하기 때문에 [Ω]을 사용하며, 기호는 "Z"로 표시한다.

㉯ 주파수와 임피던스

구분	임피던스	저주파	고주파
저항	R	저항값 일정	저항값 일정
코일	ωL	유도성 리액턴스 감소	유도성 리액턴스 증가
콘덴서	1/(ωC)	용량성 리액턴스 증가	용량성 리액턴스 감소

㉰ 임피던스는 Z=R+jX로 정의하며(R는 저항, j는 허수, X는 리액턴스) 실수부는 저항, 허수부는 리액턴스를 의미한다. 그 크기는 아래와 같이 정의한다.

$$Z = \sqrt{(\text{저항성분})^2 + (\text{리액턴스성분})^2} = \sqrt{R^2 + X^2} = \sqrt{R^2 + (X_L - X_C)^2}$$

(여기는 R는 저항, X는 전체 리액턴스를 의미하며 $X = X_L - X_C$이다.

X값은 $X_L > X_C$일 때는 (+) 값, $X_L < X_C$일 때는 (-) 값을 가진다.)

④ 【그림 3.15】 R - L - C 직렬회로에서 교류전압 E[V]를 인가할 경우에 흐르는 전류는

$$I_Z = \frac{E}{Z} = \frac{E}{\sqrt{R^2 + X^2}}$$

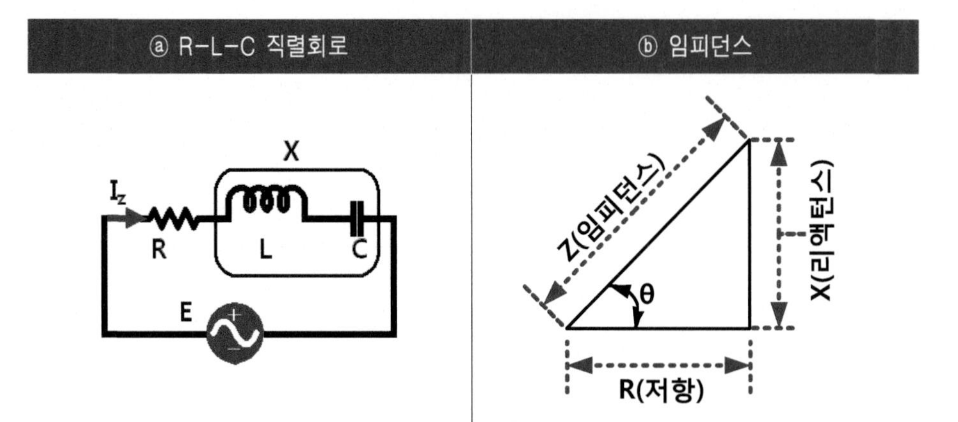

【그림 3.15】 R-L-C 직렬회로에서 임피던스

⑦ 전원전압 E[V]와 전류 I_Z의 위상차 θ는 $\tan^{-1}\frac{X}{R}$로 나타낼 수 있다.

㉮ θ>0이면 전압의 위상이 전류보다 θ만큼 앞서고,

㉯ θ<0이면 전압의 위상이 전류보다 θ만큼 뒤진다.

예제

6[Ω] 저항과 20[mH] 코일이 직렬로 연결한 교류 회로의 임피던스는 몇 [Ω]인가?

풀이

임피던스 Z[Ω]은

$$Z = \sqrt{R^2+(\omega L)^2} = \sqrt{R^2+(2\pi fL)^2} \fallingdotseq \sqrt{6^2+(2\pi\times 60\times 20\times 10^{-3})^2} \fallingdotseq 9.63[\Omega]$$

예제

6[Ω] 저항과 8[Ω] 유도성 리액턴스가 직렬로 연결한 교류 회로의 임피던스는 몇 [Ω]인가?

풀이

임피던스 Z[Ω]은

$$Z = \sqrt{R^2+(\omega L)^2} = \sqrt{6^2+8^2} = \sqrt{100} = 10[\Omega]$$

예제

저항 R이 10[Ω], 용량성 리액턴스 X_C가 10[Ω]인 직렬회로에 220[V] 교류 정현파를 인가할 때 임피던스와 전류값은?

풀이

임피던스 Z[Ω]은

$$Z = \sqrt{R^2 + (X_C)^2} = \sqrt{10^2 + 10^2} = 14.14\,[\Omega]$$

$$I = \frac{E}{Z} = \frac{220}{14.14} = 15.56\,[A]$$

3.2.5 교류전력

1 교류전력

① 직류회로의 전력은 전압과 전류의 곱이지만, 교류회로의 전력은 부하의 성질에 따라 전압보다 전류의 위상이 앞서거나, 늦거나 하므로 직류의 경우와 같이 간단하게 구할 수 없으며, 교류전력 P는 전압 V와 전류 I의 곱만으로 구하는 것이 아니고 V와 I의 위상차를 고려하여 전력값을 산정한다.

② 종류는 피상전력, 유효전력, 무효전력이 있다.

2 피상전력(Pa)

① 피상전력(Pa)은 교류회로에서 위상을 고려하지 않고 단순히 전압과 전류의 실효값을 곱한 값이다. 이는 교류 기기나 교류 전원의 용량을 나타낼 때 사용된다.

② Pa=V×I이며 단위는 볼트암페어[VA] 또는 킬로볼트암페어[kVA]를 사용한다.

③ 그리고 어느 교류 기기나 교류 전원의 피상 전력을 알게 되면 그에 흐르는 최대 전류를 알 수 있다. 실제로 회로에 사용할 전선의 굵기나 차단기의 용량 등을 결정할 경우에 부하에 흐르는 최대 전류를 알아야 한다.

3 유효전력(P)

① 교류회로에서의 전력은 일반적으로 소비 전력 P=VIcosθ[W]를 의미하며, 단위는 [W]를 사용한다. "θ"는 전압과 전류의 위상차이다. 저항 R만의 회로에서는 전압과 전류가 동상이므로 cosθ=1이 되어 전력은 P=VI가 되고 이는 직류 회로에서와 같은 형태이다.

② 그러나 L, C와 같은 리액턴스 성분이 포함된 회로에서는 전압과 전류 사이에는 θ만큼의 위상차가 있어 VI에 cosθ를 곱한 만큼의 전력이 소비된다.

④ 역률(Power Factor)

㉮ cosθ를 "역률"이라 부르며, "θ"를 "역률각"이라 하며, 0~1의 수치로 표시하거나 또는 100을 곱하여 백분율[%]로 표시한다.

㉯ 저항이 R [Ω], 리액턴스가 X [Ω], 임피던스가 Z [Ω]인 부하에서 역률은 다음 식과 같이 구할 수 있다.

$$\cos\theta = \frac{R}{Z} = \frac{R}{\sqrt{R^2 + X^2}}$$

㉰ 전열기나 백열전구와 같이 전기에너지를 열에너지로 바꾸는 것에서는 역률은 1이며, 전동기나 변압기와 같이 철심을 갖고 철심에 교류전원으로부터 흘러들어온 전류 일부가 자속을 발생시켜 자기적으로 전기에너지를 저장하는 것과 콘덴서와 같이 정전에너지로 저장하는 것에서는 역률이 1이 아니다.

⑤ 예를 들면 200[V], 10[A] 교류부하의 전류와 전압의 위상차가 0°, 60°, 90°인 경우의 유효전력(저항성분에서 소비한 에너지)은 다음과 같다.

㉮ 0°인 경우 P=VI×cosθ=200×10×1=2000[W]

㉯ 60°인 경우 P=VI×cosθ=200×10×0.5=1000[W]

㉰ 90°인 경우 P=VI×cosθ=200×10×0=0[W]가 된다.

4 무효전력(Pr)

① 전기에너지를 코일에서는 자기에너지 또는 콘덴서는 정전에너지의 형태로 저장이 되며, 이 전력은 부하에서 소모되지 않고 전원에서 부하로, 또는 부하에서 전원으로 왕복 이동만 하는 에너지가 무효 전력에 해당된다.

② Pr=VIsinθ이며, 단위는 [Var]를 사용한다.

③ 여기에서 θ는 전류와 전압의 위상차를 의미하고, sinθ는 피상전력에서 부하에서 전기 에너지 이외의 다른 에너지 형태로 변환된 비율인 무효율을 나타낸다.

예제

교류회로의 전압과 전류 실효값이 220[V], 10[A]이고 역률이 0.8이다. 이 회로의 소비전력[W]은?

풀이

$P=VI\cos\theta=220\times10\times0.8=1760[W]$

예제

전원전압 AC220[V], 용량 2[kW] 모터가 역률이 100[%]에서 역률 50[%]로 변화될 때 모터에 흐르는 전류 변화량은?

풀이

① 역률이 100[%]인 모터전류는 $I=\dfrac{\text{모터용량}}{\text{전압}\times\text{역률}}=\dfrac{2000}{220\times1}=9.09[A]$

② 역률이 50[%]인 모터전류는 $I=\dfrac{\text{모터용량}}{\text{전압}\times\text{역률}}=\dfrac{2000}{220\times0.5}=18.9[A]$

③ 전류의 변화량=(역률이 50%인 모터전류) - (역률이 100% 모터전류)=9.09[A]이고 역률이 저하되기 때문에 전류는 2배가 더 많이 소모되고, 이에 따라서 전류에 의한 발열량은 전류의 제곱에 비례하기 때문에 전류가 2배 증가하면 모터 권선저항의 발열량은 4배로 증가한다.

3.3 3상 교류

3.3.1 교류 발전기

1 발전기와 전동기

① 발전기나 전동기에서는 회전하는 부분을 "회전자(Rotor)", 고정되어 움직이지 않는 부분을 "고정자(Stator)"라고 한다.

② 발전기 또는 전동기에서 자기장을 만들어 주는 부분을 "계자(Field)"라고 한다. 회전하면서 유도 기전력에 의하여 전류를 발생하거나(발전기의 경우), 회전력을 발생하는(전동기의 경우) 부분을 "전기자(Armature)"라고 한다.

③ 자기장과 도체 사이에 상대적인 속도를 얻기 위해 【그림 3.16】과 같이 두 가지의 방법을 이용하는데 【그림 3.16】 ⓐ에서는 자장을 만드는 계자가 영구자석으로서 고정자이고, 유기 기전력을 발생하는 코일(전기자)이 회전한다. 즉, 전기자가 회전자, 계자가 고정자이다.

④ 【그림 3.16】 ⓑ는 유기전기력을 발생하는 코일(전기자)를 고정하고 계자인 영구자석이 회전한다. 즉, 전기자가 고정자이고 계자가 회전자이다.

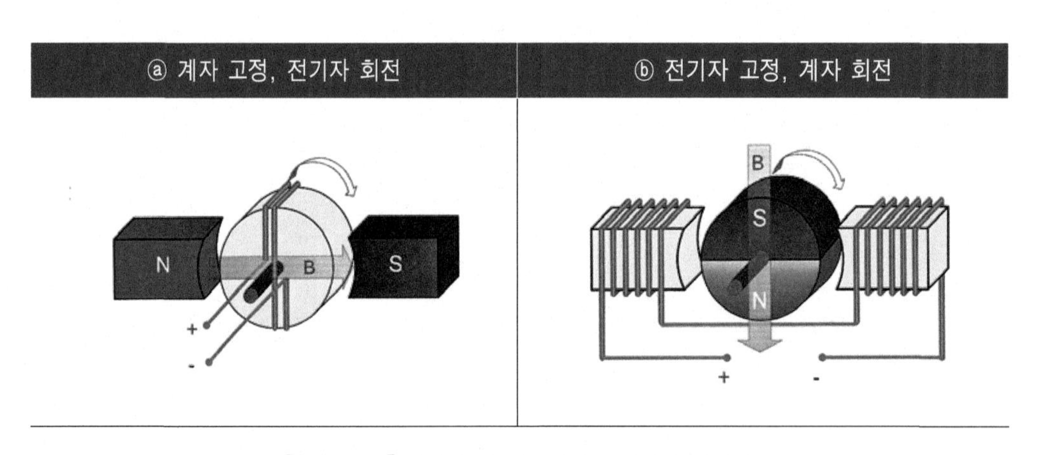

【그림 3.16】 발전기 및 전동기의 고정자와 회전자

☞ **발전기**
기계동력에 의해 전기를 발생하는 회전기기

☞ **전동기(모터)**

교류 또는 직류전원을 입력받아서 기계적인 동력(속도, 회전력)을 발생하는 회전기기

2 교류 발전기

① 교류 발전기는 【그림 3.17】과 같이 코일의 두 끝은 각각 링(Ring)에 고정되어 있으며 링은 코일과 함께 회전하고, 링은 고정된 브러쉬(Brush)를 통해 교류 전압을 외부로 공급한다.

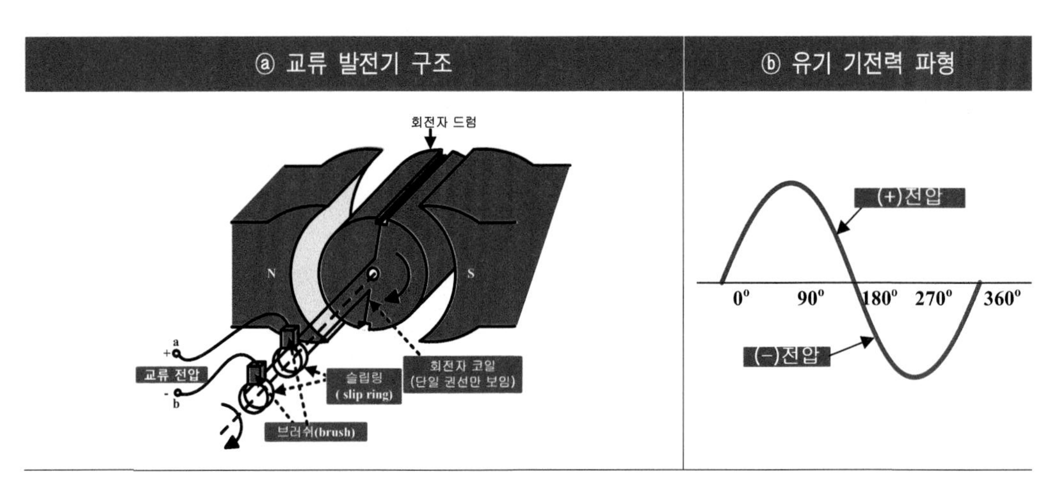

【그림 3.17】 교류 발전기 구조 및 기전력 파형

② 그리고 유기되는 전압을 높이기 위해서 코일을 여러 번 감는다. 그러면 감은 권선수에 비례하여 【그림 3.17】 ⓑ와 같은 교류 전압을 얻을 수 있다.

③ 코일 회전각의 변화에 따라서 발생하는 기전력의 파형은 【그림 3.18】 ⓕ에서 볼 수 있다.

④ 코일이 자속 내에서 회전운동을 하면 코일이 이루는 단면을 수직으로 통과하는 자속이 시간에 따라 변화하고(코일이 수평일 때 자속이 코일 단면을 수직으로 관통하는 자속이 0이며, 코일이 수직일 때는 관통하는 자속이 최대), 패러데이 법칙에 의하여 코일을 관통하는 자속의 변화율에 비례하여 유기 기전력이 발생하여 전류가 흐른다.

⑤ 【그림 3.18】 ⓑ, ⓓ와 같이 코일이 수평일 때 통과하는 자속은 0이지만, 이 부근에서 자속의 변화가 최대이기 때문에 유기 기전력의 크기는 (+), (-) 최대가 된다.

⑥ 【그림 3.18】 ⓐ, ⓒ, ⓔ와 같이 코일이 수직일 때는 통과하는 자속이 최대이지만 자속

의 변화율이 0이므로 유기 기전력의 크기는 0[V]이다.

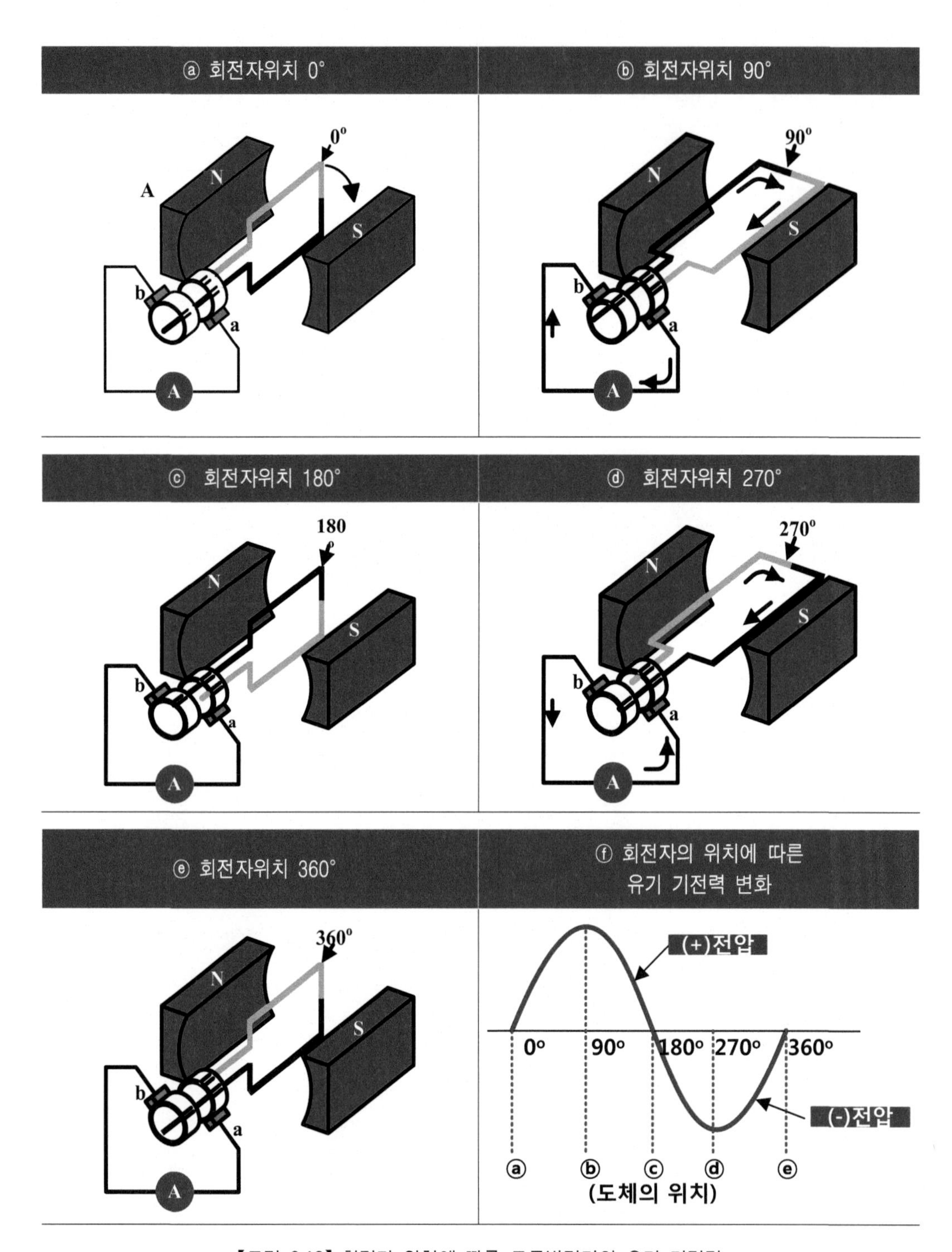

【그림 3.18】 회전자 위치에 따른 교류발전기의 유기 기전력

3.3.2 3상 교류

① 【그림 3.19】와 같이 3상 교류발전기 구조는 3개의 코일을 120° 간격으로 배치하고, 그 축의 중심에 막대자석을 놓고 돌리면 각 코일에서 a, b, c상 순서로 120° 간격으로 최대 전압이 발생한다.

㉮ 자석의 회전방향에 따라 코일에 유기되는 전압 순서를 "**상회전**"이라고 한다. 회전방향에 따라 각 상을 "R 또는 a상", "S 또는 b상", "T 또는 c상"이라고 부른다.

㉯ 3상 교류발전기에서 3개의 기전력 E_a, E_b, E_c를 발생시켜 3개의 도선을 통해 전기부하에 전류를 공급한다.

㉰ E_a, E_b, E_c는 크기와 주파수는 같지만, 시간에 따른 변화가 1/3주기(=120°)씩 위상차를 가진다. 이와 같은 교류를 "3상 교류"라고 한다.

㉱ 각 코일에서 발생한 전압의 실효값을 E[V], 각속도를 ω(rad/s)라고 하면, E_a 전원전압을 기준으로 하여 각 상의 전압 E_a, E_b, E_c를 식으로 나타내면 다음과 같다.

$$E_a = E_m \sin\omega t$$

$$E_b = E_m \sin(\omega t - \frac{2}{3}\pi)$$

$$E_c = E_m \sin(\omega t - \frac{4}{3}\pi)$$

② 3상 교류는 단상 교류에 비해서 같은 양의 전력을 보내는 데 필요한 도선의 무게가 작고, 선로에서 소비되는 줄(J)열이 적을 뿐만 아니라 전동기에서는 단상에 비해 3상 교류가 우수하여 3상 교류를 이용한 전동기가 널리 이용되고 있다.

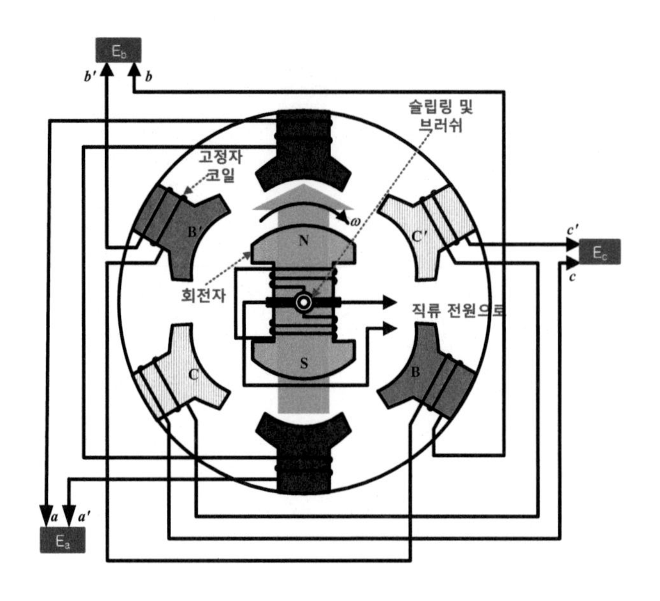

【그림 3.19】 3상 발전기 구조

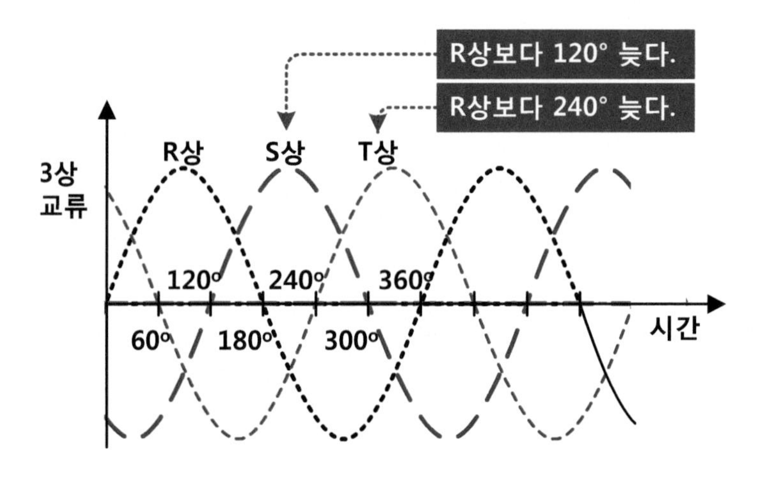

【그림 3.20】 3상 교류파형

3.3.3 Y－Δ결선

1 Y결선(성형결선)

① 3상 교류회로에서 3개의 기전력 코일을 연결하는 방식은 무엇이 있을까? 가장 많이 사용하고 있는 방법은 Y결선(스타결선 또는 성형결선), Δ(델타)결선 두 가지 결선방법이 있다. 먼저 Y결선의 연결방법에 대하여 알아보자. 【그림 3.21】 ⓐ와 같이 3개의 코일을 각각 120°의 위상차를 두고 배치한다.

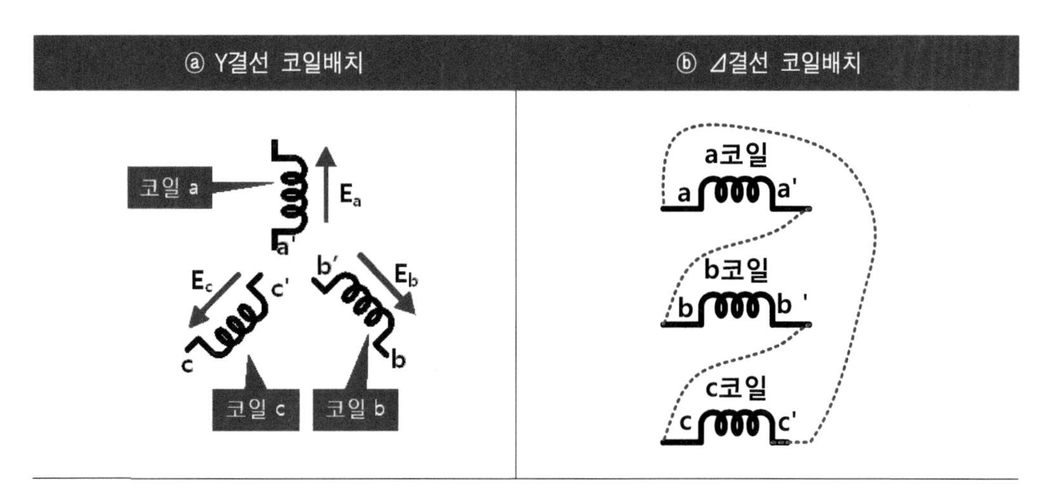

【그림 3.21】 Y결선과 Δ결선의 코일배치

② 그리고 【그림 3.22】와 같이 각 코일의 한쪽 단자(a′, b′, c′)를 점으로 집합시켜 연결하고 나머지 단자(a, b, c)에서 3개의 전원을 끌어내는 방법이 Y결선이다. 이 결선에서 코일의 단자를 한곳으로 연결한 점을 "중성점"이라고 한다.

㉮ 코일에 발생하는 전압을 "상전압(E_P)"이라고 하며 중성선과 각 선사이의 전압이다.

㉯ 전선과 전선사이의 전압을 "선간전압(E_ℓ)"이라고 한다.

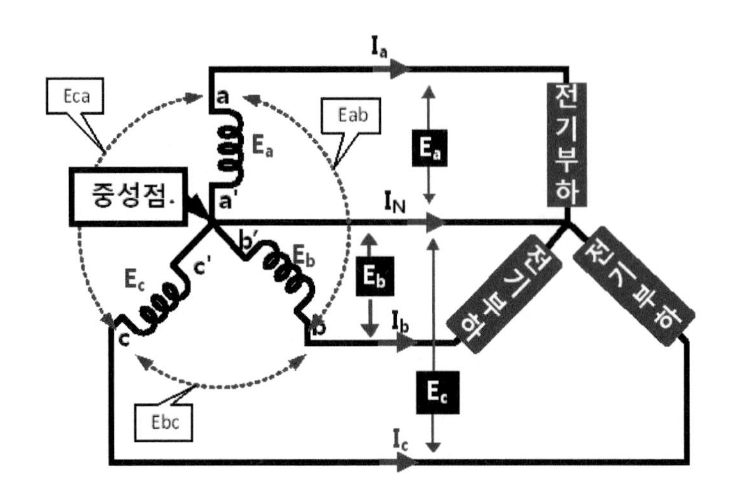

【그림 3.22】 성형결선

㉰ 상전압(E_a, E_b, E_c)의 크기를 E_P, 선간전압(E_{ab}, E_{bc}, E_{ca})의 크기를 E_ℓ이라고 하면 다음과 같은 관계식이 성립한다.

$$E_\ell = \sqrt{3}\,E_p \text{ (선간전압= } \sqrt{3} \times \text{상전압)}$$

이 된다. 즉, <u>선간전압 크기는 상전압 크기의 $\sqrt{3}$ (약 1.73)배</u>가 된다.

☞ 전기판넬 구조

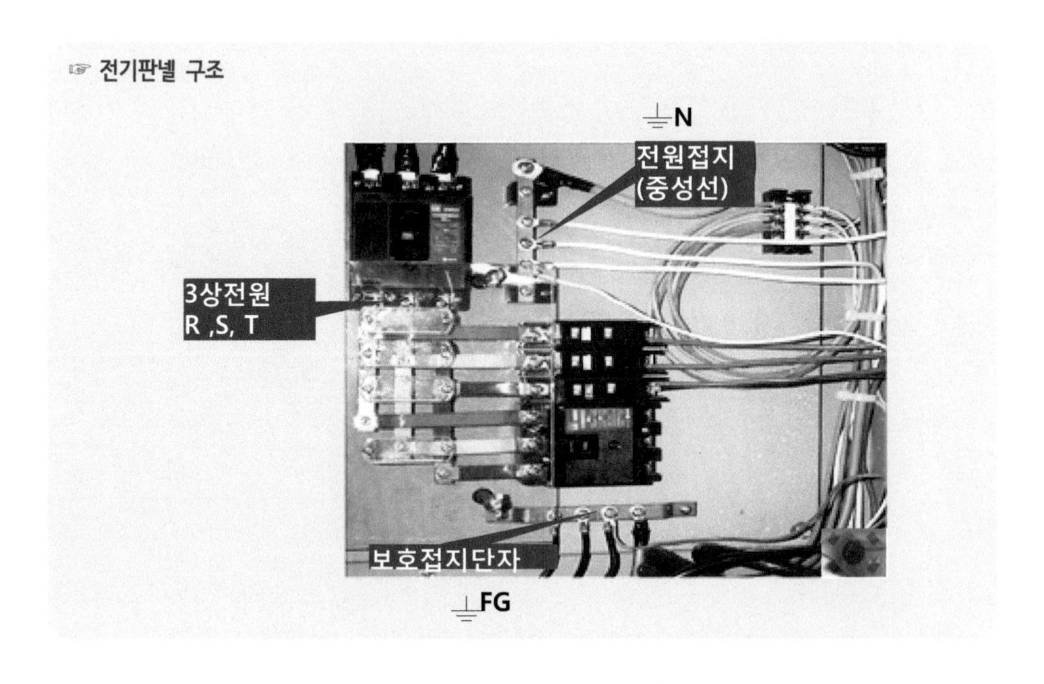

예제

380[V] Y결선으로 접속된 3상 교류발전기가 있다. 그 상전압 크기는?

풀이

$E_\ell = \sqrt{3}\,E_P$에서

상전압 E_P는 $E_P = \frac{1}{\sqrt{3}}E_\ell = \frac{1}{\sqrt{3}} \times 380 = 220\,[V]$

2 Δ결선(델타결선)

① Δ결선은 【그림 3.21】 ⓑ와 같이 3상 교류가 발생하는 코일 a, b, c를 한쪽 편에서 다음 코일의 한쪽으로 연결하여 3각형 형태로 연결하고, 연결된 점에서 3개의 전원을 끌어내는 방법이다.

② Δ결선에서 전선간의 전압(선간전압)과 상전압(코일에서 발생전압)은 같으나, **전선에 흐르는 전류(선전류)는 코일에 흐르는 전류(상전류)의 $\sqrt{3}$ (약 1.73)배**가 된다.

③ 상전류(I_{ac}, I_{ba}, I_{cb}) 크기를 "I_P", 선전류($I_{aa'}$, $I_{bb'}$, $I_{cc'}$) 크기를 "I_ℓ"이라고 하면, 다음과 같은 관계식이 성립한다.

㉮ $E_\ell = E_P$ 즉, (상전압=선간전압)이다.

㉯ $I_\ell = \sqrt{3} \times I_P$ 즉, 선전류= $\sqrt{3}$ ×상전류이고, 선전류 크기는 상전류 크기의 $\sqrt{3}$ (약 1.73)배가 된다.

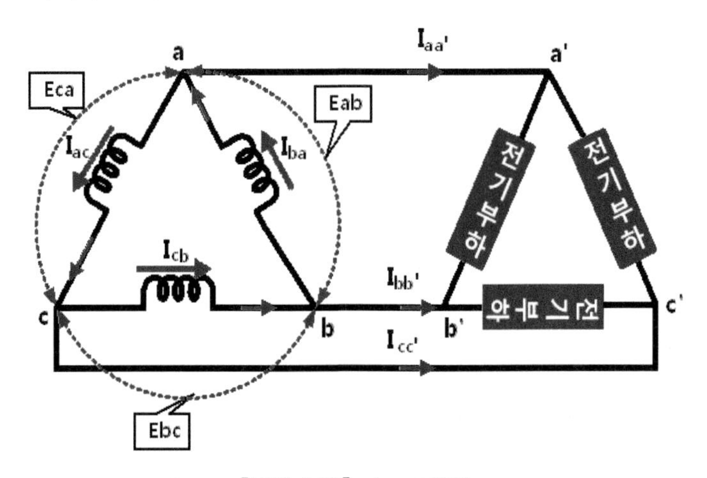

【그림 3.23】 Δ - Δ결선

예제

선간전압이 220[V], 선전류가 10[A] Δ결선 회로가 있다. 상전압, 상전류는?

풀이

① Δ결선에서는 상전압(E_P)=선간전압(E_ℓ)과 같기 때문에 상전압은 220[V]가 되며

② Δ결선에서는 $I_\ell = \sqrt{3}\, I_P$ 에서

상전류 I_P는 $I_P = \dfrac{I_\ell}{\sqrt{3}}$

$$I_p = \frac{10}{\sqrt{3}} = 5.77\,[\mathrm{A}]$$

서울 시내 지하철에서 직류 전원을 사용하는 이유?

서울 시내 지하에는 무수히 많은 통신 선로가 가설되어 있기 때문에 지하철에 직류를 사용한다. 만일, 지하구간에서 전철에 교류를 사용하면 전자 유도 현상에 의해 통신 선로에 통신 장애가 나타나게 된다. 그러나 직류를 사용하면 통신 장애가 나타나지 않는다. 따라서, 서울 시내 지하구간에서는 전철에 직류로 전기를 공급한다.

일반적으로 견인용 전동기(Traction Motor)는 예전에는 직류 직권 전동기가 일반적으로 사용하고 있으며, 일정구간에서 토오크가 전류의 제곱에 비례하므로 기동이 빈번한 차량의 구동에는 가장 적합한 전동기이기 때문이다. 그러나 최근에는 인버터기술의 발전으로 유도전동기를 많이 채택하고 있다.

실험실습

1 실험기기 및 부품

[1] 브레드보드

[2] DMM

[3] 오실로스코프

[4] 저항

① 100[Ω] 1/4[W]

[5] 콘덴서

① 전해콘덴서 10[μF] ② 전해콘덴서 22[μF] ③ 전해콘덴서 100[μF]

[6] 코일

① 1[mH] ② 10[mH] ③ 100[mH]

[7] 변압기

2 코일값 변화에 따른 교류 전압의 변화

[1] 회로도

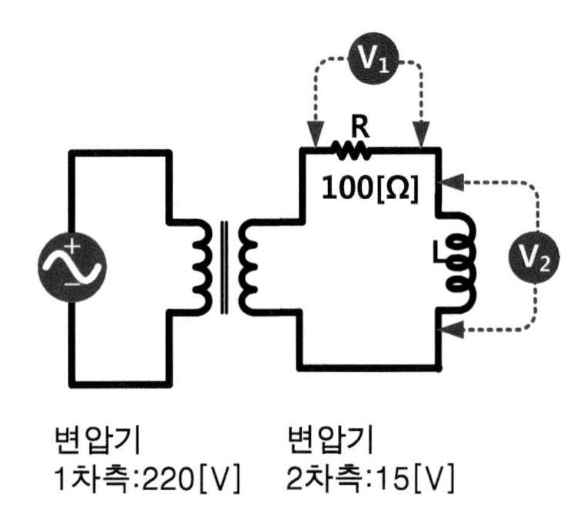

[2] 실습방법

① 인덕턴스의 크기를 1[mH], 10[mH], 100[mH] 변화시키면서 코일 전압을 측정한다.

② 측정

코일 용량	R양단 전압		L양단 전압	
	이론값	측정값	이론값	측정값
① 1[mH]				
② 10[mH]				
③ 100[mH]				

3 콘덴서 용량변화에 따른 교류 전압의 변화

【1】 회로도

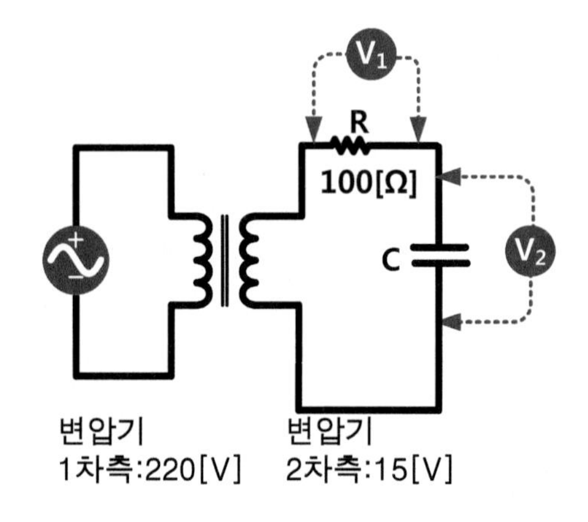

【2】 실습방법

① 콘덴서 용량을 10[μF], 22[μF], 100[μF] 변화시키면서 콘덴서 전압을 측정한다.

② 측정

콘덴서 용량	R 전압		C 전압	
	이론값	측정값	이론값	측정값
① 10[μF]				
② 22[μF]				
③ 100[μF]				

4 R - L 직렬회로

【1】 회로도

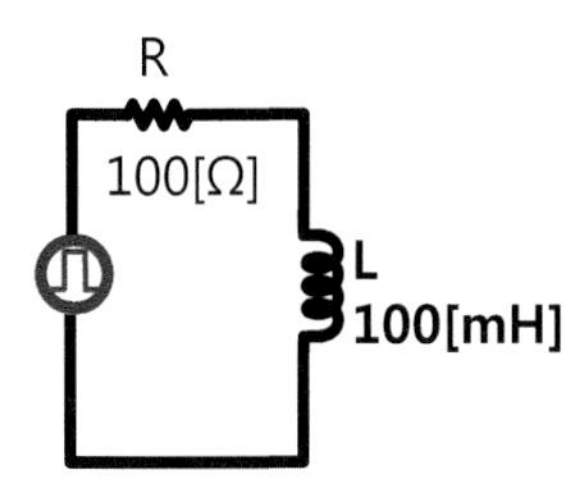

【2】 실습방법

① R - L 직렬회로 구성하고 저항, 코일 양단의 전압파형을 오실로스코프로 측정하고 그 파형을 도시하라.

② 측정파형

입력: 구형파펄스	저항 전압 파형	코일 전압파형

5 R - C 직렬회로

【1】 회로도

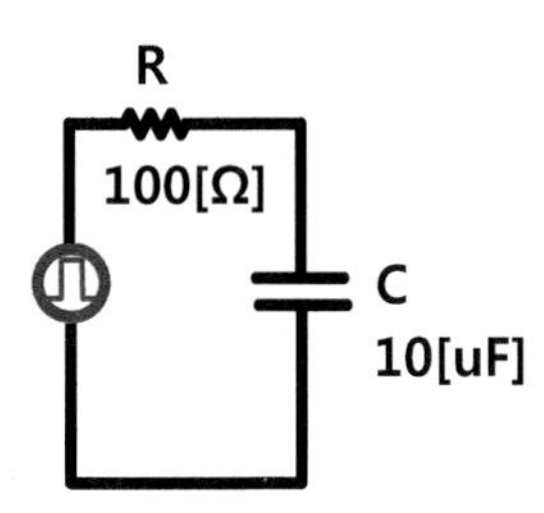

【2】 실습방법

① R - C 직렬회로 구성하고 저항, 콘덴서 양단의 전압파형을 오실로스코프로 측정하고 그 파형을 도시하라.

② 측정파형

입력: 구형파펄스	저항 전압 파형	코일 전압파형
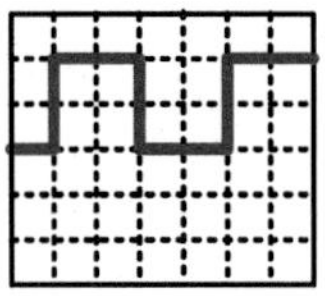	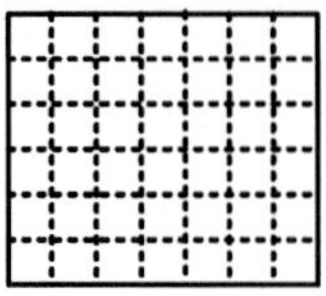	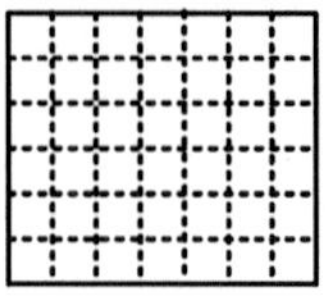

남북한 전기용어 비교

님한 용어	북한 용어
과전류	넘친전류
단락	맞닿이(단락)
단자전압	꼭지전압
리드선	이음줄
무부하	빈짐
버튼	누르개, 단추, 스위치
3상권선	3상감음줄
3상지락	3상대칭땅닿이
순시치	순간값
순환전류	가로전류, 헤메기전류
Y-Y 결선	별-별결선, Y-Y 결선
잔류자속	남은자속
전계	전계, 전기마당
전류계	전류재기
코일	선륜
표피효과	껍질효과

CHAPTER

04 전기기기(전동기)

【학습목표】

1】 변압기 구조와 동작원리에 관하여 학습한다.

2】 전동기 구조와 동작원리에 관하여 학습한다.

3】 인버터 구조와 동작원리에 관하여 학습한다.

• 요점정리 •

❶ "전기기기(電氣機器=Electrical Machinery and Apparatus)"는 기계에너지를 전기에너지로, 전기에너지를 기계에너지로 변화하는 장치이다.

❷ "변압기"는 교류전원이 연결된 1차 측에서 2차 측으로 전기에너지(교류)를 전달하여 전압을 승압 또는 강압하는 전력변환기기이다.

❸ "전동기(電動機)"는 전기에너지(교류 · 직류)로부터 전류를 공급받아, 기계적인 동력(토크 · 속도)을 출력하는 회전기(回轉機)이다.

❹ 전동기 부하특성은 정토크 부하, 정출력 부하, 2승 저감 토크 특성을 갖는 부하가 있다.

❺ "직류 전동기"는 자기장 내에 있는 도체에 직류전류를 흘리면 플레밍의 왼손 법칙에 의하여 도체에 전자력(電磁力)이 발생하여 회전한다.

❻ 직류 전동기의 속도기전력은 직류전원이 흐르는 전류방향과 반대되는 방향으로 발생하며, "반대"로 흐르는 전류를 발생하기 때문에 속도기전력을 "역기전력"이라 한다.

❼ 유도 전동기 동기속도 N_S는

$$N_S = \frac{120}{P} \times f$$ (N_S : 동기속도 [rpm], f : 전원주파수[Hz])

❽ "인버터"는 상용교류의 전압과 주파수를 가변시키는 전력 변환기기로, 상용전원과 3상 유도 전동기 사이에 연결하여 유도 전동기 회전속도와 토크를 제어한다.

4.1 변압기

4.1.1 전기기기 개요

1 회전기와 정지기

① "전기기기(電氣機器,Electrical Machinery and Apparatus)"는 기계에너지를 전기에너지로, 전기에너지를 기계에너지로 변환하는 기기이다.

② "기(機)"는 전기에너지를 받아서 회전하는 회전기(回轉機)를 말한다.
(【예】: 전동기, 발전기)

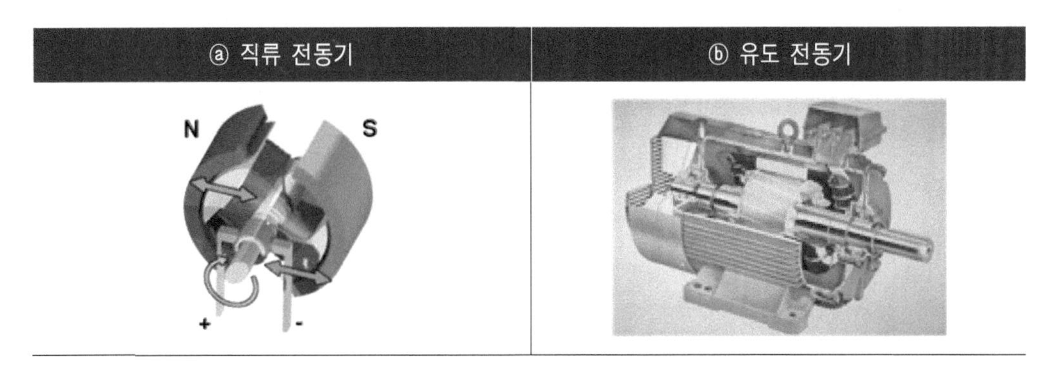

【그림 4.1】 회전기

③ "기(器)"는 정지하고 있는 상태에서 전기에너지를 다른 형태의 전기에너지로 변환하는 정지기(靜止期)를 말한다.(【예】: 변압기, 전력변환기 등등)

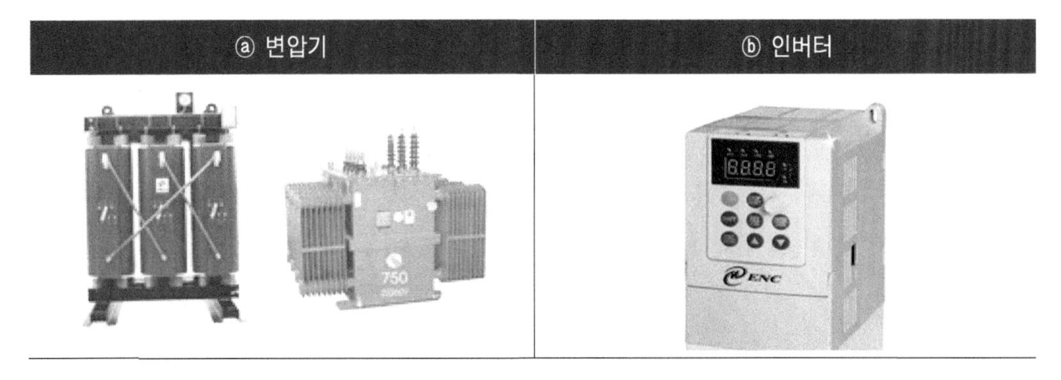

【그림 4.2】 정지기

4.1.2 상호유도작용

① 두 개의 코일을 가까이 놓고 한쪽 코일(1차코일)에 전류를 흘리면 자속이 발생하여, 다른 쪽의 코일(2차코일)에서 1차코일의 자속 변화를 방해하려는 방향으로 기전력이 발생한다.

② 한쪽 코일의 전류가 변화할 때, 다른 쪽 코일에서 유도 기전력이 발생하는 것을 "상호유도작용(相互誘導作用)"이라 한다.

③ 상호유도 작용에 의하여 1차측 전압의 변화가 2차 측으로 전달되는데, 이 원리를 이용하여 전압을 승압 또는 강압시키는 전기기기가 변압기이다.

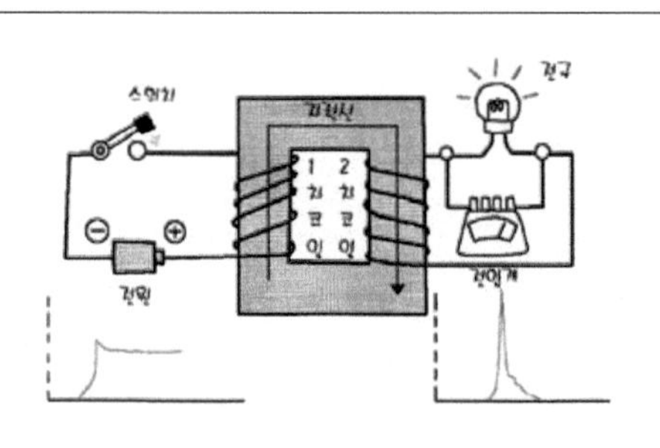	1차 코일 쪽에 직류전원을 인가하고 스위치를 넣으면 상호유도작용에 의해 잠깐 동안 2차코일의 전구가 점등하고 전압계가 움직인다.
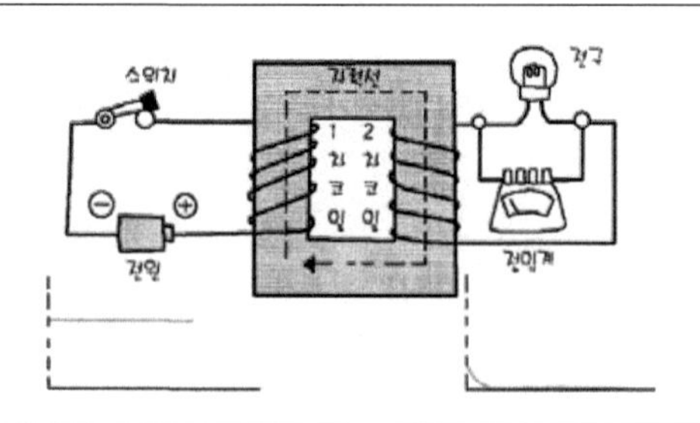	그러나 1차측 코일에 스위치를 계속 "ON" 하게 되면 자속의 변화가 일어나지 않으므로 전구는 소등하고, 전압계는 움직이지 않는다.
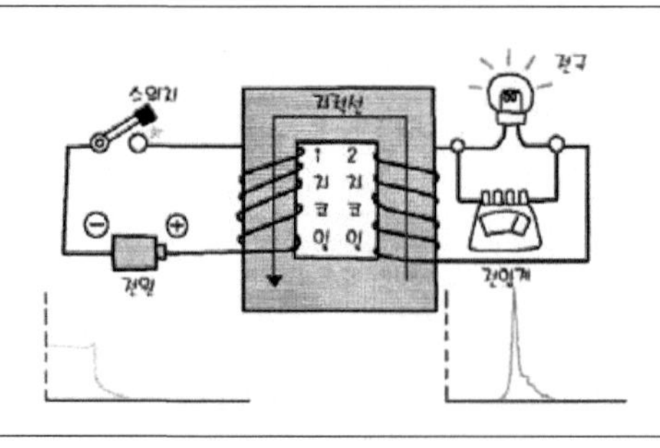	그리고 스위치를 차단하면 스위치를 "ON" 시키는 경우와 반대 방향으로 자속 변화가 일어나 상호유도작용에 의해 잠깐만 전구가 점등하고 전압계가 움직인다.

【그림 4.3】 상호유도작용

4.1.3 변압기(Transformer)

1 변압기 구조

① "변압기(Transformer)"는 1차측과 2차측의 코일 권선비를 조정하여 2차측 교류 전압을 만들어내는 전기기기이다

② 변압기는 패러데이 법칙에 의하여 전기 에너지와 자기 에너지의 상호 변환을 이용한 전기기기로, 그 구조는 【그림 4.4】 ⓐ와 같으며 기호는 그림ⓑ와 같이 표현한다.

㉮ 그림 ⓐ에서 교류전원이 입력되는 코일을 "1차 코일"이라 하고, 부하가 연결되는 코일을 "2차 코일"이라 한다.

㉯ 1차 코일의 전압과 전류를 V_1, I_1, 2차 코일의 전압과 전류를 V_2, I_2 라고 하면, 1차측에 흐르는 전류 I_1은 1차 코일에 의해 자기 에너지인 자속 φ_1으로 변환한 다음, 철심(Core)에 의해 2차 코일과 쇄교(자력선 등이 코일과 교차하는 것)하여 자속 φ_2를 발생한다. 그리고 자속 φ_2의 변화는 2차 측에 유도 기전력 V_2를 유도함으로써 다시 전기적인 에너지로 변환된다.

㉰ 물론 이 때 자속의 변화가 없으면 2차 전압은 유도되지 않으므로 변압기는 교류만 변압시킬 수 있으며, 이와 같이 변압기는 전기 에너지 ⇒ 자기 에너지 ⇒ 전기 에너지 순으로 에너지를 변환 및 전달하는 작용을 한다.

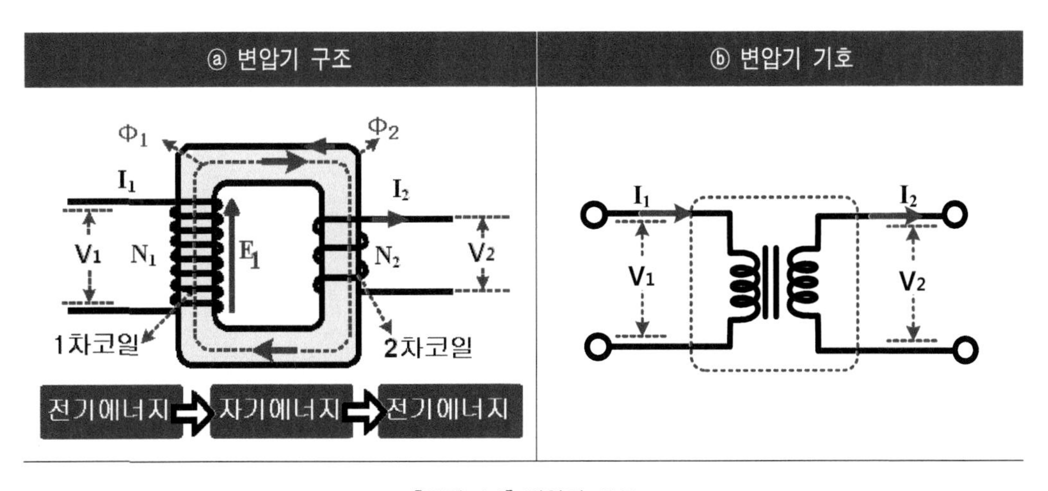

【그림 4.4】 변압기 구조

③ 한쪽에 형성된 자속이 상대 코일로 얼마나 많이 쇄교되는가 하는 정도를 **"결합 계수"**라 하며, "k"로 나타내며 범위는 $0 \leq k \leq 1$이다.

㉮ 만일 k=0이면 두 코일 간에 자기 결합이 없다는 것을 뜻한다.

㉯ 그리고 k=1이면 자기결합하는 두 코일이 100% 쇄교하는 것을 의미하며, 이를 완전 결합이라 한다.

④ 변압기의 또 다른 역할은 1차측 전원과 2차측 전원을 전기적으로 절연(isolation)하는 역할이다. 이러한 절연 기능은 감전 등의 위험에 대한 사용자의 전기적 안정성 보장과 외부의 전기적 충격으로 인한 제품 파손 위험을 막아 주는 역할을 한다.

2 권선비

① 변압기 1차측 권선수와 2차측 권선수 비를 변압기의 **"권선비"**라고 한다.

② N_1은 1차측에 감은 코일 횟수(권선수)이고 N_2는 2차측에 감은 횟수(권선수)이다.

$$권수비 = \frac{N_1}{N_2}$$

③ 예를 들어, 1차측 권선수가 500이고 2차측 권선수가 50이면 권선비는 500/50 또는 10 : 1이다.

3 전압비

① 1차측 코일과 2차측 코일 사이의 자기적인 결합으로 2차측 코일에 유도된 전압은 1차측 코일 권선의 자기유도전압과 같다. 따라서 **전압비는 권선비에 비례**하게 된다.

$$전압비 = \frac{V_1}{V_2} = \frac{N_1}{N_2}$$

② 2차측 코일을 1차측보다 더 많은 권선수로 감으면 2차측 전압은 1차측 전압보다 더 높고 2차측 전압이 승압된다.

③ 2차측 권선을 더 작은 권선수로 감으면 유도 전압은 강압된다.

④ 어느 경우이든 비는 1차측 전압에 대한 값으로 표현된다.

예제

다음의 변압기에서 1차 전류는 얼마인가?

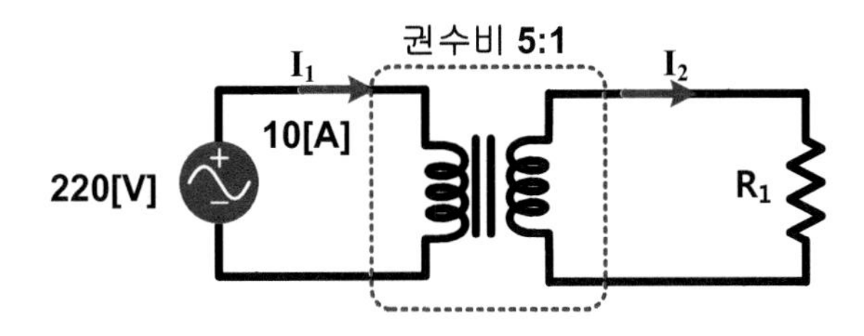

풀이

$$\text{권수비} = \frac{V_1}{V_2} = \frac{N_1}{N_2} = \frac{I_2}{I_1}$$

$$I_2 = \text{권수비} \times I_1 = 5 \times 10[A] = 50[A]$$

예제

220[V], 60[Hz] 교류전원을 사용하여 12[V]전구가 점등할 수 있도록 변압기를 사용하고자 한다. 필요한 권수비를 구하고 1차코일의 권선수가 300일 때 2차 코일의 권선수를 구하라.

풀이

① $\text{권수비} = \frac{N_1}{N_2} = \frac{V_1}{V_2} = \frac{220}{12} = 18.34$

② 이차코일의 권선수는 N_2=1차코일의 권수÷권수비=300÷18.34=16.3

4.2 전동기

4.2.1 전동기 개요

1 전동기

① 전기의 힘으로 움직이는 것을 **"전동기(電動機)"** 또는 **"모터(Motor)"**라고 한다.

② 전기 에너지를 기계 에너지로 변환하는 장치이다.

③ 전동기는 입력으로서 전기에너지(교류·직류)으로부터 전류를 공급받아, 출력으로서 기계적인 동력인 속도와 토크를 만드는 회전하는 회전기(回轉機)이다.

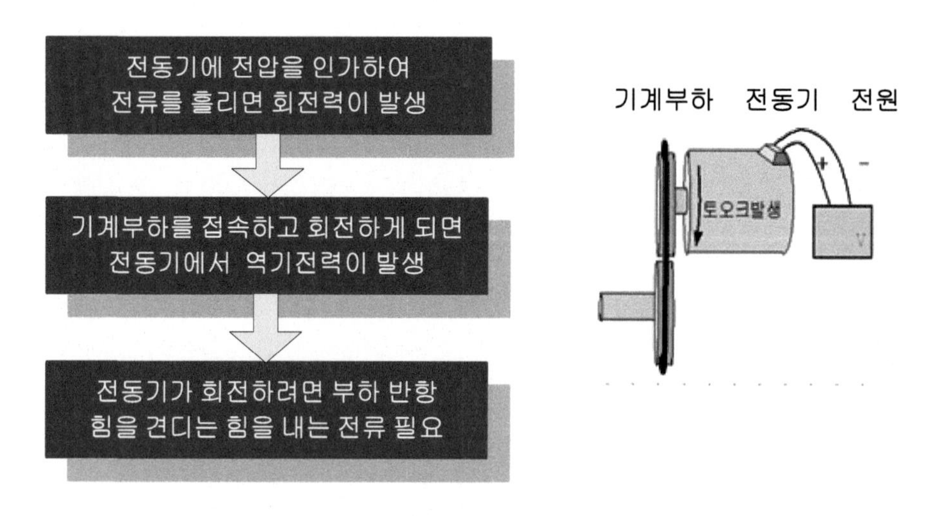

【그림 4.5】 전동기의 개요

④ 코일에 전원을 인가하면 전자력(電磁力)이 발생하고, 전동기 축(Shaft)에서 발생한 기계적인 회전력을 출력하여 다양한 산업용기계 또는 가전제품을 동작시킨다.

⑤ 전동기는 현대문명을 나타내는 지표로서 가구당 약 100개 정도를 사용하고 있으며, 전동기가 사용되는 곳을 살펴보면 다음과 같다.

환기팬, 선풍기, 에어콘, 냉장고, 세탁기, 드라이어, 핸드폰, 면도기, 전력량계, VTR, CD 플레이어, 비디오 카메라, 카메라, 전동공구, FDD, 프린터, HDD, 자동차

2 전동기 부하

전동기를 이용하는 전동기 부하 특성은 정토크 부하, 정출력부하, 2승 저감 토크 부하 3가지로 분류할 수 있다.

① 정토크 부하

㉮ 정토크 부하 특성은 전동기 속도의 변화에 관계없이 일정한 토크를 갖는 부하를 "정토크 부하"라고 한다.

㉯ 정토크 부하의 출력특성은 속도에 비례하며, 전동기 속도가 내려가면 출력이 감소하는 특징을 가진다.

㉰ 컨베이어, 크레인, 대차, 공작기이송기계, 압축기, 압출기 등은 부하토크가 전동기 속도에 대하여 거의 일정한 부하특성을 가진다.

② 정출력 부하

㉮ 정출력 부하는 전동기 속도에 대한 부하의 특성이 속도에 대하여 반비례로 변화하는 부하 토크특성을 가진다.

㉯ 전동기 회전수가 증가함에 따라서 부하토크가 감소하고, 회전수가 감소함에 따라서 부하토크가 증가한다.

㉰ 정출력 특성이 있는 부하의 출력은 속도에 관계없이 일정하게 하며, 토크가 요구될 때 회전속도를 떨어뜨려 운전하고, 회전속도가 빠를 때는 토크가 작아도 되는 특성을 가진다.

㉱ 이런 특성이 있는 전동기 부하는 감는 기계, 압연기, 공작기 주축 등은 출력이 속도에 관계없이 일정한 출력 갖는 부하이다.

③ 2승 저감 토크 부하

㉮ 속도에 대한 부하 토크 특성은 속도의 곱에 비례하여 변화된다.

㉯ 회전수가 낮아지면 부하를 구동시키기 위한 토크도 작아지는 부하로서 부하토크 특성이 회전수의 2승에 비례하고 출력은 회전수의 3승에 비례한다.

㉰ 인버터와 함께 운전하면 에너지 절약효과가 크다.

㉱ 펌프, 송풍기 등이 2승 저감 토크 특성의 부하특성을 가진다.

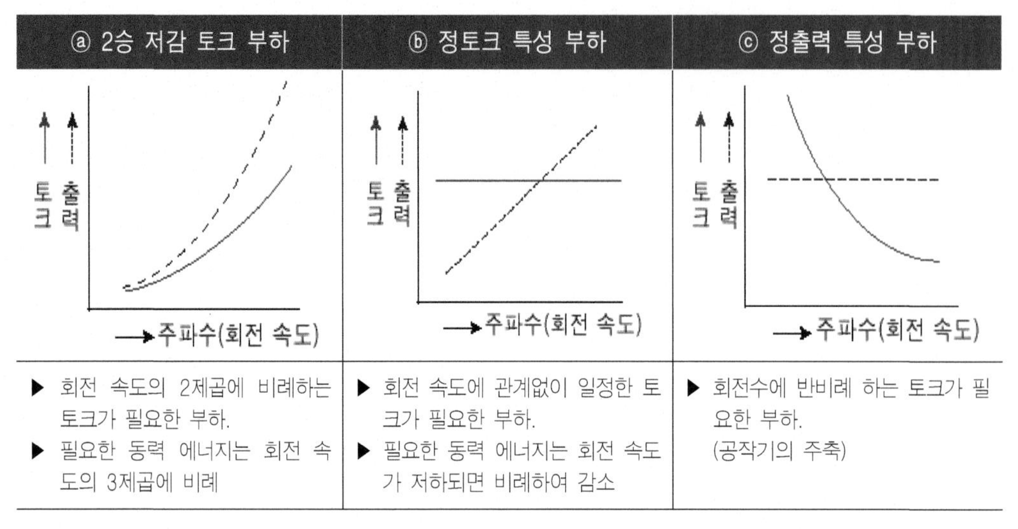

【그림 4.6】 전동기 부하

3 전동기 관련용어

① 고정자(Stator)

발전기, 모터에서 고정되어 움직이지 않는 부분

② 회전자(Rotor)

발전기, 모터에서 회전하는 부분

③ 계자(Field Flux)

㉮ 발전기·전동기에서 회전자가 회전할 때 계자코일에서 발생한 자기장을 가로지르며 회전한다.

㉯ 모터에서는 계자코일에 전류를 흘리면 자기장을 발생시키는 부분으로 토크(회전력)를 발생하는 데 필요한 주자속을 발생하는 부분

④ 전기자((Armature)

㉮ 회전력을 발생하는 데 필요한 전류가 흐르는 구성체

㉯ 자계와의 상대적인 운동에 따라서 유도기전력을 발생하는 권선을 가진 부분

㉰ 회전 전기기기에서 주요한 동작을 하는 권선(捲線)을 수용하고 있는 부분

⑤ 회전자기장

3상 교류를 이용하면 계자를 움직이지 않고도 회전하는 자기장을 만들 수 있는데, 이를 "회전자기장"이라고 한다.

⑥ 동기속도

회전자기장에 따라서 전동기가 회전하는 속도

4.2.2 직류 전동기

1 구조

① 직류 전동기(DC 모터) 구성은 크게 계자(Stator)와 전기자(Armature)로 구성된다.

② "계자"는 전동기 내부에서 일정한 자기장을 발생하는 부분으로 영구자석 또는 전자석을 사용한다.

③ "전기자"는 실제 모터가 회전하는 부분으로 외부에서 공급받은 직류전류에 의하여 토크(회전력)을 발생하는 부분으로 코일을 사용한다.

④ 전기자권선은 슬롯(권선을 감는 홈)에 권선을 감는다.

⑤ 슬롯의 수가 많을수록 토크 맥동도 작고, 회전의 불규칙한 변동도 적어 부드럽게 전동기를 회전시킬 수 있다. 이 때문에 저속 회전에서 토크 변동, 회전변동이 작은 전동기가 필요한 경우 슬롯수가 많은 전동기를 사용한다.

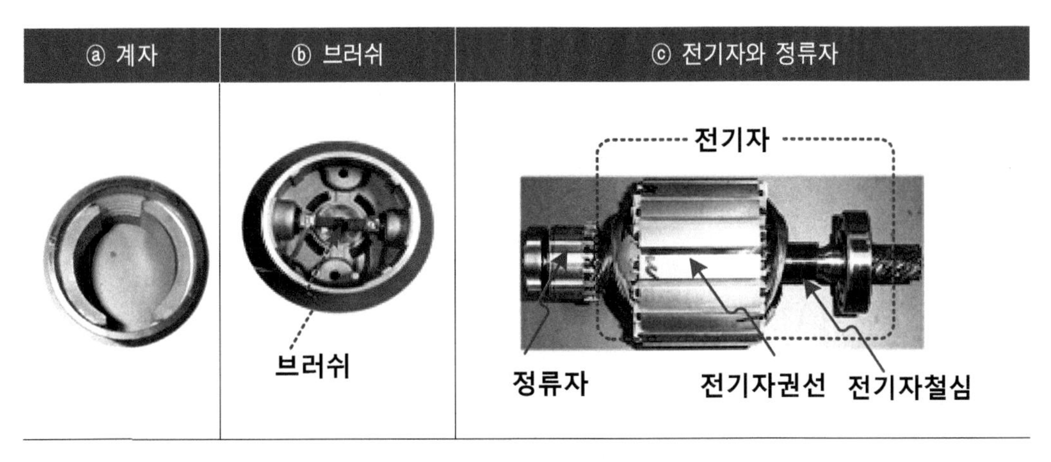

【그림 4.7】 직류 전동기 구조

2 직류 전동기의 회전원리

① 자기장 내에 자유롭게 회전할 수 있는 도체(전기자)를 설치하고 외부에서 직류전원을 공급받기 위하여 정류자와 브러쉬를 부착한 다음 전류를 흘려주면 플레밍의 왼손법칙에 따라서 도체가 힘을 받는다.

② 【그림 4.9】의 플레밍의 왼손법칙에 따라서 【그림 4.8】 ⓐ와 같이 N극에 가까이 있는 도체 ⓐ는 위쪽으로 힘을 받고, S극 가까이 있는 도체 ⓑ는 아래쪽으로 힘을 받아서 시계 방향으로 회전하게 되며, 발생하는 토크는 자계의 세기와 도체를 흐르는 전류와의 곱에 비례한다.

③ 【그림 4.8】 ⓑ, ⓒ처럼 전동기가 회전하다가, 【그림 4.8】 ⓓ와 같이 도체가 회전을 하여 위치가 바뀐 경우를 고려하면 도체 ⓐ와 도체 ⓑ의 위치가 반대로 되기 때문에 회전방향이 역회전 위치로 되어 전동기로 사용할 수 없다. 이를 방지하기 위하여 전류의 공급이 항상 자계에 대하여 일정한 방향으로 흐르도록 직류전류를 공급하여 회전방향이 변화하지 않고 한쪽 방향으로만 회전하도록 해야 하며, 이를 위해서 직류 전동기에서 정류자가 필요하다.

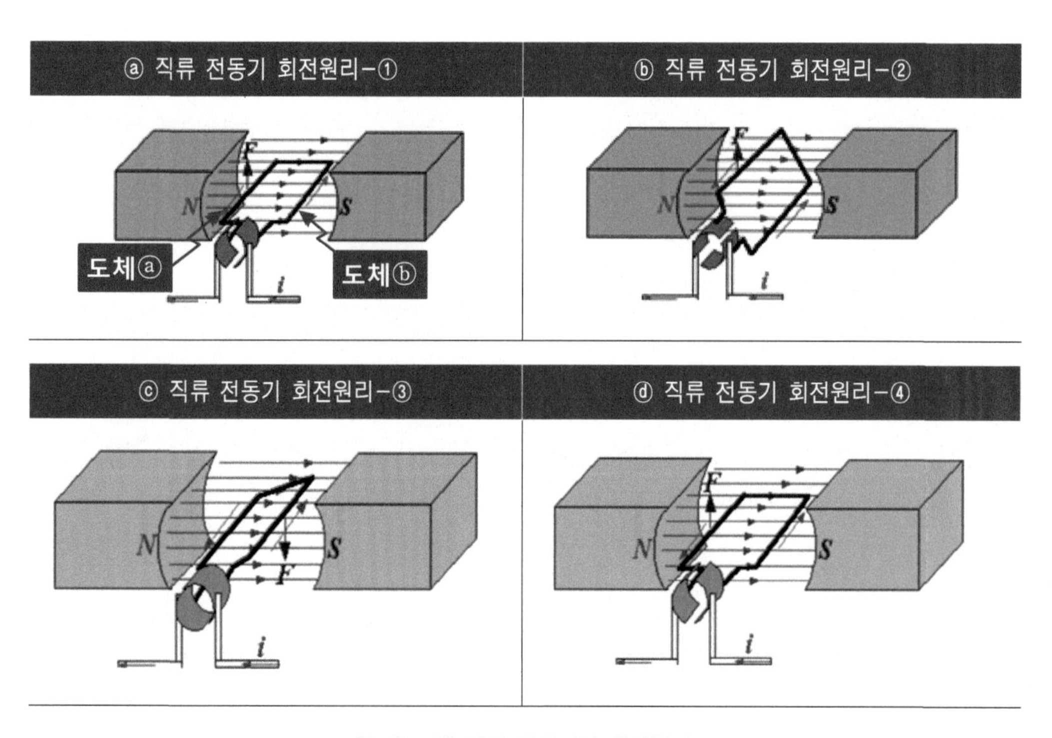

【그림 4.8】 직류 전동기의 회전원리

④ 정류자는 전기자권선과 결합되어 있는 기계적인 장치이며, 위치에 관계없이 동일한 방향으로 전기자전류가 항상 흐르도록 한다. 즉, 전기자를 계속해서 회전시키기 위해서는 전기자가 180° 회전할 때마다 공급되는 직류전류의 방향을 전환시켜 동일 방향의 토크를 계속 얻도록 해야 하며, 이러한 역할을 하는 것이 정류자와 브러쉬이다.

⑤ 공급되는 직류전류가 브러쉬를 거쳐 전기자권선으로 흐르고 고정된 브러쉬에 정류자가 접촉하면서 회전하기 때문에 브러쉬와 정류자의 마모 및 오염이 발생하고, 분진과 소음이 발생하게 된다.

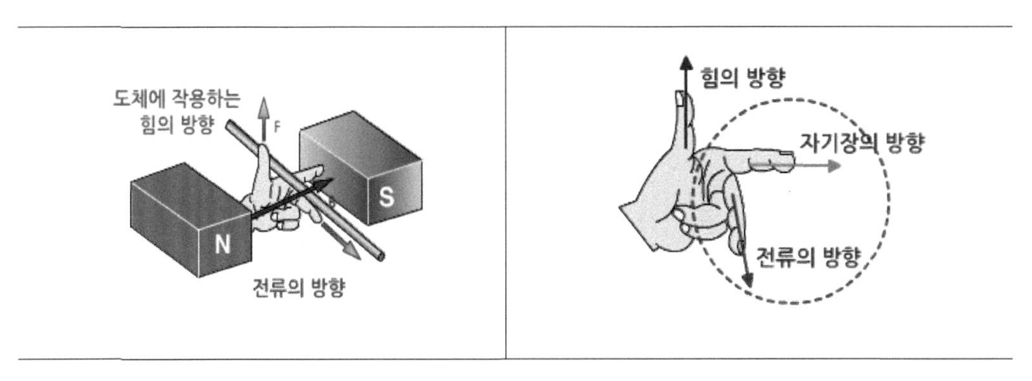

【그림 4.9】 플레밍의 왼손법칙

3 직류 전동기 기본식

① 직류 전동기는 2개의 코일(계자권선, 전기자권선)이 철심에 감겨 있는 형태이다. 각각의 코일을 전기적인 등가회로로 표현하여서 직류 전동기의 토크와 회전속도에 비례하는 역기전력에 대하여 알아보자.

② 정지하고 있는 계자코일, 전기자코일의 전기적인 등가회로는 도체 저항 R과 인덕턴스 L로 【그림 4.10】과 같이 나타낼 수 있다.

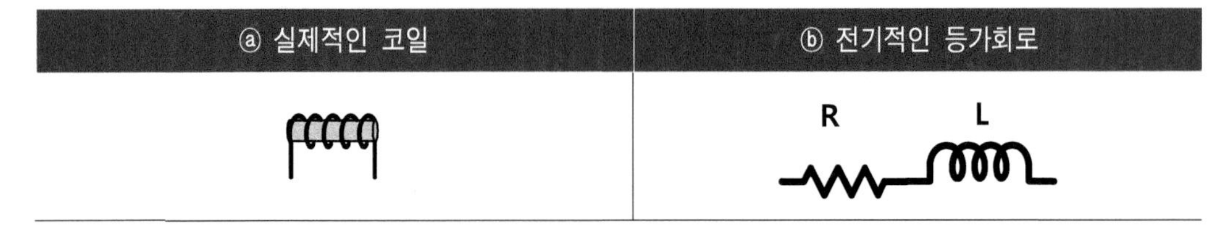

【그림 4.10】 계자코일, 전기자코일의 등가회로

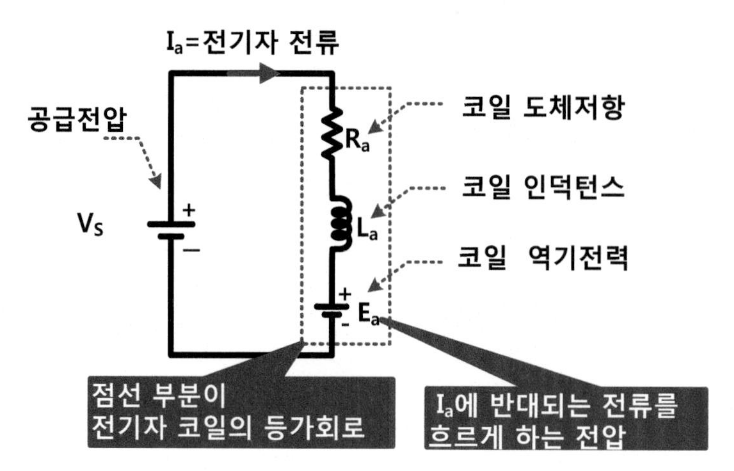

【그림 4.11】 전기자 코일의 등가회로

③ 【그림 4.11】의 등가회로에서 키르히호프의 전압법칙을 적용하면

$$V_S = I_a R_a + E_a$$

즉, 직류 전동기의 전기자 코일 양단의 역기전력은 $E_a = V - I_a R_a$가 된다.

④ 또한 전기자 코일 양단의 역기전력은 자속×회전속도로 나타낼 수 있다.

⑤ 직류 전동기의 토크는 계자의 자속과 전기자코일이 만드는 자속의 곱으로 표현할 수 있다.

$$T_m = K_a \times \Phi \times I_a$$

특성값	직류 전동기 특성식	설명
역기전력	$E_a = V - I_a R_a$ $= K\Phi n$	• 입력전압의 반대방향으로 발생 • 속도에 비례
전류	$I = \frac{V - E_a}{R_a}$	• 역기전력의 크기에 좌우
토크	$T_m = K_a \Phi I_a$	• 자속과 전류에 비례
속도	$n = \frac{(V - I_a R_a)}{K\Phi} = \frac{E_a}{K\Phi}$	• 자속에 반비례 • 인가전압에 비례
출력	$P_o = E_a I_a = \omega T = 2\pi n T$	• 속도와 토크의 곱에 비례

【표 4.1】 직류 전동기 특성식

4.2.3 유도 전동기(Induction Motor)

1 유도 전동기의 회전원리

① 유도 전동기의 회전 원리가 되는 <u>아라고의 원판</u>은 【그림 4.12】와 같이 맴돌이전류(와전류=Eddy Current)의 발생과 존재를 입증하는 실험 장치로 구리원판(圓板)에 영구자석을 놓고, 자석을 회전시키면 자석의 두 극에서 발생하는 자기력선(磁氣力線)이 구리판을 통과하면 자기력선의 부분적인 변화를 가져와, 전자유도작용에 의하여 자속의 변화를 막기 위한 방향으로 와전류를 발생시킨다.

② 와전류와 자기력선 사이에 플레밍의 왼손 법칙에 따른 힘이 작용하여 구리판이 자석을 따라 회전하게 되며, 따라서 원판은 자속이 이동하는 방향으로 이끌려서 자석보다 조금 늦은 속도로 회전하게 된다. 이와 같은 회전 원리에 의하여 회전하는 전동기를 <u>"유도 전동기"</u>라고 한다.

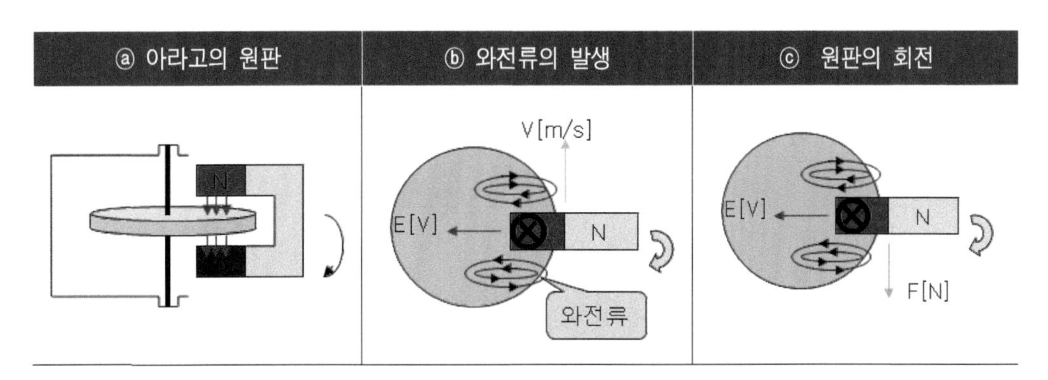

【그림 4.12】 아라고의 원판

③ 아라고의 원판

㉮ 아라고 원판이 회전하는 원리를 자세히 살펴보면 【그림 4.12】 ⓐ와 같이 원판 중심에 축을 설치하여 중심축을 고정시키고 말굽자석을 주위에 설치하여 시계방향으로 말굽자석을 회전시킨다.

㉯ 【그림 4.12】 ⓑ와 같이 자석을 시계방향으로 움직이는 것을 원판에서 보면 정지하고 있는 자계속에서 원판을 반시계방향으로 움직이게 하는 것과 같으므로 플레밍의 오른손 법칙에 따라서 원판을 중심으로 향하는 기전력이 발생한다.

㉰ 이 기전력에 의하여 맴돌이 전류가 흐르고 【그림 4.12】 ⓒ와 같이 자장 내에서 전류가 흐름에 따라서 플레밍의 왼손 법칙에 의하여 시계방향으로 전자력이 작용하여 원판은 시계방향으로 회전하기 시작한다.

㉱ 이것이 유도 전동기의 회전원리이며 원판이 토크를 발생하기 위해서는 원판의 회전속도는 말굽자석의 속도보다 느리게 회전해야 한다.

④ 유도 전동기는 큰 토크(회전력)를 발생하기 위해서 영구자석으로 원판을 회전시키는 대신에 전자석에 교류전류를 흘려서 회전하는 자기장을 발생시켜 토크를 얻는다.

2 3상 유도 전동기 구조

① 3상 유도 전동기의 주요 부분은 회전자기장을 발생시키는 고정자(Stator)와 회전자기장으로 인하여 회전하는 회전자(Rotor)로 구성된다.

② 고정자 틀(HOUSING)

고정자의 구성은 고정자 틀(HOSING=FRAME= BRACKET), 고정자철심, 고정자권선으로 구성한다.

【그림 4.13】 유도 전동기 고정자 틀의 구조

③ 고정자(Stator)

3상 유도 전동기는 고정자권선에 교류가 흐를 때 발생하는 회전자기장(Rotating Magnetic field)에 의해서 회전자에 토크가 발생하여 전동기가 회전하게 된다.

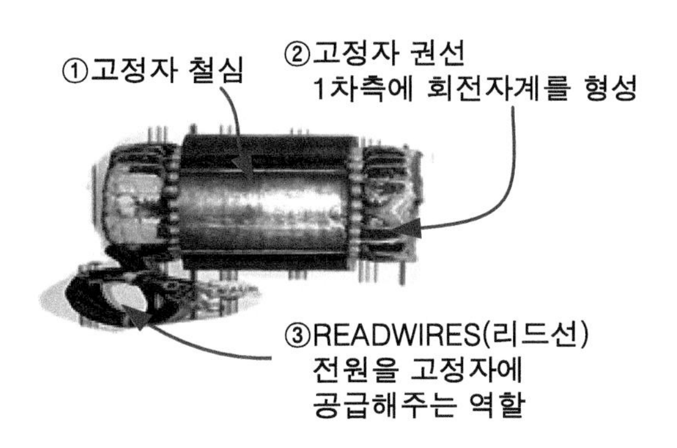

【그림 4.14】 유도 전동기-고정자 권선

④ 회전자(Rotor)

㉮ 회전자는 고정자권선에 의해 발생한 자속이 회전자, 또는 회전자 권선과 쇄교하여 와전류가 발생하고 회전자의 전자력에 의해 발생한 토크가 축(Shaft)을 통하여 외부로 전달하는 역할을 한다.

㉯ 유도 전동기는 회전자의 구조에 따라서 농형, 권선형으로 분류된다.

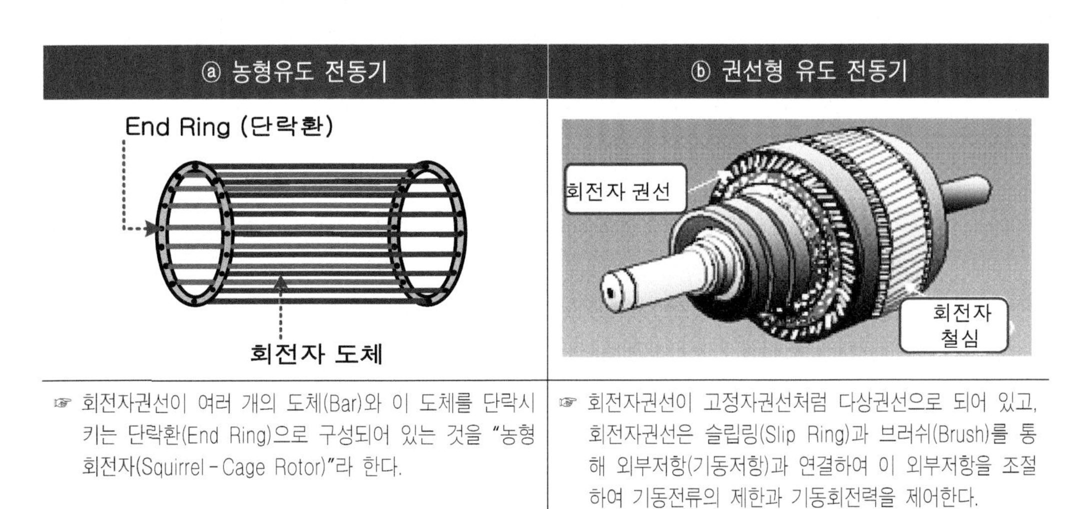

ⓐ 농형유도 전동기	ⓑ 권선형 유도 전동기
☞ 회전자권선이 여러 개의 도체(Bar)와 이 도체를 단락시키는 단락환(End Ring)으로 구성되어 있는 것을 "농형 회전자(Squirrel - Cage Rotor)"라 한다.	☞ 회전자권선이 고정자권선처럼 다상권선으로 되어 있고, 회전자권선은 슬립링(Slip Ring)과 브러쉬(Brush)를 통해 외부저항(기동저항)과 연결하여 이 외부저항을 조절하여 기동전류의 제한과 기동회전력을 제어한다.

【그림 4.15】 유도 전동기-회전자 구조

⑤ 볼 베어링(BALL BEARING)

회전자가 항상 똑바른 위치를 유지하고 고속으로 안전하게 회전시키는 역할을 한다.

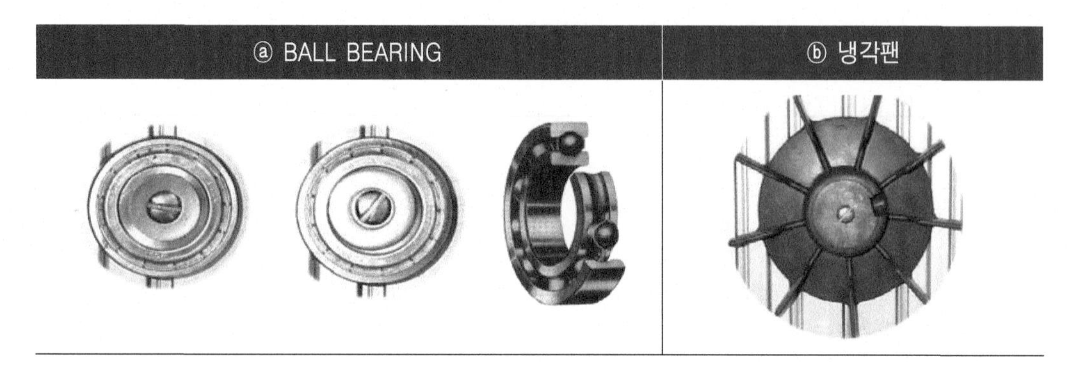

【그림 4.16】 BALL BEARING 및 냉각팬

⑥ 냉각팬

전동기축과 연결되어서 전동기의 회전속도와 함께 회전하여 전동기 내부의 온도상승을 저감시킨다.

3 3상 회전자계

【1】 회전자계

【그림 4.17】과 같이 영구자석을 ⓐ점을 중심으로 해서 시계방향으로 회전시키면 자속의 방향도 점선방향으로 회전하게 될 것이다. 이렇게 시간에 따라 자속의 방향이 ⓐ점을 중심으로 회전하는 자계를 "**회전자계**"라고 한다.

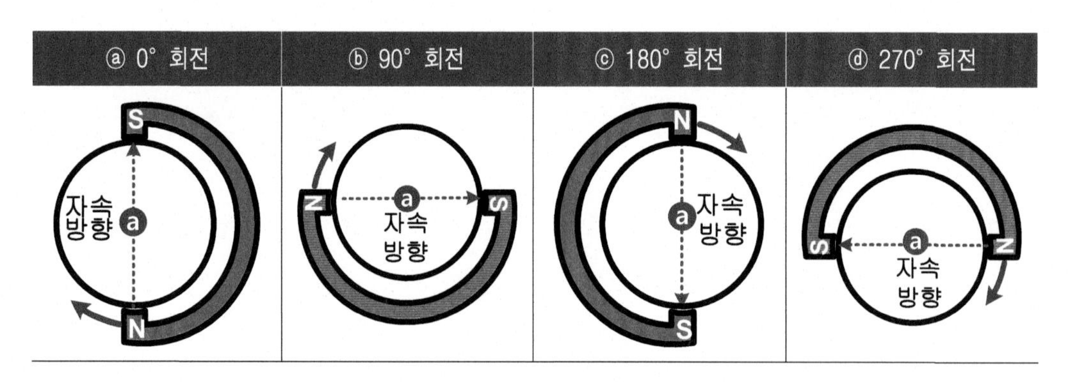

【그림 4.17】 회전자계

【2】 3상 회전자계

① 실제 유도 전동기의 고정자 권선배치는 【그림 4.18】과 같다.

② 고정자 권선을 "1차 권선", 여기에 흐르는 전류를 "1차 전류 또는 고정자 전류", 회전자에 흐르는 전류를 "2차 전류 또는 회전자 전류"라고 한다.

③ 고정자는 얇은 규소강판에 원형으로 구멍을 뚫고, 이것을 포개 쌓은 적층철심의 홈에 3상 권선을 감아서, 이 권선에 3상 교류전류를 흘려주면 시간의 변화에 따른 회전자계가 발생한다.

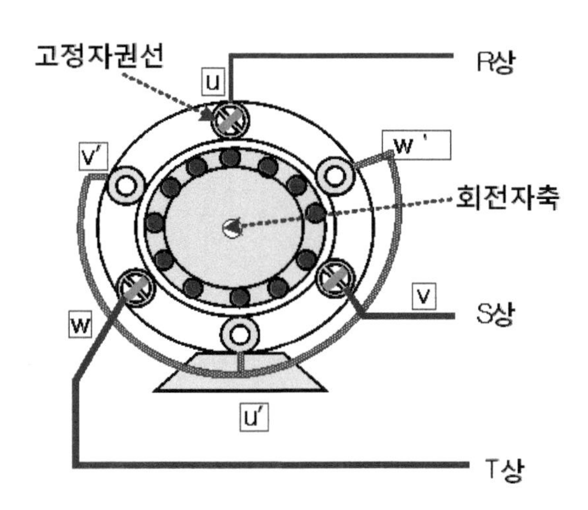

【그림 4.18】 3상 유도 전동기 권선(2극기)

④ 【그림 4.19】같이 고정자 권선에 3상 교류전류를 흘리면 각 코일에 흐르는 전류는 시간 t_1, t_2, t_3, ……와 같이 변함에 따라서 코일에서 발생하는 합성자속이 순차적으로 변하여, 시계방향으로 회전하여 회전자장(회전자계)이 발생한다.

⑤ 자세히 회전전계가 발생하는 원리에 대하여 자세히 살펴보면 다음과 같다.

㉮ i_u, i_v, i_w전류를 각각 uu', vv', ww'에 흐르는 전류가 t=t_1일 때 i_u, i_w는 (+)전류, i_u'와 i_w'는 (-)전류, i_v는 (-)전류, 따라서 i_v'는 (+)전류가 된다.

㉯ i_u, $i_{v'}$, i_w를 (+)전류, $i_{u'}$, i_v, $i_{w'}$를 (-)전류로 표시하여 (+)전류는 바깥쪽에서 안쪽으로 흘러들어가고 (-)전류는 안쪽에서 바깥쪽으로 흘러나오는 것을 각각 ⊗, ⊙ 표시로 나타내면, 앙페르의 오른나사의 법칙에 따라 【그림 4.20】 ⓐ처럼 회전하는 자기장이 발생한다.

㉰ 같은 방법으로 $t=t_2$, $t=t_3$ ……일 때의 자기장의 방향을 알아보면 【그림 4.20】과 같이 시계방향으로 회전한다.

㉱ 이와 같이 3상 교류전류가 흐르는 방향이 바뀜에 따라 N, S극도 순차적으로 시계방향으로 회전하여 회전자장(회전자계)이 발생한다.

⑤ 【그림 4.20】과 같이 시간 ⓐ에서부터 ⓕ까지 3상 전류의 변화에 의하여 회전하는 자기장의 형태를 볼 수 있는데 이것을 "<u>회전자계</u>"라고 하며, 2극의 회전자계는 3상 교류의 1사이클 동안 원주위를 1회전한다.

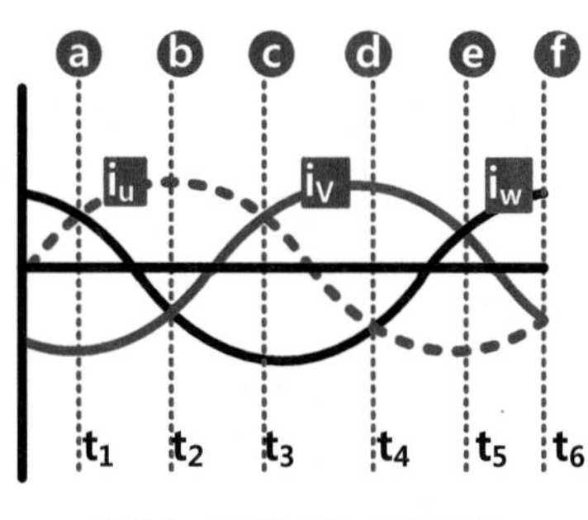

【그림 4.19】 3상 교류전류

【그림 4.20】 3상 2극 회전자계

4 동기속도

① 4극 유도 전동기의 회전자계는 원주를 따라 3상 교류의 1사이클에서 1/2 회전한다. 일반적으로 P극(P는 유도 전동기내부의 자석의 수)의 유도 전동기에서는 3상 교류의 1 사이클에서 2/P 회전하게 된다.

② 따라서 회전자계가 회전하는 속도를 나타내는 **동기속도 N_S**는 전동기 극수(P) 및 전원 주파수(f)와의 관계는 다음과 같이 정의할 수 있다.

$$N_S = \frac{120}{P} \times f$$

(N_S : 동기속도[rpm], f : 전원주파수[Hz])

③ 유도 전동기의 회전자는 고정자 권선에 흐르는 전류에 의해 생긴 회전자기장의 자속과 회전자 전류 사이에 토크가 발생하여 회전한다.

④ 이 때 회전자의 속도가 회전자계속도(동기속도)보다 느리게 회전해야 한다. 왜냐하면, 회전자가 동기속도보다 느리게 회전해야 회전자속을 끊으므로 회전자에 기전력이 발생하여서 와전류를 만들 수 있기 때문이다.

⑤ 따라서 전동기가 토크를 발생하여 회전하기 위해서는 회전자의 속도는 반드시 동기속도 이하로 되어야 한다. 전동기의 속도(회전자의 속도=실제 전동기의 회전속도)N이 동기속도 N_S보다 어느 정도 느린가를 나타내는 것이 **"슬립(Slip)"**이라고 하며 다음 식으로 정의할 수 있다.

$$s\,(\text{슬립}) = \frac{N_S - N}{N_S} = \frac{\text{동기속도} - \text{회전자의 속도}}{\text{동기속도}}$$

⑥ 회전자 속도는 **$N=N_S(1-s)$**으로 정의할 수 있다.

㉮ 전동기 회전자가 정지하고 있을 때 s=1, 동기속도로 회전하고 있을 때는 s=0

㉯ 전부하시 슬립은 소형 전동기에서 s=5~10[%], 중형 및 대형 전동기에서는 s=2.5~5 [%] 정도이다.

㉰ 슬립 s가 커지면 회전자 속도는 감소하고, s가 작아지면 회전자 속도는 증가한다.

예제

극수(P)=4극, 주파수 f=60[Hz]인 3상 유도 전동기 Ns(동기속도=회전자계의 속도)?

풀이

$$Ns = \frac{120 \times f}{p} = \frac{120 \times 60}{4} = 1800\,[rpm]$$

5 단상 유도 전동기

단상 유도 전동기는 정지 상태에서는 회전자계가 생기지 않기 때문에 어떤 형태로든 회전자계 또는 회전자계를 만들어 주어야 기동이 가능하다.

【1】 분상 기동형

① 분상 기동형은 【그림 4.21】과 같이 권선을 주권선과 기동권선으로 나누어 기동시에만 기동권선이 연결되도록 한 것이다.

② 교류전압을 인가하면 리액턴스가 큰 주권선에 흐르는 전류는 리액턴스가 작은 기동권선에 흐르는 전류보다 위상이 뒤지게 되므로 회전자계가 형성되어 회전자는 이 회전자계에 의해서 회전을 시작한다.

③ 회전속도가 정격속도의 약 75[%] 정도에 달하면 원심력 스위치에 의해서 기동권선은 분리된다.

④ 분상 기동형 유도 전동기는 팬, 송풍기 등에 사용한다.

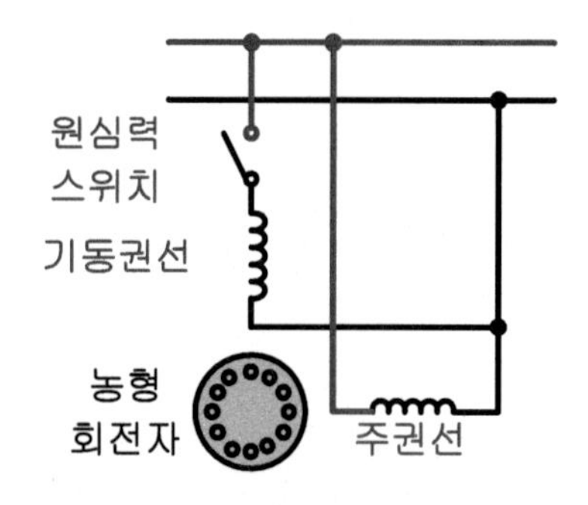

【그림 4.21】 분상 기동형 단상 유도 전동기

【2】 콘덴서 기동형

① 기동권선 회로에 직렬로 콘덴서를 연결해서 주권선의 지상전류와 콘덴서의 진상전류로 인해 두 전류 사이의 상차각이 커져서 분상 기동형보다 더 큰 기동토크를 얻을 수 있도록 한 것이다.

② 콘덴서 기동형 전동기는 다른 단상 유도 전동기에 비해서 효율과 역율이 좋고 진동과 소음도 적기 때문에 운전상태가 양호하다.

【3】 콘덴서 기동 콘덴서형

① 기동방식은 콘덴서 기동형과 동일하나 기동용 콘덴서 C_S와 운전용 콘덴서 C_R를 사용한다는 점이 다르다.

② 기동할 때는 C_S와 C_R이 동시에 병렬도 투입되어 큰 정전용량으로 기동하고 기동이 끝나면 C_S는 원심력 스위치에 의해서 분리되나 C_R는 그냥 남아서 전동기의 역율을 개선한다.

③ 단상 유도 전동기는 토크의 순시 값이 맥동하여 진동 및 소음이 생기기 쉬우나 콘덴서 전동기는 거의 원형에 가까운 회전자계가 생기므로 소음, 진동 측면에서 운전상태가 매우 양호하다. 일반적으로 기동용 콘덴서는 전해콘덴서를 사용하고 운전용은 유입 콘덴서를 사용한다.

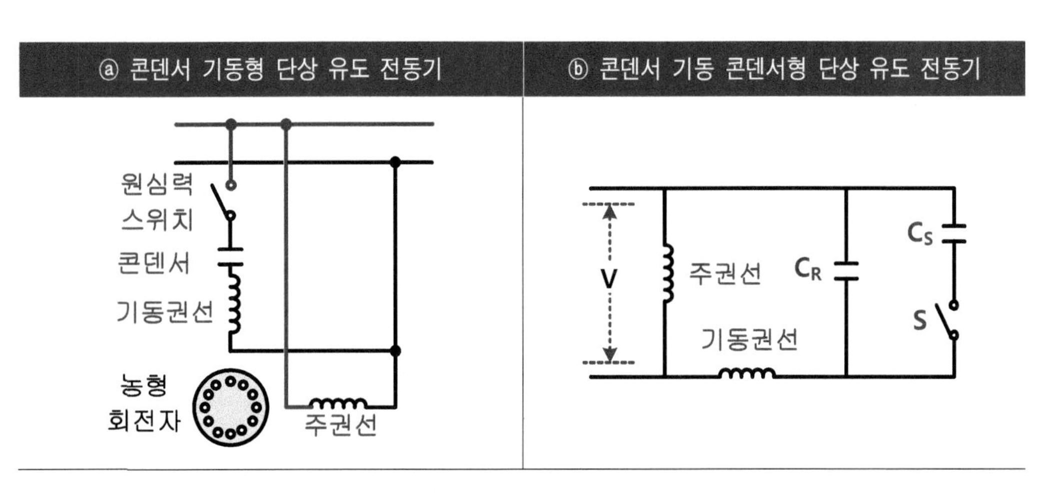

【그림 4.22】 콘덴서 기동형 단상 유도 전동기

4.3 인버터(Inverter)

4.3.1 인버터 개요

1 전동기 "ON · OFF" 제어와 인버터 제어

① 최근에는 일반 가정의 전자제품에도 "인버터"라고 하는 말이 붙는 경우가 많다.

② 예를 들어, 에어콘에서도 "인버터 에어콘"이 일반적으로 사용되고 있다.

③ 에어콘에서는 동력으로 전동기를 이용하여 냉매를 순환시켜 온도를 조절한다.

④ 만약 모터가 최대 회전 또는 정지 중에서 하나의 접점밖에 선택할 수 없다면 【그림 4.23】같이 곤란한 경우가 발생한다.

【그림 4.23】 전동기 "ON · OFF" 제어

2 인버터 제어

① 전동기의 회전수를 자유롭게 제어할 수 있다면, 희망하는 온도로 설정할 수 있다.

② 인버터를 한 마디로 표현하면, 전동기 회전 속도를 자유롭게, 연속적으로, 더 쉽게 바꿀 수 있는 장치이다.

③ 산업용 인버터의 대상이 되는 전동기는 일반적으로는 3상 유도 전동기이다.

【그림 4.24】 유도 전동기의 회전수를 인버터로 제어

3 인버터

① "인버터"는 "V.V.V.F" 또는 "ASD"라고 하며, 사전적인 의미로 직류를 교류로 변환하는 것을 의미하며, V.V.V.F(Variable Voltage Variable Frequency)의 의미는 전압과 주파수를 동시에 가변한다는 의미를 갖고 있으며, ASD(Adjustable Speed Drive)의 의미는 전동기의 속도를 적절하게 제어하는 장치란 의미를 가지고 있다.

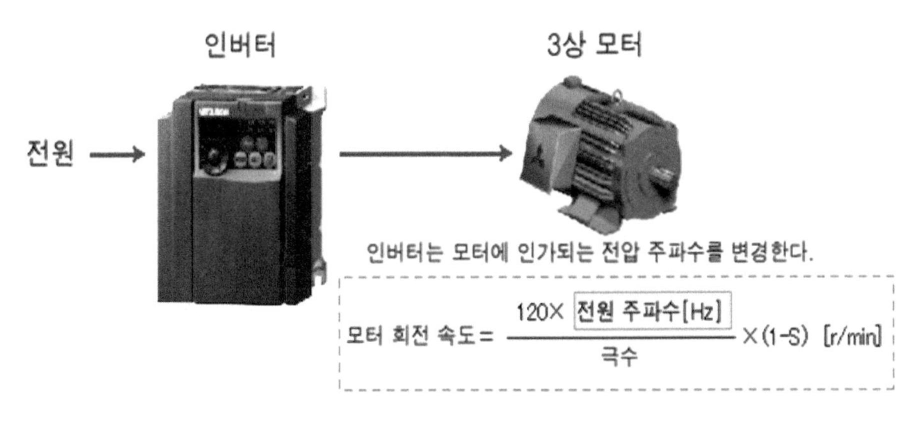

【그림 4.25】 인버터를 이용한 유도 전동기 속도제어

② 위의 말을 조합해 보면 인버터란 상용전원 주파수의 전압과 주파수를 가변시킨 교류를, 상용전원과 유도 전동기사이에 연결하여 전동기의 회전속도와 토크를 제어하는 전력변환기기이다.

③ 전동기 회전 속도는 모터에 인가하는 전원 주파수와 모터의 극수로 대부분 결정된다.

④ 전동기의 극수는 자유롭게(연속적으로) 바꿀 수 없다.

⑤ 한편, 전력회사에서 공급하는 전원 주파수는 고정(50Hz 또는 60Hz)이지만, 주파수를 변경할 수 있다면 전동기의 회전 속도를 사용자가 자유자재로 변경할 수 있다.

⑥ 인버터는 이 점에 주목하여 주파수를 자유자재로 변경하고자 하는 목적으로 만든 전력 변환기기이다.

4 인버터 구성

고정된 주파수의 상용전원으로부터 자유롭게 주파수를 변경하는 기능을 갖는 인버터의 구성은 다음과 같다.

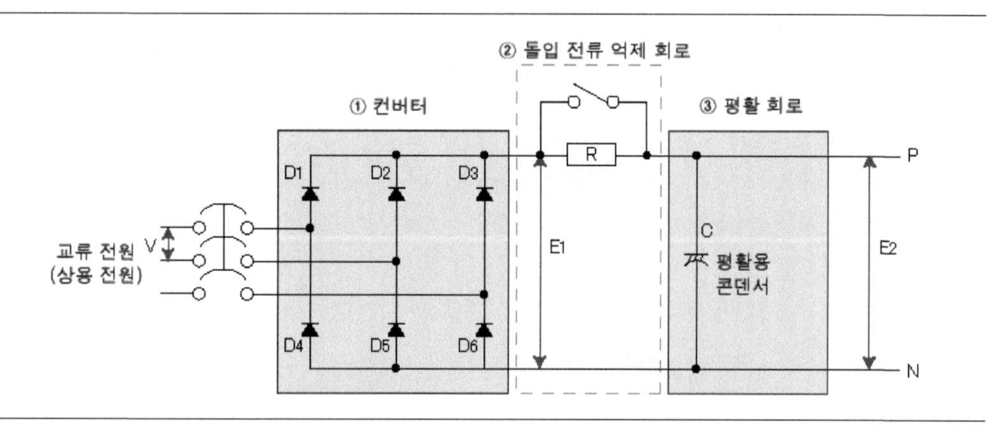

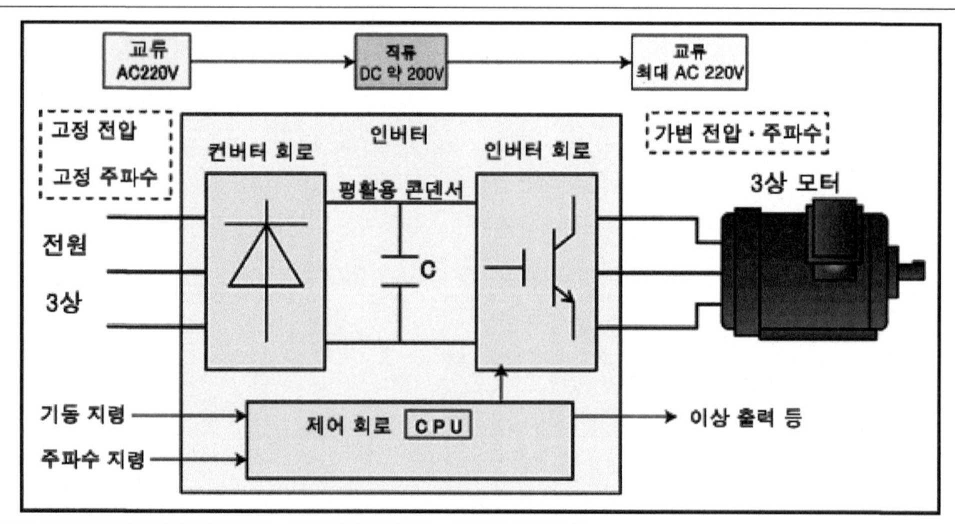

【그림 4.26】 인버터 구성

① 컨버터 회로

교류를 직류로 변환하기 위하여 다이오드를 이용한다.

② 평활용 콘덴서

컨버터 회로로 변환된 직류 전압을 평활하게 하는 기능이 있다.

③ 인버터 회로

㉮ 직류에서 교류를 만든다.

㉯ 컨버터(CONVERTER)의 반대라고 하는 의미로 인버터(INVERTER)라고 한다.

㉰ 만들어진 가변의 전압·주파수를 모터에 공급한다.

㉱ "ON·OFF" 제어가 가능한 반도체 스위치 소자(IGBT 등)를 이용한다.

④ 제어 회로

인버터 회로를 제어한다.

5 인버터 사용 시 장점

① 인버터는 3상 유도 전동기의 속도를 제어하는 전력변환장치이다.

② 빌딩 자동화, 산업, 펌프, 농업, 관개 및 상·하수도 등의 분야에 팬 및 펌프의 속도를 제어하기 위해 주로 사용된다.

③ 인버터 드라이브의 설치비용은 종종 3년 이내 또는 1년 이내에도 회수될 수 있다.

④ 연속적인 광범위 가변속 운전이 가능하다.

⑤ 최적속도 제어에 의해 품질이 향상된다.

6 인버터 사용 목적

① 에너지 절약 : 팬, 펌프 등의 요구 유량, 교반기 등의 부하 상태에 따라서 회전수를 제어함으로서 구동전력을 절감, 자동화분야, 반송기의 정지정도 향상, 라인속도의 제어정도 향상, 피드백 제어 등에 의한 유량제어에 의해 자동화를 실현한다.

② 제품 품질의 향상 : 최적의 라인 속도를 실현함으로써 제품 품질이 향상된다.

③ 생산성 향상 : 제품에 맞추어 최적의 라인 속도나 가감속 속도를 실현하고 제어 응답성의 향상, 라인 속도의 향상에 의해 생산성이 증대된다.

④ 보수성의 향상 : 설비에 무리를 주지 않는 기동정지, 무부하시의 저속운전 함으로써 설비의 수명을 연장한다.

⑤ 설비의 소형화 : 고속화에 의한 설비의 소형화와 운전 상태를 고려한 기계 시방에 의한 여유분의 삭감 등에 의해 소형화를 실현한다.

⑥ 승차감의 향상 : 엘리베이터, 전차 등에서 부드러운 가·감속제어를 함으로 승차감을 향상한다.

⑦ 환경의 쾌적성 : 공조 설비에서 "ON·OFF" 속도제어에 의해 필요 유량을 연속 운전함으로써 쾌적한 환경을 실현한다.

⑧ 저소음화 : 부하에 맞추어 회전수를 낮춤으로써 기계, 바람의 소음을 줄인다.

7 응용 분야

냉난방공조	Pump	프레스	엘리베이터	산업용보일러
컨베이어	컴프레셔	섬유기계	자동창고	산업용세탁 탈수기
부스터펌프	Winder / Rewinder	건강보조기구	자동주차시스템	압출기 · 사출기

【그림 4.27】 인버터 응용 분야

4.3.2 인버터 원리

① 간단하게 단상 인버터를 가지고 직류를 교류로 변환하는 인버터의 원리에 대하여 알아보면 다음과 같다.

② 직류전원에 접속한 스위치를 "ON · OFF"하여 교류를 만든다. 스위치 S_1과 스위치 S_4를 "ON"하면 코일 L에 시계방향의 전류가 흐른다.

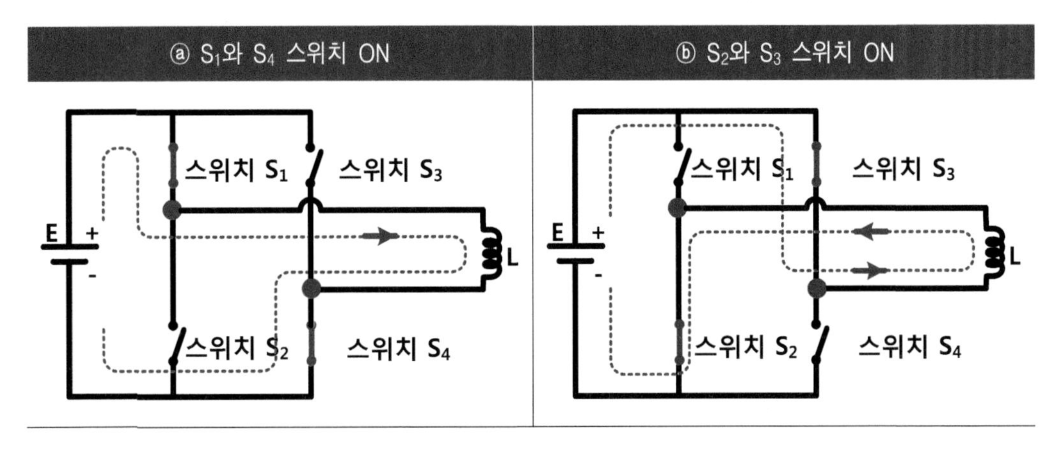

【그림 4.28】 인버터 원리

③ 스위치 S_2와 S_3을 "ON"하면 코일 L에 반시계방향의 전류가 흐른다.

④ 스위치 S_1과 S_4, S_2와 S_3의 조합으로 서로 "ON · OFF"제어를 함으로써 코일 L에 흐르는 전류의 방향이 교번하는 교류를 만들 수 있다.

실험실습

1 실험기기 및 부품

【1】 브레드보드 및 DMM

【2】 변압기

【3】 유도 전동기

2 변압기 Y 결선

【1】 회로도

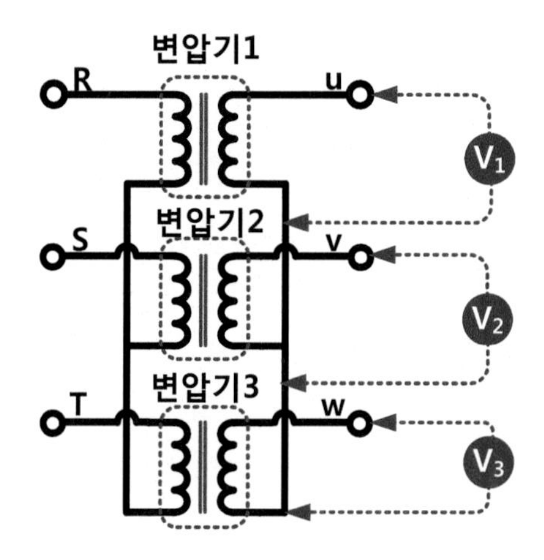

【2】 실습방법

① 변압기 1차측과 2차측을 Y결선을 한다.

② V_1, V_2, V_3 출력전압을 측정한다.

분류	V_1	V_2	V_3
측정값			
이론값			

3 변압기 ⊿ 결선

【1】 회로도

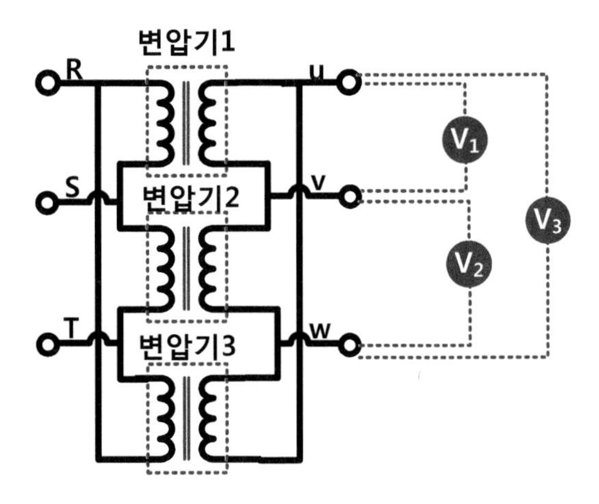

【2】 실습방법

① 변압기 1차측과 2차측을 Δ결선을 한다.

② V_1, V_2, V_3 출력전압을 측정한다.

분류	V_1	V_2	V_3
측정값			
이론값			

4 유도 전동기 결선

【1】 회로도

① 전동기 명판의 단자 결선도를 확인한다.

ⓐ 저전압－⊿결선	ⓑ 고전압－Y결선
6 — 1 — R 4 — 2 — S 5 — 3 — T	6 1 — R 4 2 — S 5 3 — T (6 — 4 — 5)

② 전동기 단자 번호를 확인한다.

③ Δ 및 Y결선도

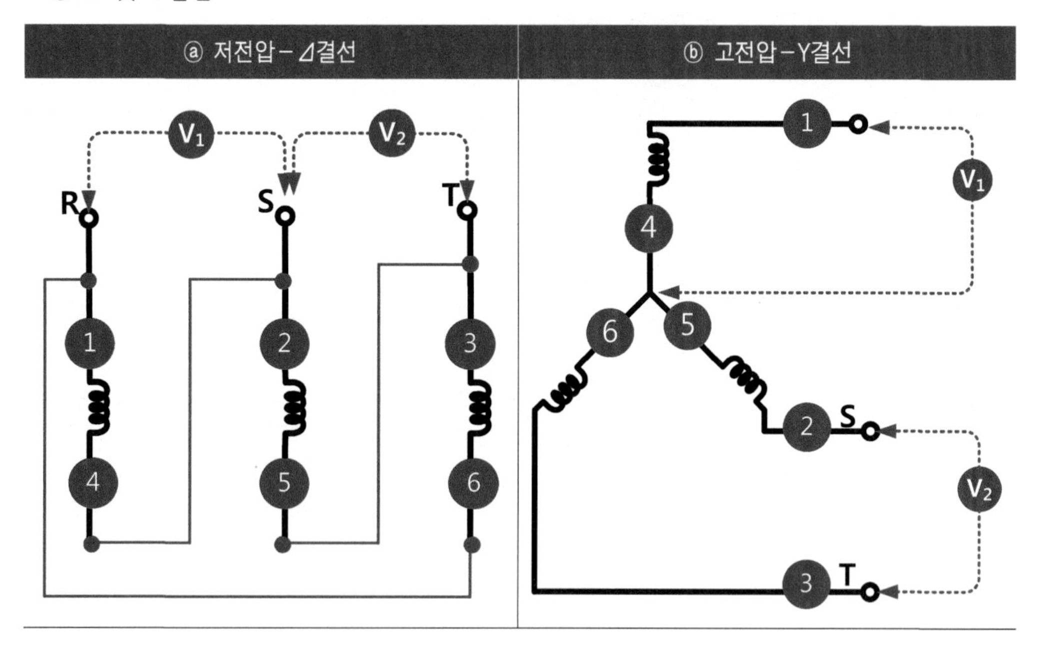

[2] 실습방법

① 유도 전동기를 Δ결선 및 Y결선을 한다.

② V_1, V_2 전압을 측정한다.

분류	V_1	V_2
Δ 결선		
Y 결선		

CHAPTER

05 시퀀스 제어

【학습목표】

1】 시퀀스 제어에 관하여 학습한다.

2】 릴레이, 타이머의 구조와 동작원리에 관하여 학습한다.

3】 에어 실린더와 전자밸브의 동작원리에 관하여 학습한다.

• 요점정리 •

❶ “시퀀스(Sequence) 제어”는 미리 정해진 순서에 따라 제어의 각 단계를 순차적으로 진행하는 제어를 말하며, 기계 장치의 작동 순서를 제어 장치에 기억시켜, 목적하는 동작이 구현되도록 운전을 진행시키는 제어이다.

❷ 스위치 접점은 a 접점, b 접점, c 접점이 있고, 푸시버튼 스위치는 수동조작 자동복귀 접점을 가진 스위치, 유지형 스위치는 수동조작 수동복귀 접점을 가진 스위치이다.

❸ “Relay(계전기)”는 코일에 전류를 흘리거나 차단하면 접점이 연결 또는 차단하는 특성을 이용하여 전류를 제어하는 스위치이다.

❹ “타이머”는 코일에 전류를 흘리거나 차단하면 접점이 설정된 시간 이후에, 연결 또는 차단하는 특성을 이용하여 전류를 제어하는 스위치이다.

❺ 타이머 종류의 종류에는 주어진 코일에 전류를 인가하면 출력신호가 지연되고, 차단하면 복귀가 바로 이루어지는 한시동작 순시복귀형(ON Delay Timer)과 코일에 전류를 인가하면 출력동작 신호가 바로 나오고, 코일에 전류를 차단하면 복귀가 지연되는 순시동작 한시복귀형(OFF Delay Timer)이 있다.

❻ “전자접촉기”는 큰 전류접점과 내압을 가진 Relay 일종으로 전자석에 의한 흡인력을 이용하여 주접점을 개폐함으로써 대전류 부하의 개폐나 전동기의 빈번한 시동, 정지 등에 사용되는 계전기이다.

❼ “자기유지회로”는 푸시버튼 스위치를 이용하여 전기기기에 전류를 지속적으로 흘리거나, 차단 상태를 지속적으로 유지하는 회로이다.

❽ “단동 전자밸브”는 솔레노이드에 전류를 흘리면 실린더가 전진하고, 솔레노이드에 전류를 차단하면 후진한다.

❾ “복동 전자밸브”는 실린더 전진용 솔레노이드에 전류를 흘려주면 실린더가 전진하고 전진 도중에 솔레노이드 전류를 차단하여도 전진 상태를 유지한다. 실린더를 후진하기 위해서는 전진용 솔레노이드에 전류를 차단하고, 후진용 솔레노이드에 전류를 흘려준다.

5.1 시퀀스 제어 개요

5.1.1 시퀀스 제어

1 시퀀스 제어

① "시퀀스(Sequence) 제어"는 미리 정해진 순서에 따라 각 제어 단계를 진행시키는 제어를 말한다.

② 기계 장치의 작동 순서를 제어 장치에 기억시켜, 목적하는 동작이 구현되도록 운전을 진행시키는 제어라고 할 수 있으며, 이 시퀀스 제어는 일상생활에서도 많이 활용되고 있다.

☞ **제어(Control)**

"제어"란 어떤 목적에 적합하도록 대상에 필요한 조작을 가하는 것

③ 시퀀스 제어는 본래 Relay에 의해 구현되었다고 하는 역사적인 이유로, 용어에도 Relay 제어에서 유래한 것이 많다. 그러나 최근에는 Relay에 의한 시퀀스 제어뿐만 아니라, PLC에 의하여 자동화기기 제어를 하는 경향이 증가하고 있다.

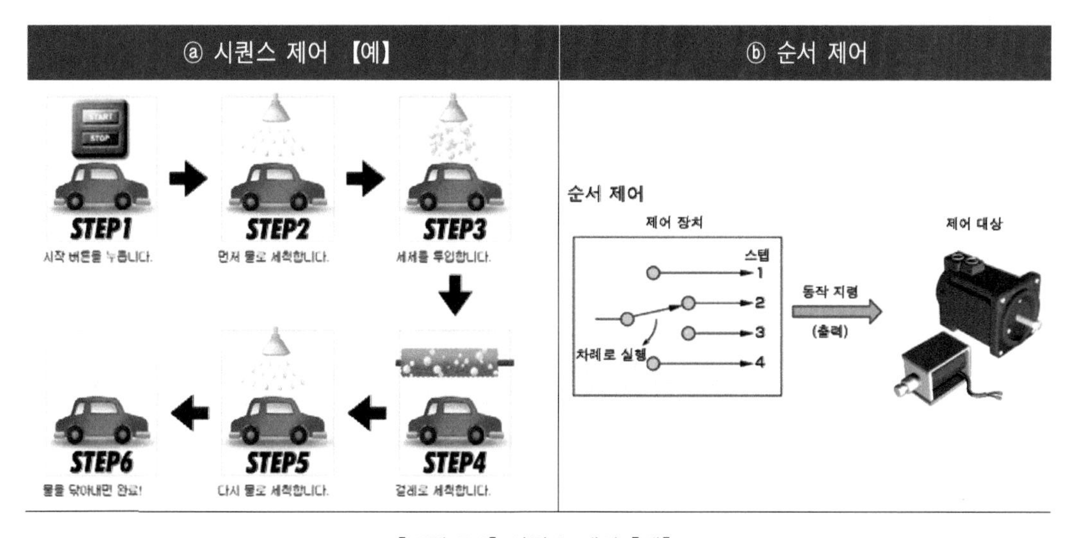

【그림 5.1】 시퀀스 제어 【예】

④ 순서 제어

㉮ 정해진 순서로 기기를 작동시키는 제어로서, 일반적으로 기계는 반드시 어떠한 동작 순서가 정해져 있다.

㉯ 【그림 5.1】 ⓐ에서 세차기 제어는 "시작 버튼" ⇒ "물로 세척 시작" ⇒ "세제로 세척" ⇒ "걸레로 세척"의 정해진 순서 제어에 의하여 동작한다.

㉰ 기계장치의 시퀀스 제어에서는 동작의 흐름이 이미 결정되었으며, 어떠한 조건에서 기계장치를 동작 또는 정지시킬 것인지는 조건 제어로 결정한다.

⑤ 조건 제어

㉮ 제어 대상의 기동·정지 신호를 조합하여, 정해진 조건이 성립하면 기기를 동작시키는 제어이며, 【그림 5.1】 ⓐ에서 세차기 제어에서는 "시작 버튼"이 눌려진 상태에서 "물로 세척"이 시작되는 것이 조건 제어의 예가 된다.

㉯ "입력신호"조건에 따라 "출력신호"가 정해지며, 이것에 의해 제어 대상이 동작하고 이에 따라서 다음 "입력신호"조건이 정해진다.

㉰ 조건 제어에서는 제어 장치와 제어 대상 사이에 기동·정지 신호와 지령 신호를 혼합하여 루프 제어를 실행할 수 있다.

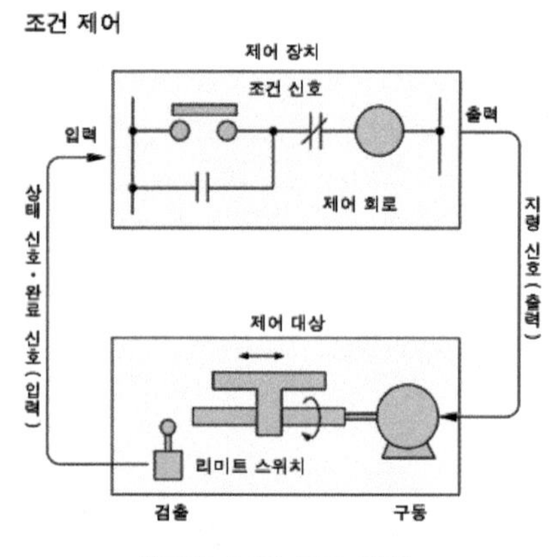

【그림 5.2】 조건 제어

2 시한 제어, 계수 제어

① 시한 제어는 제어 대상에 대한 동작 지령이 시간으로 정해지는 제어이다.

② 【그림 5.1】에서, 예를 들면 STEP2 "물로 세척"을 일정시간 실행 후에 다음 STEP3으로 진행하도록 하는 것이 시한 제어에 해당한다.

③ 계수 제어는 제품 개수나 기계 동작 횟수 등의 계수에 의해 제어 대상에 대한 동작을 결정하는 제어이다.

④ 시한 제어에는 타이머 기능, 계수 제어에서는 카운터 기능이 필요하다.

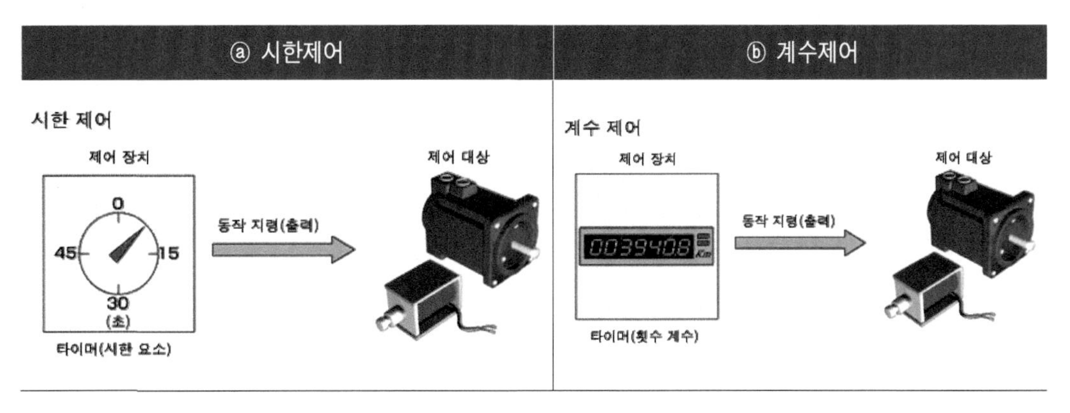

【그림 5.3】 시한 제어, 계수 제어

5.1.2 시퀀스 제어 종류

1 유접점 시퀀스(Relay Sequence)

① "유접점 시퀀스(Relay Sequence)"는 제어계에 사용되는 논리소자로서 기계적 접점을 지닌 유접점 계전기, 즉 전자 계전기(Relay)로 구성된 시퀀스 제어 회로를 말한다.

② 여기서 전자 계전기라는 것은 전자코일에 전류를 흘리면 보조접점이 연결 상태 또는 차단 상태가 되어서 전기부하에 공급되는 전류를 통제한다.

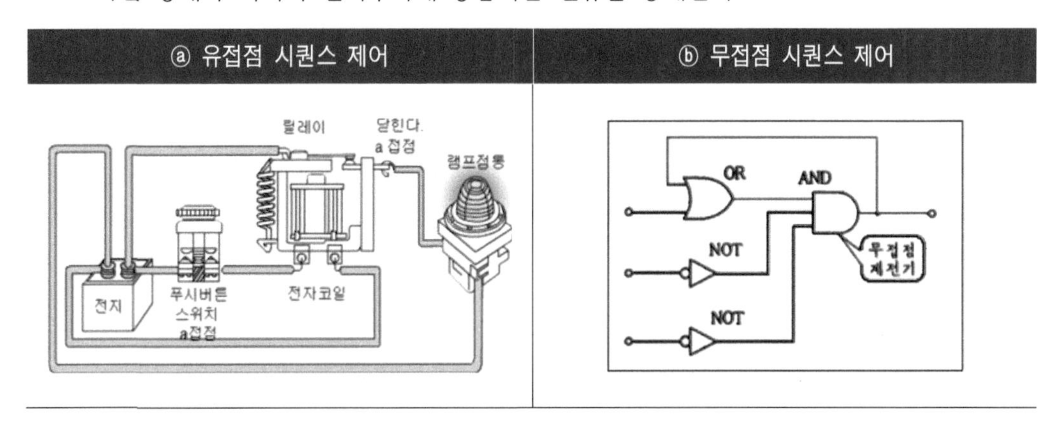

【그림 5.4】 유접점 및 무접점 시퀀스 제어

③ 장 · 단점

◆ 장 점 ◆	◆ 단 점 ◆
① 개폐부하 용량이 크다.	① 소비전력이 비교적 크다.
② 과부하에 견디는 힘이 세다.	② 접점이 소모되므로 수명에 한계가 있다.
③ 전기적 노이즈에 강하다.	③ 동작속도가 늦다.
④ 온도특성이 양호하다.	④ 기계적 진동, 충격 등에 비교적 약하다.
⑤ 입력과 출력특성이 양호하다.	⑤ 소형화에 한계가 있다.
⑥ 독립된 다수 출력회로를 동시에 얻을 수 있다.	
⑦ 동작 상태를 확인하기 쉽다.	

2 무접점 시퀀스

① "무접점 시퀀스"란 반도체를 이용한 무접점 계전기를 논리소자로 사용하여 구성한 시퀀스 제어를 말한다.

② 무접점 계전기란 가동접점 부분이 없는 계전기를 말하는 것으로, 동작에서는 유접점 계전기와 다름이 없으나 다이오드, 트랜지스터, IC(집적회로)등 반도체 스위칭소자를 사용한 계전기를 말한다.

③ 장 · 단점

◆ 장 점 ◆	◆ 단 점 ◆
① 동작속도가 빠르다.	① 노이즈, 서지(Surge)에 약하다.
② 수명이 길다.	② 온도 변화에 약하다.
③ 회로변경이 용이하다.	③ 신뢰성이 떨어진다.
④ 장치의 소형화가 가능하다.	④ 별도의 전원을 필요로 한다.

5.1.3 스위치 접점

1 스위치(Switch) 접점

① 접점(Contact)이란?

외력이 없는 경우에 스위치 단자에 전류가 흐르거나 차단되는 것에 따라서 a 접점, b 접점이 있다.

② a 접점(Arbeit Contact)

㉮ 외부에서 외력을 가하지 않으면 스위치 접점에 전류가 차단 상태, 외력을 가하면 전류가 통전상태가 되는 접점을 말한다.

㉯ “메이크 접점(Make Contact)” 또는 “NO(Normally Open) 접점”이라 한다.

③ b 접점(Break Contact)

㉮ 외부에서 외력을 가하지 않으면 스위치 접점에 전류가 통전상태, 외력을 가하면 전류가 차단 상태가 되는 접점을 말한다.

㉯ “브레이크 접점(Break Contact)” 또는 “NC(Normally Close) 접점”이라 한다.

④ c 접점(Change Over Contact)

㉮ “a”와 “b” 두 접점의 공통 접점을 말한다.

㉯ “Change Over Contact”이라고 한다.

2 스위치 기호

복귀형스위치		유지형 스위치		검출스위치	
a접점	b접점	a접점	b접점	a접점	b접점

【그림 5.5】 스위치 회로기호

5.2 계전기(Relay)

5.2.1 Relay 개요

1 Relay 구조

① "Relay(계전기)"는 코일에 전류를 흘리면 전자석이 되는 성질을 이용하여 코일이 전자석으로 되었을 때 철판을 끌어당겨, 그 철판에 붙어 있는 스위치 접점을 연결하거나 차단하여 전기부하를 제어한다.

② Relay는 전자력(電磁力)으로 스위치 접점을 연결하거나, 차단하기 때문에 일반적으로 고속 동작은 할 수 없다.

③ Relay 구성은 코일과 보조접점 a 접점(NO접점), b 접점(Nc 접점)으로 구성된다.

④ Relay 코일에 전류가 흐르지 않으면 a 접점은 차단 상태, b 접점은 연결 상태가 된다.

⑤ Relay 코일에 전류가 흐르면 a 접점은 연결 상태, b 접점은 차단 상태가 된다.

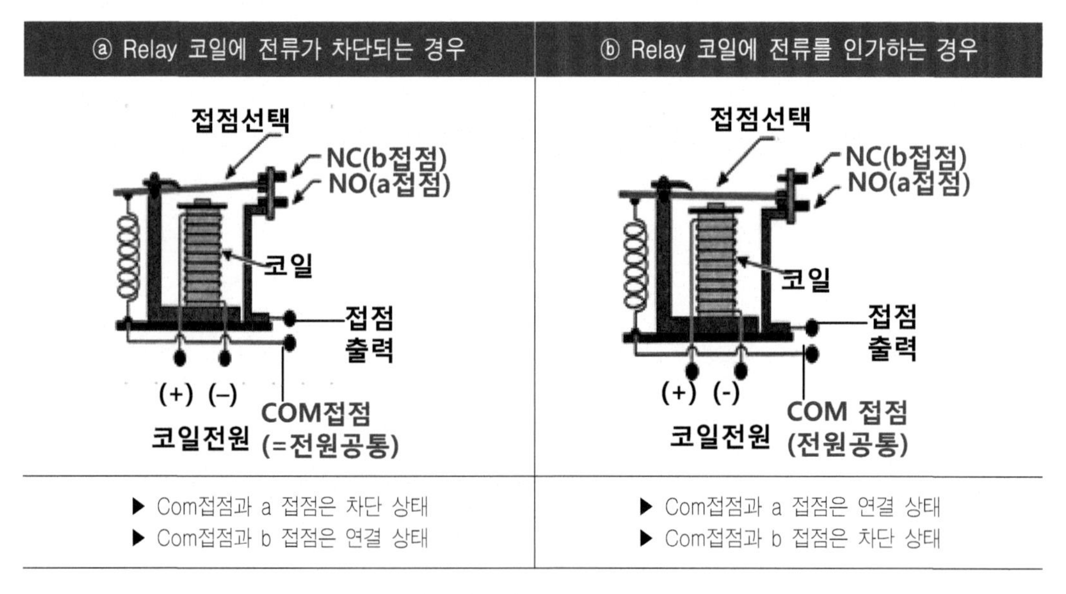

【그림 5.6】 Relay 구조

2 Relay 외관 및 코일접점

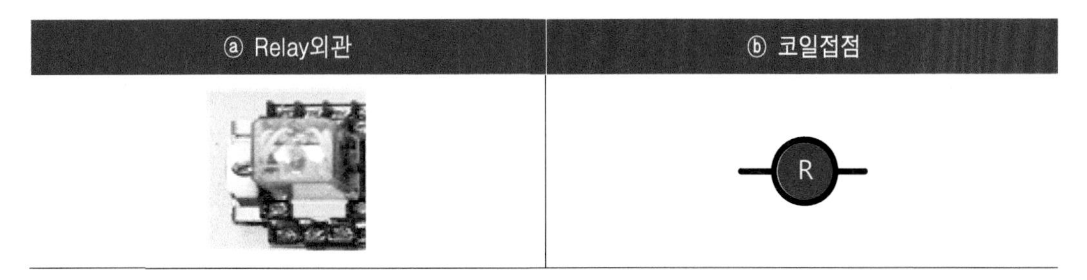

【그림 5.7】 Relay 외관 및 코일

3 Relay 소켓 구성 및 보조접점

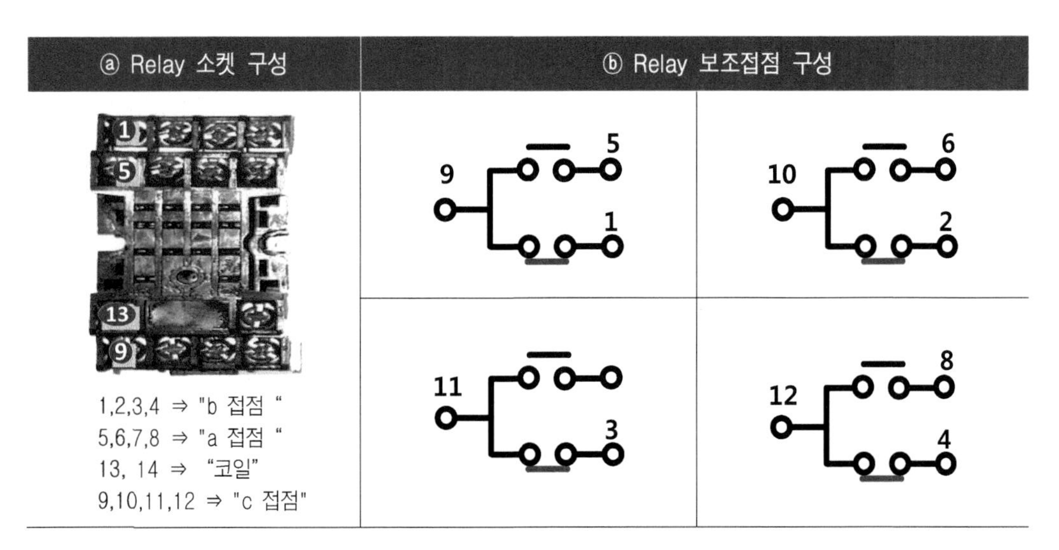

【그림 5.8】 Relay 소켓 및 보조접점

4 a 접점 회로 동작

① Relay 코일에 전류를 인가하지 않으면, 【그림 5.9】 ⓐ와 같이 a 접점은 차단 상태가 되어서, 전류가 전동기로 흐르지 않기 때문에 정지한다.

② 그림 ⓑ와 같이 Relay 코일에 전류를 흘리면 a 접점은 연결 상태가 되어서, 전류가 전동기로 흘러서 회전한다.

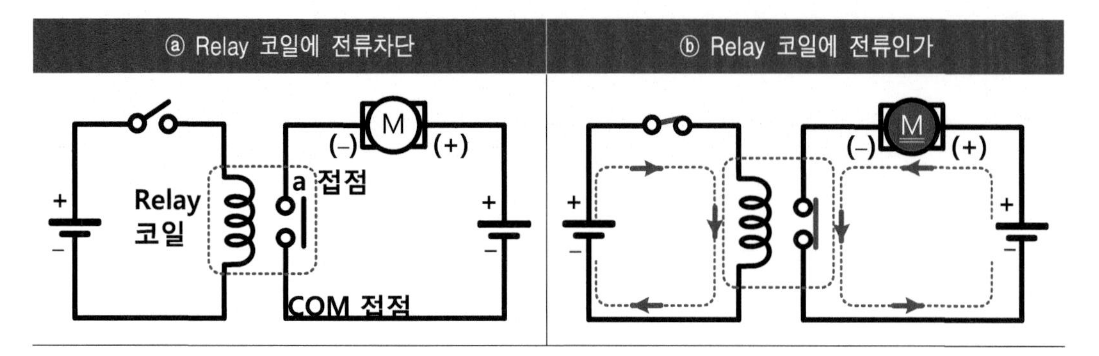

【그림 5.9】 Relay a 접점 회로 동작

5 b 접점 회로 동작

① Relay 코일에 전류를 인가하지 않으면 【그림 5.10】 ⓐ와 같이 접점은 연결 상태가 되어서, 전류가 전동기로 전동기는 회전한다.

② 【그림】 ⓑ와 Relay 코일에 전류를 흘리면 b 접점은 차단 상태가 되어서, 전류가 전동기로 흐르지 않기 때문에 정지한다.

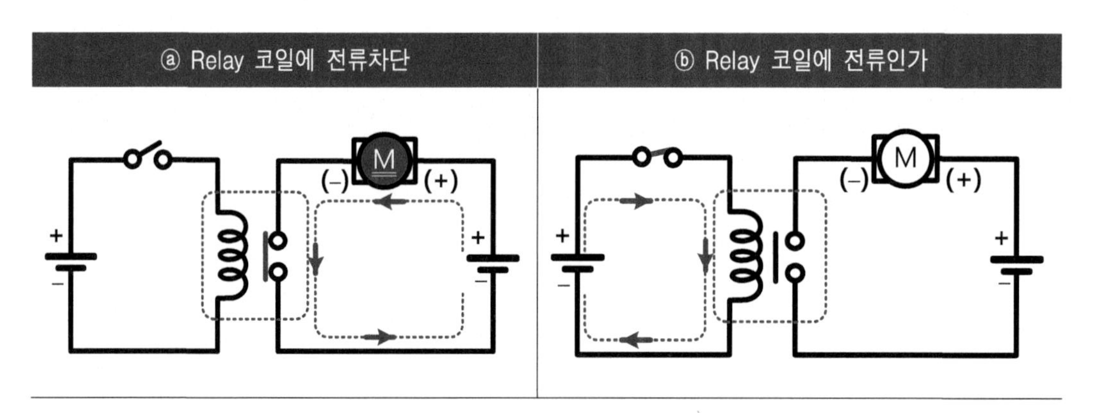

【그림 5.10】 Relay b 접점 회로 동작

6 기본회로

① 【그림 5.11】 ⓐ와 같이 PB1 스위치는 차단 상태에 있으므로 Relay R1 코일에 차단 ⇒ R1 - a 접점은 차단 상태 ⇒ L1 램프는 소등상태

② PB1 스위치가 누르면 ⇒ R1 - a 접점은 연결 상태 ⇒ L1 램프는 점등상태

③ PB1 스위치를 손에서 떼면 스위치 접점은 원위치인 차단 상태로 자동 복귀 ⇒ R1 - a

접점은 차단 상태 ⇒ L1 램프는 소등상태

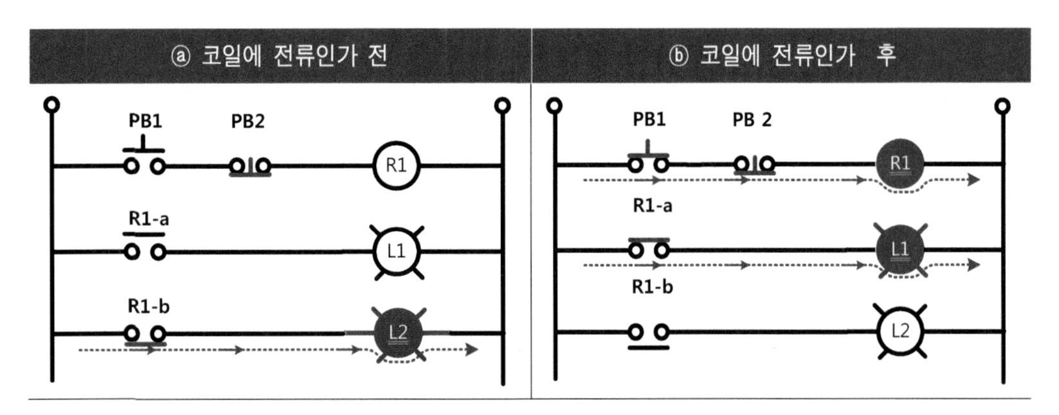

【그림 5.11】 Relay 회로 기본 동작

5.2.2 자기유지회로

1 회로개요

① "자기유지회로"는 입력신호가 순간적으로 가해질 때 동작하고, 그 입력신호가 사라져도 자기 자신의 접점에 의하여 스스로 동작을 계속 하여 그 동작 상태를 지속적으로 유지하는 회로로서 "기억회로"라고도 한다.

② 푸시버튼 스위치를 이용하여 전기기기의 상태를 통전상태, 차단 상태를 지속적으로 유지하는 회로이다.

2 회로동작

① PB1 스위치가 차단 상태에 있으므로 Relay R1 코일에 전류가 차단 ⇒ R1 - b 접점은 연결 상태 ⇒ L1 램프가 점등

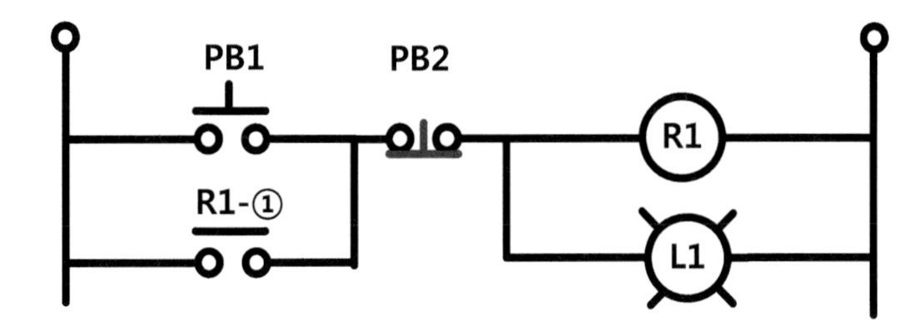

【그림 5.12】 자기유지회로-회로 동작 1

② PB1 스위치를 누르면 스위치 접점이 연결 상태 ⇒ PB1 ⇒ PB2 ⇒ Relay 코일 순으로 전류가 흐름 ⇒ R1 - a 접점은 연결 상태 ⇒ L1 램프는 점등

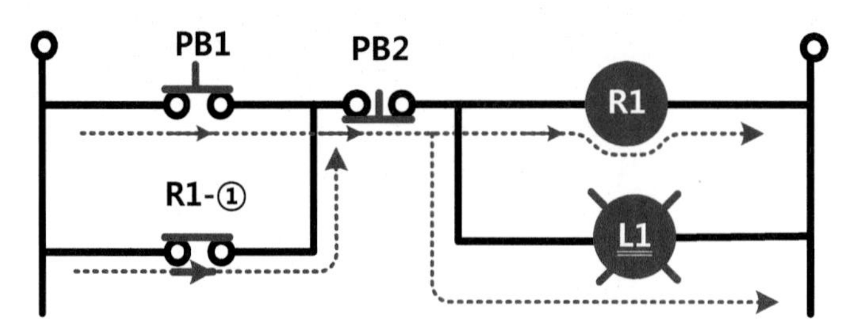

【그림 5.13】 자기유지회로-회로 동작 2

③ PB1 스위치를 누른 후 떼어도 R1 - a 접점 ⇒ PB2 ⇒ Relay R1 코일 순으로 전류가 계속 흐르기 때문에 L1 램프는 점등상태를 유지

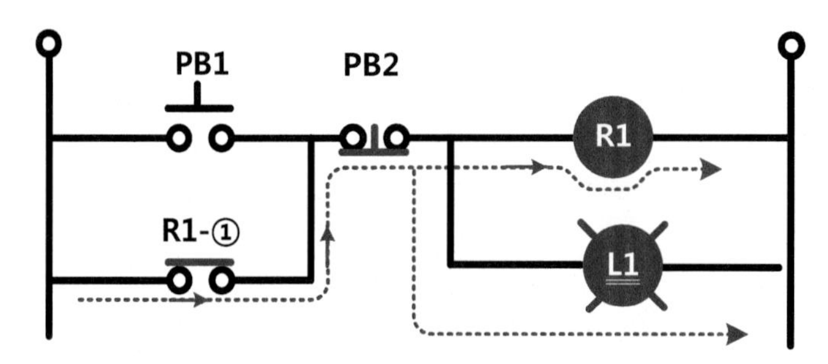

【그림 5.14】 자기유지회로-회로 동작 3

④ PB2 스위치를 누르면 Relay R1 코일에 전류가 차단 ⇒ R1 - a 접점은 차단 상태 ⇒ Relay R1 코일은 소자되고, L1 램프는 소등

5.3 타이머(Timer)

5.3.1 Timer 개요

1 타이머 종류

① "타이머(Timer Relay)"는 전기적 또는 기계적인 입력신호에 의하여 미리 정해진 설정 시간에 의하여 접점을 개폐하는 릴레이이다.

② 타이머 종류

㉮ ON Delay Timer

코일에 전류를 인가하면 출력신호가 지연되고, 코일에 전류를 차단하면 복귀가 바로 이루어지는 한시동작 순시 복귀형

㉯ OFF Delay Timer

코일에 전류를 인가하면 출력동작 신호가 바로 나오고, 코일에 전류를 차단하면 복귀가 지연되는 순시동작 한시 복귀형

㉰ ON - OFF Delay Timer

출력동작과 복귀가 모두 지연되는 한시동작 한시 복귀형

2 한시 동작형

① Timer - a 접점은 코일에 전류가 흐르면 Timer에 설정한 시간이 지난 후에 연결 상태가 되고, 코일에 전류가 차단되면, 바로 복귀하여 차단 상태가 된다.

② b 접점은 a 접점과 반대의 동작이 일어난다.

3 한시 복귀형

① Timer - a 접점은 코일에 전류가 흐르면 바로 동작하여 연결 상태가 되고, 코일에 전류가 차단되면, Timer에 설정한 시간 지난 후에 복귀하여 차단 상태가 된다.

② b 접점은 a 접점과 반대로 동작한다.

4 Timer 접점과 외관

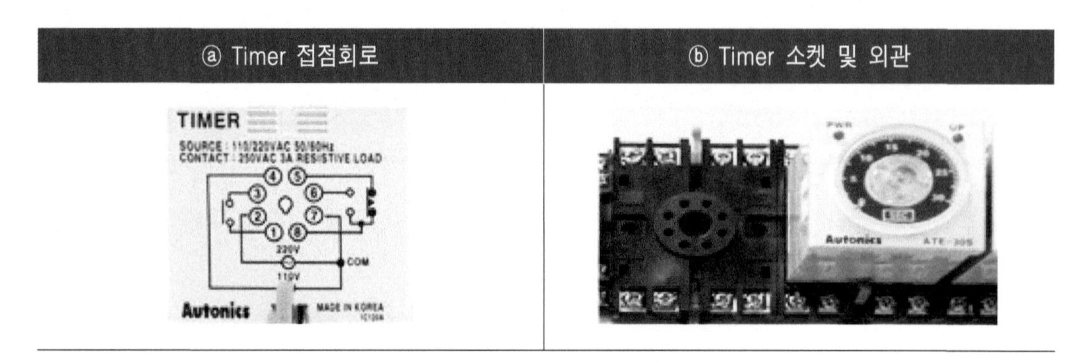

【그림 5.15】 Timer 접점 회로와 외관

5 Timer 기호

▶ Timer 출력접점은 일반 Relay 코일의 기호와 동등하며, 출력접점은 일반 접점 중앙부에 삼각형 꼭지를 붙여서 Relay와 구별한다.

ⓐ 한시동작_회로기호		ⓑ 한시복귀_회로기호	
 T		 T	
T-a 	T-b 	T-a 	T-b 

【그림 5.16】 Timer 회로기호

5.3.2 ON Delay Timer 회로 동작

① TS1 스위치가 차단 상태에 있으므로 Timer T1 코일에 전류가 차단된다.

㉮ "T1 - a" 접점은 차단 상태 ⇒ L1 램프는 소등상태

㉯ "T1 - b" 접점은 연결 상태 ⇒ L2 램프는 점등상태

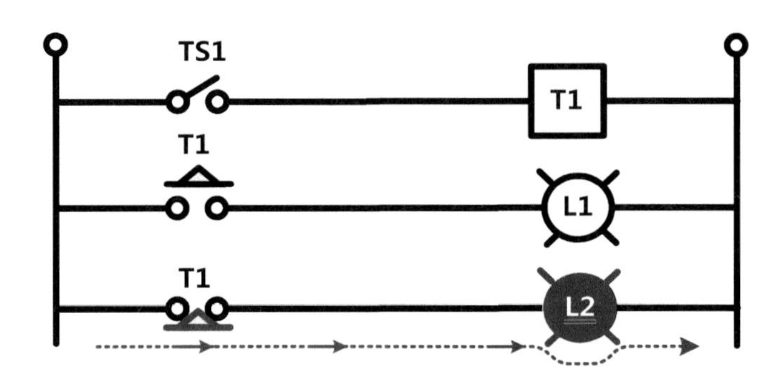

【그림 5.17】 ON Delay Timer 회로 동작-코일에 전류 차단

② "TS1" 스위치를 누르면 스위치 접점이 연결 상태가 되어서 "TS1" ⇒ Timer T1 코일 순으로 전류가 흐른다.

㉮ "T1 - a" 접점은 Timer 설정시간이 지나지 않았기 때문에, "T1 - a"접점은 차단 상태 ⇒ L1 램프는 소등

㉯ "T1 - b" 접점은 연결 상태 ⇒ L2 램프는 점등상태를 유지한다.

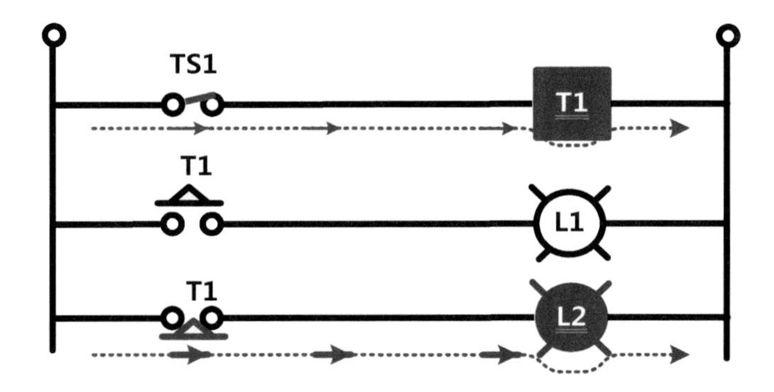

【그림 5.18】 ON Delay Timer 회로 동작-타이머 설정시간 이전

③ Timer 설정시간이 경과하게 되면

㉮ “T1 - a” 접점은 연결 상태 ⇒ L1 램프는 점등

㉯ “T1 - b” 접점은 차단 상태 ⇒ L2 램프는 소등

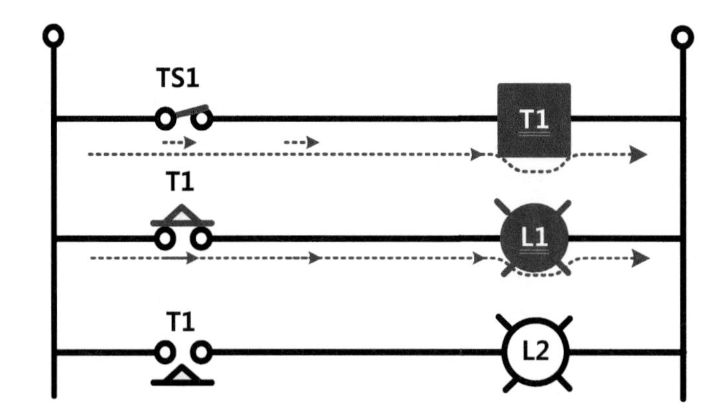

【그림 5.19】 ON Delay Timer 회로 동작-타이머 설정시간 이후

④ TS1 스위치 접점을 차단하면 Timer T1 코일에 전류가 차단되므로

㉮ “T1 - a” 접점은 바로 차단 상태 ⇒ L1 램프는 소등

㉯ “T1 - b” 접점이 연결 상태 ⇒ L2 램프가 점등

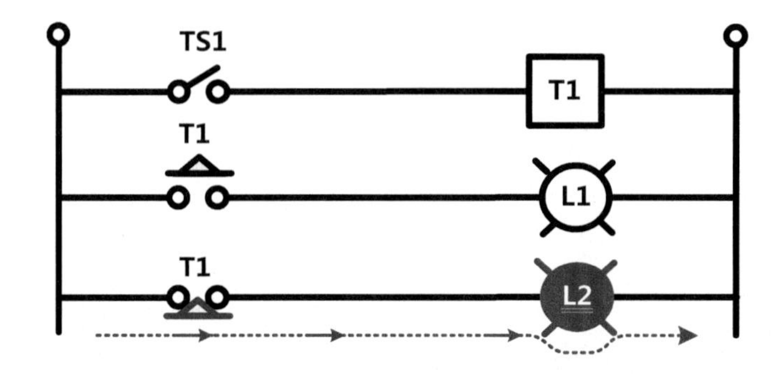

【그림 5.20】 ON Delay Timer 회로 동작-코일에 전류 차단

5.3.3 OFF Delay Timer 회로 동작

① TS1 스위치가 차단 상태에 있으므로 Timer T1 코일에 전류가 공급되지 않기 때문에

㉮ "T1 - a" 접점은 차단 상태 ⇒ L1 램프는 소등

㉯ "T1 - b" 접점은 연결 상태 ⇒ L2 램프는 점등

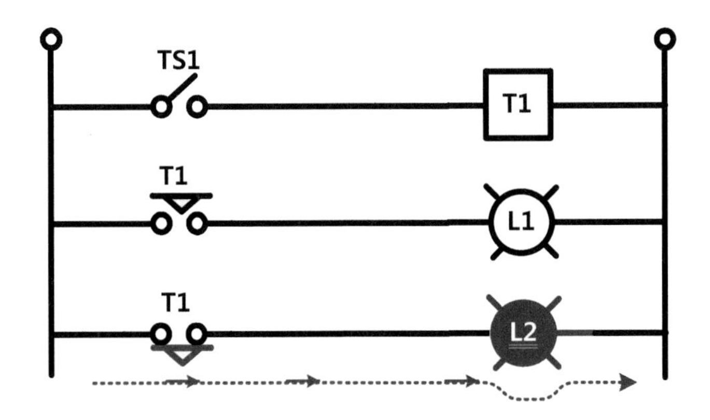

【그림 5.21】 OFF Delay Timer 회로 동작-코일에 전류 차단

② TS1 스위치를 누르면 스위치 접점이 연결 상태가 되어서 "TS1" ⇒ Timer T1 코일 순으로 전류가 흐른다.

㉮ "T1 - a" 접점은 바로 연결 상태 ⇒ L1 램프는 점등

㉯ "T1 - b" 접점은 차단 상태 ⇒ L2 램프는 소등

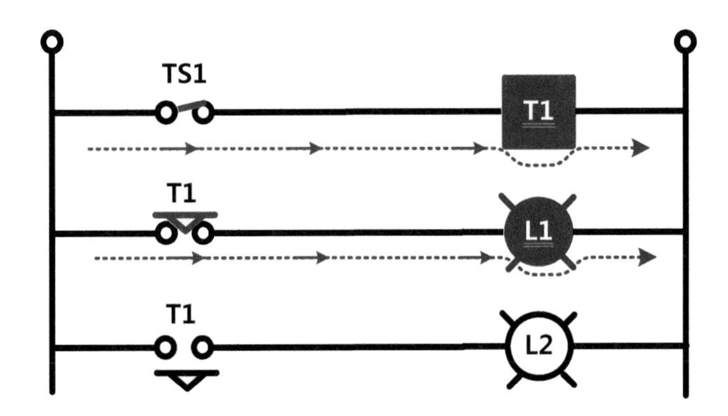

【그림 5.22】 OFF Delay Timer 회로 동작-코일에 전류 공급

③ TS1 스위치를 차단 상태에 놓으면 Timer T1 코일에 전류가 차단되지만 타이머 설정 시간이 경과하지 않았기 때문에

㉮ "T1 - a" 접점은 연결 상태 ⇒ L1 램프는 점등

㉯ "T1 - b" 접점은 차단 상태 ⇒ L2 램프는 소등상태를 유지

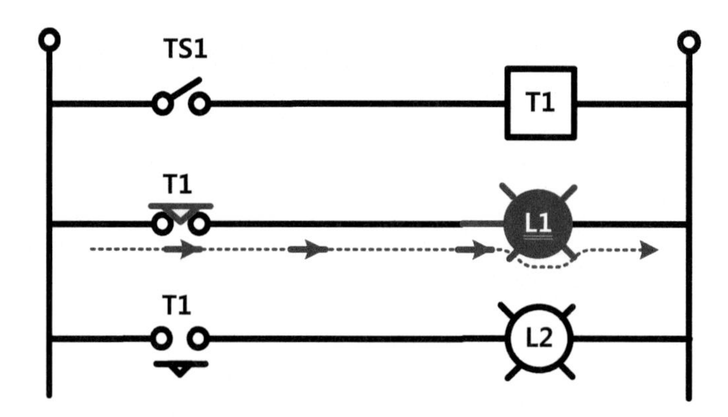

【그림 5.23】 OFF Delay Timer 회로 동작-타이머 설정시간 이전

④ Timer 설정시간이 경과하게 되면

㉮ "T1 - a" 접점은 차단 상태 ⇒ L1 램프는 소등

㉯ "T1 - b" 접점은 연결 상태 ⇒ L2 램프는 점등

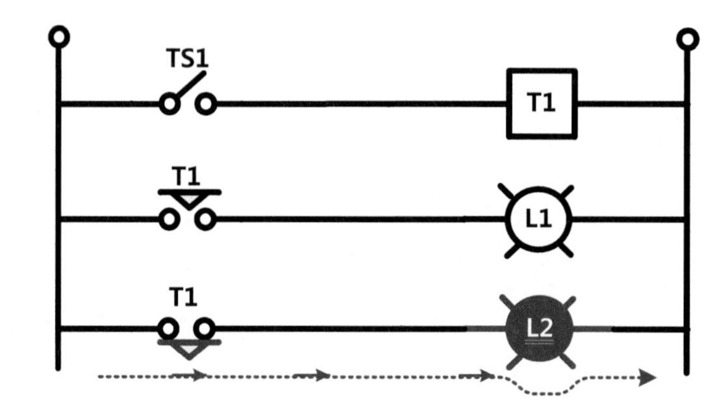

【그림 5.24】 OFF Delay Timer 회로 동작-타이머 설정시간 이후

5.4 릴레이 및 타이머 응용제어

5.4.1 인터록 회로

1 개요

① 인터록 회로는 사용기기의 보호와 조작자의 안전을 목적으로 기기의 동작 상태를 나타내는 접점 또는 회로를 사용하여 우선도가 높은 쪽의 회로를 동작시킬 때 관련된 상대방기기의 동작을 금지하는 회로로서 **"상대동작 금지회로"**라고도 한다.

② 【그림 5.25】 ⓑ회로에서 회로1과 회로2에는 서로 상대방 회로측에 연결된 릴레이 또는 스위치 b 접점을 직렬로 접속하여, 인터록을 걸음으로서 자기회로가 동작할 경우에 상대방의 동작을 금지한다.

③ 인터록 회로의 예를 들면, 2대의 A, B 2 기계가 동시에 운전하게 되면, 단락사고가 발생하는 것을 방지하기 위하여 기계A가 운전하고 있을 때는 기계B는 정지시키고, 기계B가 운전하고 있을 때는 기계A는 정지시킨다.

2 Timing Chart 및 회로도

① 기동버튼 스위치 PB1을 눌렀다 떼면 릴레이 R1 코일이 여자와 동시에 R1-a 접점이 연결 상태 ⇒ L1 램프가 점등

② 정지버튼 스위치 PB3을 눌렀다 떼면 릴레이 R1 코일이 소자와 동시에 R1-a 접점이 차단 상태 ⇒ L1 램프가 소등

③ 기동버튼 스위치 PB2을 눌렀다 떼면 릴레이 R2 코일이 여자와 동시에 R2-a 접점이 연결 상태 ⇒ L2 램프가 점등

④ 정지버튼 스위치 PB4을 눌렀다 떼면 릴레이 R2 코일이 소자와 동시에 R2-a 접점은 차단상태 ⇒ L2 램프가 소등

⑤ PB1과 PB2를 동시에 누르면 1초라도 먼저 "ON"되는 쪽이 동작하고 다른 쪽은 차단상태가 된다.

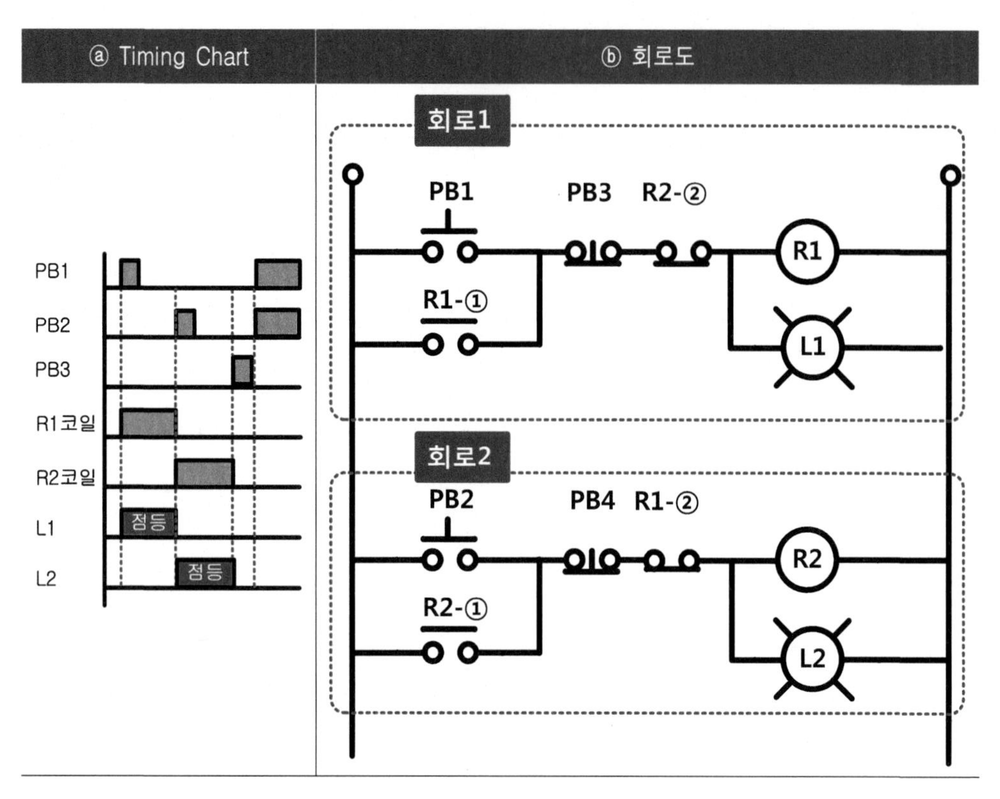

【그림 5.25】 인터록 회로 Timing Chart 및 회로도

5.4.2 우선동작 순차회로

1 개요

① "우선동작 순차회로"는 미리 정해진 순서에 의하여 순차적으로 기기가 동작시키고, 그 반대로는 기기의 동작을 시킬 수 없는 제어회로이다.

② 【그림 5.26】 ⓑ 회로는 L1 램프가 먼저 점등하고, 그 다음에 L2 램프 ⇒ L3 램프 순서로 점등하도록 미리 정해진 순서에 의하여 점등하는 시퀀스 회로이다.

2 Timing Chart 및 회로도

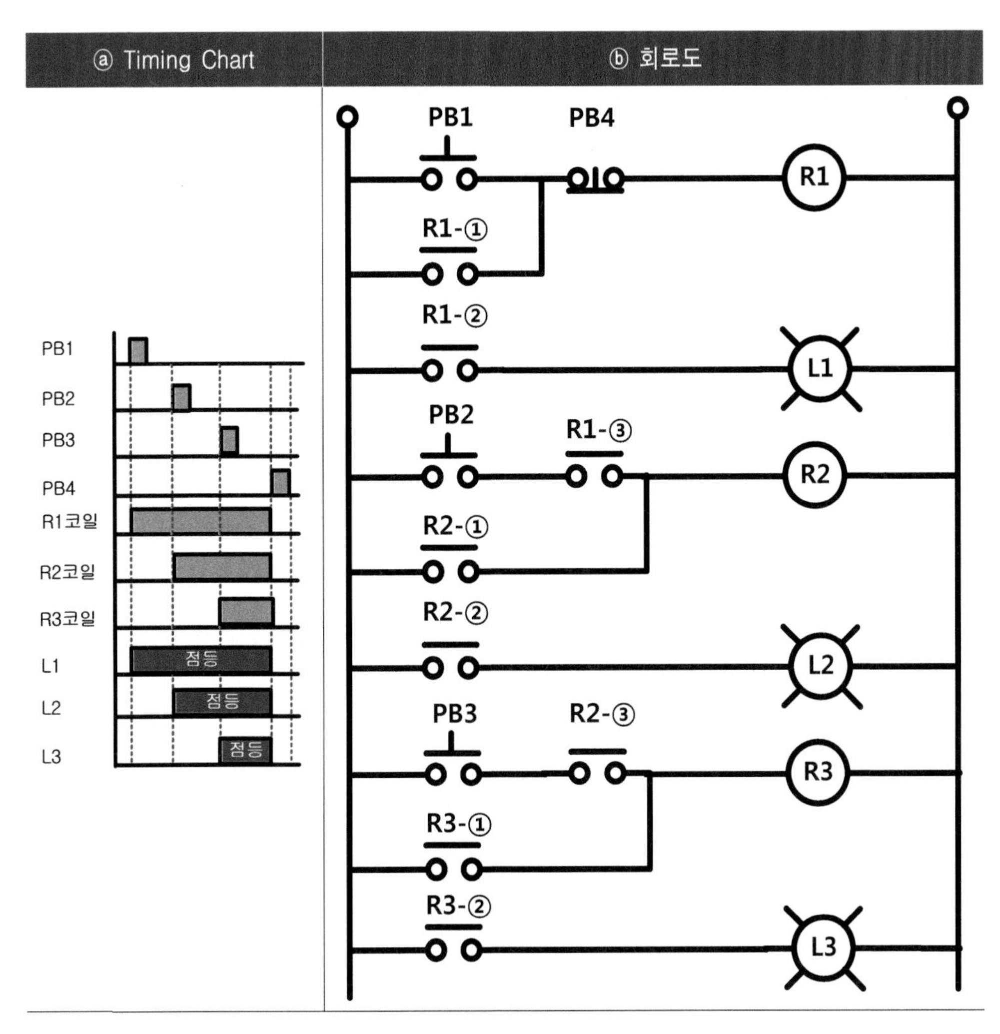

【그림 5.26】 우선동작 순차회로 Timing Chart 및 회로도

① 스위치 PB1을 눌렀다 떼면 Relay R1 코일이 여자됨과 동시에 R1-a 접점이 연결 상태 ⇒ L1 램프가 점등

② 스위치 PB2를 눌렀다 떼면 Relay R2 코일이 여자됨과 동시에 R2-a 접점이 연결 상태 ⇒ L2 램프가 점등

③ 스위치 PB3를 눌렀다 떼면 Relay R3 코일이 여자됨과 동시에 R3-a 접점이 연결 상태 ⇒ L3 램프가 점등

④ 정지버튼 스위치 PB4를 눌렀다 떼면 Relay R1 코일이 소자됨과 동시에 R1-a 접점은 차단 상태 ⇒ 램프 L1, L2, L3가 모두 소등

5.4.3 일정시간 동작회로

1 개요

① **"일정시간 동작회로"**는 한시동작 순시 복귀형 타이머 b 접점을 이용하여 조작 스위치에 의해 타이머 코일이 여자되고, 동시에 램프 L1이 점등한다.

② 타이머에 설정된 시간이 경과되면 한시동작 b 접점이 차단 상태가 되어 자기유지 회로가 해제하여 램프를 소등시키는 회로이다.

2 Timing Chart 및 회로도

① PB1 스위치를 누르고 떼면 Relay R1 코일이 여자되고, R1-a 접점이 연결 상태가 되어서 자기유지상태가 되며, 타이머 코일에 전류가 흘러 L1 램프가 점등한다.

② 타이머 설정시간 후에 T1-b 접점이 차단 상태 ⇒ Relay R1 코일에 전류가 차단 ⇒ 램프는 소등한다.

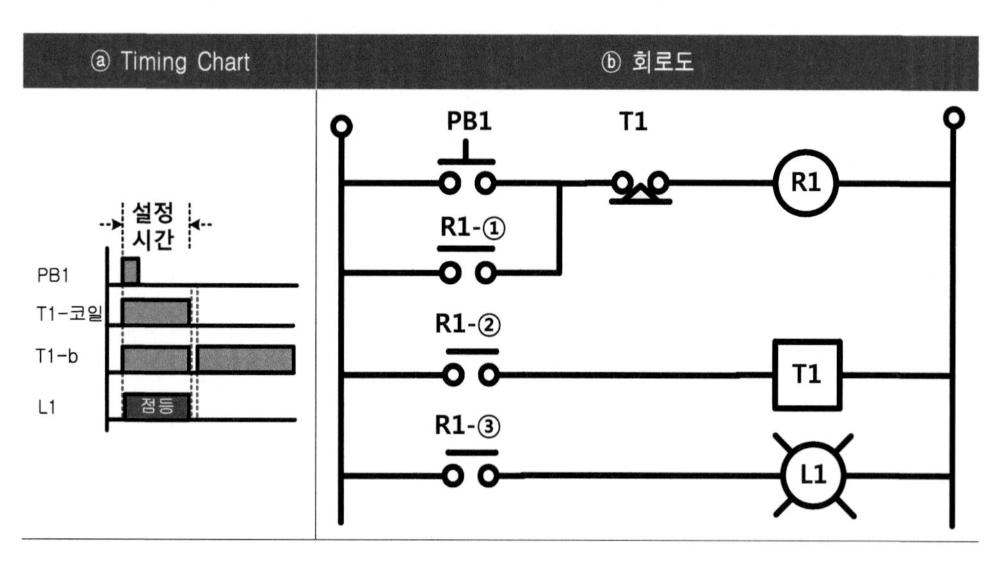

【그림 5.27】 일정시간 동작회로-Timing Chart 및 회로도

5.5 전력용 보호기기

5.5.1 배선용 차단기(MCCB)

① "MCCB"는 회로에 고장이 발생할 때 재빨리 전기회로를 차단함으로써 배선, 접속기기 파괴나 화재발생을 방지하는 기기로서 과부하 차단 및 단락전류와 같은 사고차단을 한다.

② 정격전류 이상의 전류가 흐르면 전선에 i^2R의 줄열이 발생하여, 발열에 의한 위험한 상태에 이르기 전에 전류를 차단하여서 전기기기를 보호한다.

③ 단락과 같은 큰 사고전류가 흐를 때에는 순간적으로 전류를 차단하여서 전기기기를 보호한다.

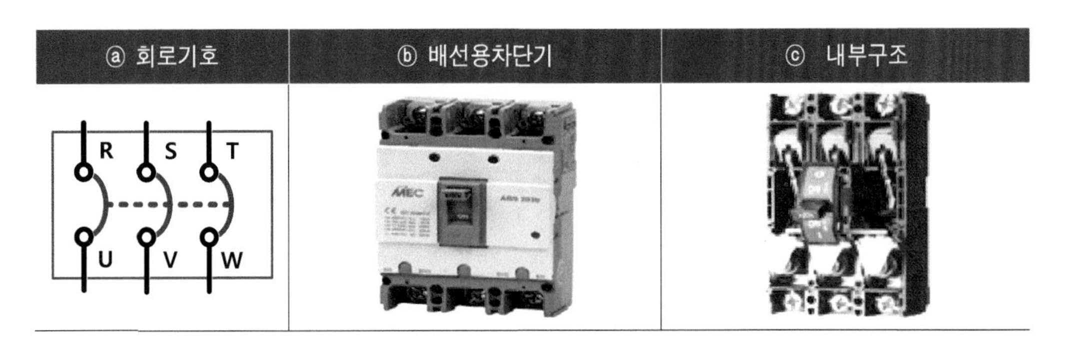

【그림 5.28】 배선용 차단기와 회로기호

5.5.2 전자접촉기(MC)

1 전자접촉기 개요

① "전자접촉기(Electro Magnetic Contact)"는 큰 전류접점과 내압을 가진 Relay의 일종으로 전자석에 의한 흡인력을 이용하여 주접점을 개폐함으로써 대전류 용량의 전기부하 개폐나 전동기의 빈번한 시동, 정지, 제어 등에 사용되는 계전기이다.

② 전자접촉기 구성

㉮ 전자접촉기는 주접점과, 보조접점으로 구성된 접점부와 코일로 구성되며, 주접점은 전동기 코일에 큰 전류를 흘릴 수 있는 대전류 용량을 가진 접점을 말한다.

㉯ 보조접점은 소형의 계전기접점과 같이 작은 전류용량을 가진 접점을 말한다.

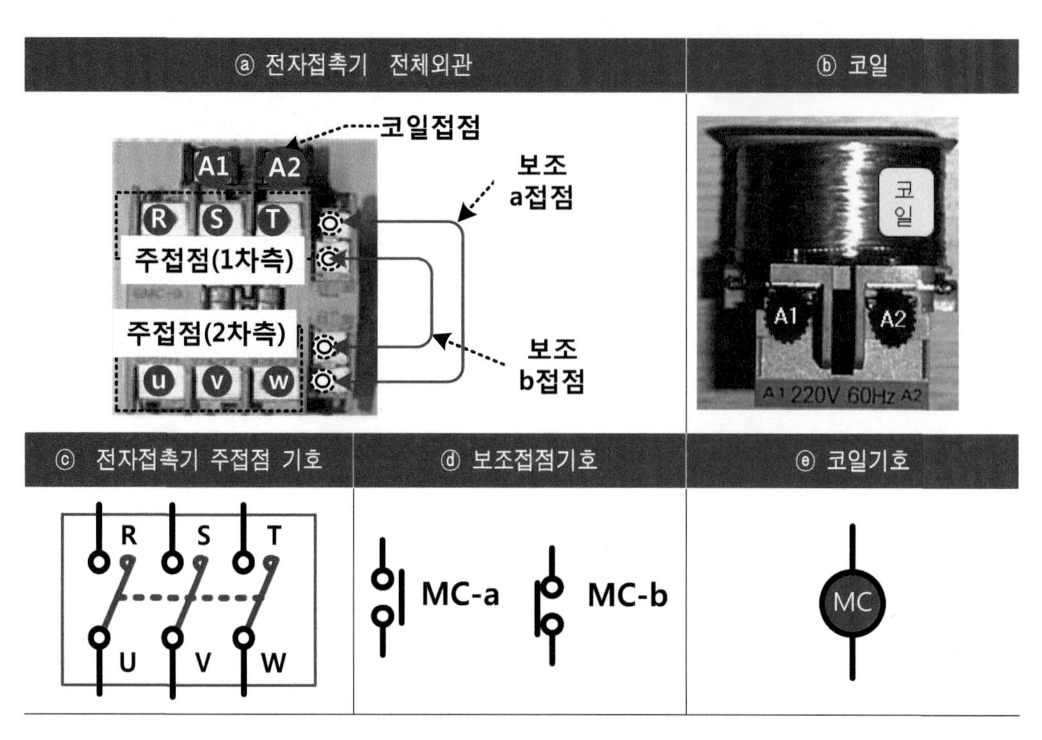

【그림 5.29】 전자접촉기 접점과 회로기호

2 전자접촉기 동작

【1】 전자접촉기 코일에 전류차단

전자접촉기 코일에 전류가 흐르지 않으면 주접점 "R와 U", "S와 V", "T와 W", 보조접점 "MC - a" 접점은 차단 상태, "MC - b"접점은 연결 상태가 된다.

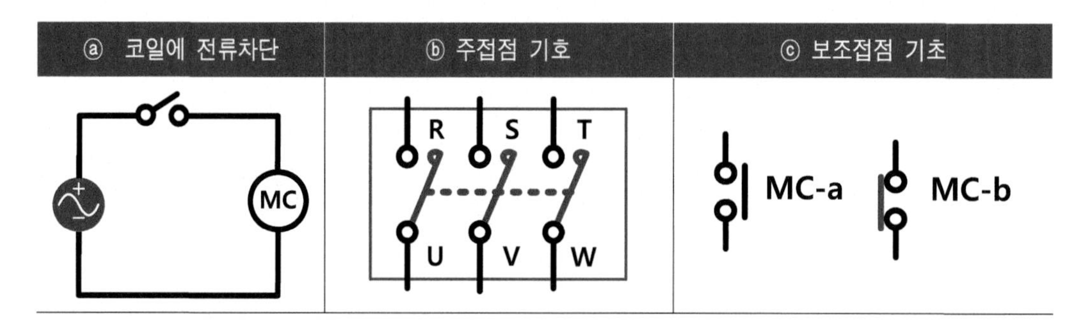

【그림 5.30】 전자접촉기 코일에 전류가 차단 상태

【2】 전자접촉기 코일에 전류 공급

전자접촉기 코일에 전류를 흘리면 주접점 "R - u, S - v, T - w" 보조접점 "Mc - a" 접점은 연결 상태, "Mc - b" 접점은 차단 상태가 된다.

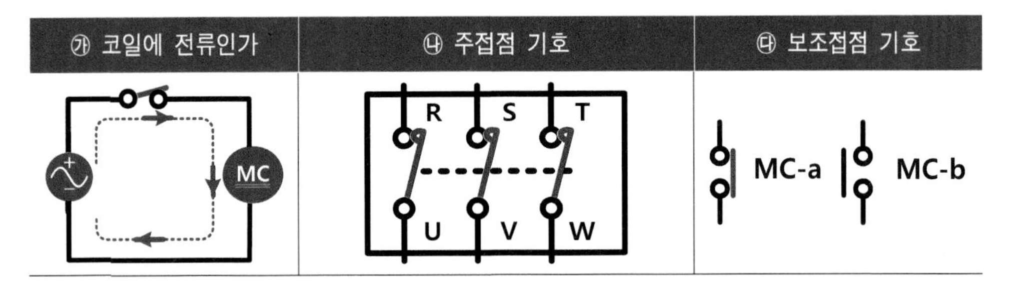

【그림 5.31】 전자접촉기 코일에 전류 공급

5.5.3 열동형 계전기(Thermal Relay)

1 열동형 계전기 개요

① "열동형 계전기"는 부하에 과전류가 흐르면 계전기 내부의 Thermal Relay 히터가 가열되어서 바이메탈에 의한 열팽창 작용으로 접점의 개폐를 한다.

② 열동형 계전기 구성

㉮ 열동형 계전기는 주접점, 보조접점, 과전류를 감지하는 부분으로 구성된다.

㉯ 주접점 "1 · 3 · 5" 접점은 전자접촉기와 연결되고, "2 · 4 · 6" 접점은 3상유도 전동기에 연결한다.

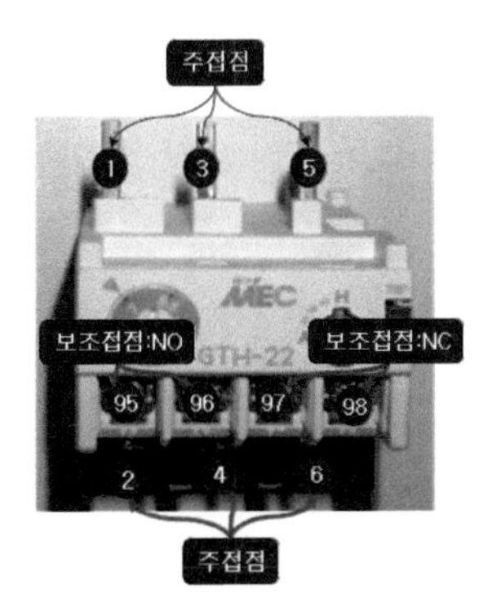

【그림 5.32】 열동형 계전기 접점 구성

2 열동형 계전기 동작

① 열동형 계전기 b 접점

㉮ 보조접점 "95 · 96" **접점**은 열동형 계전기 b 접점으로 전자접촉기의 코일접점과 연결하여 사용한다.

㉯ 과전류가 발생하지 않으면 연결 상태가 있다가, 과전류가 발생하면 차단 상태가 되어서 전자접촉기 코일접점의 전류를 차단하여 유도 전동기에 전류를 차단하는 역할을 수행한다.

ⓐ 과전류 발생하지 않는 경우의 접점상태	ⓑ 과전류 발생하는 경우의 접점상태
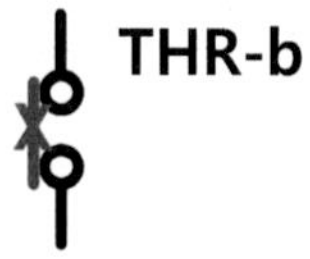 THR-b	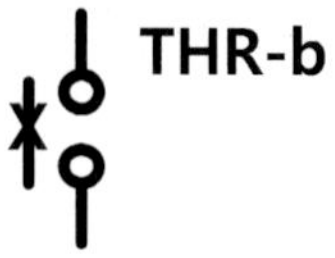 THR-b

【그림 5.33】 열동형 계전기-b 접점 회로 동작

② 열동형 계전기 a 접점

㉮ 보조접점 97 · 98 **접점**은 열동형 계전기 a 접점으로 주로 부저와 연결하여 사용한다.

㉯ 과전류가 발생하지 않으면 차단 상태가 있다가, 과전류가 발생하면 연결 상태가 되어서 부저 소리로 전동기의 과전류상태를 사용자에게 알려준다.

ⓐ 과전류 발생하지 않는 경우의 접점상태	ⓑ 과전류 발생하는 경우의 접점상태
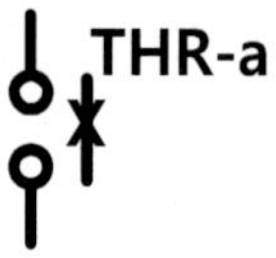 THR-a	 THR-a

【그림 5.34】 열동형 계전기-a 접점 회로 동작

5.6 전자밸브(Solenoid Valve)－에어 실린더 제어

5.6.1 에어 실린더

① 실린더는 에어 또는 유압이 들어가고 나가는 것을 이용하여 실린더가 전·후진을 하는 Actuator이다.

② 에어가 실린더 내부로 들어가면 실린더 내부는 밀봉된 상태이기 때문에 압력에 의하여 패킹을 밀면, 실린더 내부에 있던 에어도 빠져나오게 되어서 실린더가 전진을 한다.

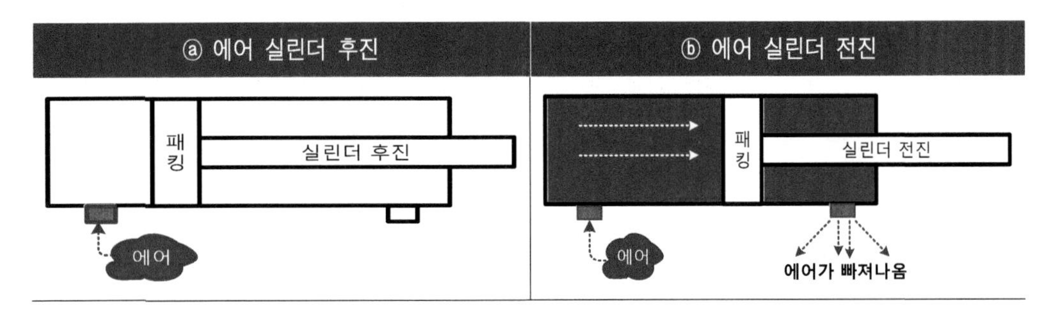

【그림 5.35】 에어 실린던 후진 및 전진

5.6.2 전자밸브(Solenoid Valve)

① "전자밸브"는 방향전환 밸브와 솔레노이드 코일이 일체로 구성되어 있으며, 솔레노이드 코일을 여자(勵磁) 또는 소자(消磁)함으로서 공기의 흐름을 변환하는 밸브이다.

② 단동 전자밸브와 복동 전자밸브

㉮ "단동 전자밸브"는 하나의 코일을 가지고 있으며, 보통 스프링을 사용하여 복귀한다. "복동 전자밸브"는 두 개의 코일을 가지고 있으며 코일에 의하여 복귀한다.

㉯ 단동 전자밸브는 솔레노이드에 전류가 흐르면 실린더가 전진하고, 솔레노이드에 전류를 차단하면 후진한다.

㉰ 복동 전자밸브는 전진용 솔레노이드에 전류를 흘리면 실린더가 전진하고 전진 도중에 전류를 차단하여도 그 상태 유지하며, 실린더를 후진하기 위해서는 전진용 솔레노이드에 전류를 차단하고, 후진용 솔레노이드에 전류를 인가해야 한다.

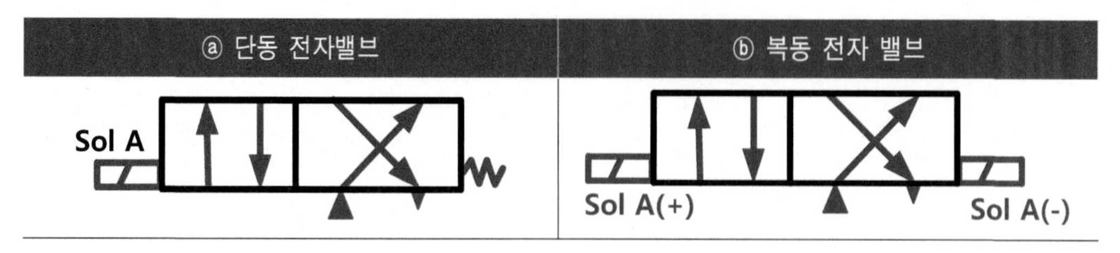

【그림 5.36】 단동 및 복동 전자밸브

③ 단동전자밸브의 구조

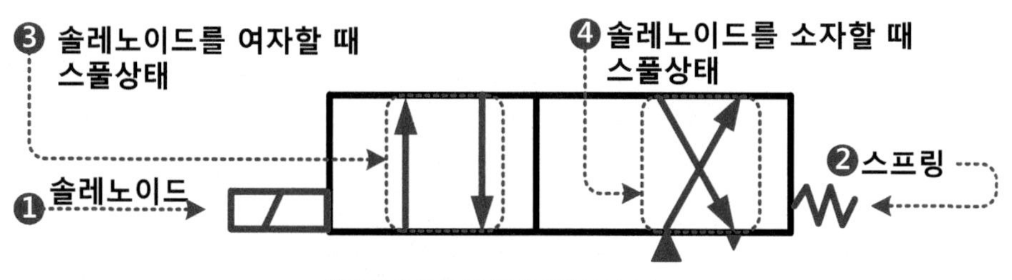

【그림 5.37】 단동전자밸브의 구조

④ 단동전자밸브의 동작

솔레노이드에 전류를 인가하면 밸브 내부의 스풀이 【그림 5.38】 ⓐ에서 ⓑ처럼 바뀌어 실린더가 전진하고, 솔레노이드에 전류를 차단하면 스프링에 의하여 실린더가 후진한다.

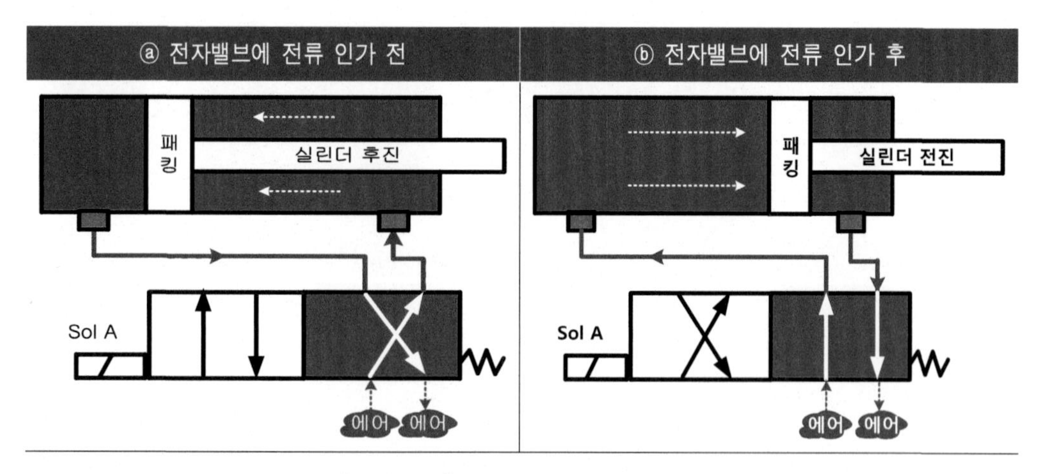

【그림 5.38】 단동전자밸브의 동작원리

실험실습

1 실험기기 및 부품

【1】 Relay

【2】 Timer

【3】 리밋스위치, 푸시버튼 스위치

【4】 직류 전동기 및 램프

2 시퀀스 기본회로

다음의 시퀀스 회로를 구성하고 램프 동작을 확인한다.

【1】 "ON · OFF"회로

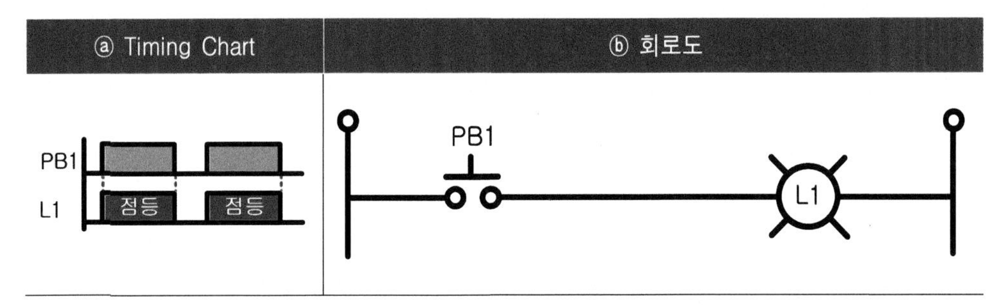

【2】 AND회로

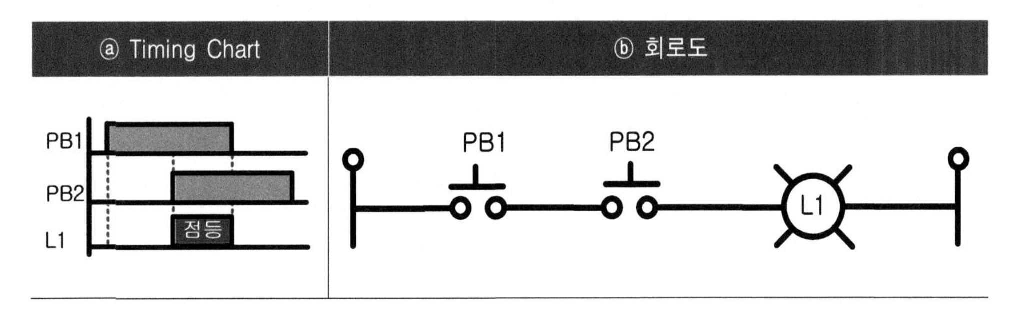

【3】 NOT회로

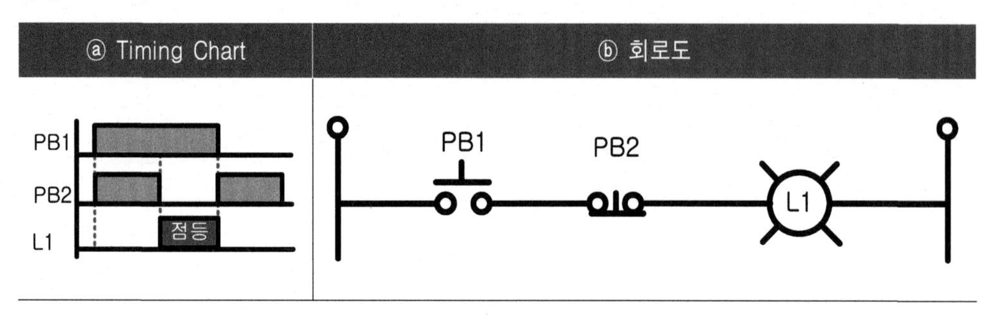

【4】 OR회로

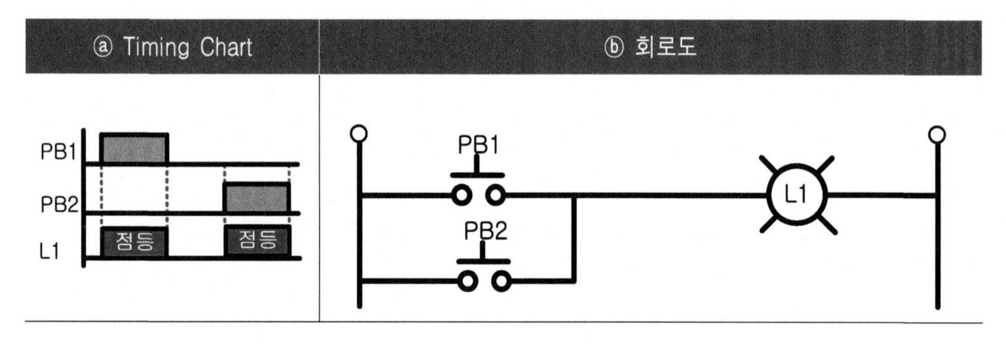

【5】 릴레이 기본회로

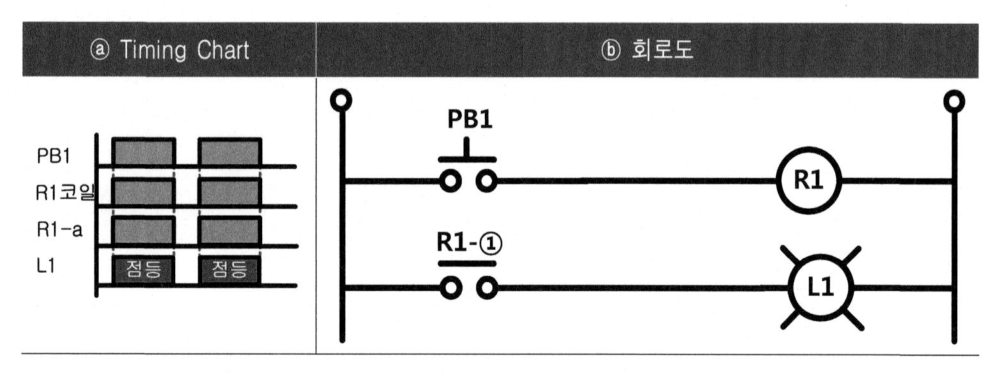

【6】 자기유지회로

① 회로1

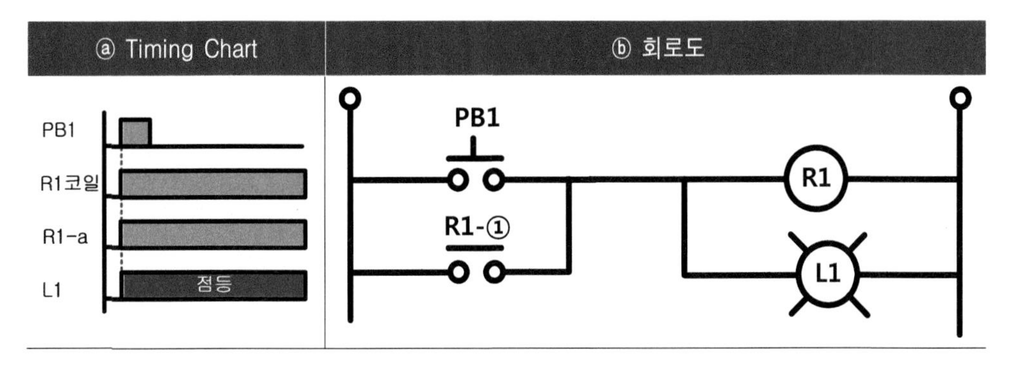

② 회로2

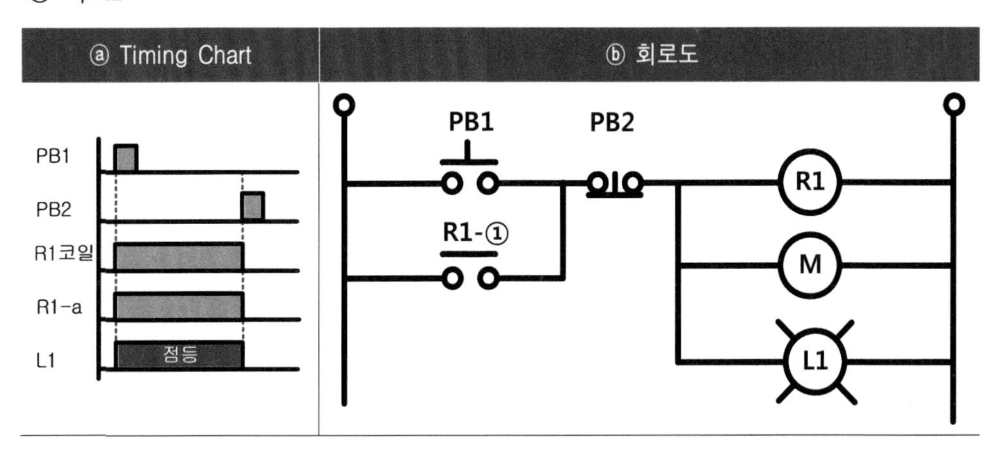

③ 회로3

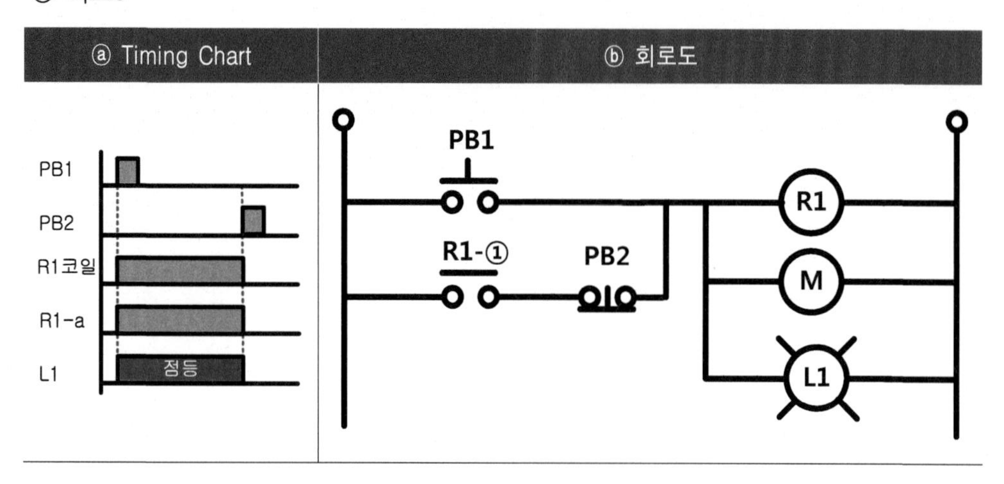

【7】 Time 기본회로

① ON Delay Timer 기본회로

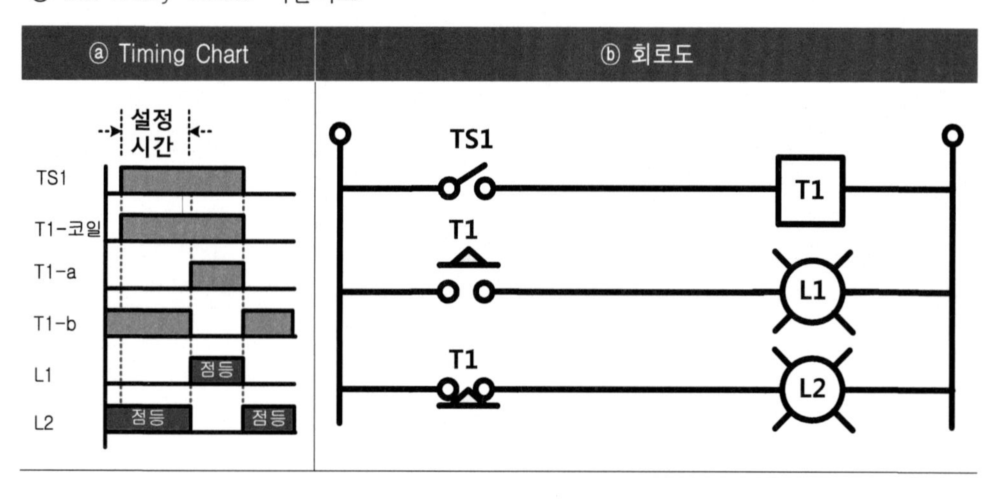

② OFF Delay Timer 기본회로

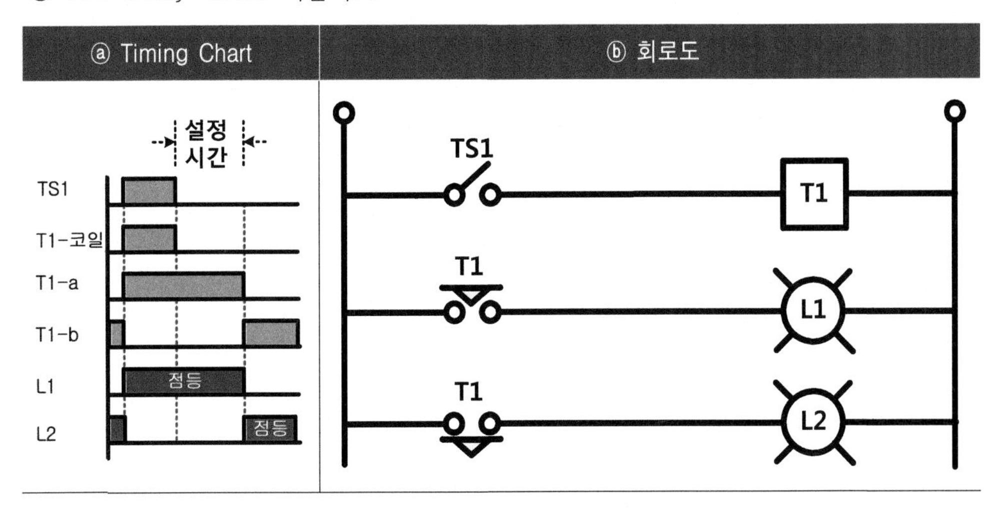

③ ON Delay Timer 자기유지회로

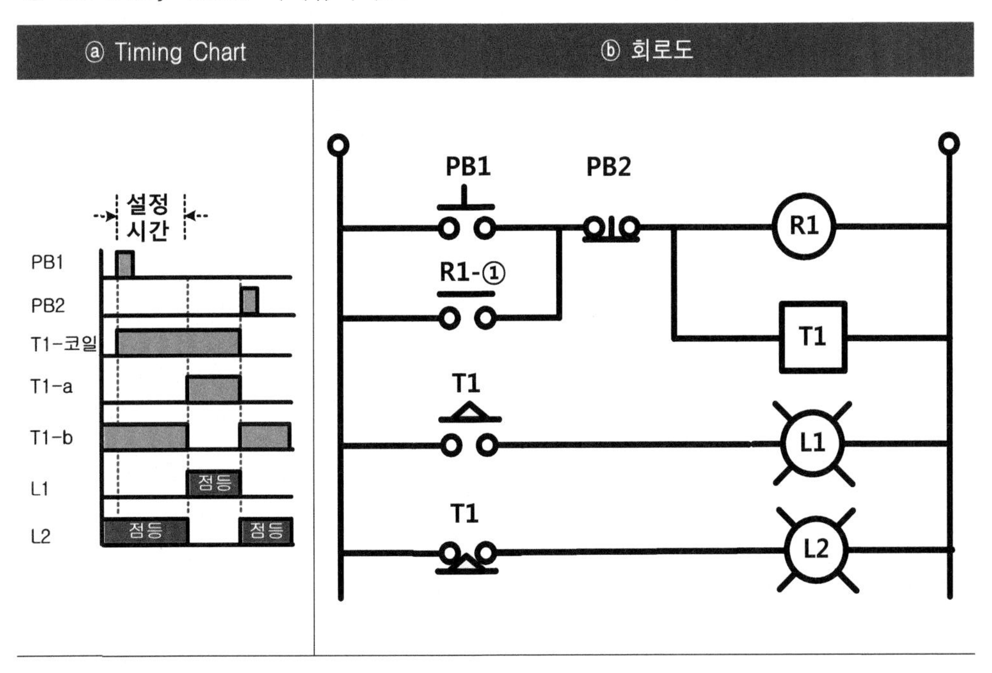

④ OFF Delay Timer 자기유지회로

ⓐ Timing Chart	ⓑ 회로도

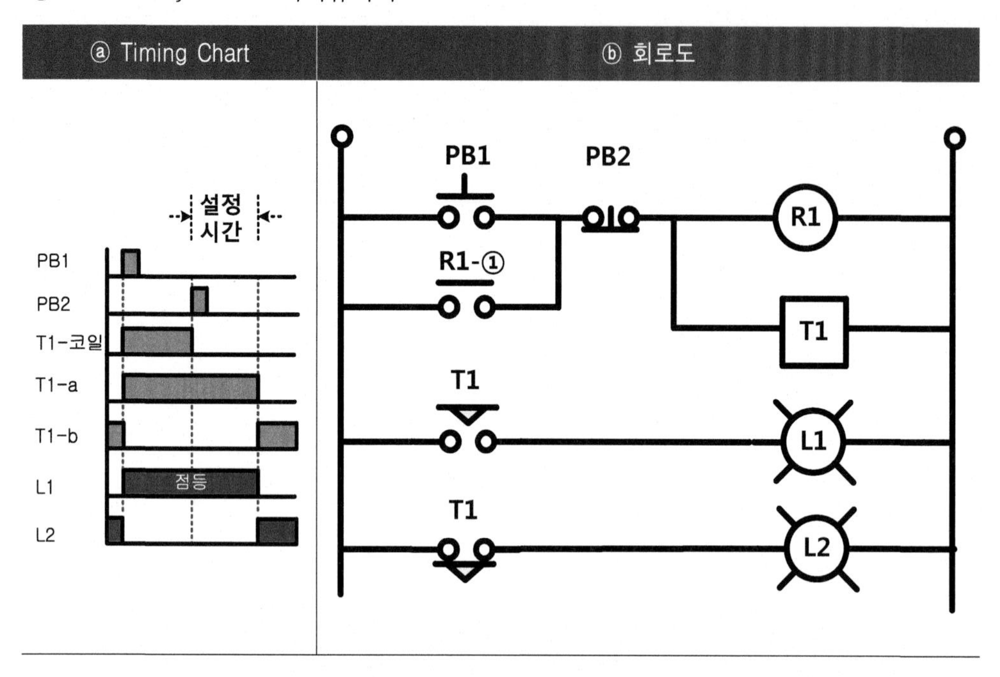

릴레이 정격

① 코일 정격 전압 : 릴레이를 통상적으로 사용하기 위해 조작코일에 가하는 기준이 되는 전압
② 복귀전압 : 동작상태의 릴레이에 조작입력(전압, 전류)을 감소시켜 릴레이가 복귀상태가 될 때 전압값
③ 정격 여자전류 : 조작코일에 정격전압을 인가했을 때 흐르는 전류값
④ 코일 저항 : 릴레이 코일의 DC저항
⑤ 최대 허용전류 접점의 개폐 전류 최대값
⑥ 최대 허용전압 접점의 개폐 전압 최대값
⑦ 동작시간 : Relay Coil에 정격전압을 인가한 때에 접점이 동작상태가 되기까지의 시간
⑧ 복귀시간 : Relay Coil에 정격전압을 제거한 때에 접점이 복귀상태가 되기까지의 시간

CHAPTER

06 시퀀스회로 설계

【학습목표】

1】 시퀀스회로 설계에 관하여 학습한다.

2】 유도전동기 제어 시퀀스 회로 설계에 관하여 학습한다.

• 요점정리 •

❶ 시퀀스 설계 시 고려사항은 구동부에 대전류가 흐를 때 구동부를 분리, 원점 고려, 고장(Alarm) 검출회로, 자동·수동 회로에서 역전류 방지 등이 있다.

❷ 피스톤 로드를 전진 끝단에서 일정시간 정지시킨 후 복귀시키는 회로는 타이머를 사용하여 회로를 구성한다.

❸ 에어 실린더를 제어 시 LS1은 A 실린더 후진 검출용, LS2는 A 실린더 전진 검출용, LS3은 B 실린더 후진 검출용, LS4는 B 실린더 전진 검출용 리밋 스위치이다.

❹ 유도 전동기 직입기동은 작업 현장에만 조작용 스위치, 표시등이 있으며 전동기에 교류전원을 인가하여 기동시키는 방법으로 전동기 제어방법이 가장 간단하여 널리 사용하고 있으며, 5[Kw] 이하의 소용량 유도 전동기에 많이 사용된다.

6.1 시퀀스 제어회로 설계

6.1.1 단동 전자밸브의 시퀀스 제어회로

1 AND 회로

① 단동 실린더의 초기 위치는 후진상태에 있다.

② LS1은 실린더 후진을 검출하기 위한 리밋 스위치, LS2는 실린더 전진을 검출하는 리밋 스위치이다.

③ 푸시버튼 스위치 PB1과 PB2를 동시에 눌러서 연결 상태가 되면, Relay R1 코일이 여자 ⇒ R1-a 접점 연결 상태 ⇒ Sol A 코일이 여자 ⇒ 밸브의 제어위치가 전환되어 실린더가 전진하게 된다.

④ 푸시버튼 스위치 PB1과 PB2 중에서 하나라도 스위치 접점상태가 차단상태가 되면, Relay R1 코일이 소자 ⇒ R1-a 접점 차단 상태 ⇒ Sol A 코일이 소자 ⇒ 밸브가 원위치로 돌아와 실린더가 후진하게 된다.

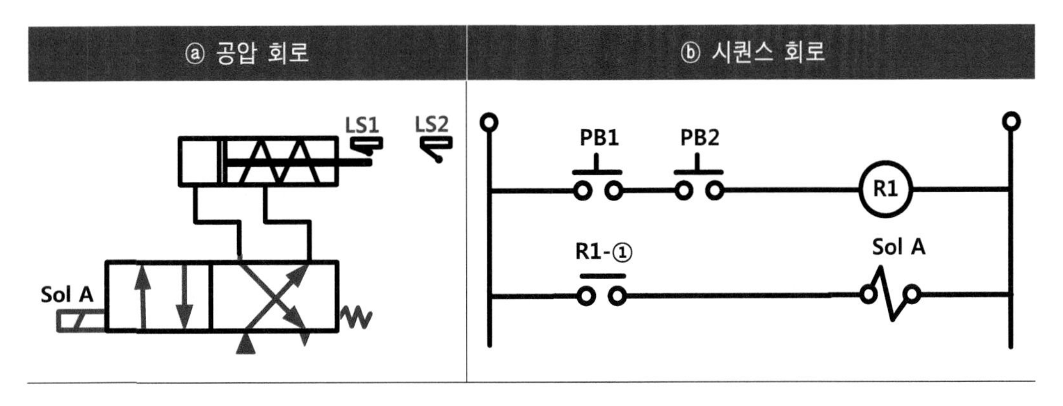

【그림 6.1】 AND 제어회로

2 OR 회로

① 단동 실린더의 초기 위치는 후진상태에 있다.

② 푸시버튼 스위치 PB1과 PB2 중에서 어느 하나라도 스위치 접점상태가 연결 상태 ⇒ Relay R1 코일이 여자 ⇒ R1-a 접점 연결 상태 ⇒ Sol A 코일 여자 ⇒ 밸브의 제어 위치가 전환되어 실린더가 전진하게 된다.

④ 푸시버튼 스위치 PB1과 PB2 모두가 차단상태가 되면, Relay R1 코일이 소자 ⇒ R1-a 접점 차단상태 ⇒ Sol A 코일이 소자 ⇒ 밸브가 원위치로 돌아와 실린더가 후진하게 된다.

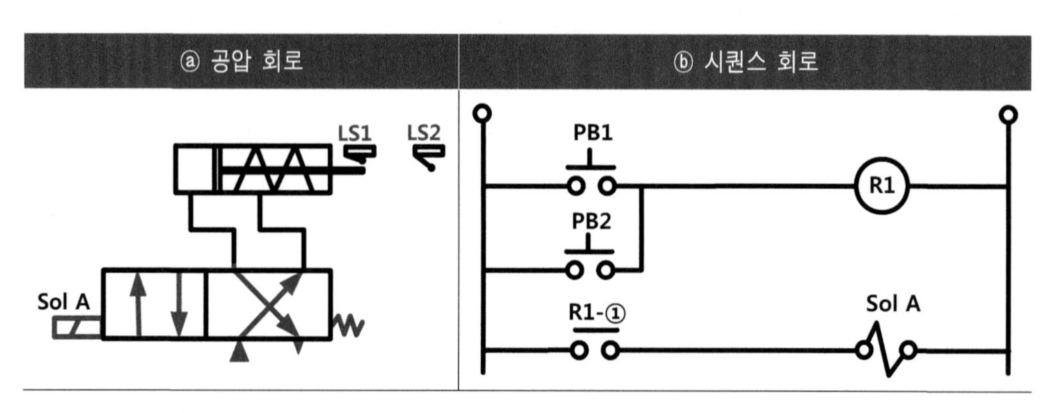

【그림 6.2】 OR회로

3 자기유지회로를 이용한 실린더의 자동후진 회로

① 단동 실린더의 초기 위치는 후진상태에 있다.

② 푸시버튼 스위치 PB1이 연결 상태가 되면, Relay 코일 R1이 여자 ⇒ Sol A 코일이 여자 ⇒ 실린더가 전진 ⇒ 전진 검출용 LS2가 "ON"이 된다.

③ 전진 검출용 LS2-a 접점이 연결 상태 ⇒ Relay 코일 R2가 여자 ⇒ R2-b 접점이 차단상태 ⇒ Relay 코일 R1 소자 ⇒ Sol A 코일에 전류가 차단 ⇒ 실린더가 후진하게 된다.

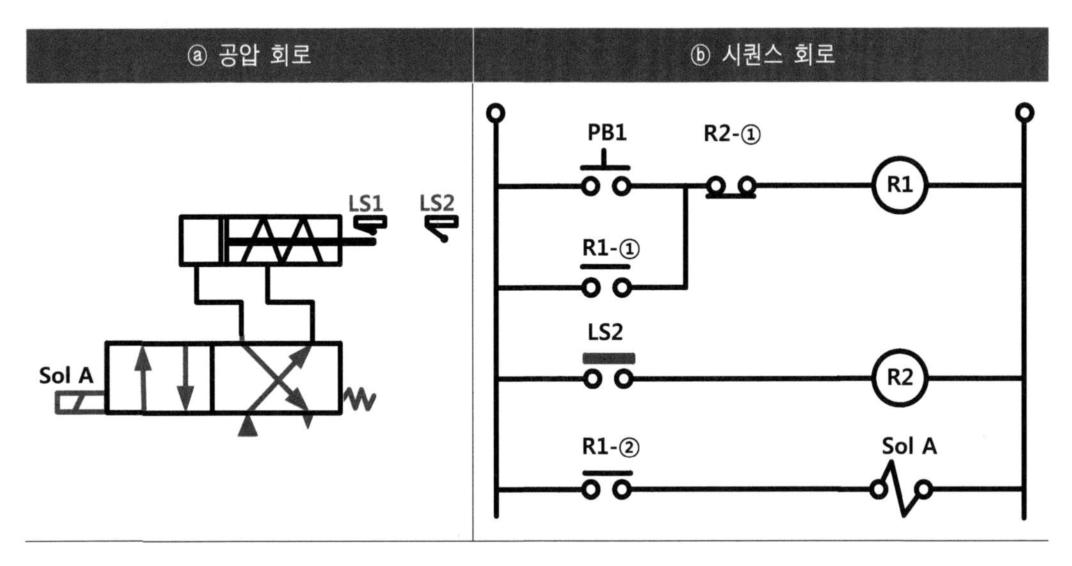

【그림 6.3】 자기유지를 이용한 실린더 자동후진 회로

4 전진 단에서 일정시간 정지 후 복귀하는 회로

① 피스톤 로드를 전진 끝단에서 일정시간 정지시킨 후 복귀시키는 회로는 자동화 장치나 기계에서 종종 볼 수 있으며, 이 회로는 타이머를 사용하여 회로를 구성한다.

② 푸시버튼 스위치 PB1이 연결 상태 ⇒ 실린더가 전진 ⇒ 전진을 검출하는 리밋 스위치 LS2-a 접점이 연결 상태 ⇒ 타이머 코일에 전류가 흐른다.

③ 타이머에 설정된 시간 경과 후에, T1-a 접점이 연결 상태 ⇒ R3-b 접점이 차단상태 ⇒ 실린더가 후진하게 된다.

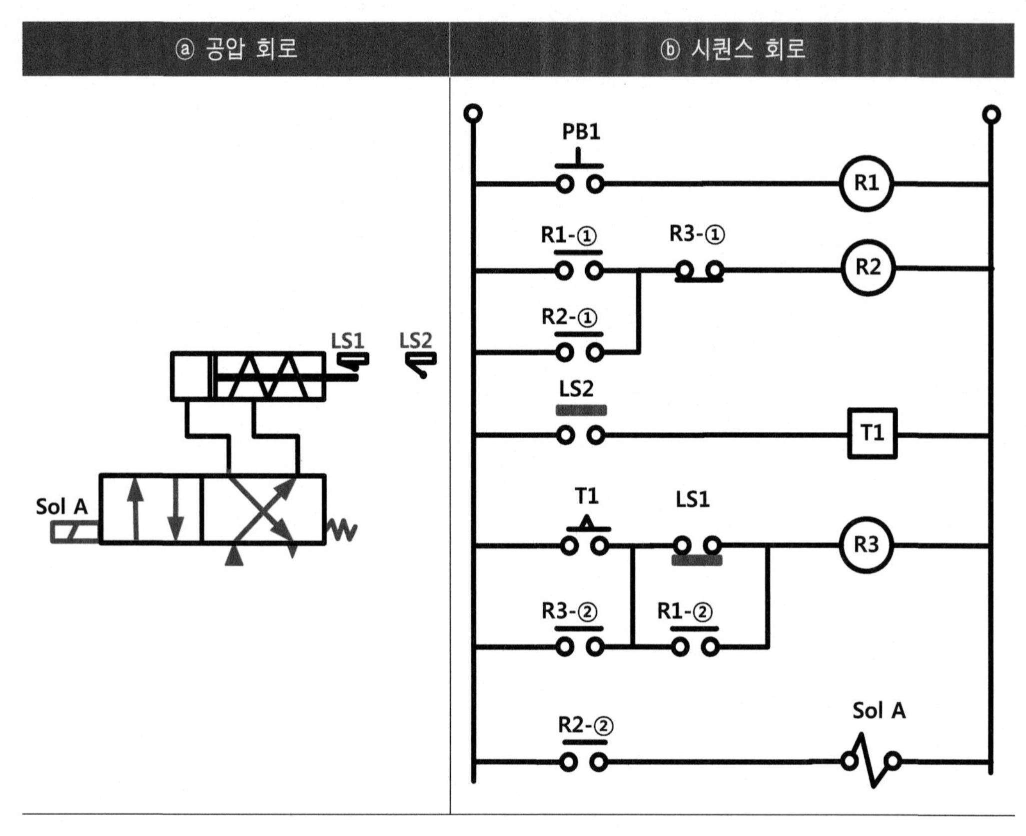

【그림 6.4】 전진단에서 일정시간 정지 후 복귀하는 회로

5 연속왕복운동 회로

① 푸시버튼 스위치 PB1이 연결 상태 ⇒ Relay R1 코일이 여자 ⇒ R1-a 접점이 연결 상태 ⇒ 자기 유지상태가 된다.

② R1-a 접점이 연결 상태 ⇒ Relay R2 코일이 여자 ⇒ R2-a 접점이 연결 상태가 되어서 자기 유지상태가 된다.

③ R2-a 접점이 연결 상태 ⇒ Sol A에 전류가 흘러서 실린더가 전진 ⇒ 전진검출용 LS2-a 접점이 연결 상태 ⇒ Relay R3 코일이 여자 ⇒ R3-a 접점이 연결 상태가 되어서 자기 유지상태가 된다.

④ Relay R3-b 접점이 차단 상태 ⇒ Relay R2 코일이 소자 ⇒ Sol A에 전류가 차단되므로 실린더가 후진한다.

⑤ 실린더가 후진하다가 후진검출용 LSl-b 접점이 차단 상태 ⇒ Relay R3코일이 소자 ⇒ R3-b 접점이 연결 상태 ⇒ R2 코일은 다시 여자 ⇒ R2-a 접점이 연결 상태 ⇒ 실린더는 다시 전진한다.

⑥ 이와 같이 실린더는 계속 전진과 후진을 반복하며, 이것을 정지시키려면 정지 버튼PB2를 눌러 Relay R1코일을 소자시켜 자기유지를 상태를 해제해야 한다.

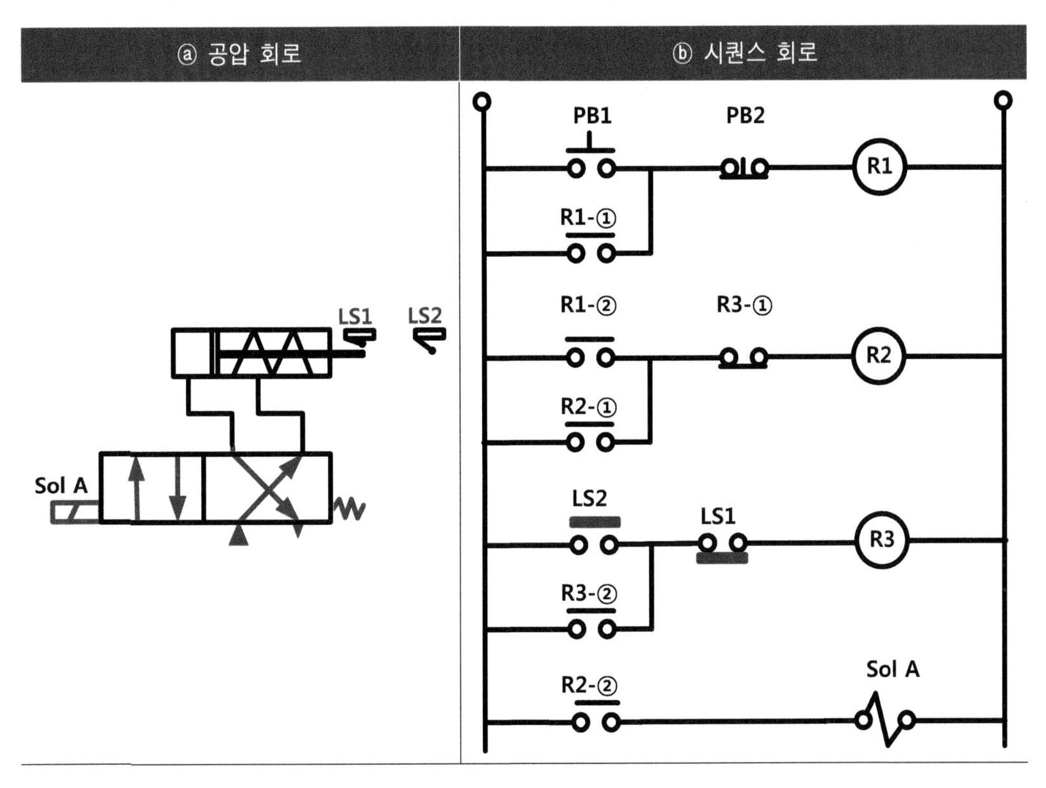

【그림 6.5】 연속왕복운동 회로

6 두 개의 실린더 A(+)A(-)B(+)B(-)제어

① LS1은 A실린더 후진검출용, LS2는 A실린더 전진검출용 리밋 스위치이다.

② LS3은 B실린더 후진검출용, LS4는 B실린더 후진검출용 리밋 스위치이다.

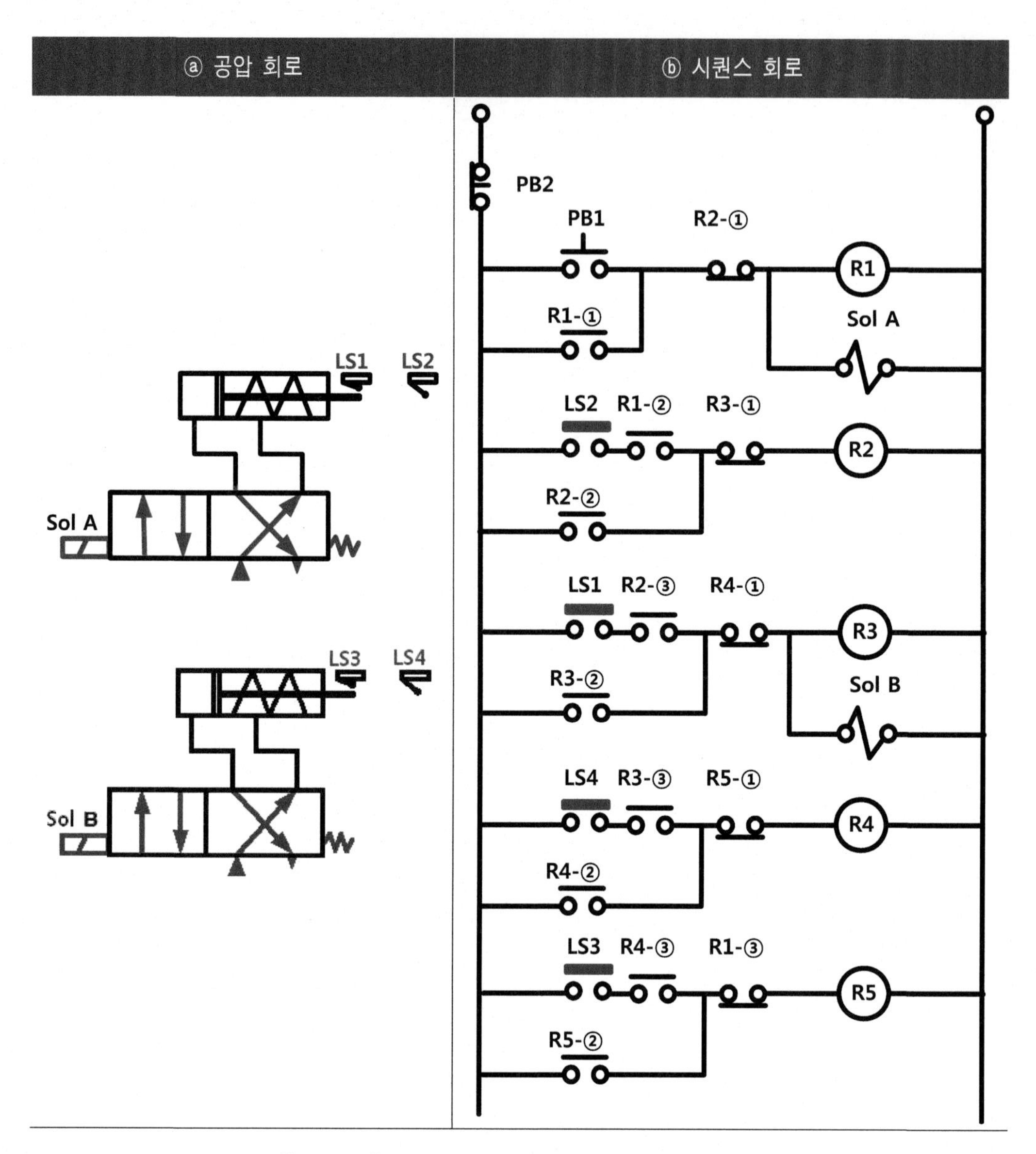

【그림 6.6】 두 개의 실린더 제어-A(+)A(-)B(+)B(-)

6.1.2 복동 전자밸브의 시퀀스 제어회로

1 실린더 수동 왕복운동

① 복동 실린더의 초기 위치는 후진상태에 있다.

② 푸시버튼 스위치 PB1 연결 상태 ⇒ Relay R1 코일이 여자 ⇒ Sol A(+)(전진용 솔레노이드)가 여자 ⇒ 실린더가 전진하고 전진이 완료되면 전진상태를 유지한다.

③ 푸시버튼 스위치 PB2가 연결 상태 ⇒ Relay R2 코일이 여자 ⇒ Sol A(-)(후진용 솔레노이드)가 여자 ⇒ 실린더가 후진하고 후진이 완료되면 후진상태를 유지한다.

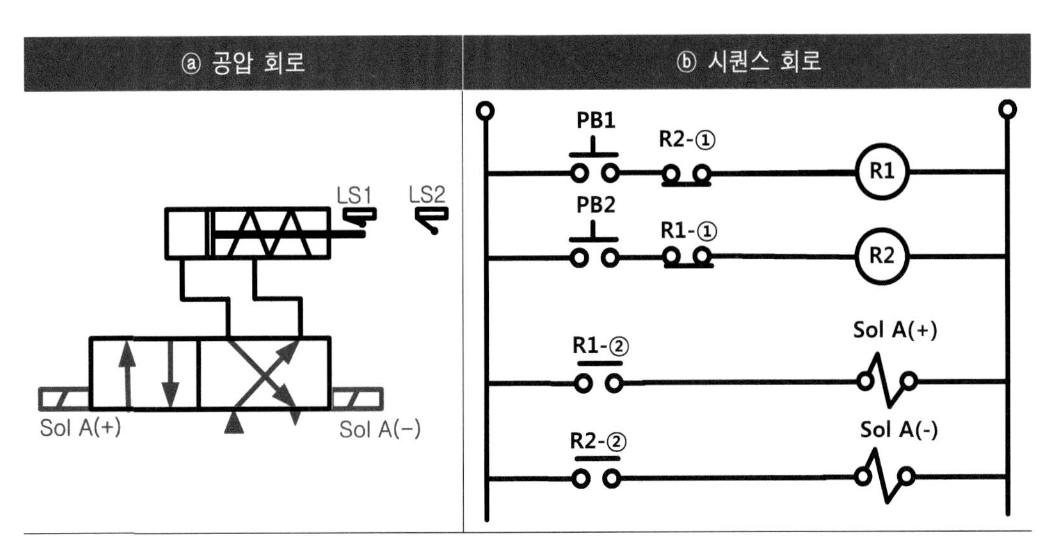

【그림 6.7】 실린더 수동 왕복운동

2 실린더 자동 전 · 후진 회로

① 복동 실린더의 초기 위치는 후진상태에 있다.

② 푸시버튼 스위치 PB1이 연결 상태 ⇒ Relay R1 코일이 여자 ⇒ Sol A(+)(전진용 솔레노이드)가 여자 ⇒ 실린더가 전진운동을 하다가 전진 검출용 LS2가 연결 상태 ⇒ Relay R2 코일이 여자 ⇒ Sol A(-)(후진용 솔레노이드)가 여자 ⇒ 실린더가 후진하게 된다.

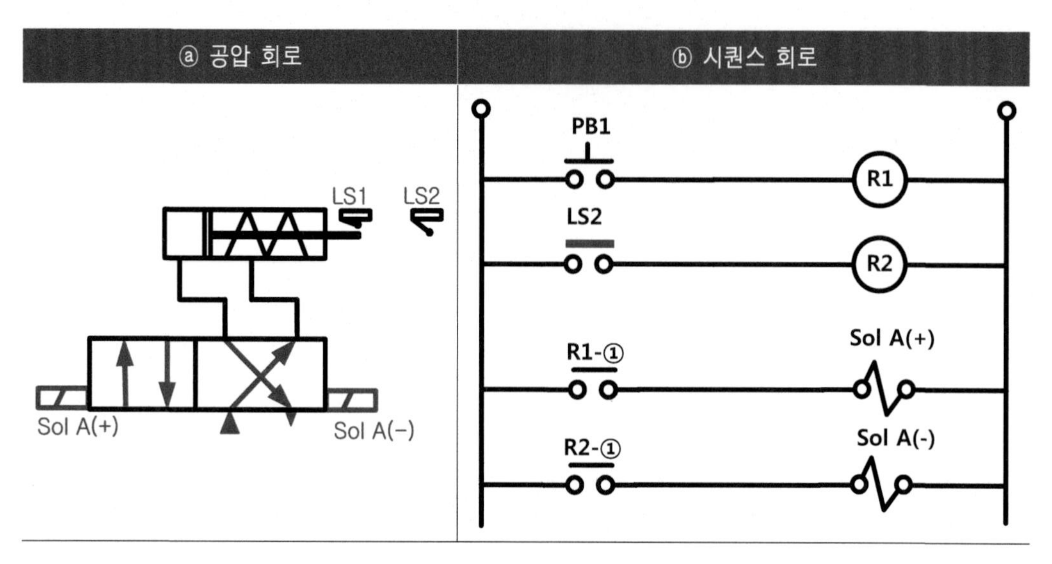

【그림 6.8】 실린더 자동후진 회로

3 연속왕복 작동 회로

① 푸시버튼 스위치 PB1이 연결 상태 ⇒ Relay R1 코일이 여자 ⇒ R1-a 접점에 의하여 자기유지 상태가 된다.

② LS1-a 접점 및 R1-a 접점이 연결 상태 ⇒ Relay R2 코일이 여자 ⇒ Sol A(+)(전진용 솔레노이드)가 여자 ⇒ 실린더가 전진한다.

③ 전진 검출용 LS2가 연결 상태 ⇒ Relay R3이 여자 ⇒ R3-a 접점이 연결 상태 ⇒ Sol A(-)(후진용 솔레노이드)가 여자 ⇒ 실린더가 후진한다.

④ 실린더가 후진하다가 후진검출용 LS1-a 접점이 연결 상태⇒ Relay R2가 여자 ⇒ Sol A(+)(전진용 솔레노이드)가 여자 ⇒ 실린더가 전진한다.

⑤ 이와 같이 실린더는 계속 전진과 후진을 반복하며, 이것을 정지시키려면 정지버튼 PB2를 눌러서 Relay R1의 자기유지를 해제시켜야 한다.

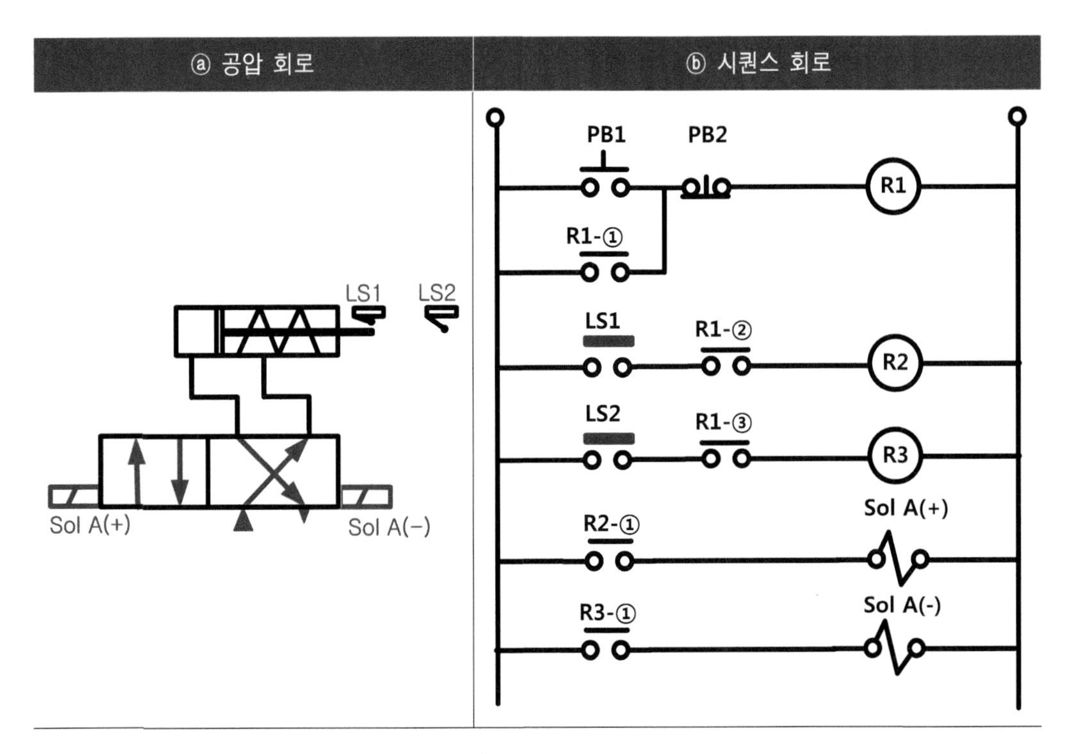

【그림 6.9】 연속 왕복 작동 회로

4 두 개의 실린더 A(+)A(-)B(+)B(-)제어

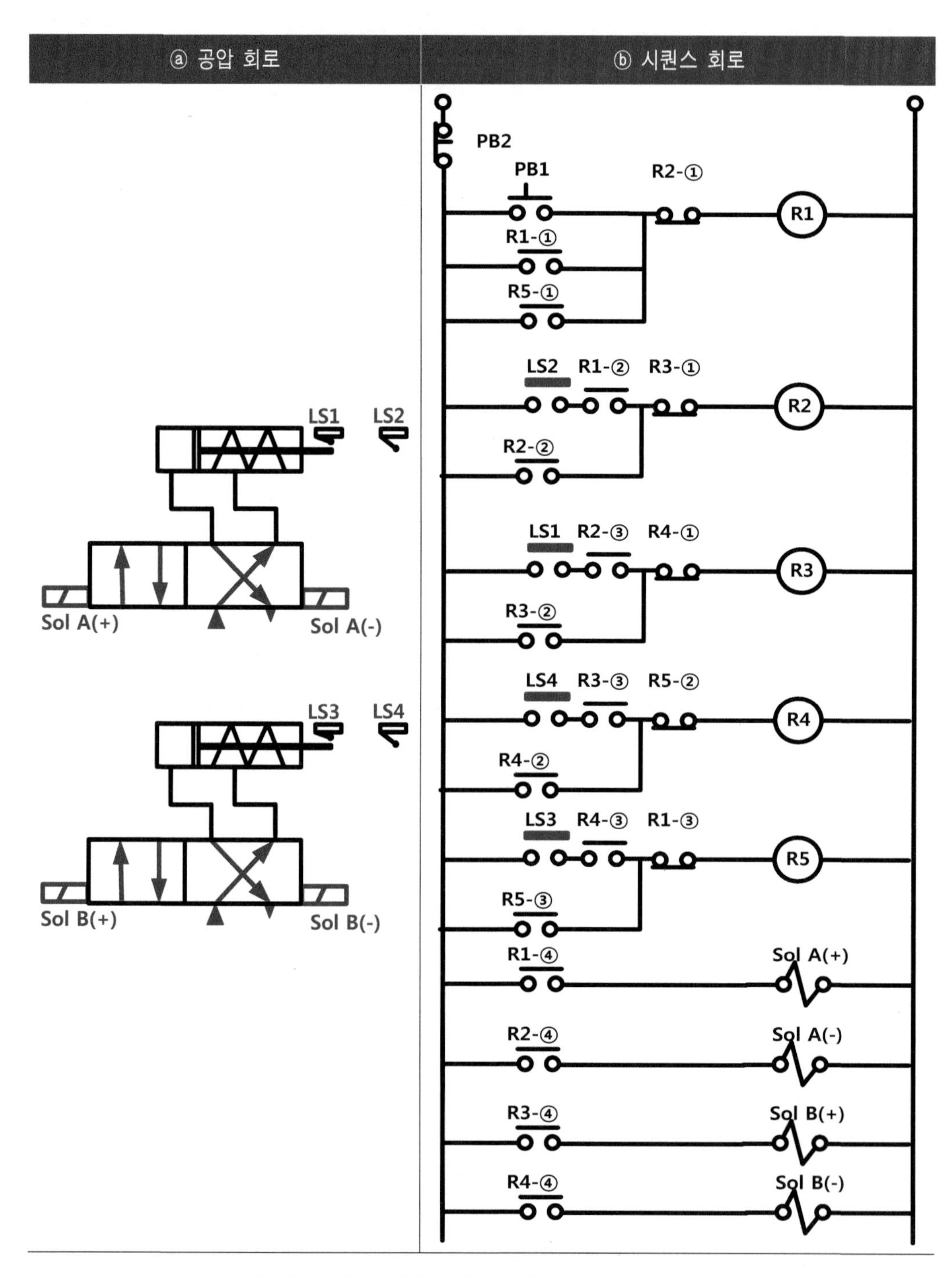

【그림 6.10】 두 개의 실린더 제어 - A(+)A(-)B(+)B(-)

6.1.3 자동반송 회로

① 【그림 6.11】 ⓐ는 피 가공물이 이송돼서 검출기 LS1에 접촉하면 피 가공물은 상승하고 검출기 LS2에 접촉하면 피 가공물은 상승을 정지하는 동시에 옆으로 이송된다.

② 그리고 검출기 LS3, LS4, LS5 등에 의하여 다음 동작을 준비하기 위하여 원위치에 복귀하도록 한다.

③ 【그림 6.11】 ⓑ는 시퀀스 다이어그램이며, 다만 이 그림에 있어서는 상·하용 밸브는 3포지션 복동 전자밸브이다.

④ 측면 이송용 밸브는 단동 전자밸브 2포지션으로서 각각 복귀 스프링이 달려 있으므로 회로 설계에 고려할 필요가 있다.

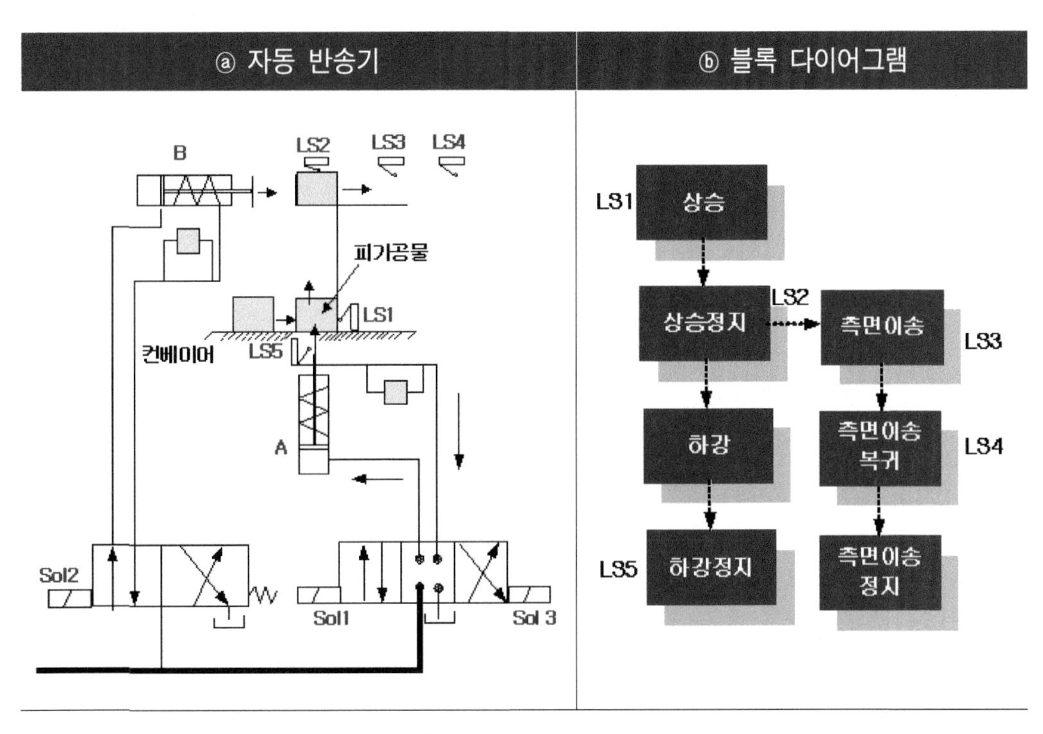

【그림 6.11】 자동반송기 및 블록 다이어그램

1 상승 개시

① 컨베이어와 유압용의 모터가 회전하고 있으면 【그림 6.12】에서 피 가공물이 검출기 LS1에 접촉하면 릴레이 코일 R1을 통하여 R1-접점이 연결 상태가 되고, 피스톤 상승용 밸브의 솔레노이드 Sol 1에 전류가 흐르고 피스톤이 상승을 한다.

② 그러나 【그림 6.11】 ⓑ에서 알 수 있는 바와 같이 피 가공물이 상승하고 검출기 LS1이 떨어져 솔레노이드 Sol 1이 소자되면 스프링의 힘으로 밸브는 중립에 돌아가 상승은 정지해 버리므로, 【그림 6.13】 ⓐ 같이 2번지에 기억 회로를 마련한다.

③ 단, 이 기억회로는 언제 지워질지 모르므로 일단 b 접점의 기호를 그려 놓고 문자는 나중에 써넣는다. 그 외로 솔레노이드 Sol 1은 2 번지에 점선과 같이 넣고 3번지를 생략할 수 있다.

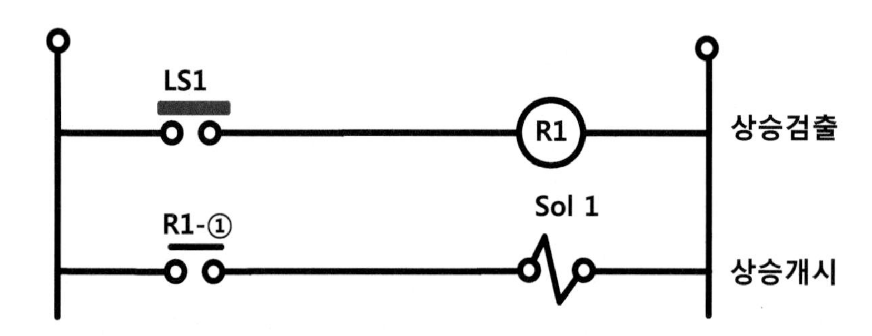

(주) 전원과 기동 회로는 생략한다

【그림 6.12】 상승 개시

2 상승 정지

① 상승상태가 유지되면 피 가공물이 검출기 LS2에 접촉되므로 【그림 6.13】 ⓑ 4번지의 검출회로에 의하여 1번지의 기억회로를 풀고(LS1은 이미 풀렸으므로 관계가 없다.), 3번지의 Sol 1을 소멸시키면 밸브는 스프링의 힘으로 중립에 돌아가 상승이 정지한다.

② 또 이 기억회로를 푸는 법에 대하여는 단지 이것으로 모든 동작이 끝나면 b 접점용 LS2를 직접 1번지에 넣어도 무방하나, 이 LS2는 동시에 다른 동작도 시키는 경우가 있으므로 계획적으로 4번지에 설치한다.

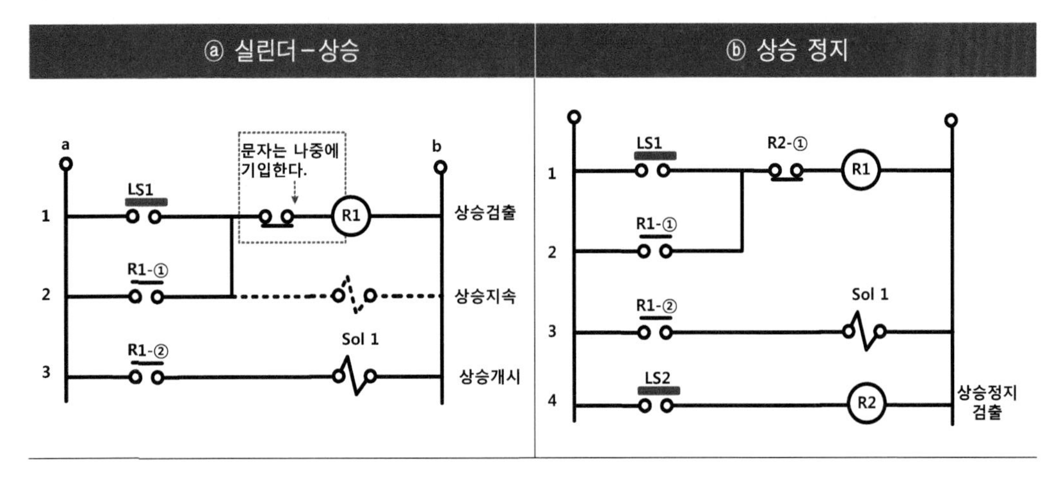

【그림 6.13】 실린더 상승 및 정지

3 측면이송 개시

① 【그림 6.11】 ⓑ에 의해서 상승정지와 측면이송을 동시에 하게 되어 있으므로 같은 검출기 LS2를 사용하여 【그림 6.14】 ⓐ와 같이 6번지의 R2-a 접점에 의하여 솔레노이드 Sol 2에 전류가 흐르게 하고 측면이송을 개시한다.

② 이 경우에도 【그림 6.11】 ⓑ에서 보는 바와 같이 밸브가 스프링 부착이므로 검출기 LS2가 떨어져도 동작은 계속하도록 기억회로를 설치한다. 그러나 4번지의 b 접점은 언제 이 기억회로를 푸는지 알지 못하므로 문자를 기입하지 않고 언젠가는 푼다는 것으로 해둔다.

4 하강 개시

① 측면이송 실린더에 의하여 다시 피 가공물이 이송되어 검출기 LS3에 접속되면 상·하용의 실린더 A가 하강을 개시하도록 한다.

② 따라서 【그림 6.14】 ⓑ와 같이 7번지에 검출회로, 8번지에 2, 5번지와 같은 방법으로 기억회로를 9번지에 하강시키기 위한 동작회로를 설치한다.

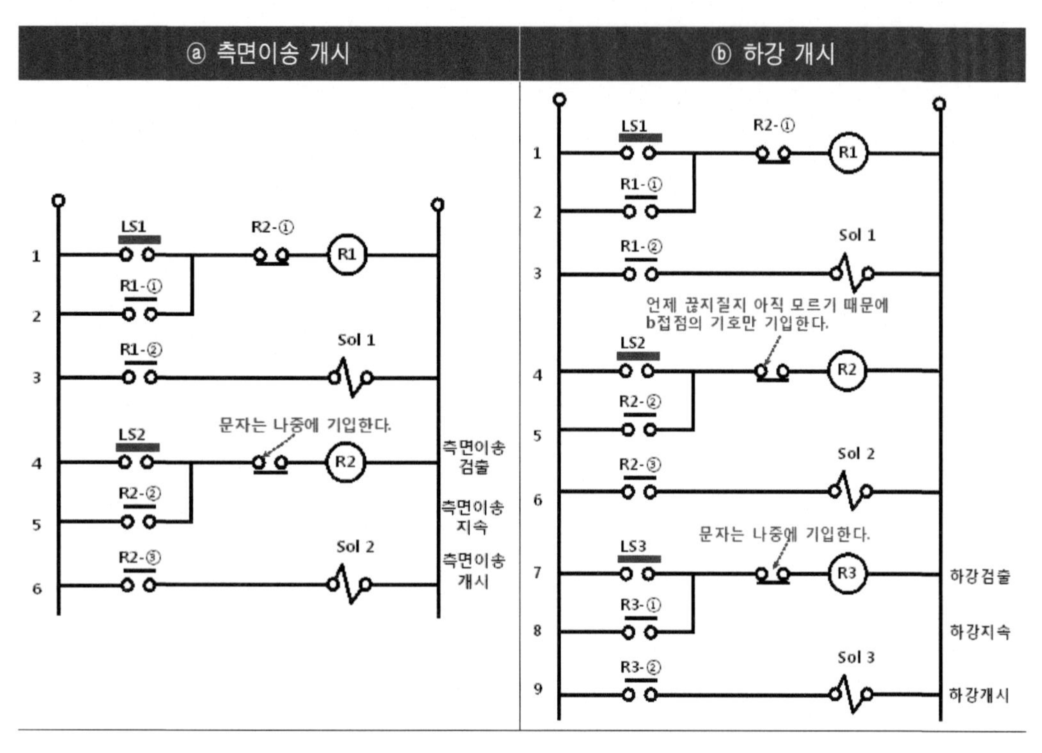

【그림 6.14】 측면이송 개시 및 하강 개시

5 측면회송 개시

① 피가공물을 목적하는 장소에 이송하면 다음 준비에 대비하기 위하여 미리 설치된 검출기 LS4에 의해서 측면 이송을 원위치로 복귀시킨다.

② 6번지의 Sol 2를 소자시키기 위하여 4번지의 b 접점으로 4, 5번지의 기억회로를 풀어준다(【그림 6.15】 ⓐ 참조). 즉, 10번지의 검출회로 R4 - b 접점을 4번지에 넣는다.

6 하강 정지

① 하강이 끝나면 정지시켜야 하므로 【그림 6.15】 ⓑ와 같이 11번지에 LS5와 관련된 하강 정지 검출회로의 b 접점 R5-b를 7번지에 b 접점에 넣고 7, 8번지의 기억회로를 풀고 9번지의 접점 R3을 열어 Sol 3이 소자되면 전자밸브는 스프링의 힘으로 중립에 돌아가므로 실린더는 정지한다.

7 측면이송 정지

① 측면이송의 후퇴 정지는 기계적으로 정지(밸브가 2포지션이므로)시키므로 전기적으로는 관계가 없다. 다만, 이 밸브는 후퇴 정지하여도 공압은 그대로 걸려 있다.

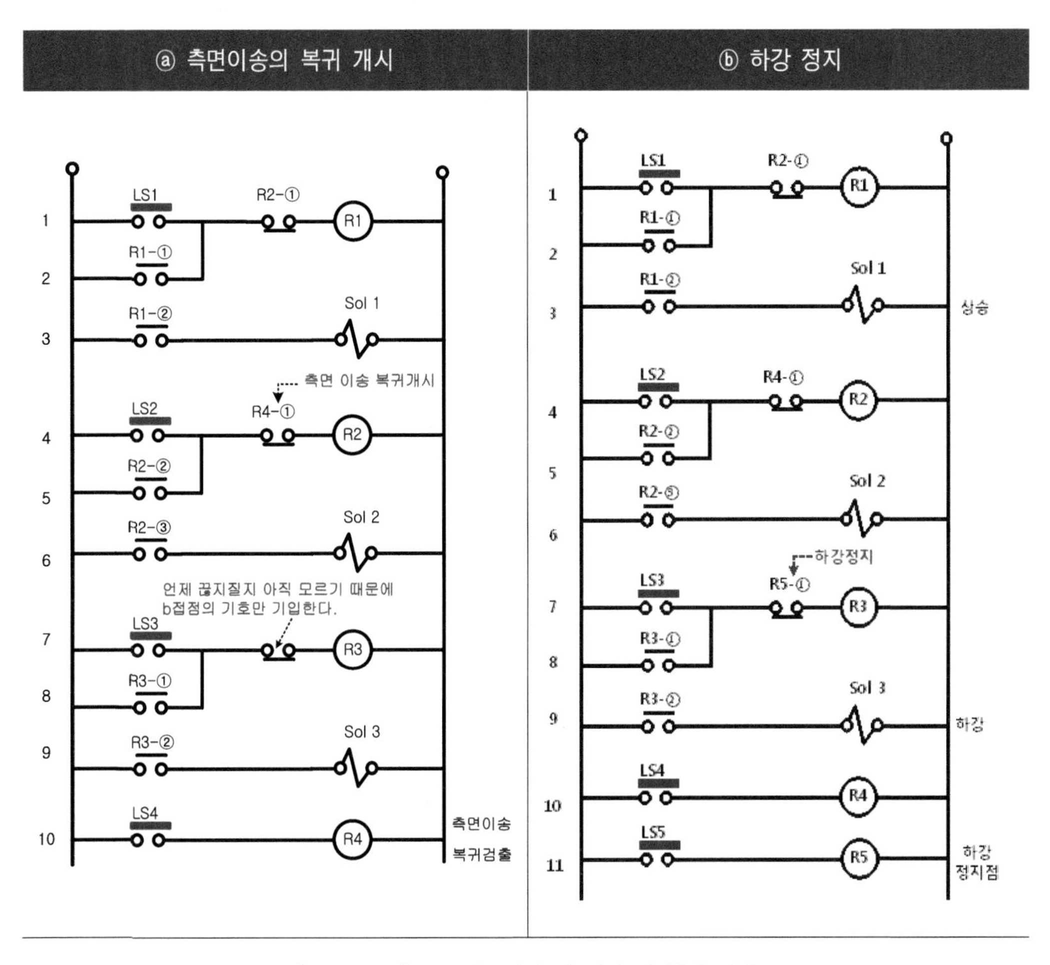

【그림 6.15】 측면이송의 복귀 개시 및 하강 정지

② 따라서 【그림 6.15】 ⓑ 구동부를 분리한 최종 설계회로이며, 구동부를 포함하여 설계하면 【그림 6.16】과 같이 된다.

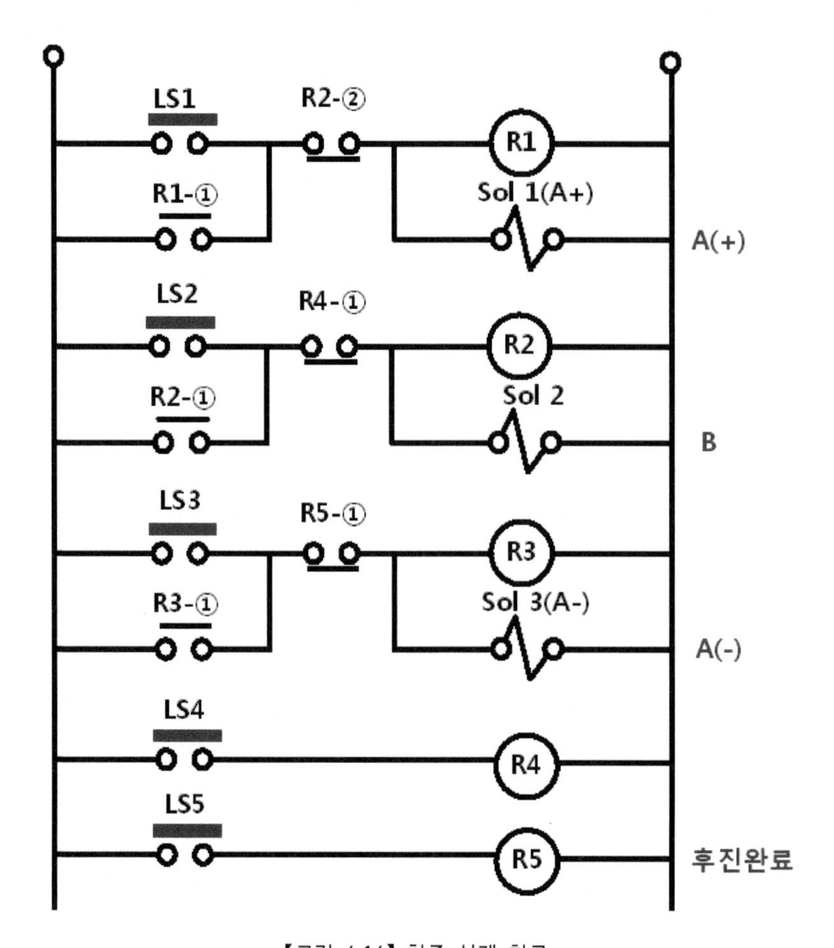

【그림 6.16】 최종 설계 회로

6.1.4 절곡기(Bending Machine) 제어회로

① 【그림 6.17】의 동작선도, 기능도표, 제어기기 구성도를 참고하여 시퀀스 제어 회로를 설계하여 보라.

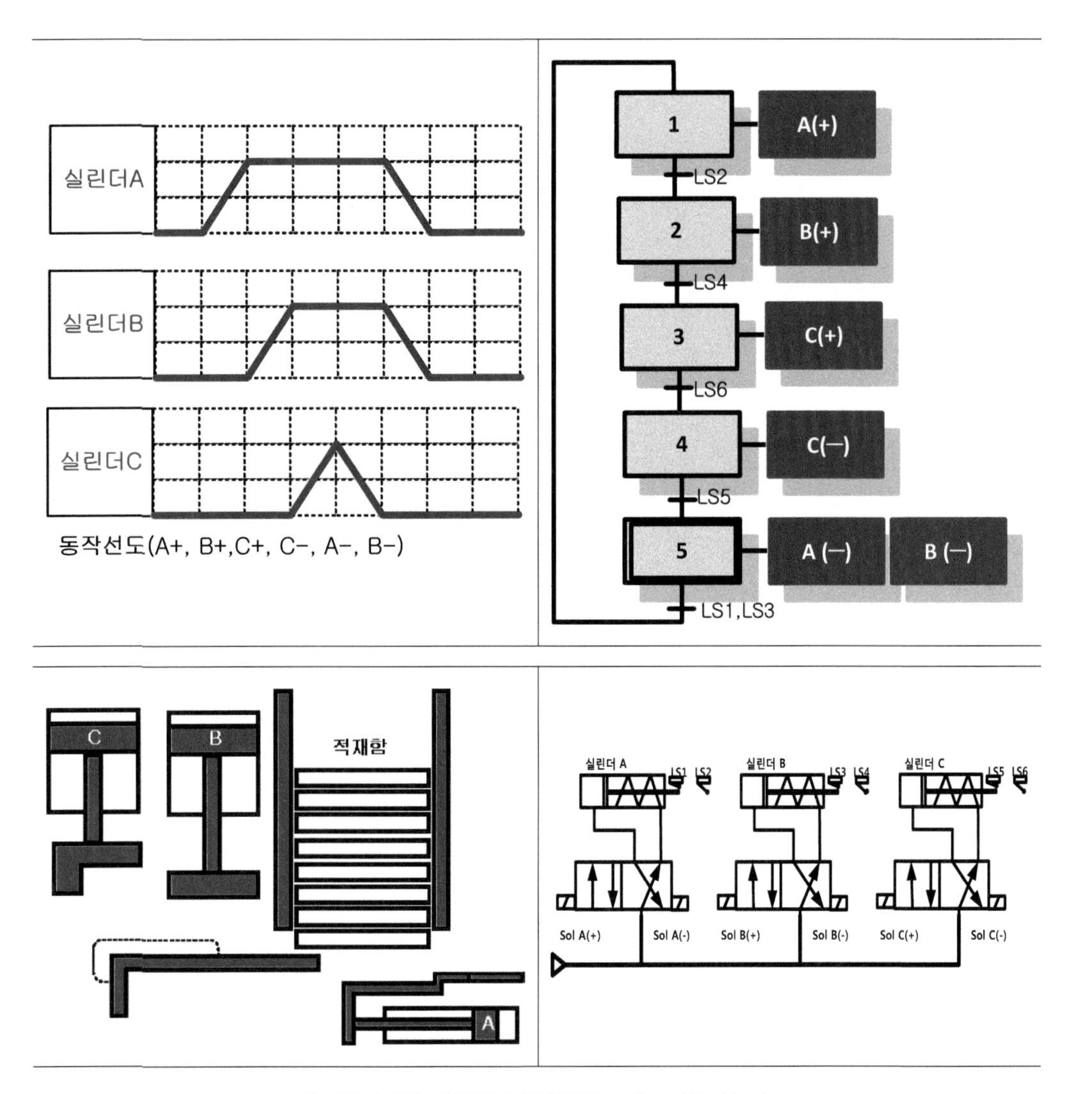

【그림 6.17】 제어기기 구성도(Bending Machine)

② 시퀀스 제어회로

시퀀스 제어회로 설계에는 이미 공부한 것과 같이 순차회로 설계, 개별화 설계, 그룹화 설계가 있다. 그러나 여기서는 순차회로 설계, 개별화설계는 생략하고, 그룹화 설계를 하여보면 【그림 6.18】과 같다.

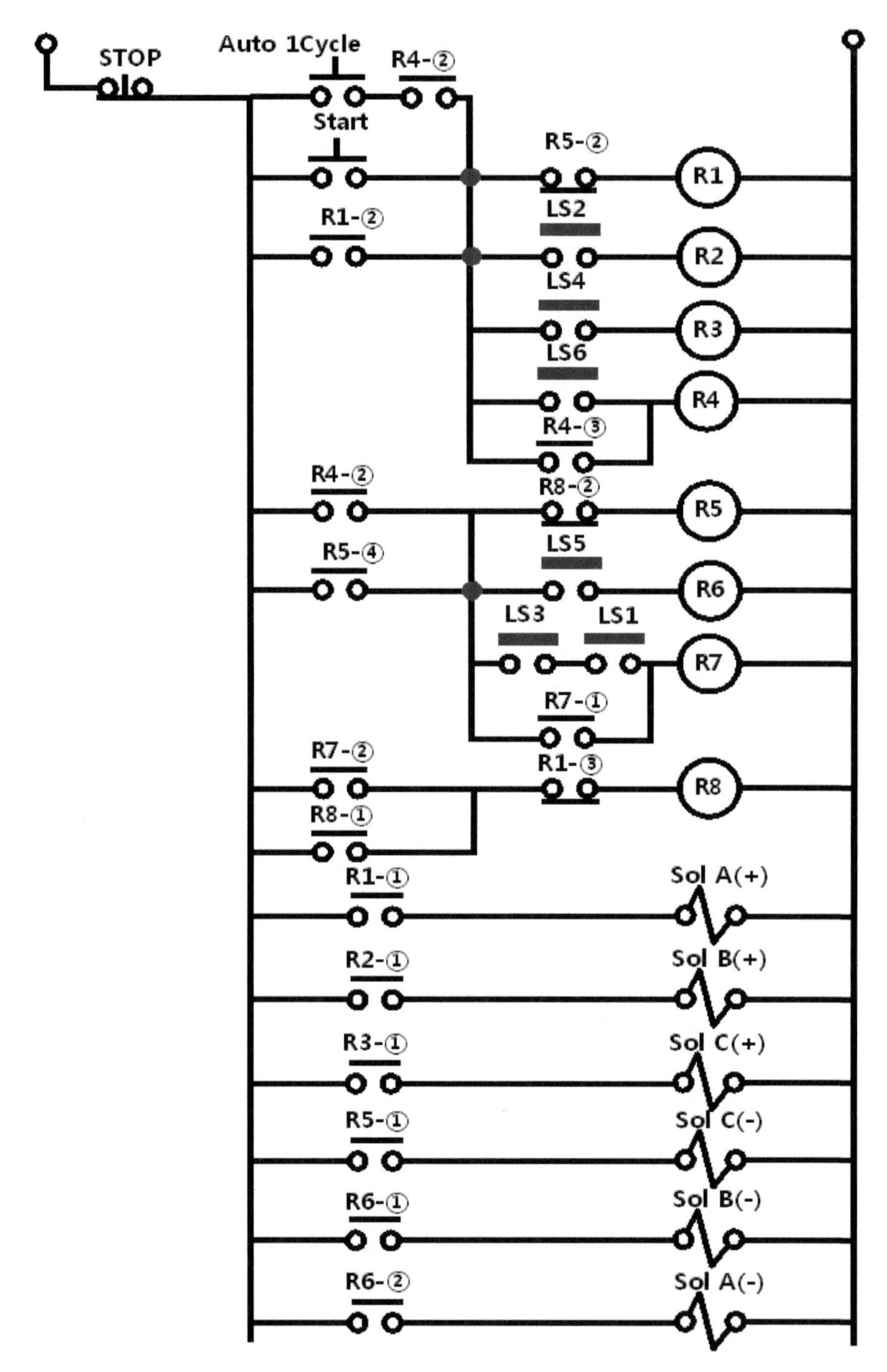

【그림 6.18】 절곡기 제어회로

6.1.5 시퀀스 설계 시 고려사항

1 구동부에 대전류가 흐를 때 - 구동부 분리

【그림 6.19】의 좌측 회로에서 구동부 모터는 대전류가 걸리므로 구동부(모터)를 분리하여 【그림 6.19】의 우측 회로와 같이 만들어 주는 것이 좋다.

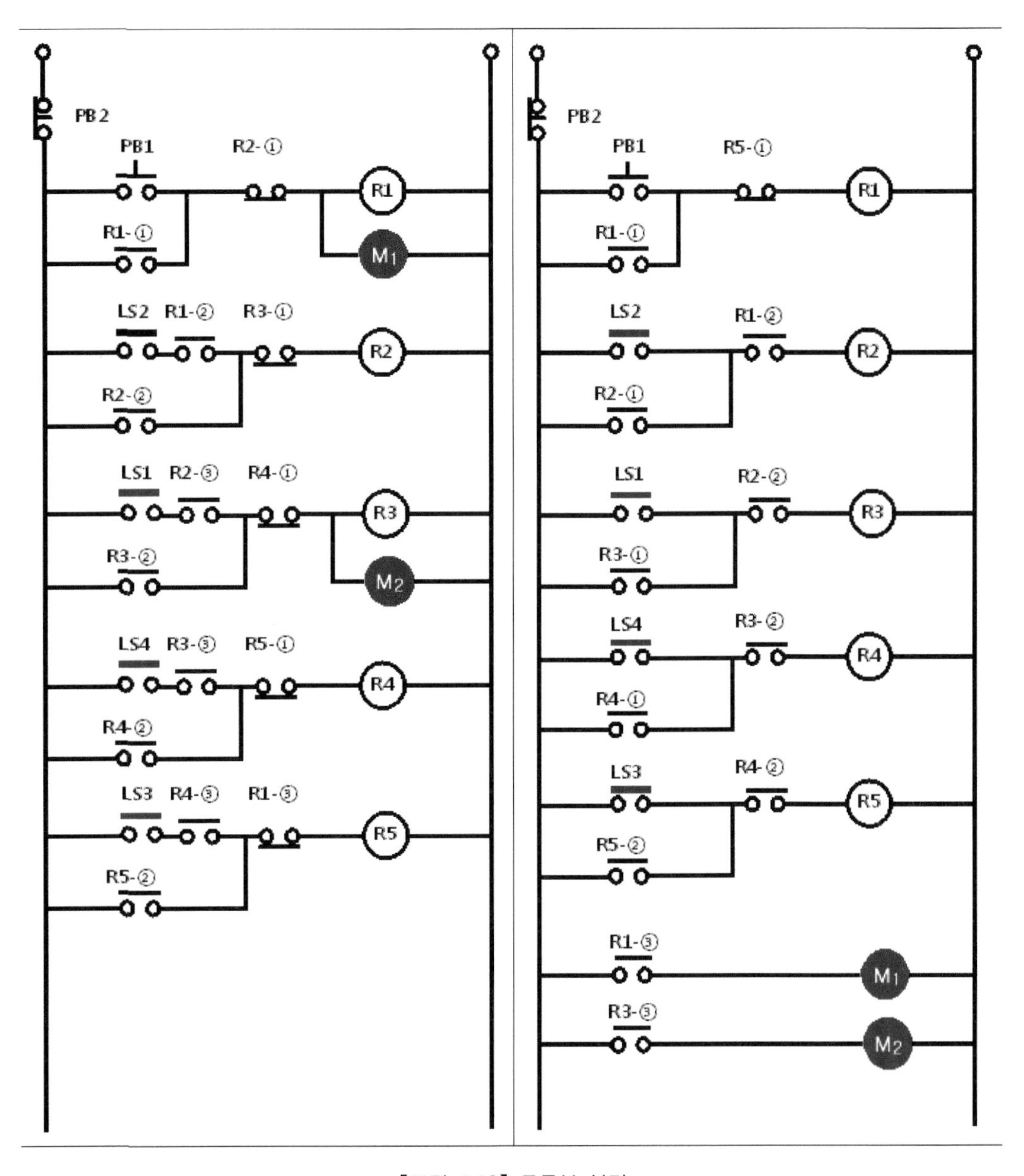

【그림 6.19】 구동부 분리

2 원점 고려 시

시퀀스회로에서 원점을 고려하여 설계를 하는 경우 즉, 실린더A, 실린더B가 모두 후진 완료되어 있을 때에만 스타트(PB1)가 동작하도록 하려면 【그림 6.20】과 같이 스타트(PB1) 스위치 다음에 리미트 스위치 버튼 접점을 직렬로 연결하여 주면 된다.

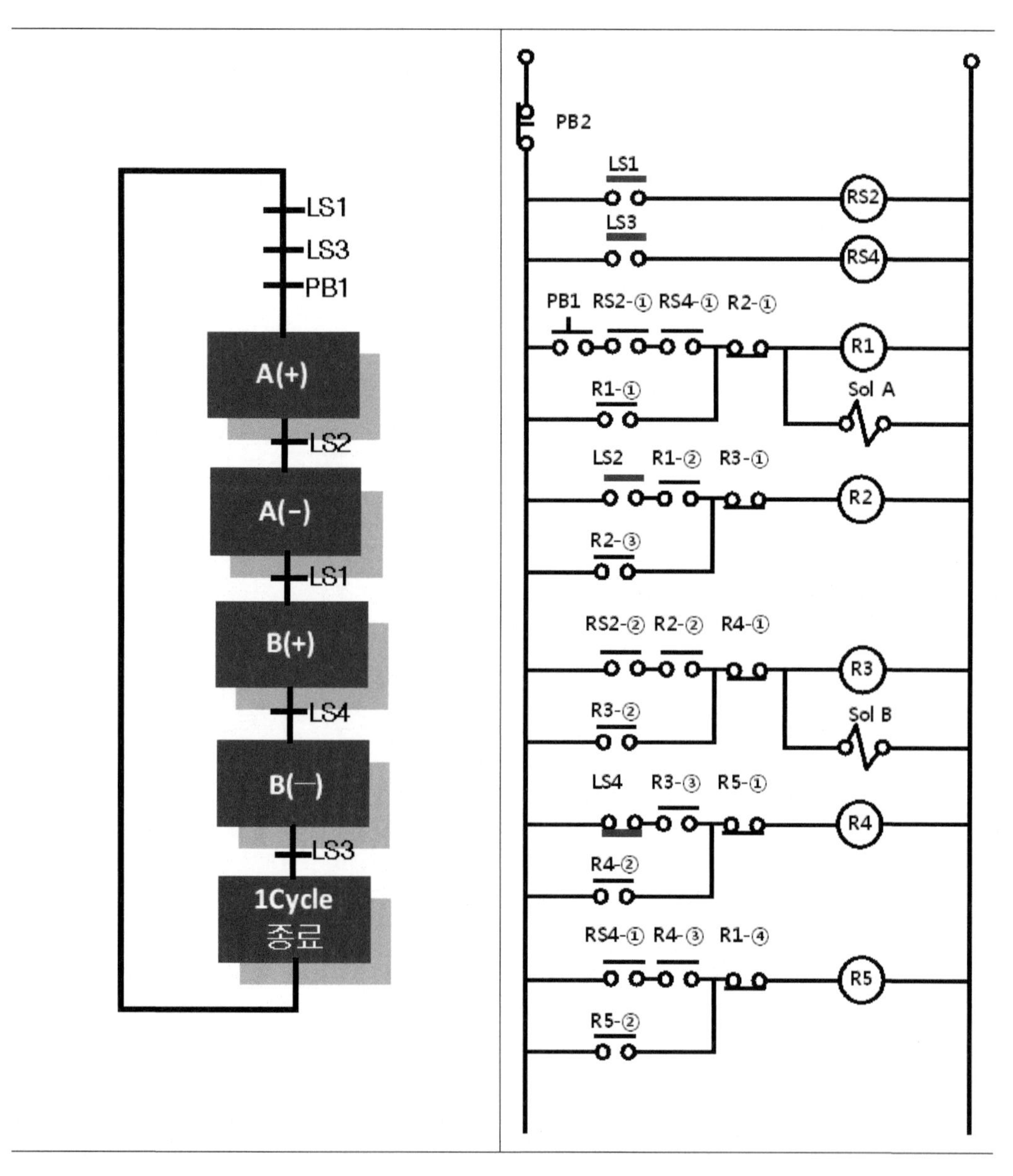

【그림 6.20】 설계 시 고려사항 - 원점 고려 시

3 고장(Alarm) 검출회로

시퀀스회로에서 어떤 위치에 고장이 발생하더라도 고장을 알리는 회로를 설계하고 싶을 때 【그림 6.21】과 같이 타이머(T1)를 사용하면 가능하며, 이때 타이머는 전체 동작시간 보터 조금더 길게 셋팅하여 주어야 한다.

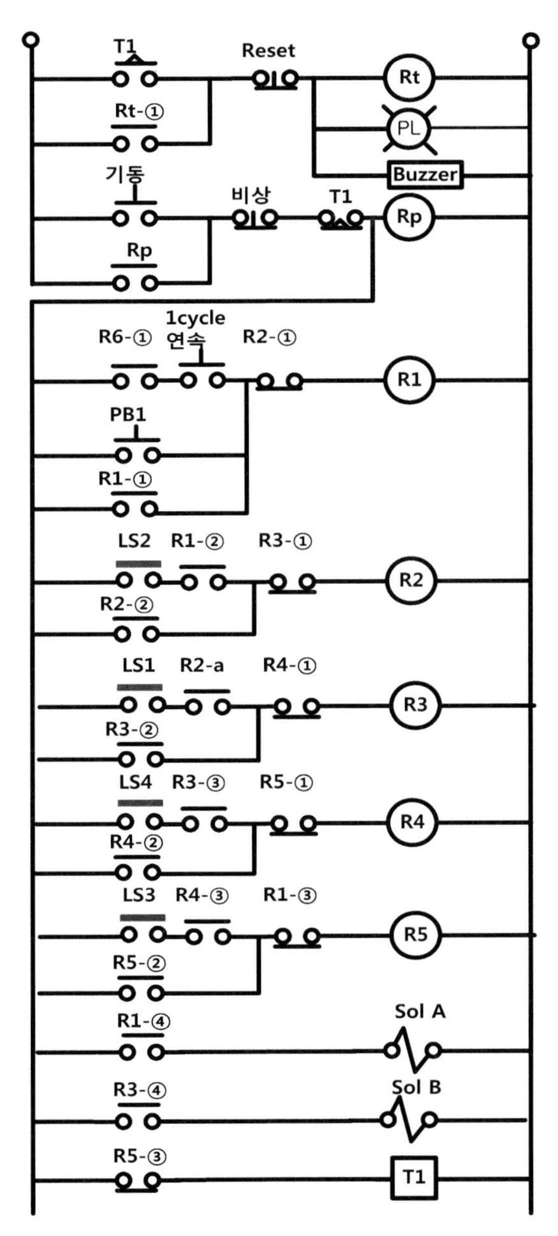

【그림 6.21】 설계 시 고려사항 - 고장(Alarm) 검출회로

4 자동 · 수동 회로 시 주의사항

【그림 6.22】는 단지 두 개의 푸시버튼 스위치만을 사용한 자동, 수동 겸용회로의 가장 간단한 예이다. 그러나 이 회로에서는 문제점이 발생한다. 즉, PBa를 누르면 Sol A가 동작하나 동시에 점선(⇢)방향으로 전류가 흘러(역전류) 자동라인에 전원을 공급하는 것과 같은 현상이 나타난다.

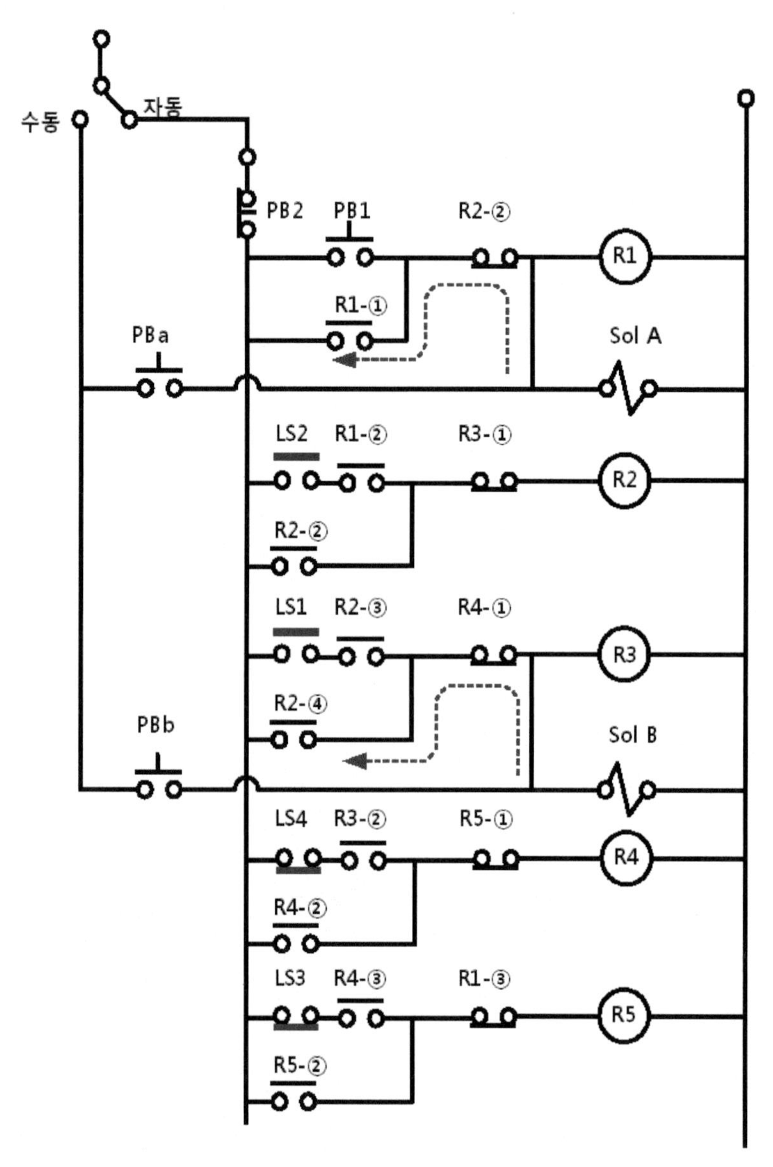

【그림 6.22】 설계 시 고려사항 - 자동·수동 회로 시 주의사항

5 자동 · 수동 회로에서 역전류 방지 적용 시

【그림 6.22】의 역전류 문제를 해결하는 방법으로 다이오드를 사용하거나 【그림 6.23】과 같이 R_M 접점을 사용하여 즉, R_M의 "b"접점($R_{M-①}$)을 Sol A 전단에 넣어 역전류를 방지를 해 주어야 한다.

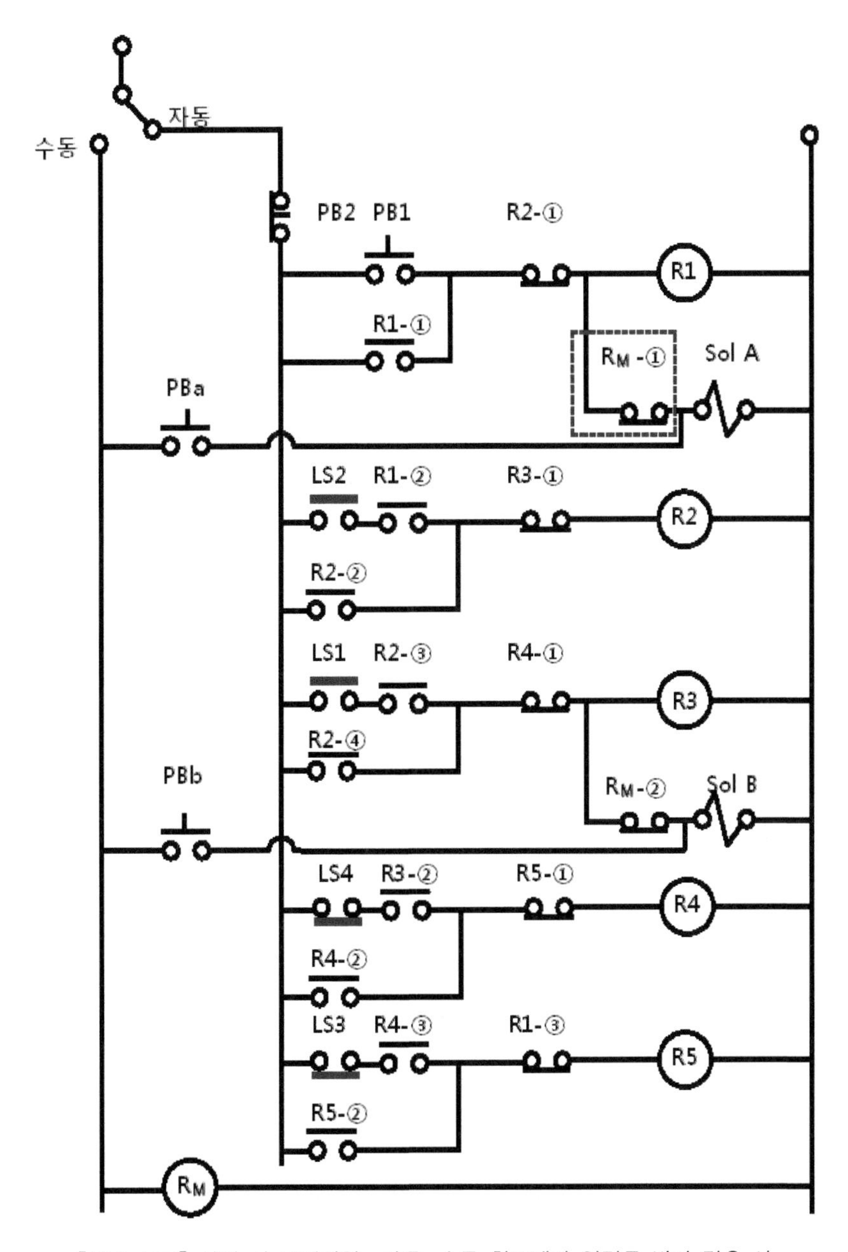

【그림 6.23】 설계 시 고려사항 - 자동 · 수동 회로에서 역전류 방지 적용 시

6.2 유도 전동기 시퀀스회로 설계

6.2.1 유도 전동기 직입기동

"직입기동"은 작업 현장에만 조작용 스위치, 표시등이 있으며 전동기에 전원 전압을 인가하여 기동시키는 방법으로, 전동기 제어방법이 가장 간단하여 널리 사용하고 있다. 이 방법은 기동 시 정격전류의 4~9배의 전류가 흐르기 때문에 큰 유도 전동기에는 적합하지 않으며, 5[kw] 이하의 소형 유도 전동기에 많이 사용된다.

1 시퀀스 소자

NO	기호	문자	의미	기능
①	R S T / U V W	MCCB	배선용차단기	과전류 차단
②	R S T / U V W	MC	전자접촉기	실제적인 전동기 "ON · OFF"
③	MC	MC	전자접촉기 코일접점	전자접촉기 주접점을 "ON", "OFF"
④	MC-a	MC - a	MC - a 접점	MC 보조접점
⑤	MC-b	MC - b	MC - b 접점	MC 보조접점

NO	기호	문자	의미	기능
⑥	R S T U V W	THR	열동형계전기	과전류 검출
⑦	PB1	PB1	기동 Push 버튼 1	기동용 푸시버튼 스위치
⑧	PB2	PB2	정지 Push 버튼 2	정지용 푸시버튼 스위치
⑨	THR-a	THR - a	열동형계전기 a - 접점	과전류 발생시 부저 "ON"시킴
⑩	THR-b	THR - b	열동형계전기 b 접점	과전류 발생시 주회로 전류 차단
⑪	GL	GL	녹색램프	정지표시등
⑫	RL	RL	적색램프	운전표시등
⑬	Bz	Bz	부저	과전류 발생 경보신호
⑭	IM	IM	유도 전동기	속도와 회전력을 발생

2 회로 동작

【1】 회로 동작1

① "PB1" 스위치를 누르면 "PB1" ⇒ "PB2"⇒ 전자접촉기 코일 순서로 전류가 흐른다.

② 전자접촉기 코일에 전류가 흐르면 전자접촉기 주접점이 연결 상태 ⇒ 배선용차단기⇒ 전자접촉기 주접점 ⇒ 열동형 계전기 주접점 ⇒ 유도전동기 순으로 전류가 흘러서 유도 전동기가 기동한다.

③ "MC-a"접점은 연결 상태 ⇒ RL 램프가 점등, "MC-b"접점은 차단 상태 ⇒ GL 램프는 소등한다.

④ "PB1" 스위치를 누르고 떼어도 "MC-a" 접점 ⇒ "PB2" ⇒ 전자접촉기 코일 순으로 전류가 흐르기 때문에 전자접촉기 코일에 전류가 지속적으로 공급된다.

【2】 회로 동작2

① "PB2" 스위치를 누르고 떼면 전자접촉기 코일에 전류가 차단 ⇒ 전자접촉기 주접점이 차단 상태 ⇒ 유도 전동기가 정지.

② "MC-a" 접점은 차단 상태 ⇒ RL램프가 소등, "MC-b" 접점은 연결 상태 ⇒ GL 램프가 점등하게 된다.

【3】 회로 동작3

① 운전 중에 유도 전동기에 과전류가 흐르게 되면 열동형 계전기 바이메탈에서 과전류를 검출한다.

② 과전류가 검출되게 되면 "THR-a" 접점은 연결 상태 ⇒ 부저가 울리게 된다.

③ "THR-b" 접점은 차단 상태 ⇒ 전자접촉기 코일접점에 전류가 차단 ⇒ 전자접촉기 주접점이 차단 상태 ⇒ 유도전동기 정지하게 된다.

④ "MC-a" 접점은 차단 상태 ⇒ RL 램프가 소등, "MC-b" 접점은 연결 상태 ⇒ GL 램프는 점등하게 된다.

3 Timing Chart 및 회로도

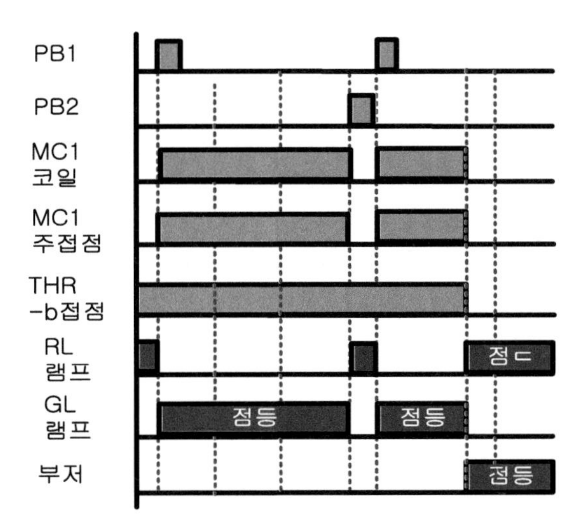

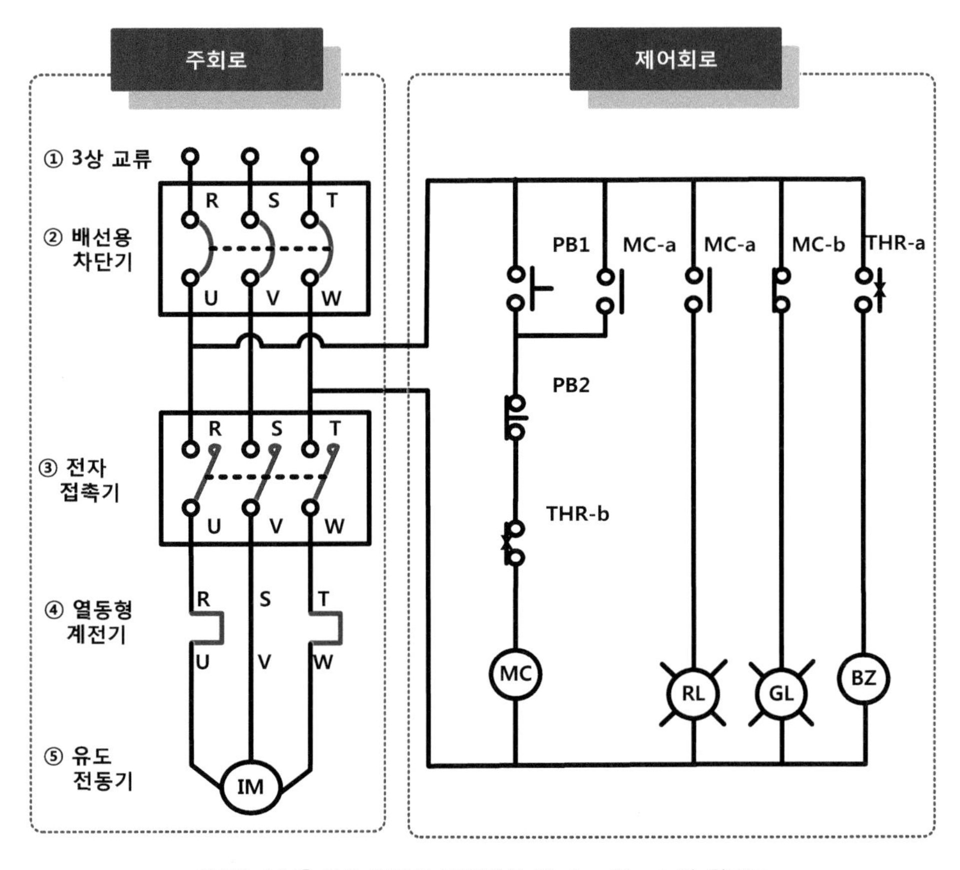

【그림 6.24】 유도 전동기 직입기동 Timing Chart 및 회로도

실험실습

1 실험기기 및 부품

【1】 Relay

【2】 Timer

【3】 리밋 스위치, 푸시버튼 스위치

【4】 단동 및 복동 전자밸브, 에어 실린더

【5】 램프

2 단동 전자밸브 제어

다음과 같이 공압 및 시퀀스 회로를 구성하고 단동 전자밸브를 제어한다.

【1】 실린더 전 · 후진제어1

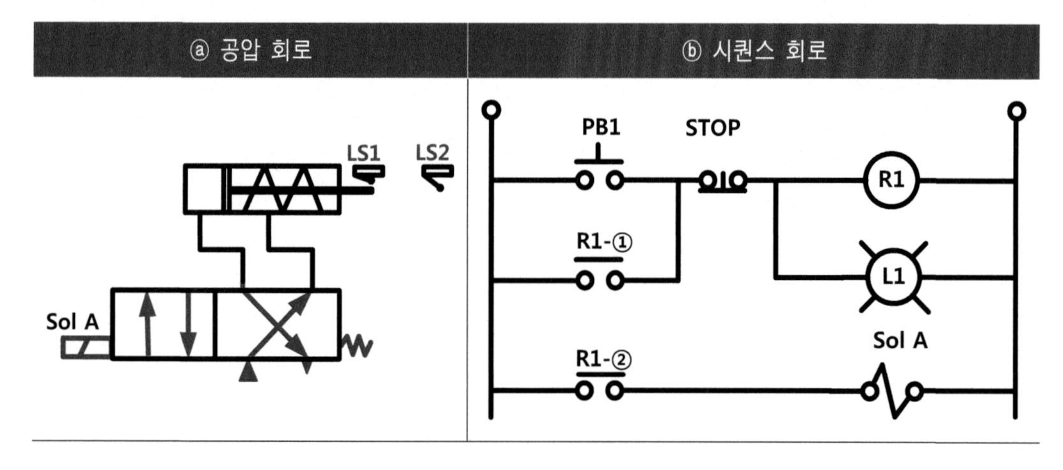

【2】 실린더 전 · 후진제어2

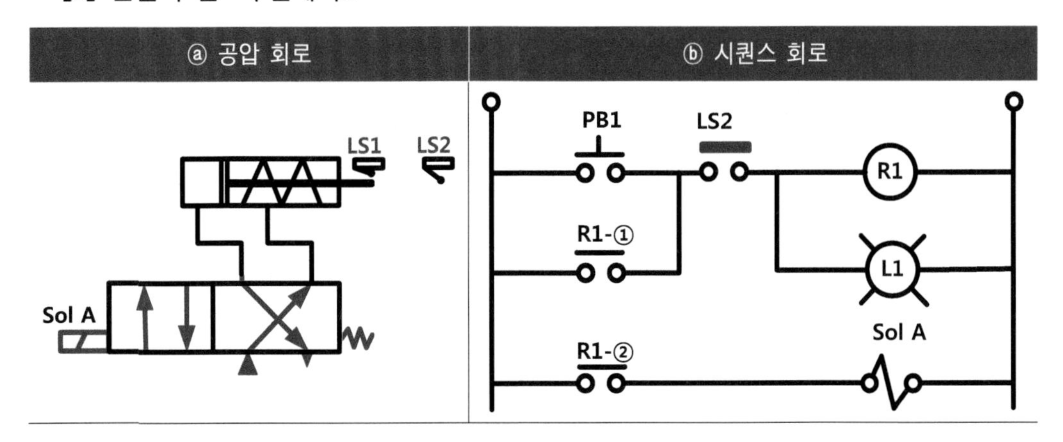

【3】 실린더 전 · 후진 제어3

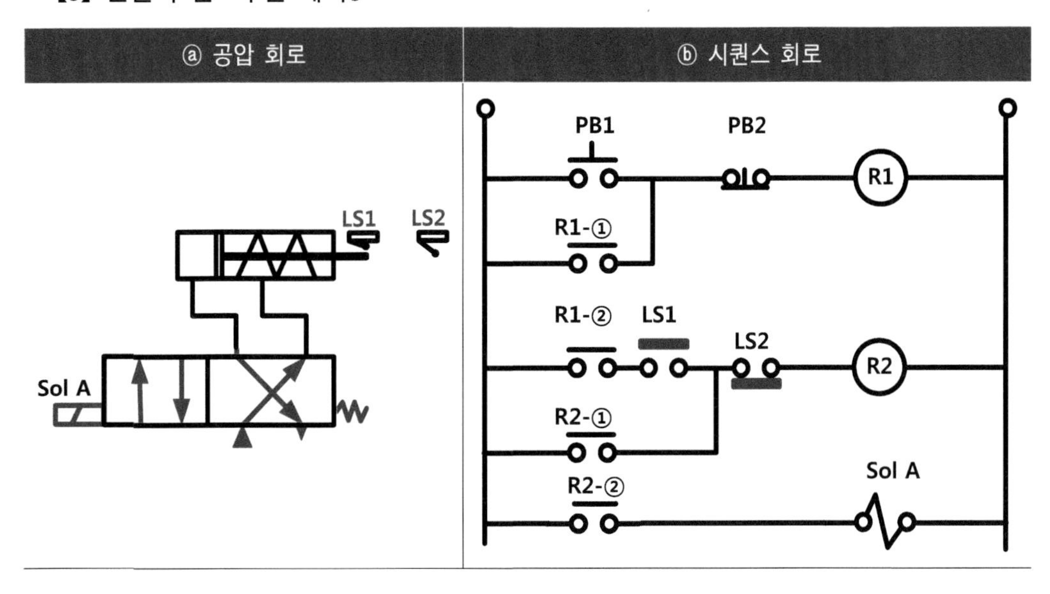

3 복동 전자밸브 제어

다음과 같이 공압 및 시퀀스 회로를 구성하고 복동 전자밸브를 제어한다.

【1】 실린더 전 · 후진제어1

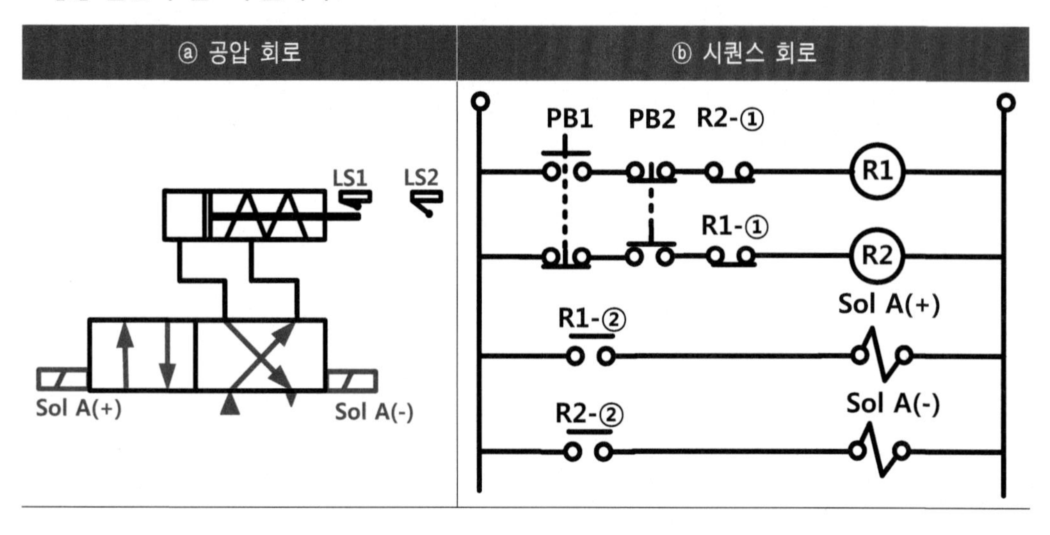

【2】 실린더 전 · 후진제어2

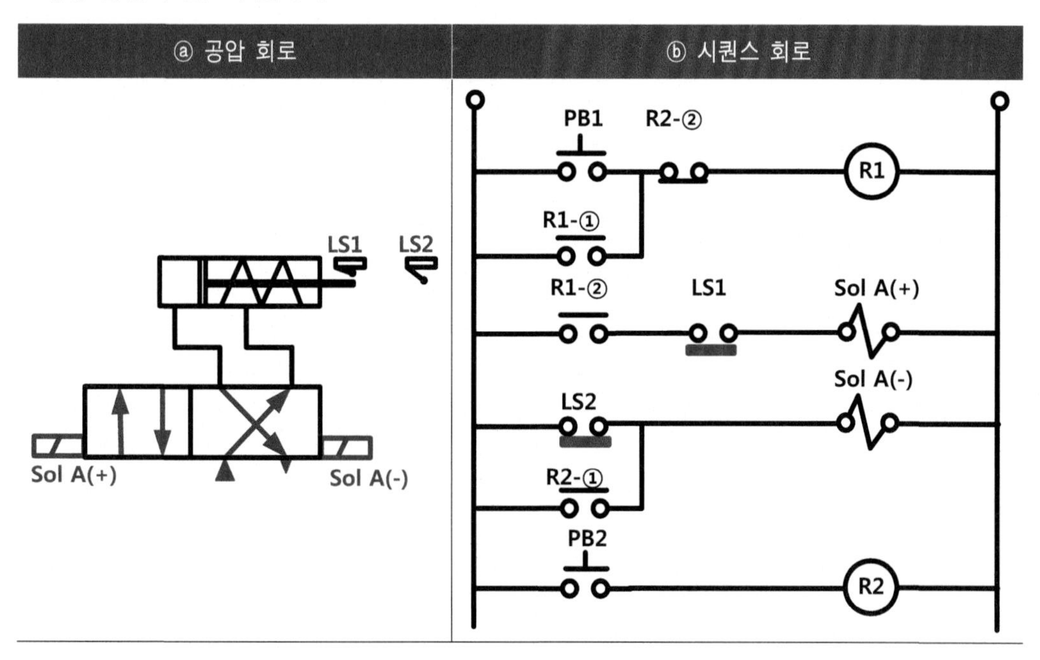

4 두 개의 실린더 제어

다음과 같이 공압 및 시퀀스 회로를 구성하고 두 개의 실린더를 A(+)B(+)A(-)B(-) 순서로 제어한다.

ⓐ 공압 회로	ⓑ 시퀀스 회로

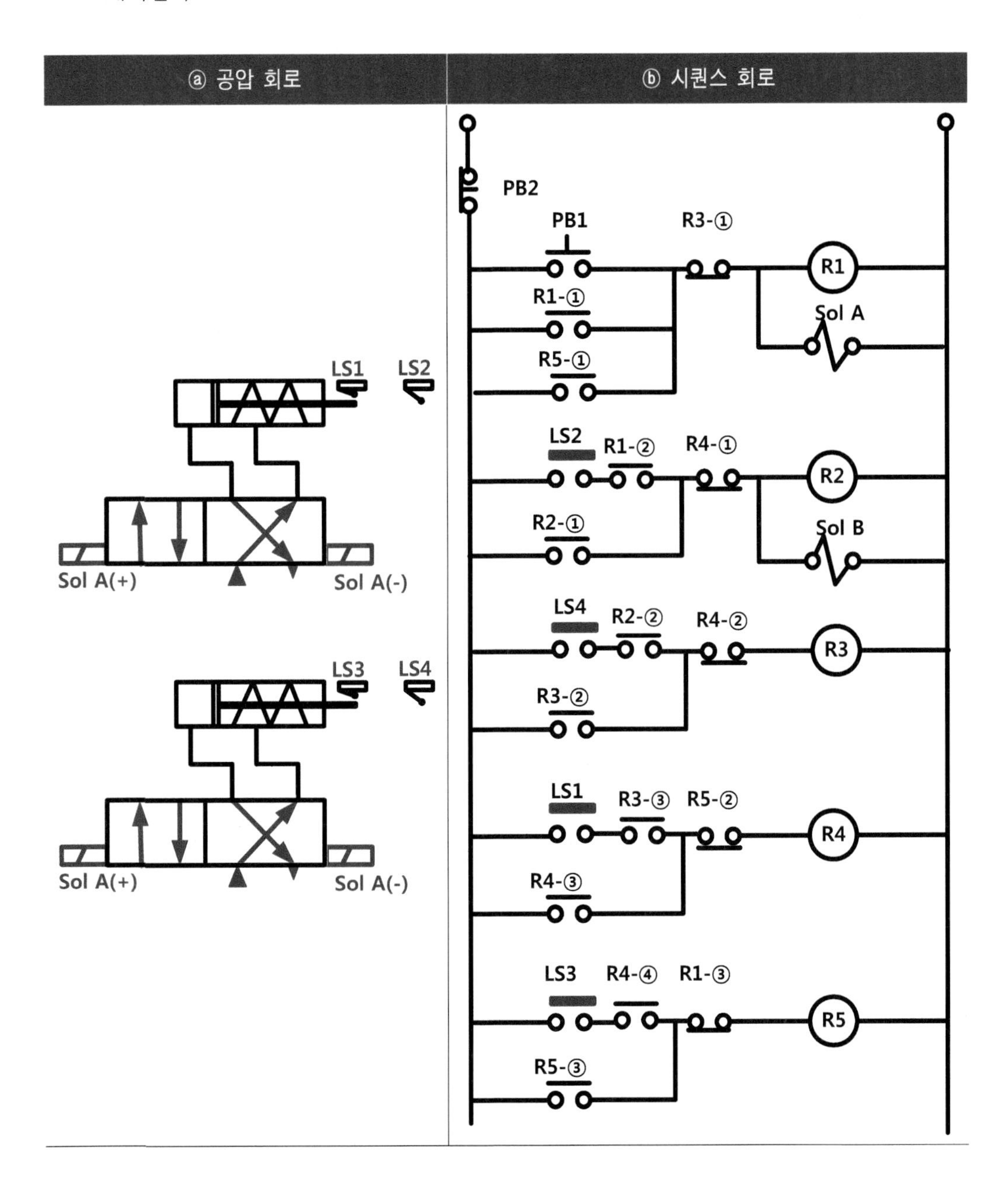

솔레노이드 밸브(Solenoid Valve)의 사용용도

① 유압 부문

정지나 유동 유압용 게이트나 슬라이더 밸브로 사용되며, Injection moulding machinery이나 hydro-static press 등의 단순한 스위칭부터 지속적인 제어를 요하는 복잡한 공정제어에 사용할 수 있으며 다양한 솔루션을 제공한다.

② 공압 부문

특별히 상용차의 공압부문에 적용되는 솔레노이드 밸브는 직경 2.2~4㎜로 다양한 기능을 가진다. 직경이 클수록 응답 시간이 빠르며, 특히 가혹한 환경 조건하에서 작동내구를 만족한다. 엔진 브레이크나 자동 슬립컨트롤 또는 차압 로킹을 위한 기능을 한다.

③ 자동차 부문(자동차용 ABS(Anti-lock Brake System))

급제동을 하면 자동차의 4개 중 일부 바퀴에 lock-up현상, 즉 바퀴가 잠기는 현상이 발생하는데 이때 차량이 미끄러지거나 옆으로 밀려 운전자가 차의 방향을 제대로 제어할 수 없게 된다. 이러한 문제를 방지하기 위하여 유압 제어를 위해 솔레노이드 밸브가 적용된다.

④ 전기제어용

전기 스위치 및 제어기어용 고성능 임펄스 발생시키는 기능을 하는 전기엔지니어링 스위치 솔레노이드로, 전류 및 전압을 공급하는 등 다양한 기능용으로 사용된다. 특히 전기적용 분야에 있어서 중요한 빠른 반응시간과 기계적인 진동에 잘 견디는 요건을 만족시킨다.

⑤ 기계 등 엔지니어링

EKS solenoid는 전기에너지를 기계적 힘으로 변환하는 기능을 가지며 작동, 스위치 및 제어부품으로 다양한 분야에 적용된다. 작은 감지 솔레노이드로부터 방재문용 차단 솔레노이드는 물론 중공업의 디젤엔진의 분사차단용 솔레노이드 등 그 적용 폭은 상당히 넓다. 또한 제한된 장착 공간에서 최적으로 파워레벨을 달성하고자 할 때 이용되기도 한다.

⑥ 의학용

의약산업 부문에 조제 밸브로서 사용되며, 특성으로 내구성과 더불어 살균성이 요구되는 이러한 부문에 적합하다.

제 II 부

전자기초 실무

CHAPTER

07 다이오드(Diode)

【학습목표】

1】 다이오드 구조와 바이어스회로에 관하여 학습한다.

2】 여러 가지 다이오드의 활용법에 관하여 학습한다.

3】 정류회로와 정전압 IC의 구성회로에 관하여 학습한다.

• 요점정리 •

❶ "진성반도체"는 불순물을 첨가하지 않은 순수한 반도체, "N형 불순물 반도체"는 순수한 실리콘결정에 5가의 불순물을 첨가한 반도체, "P형 반도체"는 3가의 불순물을 첨가한 반도체이다.

❷ "다이오드"는 애노드(Anode)와 캐소드(Cathode)라는 2개의 단자가 있으며, 각 단자는 "A", "K"로 표시하며 애노드 전압이 캐소드 전압보다 0.7[V]가 높으며 애노드에서 캐소드로 전류가 흐르고, 애노드 전압이 캐소드 전압보다 0.7[V]가 낮으면 애노드에서 캐소드로 전류가 흐르지 못한다.

❸ 일반적인 다이오드 종류에는 정류용 다이오드, 정전압 다이오드(제너 다이오드), 발광 다이오드(LED) 등이 있다.

❹ "역회복 시간(t_{rr})"에 의하여 다이오드를 분류하면 General, Fast Recovery Diode, Soft Fast Recovery Diode, Ultra Fast Recovery Diode, Schottky Diode로 분류한다.

❺ 교류정류회로는 상용전원으로부터 필요한 크기의 직류전압으로 변환하기 위하여 사용하는 회로이며, 변환회로, 정류회로, 평활회로로 구성한다.

❻ 반파정류회로에서 출력전압의 평균값은 $V_{AVG} = \frac{V_p}{\pi}$

전파정류회로에서 출력전압의 평균값은 $V_{AVG} = 2 \times \frac{V_p}{\pi}$ 이다.

❼ 고정출력 레귤레이터 IC는 ±5[V], ±6[V], ±7[V], ±8[V], ±9[V], ±10[V], ±12[V], ±15[V]의 정전압을 출력하는 IC소자로, 대표적인 것은 (+)전압을 출력하는 78XX 시리즈, (−)전압을 출력하는 79XX 시리즈가 있다.

7.1 반도체 개요

7.1.1 전기전도 메커니즘

1 원자 구조

① **"원자"**는 【그림 7.1】과 같이 전자와 원자핵으로 구성되며, 전자는 원자핵을 중심으로 정해진 궤도를 따라 회전한다.

② 원자핵 둘레의 전자궤도는 안쪽부터 각각 "K각(Shell=전자껍질), L각, M각, …, Q각" 궤도가 있으며, 각각의 전자껍질(Shell)에 들어갈 수 있는 전자 개수는 다음과 같다.

㉮ K각 : $2n^2$ $\Rightarrow$ $2\times1^2=2$개

㉯ L각 : $2n^2$ $\Rightarrow$ $2\times2^2=8$개

㉰ M각 : $2n^2$ $\Rightarrow$ $2\times3^2=18$개

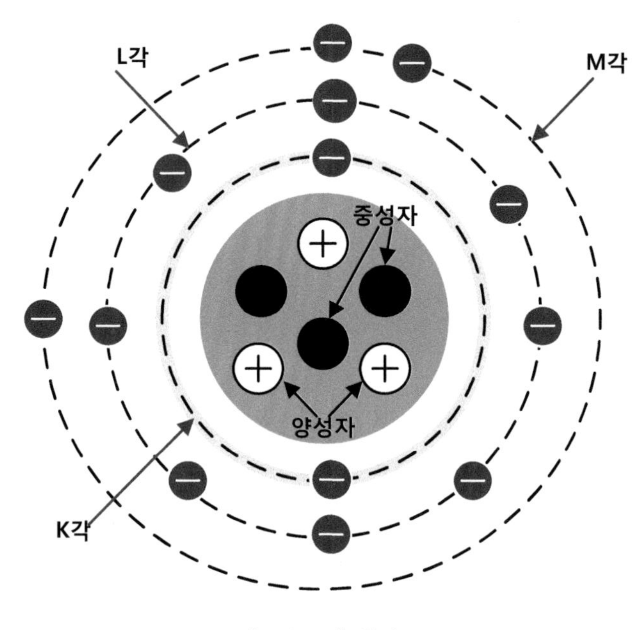

【그림 7.1】 원자 구조

☞ **각(Shells)**
원자핵에서 전자궤도의 에너지 레벨

2 가전자와 자유전자

① 【그림 7.2】 ⓐ는 반도체 재료로 가장 많이 사용되고 있는 실리콘(Silicon : Si,원자번호 14번) 원자구조를 평면적으로 나타내고 있으며, 원자핵 주위를 14개의 전자가 정해진 전자궤도를 회전하고 있다.

② 실리콘 원자는 원자핵의 중심에서 가장 가까운 K각에는 2개, L각에는 8개, M각에는 4개가 충만되어 궤도를 회전하고 있으며, 최외각 궤도에 있는 전자를 **"가전자"**라 하고, 실리콘의 경우 가전자는 4개이다.

③ 가전자는 원자핵에서 멀리 떨어져 있어서 외부의 열이나 빛 또는 전압 등을 반도체에 가하면 【그림 7.2】 ⓑ와 같이 쉽게 전자궤도로 벗어나는데, 이와 같이 원자핵의 인력에서 벗어난 전자를 **"자유전자"**라고 한다.

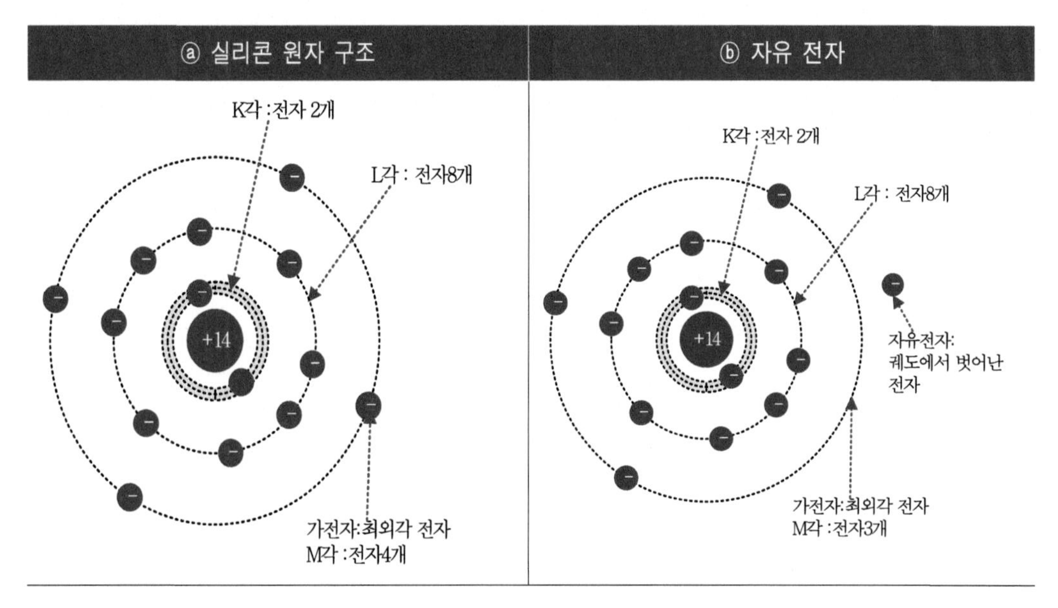

【그림 7.2】 실리콘의 원자 구조 및 자유전자

3 자유전자와 정공

① 실리콘 결정은 【그림 7.3】 ⓐ에서 알 수 있듯이 이웃하는 원자가 1개씩 가전자를 내면서 서로 가전자를 공유하는 것 같은 모양으로 결합된 구조다. 각 원자는 인접한 4개의 원자가 서로 전자 8개를 공유 결합하여 안전한 상태를 이루고 있다.

② 【그림 7.3】 ⓑ와 같이 실리콘 결정에 열이나, 빛을 가하면 가전자는 원자핵의 구속에서 벗어나 자유전자가 되어서 자유롭게 움직이며, 가전자가 자유전자로 되었을 때 그 부분은 전기적으로 중성인 상태에서 빈 구멍이 발생한다. 이 구멍은 전자와 같은 전기량을 갖고 있고, 상대적으로 (+)전기극성을 띄고 있기 때문에 "정공(Hole 또는 Positive Hole)"이라고 한다.

③ 정공이 발생하면 【그림 7.3】 ⓑ와 같이 정공은 상대적으로 (+)전기량을 갖고 있으므로 근처의 (-)전기량을 가지고 있는 가전자를 끌어들이고, 끌어들인 가전자가 이동한 자리에는 다시 다른 정공이 발생한다.

④ 이와 같은 과정이 시간의 변화에 따라 순차적으로 계속되면 정공은 (+)전기성질을 운반하는 효과를 갖기 때문에 이를 "캐리어(Carrier)"라고 한다.

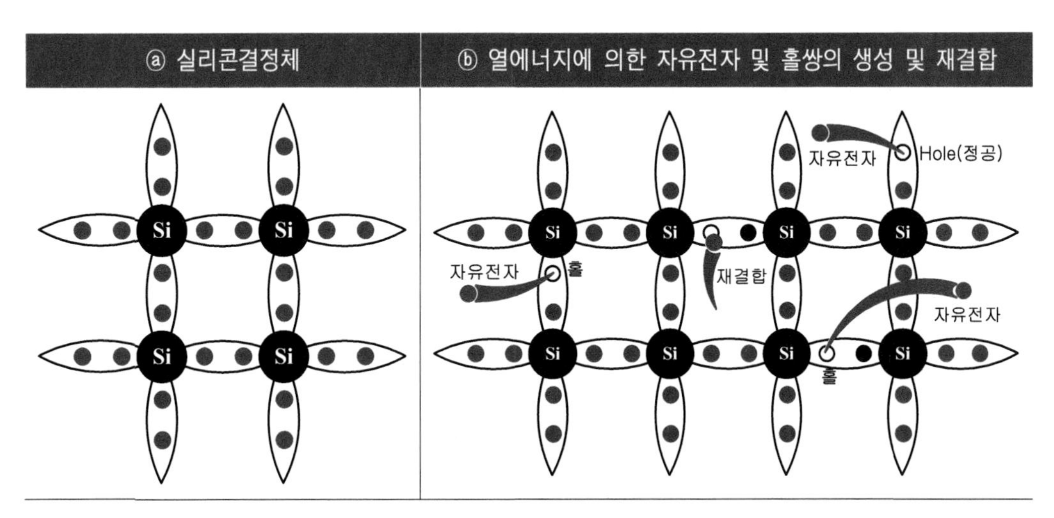

【그림 7.3】 실리콘 결정의 구조 및 자유전자 - 홀쌍의 생성 및 재결합

☞ **정공(Hole)**

정공은 반도체에만 존재하는 전하로 불안정한 공유결합에서 발생한다.

☞ **캐리어**

자유전자와 정공으로 전기를 운반하는 것이라는 의미에서 "캐리어(Carrier)"라고 하며 N형 반도체에서는 전자를 "다수 캐리어", 정공을 "소수 캐리어"라고 한다.

P형 반도체에서는 정공을 "다수 캐리어", 전자를 "소수 캐리어"라고 한다.

7.1.2 N형 및 P형 반도체

1 진성 반도체

① 반도체는 결정구조에 따라서 분류하면 【그림 7.4】와 같이 분류할 수 있다.

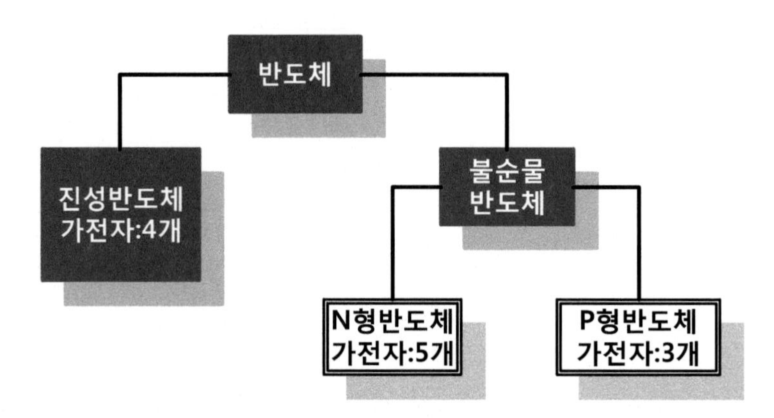

【그림 7.4】 반도체 분류

② 진성반도체란 불순물을 첨가하지 않은 순수한 반도체로서, 최외각 전자가 4개이므로 서로 공유결합을 하고 있기 때문에 전류를 흘릴 수 있는 전자나 정공이 없어 부도체와 같은 특성이 있다.

2 N형 반도체

① 순수한 실리콘이나 게르마늄 결정에 5가의 불순물을 첨가한 반도체가 "N형 불순물 반도체"이며, 【그림 7.5】 ⓐ와 같이 최외각 궤도에 5개의 전자를 가진 불순물(5가의 불순물)을 주입하면, 결합하지 못하는 하나의 전자가 발생한다. 이러한 불순물을 전자를 발생시키는 불순물이라는 뜻으로 "도너(Donor)"라고 한다.

> ☞ **도너(Donor)**
> 5가의 원자는 4가의 규소(Si)에 대해, 1개의 전자가 남아, 혼합한 원자의 수만큼 자유전자를 공급하기 때문에 기증자라는 뜻이 담겨있다.

② 여기에 불순물의 양을 증가시키면 자유전자의 수가 더욱더 증가하며, 【그림 7.5】 ⓑ와 같이 외부에서 전압을 인가하면 전자가 (+)극으로 이끌려 전류가 흐르게 된다. 그리고 불순물의 양을 증가시킬수록 자유전자의 수가 많아져서 전류가 흐르기 쉬워져서 반도체가 가진 저항값이 감소한다.

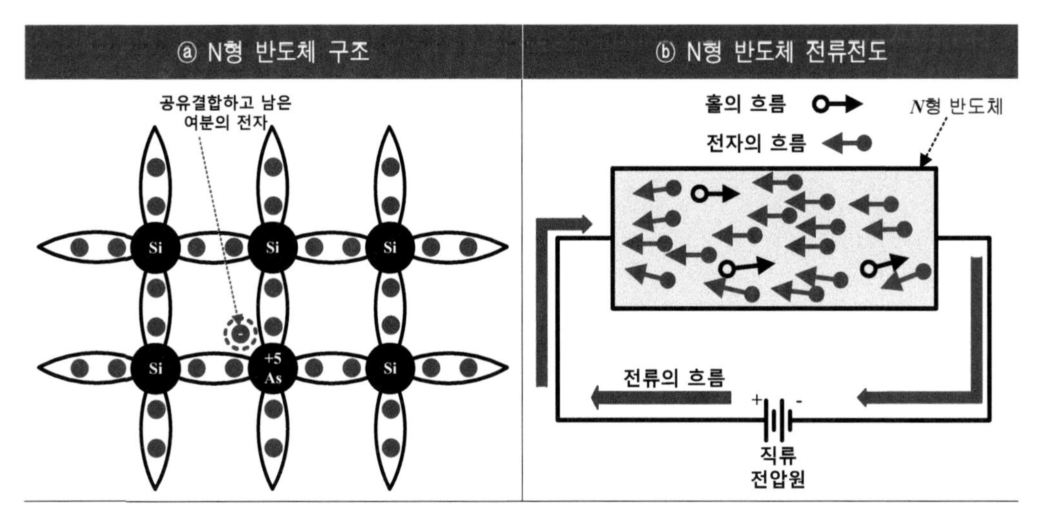

【그림 7.5】 N형 반도체 구조

3 P형 반도체

① 순수한 실리콘결정에 【그림 7.6】 ⓐ와 같이 최외각 궤도에 3개의 전자를 가진 불순물을 주입하면 최외각 궤도의 전자가 7개이므로 최외각 궤도의 전자를 8개로 해서 안정한 상태로 되려고 하는 성질 때문에 전자가 1개가 부족한 상태가 된다. 불순물 원자 부분에는 전자가 부족한 구멍, 즉 정공이 하나 생긴다.

② 이 정공의 수는 N형 불순물 반도체와 마찬가지로 첨가하는 불순물의 양에 따라서 정공의 수가 증가하여 반도체의 저항이 감소한다.

③ 실리콘이나 게르마늄에 이와 같이 3가의 불순물을 첨가한 반도체를 "P형 반도체"라고 하며, 첨가하는 불순물을 "억셉터(Acceptor)"라고 한다.

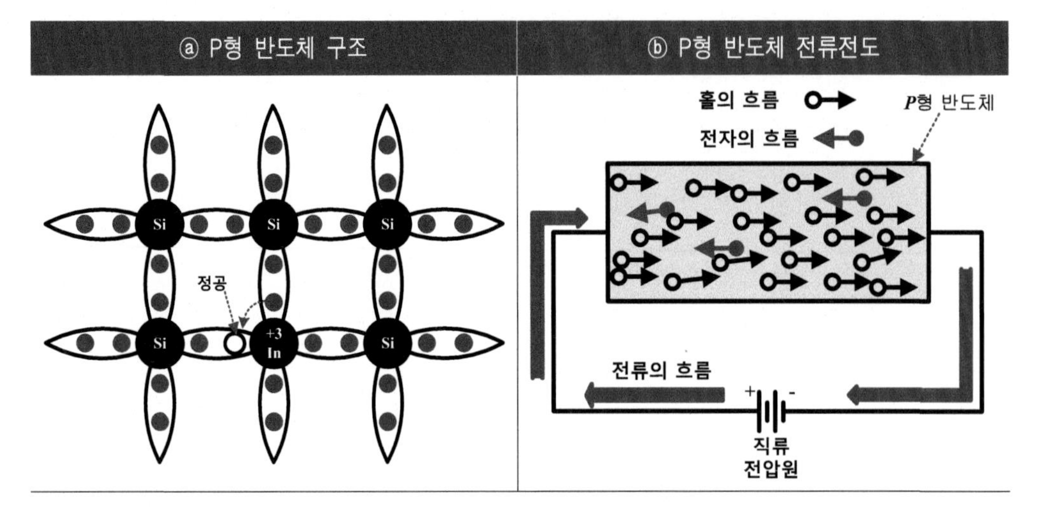

【그림 7.6】 P형 반도체 구조

☞ **억셉터(Acceptor)**

정공은 음전하의 결핍으로 생긴 것으로 (+)전하의 성질을 가지고 있고, 자유 전자를 손쉽게 받아들이기 때문에 "억셉터"한다.

진공관

진공관(眞空管, Vacuum Tube)은 일반적으로 진공의 공간에서 전자의 운동을 조종함으로써 신호를 증폭하거나 변경하는 데 사용하는 장치이다. 진공관이라는 이름 말고도 전자관(Electronic Tube), 열전자관(Thermionic Valve), 라디오 밸브(Radio Valve)로 부르기도 한다. 한때 대부분의 전자 장치에 사용되었으나 현재는 대부분의 전자 장치에서 더 작고 더 값싼 트랜지스터 또는 반도체, 집적회로 등으로 대체되었으며, 진공관은 높은 주파의 큰 전력을 쓰는 전자 장치에만 쓰이고 있다.

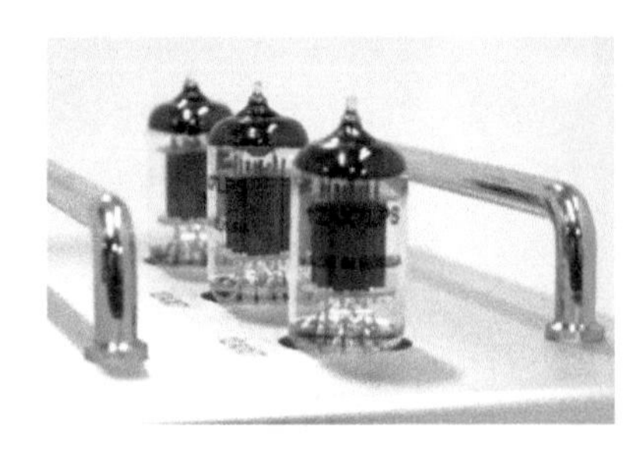

7.2. 다이오드 개요

7.2.1 PN 접합

1 PN 접합

① 다이오드는 실리콘 게르마늄의 진성반도체 결정 중에 【그림 7.7】과 같이 P형 반도체의 부분과 N형 반도체의 부분을 만들고 이것들이 서로 접할 수 있도록 한 것으로, "PN 접합(PN Junction)"이라고 한다.

② P형 부분을 애노드, N형 부분을 캐소드라 한다. 여기에서 P형 부분과 N형 부분이 접하고 있는 면을 "접합면"이라고 한다.

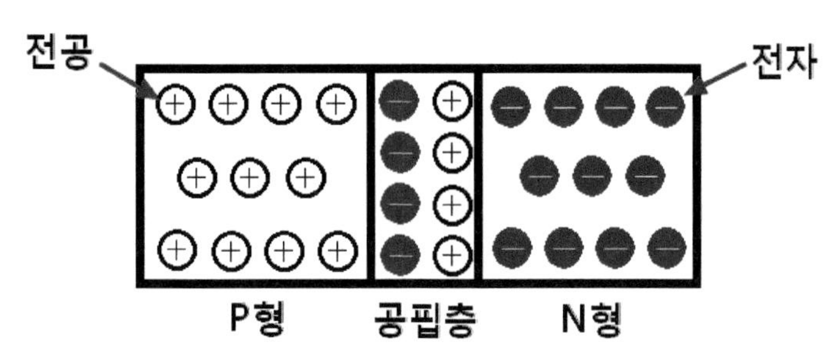

【그림 7.7】 PN 접합부분에서의 캐리어 상태

☞ **접합(Junction)**
접합(junction)은 접촉(contact)과는 다르며, 원자구조적으로 결합되어 있는 상태를 의미한다.

③ 접합면을 경계로 하여 우측의 N형 반도체는 자유전자의 밀도가 조밀하고 좌측에는 거의 없고, 좌측의 P형 반도체는 정공의 밀도가 조밀하고, 우측에서는 정공의 밀도가 매우 희박하다.

④ 이와 같이 전자와 정공 밀도의 급격한 단절이 접합면에 일어나므로 컵의 물속에 붉은 잉크를 한 방울 떨어뜨리면 금방 컵 전체에 확산하는 것처럼, 우측에서 전자가 확산하고, 좌측에서 정공이 확산한다.

⑤ 접합부분의 P형 영역에서는 정공의 확산에 의해 N형 영역에서 넘어온 전자와 재결합하여 소멸되면서 이곳에 있는 원자는 (-)로 이온화되고, 반대로 접합 부분의 N형 영역에서는 전자의 확산에 의해 P형 영역에서 넘어온 정공과 재결합하여 소멸되면서 그곳에 있는 원자는 (+)로 이온화된다.

⑥ **전위장벽**

㉮ 접합부분에서 발생하는 전위차를 "**전위장벽**"이라고 한다.

㉯ 장벽에 존재하는 전위차는 캐리어들에 대하여 전위장벽이 되어 캐리어의 확산을 방해한다. 접합부분에 캐리어가 존재하지 않고 이온화된 원자가 존재하는 영역을 "공핍층(Depletion Layer)"이라고 한다. 공핍층은 캐리어가 없으므로 절연체라고 생각할 수 있다.

2 다이오드 외관

① 다이오드 기호

㉮ 다이오드는 【그림 7.8】 ⓑ와 같은 기호로 나타낸다. 애노드(Anode)와 캐소드(Cathode)라는 2개의 단자가 있으며 각각 "A", "K"로 표시하고, 화살표 방향은 캐소드를 향하고 있다.

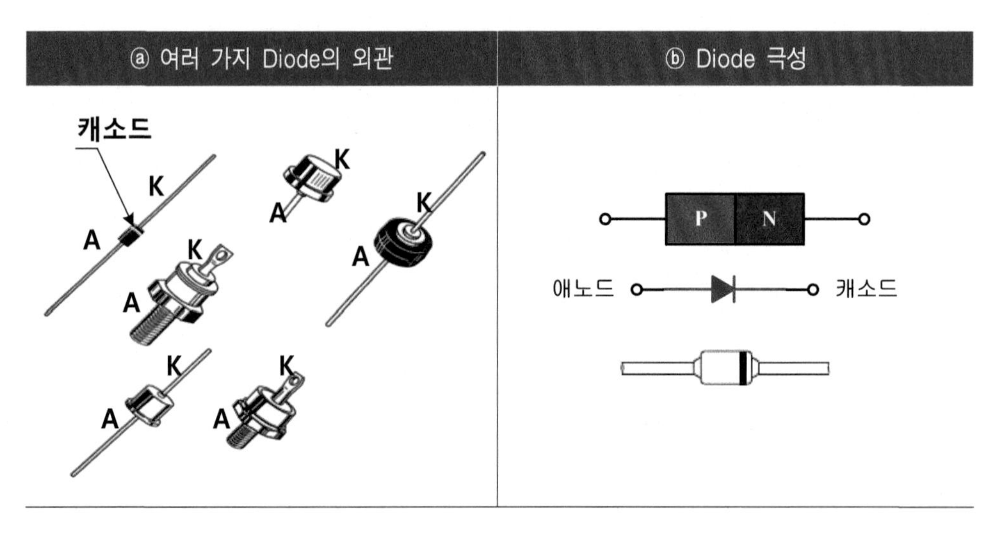

【그림 7.8】 여러 가지 다이오드의 외관 및 극성

㉯ 다이오드 기호의 화살표 방향은 전류가 흐르는 방향을 나타내고 있으며, 다이오드 본체에 기호가 표시되어 있지 않은 것은 흰색 띠 또는 적색 띠가 있으며, 이 띠가 있는 쪽이 캐소드이다. 그리고 화살표 쪽의 전극을 **"캐소드(음극 : Cathode : K)"**, 다른 쪽의 전극을 **"애노드(양극 : Anode : A)"**라고 한다.

② 다이오드(Diode)는 일반적으로 다이오드는 한쪽 방향으로만(애노드에서 캐소드로) 전류가 흐르며, 그 반대 방향으로는 전류가 흐르지 않는 성질을 가지고 있는 반도체 소자이다.

③ 다이오드는 애노드와 캐소드의 전압차에 의하여 애노드와 캐소드 사이의 저항값을 변화시켜서 전류를 제어하는 반도체 소자이다.

㉮ 애노드(+)와 캐소드(-)의 전압차가 0.7[V] 이상 ⇒ 애노드와 캐소드 사이는 연결상태, 즉 양단간의 저항값이 매우 작아서 다이오드에 전류를 흐르게 한다.

㉯ 애노드(+)와 캐소드(-)의 전압차가 0.7[V] 이하 ⇒ 애노드와 캐소드 사이는 차단상태, 즉 양단간의 저항값이 매우 크기 때문에 다이오드에 전류를 흐르지 못하게 한다.

7.2.2 다이오드 바이어스

1 순방향 바이어스

① PN 접합에 순방향 전압을 가하면 【그림 7.9】 ⓐ와 같이 P형 부분에 (+)전압, N형 부분에 (-)전압을 가하면 외부전계에 의하여 정공 및 전자가 접합을 향하여 이동하고 공핍층이 좁아진다.

② 그 결과, P형 부분의 정공은 접합면을 넘어서 N형 부분에, N형 부분의 전자는 P형 부분으로 캐리어의 이동이 발생하여 다이오드에 전류가 흐른다.

③ 이와 같이 외부에서 전압을 인가하는 것을 **"순방향 바이어스"**라고 하고, 흐르는 전류를 **"순방향전류"**라고 한다. 【그림 7.9】 ⓒ는 순방향 바이어스시에 회로를 나타낸 것이다.

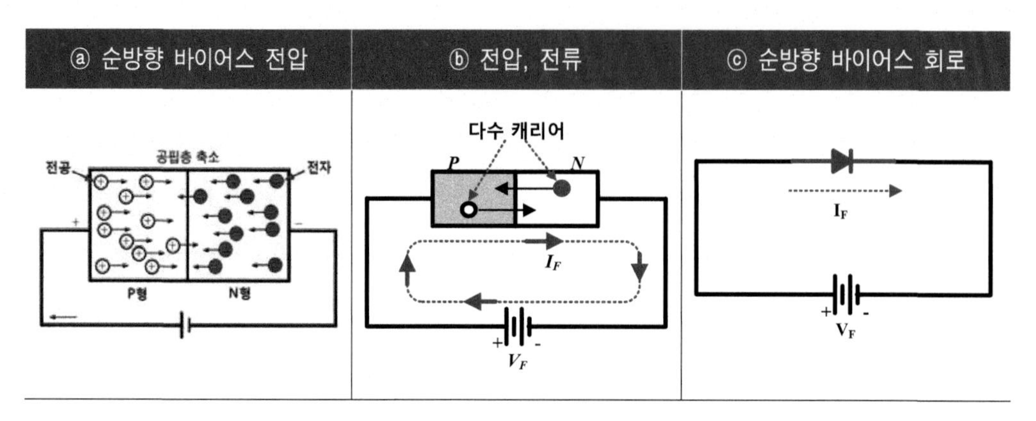

【그림 7.9】 순방향 바이어스 다이오드 동작

☞ **바이어스(Bias)**

다이오드나 여러 가지 반도체가 동작할 수 있도록 직류전압을 가하는 것을 의미한다.

㉮ 순방향(forward) 바이어스

p형 쪽에 전원의 (+)전원 단자를, 그리고 n형 쪽에 (-)전원 단자를 각각 접속

㉯ 역방향(reverse) 바이어스

순방향 바이어스의 반대 방향 접속

2 역방향 바이어스

① PN 접합에 역방향 전압을 가하면 【그림 7.10】 ⓐ와 같이 P형 부분에 (-)전압, N형 부분에 (+)전압을 인가하면, 외부전계에 의하여 정공과 전자는 각각 접합부분과 반대방향으로 이동한다. 즉, P형 부분의 정공은 (-)극으로, N형 부분의 전자는 (+)극으로 이동한다.

② 따라서 전위장벽(PN접합에서 공핍영역의 전압)은 높아지고, 공핍층의 폭도 넓어지므로 다수 캐리어의 흐름이 저지되어 다이오드 전류가 흐르지 못하게 된다.

③ 그런데 외부전압에 의해 소수캐리어는 접합을 넘어 이동하게 되어 역방향으로 전류가 흐르지만, 그 크기는 매우 작아서 무시할 수 있을 정도이다. 이와 같이 전압을 가하는 것을 **"역방향 바이어스"**라고 한다.

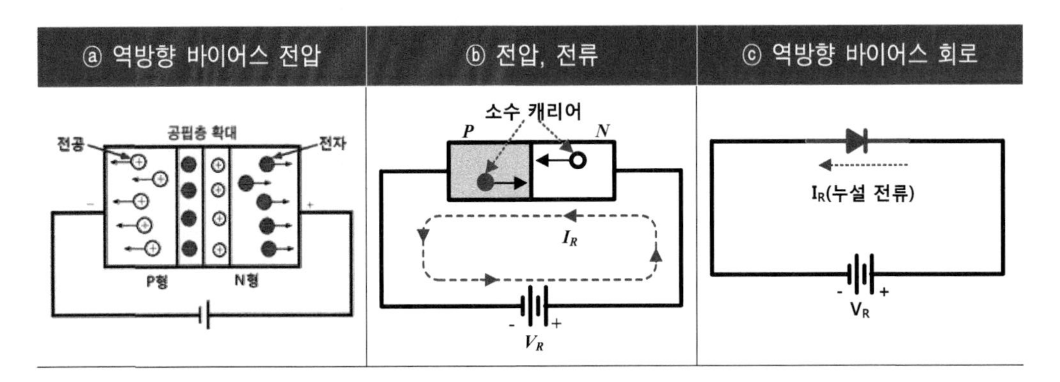

【그림 7.10】 역방향 바이어스 다이오드 동작

예제

다음의 다이오드회로에서 V_D, V_R 및 I_D값을 구하여라.

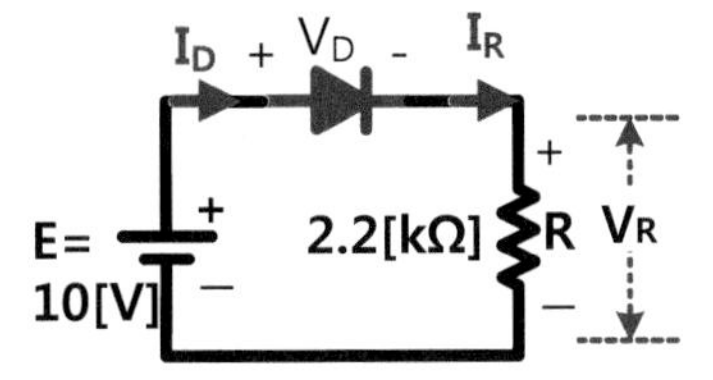

풀이

V_D=0.7[V]

V_R=E - V_D=10 - 0.7=9.3[V]

$$I_D = I_R = \frac{V_R}{R} = \frac{9.3}{2.2[k\Omega]} = 4.23[mA]$$

예제

다음의 다이오드회로에서 V_D, V_R 및 I_D값을 구하여라.

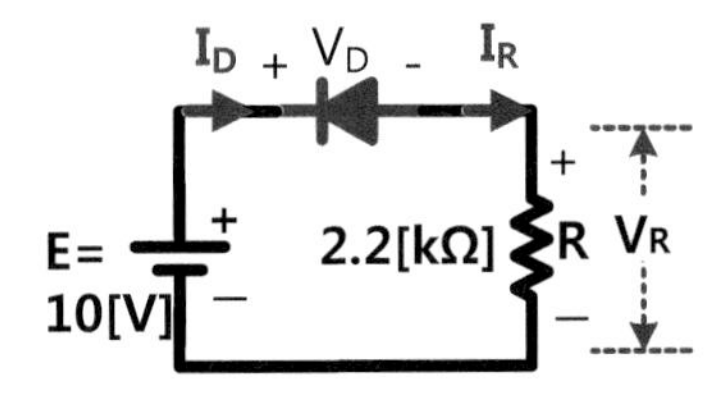

풀이

다이오드가 개방회로가 되기 때문에 I_D=0[A]가 되고, V_R=I_R×R=0[V]이고 V_D=10[V]가 인가된다.

7.2.3 다이오드 특성

① 일반적으로(역회복 시간을 고려하지 않음) 다이오드에 인가하는 다이오드 바이어스 전압 극성에 따라서 한 방향으로만 전류가 흐르거나 흐르지 못하게 하는 정류작용을 한다.

② 【그림 7.11】은 다이오드 순방향·역방향 전압-전류의 특성곡선을 나타내고 있으며, 순방향 전압(순방향 바이어스)인 경우 전위장벽 이하의 순방향 전압(V_F)에서는 순방향 전류 I_F는 거의 0[A]가 된다.

③ 그리고 순방향 전압이 증가함에 따라서 순방향전류는 증가하기 시작하고, 순방향 전압이 0.7[V] 이상 인가하면 전류는 급격히 흐르기 시작하기 때문에 다이오드와 직렬로 전류제한용 저항을 추가하여 사용한다.

☞ **전위장벽**
다이오드에 전류를 흘릴 수 있도록 하는 최소 순방향 바이어스 전압

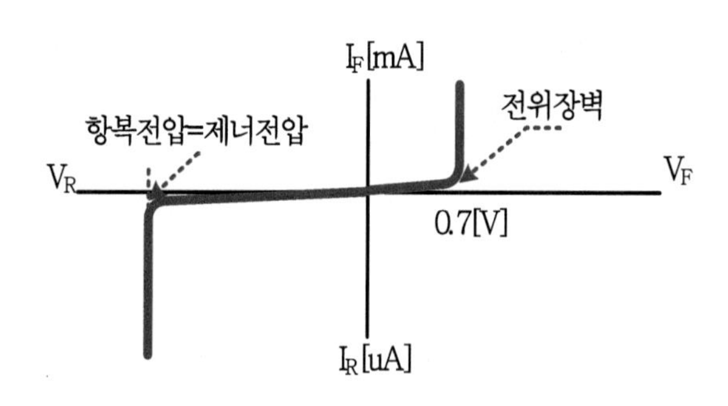

【그림 7.11】 다이오드 특성곡선

④ 이번에는 반대로 역방향 전압(역방향 바이어스)를 인가한 경우를 살펴보면, 역방향 전압이 증가함에 따라서 전류는 항복전압(제너전압)까지는 거의 0[A]이다. 그러나 역방향 전압을 더욱더 크게 하면 급격히 전류가 흐르기 시작하여 급격하게 전류가 증가하는 현상이 발생한다.

⑤ 항복 전압

㉮ 공핍층이 높은 전계에 의해서 원자 내의 전자가 방출되고 자유전자와 정공을 만든 것에 의한 "제너항복"이라는 현상과, 공핍층의 고전계에 의해서 가속된 전자나 정

공이 원자를 전리(電離)하여서 새로 자유전자와 정공을 만드는 "애벌란시현상"이 발생한다. 이 때 전류가 급격히 증가하기 시작할 때의 전압을 "항복전압" 또는 "제너전압"이라고 한다.

㉯ PN접합 다이오드에 역방향 바이어스의 전압을 계속 증가시키면 다이오드의 항복전압(Breakdown voltage)이라 하는 항복점에 이를 것이다. 정류용 다이오드의 항복전압은 일반적으로 50[V] 정도이고, 항복 전압에 이르게 되면 다이오드는 급격히 도통하게 된다. 그러면 이 캐리어들은 어디에서 갑자기 생기는 것인가?

㉰ 【그림 7.12】 ⓐ는 PN접합 다이오드의 자유전자와 정공을 나타내고 있다. 역방향 바이어스 때문에 자유전자는 오른쪽으로 이동하고 또 이들이 이동할 때 속도는 점점 빨라지며, 역방향 바이어스가 크면 클수록 자유전자의 이동도 빨라지게 되고, 그 중 일부 자유전자는 【그림】 ⓑ에서 보는 바와 같이 가전자와 충돌한다.

㉱ 【그림】 ⓒ와 같이 자유전자가 충분한 에너지를 가지고 있다면 가전자가 전도대 궤도로 여기되어 두 개의 전자가 존재하게 된다. 이 두 개의 전자는 전자 사태(Avalanche)가 일어날 때까지 가속되어 다른 가전자와 계속 충돌한다.

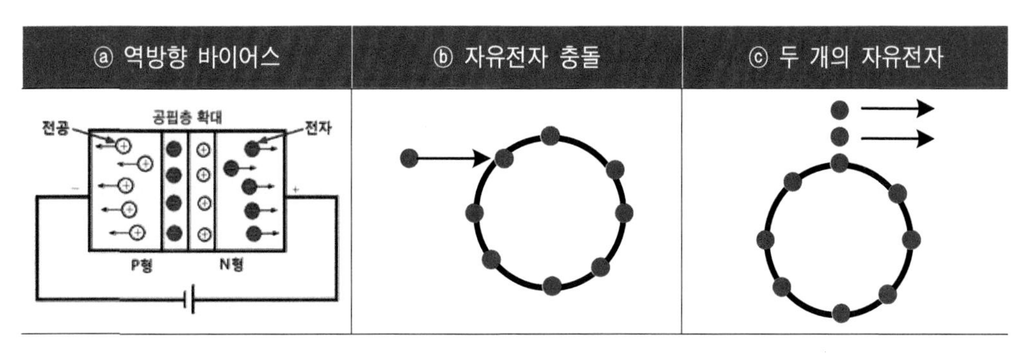

【그림 7.12】 다이오드의 항복현상

7.2.4 다이오드 검사

① DMM(Digital Multi Meter)의 기능 스위치를 다이오드 검사 위치에 놓는다.

② 테스트 리드선을 다이오드 리드선에 접속한다.

③ DMM 내장 전지의 전압은 적색 리드선에서 (+)의 전원이 나오기 때문에 적색 리드선을 애노드에 흑색 리드선을 캐소드에 접속하면, 표시창에 단자전압이 표시된다.

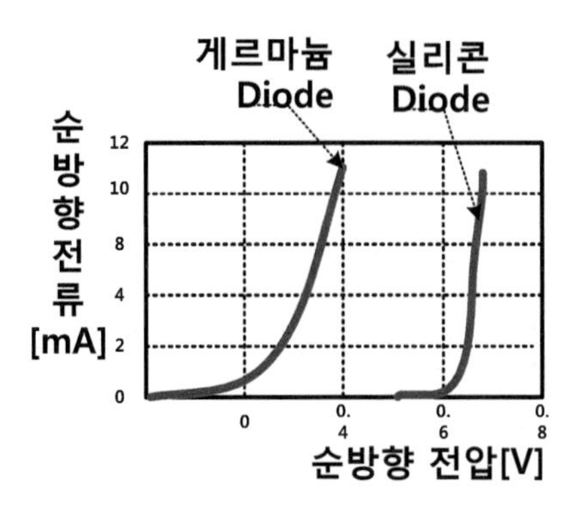

【그림 7.13】 다이오드 순방향특성

④ 순방향 전압은 실리콘 다이오드에서 0.5~0.7[V], 게르마늄 다이오드에서는 0.15~0.4 [V]가 표시된다.

⑤ 역방향 전압은 DMM 적색 리드선을 캐소드에, 흑색 리드선을 애노드에 접속하면 오버 표시 또는 단자 사이의 개방전압이 표시된다.

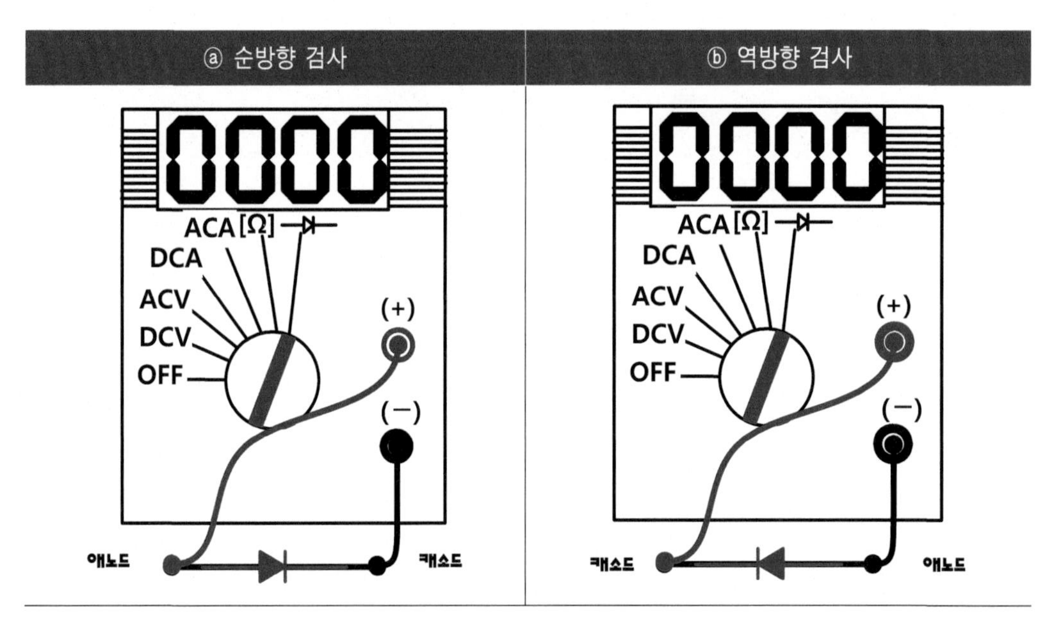

【그림 7.14】 DMM을 이용한 다이오드단자 테스트

※ **주의** : 아날로그 테스터기는 적색 리드선이 캐소드에, 흑색 리드선을 애노드에 접속하여 다이오드 검사를 한다.(DMM과 반대임)

7.3 다이오드 종류

7.3.1 다이오드 종류

1 다이오드 분류

① 일반정류용 다이오드

정류, 검파, 스위칭 등 많은 용도로 사용되고 있다.

② 정류용 다이오드

주로 상용 전원의 정류에 사용된다. 취급하는 전압이나 전류용량에 따라 많은 종류가 만들어지고 있다.

③ 스위칭용 다이오드

스위칭 스피드가 개선되고 있다. 주로 상용 전원주파수보다 높은 주파수에서의 정류회로나 스위칭회로에 사용되고 있다.

④ 쇼트키 배리어 다이오드(SBD)

순방향 전압이 작아 고속동작이 가능하다. 스위칭전원의 정류회로나 검파주파수 변환 등의 고주파 회로에 사용되고 있다.

⑤ 정전압 다이오드(제너 다이오드)

캐소드 애노드 사이의 브레이크다운 현상을 이용한 다이오드로서, 기준전압원이나 정전압회로 리미터 등에 사용된다.

⑥ 정전류 다이오드(Current Regulator 다이오드 : CRD)

전압이나 부하저항의 크기에 관계없이 일정한 전류를 공급하는 다이오드이다. 주로 정전류회로에 사용한다.

⑦ 발광 다이오드(LED)

광전효과를 이용하고 있으므로 전류를 순방향으로 흘리면 빛이 난다. 점광원의 표시램프나 세그먼트의 숫자표시기 등에 사용되고 있다.

⑧ 가변용량 다이오드

"버랙터 다이오드"라고도 하며, 역전압에 의해 애노드 캐소드 단자간 정전용량이 변화하는 다이오드의 성질을 이용하는 가변용량 소자이다. 전압제어 발진기나 튜너 등의 동조회로에 사용되고 있다.

⑨ PIN다이오드

순방향전류에 의해 동적저항이 변화하는 다이오드의 성질을 이용하는 고주파 감쇠기나 고주파 신호의 전환 스위치 등에 사용되고 있다.

2 역회복 시간(Reverse Recovery Time)에 의한 다이오드 분류

① PN 접합 다이오드는 순방향 전압을 인가하면 순방향 전류를 흐르다가 갑자기 다이오드 전압극성을 바꾸어 역방향전압을 인가하면 소수캐리어의 전하가 축적되기 때문에 다이오드 전류는 즉시 0[A]가 되지 않고 매우 짧은 시간동안 역방향으로 전류가 흐르다가 0[A]가 된다. 이 지연시간을 "역회복 시간"이라고 한다.

② 스위칭손실의 대부분이 역회복 시간에서 발생하므로 높은 주파수에서 스위칭하는 경우에는 역회복 시간이 짧은 다이오드를 선택해야만 전류 써지를 방지할 수 있다.

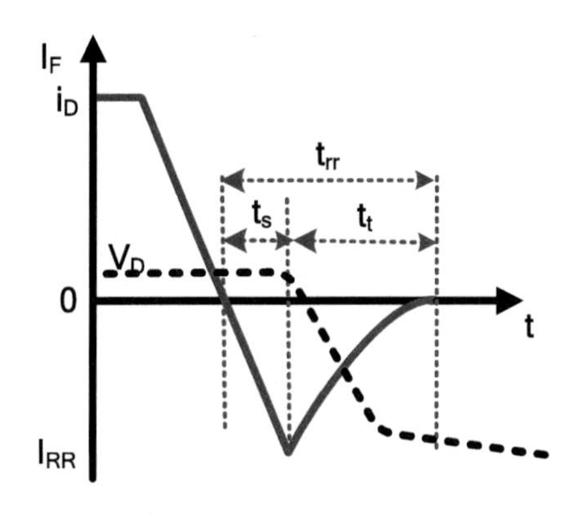

【그림 7.15】 다이오드 역회복 특성

③ t_s를 축적시간, t_t를 천이시간, $t_{rr}=t_s+t_t$를 "역회복 시간(Reverse Recovery time)"이라고 하며, 고속 스위칭 다이오드의 경우 역회복 시간에 의하여 스위칭 속도가 제한을 받게 된다.

④ 다이오드 역회복 시간 때문에 정류용 다이오드는 정류회로용으로는 적합하지만, 코일의 역기전력을 제거하는 용도로는 적합하지 못하다.

⑤ 역회복 시간에 의한 다이오드 분류

Class	Symbol	General (정류용)	Fast Recovery Diode	Soft Fast Recovery Diode	Ultra Fast Recovery Diode	Schottky Diode
t_{rr}	[nsec]	> 1000	200~500	200~500	20~100	< 10
V_F	[V]	0.8~1.2	0.8~1.2	1.0~1.4	1.0~1.4	0.4~0.7
V_{RM}	[V]	< 5000	< 3000	< 2,000	< 2,000	< 100
Cost Ratio		1	× 2	× 5	× 5	× 10
Industrial Part Name		1N400x 1N540x	1N493x	SF	UF400x UF540x	1N582x SBxxx MBRxxxx

√ t_{rr} : Reverse Recovery time.
√ V_F : Forward Voltage Drop.
√ V_{RM} : Maximum Recovery Voltage

7.3.2 제너 다이오드(Zener Diode)

1 제너 다이오드 개요

① 다이오드에 역방향 전압을 인가하는 경우에는 전류가 거의 흐르지 않다가 어느 이상의 고전압을 가하면 접합면에서 제너항복이 일어나 갑자기 전류가 흐르게 되는 지점이 발생하게 되는데, 이 전압 이상에서는 다이오드에 걸리는 전압은 증가하지 않고(정전압 유지) 전류만 증가하게 된다.

② 일반적인 다이오드는 항복영역(Breakdown region)에서 파괴되기 때문에 이 영역에서는 사용할 수가 없으므로, 이 영역에서도 잘 사용할 수 있게 만든 다이오드가 제너 다이오드이다.

③ 제너 다이오드는 선간전압과 부하저항이 크게 변하더라도 부하전압을 일정하게 유지하는 전압조정기(Voltage Regulator)의 역할을 하는 반도체 소자이다.

2 제너 다이오드 특성

① 【그림 7.16】 제너 다이오드 특성곡선을 보면 항복전압 Vz에 도달하기까지 역방향전류는 매우 작아서 무시할 수 있다.

② Vz의 전압에 도달하면 순간적으로 역방향 전류가 증가하며, 대부분 항복영역구간에 걸쳐 출력전압은 Vz와 같게 된다.

③ 제너 다이오드의 소비전력 Pz는 Pz =Vz×Iz이며, 이 데이터값이 최대치(Data Sheet상에 표시) 이하인 경우는 제너 다이오드가 파손되지 않고 원상 복귀한다.

④ 제너 다이오드의 정격용량은 200[mW]~50[W], 전압은 3~150[V]정도이다.

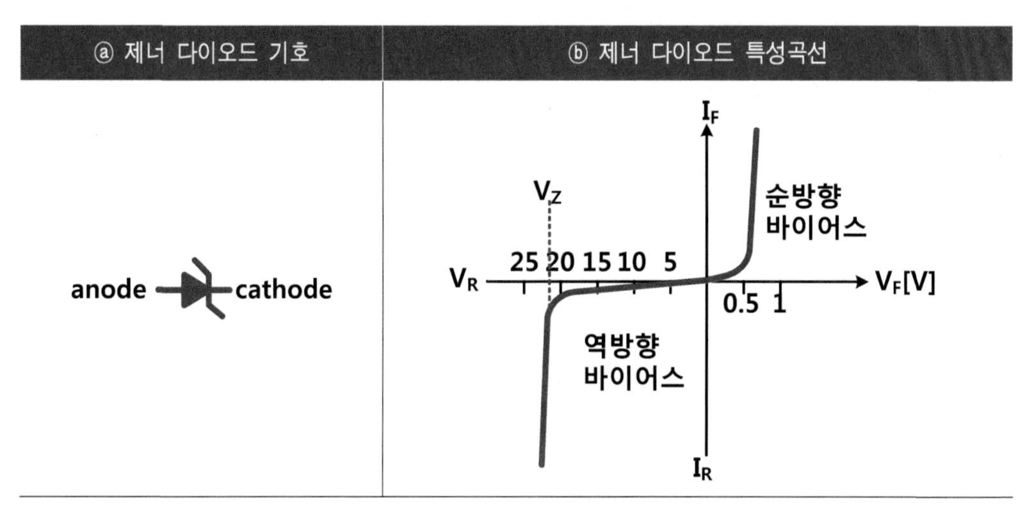

【그림 7.16】 제너 다이오드 기호 및 특성곡선

3 제너 다이오드와 일반 다이오드의 비교

① 【그림 7.17】 ⓐ는 100[V] 정도의 PIV(첨두역전압)를 갖는 일반용 다이오드이며, 【그림 7.17】 ⓑ는 10[V]의 정전압을 갖는 제너 다이오드의 특성곡선이다.

② 순방향으로 바이어스할 경우에는 실리콘 제너 다이오드 전압은 일반용 다이오드와 마찬가지로 약 0.7[V]가 된다.

③ 그러나 역방향 바이어스를 인가하면, 제너 다이오드는 정전압에서 항복현상을 일으키지만, 일반 다이오드는 그 항복영역이 상당히 높고 넓어서 【그림 7.17】 ⓐ와 같은 특성 곡성을 나타내게 된다.

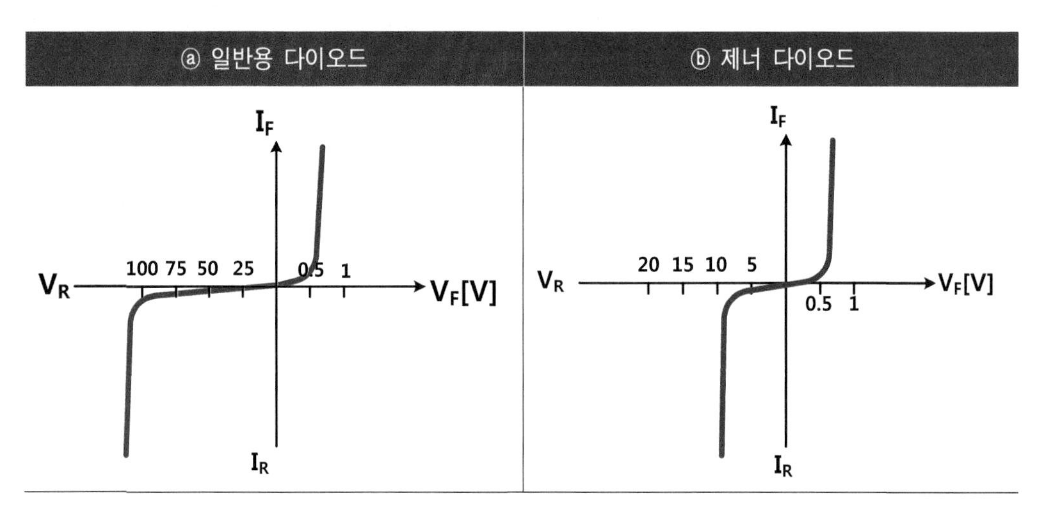

【그림 7.17】 일반용 다이오드와 제너 다이오드 특성곡선 비교

④【그림 7.18】 ⓑ의 제너 다이오드 바이어스회로를 보면

㉮ 순방향 바이어스를 인가했을 때 제너 다이오드 양단전압은 0.7[V]이며, 저항 R_1 양단전압은 19.3[V]가 된다.

㉯【그림 7.19】 ⓑ와 같이 역방향 바이어스 전압을 인가했을 때 제너 다이오드 양단전압은 기준전압 10[V]가 되며, 나머지 10[V]가 R_1 양단에 인가된다.

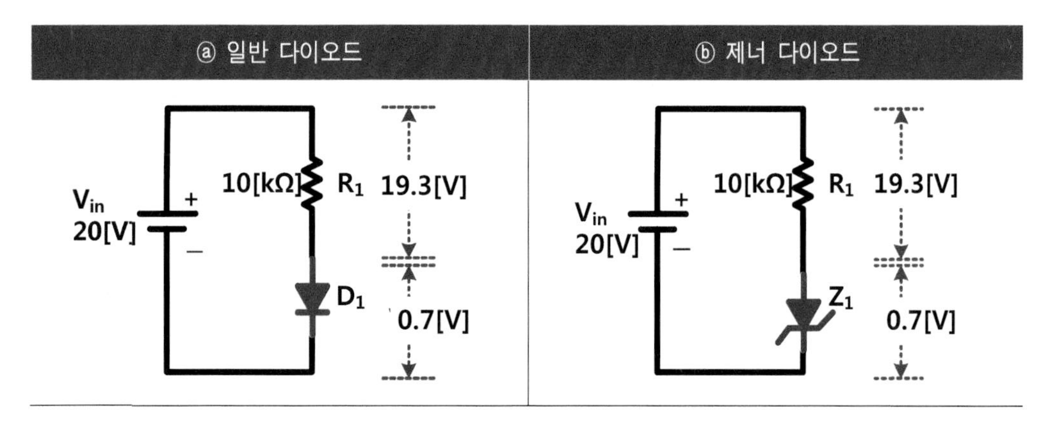

【그림 7.18】 일반 다이오드와 제너 다이오드 순방향 바이어스 비교

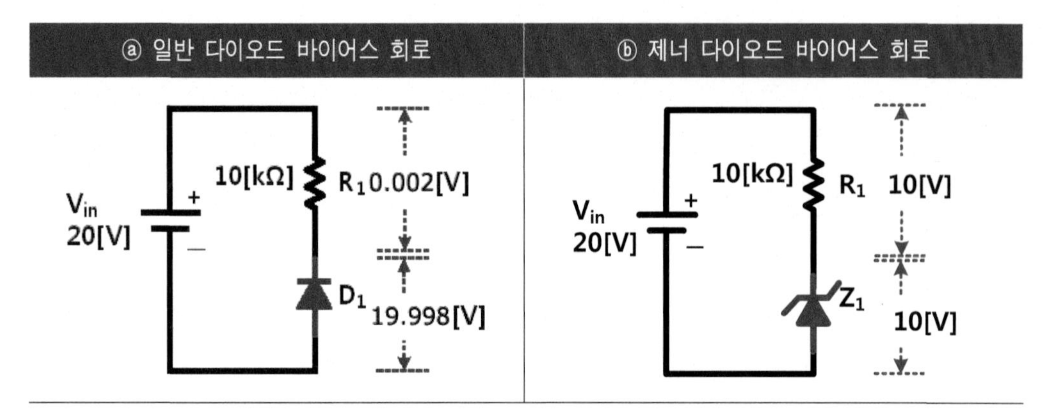

【그림 7.19】 일반 다이오드와 제너 다이오드 역방향 바이어스 회로 비교

7.3.3 LED(Light Emitting Diode : 발광다이오드)

발광다이오드(Light Emitting Diode)는 순방향으로 전류를 흐르면 발광하는 반도체소자이다. 발광원리는 전계발광(Electroluminescence)효과를 이용하고 있으며, 발광색은 사용되는 재료에 따라서 다르며 자외선 영역에서 가시광선, 적외선 영역까지 발광하는 것을 제조할 수 있다.

1 원리

발광다이오드(LED)는 갈륨-인(GaP), 갈륨-비소(GaAs) 등을 소재로 하여 PN 접합을 형성하고 순방향으로 전압을 가하면 전류가 흘러서 접합면에서 발광한다. 적색발광은 P형 반도체 안에 주입된 전자가 정공과 결합할 때에 발생하고, 녹색발광은 N형 반도체 안에 주입된 정공이 전자와 결합할 때에 발생한다.

2 전기적 특성

① 다른 일반적인 다이오드와 마찬가지로 극성을 가지고 있으며, 애노드에 (+)전압, 캐소드 (−)전압을 인가하여 사용한다. 전압이 낮은 동안은 전압을 올려도 거의 전류가 흐르지 않고, 발광도 하지 않는다.

ⓐ 외관	ⓑ 발광다이오드(LED) 순방향 특성
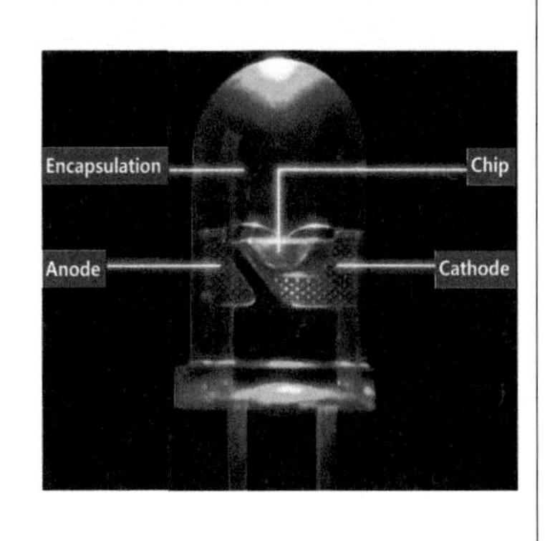	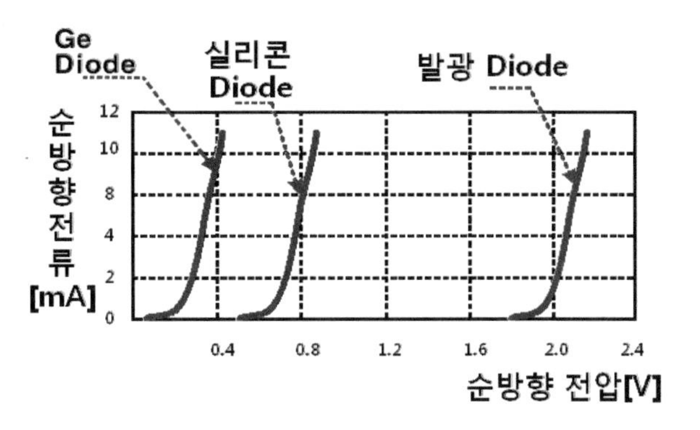

【그림 7.20】 발광다이오드(LED) 순방향 특성

② 어느 전압 이상이 되면 전류가 흘러서, 전류량에 비례해서 빛이 발생된다. 이 전압을 "순방향 전압강하"라고 하고, 일반적인 다이오드와 비교해서 발광다이오드는 순방향 전압강하가 높다.

③ 순방향 전압강하는 발광 색에 따라 다르지만, 빨간색, 오렌지색, 노란색, 초록색에서는 2.1[V] 정도이다. 빨간 빛을 내지 않는 것은 1.4[V] 정도이다. 백색과 파란색은 3.5[V] 정도이다. 고출력 제품은 5[V] 전후인 것도 있다.

④ 발광할 때 소비전류는 표시등 용도에서는 수 [mA]~150[mA] 정도이지만, 조명용도에서는 소비전력이 수 [W] 단위의 고출력 발광다이오드도 판매되고 있어 구동전류가 1[A]을 넘는 제품도 있다.

3 LED 구동회로

① LED를 구동하기 위해서는 LED에 정격 이상의 전류가 흐르지 않도록 "전류제한용 저항"을 삽입한다.

② 【그림 7.21】 ⓐ와 같이 전원전압 5[V]에서 LED를 구동하기 위한 전류제한용 저항값의 산정방법은 다음과 같다.

㉮ LED 정격전류는 5[mA]에서 150[mA], 정격전압은 1.5[V]에서 3[V]이다.

㉯ 회로에서는 LED에 10[mA] 전류가 흐르도록 구동하려면 옴의 법칙에 의하여 330[Ω] 정도의 전류제한용 직렬저항을 삽입한다.

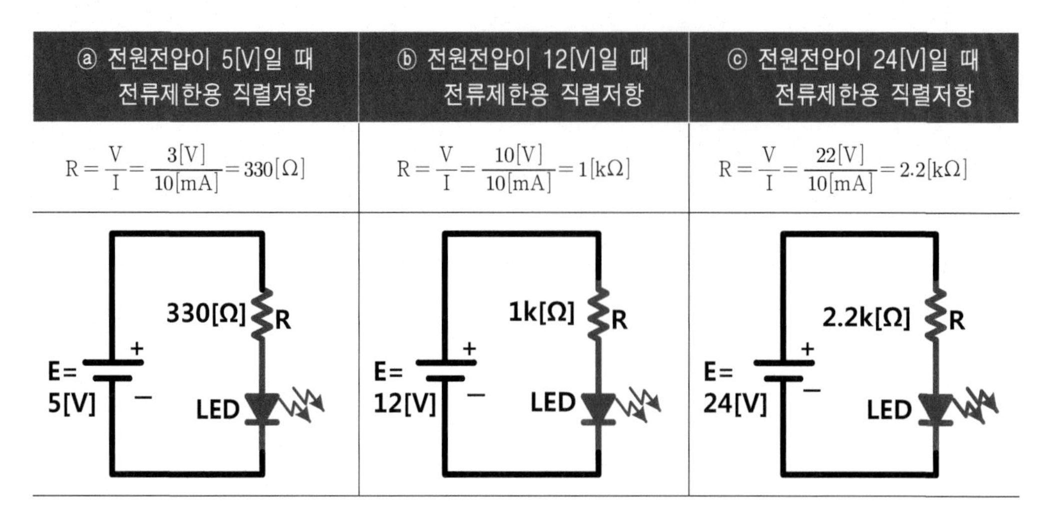

【그림 7.21】 전원전압의 변화에 따른 LED 구동

4 LED 검사

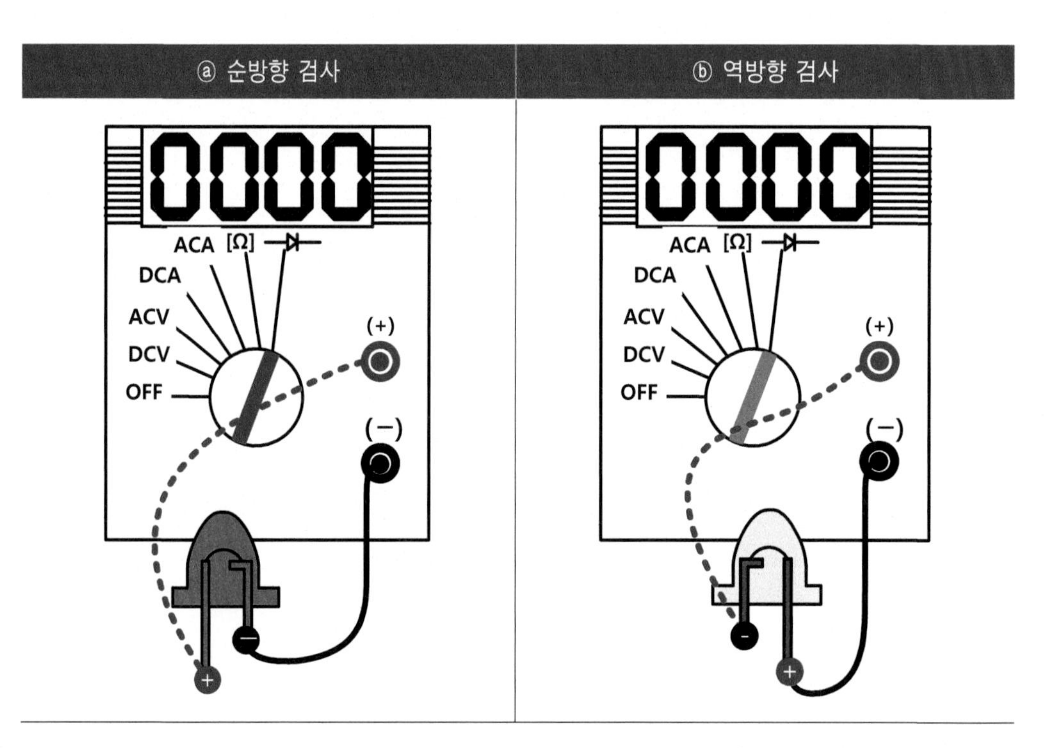

【그림 7.22】 DMM을 이용한 LED 검사

7.4 정류회로

7.4.1 정류회로 개요

대부분의 전기(電氣)·전자(電子)기기는 직류전원을 사용하기 때문에, 교류 220[V] 상용전원을 필요한 크기의 직류전압으로 변환해서 사용한다. 이때 필요한 회로가 **"전원정류회로"**이며, 전원정류회로 구성은 다음과 같다.

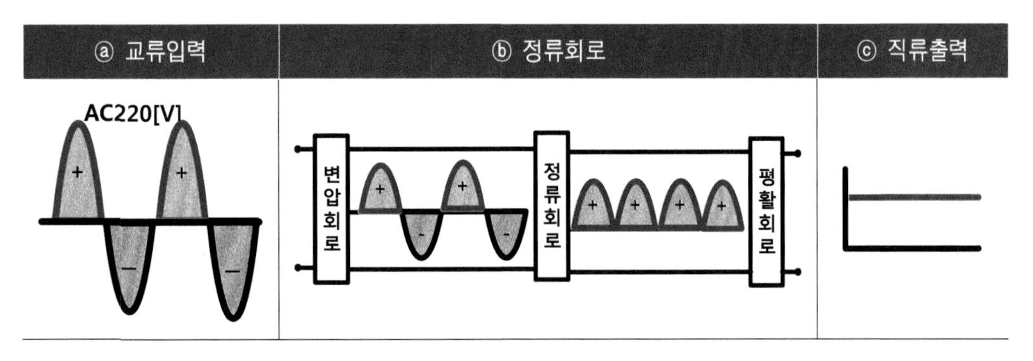

【그림 7.23】 정류회로의 구성

① 변압회로

사용전압의 크기에 알맞은 직류전압을 얻을 수 있도록 교류전압의 크기를 변압하는 회로이다.

② 정류회로

㉮ 교류를 직류로 바꾸는 과정을 정류라 한다. (+), (-) 교류전원을 (+)나 (-)의 한쪽 전압만을 흐르도록 하는 회로이다.

㉯ 다이오드(Diode)는 한쪽 방향으로만 전류를 흐르게 하는 특성이 있어 교류 전압을 직류로 바꾸는 정류 회로의 핵심 소자이다.

㉰ 정류 회로는 **반파 정류회로**, **전파 정류회로**, **브리지 정류회로**가 있다.

③ 평활회로

㉮ 정류기 출력은 맥동하는 직류 전압으로 직류와 교류 성분이 섞여 있는 전압이다.

㉯ **평활회로**는 맥류에 남아 있는 교류 전압을 제거하여 평활한(Smooth) 직류 성분만을 출력하는 회로로, L, C 소자를 이용한 저주파 필터를 사용한다.

7.4.2 반파 정류회로

1 반파 정류회로

① 교류전원은 X축 상에 시간, Y축에 전압값을 그래프로 그리게 되면 시간의 흐름에 따라 (+) 최대전압과 (-) 최대전압 사이를 오가는 사인파형이 나타난다.

② 이 교류에서 (+) 부분만을 정류해서 직류값으로 변환시키는 회로를 "반파 정류회로"라고 한다.

③ 반파 정류회로의 부품 구성은 간단한 편이지만, (+) 전압만을 취하기 때문에(반만 정류하는 것이므로) 낮은 직류전원의 품질과 경제성이 떨어지는 문제점이 있다.

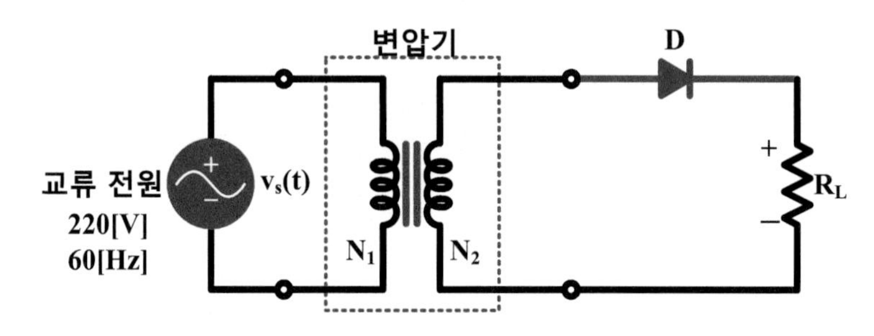

【그림 7.24】 반파 정류회로

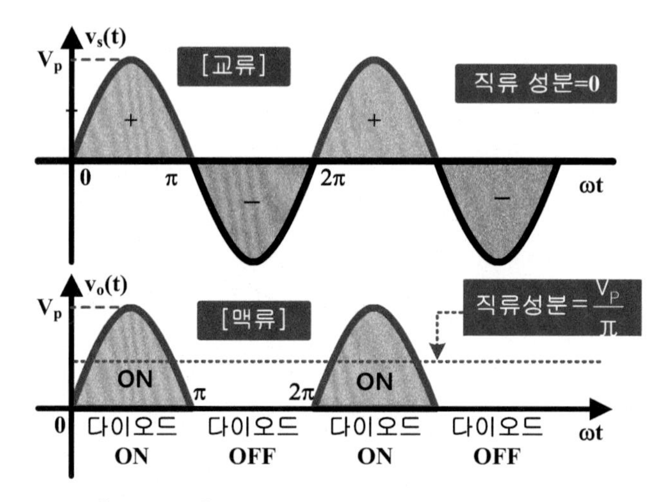

【그림 7.25】 반파 정류회로의 입력파형과 출력파형

2 동작모드

① (+) 반주기 구간

【그림 7.26】 ⓐ와 같이 입력전압의 반주기 동안에 회로 동작을 살펴보면 입력사인파가 (+) 반주기 동안에는 다이오드는 순방향바이어스로 되어 전류가 부하저항으로 흐른다. 이 때 부하양단에는 입력전압의 (+) 반주기와 같은 형태의 전압이 출력된다.

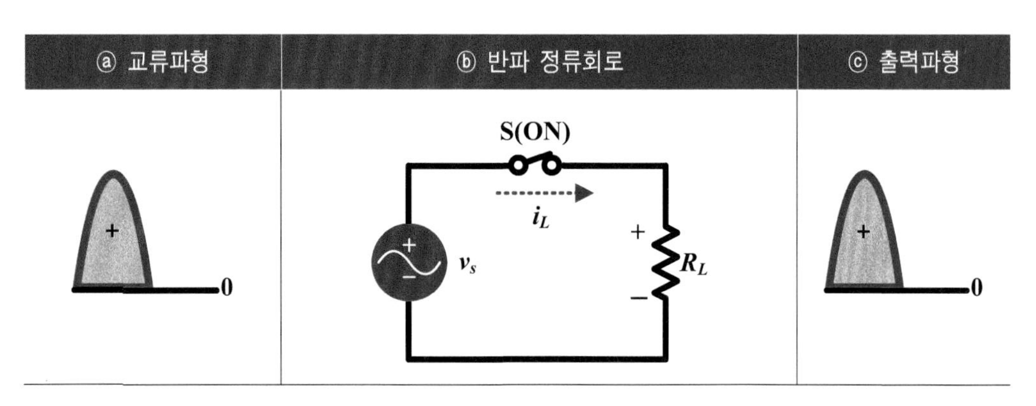

【그림 7.26】 반파정류회로 (+) 반주기에 대한 회로

② (-) 반주기 구간

【그림 7.27】 ⓐ와 같이 입력전압이 (-) 반주기 동안에는 다이오드는 역방향 바이어스로 되어 전류가 흐르지 않기 때문에 부하저항 양단의 전압은 0[V]이다.

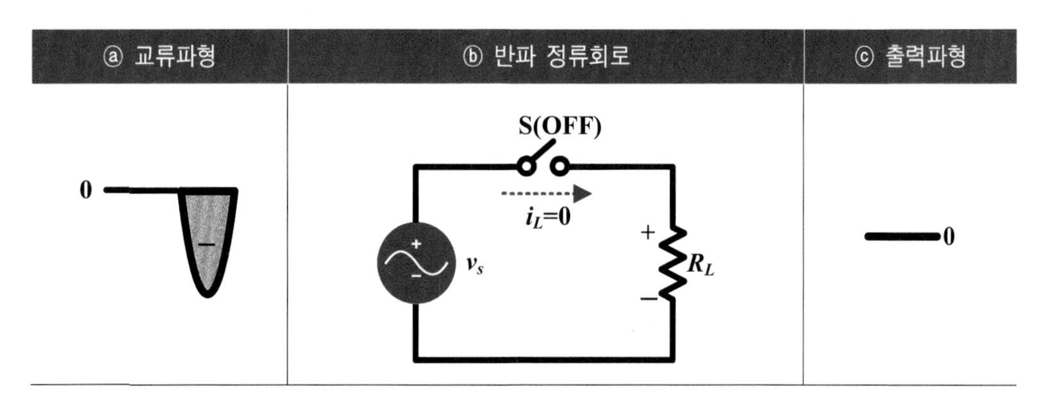

【그림 7.27】 반파 정류회로 (-) 반주기에 대한 회로

3 출력 특성

① 반파 정류 출력전압의 평균값

반파 정류된 출력전압은 직류전압이므로 평균값 개념을 사용하여, 한 주기 내의 곡선에 의해 둘러싸인 면적을 구하여 계산할 수 있다. 즉, 반주기 내의 면적을 계산하고 주기로 나누면

$$V_{AVG} = \frac{V_P}{\pi}$$

가 된다.(V_P는 첨두 전압=교류 최대값)

② 최대 역전압(PIV)

"첨두 역전압(PIV : Peak Inverse Voltage)"이라고도 불리는 최대 역전압은 다이오드가 역방향 바이어스되었을 때 입력 (-) 반주기가 첨두에서 나타난다. PIV는 입력전압의 첨두값과 같으며, 다이오드는 반복되는 최대 역전압을 견디는 내압을 가져야 한다.

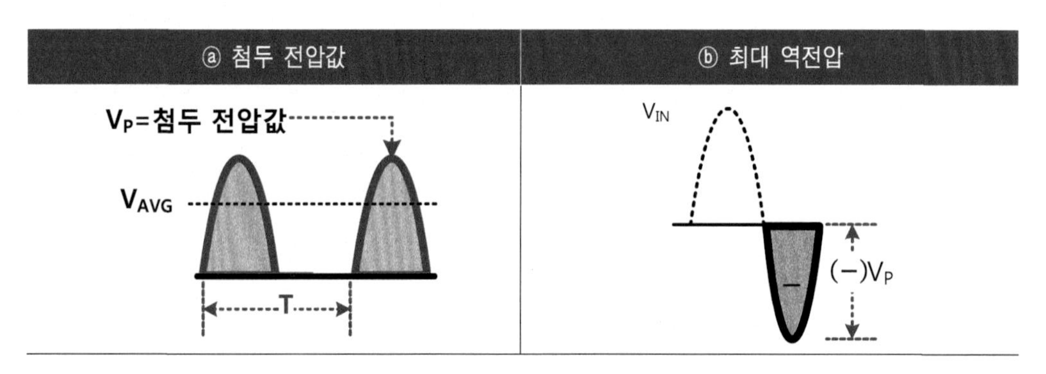

【그림 7.28】 첨두 전압값과 최대 역전압

7.4.3 전파 정류회로

1 전파 정류회로

① 전파 정류회로에서는 입력전압을 (+) 반주기 동안 정류하고 난 후에 (-) 반주기에서는 입력전압의 극성을 반대로 해서 정류하기 때문에, 반파 정류보다 고품질의 직류를 얻을 수 있다.

② 전파 정류와 반파 정류의 차이점은 전파 정류기(Full-Wave Rectifier)는 입력의 (+),

(-) 전주기 동안 부하에 한 방향으로 전류가 흐르게 하지만, 반파 정류기(Half-Wave Rectifier)는 반주기 동안만 전류가 흐르게 한다는 것이다.

③ 전파 정류의 출력전압은 【그림 7.29】와 같이 입력의 반주기마다 맥동하는 직류출력전압이 나타나며, 전파 정류한 전압의 평균값은 반파 정류된 전압의 평균값에 2배가 된다.

$$V_{AVG} = 2 \times \frac{V_p}{\pi}$$

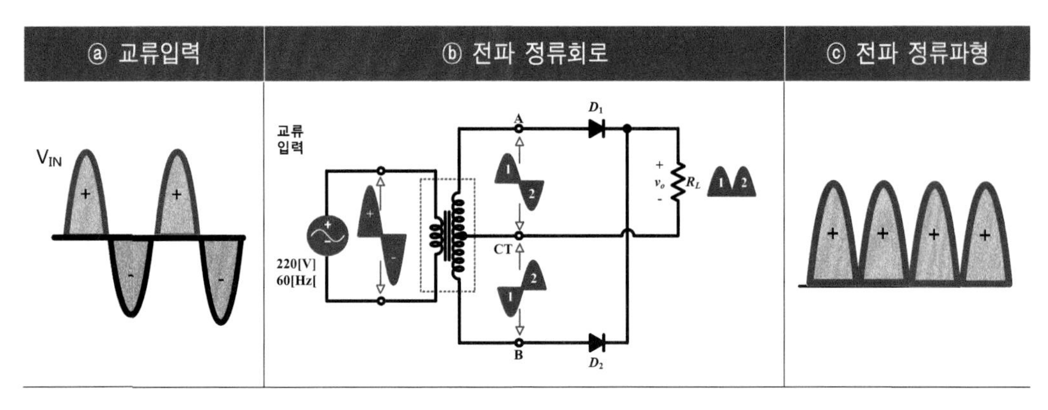

【그림 7.29】 전파 정류

예제

오른쪽 그림과 같은 전파 정류한 직류파형의 평균값은?

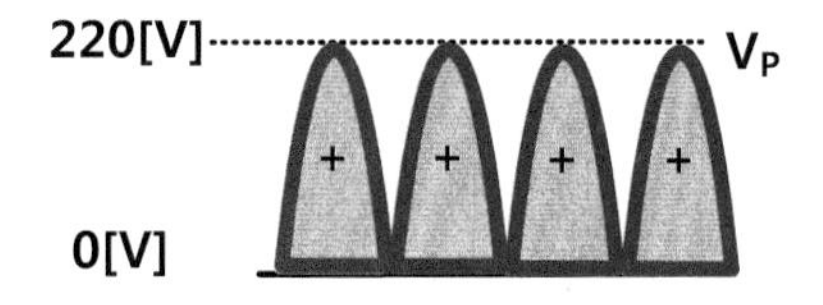

풀이

$$V_{AVG} = 2 \times \frac{V_p}{\pi} = 2 \times \frac{220\,[V]}{\pi} = 140.1\,[V]$$

2 브리지 정류기

① "브리지 정류기(Bridge Rectifier)"는 【그림 7.30】과 같이 4개의 다이오드를 하나의 패키지로 만들어서 전파 정류를 하는 정류회로이다.

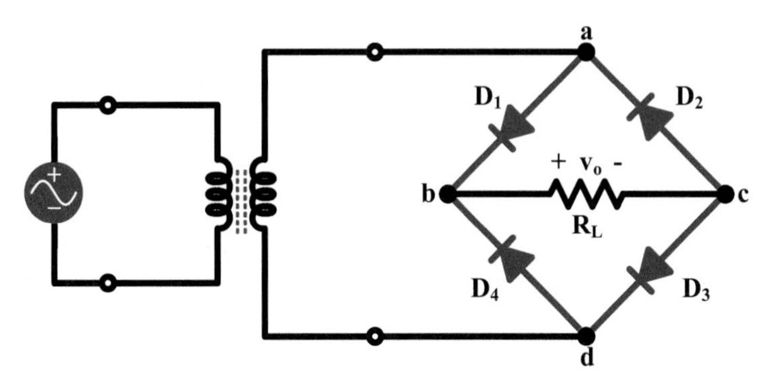

【그림 7.30】 브리지 정류기

② (+) 반주기 동안의 회로 동작은 【그림 7.31】 ⓐ와 같이 다이오드 D_1과 D_3를 통해 순방향 바이어스 전류가 R_L을 통해 흐른다. 이 구간 동안에 다이오드 D_2와 D_4는 역방향 바이어스 상태이다.

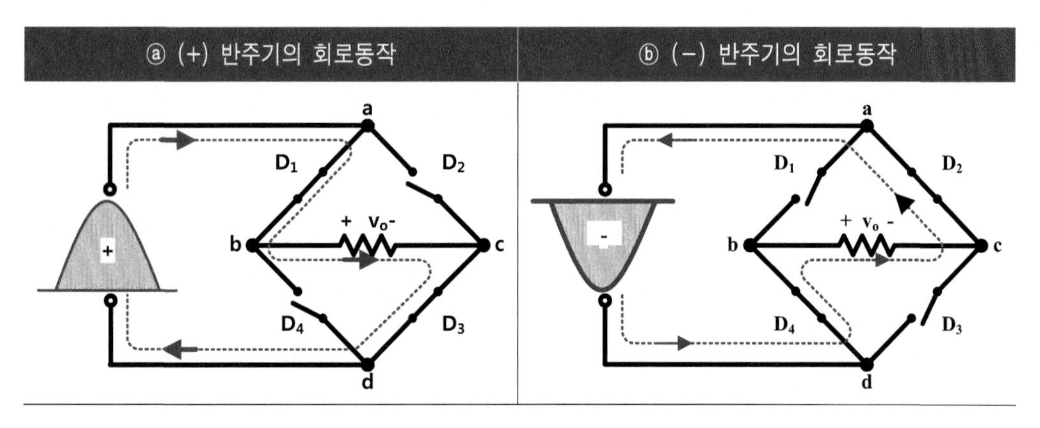

【그림 7.31】 (+), (-) 반주기 회로동작

③ (-) 반주기 동안에 회로동작은 【그림 7.31】 ⓑ와 같이 다이오드 D_2와 D_4는 순방향 바이어스되어서 전원전류가 부하저항 R_L에 흐르며, 이 구간 동안에 다이오드 D_1와 D_3는

역방향 바이어스 상태이다.

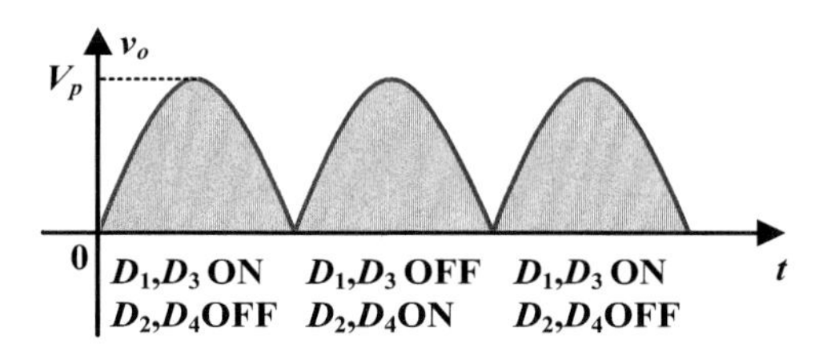

【그림 7.32】 출력파형

전자의 발견

전자를 발견하여 전기에 대한 이해를 한 단계 발전시키고 원자의 구조에 대한 새로운 사실을 밝혀내 현대물리학이 발전할 수 있는 기초를 마련한 사람은 영국의 물리학자 톰슨(Sir Joseph John Thomson, 1856-1940)이다.

톰슨은 음극선관을 이용한 실험을 통해 전자를 발견했다. 음극선관은 형광등과 비슷한 장치로 공기를 뺀 유리관 안에 (+)극과 (-)극을 연결한 것이다. 관의 양극을 전지에 연결하면 (-)극에서 무엇인가가 나와 (+)극으로 흘러가는데 사람들을 이것을 음극선이라고 불렀고 따라서 이 관을 음극선관이라고 부르게 되었다.

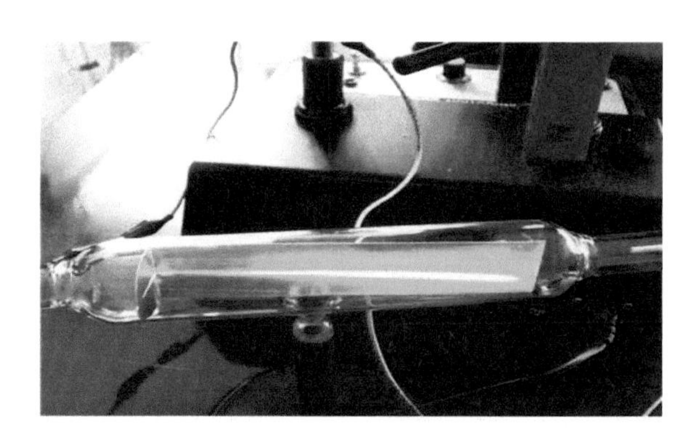

☞ **정류다이오드 1N4001~1N4007 내압**

1N4001 : 내압 DC 50[V]　　1N4002 : 내압 DC 100[V]
1N4003 : 내압 DC 200[V]　　1N4004 : 내압 DC 400[V]
1N4005 : 내압 DC 600[V]　　1N4006 : 내압 DC 800[V]
1N4007 : 내압 DC 1000[V]

7.5 정전압 레귤레이터 IC

① 일반적으로 전자회로는 정전압의 직류전원에서 동작하기 때문에 대부분의 전원용 IC는 출력전압을 안정화(레귤레이션)하는 기능이 있다.

② 그 때문에 출력전압을 검출하여 출력전압이 일정하도록 IC 내부에서 제어하고 있으며, 이러한 IC는 자체에서 전력을 만들어내는 것이 아니라, 입력 측으로부터 전력을 입력 받아서 부하 측에 전달하여, 전달하는 전력의 크기를 제어함으로서 출력전압을 안정화 한다.

③ 정전압 IC는 입력전압, 출력부하 전류 및 온도에 관계없이 일정한 직류 출력전압 및 전류를 제공한다.

7.5.1 78, 79XX 시리즈

1 IC 종류

① 고정출력 레귤레이터 IC는 (+)전압을 출력하는 78XX, (-)전압을 출력하는 79XX 시리즈가 있다.

② 고정출력전압은 ±5[V], ±6[V], ±7[V], ±8[V], ±9[V], ±10[V], ±12[V], ±15[V]가 있다.

③ 7805 시리즈의 형명을 살펴보면

㉮ 출력극성(78 : 플러스, 79 : 마이너스)

㉯ 출력전류(L : 100[mA], M : 500[mA], 공백 : 1[A], H : 5[A], P : 10[A])

㉰ 출력전압(05 : 5[V], 09 : 9[V], 12 : 12[V], 15 : 15[V])

③ 【그림 7.33】과 같이 3단자 레귤레이터의 핀 번호와 명칭을 보면 7805의 경우 품명이 인쇄된 평평한 면을 바로 보았을 때, 왼쪽 리드가 입력, 중앙의 리드가 어스(접지), 오른쪽의 리드가 출력이다. 78L05의 경우 품명이 인쇄된 면을 바라보았을 때, 왼쪽 리드가 출력, 중앙의 리드가 어스(접지), 오른쪽의 리드가 입력이며, 7805와는 반대이므로 주의할 필요가 있다.

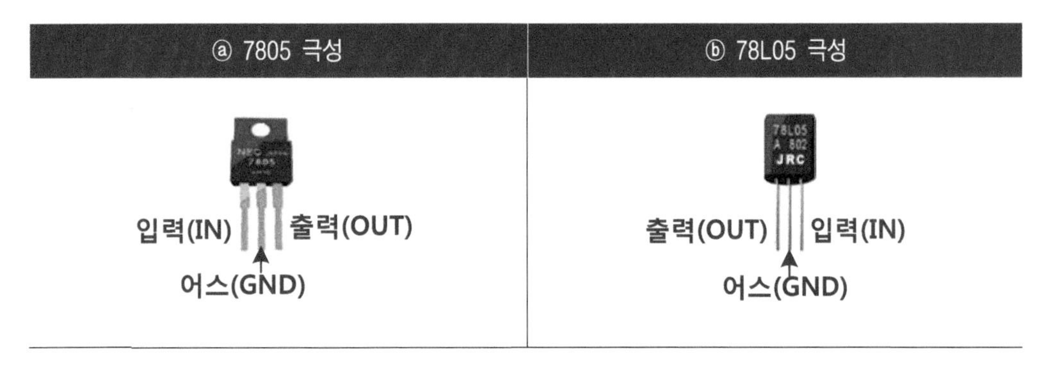

【그림 7.33】 7805와 78L05 극성

2 사용 예

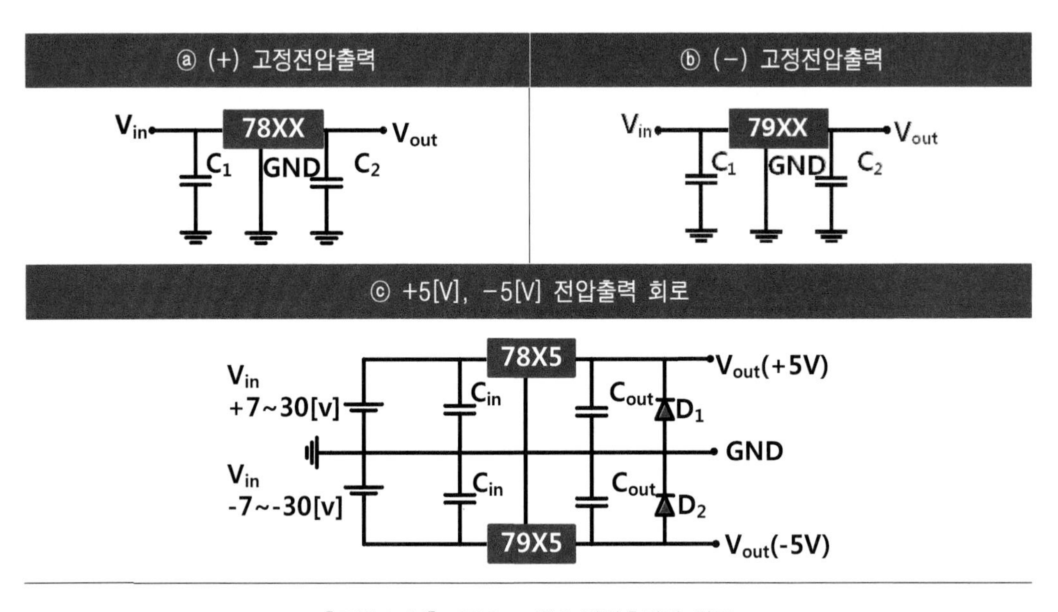

【그림 7.34】 +5[V], -5[V] 전압출력의 회로

① 일반적인 레귤레이터의 경우 V_{in} > V_{out}+2[V]라는 조건을 만족해야 한다. 예를 들어서 +5[V] 레귤레이터를 사용하기 위해서는 7[V] 이상의 입력전압을 인가해야 하는데, 여기서 7[V]란 의미는 리플전압에서 최소전압을 의미한다.

② 【그림 7.34】와 같이 일반적으로 입력측에 C_{in} 콘덴서를 접속하는 것은 발진(외부로부터 신호를 가하지 않아도 연속해서 신호가 발생하는 현상)을 방지하기 위하여 연결한다.

실험실습

1 실험기기 및 부품

【1】 브레드보드 및 DMM

【2】 저항

① 330[Ω] ② 100[Ω] ③ 470[Ω] ④ 1k[Ω]

【3】 다이오드

① 1N4007 ② 1N4937 ③1N5822

④ 브릿지 다이오드 ⑤ 제너 다이오드

【4】 전해콘덴서 : 470[uF] 5】 LED 6】 변압기 7】 램프 8】 오실로스코프

2 다이오드 특성 실습

【1】 회로도

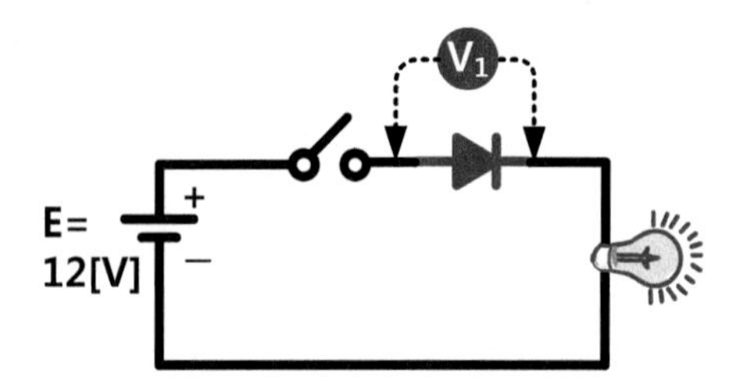

【2】 실습방법

① 각각의 다이오드를 교체하면서 순방향 전압을 측정한다.

② 측정

다이오드	다이오드 순방향 전압(V_1)
① 1N4007	
② 1N4937	
③ 1N5822	

3 LED 구동회로

[1] 회로도

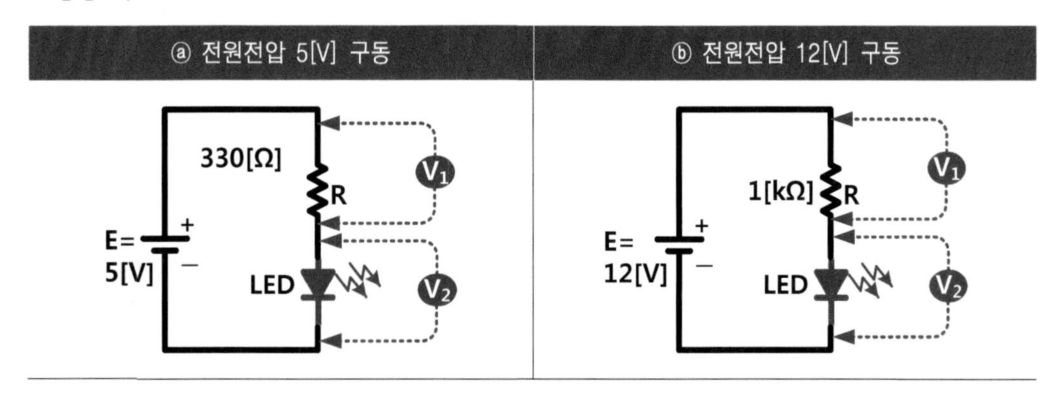

[2] 실습방법

① LED 회로를 구성한다.

② 측정

전원 전압	V_1	V_2
① 5[V]		
② 12[V]		

4 제너 다이오드 구동회로

[1] 회로도

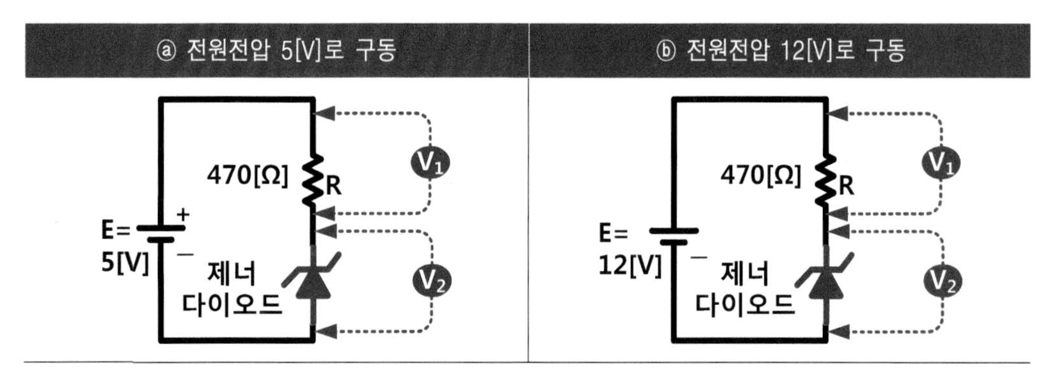

【2】 실습방법

① 제너 다이오드 회로를 구성한다.

② 측정

전원전압	제너 다이오드 전압
① 5[V]	
② 12[V]	

5 반파 정류회로

【1】 회로도

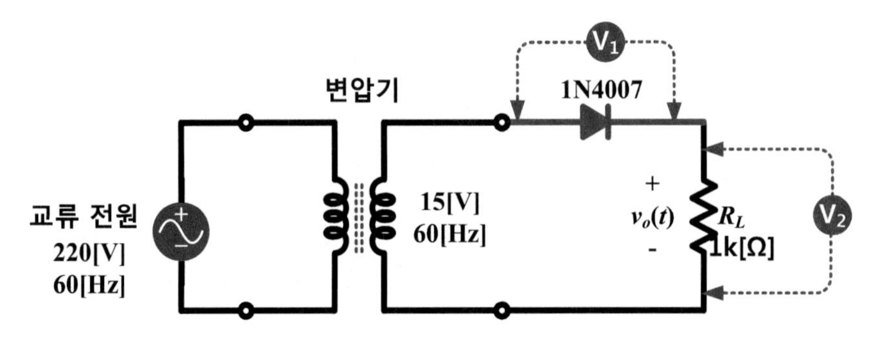

【2】 실험방법

① 반파 정류회로를 구성하고 V_1, V_2 전압파형을 오실로스코프로 측정하여 파형을 그려라.

② 측정파형

입력-정현파	V_1 파형	V_2 파형

6 브릿지 정류회로

【1】 회로도

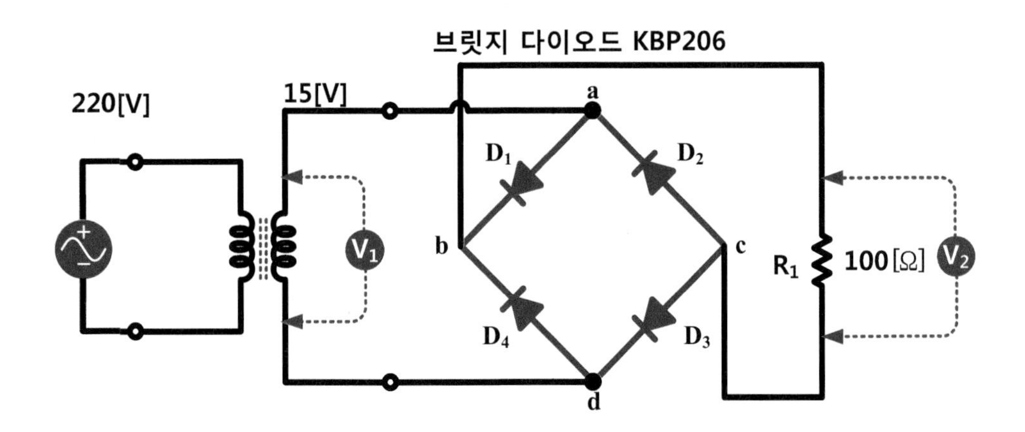

【2】 실험방법

① 브릿지 정류회로를 구성하고 V_1, V_2 전압파형을 오실로스코프로 측정하여 파형을 그려라.

② 측정파형

입력-정현파	V_1 파형	V_2 파형

③ 브릿지 정류회로에 평활용 콘덴서를 추가하여 V_2전압 파형과 평균값을 측정한다.

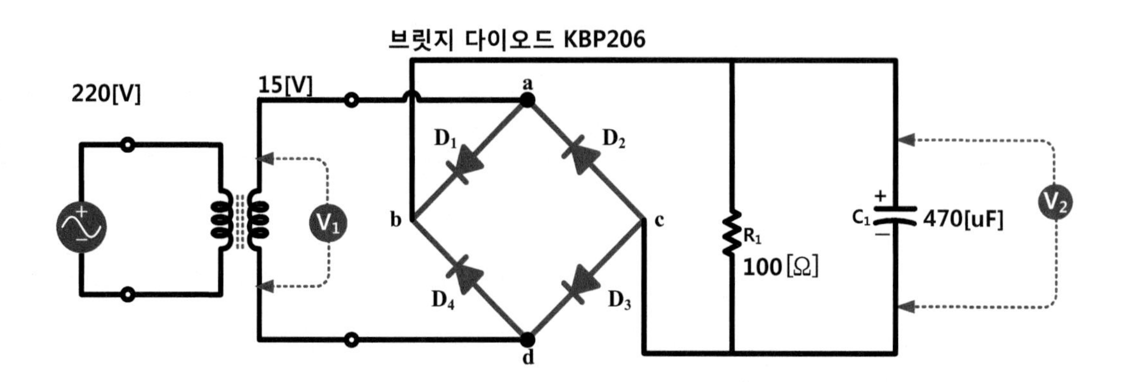

④ 측정파형

입력-정현파	V_1 파형	V_2 파형

CHAPTER

08 트랜지스터(Transistor)

【학습목표】

1】 트랜지스터의 기본동작과 전압증폭에 관하여 학습한다.

2】 트랜지스터의 스위칭 동작에 관하여 학습한다.

• 요점정리 •

❶ 바이폴러 트랜지스터에는 3개의 전극이 있으며 각각의 전극의 명칭을 "이미터(Emitter), 베이스(Base), 컬렉터(Collector)"라고 한다. 이미터, 베이스, 컬렉터는 각각 E, B, C라는 기호로 표시한다.

❷ 트랜지스터의 베이스–이미터 간에 흐르는 전류를 "베이스 전류(I_B)"라고 하며, 컬렉터–이미터 간에 흐르는 전류를 "컬렉터 전류(I_C)"라고 한다.

❸ $I_E = I_B + I_C$ 이다.

❹ 트랜지스터는 베이스 전류에 의하여 컬렉터와 이미터 사이의 저항값을 가변시켜서 증폭 또는 스위치로 사용하는 반도체 소자이다.

❺ NPN 트랜지스터의 베이스 입력전압을 낮게 하여 트랜지스터를 차단상태로 하였을 때와 베이스 입력전압을 높게 하여 트랜지스터를 포화상태로 하였을 때의 2가지 상태를 이용하여 컬렉터와 이미터를 스위칭소자로써 사용한다.

① 입력전압이 0.7[V] 이하이면 ⇒ $I_C=0$ ⇒ 컬렉터와 이미터 단자가 차단상태

② 입력전압이 0.7[V] 이상이면 ⇒ 트랜지스터가 포화상태 ⇒ $I_C \fallingdotseq V_{CC}/R_L$ ⇒ 컬렉터와 이미터 단자가 연결 상태

❻ DMM을 이용하여 트랜지스터의 극성을 찾을 경우

① 일반 트랜지스터는 베이스와 이미터 사이의 저항값이 베이스와 컬렉터 사이의 저항값보다 약간 크다.

② 달링턴트랜지스터는 베이스와 이미터 사이의 저항값이 베이스와 컬렉터 사이의 저항값보다 매우 작다.

8.1 트랜지스터(Transistor) 개요

8.1.1 트랜지스터 분류

① 트랜지스터는 동작구조상 차이에 따라 바이폴러(bipolar) 트랜지스터와 유니폴러(uni-polar) 트랜지스터로 분류할 수 있다.

② 바이폴러 트랜지스터

㉮ Bi(2개) Polar(극성)의 의미로서 트랜지스터를 구성하는 반도체에 정공과 전자에 의해 전류가 흐르게 되어 있는 것을 **"바이폴러 트랜지스터"**라고 한다.

㉯ 일반적인 트랜지스터는 실리콘으로 되어 있는 바이폴러 트랜지스터를 가리킨다.

③ 유니폴러 트랜지스터

㉮ 유니폴러는 "하나의 극을 가진다"라는 의미이며, 일반적인 트랜지스터에서는 전류는 전자와 정공, 두 가지에 의하여 운반된다.

㉯ 단극성 유니폴러 트랜지스터인 FET는 전자 또는 정공의 어느 한 쪽만이 전류를 운반하는 역할을 하므로 이와 같이 부른다.

☞ **트랜지스터(Transistor)**

Trans + Resistor의 합성어로 베이스 전류에 의하여 컬렉터와 이미터의 저항값을 변화시켜서 컬렉터와 이미터에 흐르는 전류를 제어하는 소자이다.

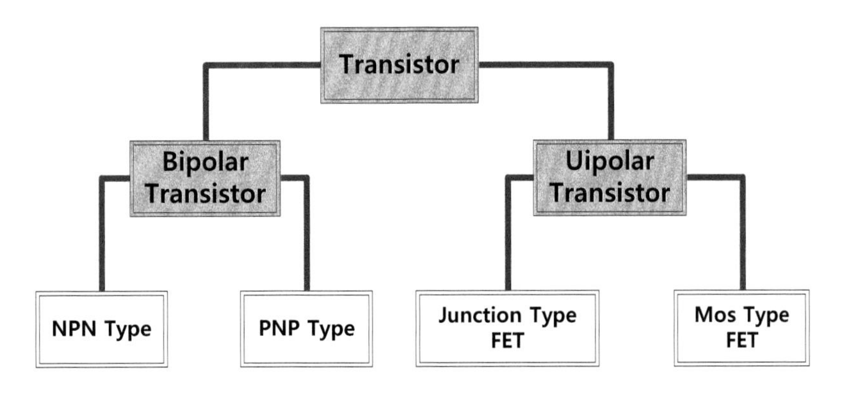

【그림 8.1】 트랜지스터 분류

㉰ FET

Field Effect Transistor의 약어로 "전계효과 트랜지스터"라 하며, 접합형 FET와 MOS형 FET가 있다.(상세한 내용은 제9장 전력용 반도체에서 MOSFET 참조)

☞ **전계효과(Field Effect)**

㉮ 어떤 반도체에 전계를 걸어주었을 때 반도체 내의 캐리어(자유전자 또는 정공)들이 인가된 전계에 따라 (+)극에는 (-) 캐리어 즉, 전자가 모이고, (-)극에는 (+) 캐리어 즉, 정공이 모여서 전류를 흘릴 수 있는 도전성 채널을 만들어 주는 현상이다.

㉯ 전계효과를 이용한 트랜지스터를 FET(Field Effect Transistor=전계효과 트랜지스터)라고 한다.

㉱ MOSFET

MOS는 Metal Oxide Semiconductor의 약어로 그 구조가 금속(Metal), 실리콘 산화막(Oxide), 반도체(Semiconductor)로 구성되었다.

☞ **MOSFET(Metal Oxide Semiconductor Field Effect Transistor)**

게이트전압에 의하여 드레인과 소스 사이의 저항값을 변화시켜서 드레인과 소스에 흐르는 전류를 제어하는 소자이다.

8.1.2 바이폴러(bipolar) 트랜지스터 종류

1 바이폴러(bipolar) 트랜지스터 전극

① 바이폴러(bipolar) 트랜지스터 종류와 전극간 구조에 대하여 알아보기로 한다. 트랜지스터에는 【그림 8.2】와 같이 여러 가지의 형상이 있다.

【그림 8.2】 바이폴러(bipolar) 트랜지스터 외관

② 트랜지스터는 3개의 단자가 있으며 각각의 단자를 "**이미터(Emitter), 베이스(Base), 컬렉터(Collector)**"라고 하며, 이미터, 베이스, 컬렉터는 각각 E, B, C라는 약자(기호)로 표시한다.

③ 바이폴러(bipolar) 트랜지스터는 기본적으로 PNP형과 NPN형 2가지 종류가 있으며, 외형은 동일하나, 기본동작과 내부구조가 다르며, 전압인가 방법도 차이를 보인다. 내부적인 구조는 기본적으로는 다이오드로 등가회로를 나타낼 수 있다.

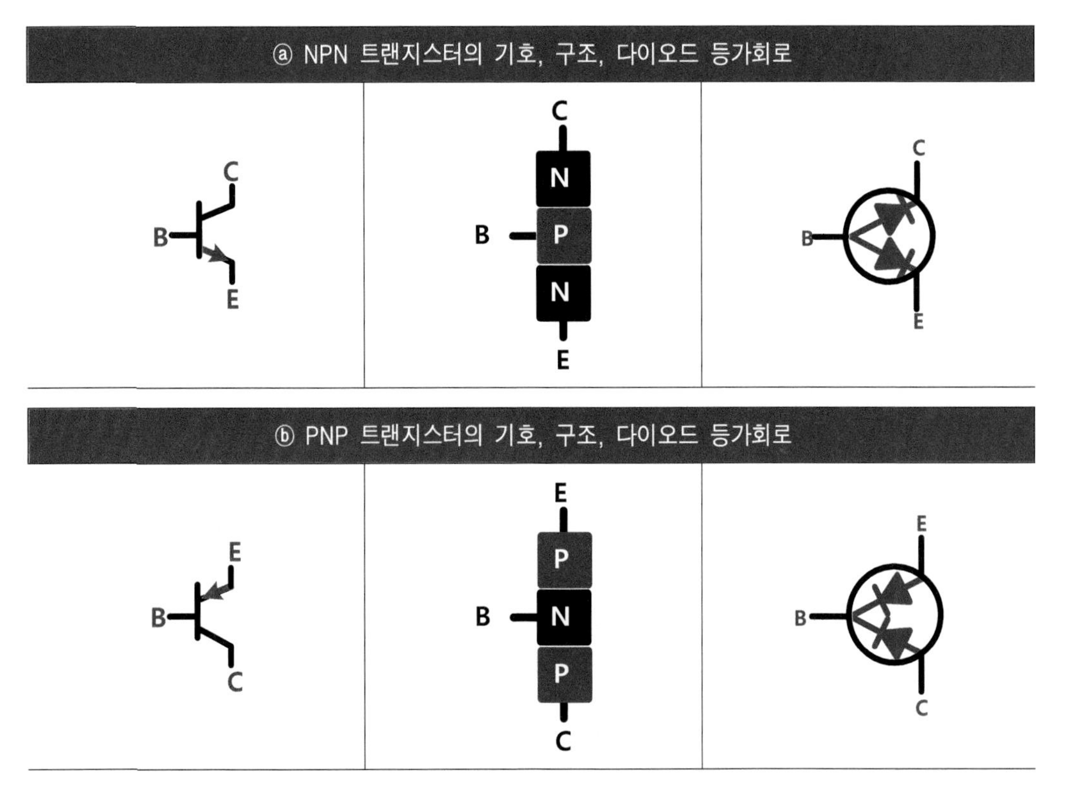

【그림 8.3】 바이폴러 트랜지스터 종류와 등가회로

☞ **이미터(Emitter) 전자의 유입, 베이스(Base) - 중간층, 컬렉터(Collector) - 전자의 출구**

⑤ 다이오드 등가회로

㉮ NPN 트랜지스터는 베이스에서 이미터, 베이스에서 컬렉터의 방향으로 각각 다이오드가 들어가 있는 등가회로로 나타낼 수 있다.

㉯ PNP 트랜지스터는 이미터로부터 베이스, 컬렉터로부터 베이스의 방향으로 각각 다이오드가 들어가 있는 등가회로로 나타낼 수 있다.

2 바이폴러 트랜지스터 명칭 표기법

바이폴러 트랜지스터 명칭 표기법은 나라별로 다소의 차이가 있다.

① 일본식 명칭 표기법

㉮ 2SA562 고주파용 PNP 트랜지스터(싱글트랜지스터 계열)

㉯ 2SB178 저주파용 PNP 트랜지스터(달링턴트랜지스터 계열)

㉰ 2SC1815 고주파용 NPN 트랜지스터(싱글트랜지스터 계열)

㉱ 2SD560 저주파용 NPN 트랜지스터(달링턴트랜지스터 계열)

② 미국식 명칭 표기법

㉮ 2N2222

("2N"의 의미는 접합면이 두 개인 반도체라는 것을 의미하며, "2222"는 반도체협회에 등록된 일련번호를 의미한다.)

㉯ 그밖의 미국업체의 표기법은 CS9012, CS9013, TIP41C, TIP42C 등이 있다.

③ 유럽식 명칭 표기법

예) BC107

B	C	107
반도체 종류	제품 종류	107
A : (Ge)게르마늄 B : (Si)실리콘 C : 3, 5족 반도체 (예 : GaAs)	A : Diode B : 가변용량 Diode C : 저주파 TR D : 저주파 출력 TR E : 터널 Diode	반도체협회에 등록한 일련번호

8.2 트랜지스터의 기본동작

8.2.1 트랜지스터(바이폴러 트랜지스터)의 기본동작

① 트랜지스터 동작을 NPN형 트랜지스터를 중심으로 알아보면, NPN 트랜지스터의 컬렉터·이미터 간에 【그림 8.4】 ⓐ와 같이 전압을 인가하면 D_1에 대해서는 순방향전압, D_2에 대해서는 역방향이 되어 켈렉터 - 이미터 사이가 차단 상태이므로 전류는 흐르지 않는다.

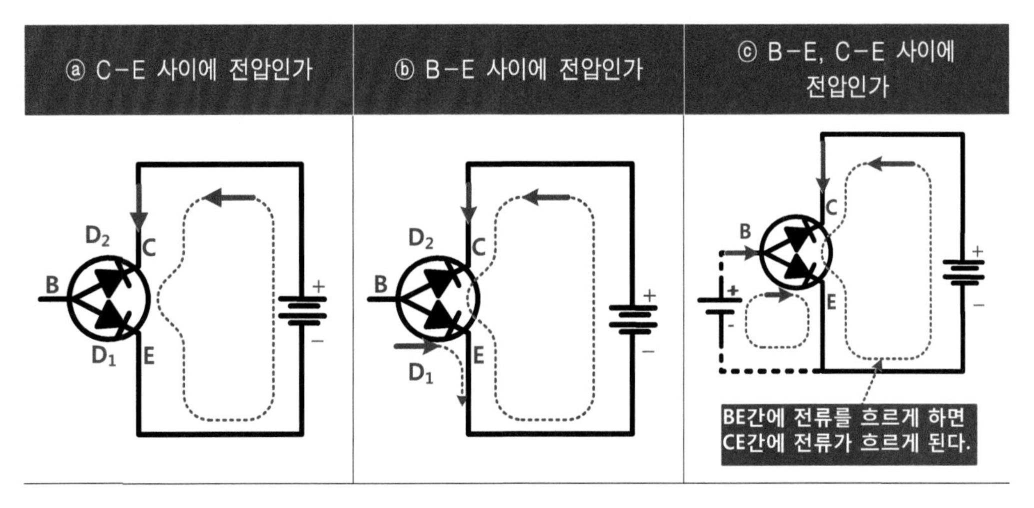

【그림 8.4】 바이폴러 트랜지스터의 기본동작

② 이 상태에서 다시 베이스 - 이미터 간에도 전압을 인가하면, 【그림 8.4】 ⓑ에서는 D_2의 다이오드가 역방향이므로 컬렉터-이미터 간에 전류는 흐르지 않는다고 생각이 되겠지만, 실제적로는 베이스-이미터 간에 전류를 흐르게 하여서 다이오드 D_2에 전류가 흐르게 된다. 이 현상은 트랜지스터의 내부동작에 의한 것이다.

③ 트랜지스터 바이어스

㉮ 【그림 8.4】 ⓒ와 같이 컬렉터 - 이미터 간에 전압을 인가 ⇒ 베이스 - 이미터 간에 전압을 인가 ⇒ 베이스 - 이미터 간에 전류가 흐름 ⇒ 컬렉터 - 이미터 간에 전류가 흐르게 된다.

㉯ 베이스 - 이미터 간에 흐르는 전류를 증가함에 따라서 컬렉터 - 이미터 간에 흐르는 전류도 증가한다.

④ 트랜지스터 전류

㉮ 트랜지스터의 베이스 - 이미터 간에 흐르는 전류를 "베이스 전류(I_B)"라고 하며, 컬렉터 - 이미터 간에 흐르는 전류를 컬렉터 단자를 흐르는 전류라는 것으로 "컬렉터 전류(I_C)"라고 한다.

㉯ 그리고 이 I_B와 I_C는 모두 이미터 단자에도 흐르게 되므로 이 전류를 "이미터 전류(I_E)"라고 한다.

㉰ 여기서 I_E, I_B, I_C 간에는 다음 식이 성립한다. $I_E = I_B + I_C$

⑤ 2SC1684라고 하는 NPN 트랜지스터에 대해서 베이스 - 이미터간의 전류에 대하여 컬렉터 - 이미터간의 전류는 【그림 8.5】 ⓑ에서 볼 수 있듯이 베이스 - 이미터간의 전류가 0일 때는 컬렉터 - 이미터간의 전류도 0이 되며, 베이스 - 이미터간의 전류를 증가시키면 컬렉터 - 이미터간의 전류도 증가한다.

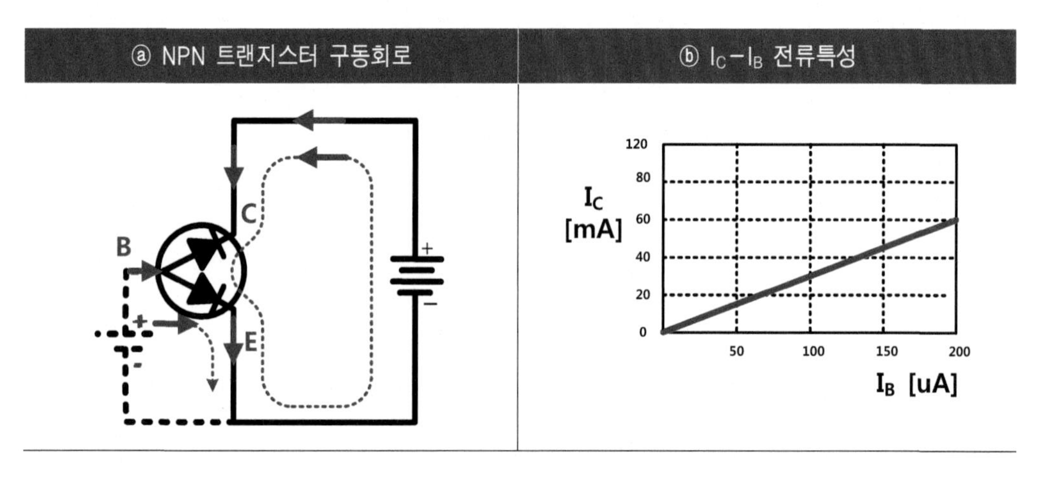

【그림 8.5】 트랜지스터(2SC1684) 전류 그래프

⑥ 【그림 8.6】과 같이 회로동작은 NPN 트랜지스터 및 PNP 트랜지스터가 동일한 동작을 한다.

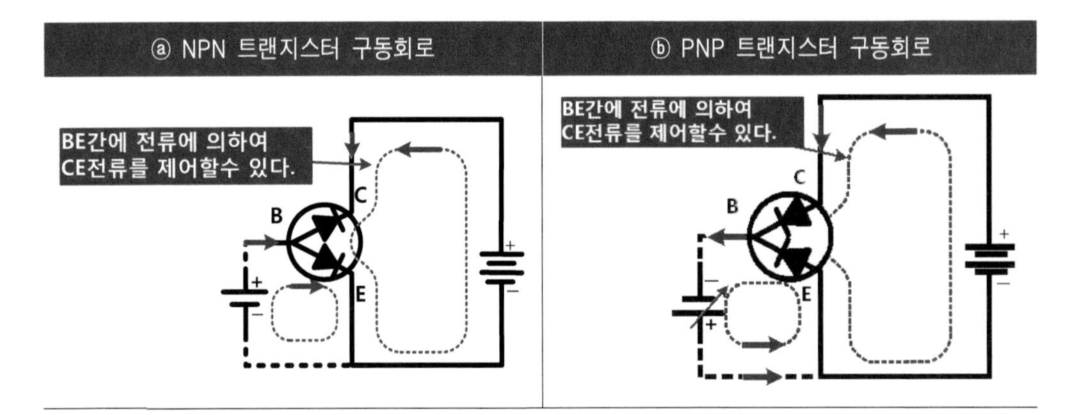

【그림 8.6】 NPN, PNP 트랜지스터 동작

⑦ 그러면 트랜지스터의 컬렉터-이미터 간에 【그림 8.7】과 같이 램프와 전원의 회로를 접속해 두고, 베이스 전류를 다음과 같이 변화시키면 램프는 어떻게 될 것인가?

㉮ 베이스 전류가 0일 때 ⇒ 램프에 전류가 흐르지 않아 점등하지 않는다.

㉯ 베이스 전류를 증가한다. ⇒ 램프에 흐르는 전류가 증가하고 밝게 된다.

㉰ 베이스 전류를 감소한다. ⇒ 램프에 흐르는 전류가 감소하고 어둡게 된다.

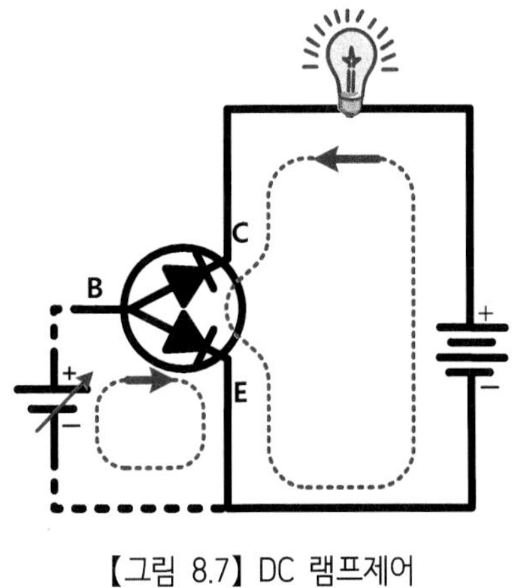

【그림 8.7】 DC 램프제어

⑧ 지금까지의 공부에서 트랜지스터의 베이스 전류(I_B)에 의하여 컬렉터 전류(I_C)를 제어할 수 있다는 것을 알게 되었다. 앞에서의 2SC1684의 특성곡선에서 베이스 전류 I_B의 변화에 대하여 컬렉터 전류 I_C의 값은 어떻게 되어 있는가?

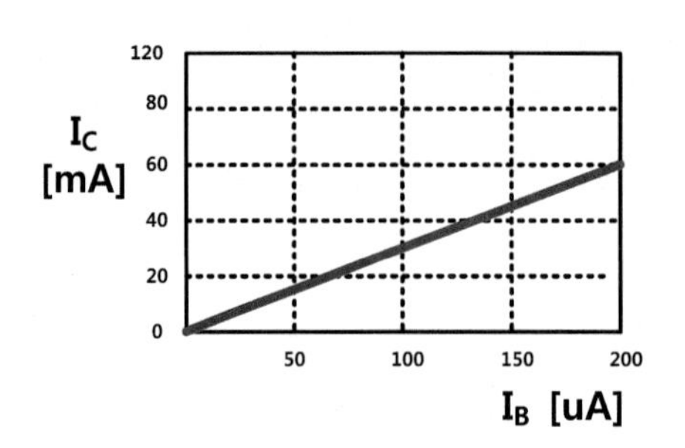

【그림 8.8】 트랜지스터의 전류 특성곡선

㉮ I_B가 0[μA]에서 50[μA]까지 변화하면 I_C는 0[mA]에서 15[mA]까지 변화하고 있어서 컬렉터 전류 I_C는 베이스 전류 I_B의 변화에 비해 300배(I_C/I_B=15[mA]/50[μA]) 정도로 크게 변화한다.

㉯ 트랜지스터는 베이스 전류 I_B에 의하여 컬렉터 전류 I_C의 흐름을 제어할 뿐만이 아니라 매우 적은 I_B의 값으로 I_C의 값을 크게 변화시킬 수가 있다.

㉰ 여기서 베이스 전류 I_B의 값에 대하여 몇 배의 컬렉터 전류 I_C가 흐르는가에 대한 비율을 **"전류 증폭율 h_{FE}"**라고 한다. 즉, $h_{FE} = \frac{I_C}{I_B}$

㉱ 이 값은 Data Sheet에 반드시 명기되어 있으나 일반적으로 수십에서 수백의 값을 가지고 있다. 즉, 트랜지스터의 베이스 전류 I_B의 매우 적은 변화에 대해서 컬렉터 전류의 값을 수 10배에서 수 100배로 증폭시킬 수가 있다.

☞ **증폭(Amplification)**

㉮ 입력신호의 진폭을 크게 만들어 큰 출력신호로 변환시키는 동작을 말한다.

㉯ "입력신호를 큰 출력신호로 만든다."라는 것은 신호 그 자체가 커지는 것이 아니라 실제 증폭회로에서는 전원으로부터 공급받은 에너지를 작은 입력신호에 의해 제어하고, 출력회로에서 큰 출력신호를 인출하기 위해서 트랜지스터를 이용한 증폭기를 사용한다.

8.3 전압증폭

8.3.1 전압증폭

① 전압증폭을 시키기 위한 반도체소자로서는 트랜지스터나 OP 앰프가 있다. 또한, 전력 제어를 하기 위한 반도체소자로서는 트랜지스터, 약간 동작은 다르나 MOSFET, 사이리스터, 트라이액 등이 있다.

② 바이폴러 트랜지스터를 사용하여 전압증폭에 대하여 공부하고, 바이폴러 트랜지스터를 어떻게 활용하면 이와 같은 동작을 시킬 수 있는 것인지 알아보기로 한다.

③ 【그림 8.9】와 같은 특성이 있는 바이폴러 트랜지스터를 사용한 경우, 전압 V_B가 온도 변화에 의하여 0.675[V]에서 0.725[V]로 변화하였을 때의 컬렉터 전압 V_C의 값을 구하여라. V_C의 값은 전원 전압 V_{CC}에서 저항 R_C에 의한 전압강하 $I_C R_C$를 뺀 것이 된다.

V_B=0.675[V] ⇒ I_B = | ㈎ 20[μA] | ⇒ I_C = | ㈏ 2[mA] | ⇒ V_C = | ㈐ 8[V] |

V_B=0.725[V] ⇒ I_B = | ㈑ 80[μA] | ⇒ I_C = | ㈒ 8[mA] | ⇒ V_C = | ㈓ 2[V] |

(여기서 $I_C=I_B h_{FE}$, $V_C=V_{CC}-I_C R_C$ 식을 이용하면 됨.)

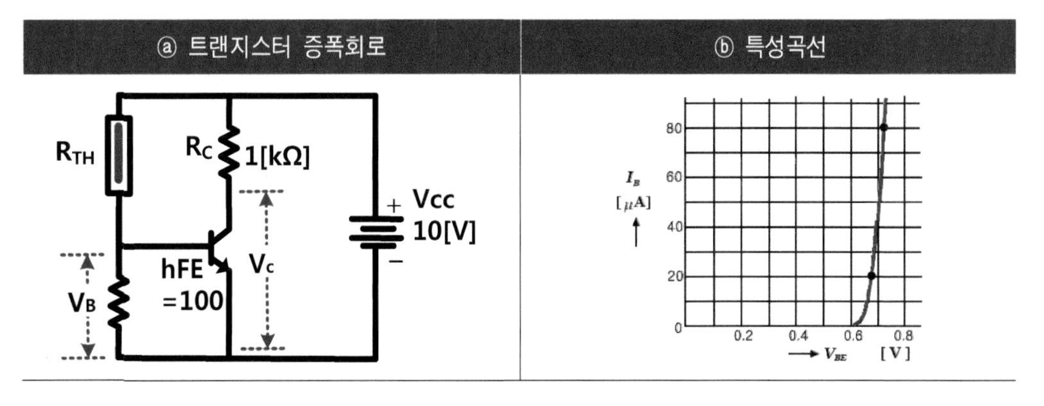

【그림 8.9】 트랜지스터 증폭회로 및 특성곡선

④ V_C 값의 변화에 대하여 알아보면 다음과 같다.

㉮ 온도가 상승하여 V_{BE}의 값이 0.675[V]에서 0.725[V]로, 0.05[V] 정도만 변화하면 V_C의 값은 8[V]~2[V]로 6[V] 정도 변화하게 된다.(R_{TH} : 써미스터, 12장 온도센서 참조)

㉯ 【그림 8.10】의 점 a단자를 입력단자로 하고 점 b단자를 출력단자로 하면 입력전압의 0.05[V]의 전압변화에 대하여 120배(6[V]÷0.05[V])인 6[V] 정도의 큰 출력전압의 변화를 얻게 되는 것이다.

㉰ 【그림 8.10】에서 점선으로 나타낸 회로를 **"전압증폭회로"**라고 하며, 이 전압변화의 배율을 "전압증폭도"라고 한다. 이 경우는 120배의 증폭도를 가진 전압증폭기이다.

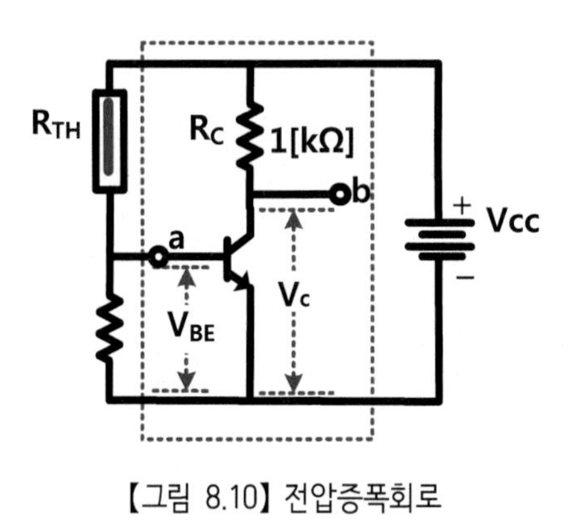

【그림 8.10】 전압증폭회로

⑤ 여기서 주의할 점은 입력전압(V_B)이 증가 또는 감소할 경우에 출력전압(V_C)은 【그림 8.11】과 같이 변화한다.

㉮ V_B가 상승한다. ⇒ I_B, I_C가 증가한다. ⇒ R_C의 전압강하가 크게 된다. ⇒ V_C가 감소한다.

㉯ V_B가 하강한다. ⇒ I_B, I_C가 감소한다. ⇒ R_C의 전압강하가 적게 된다. ⇒ V_C가 상승한다.

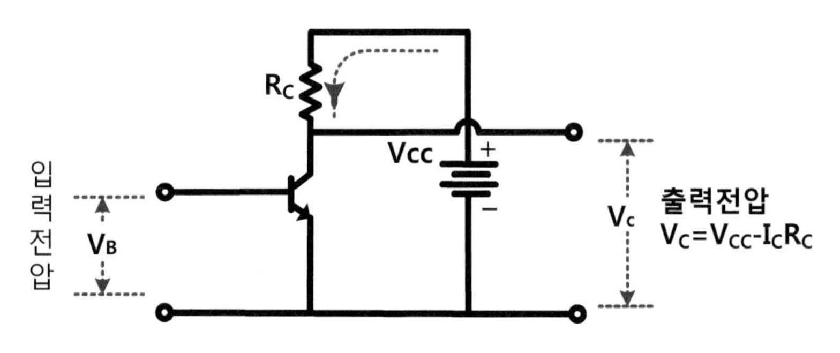

【그림 8.11】 입력전압에 대한 출력전압 변화

㉰ 입력전압이 증가 ⇒ 출력전압이 감소하고, 입력전압이 감소 ⇒ 출력전압이 상승하게 된다. 트랜지스터를 사용한 전압증폭기에서는 이와 같이 입력전압과 출력전압과는 변화의 방향이 반대된다.

㉱ 따라서 【그림 8.12】 ⓐ와 같이 써미스터를 접속하고 이 검출전압을 증폭하면 온도의 상승에 따라서 출력전압이 감소하게 된다.

㉲ 이와 반대의 동작하고 싶을 경우에는 【그림 8.12】 ⓑ와 같이 써미스터를 베이스-이미터 사이에 넣거나, 또는 【그림 8.12】 ⓒ와 같이 트랜지스터 TR_1에서 증폭되어 온 출력(V_{C1})을 다시 한 번 트랜지스터 TR_2에서 증폭하는 등의 방법을 사용할 수 있다.

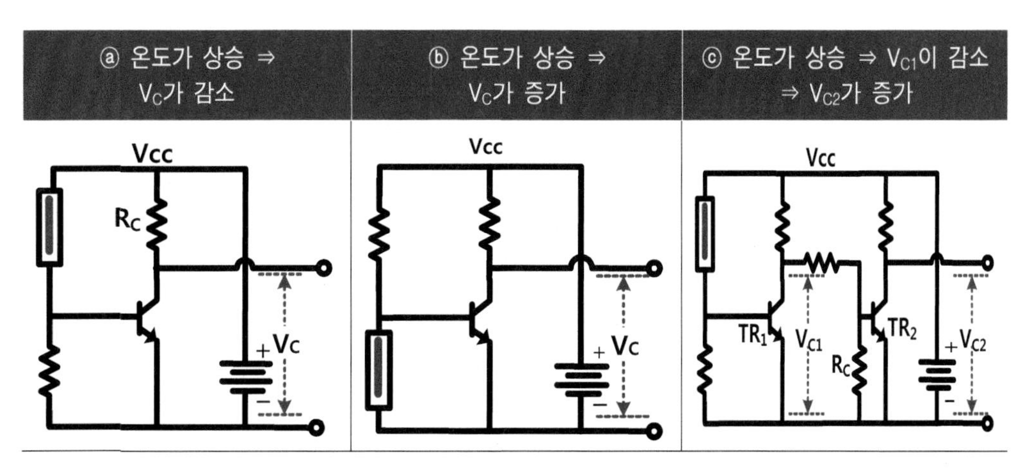

【그림 8.12】 온도 상승에 대한 출력전압 변화

8.3.2 전압증폭기 기본회로

1 h_{FE} 불균일

① 지금까지 입력으로부터의 작은 전압변화를 큰 전압변화로 증폭하기 위한 트랜지스터 회로에 대해서 학습하였다.

② 그러나 【그림 8.13】과 같은 회로는 입력전압 V_B의 약간 변화로 매우 큰 컬렉터 전류와 출력전압이 변화된다. 이와 같은 회로는 실제로 트랜지스터의 h_{FE}는 값이 일정하지 않고 불균일(변동)값을 갖기 때문에 이와 같은 회로는 원하는 출력을 얻기가 어렵다.

③ 예를 들어서 2N2222A 트랜지스터의 h_{FE}는 최소100~최대 300까지 변화가 심하므로 원하는 출력전류 또는 전압을 얻기가 어렵다.

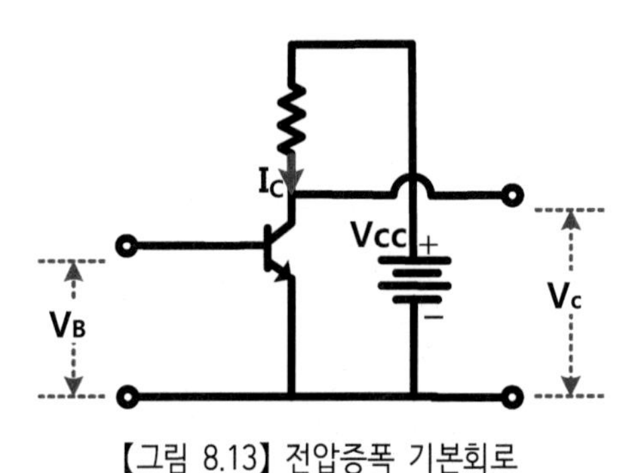

【그림 8.13】 전압증폭 기본회로

	최소값	표준값	최대값
h_{FE}	100		300

2 이미터 저항 삽입

① 트랜지스터를 사용할 경우는 이와 같은 h_{FE}가 불균일을 전제로 하여 생각하여야 한다. 이것을 무시하여 사용하였을 때에는, 회로를 구성하여도 필요로 하는 컬렉터 전류(I_C)나 출력전압(V_C)을 얻을 수가 없다.

② 지금부터는 이와 같은 h_{FE}가 불균일을 고려하여 영향을 최소화하는 전압증폭기에 대하여 알아보자.

③ 트랜지스터를 사용한 전압증폭기에서는 【그림 8.14】와 같은 이미터 쪽에 저항 R_E를 접속하는 것에 의하여 안정된 컬렉터 전류(I_C)나 출력전압(V_C)을 얻을 수 있다.

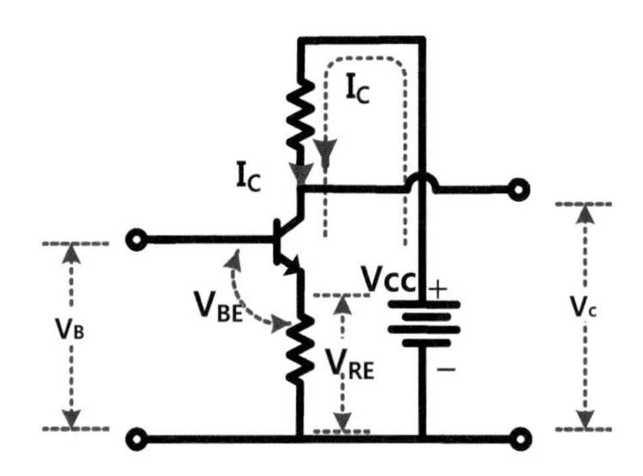

【그림 8.14】 이미터 저항(R_E)을 삽입한 회로

④ 이와 같이 이미터 쪽에 저항을 넣으면 h_{FE}가 안정적인 값을 얻을 수 있는데, 예를 들어 h_{FE}가 90에서 150으로 변화하더라도 I_C나 V_C는 대체로 안정된 값에서 동작시킬 수 있게 된다.

⑤ 【그림 8.15】 ⓐ와 같이 R_E를 넣으면 I_C는 다음과 같은 식으로 정의할 수 있으며, h_{FE}와는 관계가 없게 된다.

$$I_C = \frac{V_B - V_{BE}}{R_E}$$

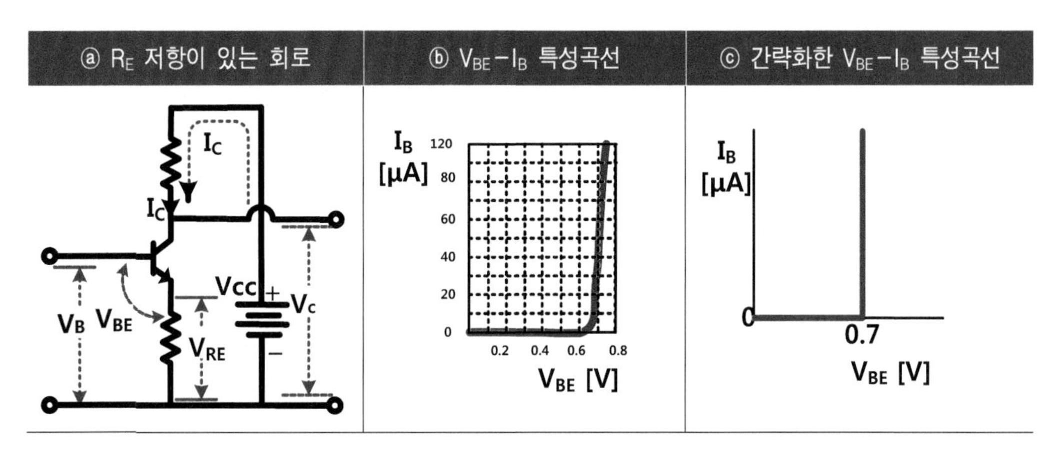

【그림 8.15】 R_E 저항을 삽입한 회로 및 특성곡선

⑥ 그러면 이미터 쪽에 저항 R_E를 접속하면, 왜 이와 같은 동작을 하는 것인가를 살펴보기로 한다.

㉮ 【그림 8.15】 ⓐ와 같이 이미터에 저항 R_E를 접속하고 전압 V_B의 값을 크게 해 가면 【그림 8.15】 ⓑ의 $V_{BE}-I_B$ 특성곡선에서 V_B의 값이 대체로 0.6[V]까지는 베이스 전류가 흐르지 않으므로 I_C와 I_E는 흐르지 않는다. 따라서 R_E에 의한 전압강하도 0[V]가 된다.

㉯ 다음에 V_B의 값이 0.6[V]를 초과하면 I_B가 약간씩 흐르기 시작한다. I_B가 흐르면 $I_B \times h_{FE}$의 I_C가 흐르고, 이미터에는 이 I_B+I_C전류가 흐르게 되므로 R_E의 양단에는 다음과 같은 전압강하 V_{RE}가 발생한다.

$$V_{RE} = I_E \times R_E = (I_B + I_C)R_E$$

㉰ V_{BE}의 전압은 베이스 전류 I_B의 값에는 대체로 관계없이 【그림 8.15】 ⓒ와 같이 항상 0.7[V]이며, 회로 저항 R_E에서의 전압강하 V_{RE}는 입력전압 V_B에서 0.7[V]를 뺀 값이다.

㉱ 즉, 트랜지스터의 이미터 회로에 저항 R_E를 접속할 경우, R_E에는 입력전압 V_B의 값보다 0.7[V] 정도 낮은 값의 전압강하 V_{RE}가 항상 발생하게 된다.

$$V_{RE} = V_B - 0.7$$

㉲ 한편, 이 전압강하 V_{RE}는 【그림 8.16】처럼 이미터 전류 I_E에 의한 R_E에서의 전압강하에 의하여 발생한다.

$$V_{RE} = I_E \times R_E$$

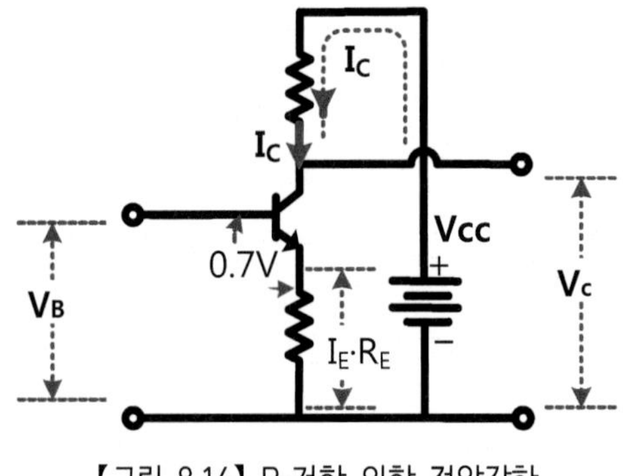

【그림 8.16】 R_E저항 의한 전압강하

⑦ 【그림 8.16】과 같은 회로의 저항 R_E에는 입력전압에서 0.7[V] 정도 낮은 값의 전압강하 V_{RE}가 생기게 되며, 또한 이와 같은 크기의 전압강하($V_{RE}=I_E R_E$)가 생기는 이미터 전류 (I_E)가 흐르게 되는 것이다. 따라서 이러한 관계에서 이미터 전류 I_E는 다음과 같이 된다.

$$\left.\begin{array}{l} V_{RE} = V_B - 0.7 \\ V_{RE} = I_E R_E \end{array}\right] \quad V_{RE} = V_B - 0.7 \quad I_E = \frac{V_{RE}(= V_B - 0.7)}{R_E}$$

⑧ 그러면 다음에 I_C의 값이 어떻게 되는가를 생각해 보기로 한다. 이미 공부한 바와 같이 이미터 전류 I_E, 컬렉터 전류 I_C, 베이스 전류 I_B 사이에는 【그림 8.17】과 같은 관계가 있다. 여기서 h_{FE}가 100 또는 200이라는 큰 값을 가지고 있으면 어떻게 될 것인가?

$$I_E = I_B + I_C = I_B + h_{FE} I_B = (1 + h_{FE}) I_B \fallingdotseq h_{FE} I_B = I_C$$

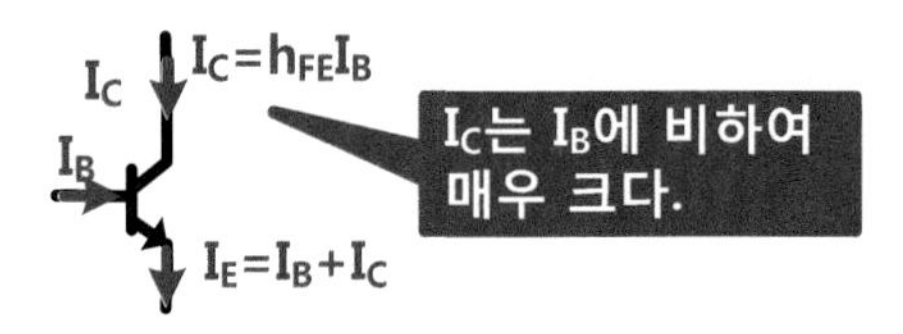

【그림 8.17】 I_E, I_C, I_B 관계

㉮ h_{FE}가 클 때에는 I_C의 값은 I_B에 대해서 매우 크게 되므로 I_E의 값은 거의 I_C와 동일하다고 생각하여도 무방하다.

㉯ 또한 h_{FE}의 값이 충분하게 크다면 $I_E \fallingdotseq I_C$가 되며, I_C값은 다음과 같이 될 것이다.

$$I_C \fallingdotseq I_E = \frac{V_B - 0.7}{R_E}$$

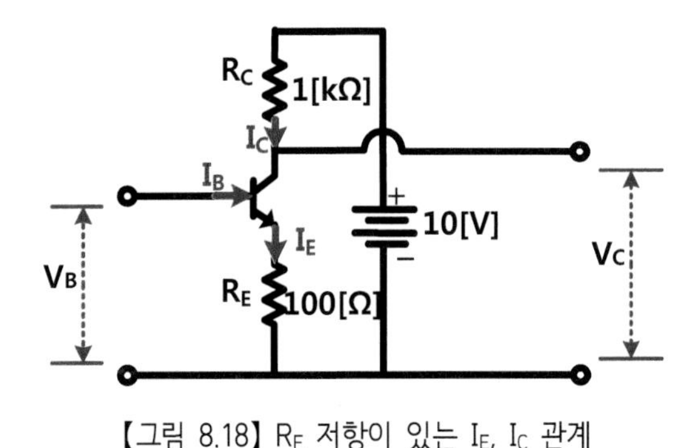

【그림 8.18】 R_E 저항이 있는 I_E, I_C 관계

⑨ 따라서 【그림 8.18】 회로의 동작을 생각하는 경우에는, 비록 h_{FE}의 값이 변화하여도, h_{FE} 값만 크면 컬렉터 전류는 h_{FE}에 관계없이 입력 V_B와 R_E 값에 의해서 정해지기 때문에 안정한 출력값을 유지할 수 있다.

⑩ 이와 같이 컬렉터 전류 I_C가 안정된 값이 되면 출력전압 V_C는 전압 V_{CC}에서 저항 R_C에 의한 전압강하를 뺀 것이므로 이 출력전압 V_C가 h_{FE}의 불균일에 의한 영향을 받지 않게 된다.

3 전압증폭도

① 이미터 회로에 저항 R_E가 접속된 회로의 전압증폭도를 구해보기로 한다.

② 【그림 8.18】회로에서 V_B의 값이 1[V]에서 1.5[V]까지 0.5[V] 정도만 변화할 때 증폭도를 구해보자.

㉮ 먼저 V_B가 각각 1[V], 1.5[V]일 때의 출력전압 V_C의 값을 구하면

㉯ $V_B = 1[V]$일 때 ⇒ $V_C = 7[V]$

㉰ $V_B = 1.5[V]$일 때 ⇒ $V_C = 2[V]$

$$\therefore\ V_C = V_{CC} - I_C R_C \quad \text{여기서 } I_C = \frac{V_B - 0.7}{R_E}$$

㉱ 이와 같이 입력전압 V_B가 1[V]에서 1.5[V]까지 0.5[V] 변화하면 출력전압 V_C는 7[V]에서 2[V]까지 5[V] 변화가 되며, 따라서 이 회로의 전압증폭도는

$$A = \frac{\Delta V_C}{\Delta V_B} = \frac{2-7}{1.5-1} = \frac{-5}{0.5} = -10$$

(여기서 증폭도는 절대값으로 생각하면 됨)

③ 【그림 8.19】 ⓐ와 같은 회로의 경우에는 전압증폭도가 120배라는 매우 큰 값으로 하였으나, 동일 트랜지스터를 사용하여도 【그림 8.19】 ⓑ와 같이 이미터에 저항을 접속하면 증폭도는 매우 적게 된다. 그러나 트랜지스터의 h_{FE} 불균일 영향을 억제하기 위해서는 이것을 감수해야 한다. 여기서는 설명을 생략하나 【그림 8.19】 (b)와 같이 이미터 회로에 저항 R_E가 들어가면 회로의 전압증폭도는 트랜지스터의 h_{FE}에 무관하게 R_C/R_E가 된다.

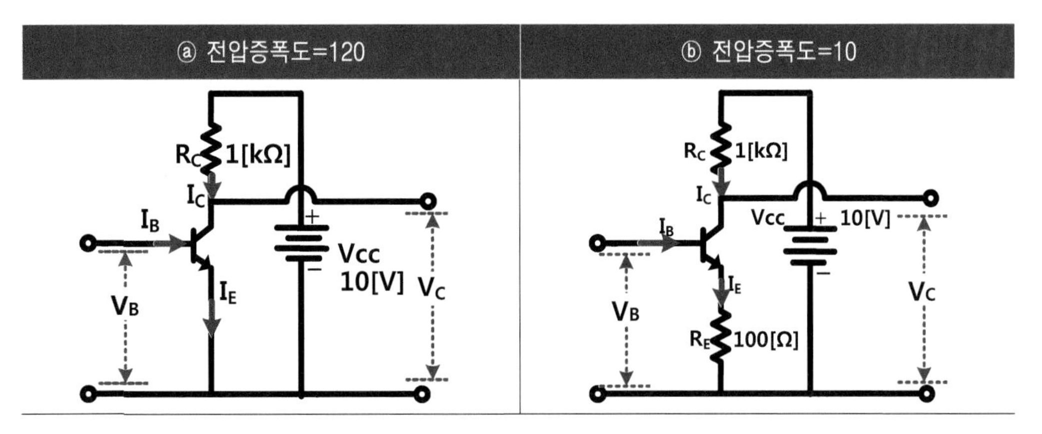

【그림 8.19】 R_E 저항 유무에 따른 전압증폭도 비교

④ 지금까지 설명한 【그림 8.20】 ⓐ 회로의 경우에는 I_B가 변화하지 않으므로 문제는 없다. 【그림 8.20】 ⓑ 경우, I_B가 흐른다는 것은 R_A에 흐르고 있는 전류 I_A의 일부가 트랜지스터 측으로도 흐르게 되고, 그 결과 R_A에 흐르는 전류 I_A가 감소하기 때문에 R_A에서의 전압강하가 감소하여 V_B의 값이 감소한다.

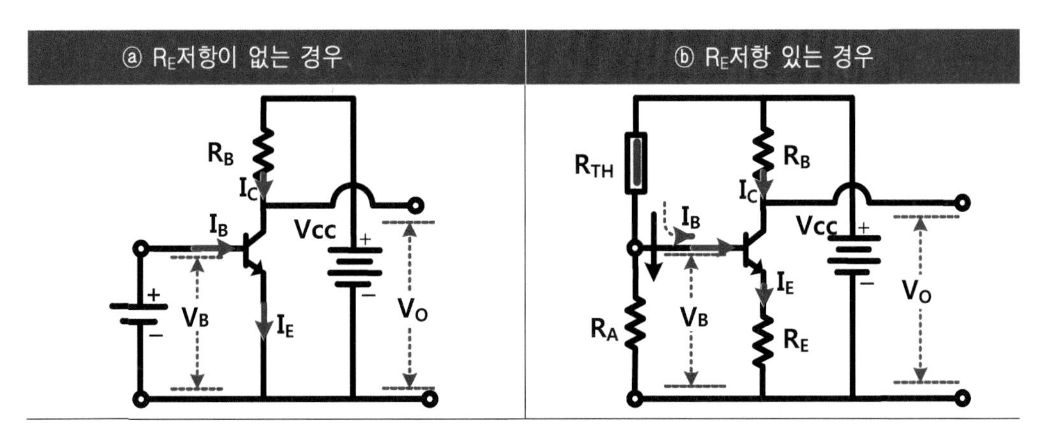

【그림 8.20】 R_E 저항의 유무 비교

⑤ 즉, V_B의 값이 I_B의 값에 좌우되므로 만일 I_B의 값이 h_{FE} 영향으로 불균일하여지면 V_B가 어떠한 값으로 되는가를 알 수 없게 된다. 이러한 것은 입력전압 V_B 자체가 트랜지스터의 h_{FE}에 의하여 불균일하게 되는 것이다.

⑥ 여기서 I_B가 흐르면 입력전압 V_B가 변화하는 【그림 8.20】 ⓑ와 같은 회로에서는, 예를 들어 I_B가 불균일하여져도 입력전압 V_B가 영향을 받지 않게 할 필요가 있다.

㉮ 이와 같이 I_A가 I_B에 대해서 충분히 크면, 예를 들어 I_B가 불균일하여져도 I_A로의 영향이 매우 적고, V_B에는 거의 영향을 줄 수 없게 된다. 또한, $I_A \gg I_B$의 관계가 성립되어 있으면 입력전압 V_B의 값은 I_B의 값을 무시하여 다음과 같이 저항 분할비만으로 간단하게 구할 수 있게 된다.

$$V_B = \frac{R_A \times V_{CC}}{(R_A + R_B)}$$ (여기에서 $R_B=R_{TH}$로 생각하면 된다.)

㉯ $I_A \gg I_B$ 관계는 회로정수의 관계를 말하자면 R_A와 R_B의 병렬 합성저항에 대하여 $R_E(1+h_{FE}\,min)$ 값이 매우 크다는 조건을 만족시키는 것으로 얻을 수가 있다.

㉰ 일반적으로 이 비율은 1 : 10 정도 이상으로 정하게 되어 있다.

$$\frac{R_A \cdot R_B}{R_A + R_B} \ll R_E(1 + h_{FE}min)$$

㉱ 이러한 관계는 전압증폭이거나, 전력 증폭에 관계없이 트랜지스터를 증폭기로서 사용할 경우, 항상 주의하지 않으면 안 될 점이다.

예제

써미스터의 저항값이 온도변화에 의하여 10[kΩ]에서 15[kΩ]까지 변화할 경우, 출력전압 V_0가 2[V]에서 10[V]까지 변화하는 회로를 구현하기 위하여, 저항 R_A, R_E의 값을 구하여라.

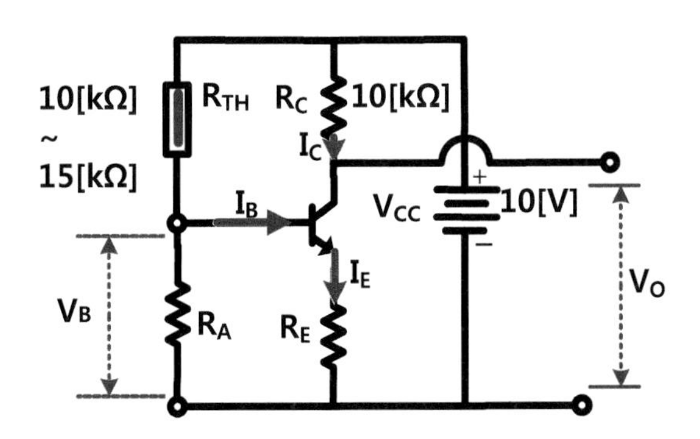

[생각방법]

① 써미스터 저항값이 15[kΩ]일 때에는 출력전압 V_0가 10[V]이므로 이 상태에서는 R_C에서의 전압강하를 0으로 할 필요가 있다.

즉, 이 상태에서 V_B의 값을 0.7[V]로 하면 R_E에서의 전압강하를 0으로 하고 I_E를 0으로 하면 되는 것이다.

② 써미스터 저항값이 10[kΩ]일 때에는 출력전압 V_0가 2[V]이므로 R_C에서 8[V]의 전압강하를 발생하는 I_C를 흐르게 하면 되는 것이다.

풀이 1

써미스터 저항값이 15[kΩ]일 때에 컬렉터 전류를 0으로 하는 것이므로 V_B의 값을 0.7 [V]로 하면 되게 된다. 그러면 $R_{TH}=R_B=15$[kΩ]일 때에 $V_B=0.7$[V]로 하는 데는 R_A 값을 얼마로 하면 되는가를 구하여라.

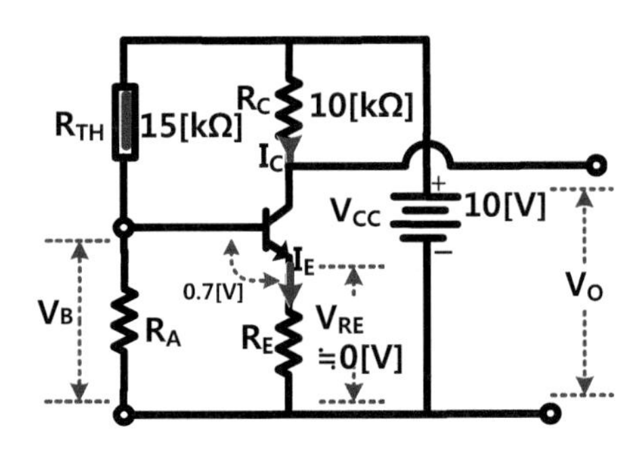

식 $V_B = R_A \dfrac{V_{CC}}{(R_A + R_{TH})}$ 이용하여 알고 있는 값을 대입하면

$$0.7 = R_A \frac{10V}{(R_A + 15k)}$$

따라서 R_A를 구하면 R_A=1.1[kΩ]

풀이 2

온도가 상승하여 써미스터 저항값이 10[kΩ]으로 변화하였을 때, 출력전압 V_0을 2[V]로 하는 것이므로 이 상태에서는 I_C 값을 얼마로 하면 되는가를 구하여라.

또한 이 상태에서는 써미스터 저항값이 10[kΩ]으로 되어 있을 때 V_B와 R_E 값은 얼마가 되는가를 구하여라.

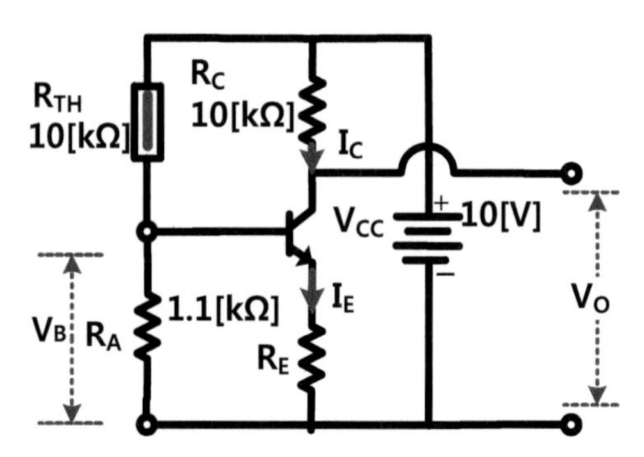

● 식 $V_O = V_{CC} - I_c \cdot R_C$ 를 이용하여 알고 있는 값을 대입하면

$$2[V] = 10[V] - I_C \cdot 10\,[k\Omega]$$

따라서 I_C를 구하면 I_C=0.8[mA]

● $V_B = \frac{R_A \times V_{CC}}{(R_A + R_B)}$ (여기에서 R_B=R_{TH}로 생각하면 된다.)

$$V_B = \frac{1.1K \times 10[V]}{(1.1K + 10K)} = 0.99[V]$$

● $I_C \fallingdotseq I_E = \frac{V_B - 0.7}{R_E}$ 식을 이용하여 알고 있는 값을 대입하면

$$I_C = 0.8mA = (0.99 - 0.7)/R_E$$

따라서 R_E를 구하면 R_E=360[Ω]

풀이 3

다음의 관계식이 성립되고 있는가의 여부를 확인하여라.

$$\frac{R_A \cdot R_{TH}}{R_A + R_{TH}} \ll R_E(1 + h_{FE}min)$$

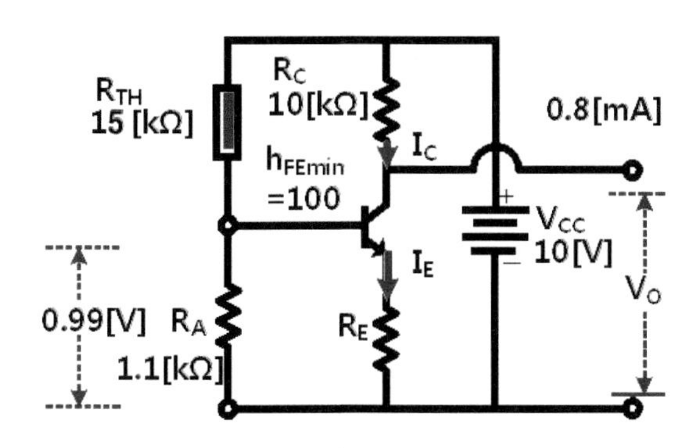

위의 식에 구한 값들을 삽입하면

1.1[kΩ]×15[kΩ]/(1.1[kΩ]+15[kΩ]) ≪ 360(1+100)

∴ 1≪36 따라서 1≪10 이상이므로 위의 관계가 성립함.

8.4 트랜지스터의 스위칭 동작

8.4.1 스위칭 동작

① 트랜지스터를 사용하여 스위치와 동일한 동작을 시킬 수 있다. 그러면 어떻게 하면 트랜지스터에 스위치와 같은 동작을 시킬 수가 있는가를 생각해 보기로 한다.

②【그림 8.21】회로에 베이스 전압을 가하였을 때의 동작은 다음과 같다.

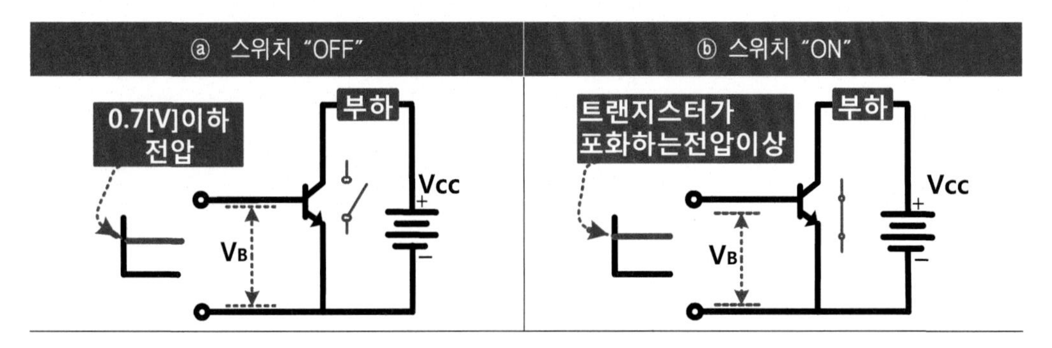

【그림 8.21】스위칭 회로

㉮【그림 8.21】ⓐ와 같이 베이스 입력전압을 0[V]에서 점차로 상승해 가면 0.6[V] 정도까지는 I_B도 I_C도 흐르지 않는다.

㉯【그림 8.21】ⓑ와 같이 베이스 입력전압이 0.7[V] 부근이 되면 이 회로에는 이미터 저항이 들어가 있지 않으므로 I_B가 급격하게 증대하고, 동시에 I_B의 h_{FE}배인 컬렉터 전류 I_C가 흐른다.

㉰ 그리고 다시 입력전압을 상승시키면 I_B는 증가하나, I_C의 값은 V_{CC}/R_L(여기서 R_L은 부하 저항) 이상으로 증가하지 않는다.

③ 입력전압을 낮게 하여 트랜지스터를 컬렉터 - 이미터 사이를 차단상태로 하였을 때와 입력전압을 높게 하여 트랜지스터를 컬렉터 - 이미터 사이를 포화상태로 하였을 때의 이 2가지 상태로 스위치의 "OFF"와 "ON"의 상태로 동작시킬 수 있다.

㉮ 베이스 입력전압이 0.7[V] 이하인 상태

$I_C = 0 \Rightarrow$ 스위치 "OFF"

㉯ 베이스 입력전압이 크고, 트랜지스터가 포화하여 가는 상태

$I_C \risingdotseq V_{CC}/R_L \Rightarrow$ 스위치 "ON"

8.4.2 베이스 저항값 산정

1 싱글 트랜지스터로 부하 구동

① 트랜지스터로 각종 부하를 "ON · OFF"제어를 하기 위해서 필수적인 것이 바로 베이스 저항의 산정이다. 트랜지스터의 기본적 동작원리를 바탕으로 싱글 트랜지스터 2SC1815 트랜지스터의 컬렉터에 소형 모터(전류용량 80[mA], 구동전압 24[V])를 연결하고 이것을 구동하기 위한 베이스 저항을 산정하는 방법에 대하여 알아보자.

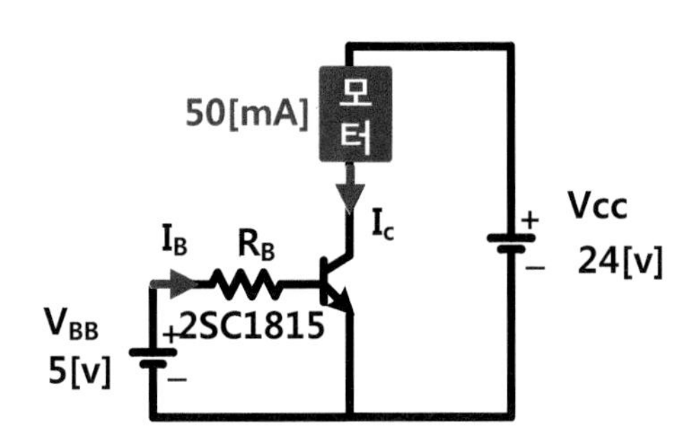

【그림 8.22】 싱글 트랜지스터로 부하 구동

② 트랜지스터 2SC1815의 전기적인 규격은 다음과 같다.

최대컬렉터전류는 150[mA], 최대전력은 400[mW], 전류증폭률 h_{FE}는 25(최소값)에서 100(최대값), 출력포화전압은 $V_{(SAT)}$ 0.1[V]이다.

③ I_C 전류(구동하고 싶은 부하의 전류)가 80[mA]일 때 I_B는

$$I_B = \frac{I_C}{h_{FE}} = \frac{\text{전기부하의 전류}}{h_{FE}\text{의 최소값}} = \frac{0.08}{25} = 3.2 \times 10^{-3}[A] = 3.2[mA]$$

④ 베이스 전압 V_{BB}는 5[V], 베이스-이미터 사이의 전압 V_{BE}는 일반 실리콘 트랜지스터에서 약 0.7[V]이지만 달링턴 트랜지스터에서는 V_{BE}=1.4[V])

$$R_B = \frac{V_{BB} - V_{BE}}{I_B} = \frac{5 - 0.7}{3.2 \times 10^{-3}} = 1343[\Omega]$$

⑤ 일반적으로 베이스 전류 I_B를 2~3배 정도 여유 있게 설정하므로 R_B=680[Ω]으로 선정할 수 있다.

2 달링턴 트랜지스터에 의한 부하 구동

① 2SD560 달링턴 트랜지스터를 연결하여 소형 모터(전류용량 1000[mA], 구동전압 24[V])를 구동하기 위한 베이스 저항을 산정하는 방법에 대하여 알아보자.

② 트랜지스터 2SD560의 전기적인 규격은 다음과 같다.
최대컬렉터전류는 5[A], 최대전력은 30[W], 전류증폭률 h_{FE}는 2000(최소값)에서 15,000(최대값), 출력포화전압은 $V_{(SAT)}$ 1.5[V]이다.

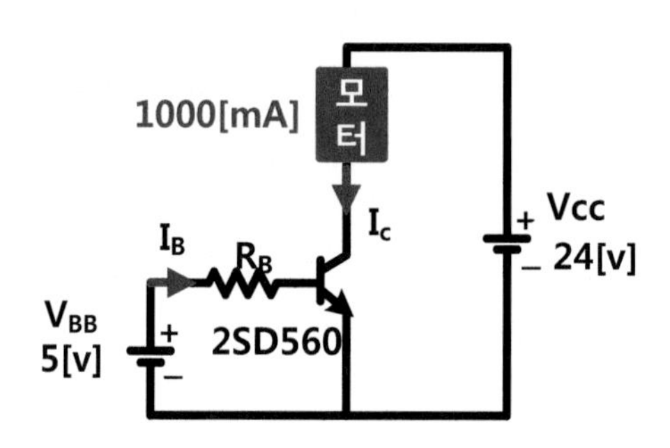

【그림 8.23】 달링턴 트랜지스터로 전기부하 구동

③ 달링턴 트랜지스터(Darlington - Transistor)

㉮ 매우 큰 전류증폭률을 얻기 위하여 2개의 트랜지스터를 2단으로 접속하여 하나의 패키지로 만든 트랜지스터를 "<u>달링턴 트랜지스터</u>"라고 한다.

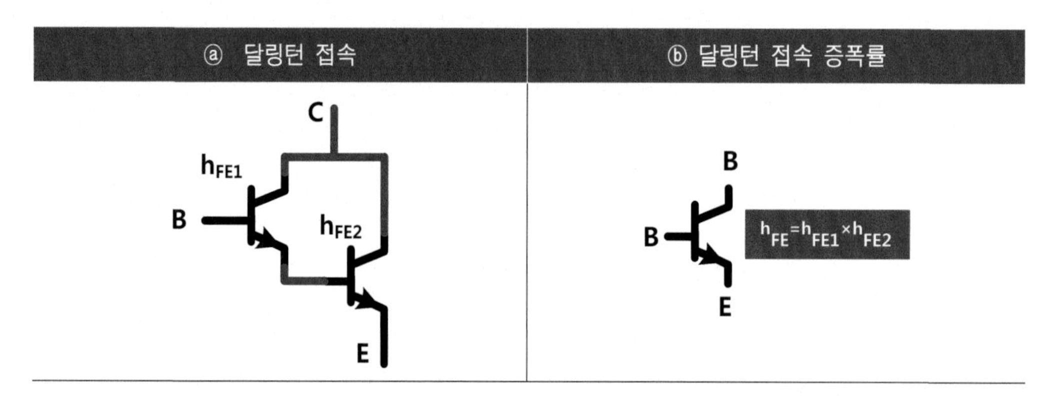

【그림 8.24】 달링턴 접속과 증폭률

㉯ **달링턴 접속**이란 2개의 트랜지스터를 2단 접속하여 전압 증폭도가 매우 높은 하나의 트랜지스터로서 동작시키는 접속이다. 트랜지스터 1개를 사용해서는 원하는 증폭률을 얻을 수 없는 경우에 사용한다.

㉰ 달링턴 접속을 이용하면 실질적으로 매우 큰 전압증폭도의 값을 가진 트랜지스터가 얻어지게 되어서, 예를 들면 컬렉터에 큰 부하전류가 흐르는 부하를 제어하는 경우 매우 적은 베이스 전류로 문제없이 전력제어회로를 구성할 수 있다.

㉱ 원리는 첫번째 트랜지스터의 출력 측에 두 번째 트랜지스터의 입력 측에 연결하면 두 단계에 걸쳐 증폭되므로 큰 증폭률을 얻을 수 있다. 첫번째 트랜지스터가 증폭률이 h_{FE1}, 두 번째 트랜지스터가 h_{FE2}이면 이 트랜지스터의 전류 증폭율은 $h_{FE}=h_{FE1}\times h_{FE2}$가 된다.

㉲ 두 개의 트랜지스터를 하나의 패키지에 넣어서 전류 증폭률을 매우 높인 것이 달링턴 트랜지스터이다. 이 트랜지스터의 직류전류 증폭률 h_{FE}는 전력용은 2,000 정도이며, 소신호용은 10,000인 것도 있다.

④ 베이스 저항 산정

㉮ I_C 전류는 구동하고 싶은 부하의 전류이므로

$$I_B = \frac{I_C}{h_{FE}} = \frac{1000[mA]}{2000} = 0.5 \times 10^{-3}[A] = 0.5[mA]$$

㉯ 베이스 전압 V_{BB}는 5[V], 베이스·이미터 사이의 전압 V_{BE}는 일반 실리콘 트랜지스터에서 약 0.7[V]이지만, 달링턴 트랜지스터에서는 V_{BE}=1.4[V]이다.

$$R_B = \frac{V_{BB} - V_{BE}}{I_B} = \frac{5 - 1.4}{0.5 \times 10^{-3}} = 7200[\Omega]$$

㉰ 일반적으로 베이스 전류 I_B를 2~3배 정도 여유 있게 설정하므로 R_B=3.3[kΩ] 또는 3.6[kΩ]으로 선정할 수 있다.

8.5 트랜지스터 단자 판별법

8.5.1 전극 사이 저항값

1 베이스 단자 찾기

① 회로 시험기의 측정 레인지를 저항 레인지에 놓는다.

② 하나의 테스터 리드선을 트랜지스터의 임의의 리드 단자에 대고 다른 하나의 테스터 리드선을 남은 두 리드 단자에 교대로 연결하여, 저항값이 측정되는 공통 리드 단자가 베이스이며, 베이스 단자에 적색 테스터 리드선이 접속되어 있으면 NPN형 트랜지스터가 되고, 흑색 테스터 리드선을 접속되어 있으면 PNP형 트랜지스터이다.
(단, 회로 시험기는 DMM(Digital Muti Meter)를 기준으로 한 것이다.)

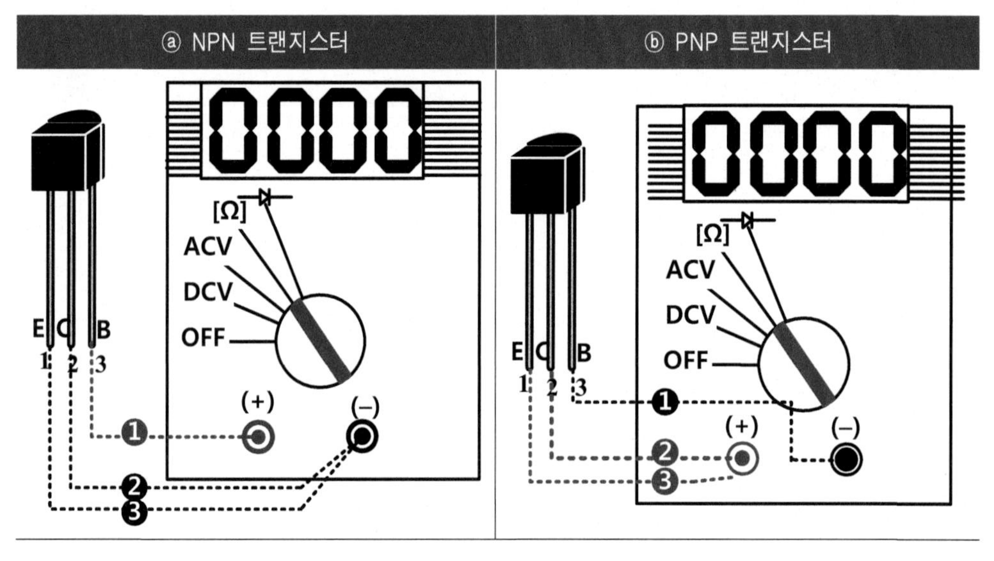

【그림 8.25】 DMM을 이용한 트랜지스터의 베이스 극성 찾기

2 전극 사이 저항값

① 트랜지스터 전극 사이 저항값 변화

㉮ NPN 트랜지스터는 베이스(적색리드선)와 이미터(흑색리드선) 간의 저항값이 베이스(적색리드선)와 컬렉터(흑색리드선) 간의 저항값보다 약간 크다.

B - E 간의 저항값 > B - C간의 저항값

㉯ PNP 트랜지스터는 베이스(흑색리드선)와 이미터(적색리드선) 저항값이 베이스(흑색리드선)와 컬렉터(적색리드선)간의 저항값보다 약간 크다.

B - E간의 저항값 > B - C간의 저항값

② 달링턴 트랜지스터 전극 사이 저항값 변화

㉮ NPN 달링턴 트랜지스터는 베이스(적색리드선)와 이미터(흑색리드선) 간의 저항값이 베이스(적색리드선)와 컬렉터(흑색리드선) 간의 저항값보다 매우 적다.

B - E간의 저항값 << B - C간의 저항값

㉯ PNP 달링턴 트랜지스터는 베이스(흑색리드선)와 이미터(적색리드선) 저항값이 베이스(흑색리드선)와 컬렉터(적색리드선)간의 저항값보다 매우 적다.

B - E간의 저항값 << B - C간의 저항값

트랜지스터의 역사

1907년 미국의 포레스트가 증폭 작용을 할 수 있는 진공관을 발명하였으며, 이어서 진공관을 사용한 진공관 라디오나 진공관 TV 등이 개발되었다. 그런데 진공관은 오래 사용하면 많은 열이 발생하여 수명과 성능에 문제가 발생하였다.

전자시대의 개막은 트랜지스터가 발명된 이후부터이다. 진공관의 기능을 대신할 수 있는 트랜지스터가 발명됨으로써 전자산업이 급격히 발달하였다. 트랜지스터는 1948년 미국의 벨연구소에서 쇼클레이, 바딘, 브래튼 세 명의 물리학자가 발명하여 그 후 노벨상을 수상하기도 하였다. 그 당시에는 트랜지스터를 '세 발 달린 마술사'라고 부르기도 하였다. 트랜지스터는 전자공학의 새로운 장을 열었다. 나아가 집적회로(IC ; Integrated Circuit)의 기술은 전자공학을 다시 한 단계 높게 만들었으며, 마이크로프로세서(micro processor), 전자계산기, 개인용 컴퓨터 및 비디오 게임 등을 가능하게 하였다.

실험실습

1 실험기기 및 부품

【1】 브레드보드

【2】 DMM

【3】 저항

① 100[Ω] 1[W]　② 390[Ω] 1/4[W]

③ 1[kΩ] 1/4[W]　④ 2[kΩ] 1/4[W]　⑤ 10[kΩ] 1/4[W]

【4】 가변저항

① 1[KΩ]　② 100[KΩ]

【5】 써미스터 : 10KD

【6】 트랜지스터

① 2SC1815(=C3198)　② 2N2222A　③ TIP31C

【7】 램프

2 트랜지스터 전극간의 저항값 측정

① 브레드보드에 다음과 같이 트랜지스터를 배치한다.

② 트랜지스터의 전극간 저항값을 측정한다.

트랜지스터	B-E 저항값	B-C 저항값
① 2SC1815		
② 2N2222A		
③ TIP31C		

3 트랜지스터 전류제어

【1】 회로도

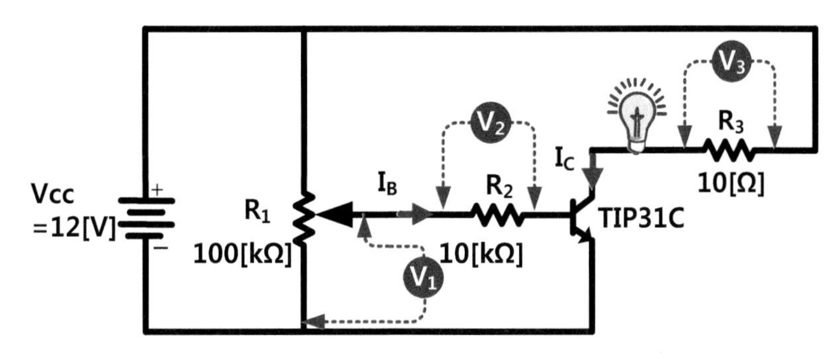

【2】 실습방법

① 트랜지스터 전류제어회로를 구성한다.

② R_1을 천천히 시계 방향으로 돌리면서 베이스 전류 I_B을 조정한다.

③ 다음에 각 베이스 전류 I_B에 대한 콜렉터 전류 I_C를 측정하고, 램프 밝기를 기록한다.

④ I_B와 I_C에 대한 h_{FE}를 계산한다.

㉮ I_B는 R_2 양단 전압 V_2전압을 DMM으로 측정하여 $I_B=V_2/R_2$로 계산한다.

㉯ I_C는 R_3 양단 전압 V_3전압을 DMM으로 측정하여 $I_C=V_3/R_3$로 계산한다.

⑤ 측정

베이스 전류 I_B	콜렉터 전류 I_C	h_{FE}	램프의 밝기
200 (μA)	(mA)		
400 (μA)	(mA)		
600 (μA)	(mA)		

4 써미스터를 사용하여 온도 변화에 대한 릴레이 구동

【1】 회로도

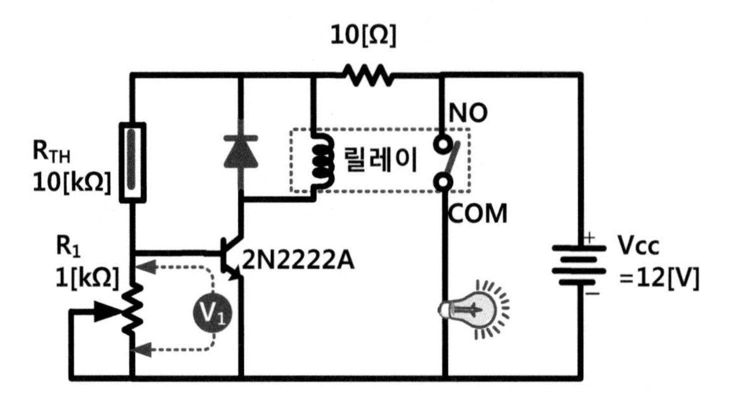

【2】 실습방법

① 온도를 감지하여 릴레이를 구동시키는 회로를 구성한다.

② 이 때 R_1 저항을 반시계 방향으로 완전히 돌려서 V_1전압이 0[V]가 되도록 한다.

③ 써미스터를 손가락으로 잡아 체온으로 약 5분 이상 경과 후에 R_1를 천천히 시계 방향으로 돌려서 릴레이가 동작되는 점에서 V_1 전압을 DMM으로 측정한다.

④ 이번에는 시계반대 방향으로 가변저항을 돌려서 릴레이가 OFF되는 점에서 V_1 전압을 DMM으로 측정한다.

측정순서	베이스 전압(V_B)	릴레이 상태
③		
④		

5 이미터 접지 트랜지스터의 전압증폭

【1】 회로도

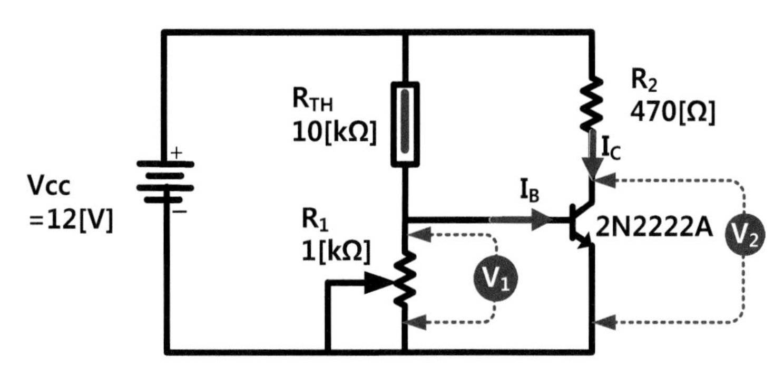

【2】 실습방법

① 이미터 접지 트랜지스터의 전압증폭 회로를 구성한다.

② 써미스터 온도가 실온에서 가변저항 R_1을 회전하여 V_2 전압이 약 10[V]가 되도록 한 다음 V_1 전압을 DMM으로 측정한다.

V_1	[V]	V_2	10[V]

③ 써미스터에 손가락으로 잡아 V'_2 전압이 약 2[V]되도록 한 다음에 V'_1 전압을 DMM으로 측정한다.

V'_1	[V]	V'_2	2[V]

④ 전압증폭도 A를 다음 식에 의해 계산하라.

$A = (V_2 - V'_2) / (V_1 - V'_1)$	

6 R_E저항의 삽입

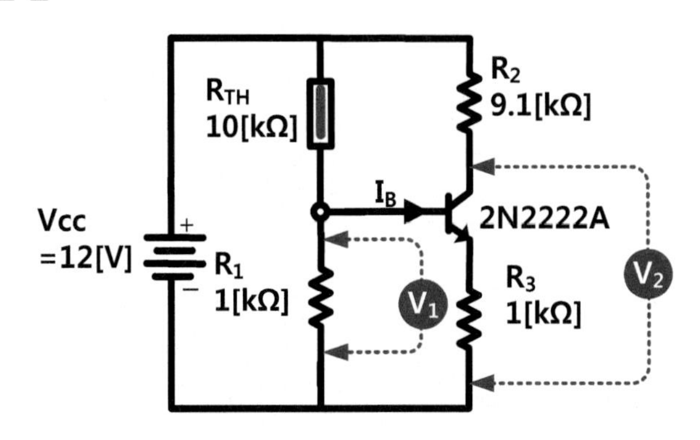

【2】 실습방법

① 이미터 저항 R_3이 삽입된 전압증폭 회로를 구성한다.

② 써미스터의 온도가 실온일 때 V_1와 V_2 전압을 DMM으로 측정한다.

V_1	[V]	V_2	[V]

③ 써미스터에 손가락으로 잡아 약 5분 경과 후 V'_1와 V'_2 전압을 DMM으로 측정한다.

V'_1	[V]	V'_2	[V]

④ 전압증폭도 A를 다음 식에 의해 계산하라.

$A = (V_2 - V'_2) / (V_1 - V'_1)$	

CHAPTER

09 전력용 반도체

【학습목표】

1】 MOSFET에 관하여 학습한다.

2】 SCR에 관하여 학습한다.

3】 TRIAC에 관하여 학습한다.

• 요점정리 •

❶ 전력용 반도체 소자는 대전류, 고내압을 취급할 수 있고, 저손실로 구동 전력이 작고, 스위칭 시간이 빠른 이상적인 스위칭 소자이다.

❷ "MOSFET(Metal Oxide Semiconductor Field Effect Transistor)" 또는 "모스 트랜지스터"는 절연물로서는 일반적으로 실리콘을 고온에서 산화시킨 실리콘 산화막(SiO_2)을 이용한다.

❸ Bipolar Junction Transistor 동작원리는 Base와 Emitter 간에 순방향이 인가될 때 Emitter에서 방출된 전자가 Base를 지나서 Collector로 넘어가는 것으로 Base 전압을 제어하여 Emitter에서 방출되는 전자의 수를 조절하며, MOSFET는 Source, Gate, Drain 단자가 있고, MOSFET에서는 Gate 전압을 제어하여 Drain과 Source 사이에 흐르는 전류를 조절한다.

❹ "N채널 MOSFET"는 Gate 단자에 Source 전위에 비하여 높은 전압을 인가하면 Drain에서 Source로 전류가 흐르고, "P채널 MOSFET"는 Gate 단자에 Source 전위에 대해 낮은 전압을 인가하면 Source에서 Drain으로 전류가 흐른다.

❺ "SCR"은 "애노드(=A)", "캐소드(=K)", "게이트(=G)" 3개 단자를 가지고 있으며, 교류전원을 단방향으로 스위칭 동작을 하는 소자이다.

❻ SCR은 A－K 사이에 순방향 전압을 인가하고, G－K 간에 게이트 전류 IG를 흘리면, A－K 간이 "ON"이 되어서 부하에 전류가 흐른다. SCR을 "ON"으로 하기 위하여 필요한 게이트 전류 I_G를 "게이트－트리거전류", 이 전류를 흐르게 하기 위하여 필요한 게이트·캐소드 사이 전압 V_{GK}를 "게이트－트리거전압"라고 한다.

❼ "유지전류"는 SCR이 "ON"상태를 유지하기 위하여 필요한 최소전류이다.

❽ "트라이액(=TRIAC)"은 Triode AC Switch 약어로 SCR과 같이 3개 단자를 가지고 있으며, 교류전원을 양방향으로 스위칭 동작을 하는 소자이다.

9.1 전력용 반도체

9.1.1 전력용 반도체 개요

1 전력용 반도체 소자

① "전력용 반도체 소자(전력 장치용 반도체소자)"는 전력 변환 또는 전력 제어용으로 최적화되어 있어서, 전력 전자공학의 핵심 소자이다. 일반적인 반도체 소자에 비해서 고내압화, 큰 전류화, 고주파수화된 것이 특징이다.

② 그 종류는 다이오드, 모스펫(MOSFET), 절연 게이트 양극성 트랜지스터(IGBT), 사이리스터, 게이트 턴 오프 사이리스터(GTO), 트라이액(Triac) 등이 있다.

③ 정격전압, 정격전류는 용도나 소자의 구조에 따라 다르지만, 정격전압은 220[V] 전원선과 440[V] 전원선에 대응한 600[V]와 1200[V]가 일반적이고, 정격전류는 1[A]~1[kA] 이상으로 사용범위가 넓다.

④ 다중의 소자를 하나의 패키지에 모듈화하거나, 제어회로, 구동회로, 보호회로 등을 포함하여 모듈화한 다기능 전력 모듈도 있다.

⑤ 전력용 반도체소자는 대전류, 고내압을 취급할 수 있고, 저손실로 구동 전력이 작고, 스위칭 시간이 빠른 이상적인 스위치에 가까운 조건을 갖추고 있다.

⑥ 전력용 반도체는 기계적인 동작이 없는 완전히 정지된 전자 스위치이며, 수 [kHz]~수백 [kHz]라고 하는 고속 스위칭을 할 수 있고, "ON · OFF" 시간비를 제어함으로써 전력을 고효율로 변환, 제어할 수 있는 특징이 있다.

⑦ 전력용 반도체는 컴퓨팅 · 통신 · 가전 · 산전 및 자동차 등 오늘날 중추적인 전자 애플리케이션에 적용된다. 최근엔 휴대폰 · 노트북 같은 모바일 기기의 증가와 전기 자동차의 개발과 맞물려 전력용 반도체에 대한 관심이 더욱 높아지고 있다.

⑧ 전력용 반도체는 다른 비메모리 반도체에 비해 활용 폭이 매우 넓다.

⑨ 전력용 반도체는 이제 단순히 전원을 켜고 끄는 역할을 하는 것이 아니라 에너지 효율을 제고하는 역할을 하고 있다. 이뿐만 아니라 기기의 전자화가 진행되면서 전압의 미세 변화가 시스템 안정성과 신뢰성을 좌우하면서 더욱 부각되고 있다.

2 전력용 반도체의 구비조건

① 전력을 제어하기 위해서는 높은 절연 전압과 낮은 도통 저항이 필요하다.

② 절연전압은 전력소자가 동작하지 않고 있을 때 즉, "OFF"되어 있을 때 소자 양단에 인가하는 전압에 의하여 소자가 파괴되지 않는 전압을 의미한다.

③ 낮은 도통 저항은 소자가 구동되어질 때 소자 양단의 저항값이다.

④ 소자를 통하여 대용량의 전류가 흐르게 되고 이때 소자의 저항성분이 손실로 나타나게 되어서, 전류제곱과 저항의 곱에 의하여 손실이 나타나고 발열하게 된다. 따라서 이러한 손실은 열로서 발열하게 되고 "ON"시 도통저항이 크면 대용량의 전류를 흐르게 할 수 없다. 그러므로 전력 소자의 선정에 있어서 가장 중요한 것은 전류용량의 선정이다.

9.1.2 전력용 반도체 분류

전력반도체는 스위치를 "ON · OFF" 할 수 있는 제어특성에 따라 크게 세 종류로 분류할 수 있다.

1 "ON · OFF" 제어 불가 소자

① 스위치 자체의 제어신호에 의해서가 아니라 스위치에 인가되는 외부전압과 전류의 조건에 의해서 스위치의 Turn "ON", Turn "OFF" 하는 스위칭 소자

② 【예】 다이오드

2 "ON" 제어 가능, "OFF" 제어 불가 소자

① 스위치의 제어신호에 의해서 Turn "ON"이 되지만, 일단 Turn "ON"되면 외부회로의 전압, 전류조건에 의해서만 Turn "OFF" 되는 스위칭 소자

② 【예】 SCR, 사이리스터

3 "ON · OFF" 제어 가능 소자

① 스위치에 포함된 외부회로의 조건에 관계없이 스위치의 제어신호에 의해서 Turn "ON", Turn "OFF" 되는 스위칭 소자

② 【예】 SCR, BJT, MOSFET

③ "ON · OFF" 제어 가능 소자

㉮ SCR

Gate 전류펄스에 의해서 Turn "ON", Turn "OFF" 되고, Turn "ON"이 되면 Anode에 DC를 공급한 경우, Gate의 전류공급을 차단해도 애노드와 캐소드간 계속 "ON" 유지가 가능하며, 게이트에 마이너스 전류를 흘리면 "OFF"가 된다.

㉯ BJT

베이스에 전류를 지속적으로 흘려주어야만 컬렉터와 이미터의 "ON"상태를 유지할 수 있다.

㉰ MOSFET

게이트와 소스간 전압으로 제어하는 스위치로서, 드레인(D)에 계속적으로 전압을 인가해 주어야 드레인과 소스간의 "ON · OFF"가 가능하다.

㉱ IGBT

게이트와 이미터간 전압으로 제어하는 스위치로서, 게이트와 이미터 전압을 계속적으로 인가해 주어야 컬렉터와 이미터가 "ON" 상태를 유지한다.

ⓐ SCR	ⓑ BJT	ⓒ MOSFET	ⓓ IGBT
애노드(A) 게이트(G) 캐소드(K)	컬렉터(C) 베이스(B) 이미터(E)	드레인(D) 게이트(G) 소스(S)	컬렉터(C) 게이트(G) 이미터(E)

【그림 9.1】 주요 제어용 반도체 기호

인핸스먼트형(Enhancement type)과 디플레이션형(depletion type)

MOS IC의 한 형식으로, 게이트측이 -, 소스측이 +로 되도록 전압을 가하면 정전 유도에 의해서 n형 반도체에 정공이 흡인되어 드레인 전류가 흐른다. 이와 같이 게이트 전압을 가하여 전류 통로가 되는 것을 인핸스먼트형이라 하며, 게이트 전압을 가하지 않더라도 미리 혼입한 불순물에 의해서 전류 통로가 이루어지도록 제조한 것을 디플레션형이라고 한다.

9.2 MOSFET

9.2.1 MOSFET 종류

① MOSFET는 구조에 따라서 크게 N채널 구조와 P채널 구조로 분류한다.

② 게이트신호에 의하여 분류하면 Gate신호가 0[V]일 때 "OFF"로 되는 인핸스먼트형(Enhancement type)과 0[V]일 때 "ON"으로 되는 디플렉션형(Depletion type)으로 나눈다.

③ MOSFET는 인핸스먼트형이 주류를 이루고 있기 때문에 여기에서는 인핸스먼트형만 학습을 하도록 한다.

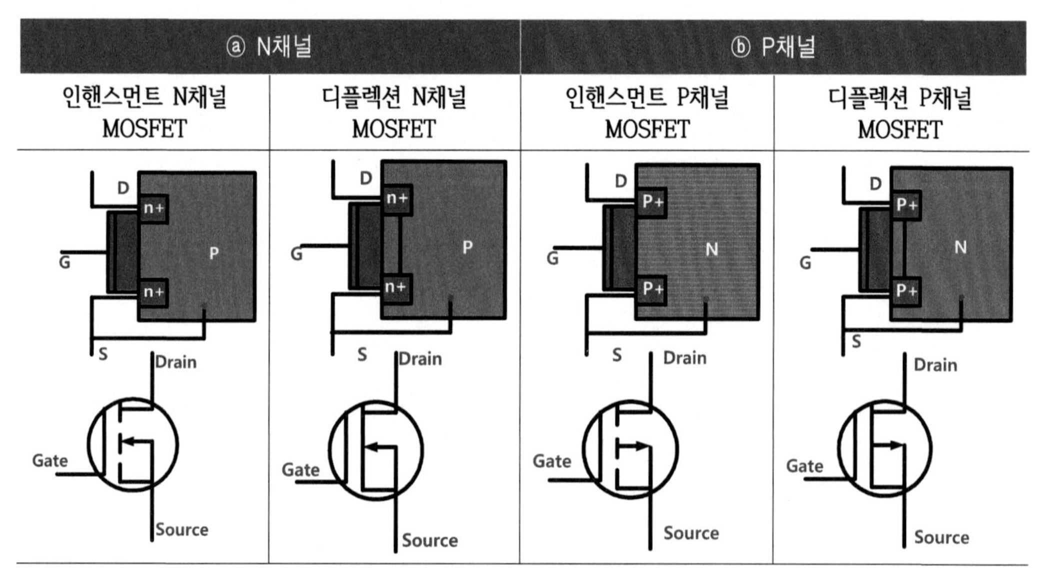

【그림 9.2】 MOSFET 종류

③ 절연물로서는 일반적으로 실리콘을 고온에서 산화시킨 실리콘 산화막(=SiO_2)을 이용하며, 게이트 전극이 메탈(Metal)·산화물(Oxide)·반도체(Semiconductor)로 되기 때문에 그 머리글자를 따서 이 트랜지스터를 "MOSFET(Metal Oxide Semiconductor Field Effect Transistor)" 또는 "모스 트랜지스터"라고 한다.

④ 절연 게이트형 FET는 게이트 단자에 절연물을 삽입하기 때문에 게이트 단자에는 전류가 흐르지 않는다.

9.2.2 MOSFET 개요

1 MOSFET 개요

① BJT와 MOSFET 차이

㉮ Bipolar Junction Transistor(일반적인 트랜지스터)의 동작원리는 Base와 Emitter 간에 순방향전압이 인가될 때 Emitter에서 방출된 전자가 Base를 지나서 Collector로 넘어가는 것으로, Base 전압을 제어하여 Emitter에서 방출되는 전자의 수를 조절한다.

㉯ BJT의 Emitter, Base, Collector 단자에 대응되는 MOSFET 단자는 Source, Gate, Drain 단자가 있다.

㉰ BJT에서 Base 전압을 제어하여 Emitter와 Collector 간에 흐르는 전류의 크기를 조절하듯이, MOSFET에서는 Gate 전압을 조절하여 Drain과 Source 사이에 흐르는 전류를 조절하게 된다.

㉱ MOSFET과 BJT의 큰 차이점은 BJT의 Base에는 전류가 흐르지만, MOSFET의 Gate에는 전류가 흐르지 않는다는 것이다.

ⓐ BJT 기호		ⓑ 인핸스먼트형 MOSFET 기호	
Collector, Base, Emitter	Emitter, Base, Collector	Drain, Gate, Source	Drain, Gate, Source
NPN BJT	PNP BJT	N채널 MOSFET	P채널 MOSFET

【그림 9.3】 BJT와 인핸스먼트형 MOSFET의 기호

② 정전용량

㉮ MOSFET의 동작원리는 기본적으로 Capacitor 원리를 응용한다고 생각하면 된다. 【그림 9.4】같이 Capacitor에 전압[V]를 가하면 Capacitor (+)전극에는 (+)Q[C], (-)전극에는 (-)Q[C]의 전하가 모인다는 것은 잘 알고 있을 것이다. 이런 원리를 이용하는 것이 MOSFET이다.

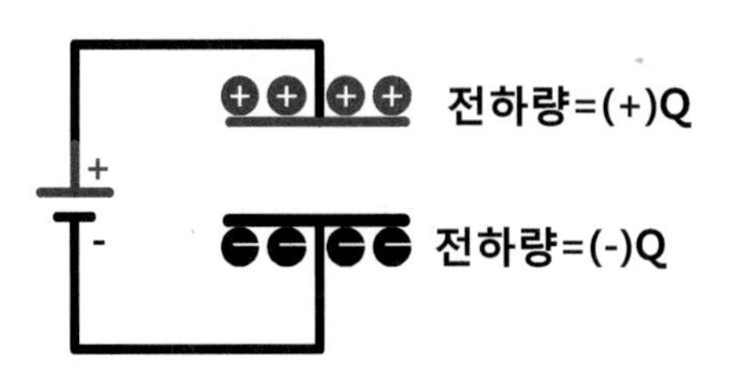

【그림 9.4】 Capacitor 기본 구조

㉯ MOSFET는 게이트에 절연층(산화막)을 가지고 있기 때문에 정전용량이 존재한다. 이들의 용량은 데이터 시트에서는 입력용량 C_{iss}, 출력용량 C_{oss}, 및 귀환용량 C_{rss}로 표시되고 있다.

㉰ 게이트·소스간은 일반적으로 기생저항 R_G와 게이트·소스간 저항 R_{GS} 및 게이트·소스간 용량 C_{GS}로 표시된다. 일반적으로 R_G는 수[Ω] 이상이고, R_{GS}는 수 [MΩ] 이상이다. 따라서 드레인 전류 I_D는 게이트·소스간 용량 C_{GS}의 충전전하를 유지할 수 있는 정도의 미세한 게이트 전류(≒0)가 흐른다.

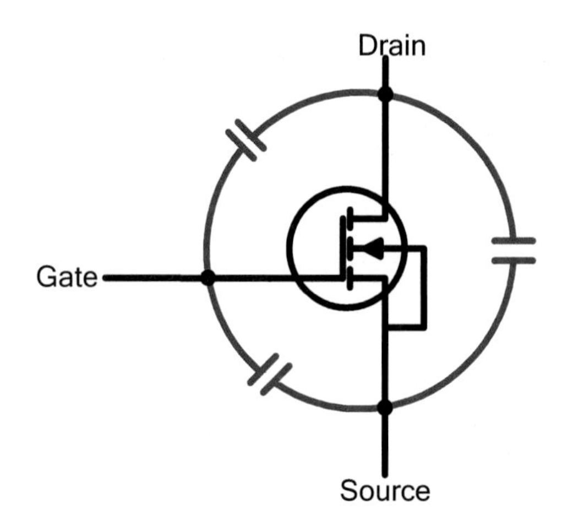

【그림 9.5】 MOSFET 정전용량

2 MOSFET 구조

① P채널 MOSFET의 단면 구조는【그림 9.6】과 같이 N형 반도체 기판(Substrate)에 2개의 p+형 반도체를 형성시키고, 이것에 금속(예로서 Al) 전극을 붙여서 드레인(Drain)과 소스(Source) 단자를 만든다.

② 또 드레인·소스 간에는 P형 반도체의 기판 위에 절연체를 붙이고, 그 위에 금속단자를 붙여 게이트(Gate)단자를 만든다. 게이트와 기판은 실리콘 산화막(SiO_2)로 절연되기 때문에 이 게이트를 "**절연 게이트(Insulated Gate)**"라고도 한다.

③ 게이트의 금속판은 콘덴서와 같은 역할을 한다. "B(Body)" 단자는 기판 단자로 통상 소스 단자와 연결해서 사용한다.

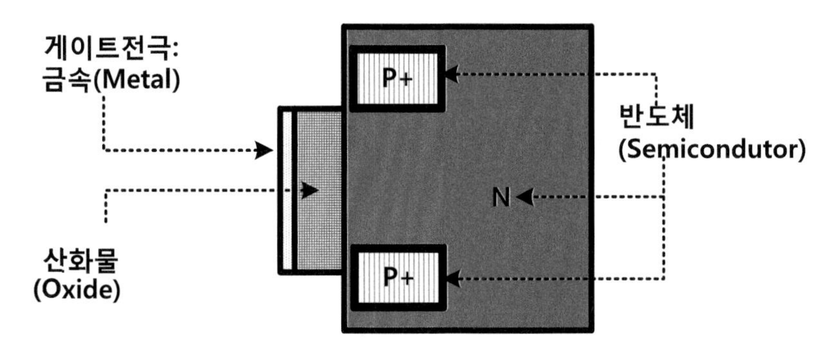

【그림 9.6】 P채널 MOSFET 구조

④ N채널 MOSFET의 단면 구조는 P형 반도체 기판(Substrate)에 2개의 n+형 반도체를 형성시키고 이것에 금속(예로서 Al) 전극을 붙여서 드레인(Drain)과 소스(Source) 단자를 만든다.

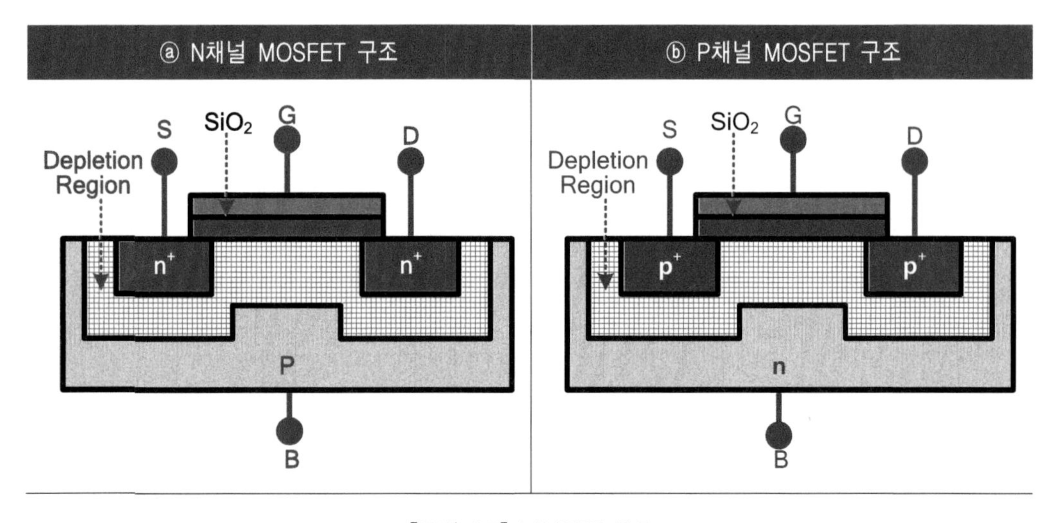

【그림 9.7】 MOSFET 구조

3 N채널 MOSFET 동작원리

① N채널 MOSFET의 동작원리는 【그림 9.8】 ⓐ와 같이 게이트 G에 (+) 전압을 인가하지 않았을 때 MOSFET 드레인-소스 사이는 2개의 역방향 다이오드의 형태로 등가회로가 되기 때문에, 드레인-소스 사이에 전압을 걸어도 전류를 흘릴 수 있는 전도채널이 형성되지 않아서 드렌인에서 소스로 전류가 흐르지 않는다.

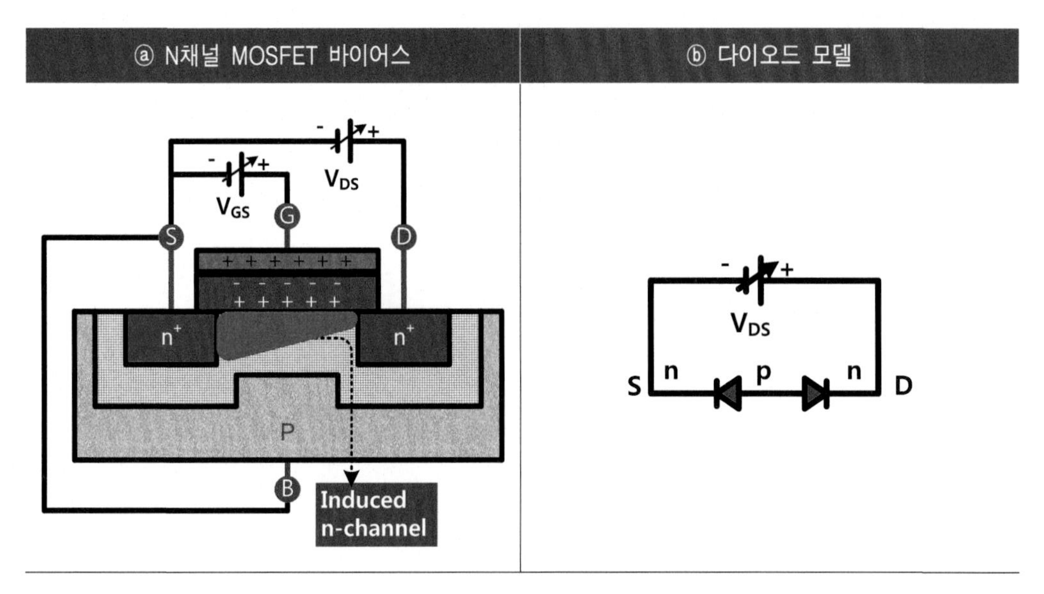

【그림 9.8】 N채널 MOSFET의 바이어스(V_{GS}=0[V]일 때)

② 【그림 9.8】 ⓐ와 같이 G-S 사이에 (+) V_{GS}전압을 인가하면 이 전압에 의하여 P형 반도체 기판의 전자는 게이트 아래의 D-S구간으로 모이게 된다.

③ 그리고 V_{GS}를 증가시키면 전자는 더욱더 집중하고 V_{GS}가 어느 전압 V_{th}(문턱전압, Threshold Voltage)를 넘으면 게이트 아랫부분의 D-S사이의 전자 농도가 정공의 농도보다 높아지면서 N형 채널이 형성되어 반도체 저항이 된다.

③ 이 때 D-S 사이에 전압 V_{DS}를 인가하면 선형영역의 특성과 같이 V_{DS}의 전압에 비례하여 D-S 사이에 전류가 흐르게 된다. 이 전류가 흐르기 시작할 때의 V_{GS}전압을 "V_{th} 전압(문턱전압)이라고 하며, 문턱전압은 2~5[V] 정도이다.

④ V_{GS}를 증가시킨 경우에는 많은 전자가 게이트 아래 집중하여 N채널의 폭이 커지고 전자의 농도가 증가하면서 등가적으로 도전율이 커진다. 따라서 【그림 9.9】 ⓑ와 같이 MOSFET D-S간 전류 I_{DS}는 V_{GS}에 의하여 제어할 수 있다.

⑤ 여기에서 D-S 사이의 전압을 더욱 더 증가시키면 드레인 측의 n+P접합은 역바이어스 되기 때문에 공핍층영역이 커지고 V_{DS}를 증가시켜도 전류는 증가하지 않고 포화상태에 이른다.

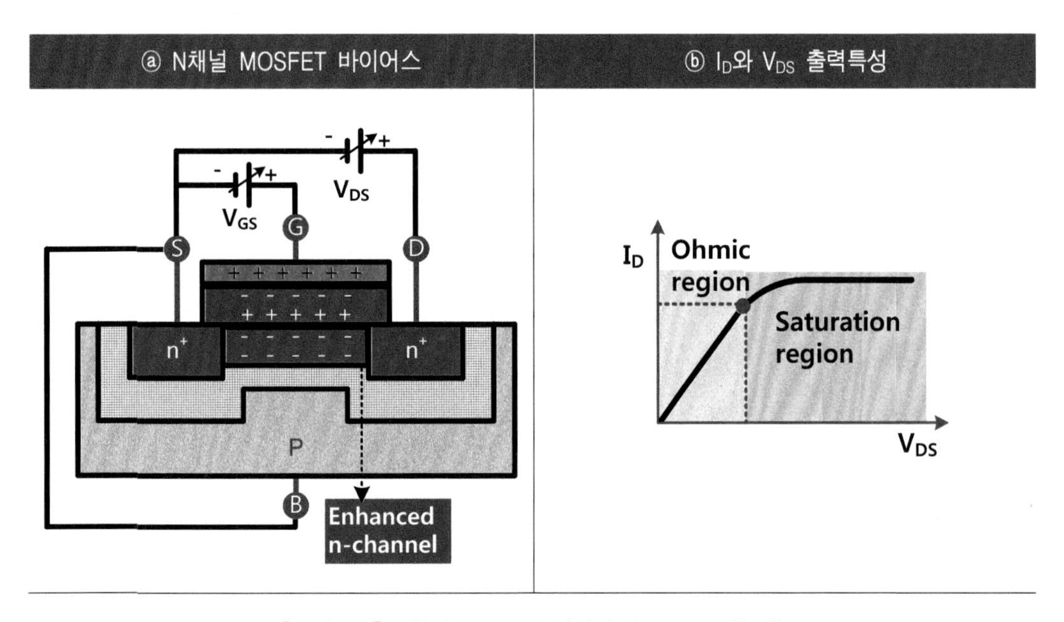

【그림 9.9】 N채널 MOSFET 바이어스(V_{th} < V_{GS}일 때)

⑥ MOSFET 소자는 BJT의 특성과 유사하다. 차단영역에서는 MOSFET의 드레인-소스간이 큰 저항값을 가지며, 드레인 차단전류는 극히 미소하다. 이것은 스위치의 차단 상태를 의미한다. 선형영역에서는 D-S간 저항은 극히 작은데 이것은 스위치 도통 상태를 의미한다.

⑦ <u>V_{th}(문턱전압=Threshold Voltage)</u>

㉮ 게이트 임계값 전압 V_{th}는 드레인-소스 간에 일정한 전압을 가한 상태에서 드레인 전류가 흐르기 시작하는 게이트 전압의 최소값을 의미한다.

㉯ V_{th}는 일반적으로 낮게 하여 부하를 구동하게 한다.

㉰ V_{th}를 낮게 하면 포화특성이나 스위칭 시간이 단축된다. 그러나 V_{th}가 무조건 낮으

면 좋다는 것은 아니다. 너무 낮으면 노이즈 내량도 낮아져 오동작의 원인이 된다.

㉣ 예를 들면 스위칭 전원이나 모터 구동용 등에서는 EMI 노이즈 대응을 위해 V_{th}가 3[V]~4[V] 전후보다 높은 10[V] 구동소자를 선정한다. 또 사용하는 게이트 구동용 IC, LSI의 사양(MOSFET를 OFF로 유지하는 L레벨 전압) 등을 고려하여 선정한다.

4 P채널 MOSFET 동작원리

① P채널 MOSFET의 동작원리는 게이트 G에 (-) 전압을 인가하지 않으면, 드레인-소스 사이에 전압을 인가하여도 전류는 흐르지 않는데, 즉 전류를 흐르게 하는 전도채널이 형성되지 않는다.

② 다음에 G-S 사이에 (-) V_{GS} 전압을 인가하면 N형 반도체 기판의 정공은 게이트 아래의 D-S구간으로 모이게 된다.

③ V_{GS}전압을 증가시키면 정공이 더욱더 집중하고 V_{GS}가 어느 전압 V_{th}(문턱전압, Threshold Voltage)를 넘으면 게이트 아래 부분의 D-S 사이의 정공 농도가 전자의 농도보다 높아지면서 P형 채널이 형성되어 반도체 저항이 된다.

④ 이 때 D-S 사이에 전압 V_{DS}를 인가하면 선형영역의 특성과 같이 V_{DS}에 비례하여 D-S 사이에 전류가 흐르게 된다.

⑤ V_{GS}를 증가시킨 경우에는 많은 정공이 게이트 아래 집중하여 P채널의 폭이 커지고 전공의 농도가 증가하면서 등가적으로 도전율이 커진다. MOSFET의 D-S간 전류 I_{DS}는 V_{GS}에 의하여 제어할 수 있다.

9.2.3 MOSFET 바이어스

1 N-channel MOSFET 바이어스

① N-channel MOSFET는 게이트 단자에 Source에 대해서 (+)전압을 인가하면 Drain에서 Source로 I_D 전류가 흐른다.

② 일반적 N-channel MOSFET는 스위칭용으로 사용할 때 Source는 그라운드에 연결하므로 Drain에서 Source로 전류가 흐른다.

2 P - channel MOSFET 바이어스

① P - channel MOSFET는 Source에는 (+)V를 인가하고, Source 전압보다 Gate 전압을 Vth(=문턱전압) 이하로 인가하면 Source에서 Drain으로 전류가 흐른다.

② 예를 들면 P - channel MOSFET에 V_{th}전압이 (-)5[V]라고 할 때 Source에 (+)15[V]를 인가하고 Gate 전압을 10[V] 이하로만 해주면 Source에서 Drain으로 전류가 흐르기 시작한다.

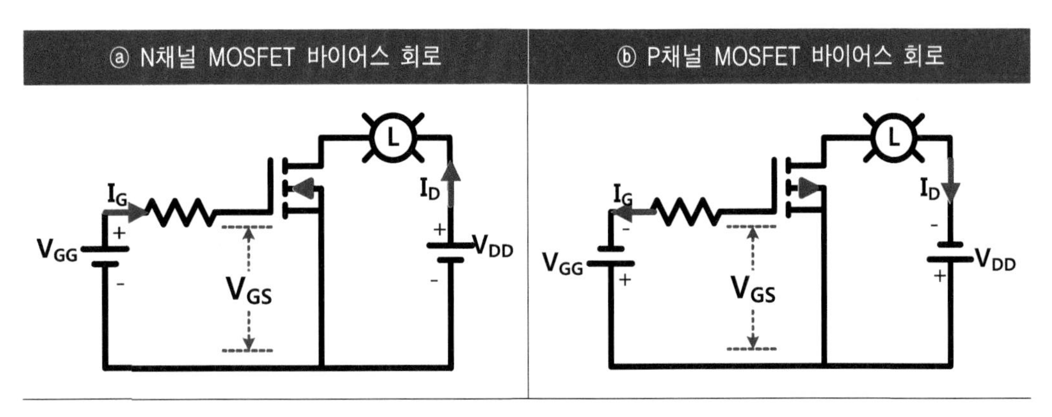

【그림 9.10】 MOSFET 바이어스

IGBT(Insulated Gate Bipolar Transistor)

① IGBT는 파워 MOSFET(metal oxide semi-conductor field effect transistor)와 바이폴러 트랜지스터의 구조를 가지는 스위칭(switching) 소자(素子)이다. 또 구동전력이 작고, 고속스위칭, 고내압화(高耐壓化), 고전류 밀도화(高電流密度化)가 가능한 소자이다.

② IGBT는 인버터 에어컨, IH 조리기 등의 가전제품이나 공작기계, 펌프 안정화 전원, 풍력발전 등의 산업용, 하이브리드 자동차, 연료전지 자동차, 나아가 철도차량의 모터제어 등에 널리 사용되고 있다.

9.3 SCR

9.3.1 SCR 개요

① "SCR"은 실리콘 제어정류기(Silicon Controlled Rectifier)의 약어이다.

② SCR 단자는 각각 "애노드(=Anode)", "캐소드(=Kathode)", "게이트(=Gate)"라고 불리는 3개 단자를 가지고 있으며, 【그림 9.11】과 같은 기호로 표시하고 있다.

【그림 9.11】 SCR의 여러 가지 형태 및 기호

9.3.2 SCR 스위칭 동작

1 SCR "ON · OFF" 동작

① SCR 스위칭 동작은 애노드(A)와 캐소드(K) 사이가 스위치와 같은 접점 기능을 하고, 게이트(G) 단자가 이 접점을 제어하는 역할을 한다.

② 따라서 【그림 9.12】와 같이 SCR의 애노드(A)와 캐소드(K) 사이를 부하와 전원에 접속해 두고 G단자를 조작하면 SCR 스위칭 동작에 의하여 부하를 "ON · OFF" 제어할 수 있게 된다.

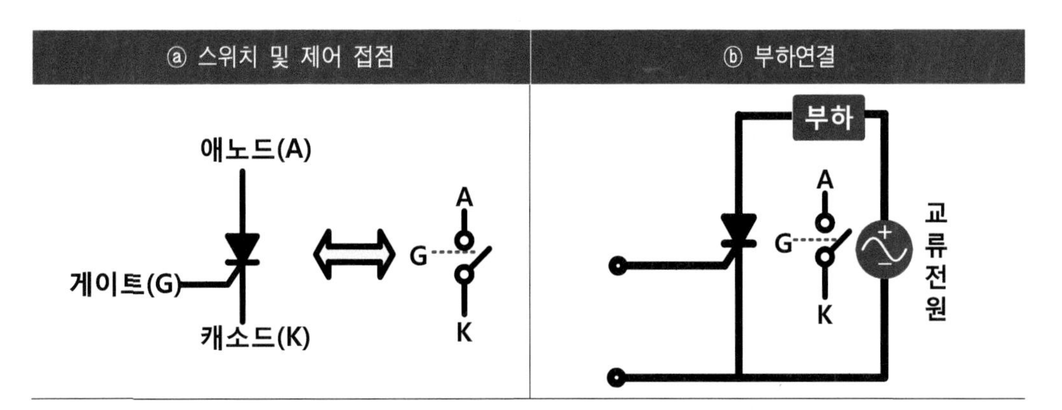

【그림 9.12】 SCR의 "ON · OFF" 제어

③【그림 9.13】ⓐ와 같이 Diode에 순방향 전압을 인가할 경우는 스위치 접점이 "ON"한 것과 같은 동작을 하며 부하를 구동할 수 있다.【그림 9.13】ⓑ와 같이 역방향 전압을 인가하면 접점이 "OFF"한 것과 같은 동작을 하며 이때는 부하를 구동할 수 없다.

④ SCR도 다이오드와 동일하게【그림 9.13】ⓒ와 같이 역방향으로 전압을 가하고 있을 때에는 전류가 흐르지 않고, 항상 스위치가 "OFF" 상태가 된다. 이러한 방향으로 전압을 가하는 것을 "역방향 전압"이라고 한다.

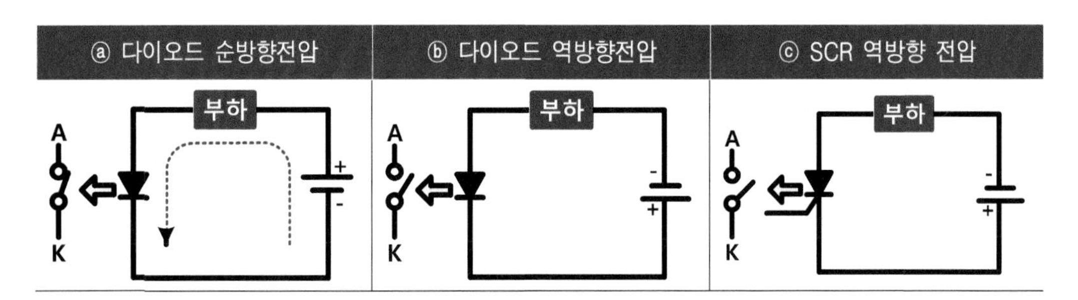

【그림 9.13】 다이오드 부하구동

⑤ 그러나 다이오드 경우에는【그림 9.14】ⓐ와 같이 전압을 가하면 스위치가 "ON"이 된 상태와 동일하게 되나 SCR은【그림 9.14】ⓑ와 같이 전압을 가하여도 그것만으로는 전류는 흐르지 않는다. 이러한 방향으로 전압을 가하는 것을 순방향전압을 가한다고 하나, SCR은 이와 같이 순방향전압을 가하여도 즉시 "ON"으로는 되지 않는다. SCR은 이와 같은 상태를 순방향전압이 가해져 있는 데에도 전류를 흐르지 않게 한다는 의미에서 **"순방향 저지상태"**라고 한다.

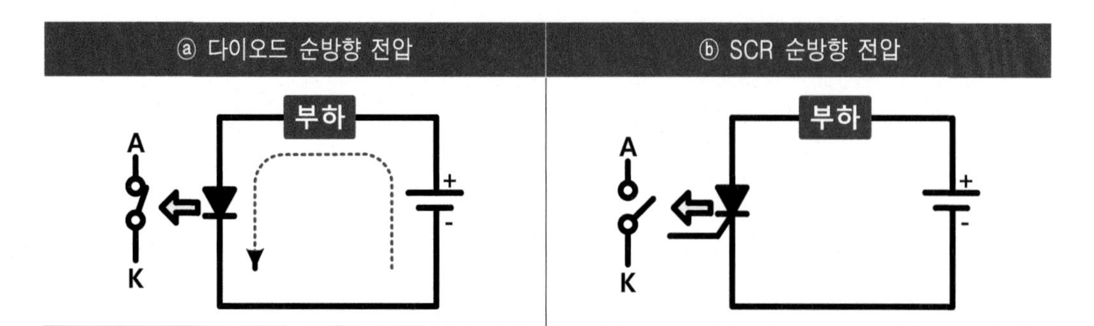

【그림 9.14】 다이오드와 SCR의 스위치 동작

⑥ 어떻게 하면 SCR를 "ON"시켜 전류를 흐르게 할 수 있는가? 실제로는 SCR은 【그림 9.15】와 같이 순방향전압을 가해 두고서 게이트-캐소드 사이에 화살표의 방향으로 전류를 흐르게 하여 "ON" 상태로 할 수가 있다.

⑦ SCR은 【그림 9.14】와 같이 A-K 간에 순방향전압을 가하는 것만으로는 A-K 간이 "ON" 상태로는 되지 않는다. G-K 간에 【그림 9.15】와 같은 방향으로 게이트 전류 I_G를 흐르게 하면 최초로 A-K간이 "ON"이 되어서 부하 R_L로 전류가 흐르게 되는 것이다.

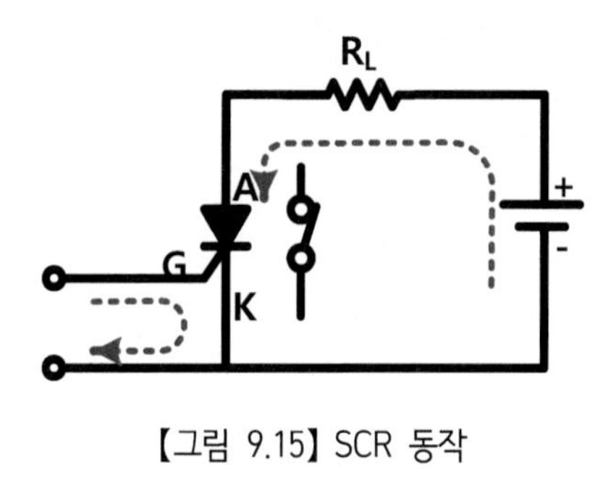

【그림 9.15】 SCR 동작

2 SCR을 "ON"시키는 방법

① SCR에는 트랜지스터와는 전혀 다른 독특한 성질이 있다. SCR을 "ON" 하기 위해서는 G-K 간에 【그림 9.15】와 같은 방향에 전류를 흐르게 하여야 한다는 것은 이미 설명을 하였으나, 이 전류 I_G는 SCR를 "ON"으로 하려고 하는 기간 중에 계속 흐르게 해 둘 필요가 없다.

② 【그림 9.16】처럼 A-K 간이 "ON"이 되기 시작하는 그 순간에만 전류 I_G를 흐르게 하면 그 뒤에 I_G가 0이 되어도 "ON" 상태를 계속 유지한다. 즉, SCR은 한번 "ON"으로 하면 그것을 유지하는 기능이 있는 것이다.

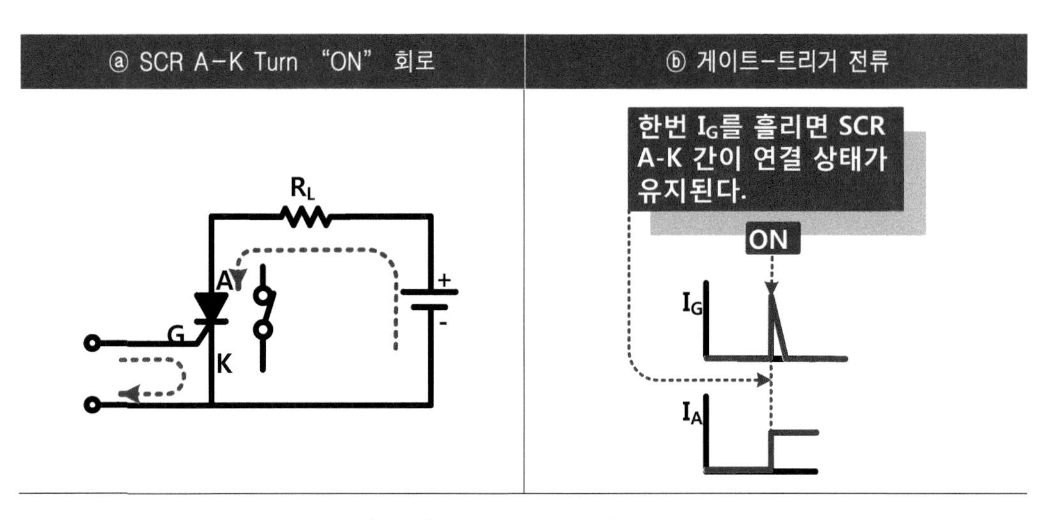

【그림 9.16】 SCR A-K 사이에 "ON" 유지

③ SCR은 A-K 사이에 순방향 전압을 가해 두고서 게이트에서 캐소드 방향에 순간적으로 게이트 전류 I_G를 흐르게 하면 A-K간이 "ON"으로 되어 그대로 "ON"의 상태를 유지한다. 물론 I_G를 계속 흐르게 하여도 동일하다. 이러한 것에서 I_G를 흐르게 하여 SCR를 "ON"으로 하는 조작을 불을 점화한다는 의미에 "점화한다"라고 말하고 있다. 또한 이 조작을 **"트리거(trigger)"**시킨다고 말하고 있다.

④ 그리고 SCR을 "ON"으로 하는 데 필요한 게이트 전류 I_G를 **"게이트-트리거 전류"**라고 하며, 또한 이 전류를 흐르게 하는 데 필요한 게이트·캐소드간 전압 V_{GK}를 **"게이트-트리거 전압"**이라고 한다.

⑤ 이상에서 SCR의 기본 동작에 대해서 살펴보았다. SCR을 "ON"으로 하기 위한 조건을 확실하게 기억해두기 바란다.

㉮ 【그림 9.17】 ⓐ와 같이 A-K 간에 역방향 전압을 가하였을 경우는 "ON"으로 되지 않는다.(전류 I_A는 흐르지 않는다.)

㉯ 또한 【그림 9.17】 ⓑ와 같이 순방향 전압을 가하는 것만으로도 "ON"으로 되지 않는다.(I_A는 흐르지 않는다.)

㉰ 【그림 9.17】 ⓒ와 같이 A-K 간에 순방향 전압을 가해 두고서 G에서 K의 방향으로 게이트-트리거 전류 I_G를 흐르게 하면 "ON"이 된다(전류 I_A가 흐른다). 그리고 I_G전류를 차단하더라도 "ON" 상태가 유지된다.

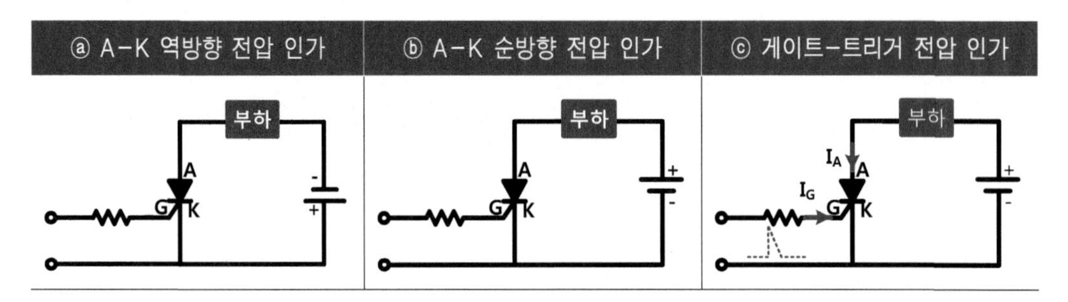

【그림 9.17】 SCR A-K 사이를 "ON" 하기 위한 조건

⑥ SCR을 "ON"으로 하기 위하여 필요한 게이트-트리거 전류 I_G의 값이나 게이트-트리거 전압 V_{GK}의 값 등은 카탈로그에 명기되어 있다. 다음의 표는 M23C라고 불리는 SCR 특성 값이다.

M23C	min.	typ.	max.
게이트-트리거 전류(mA)	–	0.6	1
게이트-트리거 전압(V)	0.2	0.6	0.8

㉮ M23C는 게이트-트리거 전류 0.6~1[mA]를 흘리면 반드시 "ON"으로 할 수 있고, 또 이 전류를 흘리는 데 필요한 전압 V_{GK}가 최대인 경우에도 0.8[V]라는 것을 의미한다. 또 게이트-트리거 전압의 최소치가 0.2[V]로 되어 있는 것은 이 값 이하일 때에는 절대로 "ON"으로 되지 않는다는 것을 의미한다.

㉯ 따라서 【그림 9.18】 회로에서 I_G=1[mA] 이상으로 하여 SCR을 "ON"으로 하기 위해서 R_G에서의 전압 강하 V_{RG} 및 V_{GK}의 값이 다음과 같이 되므로 입력 전압 V_G의 값이 4.8[V] 이상 필요하게 되는 것이다.

$V_{RG}=I_GR_G=1[mA]\times4[k\Omega]=4[V]$

$V_{GK}=0.8[V]$

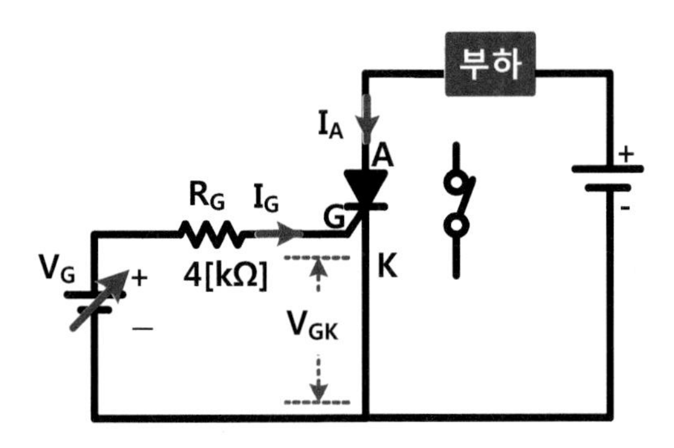

【그림 9.18】 SCR 게이트-트리거 구동 회로

3 SCR "OFF"시키는 방법

① 이번에는 SCR을 "OFF" 하는 방법을 생각해 보기로 한다. 바로 생각이 나는 방법은 게이트 전류 I_G를 "0"으로 하는 것이다.

② 그러나 I_G를 0으로 하여도 일단 "ON"이 된 SCR은 다시는 OFF로 되지 않는다. SCR은 정해진 값 이상의 게이트 전류 I_G를 흐르게 하거나 게이트 전압 V_G를 가하면 "ON"이 되나, 다음에 원래의 상태로 "OFF" 하려고 할 경우는 게이트 단자를 조작하여도 A-K 사이가 "ON"이 된 상태에서 아무 변화도 일어나지 않는다.

③ SCR을 "OFF"로 하기 위해서는 실제로는 A-K 간에 흐르고 있는 전류 I_A를 어떤 값 이하까지 감소시킬 필요가 있다.

④ 예를 들면 【그림 9.19】 회로에서 전원전압을 감소하여 I_A의 값을 감소시켜서, I_A의 값을 어떠한 값 이하로 할 필요가 있다.

여기서 SCR의 A-K 간에 흐르고 있는 전류를 감소시켜, 원래의 "OFF" 상태로 되돌아 가게 하는 한계의 전류값을, SCR을 "ON"으로 유지하는 데 필요한 최저 전류라는 의미에서 **"유지전류 I_H"**라고 한다.

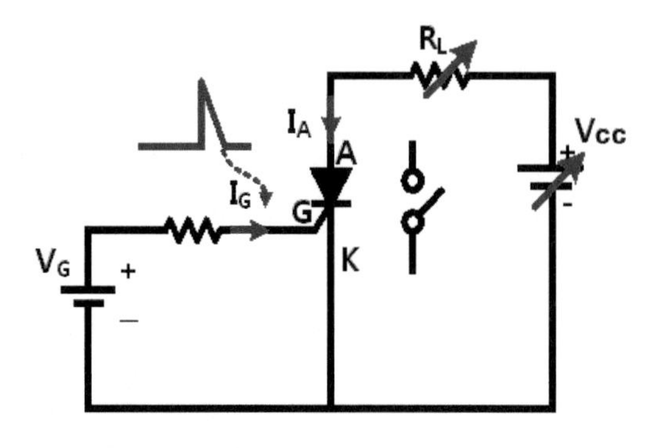

【그림 9.19】 SCR A-K 사이 OFF 동작

⑤ 예를 들면 SCR 유지전류 I_H가 2[mA]라는 것은 SCR A-K 간을 흐르는 전류가 2[mA] 이하가 되면 원래의 상태(=차단상태)로 복귀한다.

⑥ SCR을 "OFF"로 하기 위한 구체적인 수단으로서 저항(R_L)을 크게 하거나 전원전압(V_{CC})을 내려서 I_A를 유지전류값 이하로 하는 방법이 일반적이나, 그 이외에도 다음과 같이 하여 "OFF"하는 방법도 있다.

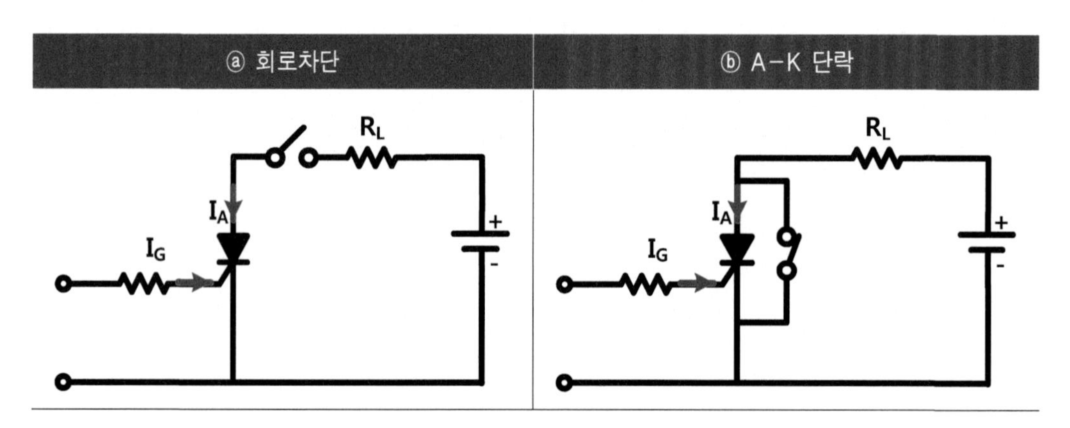

【그림 9.20】 SCR A-K 사이를 "OFF"하는 방법

㉮ 【그림 9.20】 ⓐ는 V_{CC}전압을 차단하여 A-K에 흐르는 전류를 "0"으로 한다.

㉯ 또한 【그림 9.20】 ⓑ는 SCR의 A-K간을 도선으로 단락하여 전류를 도선 측에 흐르게 하고 SCR에 흐르는 전류(I_A)를 "0"으로 한다. SCR은 예를 들어 "ON"이 되어 있어도 내부에 약간의 저항이 있으므로 도선으로 단락시키면 전류는 도선 측으로 흐르게 된다.

4 SCR에 교류전원 인가

① 지금까지는 전원이 직류전원이었으므로 이와 같은 방법을 취한 것이나, 예를 들면 정현파 교류전원 V_{AC}을 사용하면 어떻게 될 것인가?

② 【그림 9.21】처럼 교류 전압은 주기적으로 (+), (-)로 변화하므로 반드시 전압값이 0[V]가 되는 곳이 있으며 또한 그곳을 통과하면 반대로 역전압이 가해져서 전류가 흐르지 않게 된다. 그러면 그 과정에서 반드시 유지전류값 이하가 되는 곳이 있으며 SCR를 "OFF"할 수 있다. 트랜지스터는 교류전압을 가할 수 없으나, SCR에서는 전혀 문제가 없다.

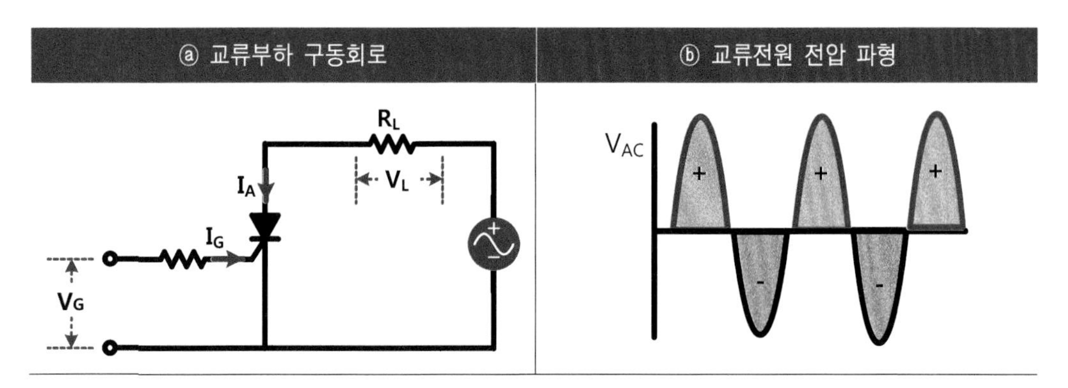

【그림 9.21】 교류전원을 이용한 SCR 구동회로

② 그러면 【그림 9.22】처럼 SCR의 애노드·캐소드 간에 교류전원과 부하 R_L을 접속하고 게이트-트리거전압 V_G를 가하면 어떻게 되는가를 생각하기로 한다.

③ 【그림 9.22】 ⓐ처럼 게이트-트리거 전압 V_G를 가하였을 경우는 점 a, 점 b, 점 c에서 각각 다음과 같은 동작을 하여 "ON·OFF"를 반복하게 된다.

㉮ 점 a ⇒ A-K 간에 순방향 전압이 가해져 있으므로 게이트-트리거 전압이 가해지면 SCR은 "ON"이 된다.

㉯ 점 b ⇒ V_{AC}가 약 0(V)가 되어 I_A가 유지 전류값 이하가 되어서 SCR은 "OFF"가 된다.

㉰ 점 c ⇒ 게이트-트리거 전압을 가하면 A-K 간에 순방향전압이 가해지고 SCR은 "ON"이 된다. 그리고 부하에 가하는 전압 V_L은 【그림 9.22】 ⓑ와 같다.

ⓐ 교류부하 구동회로	ⓑ 교류전원 및 부하 전압 파형
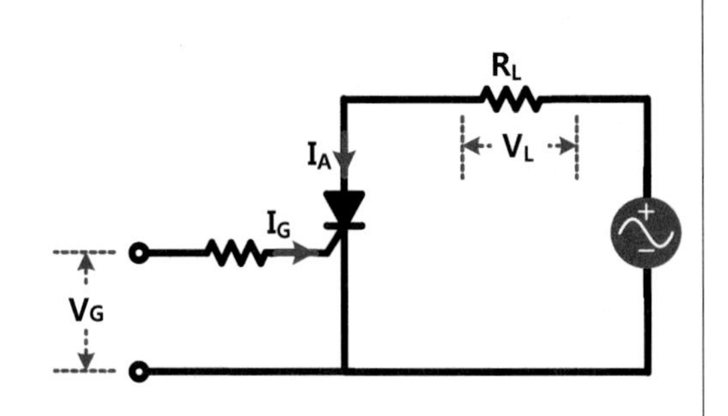	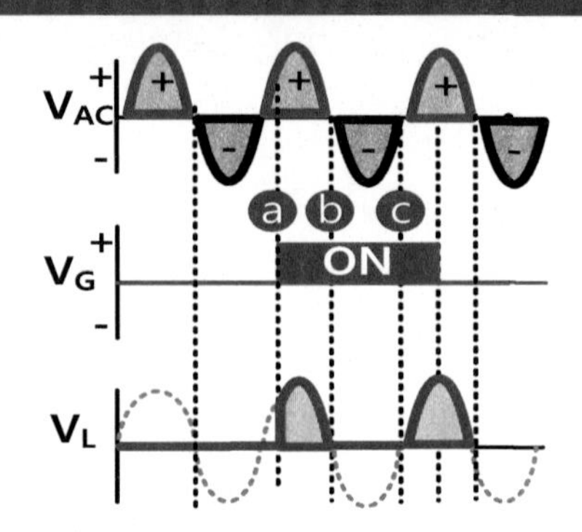

【그림 9.22】 V_G와 V_L의 파형

Thyristor의 역사

반도체시대의 개막이라고 할 수 있는 트랜지스터의 출현은 진공관이 전성기를 이루던 1947년이다. 그로부터 10년이 지난 후에 미국의 GE(General Electric Corporation)와 RCA(the Radio Corporation of America)사에 의해서 같은 시기에 Thyristor가 개발되어 상품화되었다.

이 새로운 소자를 GE사에서 실리콘제어정류소자(Silicon Controlled Rectifier) 또는 반도체 제어 정류소자(Semiconductor Controlled Rectifier)를 약칭하여 SCR이라고 명명하였다. 당초에는 실리콘 반도체 소자만 아니고 게르마늄 반도체를 사용한 SCR도 시험 제작되었기 때문에 반도체 제어정류소자라고 부르는 이름이 적당하였으나, 게르마늄을 사용한 소자는 열에 약하다든가, 역저지 능력(역내압)이 낮은 문제가 있었기 때문에 결국 실용적이 못되어 곧바로 실리콘으로 대치하게 되었다. 따라서 현재로는 SCR이 실리콘제어 정류소자의 약칭이라고 생각하여도 무방하다.

한편 RCA사는 이 소자의 성질이 사이러트론(thyratron)이라는 하는 열음극 그리드 제어 방전판과 유사하다는 점과, 구조적으로는 2개의 트랜지스터의 복합구조이므로 사이러트론(thyratron)과 트랜지스터(transistor)의 2단어를 합성하여 사이리스터(Thyristor)라고 명명하였다

이상과 같이 SCR과 Thyristor라는 두 가지의 명칭이 있으나, 현재로는 IEC(국제표준 회의)의 규격에 의하여 공식명칭은 사이리스터로 통일되어 있다.

9.4 TRIAC

9.4.1 TRIAC 개요

① "트라이액(TRIAC)"은 Triode AC Switch 약어로 SCR과 동일하게 【그림 9.23】과 같이 3개의 단자를 가진 스위치 소자인데, 교류의 (+)·(-) 전압 어느 경우에도 "ON" 상태로 된다.

【그림 9.23】 트라이액 외관

② 그러면 【그림 9.24】와 같이 SCR을 병렬접속하면 어떠하겠는가?
【그림 9.24】 ⓐ와 같이 전압이 가해져 있을 때에는 SCR_1에 순방향 전압이 가해지고, 【그림 9.24】 ⓑ와 같이 전압이 가해져 있을 때에도 SCR_2에 순방향 전압이 가해진다. 트라이액은 개략적으로 SCR 2개를 사용하여 양방향(=쌍방향)성을 갖는다.

③ 따라서 【그림 9.24】 ⓐ와 같이 2개의 SCR을 쌍으로 한 것으로 나타내고, 각각의 전극을 "T_1, T_2, G" 단자라고 부르고 있다.

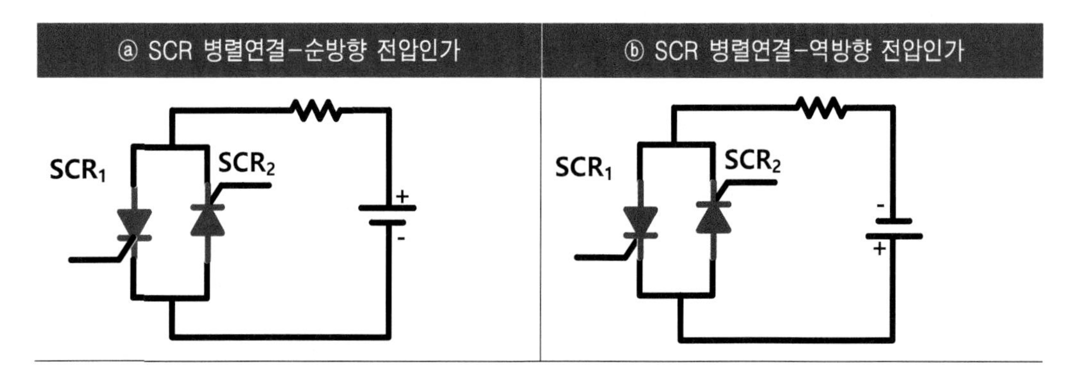

【그림 9.24】 SCR 2개를 병렬 연결

9.4.2 TRIAC 스위칭 동작

1 TRIAC "ON · OFF" 동작

① 【그림 9.25】 ⓑ와 같이 트라이액이 "OFF"가 되는 것은 SCR과 동일하게 T_1-T_2 사이를 흐르고 있는 전류가 유지전류값 이하로 되었을 때이다.

즉, 트라이액은 T_1-T_2 사이에 임의의 방향으로 전압을 가해 두고서 G-T 간에 게이트-트리거 전압을 가하면 "ON"으로 할 수가 있으며, T_1-T_2 간에 흐르고 있는 전류를 유지 전류값 이하로 하면 "OFF"가 되는 것이다.

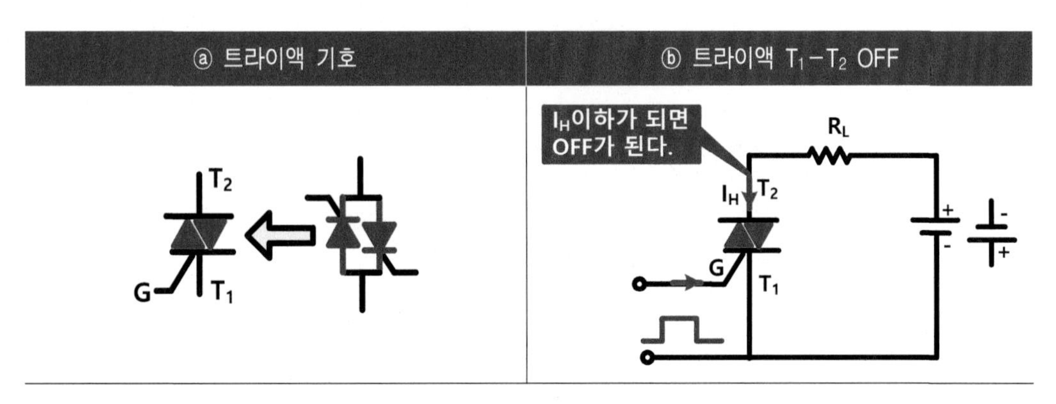

【그림 9.25】 트라이액 기호 및 T_1-T_2 사이 "OFF" 동작

② 트라이액을 "ON"으로 하기 위한 게이트-트리거 전압값이나 게이트-트리거 전류값 및 유지전류값은 각각 SCR일 때와 동일하게 카달로그에 명기되어 있다.

③ 예를 들면, 2SM151이라는 트라이액 특성은 다음과 같고 이 경우는 G-T_1 간에 2[V] 이상의 전압이 가해지면서 30[mA] 이상의 전류가 흐르면 T_1-T_2 사이가 "ON"이 되고, T_1-T_2 간에 흐르는 전류가 7[mA] 이하가 되면 "OFF"가 된다.

게이트-트리거 전압	2[V]
게이트-트리거 전류	30[mA]
유지 전류	7[mA]

2 TRIAC 교류동작

① 그러면 【그림 9.26】 ⓐ와 같이 T_1 - T_2 간에 교류전원과 부하를 접속하고 【그림 9.26】 ⓑ와 같은 게이트 - 트리거전압을 가하였을 때의 동작을 생각해 보기로 한다.

② 트라이액은 T_1 - T_2 간에 전압이 가해져서 V_G가 가해지면 T_1 - T_2 사이가 "ON"이 되어서 (+), (-) 어느 것의 전압도 부하에 가해진다. 그리고 유지전류값 이하가 되면 "OFF"가 되므로 다음과 같은 동작을 하게 된다.

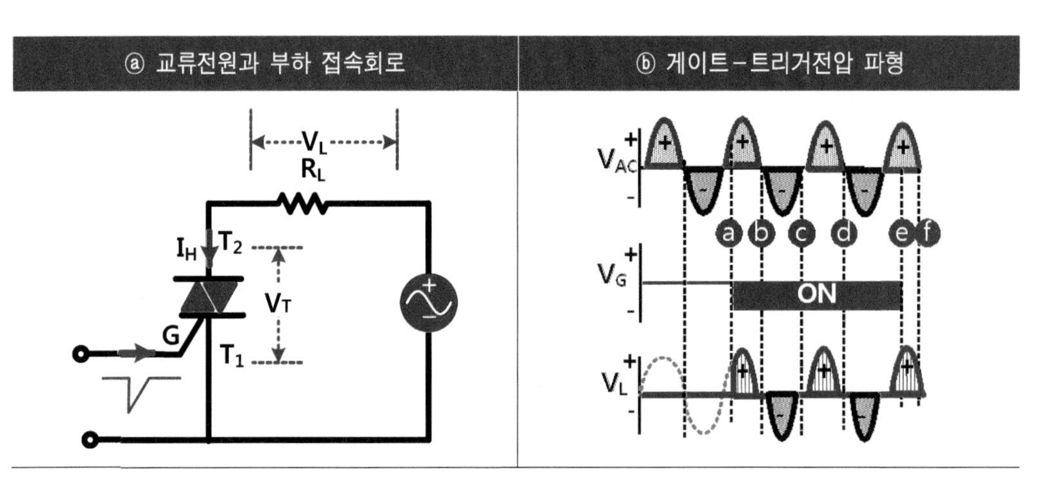

【그림 9.26】 교류전원과 부하 접속회로 및 파형

㉮ 점 a ⇒ V_{AC}전압이 인가하고, V_G전압이 가해지므로 트라이액은 "ON"이 된다.

㉯ 점 b ⇒ V_{AC}전압이 0[V]가 되어 유지 전류 이하로 되어서 "OFF"가 되나, V_G전압이 가해져 있기 때문에 V_{AC}전압이 가해지기 시작하면 즉시 다시 "ON"이 된다.

㉰ 점 c~e ⇒ 점 a, b와 동일하다.

㉱ 점 f ⇒ 유지 전류값 이하가 되어 "OFF"가 된다.

② 이와 같이 트라이액은 SCR과 달리 게이트 - 트리거 전압을 가하면 부하에는 교류 전압 그 자체가 가해지게 된다. 따라서 트라이액을 사용하면 교류로 동작하는 부하를 자유롭게 구동할 수 있다.

③ 【그림 9.27】 회로는 써미스터를 이용하여 검출전압을 트랜지스터에서 증폭하고 그 출력으로 트라이액을 구동하여 히터를 제어하려고 하는 온도제어회로이다.

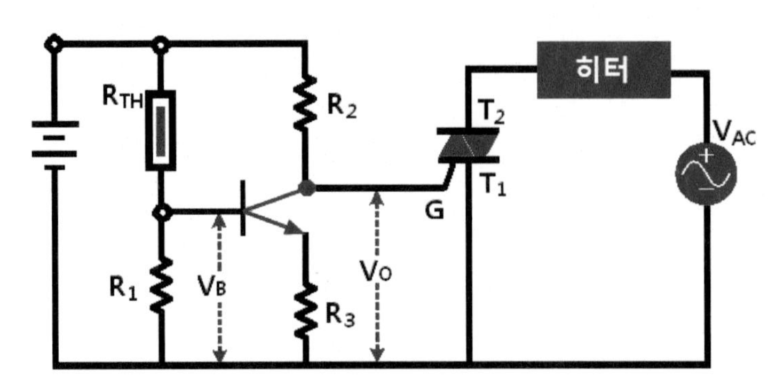

【그림 9.27】 트라이액을 이용한 온도제어회로

④ 【그림 9.27】 회로에서 NPN트랜지스터를 (-) 전원으로 동작시키는 것은 게이트·트리거전압이 트라이액의 T_1 단자에 대해서 (-) 전압을 인가하기 위한 것이며, 이 회로는 온도변화에 따라서 다음과 같은 동작을 수행한다.

㉮ 온도 상승 ⇒ 서미스터 저항(R_{TH}) 감소 ⇒ V_B 증가 ⇒ I_B 증가 ⇒ I_C 증가 ⇒ V_O 감소 ⇒ 게이트 트리거 전압 감소 ⇒ 트라이액 "OFF"

㉯ 온도 저하 ⇒ 서미스터 저항(R_{TH}) 증가 ⇒ V_B 감소 ⇒ I_B 감소 ⇒ I_C 감소 ⇒ V_O 증가 ⇒ 게이트 트리거 전압 증가 ⇒ 트라이액 "ON"

솔리드 스테이트 릴레이
(SSR : SSR : Solid Stae Relay)

반도체로 구성된 릴레이로 그 원리는 포토 커플러와 유사하며, 발광 다이오드와 광(光)트리거 타입의 트라이액을 마주보게 하여 몰드한 것이다. 소형이며 스파크가 발생하지 않고 수명이 반영구적인 장점이 있으나, 일반 릴레이에 비하여 고가이다.

실험실습

1 실험기기 및 부품

【1】 브레드 보드 및 DMM

【2】 저항

① 10[Ω] ②100[Ω] ③ 1[kΩ] ④ 2[kΩ]

⑤ 4.7[kΩ] ⑥ 5[kΩ] ⑦ 10[kΩ] ⑧ 가변저항 1[kΩ]

【3】 트랜지스터

① 2SC1815 또는 3198 ② 2N2222A ③ 2N2907

【4】 MOSFET

① IRF740

【5】 SCR

① F2R5G

【6】 CdS

【7】 램프

① 12[V] 4[W] ② 220[V] 5.5[W]

2 MOSFET 구동회로

【1】 회로도

MOSFET를 이용하여 LED를 "ON · OFF"하는 회로를 구성한다.

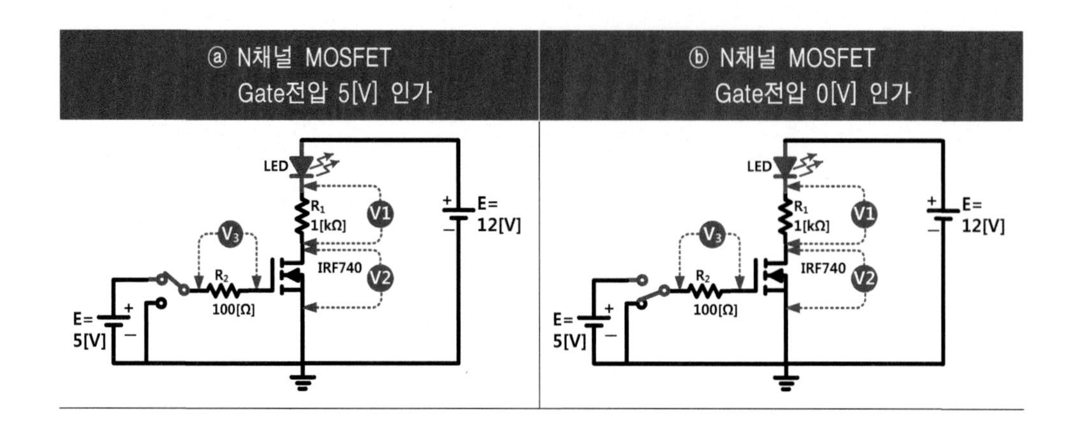

【2】 실습방법

① IRF740 N채널 MOSFET 게이트에 5[V]전압을 인가하고 V_1, V_2, V_3 전압을 측정한다.

측정순서	측정전압
① V_1전압	
② V_2전압	
③ V_3전압	
④ V_3 전압이 0[V]인 이유는 무엇인가?	

② IRF740 N채널 MOSFET의 게이트에 0[V]전압을 인가하고 V_1, V_2, V_3 전압을 측정한다.

측정순서	측정전압
① V_1전압	
② V_2전압	
③ V_3전압	

3 SCR을 이용하여 램프 "ON · OFF" 제어(1)

【1】 회로도

SCR을 이용하여 램프를 "ON · OFF" 제어하는 회로를 구성한다.

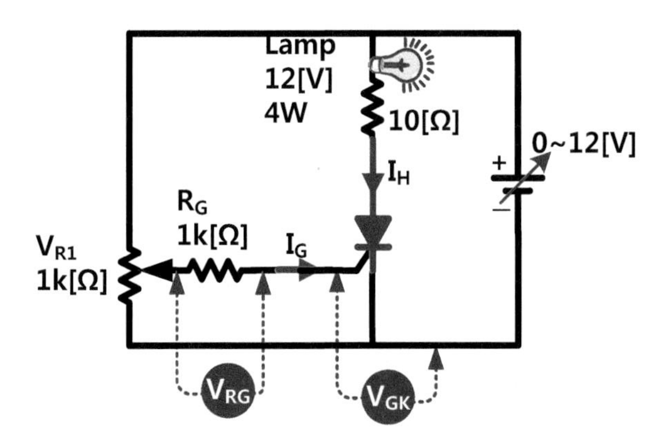

【2】 실습방법

① VR_1 전압을 0[V], V_{CC} 전압을 12[V]로 조절하고, VR_1 전압을 서서히 증가시켜 램프가 점등하는 순간에 게이트 · 트리거 전류 $I_G(=V_{RG}/R_G)$와 게이트 · 트리거 전압 V_{GK}를 측정한다.

② 램프가 켜진 후에 VR_1을 V_{CC}에서 분리하여 게이트 전류 I_G를 0[A]으로 했을 때 램프가 계속 점등되었는지를 확인하고, V_{CC}를 천천히 감소시켜 SCR의 A - K간의 유지전류 I_H $(=VR_L/R_L)$를 측정한다.

측정순서	측정 전압 · 전류
① I_G 전류	
② V_{GK} 전압	
③ I_H 전류	

4 SCR을 이용하여 램프 "ON · OFF" 제어(2)

【1】 회로도

CdS를 이용하여 SCR을 구동하는 회로를 구성한다.

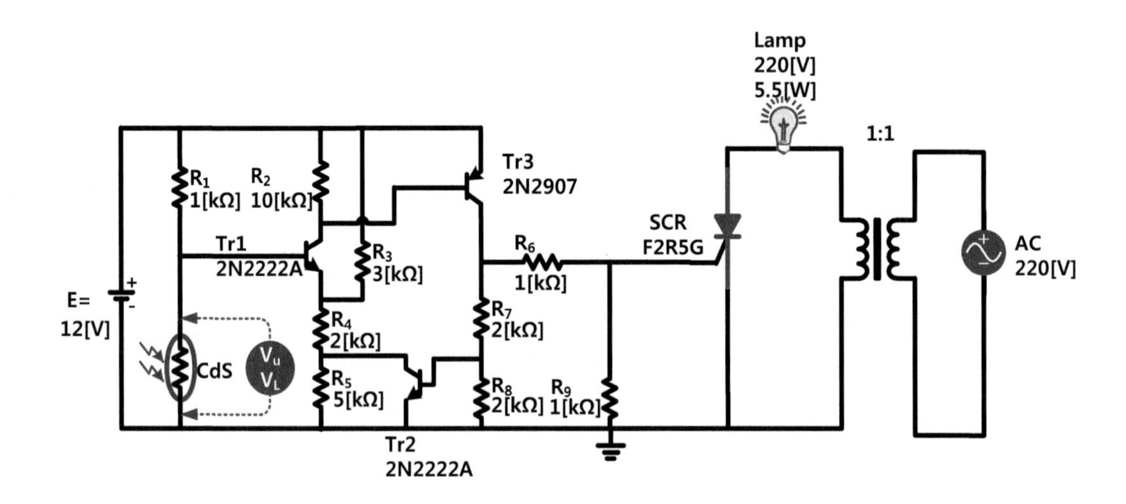

【2】 실습방법

① CdS 창을 개방했을 때 램프 상태를 관찰한 다음에, CdS 창을 손가락으로 서서히 가리면서 CdS 저항이 증가하여 SCR이 "ON"되어 램프가 켜지는 전압 V_U를 측정하고, CdS에서 서서히 손가락을 떼면서 CdS 저항이 감소하여 SCR이 "OFF"되어 램프가 켜지는 전압 V_L을 측정한다.

측정순서	측정전압
① V_U 전압	
② V_L 전압	

② 램프를 "ON"시킨 상태에서 SCR의 애노드와 캐소드를 단락시켜 램프의 밝기를 비교하고 차이가 나는 이유는 무엇인가?

CHAPTER

10 연산 증폭기(OP-Amp.)

【학습목표】

1】 OP-Amp. 특성에 관하여 학습한다.

2】 OP-Amp. 비교회로에 관하여 학습한다.

3】 OP-Amp. 궤환회로에 관하여 학습한다.

• 요점정리 •

❶ "OP-Amp.(연산 증폭기)"는 두 입력단자의 전압차를 증폭하는 반도체 소자이다.

❷ OP-Amp.(연산 증폭기) 단자의 구성은 다음과 같다.

① 전원단자 ② 반전 입력단자=(−)입력단자

③ 비반전 입력단자=(+)입력단자 ④ 출력단자

❸ "궤환"은 출력전압을 피드백(궤환저항)을 거쳐서 입력단자로 다시 보내는 것으로, "부궤환"은 OP-Amp. 두 입력단자(반전입력, 비반전입력)의 전압차이를 없애주는 역할을 하기 때문에, 부궤환회로를 사용하면 반전 입력단자와 비반전 입력단자의 전압차가 없는 동전위가 되며, 이것을 "가상단락"이라고 한다.

❹ "정궤환"은 두 입력단자(반전입력, 비반전 입력)의 전압차를 증가시킨다.

❺ 부궤환회로 중에서 반전증폭회로는 (+) 입력단자를 접지하고, (−) 입력단자에 증폭할 입력신호가 가해지도록 회로를 구성하고, (−) 입력단자의 전압은 0[V], 즉 "가상접지" 상태가 된다.

❻ 부궤환회로 중에서 비반전 증폭회로는 (+) 입력단자에 증폭할 입력신호를 가하며, 출력신호는 입력신호와 같은 위상이다.

10.1 OP-Amp.(Operational Amplifier) 개요

10.1.1 OP-Amp. 개요

① 전자제어 분야에서 일반적으로 사용하고 있는 집적회로에는 몇 가지의 종류가 있으나, 이 장에서는 이러한 것 중에서 특히 응용범위가 넓은 OP-Amp.라고 불리고 있는 소자의 기본동작과 활용법에 대하여 알아보자.

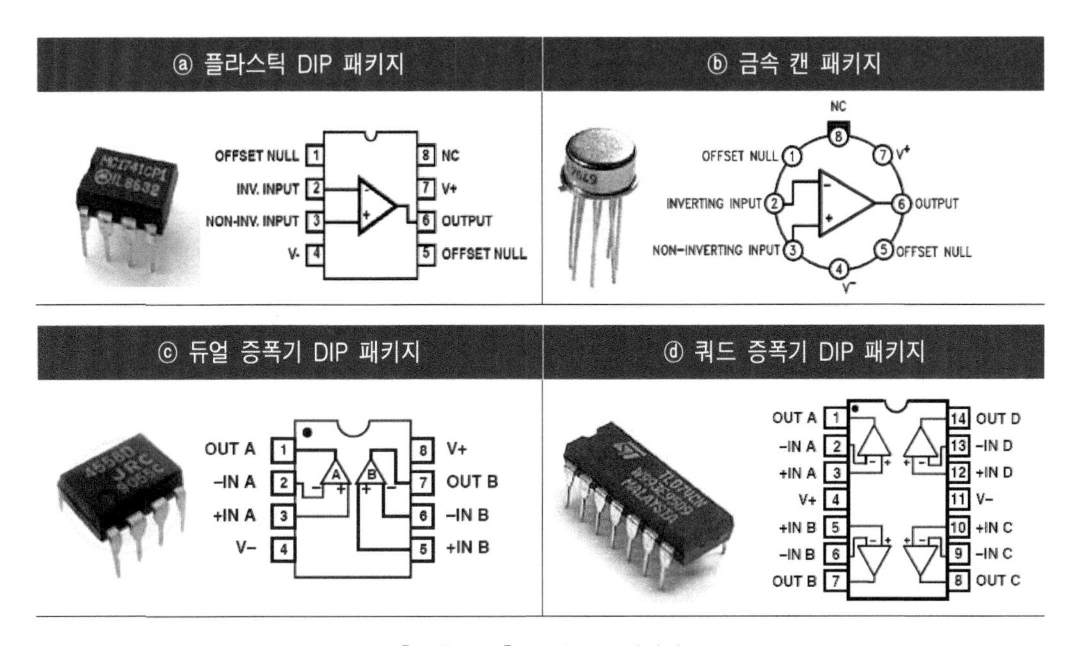

【그림 10.1】 OP-Amp. 패키지

② 증폭회로, 비교회로 등 아날로그 전자회로에서 널리 쓰이고 있는 OP-Amp.는 Operational Amplifier 약자로 "연산 증폭기"라고 한다.

③ 연산 증폭기라는 명칭은 애초 개발된 목적이 아날로그 컴퓨터의 연산회로에 사용하기 위한 것이었으므로 이러한 명칭이 부가된 것이다.

④ 전형적인 OP-Amp. 패키지를 【그림 10.1】에 나타나 있으며, 【그림 10.1】 ⓐ에 보이는 플라스틱 DIP(dual - in - line) 패키지는 8개의 단자를 가지고 있다.

⑤ 기본적인 OP-Amp.는 일반적으로 5개의 단자만을 사용하며, 【그림 10.1】 ⓑ의 금속 캔형 패키지 또한 8개의 단자 중에서 5개만 사용한다.

⑥ 다른 반도체 소자에서처럼 금속 캔 패키지는 일반적으로 플라스틱 용기보다 더 많은 열을 소비할 수 있다. 그러나 DIP 패키지는 대개 가장 저렴하고 금속 캔 용기보다 더 소형으로 될 수 있다.

⑦ 【그림 10.1】 ⓓ는 하나의 패키지에 4개의 OP-Amp. 증폭기를 포함하고 있는 쿼드(quad) DIP 패키지 타입 구조를 나타내고 있다.

⑧ 【그림 10.2】 ⓐ는 OP-Amp. 내부 등가회로를 나타내고 있으며, OP-Amp. 내부는 매우 복잡한 회로로 되어 있으나 기본적으로는 【그림】 ⓑ와 같이 (+), (-) 표시된 2개의 입력단자와 1개의 출력단자, (+)Vcc, (-)Vcc 전원단자로 구성된다.

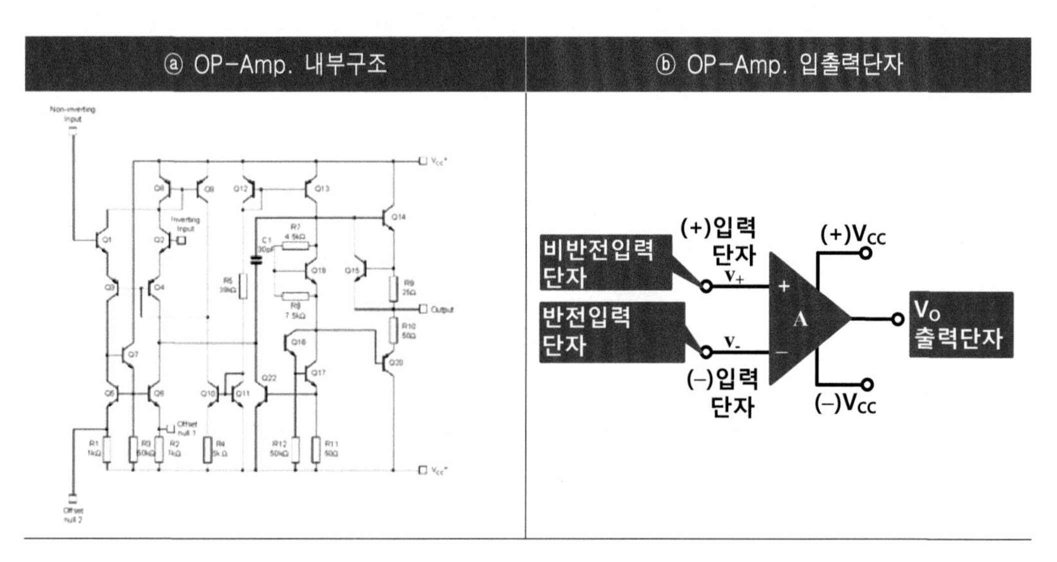

【그림 10.2】 OP-Amp. 내부 등가회로

☞ **(+) 입력단자**

㉮ "비반전 입력단자"라고 하며 이 단자에 입력신호를 인가하면, 출력단자의 위상이 비반전 입력단자와 같다.

㉯ (-)전압을 비반전 입력단자에 인가하면 출력단자에 (-)전압이 출력되고

㉰ (+)전압을 비반전 입력단자에 인가하면 출력단자에 (+)전압이 출력된다.

☞ **(-) 입력단자**

㉮ "반전 입력단자"라고 하며 이 단자에 입력신호를 인가하면, 출력단자의 위상이 180[°] 반전되어서 출력단자에 나타난다.

㉯ (+)전압을 반전 입력단자에 인가하면 출력단자에 (-)전압이 출력되고

㉰ (-)전압을 반전 입력단자에 인가하면 출력단자에 (+)전압이 출력된다.

10.2 OP-Amp. 특성

10.2.1 OP-Amp. 입·출력 특성

1 출력 특성

① OP-Amp. 2개 입력단자에 전압을 인가하여 출력전압의 변화를 알아보자.

② OP-Amp.에는 【그림 10.3】처럼 (+), (-)라고 표시된 2개의 입력단자가 있으며, 2개의 입력단자에 신호인가 방법에 따라서 여러 가지 출력전압을 얻을 수 있다.

③ OP-Amp. 증폭도를 "A"라 하면 입력단자의 사용방법에 따라서 다음과 같은 출력이 나타난다.

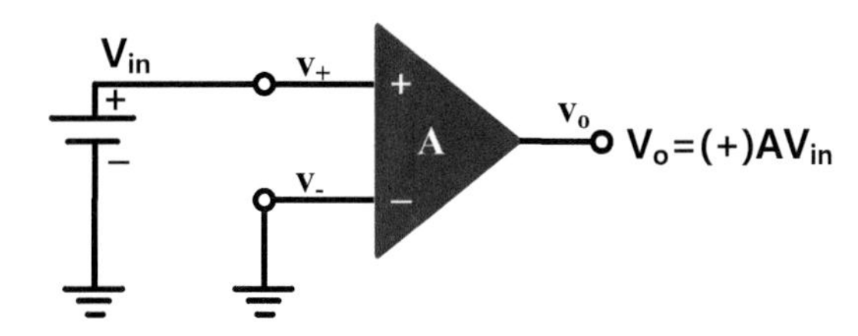

【그림 10.3】 (-)입력단자(반전 입력단자) 접지 시 OP-Amp. 출력

④ 【그림 10.3】처럼 (+)입력단자(비반전 입력단자)에 입력 전압신호를 가하고, (-)입력단자(반전 입력단자)가 접지되었을 경우는 출력단자에는 Vo=A(증폭도)×V_{in}(입력전압) 전압이 출력된다.

⑤ 【그림 10.4】처럼 (-)입력단자(반전 입력단자)에 입력 전압신호를 인가하고, (+)입력단자(비반전 입력단자)가 접지되었을 경우는 출력단자에는 Vo= - A(증폭도)× V_{in}(입력전압) 전압이 출력된다.

여기에서 (-) 의미는 입력단자 전압극성의 위상이 반전되었음을 의미한다.

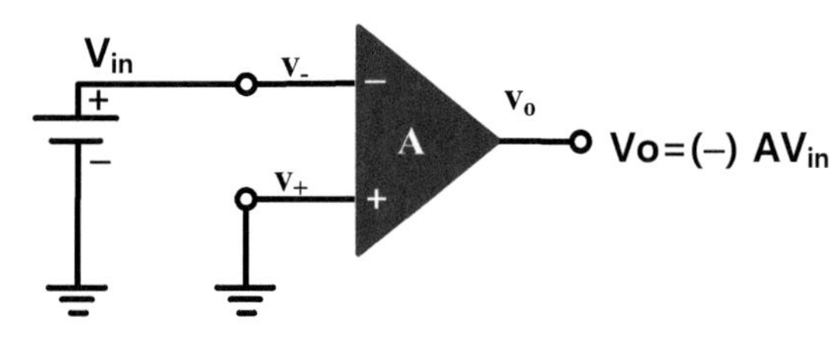

【그림 10.4】 (+) 입력단자(비반전 입력단자) 접지시 OP-Amp. 출력

⑥ 【그림 10.5】와 같이 OP-Amp. (+), (-) 2개 입력단자에 입력전압 신호를 가하였을 때는 그 출력단자에는 입력단자의 차의 전압이 증폭되어 출력된다. 이와 같은 2개 입력단자 사이의 차를 증폭하는 증폭기를 "차동 증폭기(Differential Amplifier)"라고 한다.

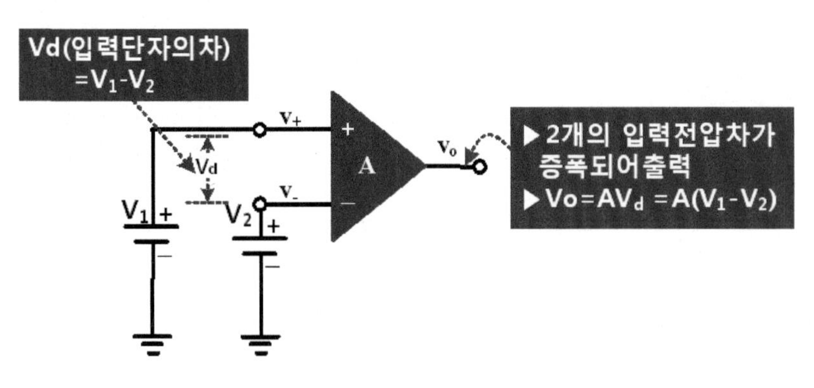

【그림 10.5】 차동 증폭기

10.2.2 OP-Amp. 전원

① OP-Amp. 전원은 OP-Amp.를 구동시키는 데 필요한 전압이며, 일반적으로 (+)15[V]와 (-)15[V]의 양 전원을 사용한다.

② 최근에는 OP-Amp. 회로를 간단하게 하려고 단일 전원을 사용하는 OP-Amp.도 많지만, 양 전원을 사용하면 OP-Amp. 효율이 좋아진다. 그래서 여기에서는 양 전원의 OP-Amp. 위주로 학습을 진행한다.

③ OP-Amp. 전원을 접속하는 단자는 OP-Amp. 카탈로그에 반드시 명기되어 있으며, OP- Amp.를 동작시키기 위해서는 이러한 단자에 【그림 10.6】과 같이 동일한 크기로 되어 있는 (+)Vcc와 (-)Vcc 전압을 인가한다. 이와 같이 전원전압을 가하면 IC 내부 회로가 구동되어서 OP-Amp.가 증폭동작을 시작하게 된다.

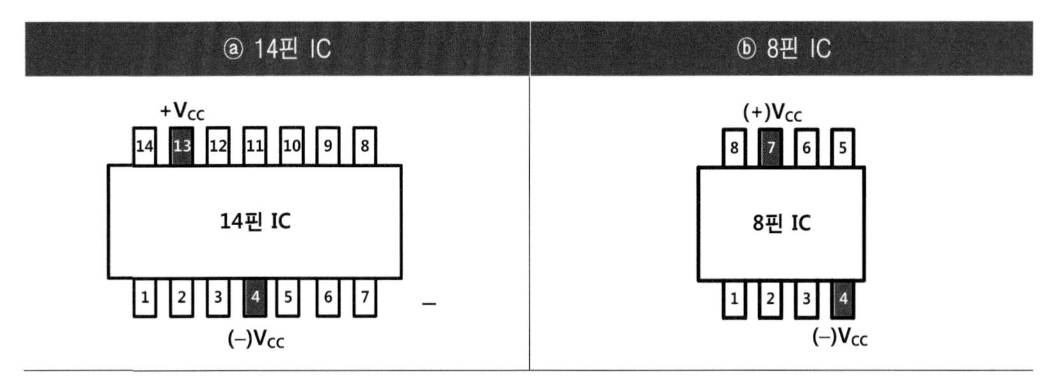

【그림 10.6】 OP-Amp. 전원단자

④ 일반적으로 OP-Amp.는 전원전압을 ±15[V]로 사용하여 구동하며, 이 전압값에 대한 제한이 있으므로 사용하는 OP-Amp. 카탈로그를 참조하여 소자를 파손시키는 일이 없도록 주의하여 사용해야 한다.

⑤ 아래의 표는 일반적으로 사용하고 있는 μA741이라는 OP-Amp. 전원전압의 최대 정격 전압을 나타내고 있으며, 이 최대 정격 전압값은 OP-Amp. 2개 전원단자 사이에 가하는 전압 [(+)V_{CC} - (-)V_{CC}] 차를 인가할 수 있으므로 실질적으로는 ±18[V] 이상 전압을 인가하면 소자가 파손되는 경우가 발생한다.

μA741(최대 정격)	
전원전압	36 [V]

⑥ OP-Amp.의 기본회로는 차동 증폭기로 구성하여 사용하며, 【그림 10.7】과 같이 동일한 크기의 전원전압 (+)V_{CC}와 (-) V_{CC}를 인가하고 2개의 입력단자에 전압을 가하면 그 차가 증폭되어 출력전압을 출력한다.

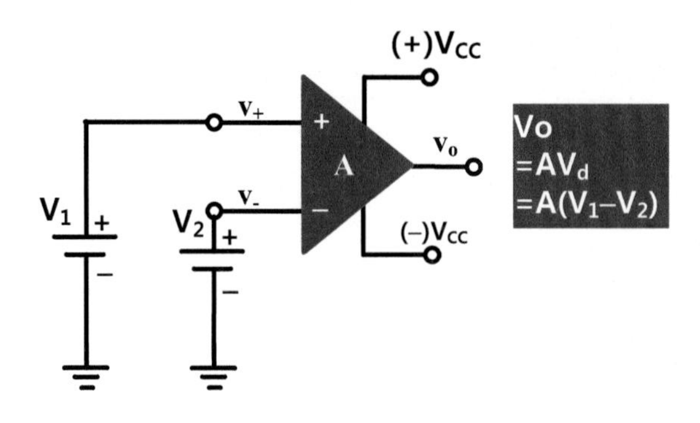

【그림 10.7】 차동 증폭기

10.2.3 OP-Amp. 증폭도

① OP-Amp. 증폭도 특성을 보면 증폭도(A)가 매우 크다. 이상적으로는 무한대의 증폭도를 가지며, 여기서는 μA741을 예를 들면, 대표적인 증폭률이 200,000이다.

μA741 증폭도	min.	typ.	max.
	25,000	200,000	---

② 이와 같이 증폭도가 매우 큰 OP-Amp.를 차동 증폭기로 동작시키면 이 회로의 출력은 다음과 같다.

㉮ 【그림 10.8】과 같이 반전 입력단자에는 $V_2 = 1[V]$의 일정 전압을 인가하고, 비반전 입력단자 전압 V_1을 가변시킨 경우, OP-Amp. 증폭도를 200,000으로 하였을 때에 출력전압 V_O는 다음과 같다.

㉯ $V_1 = 0.99[V]$일 때 ⇒ $V_O = 200{,}000 \times (0.99 - 1) = (-)2{,}000[V]$가 출력되지 않고 (-) Vcc 전원전압, (-)15[V]가 출력된다.

㉰ $V_1 = 1.00[V]$일 때 ⇒ $V_O = 200{,}000 \times (1 - 1) = 0[V]$가 출력된다.

㉱ $V_1 = 1.01[V]$일 때 ⇒ $V_O = 200{,}000 \times (1.01 - 1) = 2{,}000[V]$가 출력되지 않고 (+)Vcc 전원전압, (+)15[V]가 출력된다.

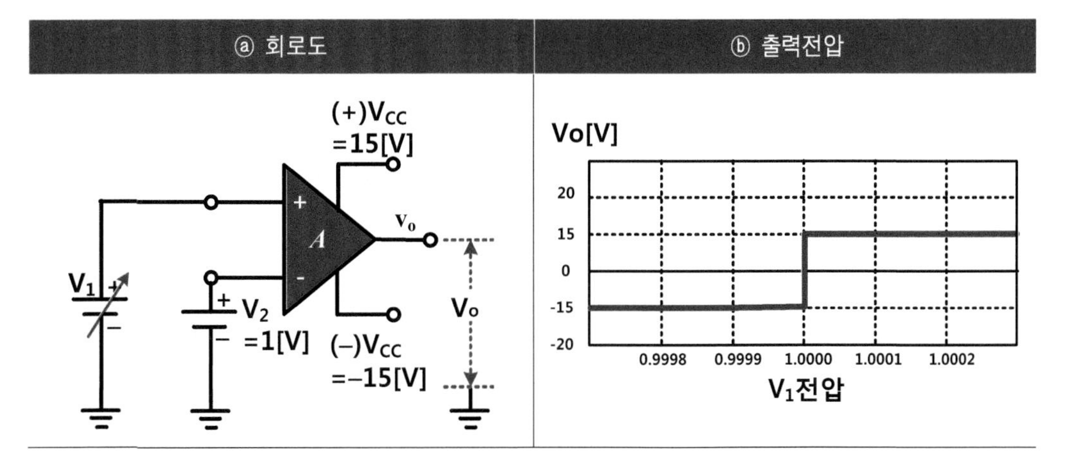

【그림 10.8】 OP-Amp. 입력전압에 따른 출력전압

③ 【그림 10.9】와 같이 OP-Amp. 입력의 한편에 기준전압 V_r를 인가하고, 다른 입력전압 V_{in}을 인가하면 출력은 어떻게 변화될까?

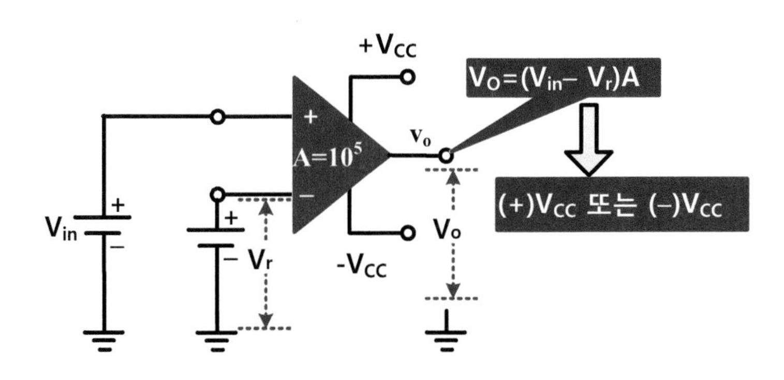

【그림 10.9】 OP-Amp. 전압 비교기

㉮ OP-Amp. 입력단자의 한편에 기준전압 V_r을 인가하고 입력전압 V_{in}이 기준전압 V_r에 대해서 약간이라도 크게 되면 (+)Vcc를 출력하게 되고, 약간이라도 작게 되면 (-)Vcc를 출력하게 되는 것이다.

㉯ $V_{in} > V_r$일 때는 $V_O \Rightarrow (+)V_{CC}$.

㉰ $V_{in} < V_r$일 때는 $V_O \Rightarrow (-)V_{CC}$

④ 이와 같은 회로의 동작은 기준전압에 대해서 입력전압이 크거나 작은가를 판정할 수 있는데, 이 원리를 이용하면 OP-Amp.를 비교기로서 사용할 수 있다.

10.2.4 OP-Amp. 입력 특성

① OP-Amp. 입력특성을 알아보면 OP-Amp.는 입력저항이 매우 높아 【그림 10.10】과 같이 입력전압을 가하여도 OP-Amp. 입력단자에는 거의 전류가 흐르지 않는다는 것이다.

② OP-Amp. 입력으로 흘러가는 전류를 "입력바이어스 전류"라고 하며 입력단자 μA741의 경우를 보면 OP-Amp. 입력단자로 흘러가는 전류가 거의 0[A]정도 작은 전류값이다.

μA741 입력 바이어스 전류	min.	typ.	max.
	---	80(nA)	500(nA)

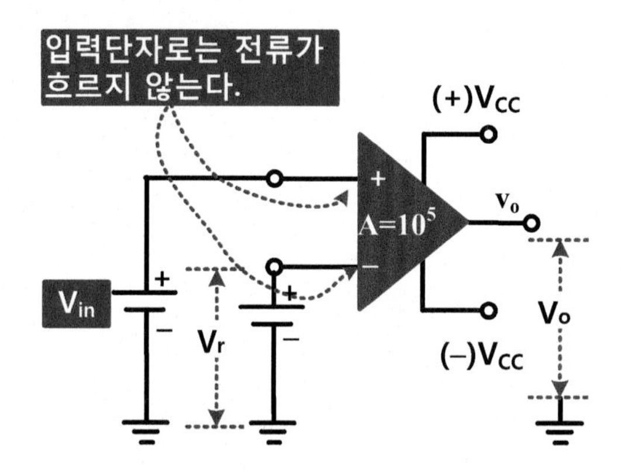

【그림 10.10】 OP-Amp. 입력단자 전류 특성

10.3 비교회로

10.3.1 축전지 전압 체크

① 【그림 10.11】과 같이 OP-Amp.를 비교회로로 사용할 경우에 비교되는 전압에 대한 기준전압 V_r은 저항을 이용하여 전압을 분배시켜 얻을 수 있기 때문에 간단하게 저항비만 고려하면 된다.

② 이 회로에서 V_C(축전지 전압)를 검출하여 V_r이하의 전압이 되면 램프를 점등하고, 이상이 되면 소등하는 회로이다.

③ 회로에서 기준전압 V_r이 5[V]이므로 축전지 전압에 의하여 다음과 같이 출력전압 V_O가 출력되어서 램프가 점등·소등하게 된다.

㉮ V_C(축전지 전압) < 5[V]일 때 ⇒ V_O ≒ +15[V] ⇒ TR "ON" ⇒ L(램프) 점등

㉯ V_C(축전지 전압) > 5[V]일 때 ⇒ V_O ≒ -15[V] ⇒ TR "OFF" ⇒ L(램프) 소등

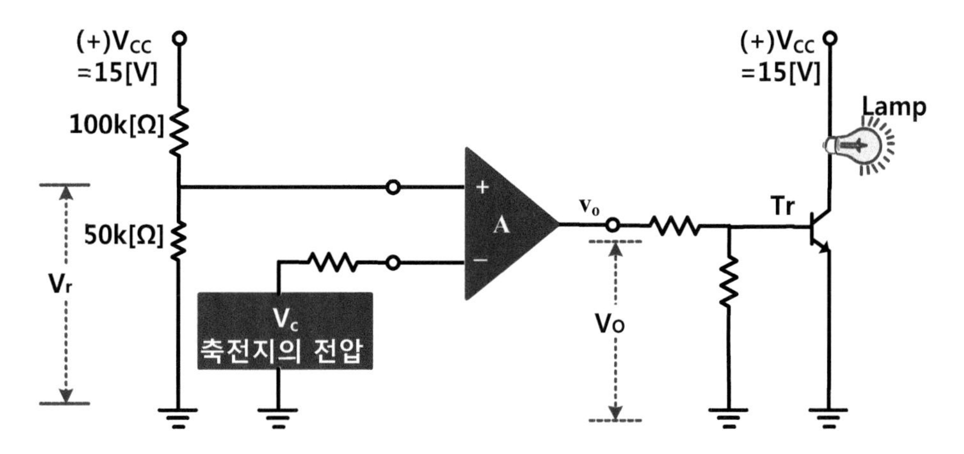

【그림 10.11】 OP-Amp. 비교회로를 이용하여 축전지의 전압을 체크하는 회로

④ 【그림 10.12】 회로는 OP-Amp.를 2개 사용하여 입력전압이 어떤 전압 이상이나 이하가 되었을 때에 램프로 표시하는 회로이다.

㉮ 입력전압 V_{in}이 V_{r1} 이하가 되면 V_{O1}이 (+)Vcc가 되어서 L_1이 점등한다.

㉯ 입력전압 V_{in}이 V_{r2} 이상이 되면 V_{O2}가 -Vcc가 되어서 L_2가 점등한다.

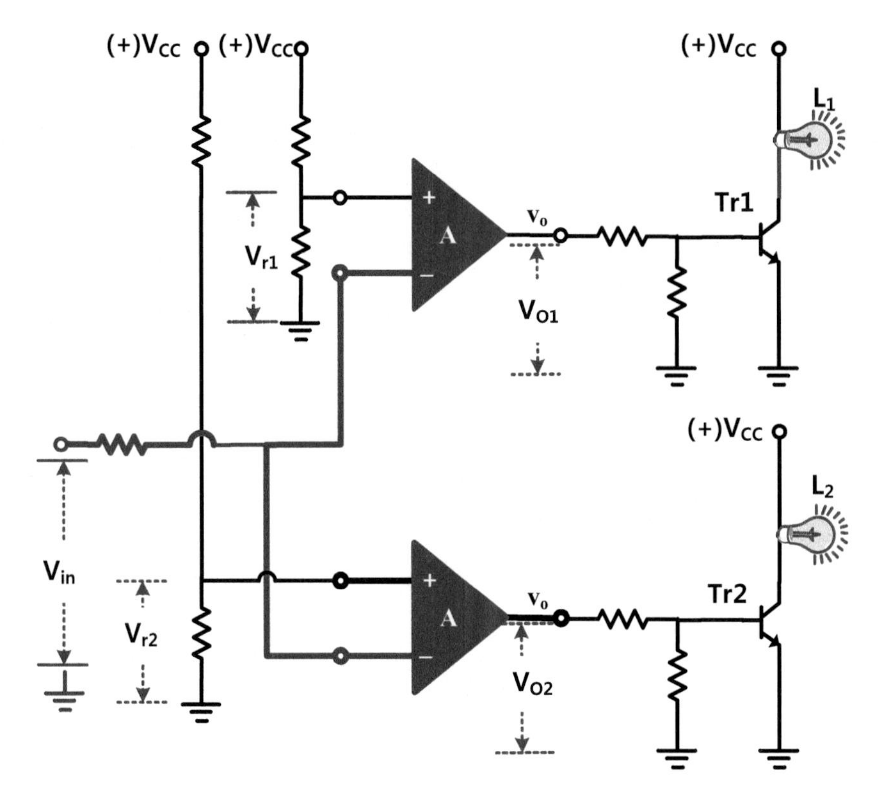

【그림 10.12】 OP-Amp. 비교회로를 이용하여 어떤 범위의 전압 이상(이하)이 되었을 때 출력표시 회로

10.3.2 CdS를 사용하여 빛의 세기를 검출

① 【그림 10.13】 회로는 CdS를 사용하여 빛의 세기를 검출하고 그 검출전압 V_{in}이 기준 전압, V_r 전압 이하가 되면 SCR를 구동하여 램프를 점등시키려고 하는 회로이다.

② 이 회로에서는 주변이 어두워서 검출전압 V_{in}이 V_r보다도 낮게 되면 출력전압 V_{O1}이 (+)Vcc가 되어서 SCR이 구동되게 된다.

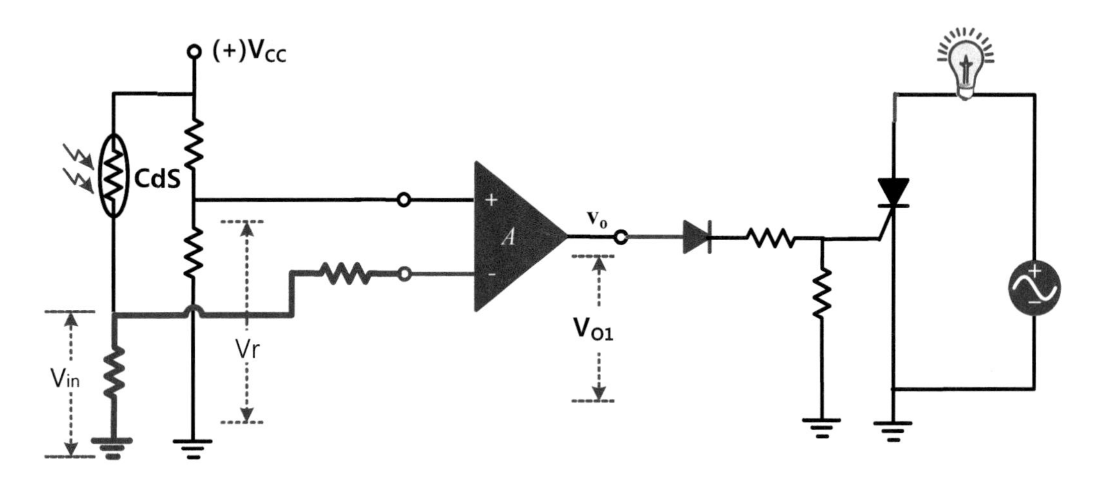

【그림 10.13】 CdS를 사용하여 램프를 점등시키는 회로

남북한 전자용어 비교

님한 용어	북한 용어
게이트(G)	넘친전류
고역주파수	고위한계주파수
광트랜지스터	반도체빛 3극소자
다이오드	반도체2 극소자
도너(donor)	주개
드레인(Drain)	배출극
N형반도체	전자 반도체
바이어스	편의
베이스	기초극
브리지 정류 회로	전기다리전파정류회로
소스(Source)	원천극
수광소자(Cds)	반도체빛 저항기
억셉터(acceptor)	받개
채널(channel)	통로
P형반도체	구멍반도체

10.4 정궤환회로

10.4.1 궤환(Feed Back=되먹임)

① 【그림 10.14】 ⓐ 회로는 출력전압의 일부(V_f)를 비반전 입력단자에 되돌리거나, 【그림 10.14】 ⓑ와 같이 출력전압의 일부(V_f)를 반전 입력단자에 되돌리고 있다.

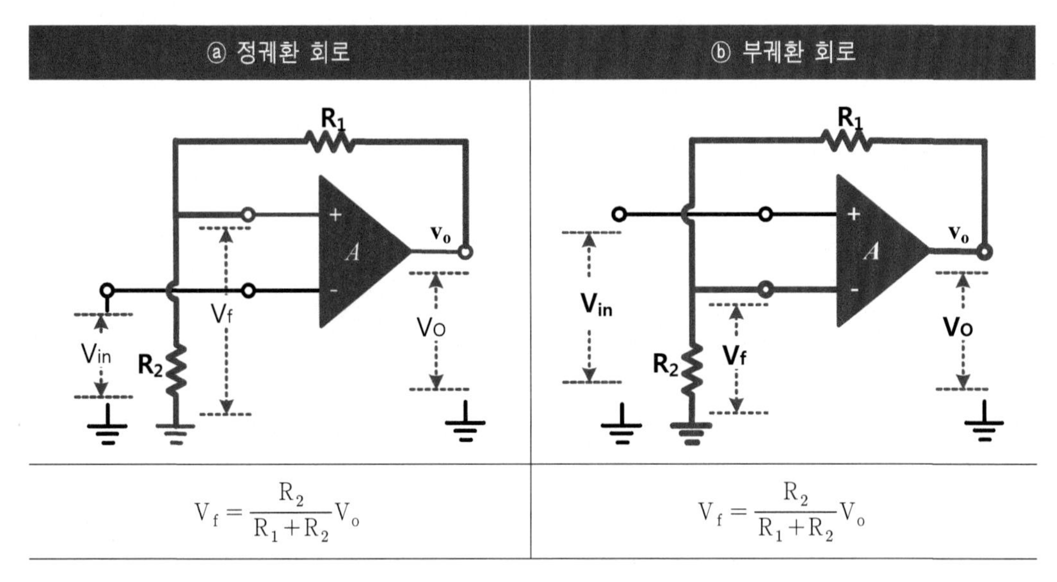

【그림 10.14】 OP-Amp. 궤환 동작

② 이와 같이 출력전압 일부를 입력 측에 되돌리는 것을 "궤환(Feed Back)"을 건다고 하고, 궤환을 걸면 【그림 10.15】와 같이 특성이 변화하게 되어서 이것을 응용하여 여러 가지 제어회로를 구성할 수 있다.

③ 여기서 R_1, R_2의 저항을 궤환을 걸기 위해 사용하는 저항이라는 의미에서 "궤환저항"이라고 한다.

④ 【그림 10.15】 회로에서 입력전압이 0[V], 출력전압도 0[V], 따라서 R_1, R_2에 의하여 궤환되는 전압 V_f도 0[V]인 상태라고 하면 이 상태에서 【그림】 ⓐ, ⓑ 회로의 입력전압을 0[V]에서 약간 변화시키면 출력전압이 어떻게 변화될까?

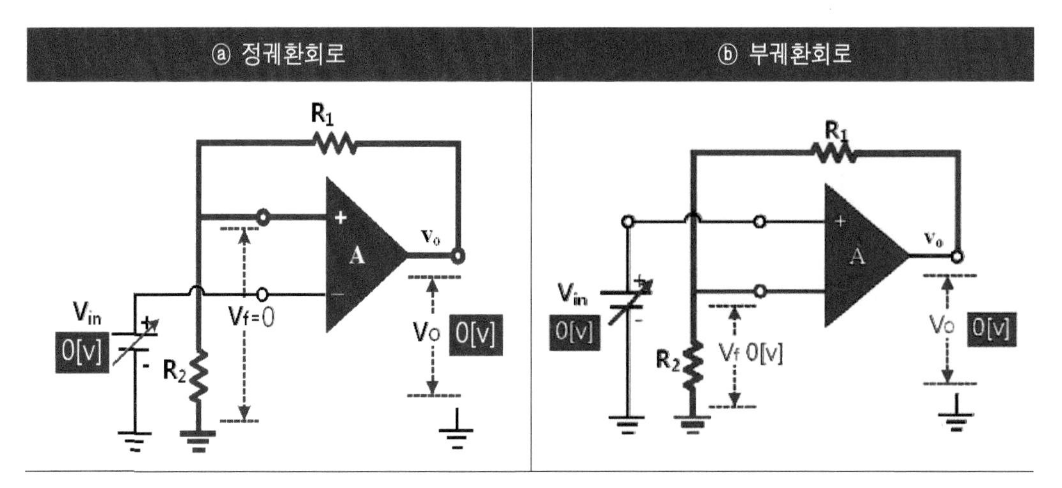

【그림 10.15】 궤환회로

⑤ 【그림 10.16】같이 출력단자에서 반전 입력단자에 궤환을 건 회로에서는 OP-Amp.가 다음과 같은 동작을 하게 된다. 입력전압 V_{in}을 0[V]에서 (+)전압으로 증가해 가면 출력전압 V_O도 다음과 같이 (+)전압으로 증가한다.

㉮ $V_O=(V_{in}-V_f)A \Rightarrow$ V_{in}이 0[V]에서 (+)전압으로 증가하면 V_O도 0[V]에서 (+)전압으로 증가한다.

㉯ 출력전압 V_O가 0[V]에서 (+)전압으로 증가하면 궤환 회로를 통하여 궤환되어 오는 전압 V_f도 0[V]에서 (+)전압으로 증가해 간다.

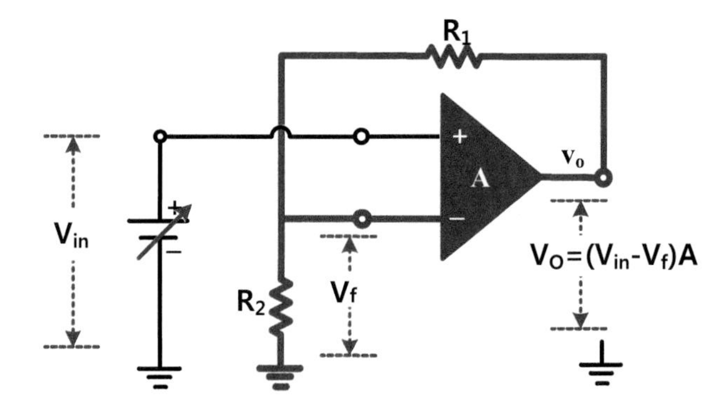

【그림 10.16】 부궤환회로

⑥ 【그림 10.17】 ⓑ와 같이 궤환을 하고 있으면 입력전압 V_{in}를 가하여도 실질적으로 OP-Amp.에는 $(V_{in} - V_f)$의 전압만 가해지게 되는 것이다. 따라서 궤환을 하지 않을 때보다 출력전압은 작아져서 전체의 증폭도 V_O/V_{in}도 감소한다.

⑦ 이번에는 【그림 10.17】 ⓐ와 같이 출력 측에서 비반전 입력단자에 궤환을 하는 경우는 어떻게 될 것인가?

㉮ 입력전압 V_{in}이 0[V]에서 (+)전압으로 증가하면 출력전압 V_O는 다음과 같이 되어서 (-)Vcc 전압방향으로 감소한다.

㉯ $V_O=(V_f - V_{in})A$ ⇒ V_{in}이 0[V]에서 (+) 전압방향으로 증가하면 V_O는 0[V]에서 (-)전압방향으로 감소한다. 따라서 궤환 회로를 통하여 궤환되는 전압 V_f도 0[V]에서 (-)Vcc 전압방향으로 감소한다.

㉰ 【그림 10.17】 ⓐ처럼 궤환을 하면 궤환을 하지 않을 때보다 OP-Amp.의 실질적인 입력전압(차동입력전압 V_d)은 회로에 가한 입력전압 V_{in}보다도 크게 되어 전체의 증폭도 V_O/V_{in}는 증가한다.

⑧ OP-Amp.에 궤환을 거는 방법에 따라서 회로 동작은 다음과 같이 된다.

㉮ 【그림 10.17】 ⓐ처럼 비반전 입력단자에 궤환을 하는 경우는 실질적으로 OP-Amp. 입력전압이 증가하는 방향으로 동작하고 증폭도는 증가한다.

㉯ 【그림】 ⓑ와 같이 반전 입력단자에 궤환을 하는 경우는 실질적으로 OP-Amp. 입력전압이 감소하는 방향으로 동작하여 증폭도는 감소한다.

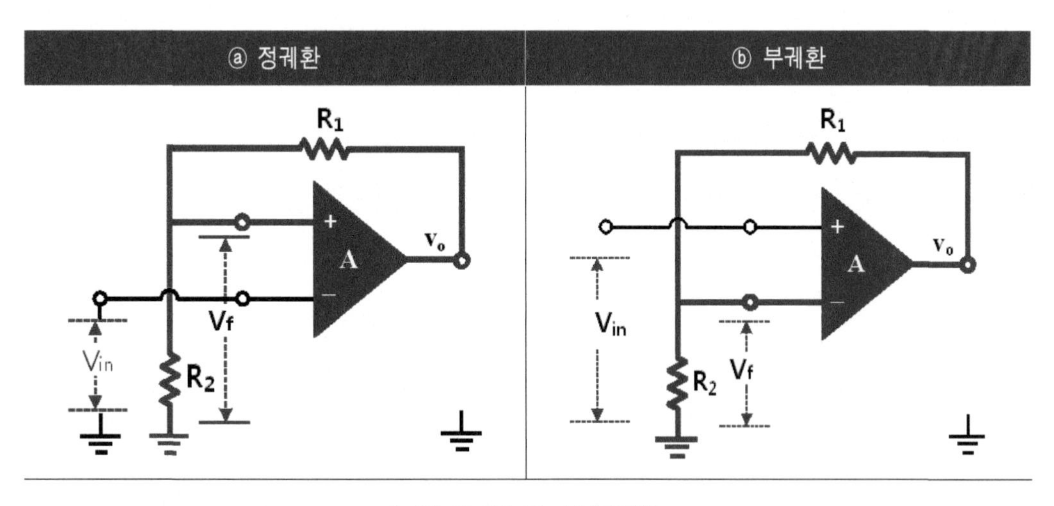

【그림 10.17】 정 · 부궤환회로

⑨ 여기서 【그림 10.17】 ⓐ처럼 실질적인 두 입력전압의 차를 크게 하도록 궤환을 거는 방법을 "정궤환"이라고 하며, 또한 그림ⓑ와 같이 실질적인 두 입력전압의 차를 감소하게 궤환을 거는 방법을 "부궤환"이라고 한다.

10.4.2 정궤환회로

1 정궤환회로

① 【그림 10.18】과 같이 OP-Amp.에 정궤환을 걸면 실질적인 OP-Amp.의 두 입력전압의 차가 크게 되는 방향으로 동작하여서 증폭도는 커진다. 정궤환을 걸어서 증폭도를 크게 하면 중간의 값이 출력되지 않은 슈미트-트리거* 동작을 시킬 수가 있게 된다.

② 그러면 이 회로가 중간의 출력전압을 출력하지 않는 전제로, 예를 들면 【그림 10.18】 ⓐ와 같이 출력전압이 (+)V_{CC}가 되어 있는 상태에서 입력전압을 0[V]에서 증가하면 어떻게 되는가를 알아보자.

[단, (+)V_{CC}, (-) V_{CC}의 값은 각각 (+)15[V], (-)15[V], A는 OP-Amp. 증폭도이다.]

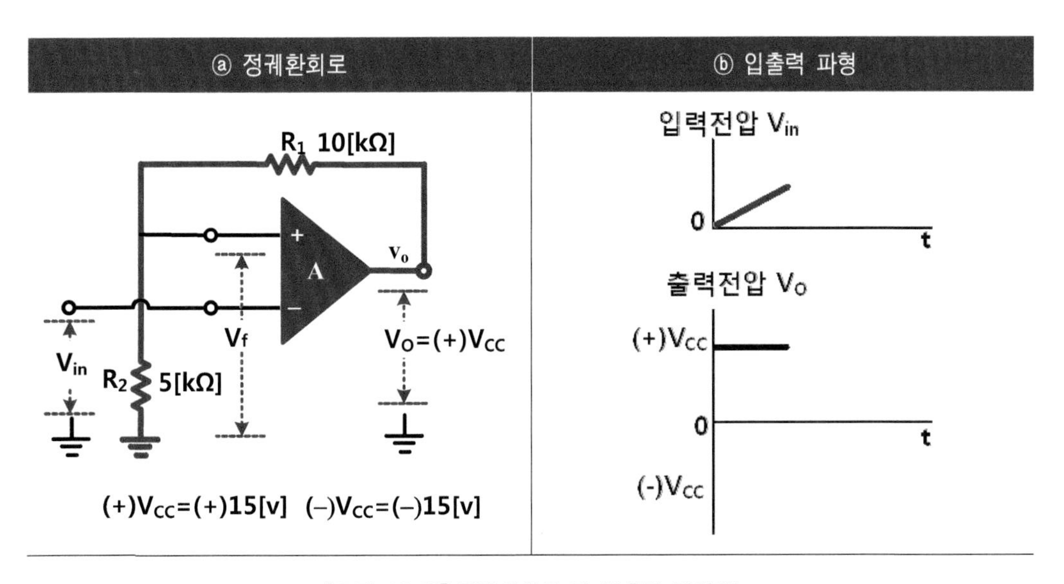

【그림 10.18】 정궤환회로 및 입출력 파형(1)

* 슈미트-트리거(Schmitt trigger)회로 : 입력이 완만하게 변화하여도 출력은 High(ON) 또는 Low(OFF)로만 동작하게 만든 회로

③【그림 10.19】와 같이 출력전압 V_O가 (+)V_{CC}의 상태에서는 V_f는 다음과 같이 5[V]가 되며, 따라서 입력전압 V_{in}이 다음과 같은 값을 취할 때의 출력전압 V_O는 각각 다음과 같이 된다.(A는 OP-Amp.의 증폭도)

㉮ V_{in} =0[V]일 때 ⇒ V_O =(5 - 0)A ⇒ (+)15[V]

㉯ V_{in} =2[V]일 때 ⇒ V_O =(5 - 2)A ⇒ (+)15[V]

㉰ V_{in} =4[V]일 때 ⇒ V_O =(5 - 4)A ⇒ (+)15[V]

㉱ 입력전압 V_{in}이 V_{in}=V_f(=5[V])가 될 때까지는 출력전압은 (+)Vcc(=(+)15[V]) 이다.

④ 그러면【그림 10.19】회로에서 입력전압이 5[V] 이상이 되면 어떠한가?

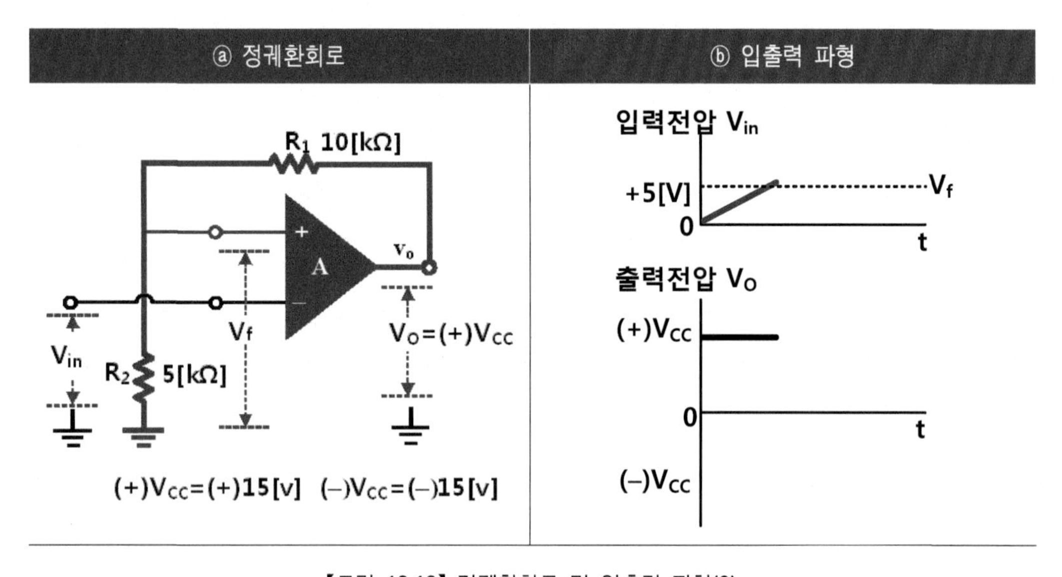

【그림 10.19】정궤환회로 및 입출력 파형(2)

㉮ 이 경우는 궤환전압 V_f보다도 입력전압이 높기 때문에 OP-Amp.의 차동입력전압 V_d가 (-)가 되어 출력전압 V_O는 (-)V_{CC}((-)15[V])가 출력 되게 된다.

㉯ 즉,【그림 10.20】회로처럼 출력전압에 (+)Vcc((+)15[V])가 나오고 있는 상태에서 입력전압 V_{in}이 (+)5[V] 이상이 되면 출력은 (-)Vcc로 변화하게 된다.

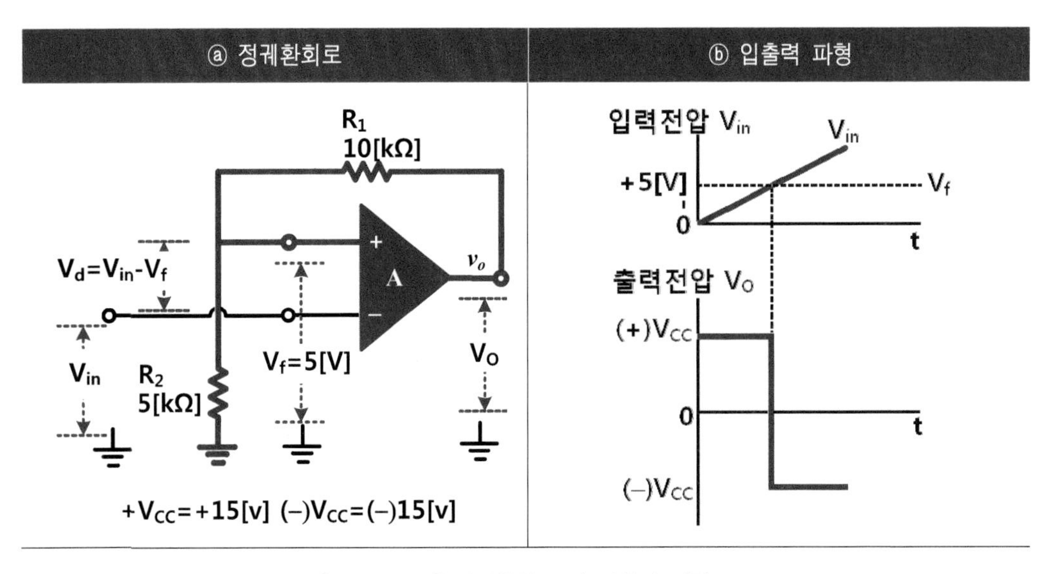

【그림 10.20】 정궤환회로 및 입출력 파형(3)

⑤ 그러면 다음에 출력전압 V_O에 (-)V_{CC}가 나와 있는 상태에서 출력전압이 (-)V_{CC}에서 (+)V_{CC}로 변화하는 것은 입력전압 V_{in}이 어떤 경우일까?

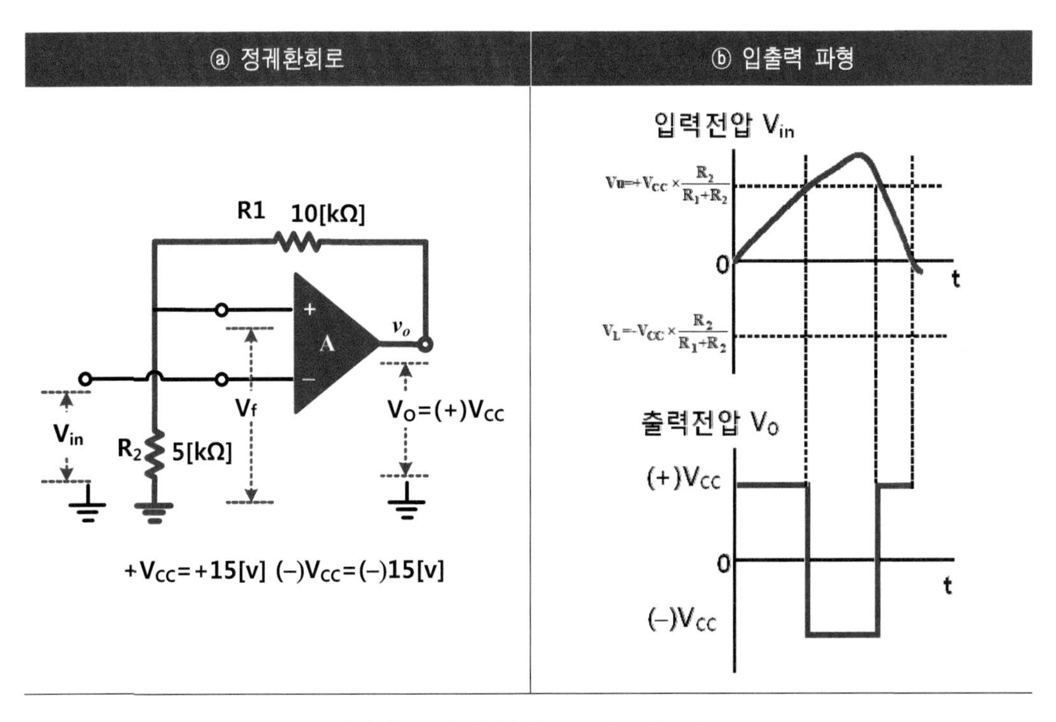

【그림 10.21】 정궤환회로 및 입출력 파형(4)

㉮ 출력전압 V_O가 (-)V_{CC}((-)15[V])로 되어 있으면 V_f는 (-)5[V]가 된다.

㉯ 따라서 입력전압 V_{in}이 (-)5[V] 이하가 되면 OP-Amp.의 차동입력전압 V_d가 (+)이 되어 V_O는 원래의 (+)V_{CC}로 되돌아간다.

⑥ 【그림 10.22】 회로는 OP-Amp. 비교회로 기능을 응용하고 있는 것에는 변함이 없으나 입력전압과 비교 판정하는 기준 전압 V_f 출력전압에 의하여 변화하는 동작을 정리하면 다음과 같다.

㉮ 출력전압이 (+)V_{CC}가 출력되는 경우에는 V_f=(+)$V_{CC} \cdot R_2/(R_1+R_2)$가 되고, 따라서 입력전압 V_{in}은 V_f 전압 이상이 되면 출력전압은 (-)Vcc가 된다.

㉯ 출력전압이 (-)V_{CC}가 출력되는 경우에는 V_f=(-)$V_{CC} \cdot R_2/(R_1+R_2)$가 되고, 따라서 입력전압 V_{in}은 V_f 전압 이하가 되면 출력전압은 (+)Vcc가 된다.

㉰ 따라서 R_1이나 R_2의 값을 변화시켜서 궤환 전압 V_f를 변화시키는 것에 의해 V_U와 V_L의 폭을 조정할 수가 있다.

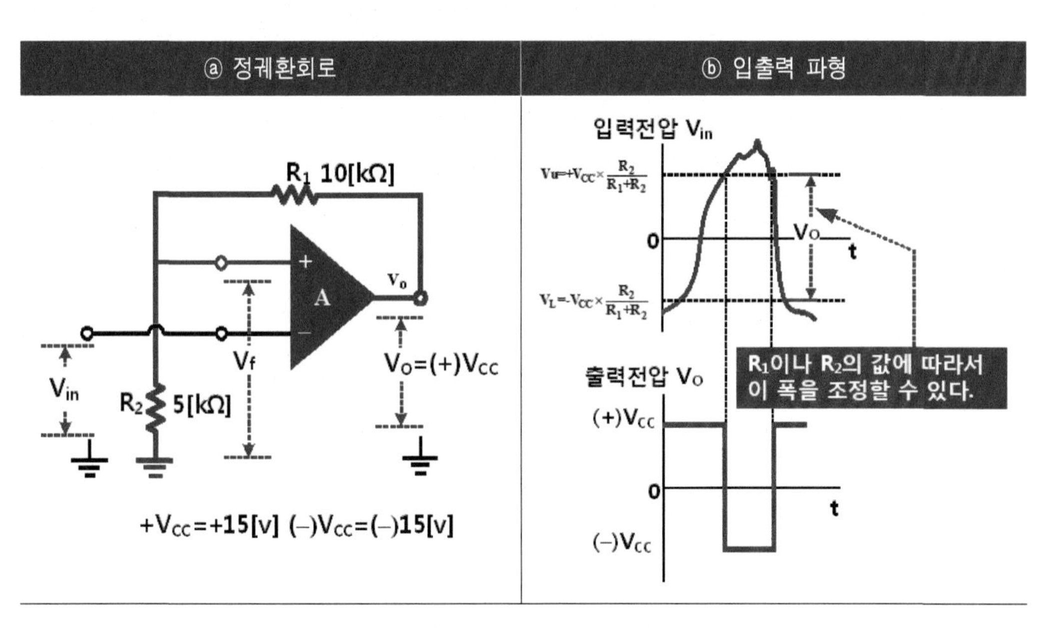

【그림 10.22】 정궤환회로 및 입출력 파형(5)

10.5 부궤환회로

10.5.1 부궤환회로

1 반전 증폭회로

① 【그림 10.23】은 반전 증폭회로를 나타내 것으로, 회로를 살펴보면 비반전 입력단자를 접지시키고, 입력신호 V_{in}을 저항 R_1을 통해 반전 입력단자에 인가하고 출력전압 Vo는 피드백(궤환)저항 R_f를 통해 입력단자로 피드백(궤환)된다.

② 이상적 OP-Amp.는 증폭도 A가 무한대이므로 증폭도를 감소할 목적으로 OP-Amp.의 입력(-)단자로 피드백을 건다.

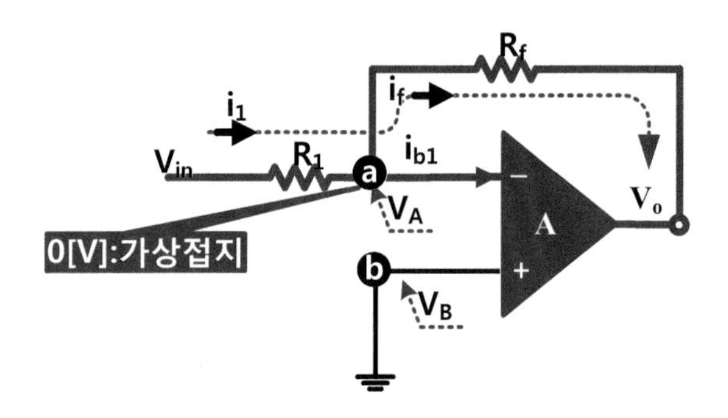

【그림 10.23】 반전 증폭회로

③ 【그림 10.23】에서 입력전류 i_1은 $i_1=i_f+i_{b1}$이고, OP-Amp.의 바이어스전류 i_{b1}은 무시할 수 있을 정도로 작으므로 입력전류는 $i_1=i_f$가 된다.

④ OP-Amp. (-)입력단자로 출력전압이 피드백하게 되면(부궤환을 하게 되면) OP-Amp. 두 입력단자의 전위차 없으므로 회로에서는 ⓐ와 ⓑ점이 단락되어 있는 것과 같은 상태가 되는데, 이것을 "가상단락(Imaginary Short)"이라 한다.

⑤ ⓐ점과 ⓑ점의 전위차는 0[V] 즉, $V_A - V_B=V_{AB}=0$[V]가 된다.

⑥ $V_B=0$[V]이므로 V_A전압과 전압차가 없으므로 V_A도 0[V]가 된다.

⑦ 실질적인 회로에서는 ⓐ점은 실제적으로 어스(접지)되어 있지 않으나, V_B=0[V]이기 때문에 가상단락에 의하여 0[V]가 된다. 즉, ⓐ점은 어스된 것과 같은 전압을 갖기 때문에 반전 증폭기를 사용하는 경우에는 ⓐ점의 전압은 <u>"가상접지(Imaginary Earth)"</u> 상태가 되어서 0[V]가 된다.

⑧ 【그림 10.23】 ⓐ점은 가상접지 개념이 성립하므로 V_A=0[V], 따라서 반전 증폭회로의 출력전압은 V_o는 V_A=0[V]를 이용하면

$$i_1 = i_f$$

$$\frac{V_{in} - V_A}{R_1} = \frac{V_A - V_o}{R_f}$$

출력전압 $V_o = -AV_{in} = -\frac{R_f}{R_1}V_{in}$ 이 되고, 증폭도 A= $\frac{R_f}{R_1}$ 이다.

⑨ 여기에서 (-)의 의미는 출력위상이 입력위상에 대해서 반전됨을 의미한다.

2 출력전압

【1】 교류신호를 인가 시

① 회로의 증폭도 A를 "2"라고 하고, 입력전압 V_{in}(주파수 1[kHz]의 사인파 2Vpp)을 인가하면 출력전압 Vo는 입력전압과 반전되어 4Vpp가 출력된다.

② 입·출력전압의 파형관계는 【그림 10.24】에서 출력위상은 입력위상을 180[°] 반전하여 출력한다.

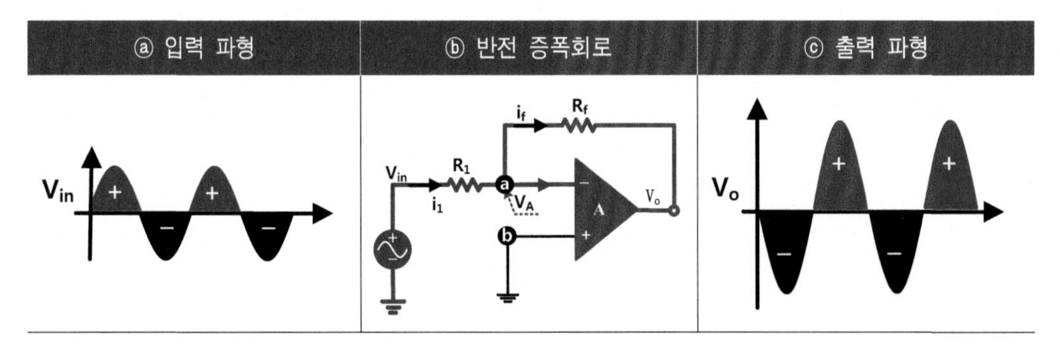

【그림 10.24】 반전 증폭회로의 입출력 파형

[2] 직류신호를 인가 시

① 회로의 증폭도 A를 "2"라고 하면, 입력전압 V_{in}=1[V]이면 출력전압은

$$V_o = -\frac{R_f}{R_1}V_{in} = -AV_{in} = -2\times 1 = -2[V]$$ 가 된다.

② 회로의 증폭도 A를 "2"라고 하면, 입력전압 V_{in}= - 1[V]이면 출력전압은

$$V_o = -\frac{R_f}{R_1}V_{in} = -AV_{in} = -2\times -1 = 2[V]$$ 가 된다.

예제

다음 OP-Amp. 회로의 V_A, Vo 전압은 몇 [V]인가?

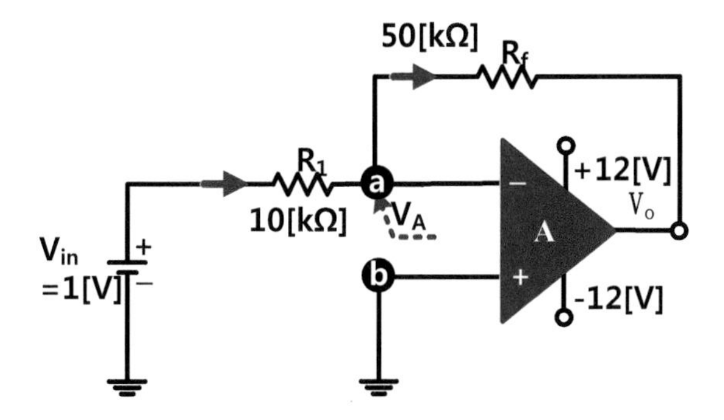

풀이

① V_A 전압은 가상접지이므로 0[V]이다.

② 출력전압

$$V_o = -AV_{in} = -\frac{R_f}{R_1}V_{in} = -\frac{50[k\Omega]}{10[k\Omega]}\times 1[V] = -5[V]$$

10.5.2 비반전 증폭회로

1 비반전 증폭회로

① 비반전 증폭회로는 【그림 10.25】와 같이 입력신호 V_{in}을 비반전 입력단자에 인가하고 출력전압 V_o는 피드백 저항 R_f를 통해 반전 입력단자로 피드백한다.

② OP-Amp. 출력전압이 반전 입력단자로 피드백되면 두 입력점 ⓐ, ⓑ의 전위차가 0[V], 즉 $V_A - V_B = V_{AB} = 0[V]$이므로 "가상단락(Imaginary Short)" 상태가 된다.

③ 【그림 10.25】에서 ⓐ와 ⓑ점은 가상단락이 성립되므로 $V_A = V_B = V_{in}$ 관계가 성립되며,

$$i_1 = i_f$$

$$\frac{V_A}{R_1} = \frac{V_o - V_A}{R_f}$$

$$V_o = (1 + \frac{R_f}{R_1})V_A \text{ 또는 } (1 + \frac{R_f}{R_1})V_{in}$$

④ 따라서 출력전압 Vo는 $V_o = (1 + \frac{R_f}{R_1})V_{in}$, 증폭도 A는 $1 + \frac{R_f}{R_1}$가 된다.

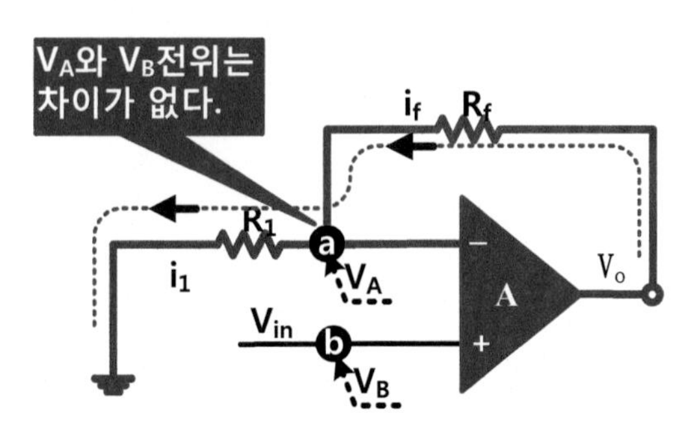

【그림 10.25】 비반전 증폭회로

2 출력전압

【1】 교류신호를 인가 시

① 회로의 증폭도 A를 "3"이라고 하고, 입력전압 V_{in}(주파수 1[kHz]의 사인파 2Vpp)를 인가하면 출력전압 V_o는 입력전압의 (+)6Vpp가 출력된다.

② 입·출력전압의 파형관계는【그림 10.26】처럼 입력위상과 출력위상이 동상이다.

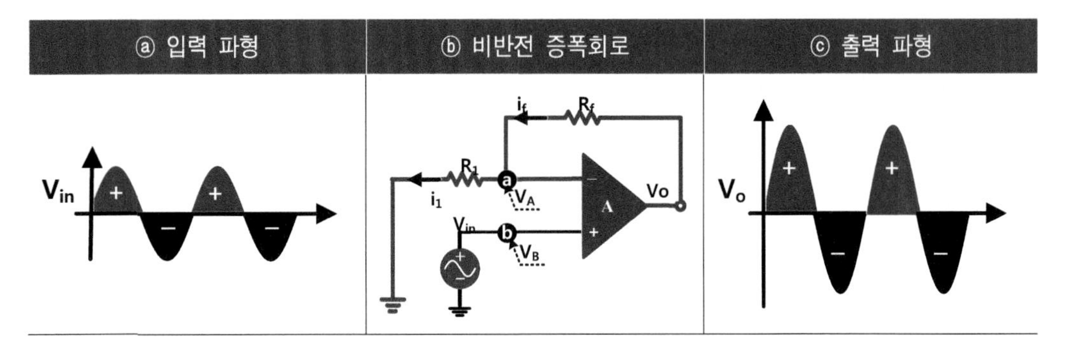

【그림 10.26】 비반전 증폭회로의 입출력 파형

【2】 직류신호를 인가 시

① 회로의 증폭도 A를 "3"이라고 하고, 입력전압 V_{in}=1[V]이면 출력전압은

$$V_o = (1+\frac{R_f}{R_1})V_{in} = AV_{in} = 3\times 1 = 3[V] \text{ 가 된다.}$$

② 회로의 증폭도 A를 "3"이라고 하고, 입력전압 V_{in}=-1[V]이면 출력전압은

$$V_o = (1+\frac{R_f}{R_1})V_{in} = AV_{in} = 3\times -1 = -3[V] \text{ 가 된다.}$$

예제

다음 OP-Amp. 회로에서 V_A, $V_{AB}=V_A-V_B$, Vo 전압은 몇 [V]인가?

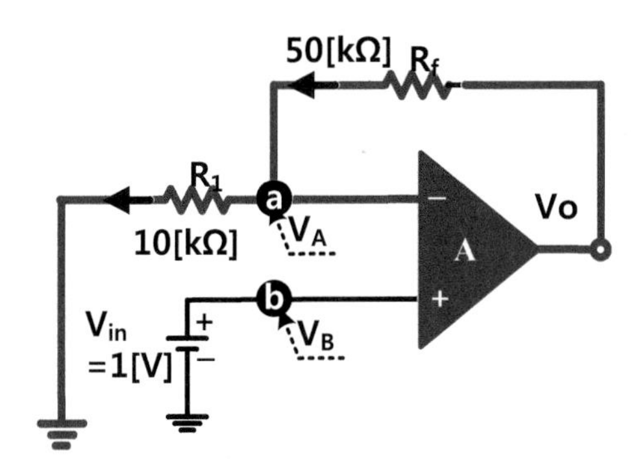

풀이

① V_A 전압은 가상단락이므로 1[V]이다.

② $V_{AB}=V_A-V_B$는 두 입력단자의 전위차가 없기 때문에 0[V]이다.

③ 출력전압

$$V_o = (1+\frac{R_f}{R_1})V_{in} = (1+\frac{50[k\Omega]}{10[k\Omega]})\times 1[V] = 6[V]$$

10.5.3 정전류원

1 OP-Amp.를 이용한 정전류 회로

① DC모터 등의 부하를 제어하는 경우 구동전류로 정전류가 필요한 경우가 있다.

② 모터의 발생 토크는 구동전류를 제어함에 따라서 자유롭게 제어할 수 있다. 예를 들어서 모터에 걸리는 부하가 빈번하게 변하더라도, 일정한 전류를 흐르게 하여 발생 토크를 일정하게 유지할 필요가 있다.

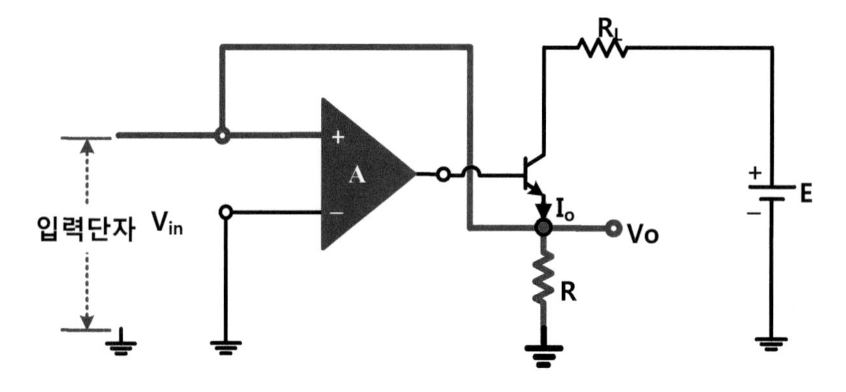

【그림 10.27】 OP-Amp.를 이용한 정전류 회로

③ OP-Amp.를 이용한 정전류 회로의 출력전압 Vo는 $V_O = I_O \times R = (V_{in} - I_O R)A$가 된다.

$$V_o = I_oR = A(V_{in} - I_oR)$$

$$I_oR + AI_oR = AV_{in}$$

$$I_oR(1+A) = AV_{in}$$

$$\therefore I_o = \frac{A \times V_{in}}{R(1+A)}$$

여기서 A=∞이라고 하면 $I_o = \frac{V_{in}}{R}$으로 나타낼 수 있다.

④ 즉, 이 회로에서는 OP-Amp. 입력전압 V_{in}을 저항 R로 나눈 것이 부하전류 I_o가 된다. 따라서 이 회로에서는 V_{in}을 고정하면, 부하 R_L에 흐르는 전류를 일정하게 유지할 수 있다.

10.5.4 전류-전압 변환회로

① OP-Amp.를 이용한 전류-전압변환의 기본회로는 【그림 10.28】 ⓐ와 같이 입력저항은 없지만 본질적으로 반전 증폭기로 구성된다. 여기서 입력전류 i_1는 OP-Amp. 반전입력에 직접적으로 인가되며, 이 입력전류가 피드백 저항 R_f를 통해 흐른다. 즉, $i_1=i_f$이므로 출력전압 V_o는 다음과 같다.

$$V_o = -i_1 \times R_f$$

② 【그림 10.28】 ⓑ 회로는 포토 다이오드를 이용한 전류-전압변환 회로를 나타내는데, 여기서 빛을 조사하면 포토 다이오드에 흐르는 전류 i_1은 100[μA]이고, 빛이 완전히 차단되면 전류 i_1은 10[μA]일 때 출력전압 Vo의 변화량은 입력전류의 변화량 90[μA]에 의존한다. 따라서 출력전압의 변화는 다음과 같다.

㉮ i_1이 100[μA]일 때, 출력전압 $V_o=-i_1 \times R_f$ =-100[μA]×10[kΩ]= - 1[V]

㉯ i_1이 10[μA]일 때, 출력전압 $V_o=-i_1 \times R_f$ =-10[μA]×10[kΩ]= - 0.1[V]

㉰ 출력전압의 변화량은 $\Delta Vo=\Delta i_1 \times R_f$=90[μA]×10[kΩ]=0.9[V]

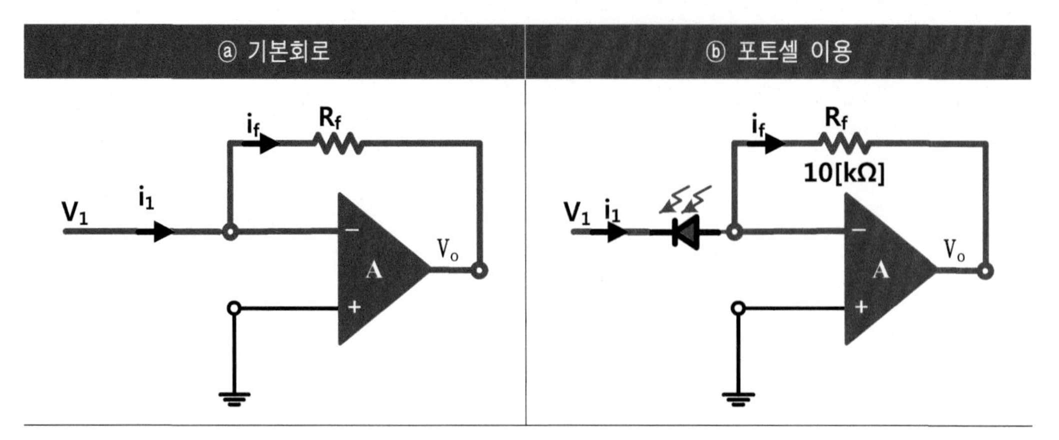

【그림 10.28】 전류-전압 변환회로

10.5.5 가산회로와 감산회로

1 가산회로

① 【그림 10.29】는 반전 증폭기를 이용하여 구성한 2입력 가산회로이다. 이 회로에는 가상접지에 의해 반전 입력단자의 전위가 0[V]이므로 입력회로의 전류는

$$I_1 = \frac{V_1}{R_1} \text{ 및 } I_2 = \frac{V_2}{R_2} \text{ 가 된다.}$$

② 한편, 입력전류 I_1과 I_2는 연산 증폭기의 입력저항이 매우 크므로 연산 증폭기의 입력단자로는 거의 흐르지 못하고 피드백 저항 R_f로 통하여 흐른다.

③ 출력전압 V_O는 R_f 양단전압이기 때문에 다음과 같이 정의할 수 있다.

$$V_O = -I_f R_f = -(I_1 + I_2)R_f = -(\frac{V_1}{R_1} + \frac{V_2}{R_2})R_f$$

④ 만일, 모든 입력저항의 값이 $R_1=R_2=R_i$로 동일하면 출력전압 V_O은 다음과 같다.

$$V_0 = -\frac{R_f}{R_i}(V_1 + V_2)$$

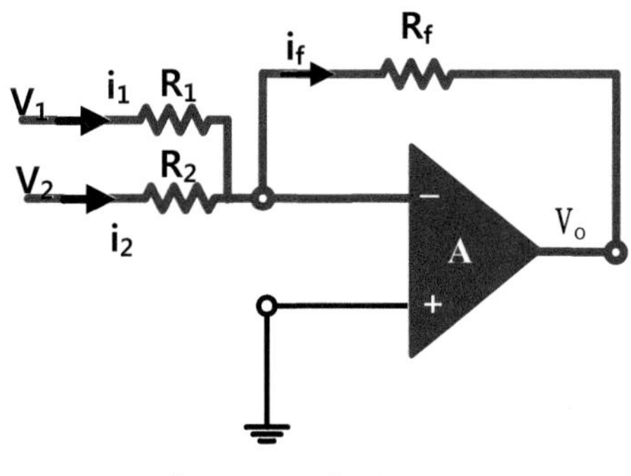

【그림 10.29】 가산회로

2 감산회로

① 연산 증폭기에 의한 감산회로는【그림 10.30】과 같이 감산하고자 하는 두 신호를 반전 입력단자와 비반전 입력단자에 각각 동시에 인가하여 차동증폭기의 형태로 간단히 구현할 수 있다.

② 감산 증폭기를 해석할 때 중첩의 원리를 이용하면 된다. 첫째, V_2=0[V]이고 반전 입력전압 V_1만 존재할 때의 출력전압을 V_{O1}이라고 하자. V_{O1}은 반전 증폭기의 원리에 의해 다음과 같다.

$$V_{O1} = -(\frac{R_f}{R_1})V_1$$

③ 둘째로, V_1=0[V]이고 비반전 입력전압 V_2만 존재할 때의 출력전압을 V_{O2}라고 하자. 이 경우 비반전 입력단자의 전압은 $V_+ = \frac{R_3 V_2}{R_2 + R_3}$ 이므로, 출력전압 V_{O2}는 비반전 증폭기의 원리에 의해 다음과 같다.

$$V_{O2} = (1 + \frac{R_f}{R_1})V_+ = (1 + \frac{R_f}{R_1})(\frac{R_3}{R_2 + R_3})V_2$$

④ 끝으로, 두 입력 전압 V_1과 V_2가 모두 존재할 때 출력 전압 V_0는 중첩의 원리에 의해 출력전압 V_{O1}과 V_{O2}의 합으로 표현되며, 만일 $\frac{R_f}{R_1} = \frac{R_3}{R_2}$(즉, R_1=R_2, R_3=R_f)이면 다음과 같은 출력전압을 얻는다.

$$V_O = V_{O1} + V_{O2} = \frac{R_f}{R_1}(V_2 - V_1)$$

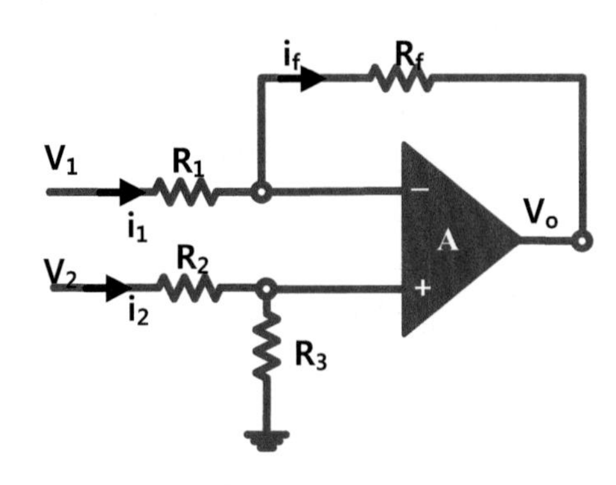

【그림 10.30】 감산회로

10.5.6 적분회로와 미분회로

1 미분회로

① 일반적으로 미분이란 어떤 물리량의 미소 변화에 의하여 그 종속관계에 있는 물리량이 어느 정도 크기로 변화하는가를 나타내는 것이다.

② "미분기(Differentiator)"는 입력전압의 변화율에 비례하는 출력전압을 얻으며, 미분기의 이용 예는 구형파의 전압변화가 일어나는 시점인 에지(Edge)를 검출하거나 트리거용 펄스를 만들어내는 데 사용한다. 간단한 미분회로는 R과 C를 이용하여 구성된다.

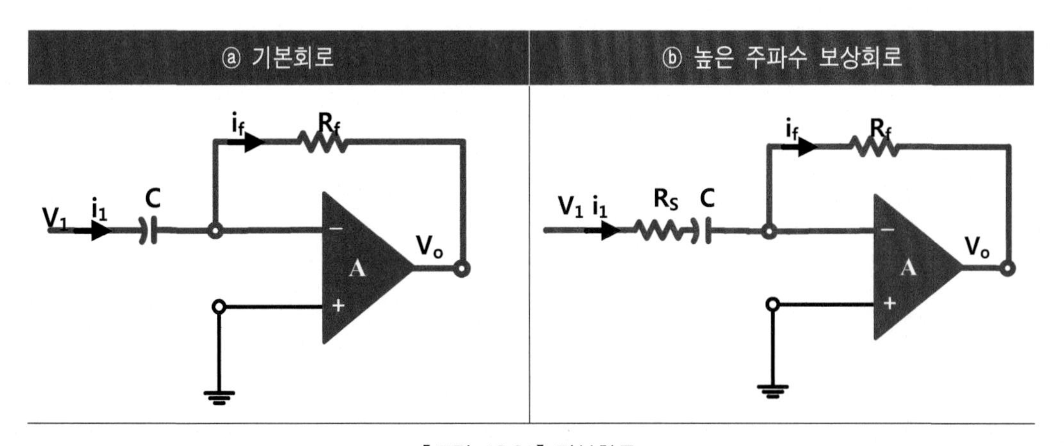

【그림 10.31】 미분회로

③ 【그림 10.31】 ⓐ의 미분회로는 입력회로에 콘덴서, 피드백 회로에 저항을 배치하여 구성한다.

④ 이 회로에서 반전입력 단자는 가상접지 되어 있으므로 입력전압 V_1에 대해 입력전류는 $i_1 = C(\frac{dv_1}{dt})$이다. 따라서, 출력전압 V_O은 입력전압 V_1의 시간에 대한 미분값에 비례하기 때문에 다음과 같이 된다.

$$V_O = -R_f i_1 = -R_f C \frac{dv_1}{dt}$$

⑤ 미분회로의 출력전압 V_O는 콘덴서 C와 관계가 있으며, 이 C는 용량성 리액턴스 $X_c = \frac{1}{\omega C} = \frac{1}{2\pi f C}[\Omega]$ 이므로, 주파수에 영향을 받음을 알 수 있다. 따라서 미분회로는 입력주파수를 f_i라고 하면 이 주파수 범위를 고려해야 하는데, 이의 기준이 되는 주파수를 **"미분동작 한계주파수 f_C"**라 한다.

⑥ C와 f는 반비례하므로 주파수가 높으면 잡음(noise)에 영향을 받기 쉽다. 즉, 입력주파수 f_i가 매우 높으면 X_C 값은 거의 0[Ω]이 되어 콘덴서의 기능을 하지 못한다.

⑦ 따라서 이를 보상하기 위해 【그림 10.31】 ⓑ와 같이 C에 직렬저항 R_S를 삽입하여 높은 주파수에 대한 증폭도를 R_f/R_S로 제한해야 한다.

⑧ 이와 같이 입력주파수 f_i가 미분동작한계주파수 f_C이상이면 미분회로가 아닌 증폭도 $A=R_f/R_S$를 가진 반전 증폭기로서 동작하는데, 여기서 미분동작 한계주파수 f_C는 다음과 같이 정의한다.

$$f_c = \frac{1}{2\pi R_s C}$$

⑨ 여기서 다시 미분기의 미분동작 가능여부를 f_i와 f_C의 관계를 이용하여 정리하면 다음과 같다.

㉮ $f_i > f_C$이면, 증폭도 $A=R_S/R_f$를 가진 반전 증폭기 동작

㉯ $f_i < f_C$이면, 미분회로동작

2 적분회로

① "적분기(Integrator)"는 수학적 적분연산을 수행하는 회로로서 입력전압의 시간에 따른 누적 합에 비례하는 출력전압을 얻으며, 톱니파 또는 삼각파를 만드는 경우와 타이머에 응용할 경우 및 미분형 센서의 출력을 실제의 변위 값으로 변환하는 회로 등에서 활용되고 있다.

② 【그림 10.32】 ⓐ는 입력회로에 저항, 피드백 회로에 콘덴서를 배치하여 구성한 적분회로로서 반전 증폭기를 이용하므로 입력신호와 출력신호의 위상이 반전되어 있다.

③ 【그림 10.32】 ⓐ 회로에서 반전입력 단자가 가상 접지상태이므로 입력전압에 비례한 입력전류 $i_1 = \frac{V_1}{R_f}$이 되며, 이 전류는 모두 콘덴서로 흐른다.

④ 따라서 콘덴서 전압은 콘덴서 전류의 적분에 비례한다는 것과 적분기의 출력전압 V_O가 콘덴서 전압 V_C와 크기는 같고 극성은 반대라는 것을 이용하면 적분기의 출력전압은 다음과 같이 입력신호의 적분에 비례하게 된다.

$$V_O = -V_C = -\frac{1}{C_f}\int i_1 dt = -\frac{1}{R_f C_f}\int v_1 dt$$

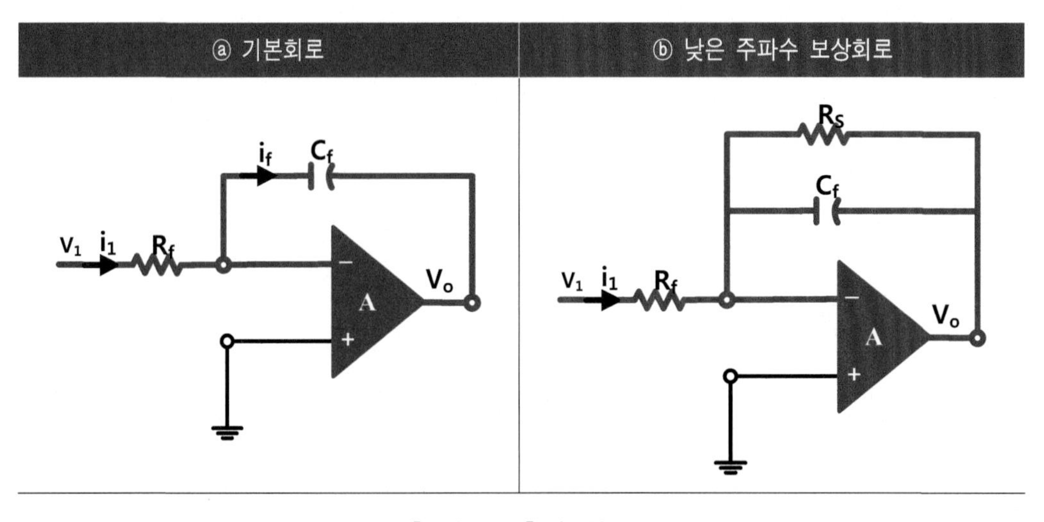

【그림 10.32】 적분회로

⑤ 적분회로의 출력전압 V_O는 콘덴서 C_f에 관계가 있으며, 이 C_f는 용량성 리액턴스이기 때문에 주파수에 영향을 받는다. 따라서 적분회로 또한 미분회로와 마찬가지로 입력 주파수 f_i의 범위를 고려해야 하는데, 기준이 되는 주파수를 적분동작 한계주파수 f_C라 한다.

⑥ C_f의 용량성 리액턴스 Xc를 이용하여 증폭도를 구하면 다음과 같다.

$$A = \frac{X_c}{R_f} = \frac{1}{\omega C_f R_f} = \frac{1}{2\pi f C_f R_f}$$

⑦ 위의 식에서 증폭도 A는 f에 반비례하므로 주파수가 매우 낮으면 증폭도 A는 매우 커지므로 완전한 동작을 기대하기는 어렵다. 따라서 이를 보상하기 위해 【그림 10.32】 ⓑ와 같이 C_f와 병렬로 저항 R_S를 부가하여 낮은 주파수에 대한 증폭도를 제한한다.

⑧ 이와 같이 입력주파수가 적분동작 한계주파수 f_C이상이면 적분회로로 동작하지만, 이와는 반대로 f_i가 f_C보다 작으면 적분회로는 반전 증폭기로서 동작한다. 여기서 적분동작 한계주파수 fc는 다음과 같이 정의된다.

$$f_C = \frac{1}{2\pi R_s C}$$

⑨ 여기서 다시 적분기의 적분동작 가능여부를 f_i와 f_C의 관계를 이용하여 정리하면 다음과 같다.

㉮ $f_i < f_C$이면, 증폭도 $A = Rs \div R_f$를 가진 반전 증폭기로 동작

㉯ $f_i > f_C$이면, 적분회로동작

실험실습

1 실험기기 및 부품

【1】 브레드보드 및 DMM

【2】 저항

① 가변저항 10[kΩ], 100[kΩ] ② 910[Ω] ③ 1[kΩ] 1/4[W] ④ 2.2[kΩ]×2[EA]

⑤ 5[kΩ]×2[EA] ⑥ 10[kΩ]×5[EA] ⑦ 20[kΩ] ⑧ 100[kΩ]×2[EA]

【3】 OP−Amp. μA741

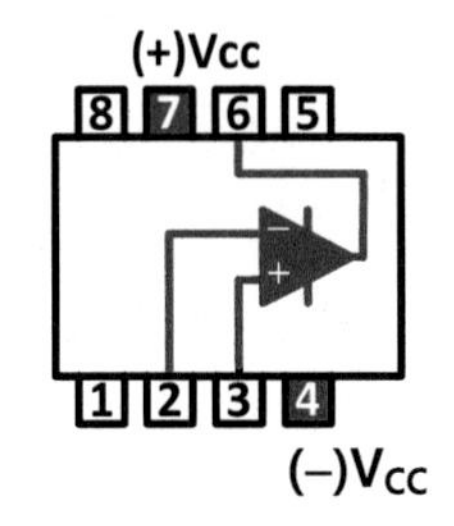

2번단자:반전입력단자
3번단자:비반전입력단자
4번단자:(-)Vcc
6번단자:출력단자
7번단자:(+)Vcc

【4】 SCR−F2R5G

【5】 Diode−1N4001

【6】 써미스터−10KD {10[kΩ] @25℃}

【7】 Lamp−220[V](6.5W)

【8】 트랜스 220[V] 1 : 1

2 OP-Amp. 비교기 회로

【1】 회로도

ⓐ 회로1

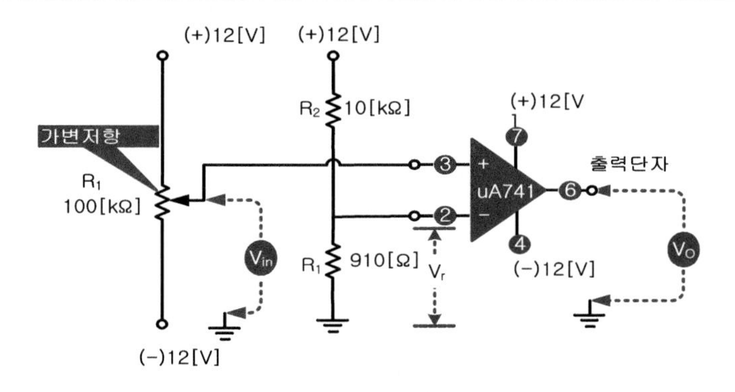

ⓑ 회로2

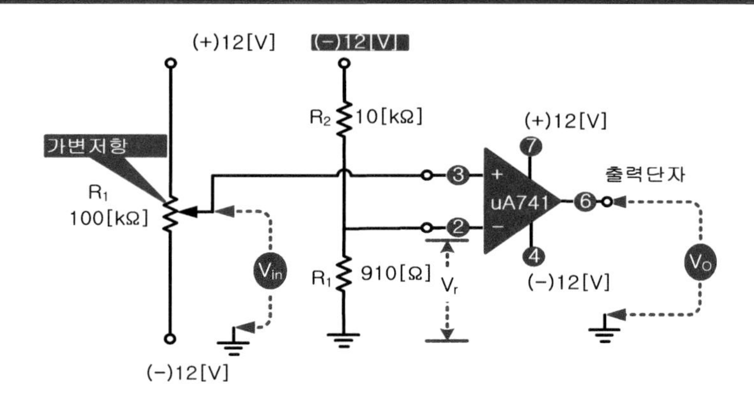

【2】 실습방법

① 회로1, 회로2에서 가변저항에 의하여 입력 전압 V_{in}을 변화를 시켜, 출력 전압 V_O을 DMM으로 측정하고 비교기로 동작하는지를 확인하여라.

② 측정

ⓐ 회로1			ⓑ 회로2		
V_{in} > 1(V)일 때	V_O=	(V)	V_{in} > -1(V)일 때	V_O=	(V)
V_{in} < 1(V)일 때	V_O=	(V)	V_{in} < -1(V)일 때	V_O=	(V)

3 OP-Amp. 비교기능을 사용한 SCR 제어회로

【1】 회로도

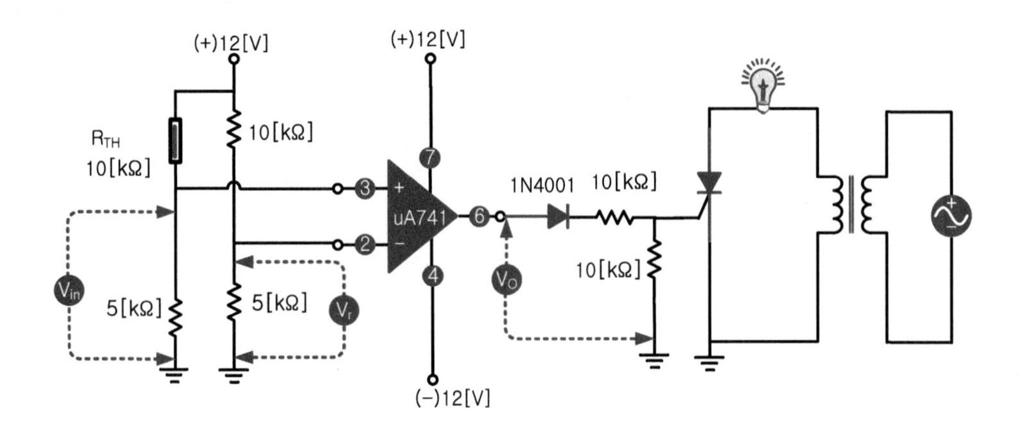

【2】 실습방법

① 써미스터로 검출된 전압을 OP-Amp.로 판정하여 램프를 제어하는 회로이다.

② 써미스터가 실온상태에서 전구가 "OFF"되는지를 확인하고, V_{in}, V_r, V_O를 측정한다.

③ 써미스터를 두 손가락으로 완전히 밀착시켜 체온을 가하여 램프가 ON되는지를 확인하고, V_{in}, V_r, V_O를 측정한다.

④ 측정

온도	V_{in}	V_r	V_O
15(℃)	(V)	(V)	(V)
36(℃)	(V)	(V)	(V)

4 OP-Amp.를 사용한 슈미트 - 트리거 회로

【1】 회로도

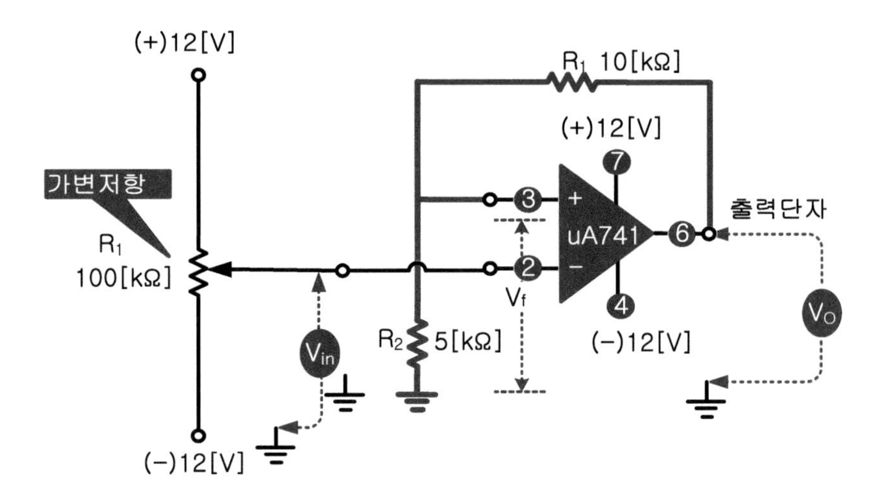

【2】 실습방법

① OP-Amp.를 이용하여 슈미트 - 트리거 회로를 구성하고 V_U와 V_L을 계산한다.

② V_{R1}을 조정하여 V_{in}이 (-)V_{CC}가 되게 한 다음 V_{R1}을 천천히 조정하여 (+)V_{CC}가 되도록 조정하면서 출력전압 V_O가 (+)V_{CC}에서 (-)V_{CC} 변화할 때의 입력전압 V_U를 측정한다.

③ V_{R1}을 조정하여 V_{in}이 (+)V_{CC}가 되게 한 다음 V_{R1}을 천천히 조정하여 (-)V_{CC}가 되도록 조정하면서 출력전압 V_O가 (-)V_{CC}에서 (+)V_{CC} 변화할 때의 입력전압 V_L을 측정한다.

④ 측정

측정전압	계산치	측정치
V_U	(V)	(V)
V_L	(V)	(V)

5 중심값이 0(V)가 아닌 슈미트-트리거 회로

【1】 회로도

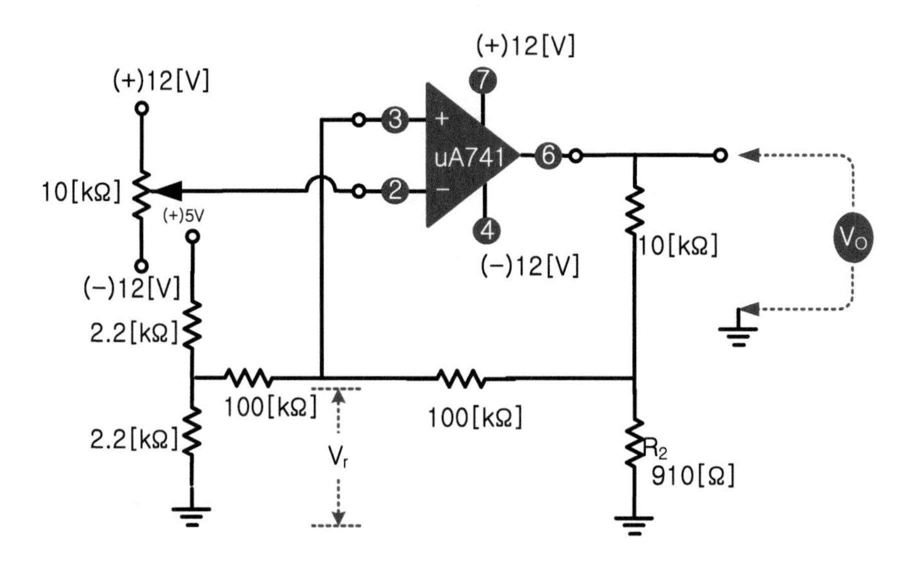

【2】 실습방법

① OP-Amp.를 이용하여 슈미트-트리거 회로를 구성하고 V_U, V_L과 중심 값을 계산하여라.

② 실험4에서 ②, ③ 과정과 같이 실험하여 V_U과 V_L을 측정하여라.

측정전압	계산치	측정치
V_U	(V)	(V)
V_L	(V)	(V)

6 비반전 증폭기 회로

【1】 회로도

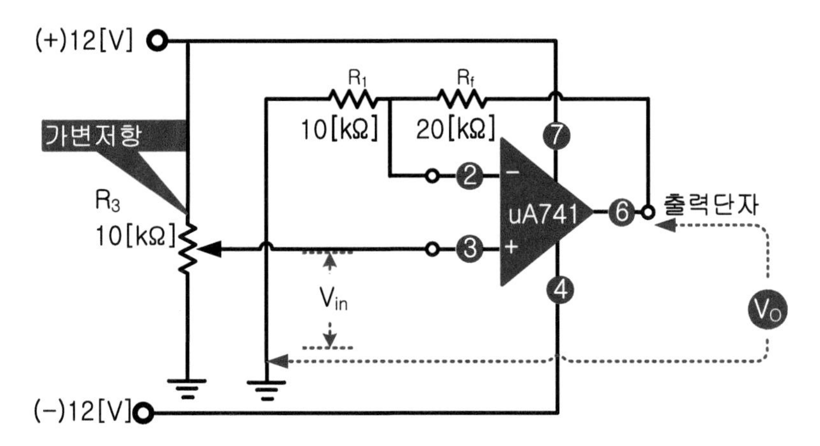

【2】 실습방법

① OP-Amp.를 이용하여 비반전 증폭기 회로를 구성한다.

② OP-Amp. 2번과 3번 단자의 전압을 측정한다.

측정순서	전압
2번 단자 전압	
3번 단자 전압	
3번 단자와 2번 단자의 전압차	

③ OP-Amp. 증폭도를 계산한다.

④ V_{in} 전압을 가변하면서 V_O 출력전압의 변화를 확인한다.

V_{in} 전압	V_O 출력전압(이론값)	V_O 출력접압(측정값)
1[V]		
2[V]		
3[V]		
4[V]		

7 반전 증폭기 회로

【1】 회로도

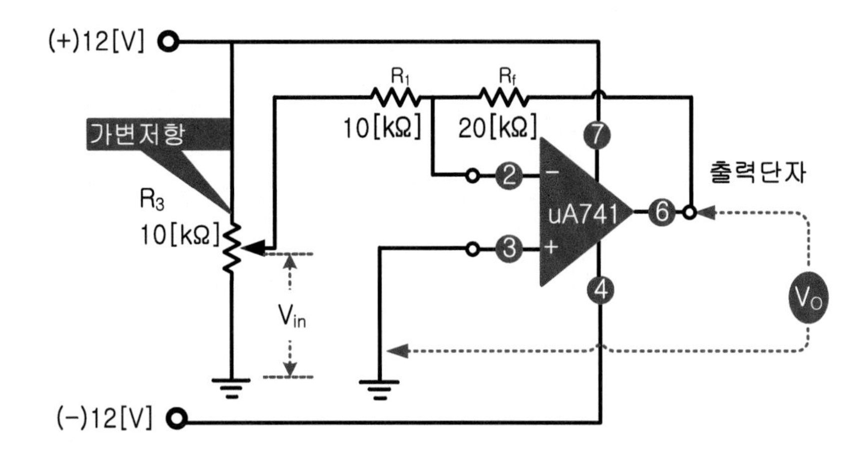

【2】 실습방법

① OP-Amp. 이용하여 비반전 증폭기 회로를 구성한다.

② OP-Amp. 2번과 3번 단자의 전압을 측정한다.

측정순서	전압
2번 단자 전압	
3번 단자 전압	
3번 단자와 2번 단자의 전압차	

③ OP-Amp. 증폭도를 계산한다.

④ V_{in} 전압을 가변하면서 V_O 출력전압의 변화를 확인한다.

V_{in} 전압	V_O 출력전압(이론값)	V_O 출력전압(측정값)
1[V]		
2[V]		
3[V]		
4[V]		

CHAPTER

11 디지털 회로

【학습목표】

1】 디지털 IC에 관하여 학습한다.

2】 게이트 회로와 논리기호에 관하여 학습한다.

3】 부울 대수와 드모르간 정리에 관하여 학습한다.

• 요점정리 •

❶ 디지털 신호는 "전압이 높은 상태("1"="High"="5[V]") 또는 "전압이 낮은 상태("0"="Low" ="0[V]") 두 종류의 상태로 표현하며, TTL IC는 대략 입력전압이 2[V]~5[V] 사이면 논리값을 "1"로 취급하고, 0[V]~0.8[V] 정도이면 논리값을 "0"으로 취급한다.

❷ 집적회로(集積回路)는 특정회로 기능을 수행하는 전기회로와 반도체 소자(주로 트랜지스터)를 하나의 칩에 모아 구현한 반도체 소자이다.

❸ TTL IC 형명은 일반적으로 "74"로 시작하고, CMOS IC 형명은 "40"으로 시작한다.

❹ TTL IC 핀 번호는 칩 위쪽에서 볼 때 홈이 파여 있거나 모서리가 깎인 부분을 기준으로 하여 반시계 방향으로 차례대로 번호를 부여한다.

❺ 디지털 IC 출력은 토템폴, 오픈 컬렉터와 오픈 드레인 출력이 있다.

❻ I_{OH}는 디지털 출력단자가 "H" 레벨 시 출력 전류(Source 전류 또는 유출 전류)로 출력이 "H" 레벨일 때에 IC 출력 단자에서 부하 방향으로 유출되는 전류로 표준형 TTL에서 0.4[mA]이다.

❼ I_{OL}은 디지털 출력단자가 "L" 레벨 시 출력 전류(Sink 전류 또는 유입 전류)로 출력이 "L" 레벨일 때에 부하에서 IC 출력 단자 방향으로 유입되는 전류로 표준형 TTL에서 8[mA]이다.

❽ 기본 게이트 회로는 NOT, AND, OR, NAND, NOR, EXOR, EXNOR 회로가 있다.

❾ 디지털 회로에서는 "H" 레벨 상태를 유지하기 위하여 디지털 IC 입력 또는 출력단자와 (+)VCC(전원단자) 사이에 접속하는 저항을 "풀업 저항"이라고 하며, "L" 레벨 상태를 유지하기 위하여 디지털 IC 입력 또는 출력단자와 접지단자 사이에 접속하는 저항을 "풀다운 저항"이라고 한다.

11.1 디지털 IC 개요

우리는 "디지털(Digital)"이라는 말을 들을 때 "디지털 계산기" 혹은 "디지털 컴퓨터"가 연상이 되는데 그 이유는 우리 주변 가까이에서 쉽게 볼 수 있으며, 디지털 기기 시대에 살고 있기 때문이다. 디지털(Digital)이라는 단어는 손가락(발가락) 혹은 숫자의 의미인 디지트(Digit)에서 유래된 말로 숫자를 센다는 의미를 갖고 있다. 초창기의 디지털 공학 분야는 컴퓨터 시스템에 한정되었으나 오늘날에는 일반 가전제품에서부터 비디오 게임, 통신, 계측분야 등 모든 분야에서 사용되고 있다.

11.1.1 아날로그와 디지털

① 아날로그 신호(Analog Signal)란 온도, 전압, 수량, 압력, 속도 등과 같은 물리량이며, 시간에 따라서 연속적으로 변화하는 신호를 말한다. 자연계의 모든 신호는 거의 아날로그 신호에 해당한다.

② 아날로그 신호가 자연계에서 자주 접할 수 있는 신호라면 디지털 신호(Digital Signal)는 자연 상태에서 거의 접할 수 없는 신호이며, 아날로그 신호를 처리하기 위해 인위적으로 가공한 신호이다.

③ 【그림 11.1】 ⓑ와 같이 디지털 신호의 특징은 시간적으로 불연속적인 값을 가지며 진폭 또한 불연속적인 값을 가진다. 이러한 신호를 이산 시간(Discrete Time), 이산 진폭(Discrete Amplitude) 신호라고 한다.

④ 【그림 11.1】 ⓐ는 아날로그 신호 파형의 한 예로서 어떠한 임의의 시간에서도 신호의 크기는 물리적인 양에 해당하는 전압정보를 나타내고 있다. 이에 비하여 【그림】 ⓑ의 디지털 신호는 전압이 높은 상태("1"="High"="5[V]") 또는 전압이 낮은 상태("0"="Low"="0[V]") 두 종류의 상태로 표현할 뿐이다.

⑤ 일반적인 디지털 신호

㉮ 디지털 신호는 진폭이 "0"과 "1"의 두 가지만 존재하는 신호이며, 일반적으로 "0"은 논리레벨 "Low" 또는 "L"이라 표현한다.

㉯ 반면 "1"은 논리레벨 "High" 또는 "H"라 표현한다.

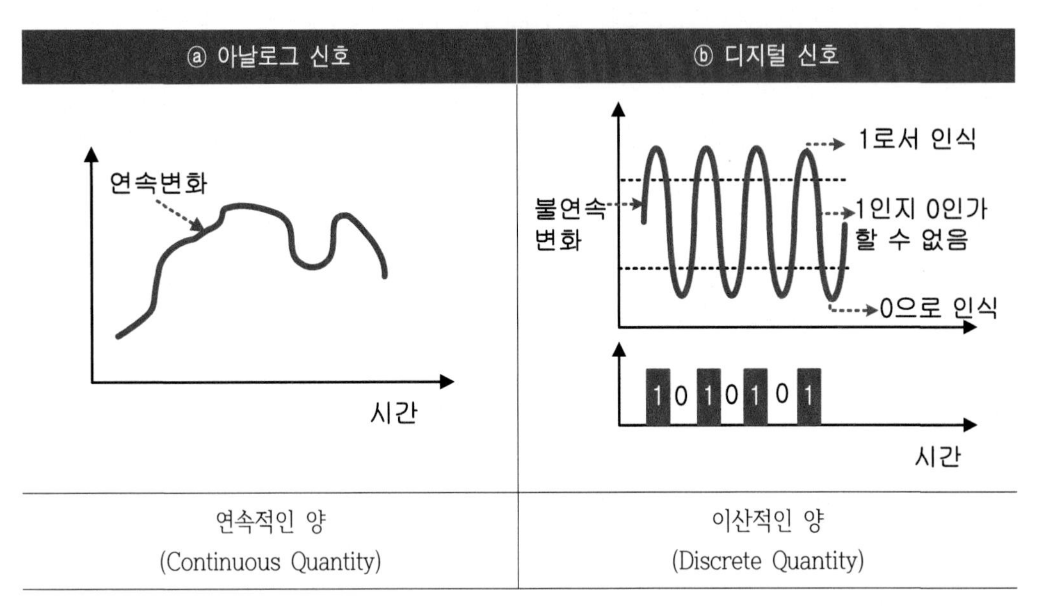

【그림 11.1】 아날로그 신호와 디지털 신호

⑥ 디지털 기기는 일반적으로 【그림 11.2】와 같이 구성하며

㉮ 온도나 압력, 빛 등의 대상물 상태를 검지하여 그것을 전기 신호(전압 또는 전류)로 변환하는 것이 검출기라고 하는 입력 장치이다. A/D변환기 의해서 전압 또는 전류의 전기 신호가 "0"과 "1"의 디지털 신호로 변환된다.

㉯ 이렇게 입력한 "0"과 "1"의 신호 조합에 대하여 논리적인 판단 또는 처리하여 이에 대응하는 "0"과 "1"의 조합을 출력하는 회로가 논리 회로(Logic Circuit)이다.

㉰ 논리 회로는 종래의 스위치나 릴레이를 사용하여 만들어졌지만, 오늘날에는 다이오드, 트랜지스터를 이용한 디지털 IC가 사용되고 또한 복잡한 디지털 정보처리에는 컴퓨터를 이용한다.

【그림 11.2】 디지털 기기의 구성

11.1.2 직접회로

1 직접회로(Integrated Circuit)

① 일반적으로 디지털 IC는 【그림 11.3】에 나타낸 것과 같은 다양한 형태의 집적회로(IC : Integrated Circuit)를 사용하고 있으며, 그 외형은 DIP(Dual-In-Line Package) 타입, Flat 타입, 표면 실장형(Surface-Mount Package)이 있다.

② 집적회로(集積回路)는 특정회로 기능을 수행하는 전기회로와 반도체 소자(주로 트랜지스터)를 하나의 칩에 모아 구현한 반도체 소자이다.

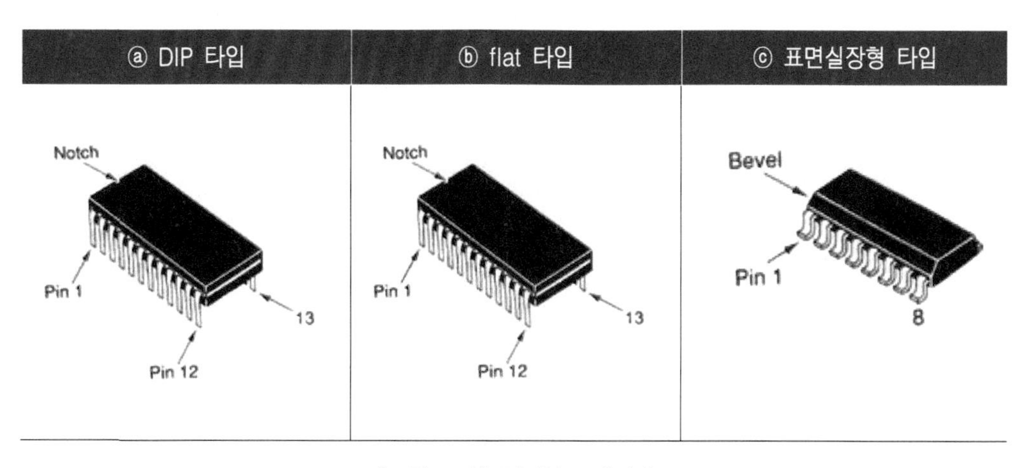

【그림 11.3】 집적회로 패키지

③ 집적회로는 제조하는 기술에 따라 TTL(Transistor-Transistor-Logic)타입과 CMOS (Complementary-Metal-Oxide-Semiconductor)타입 등이 있다.

④ IC를 동작하기 위해서 전원과 기준전위는 다음과 같이 IC핀에 표기한다.

ⓐ TTL IC 경우	ⓑ CMOS IC 경우
▶ 전원전압은 V_{CC}	▶ 전원전압은 V_{DD}
▶ 기준전압은 GND	▶ 기준전압은 V_{SS}

2 TTL(Transistor - Transistor Logic) IC

① "TTL"은 트랜지스터 - 트랜지스터 로직(Transistor-Transistor Logic)의 약어이다.

② TTL IC는 일반적으로 "74"로 시작하는 이름을 가지며, CMOS IC는 "40"으로 시작하는 이름을 가진다. 【그림 11.4】는 집적회로 이름을 붙이는 규칙을 나타내고 있다.

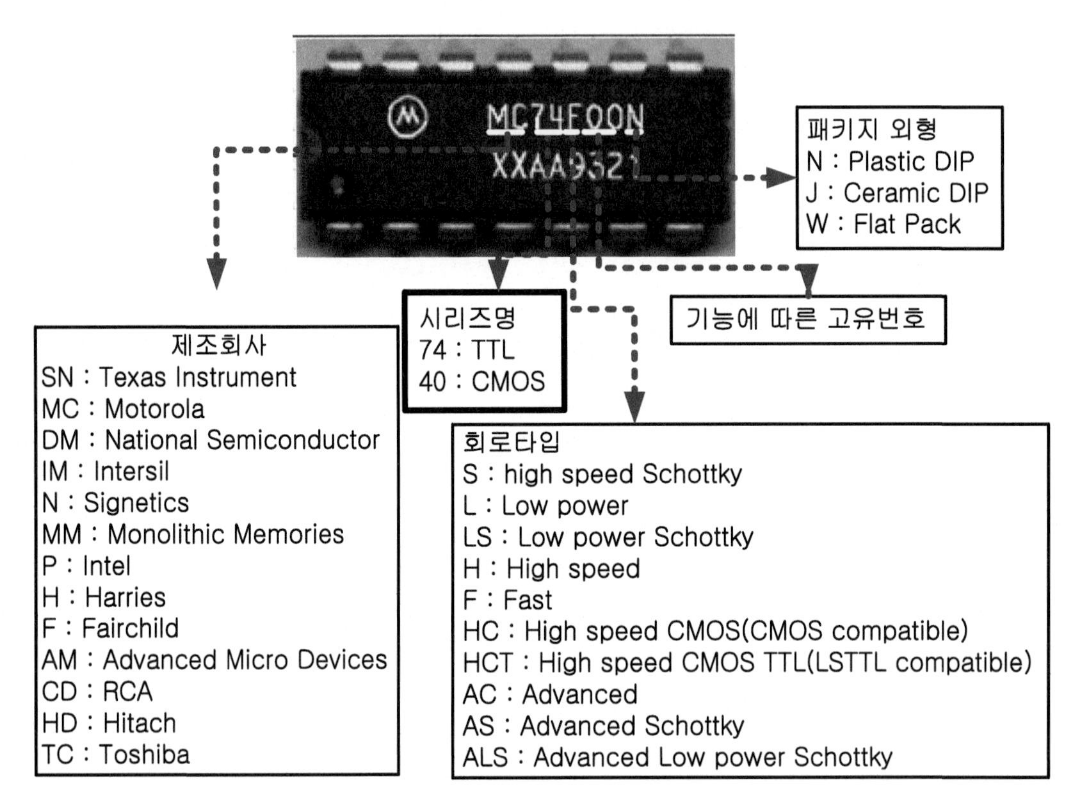

【그림 11.4】 TTL 패밀리 이름 규칙

③ TTL IC 시리즈

㉮ "표준 TTL"은 TTL IC 중에서 가장 오래된 타입이며, 74시리즈 뒤에 등장한 다른 TTL IC와 비교하면, 소비 전력이 크고 동작 속도가 늦기 때문에, 현재는 거의 사용하지 않고 있다.

㉯ "74S" TTL IC는 Schottky(쇼트키) 베리어 다이오드를 사용하고 있으므로 "S"라는 기호를 사용한다.

㉰ "74LS" 시리즈는 74S 시리즈의 소비전력을 감소할 목적으로 개발되어, 저전력 쇼트키(Low Power Schottky) 의미로 "LS"의 기호가 붙여져 현재 가장 일반적으로 많이 사용되고 있는 TTL IC이다. 이 시리즈는 저소비 전력으로 동작하기 위해 만들었으므로 74S 시리즈에 비해 다소 동작 속도는 뒤떨어진다.

㉱ "74F" 시리즈의 "F"는 고속(Fast)을 의미하며, 74S 시리즈에서 동작 속도, 소비전력을 개선하는 것을 목적으로 Fairchild(페어 차일드)사가 개발한 것이다.

㉲ "74ALS" 시리즈는 개량된 저전력 쇼트키(Advanced Low Power Schottky)이며, 74S 시리즈와 비교하여 동작속도는 조금 개량되고, 소비전력을 대폭으로 줄인 TTL IC이다.

㉳ "74AS" 시리즈는 개량된 쇼트키(Advanced Schottky)를 말하며, TI사가 개발하였으며, Fairchild(페어차일드)가 개발한 74F 시리즈와 동등한 성능을 가지고 있다.

㉴ 74HC 시리즈 및 74AC 시리즈는 고속 동작 특성을 갖는 CMOS IC이다.

③ TTL IC 형명

㉮ 74시리즈 IC는 주로 입력을 트랜지스터를 사용하고, 출력 또한 트랜지스터를 사용하는 소자를 말하며, 표준 TTL, 고속 TTL(H 시리즈), 저전력 TTL(L 시리즈), 쇼트키 TTL(S 시리즈), 쇼트키 저전력 TTL(LS 시리즈) 등이 있다.

㉯ TTL IC의 명칭은 "74XXX"로 이루어지며, 앞의 2글자, "74"는 TTL IC임을 의미하고, 나머지 문자는 시리즈(L, LS, HC, HCT, ALS)를 나타내는 문자, 다음은 IC번호를 표기한다.

㉰ 예를 들어서 품명이 "74LS00"이면 TTL IC이며, LS 시리즈, 00번을 나타낸다. 표준 TTL은 시리즈를 나타내는 문자를 사용하지 않는다.

㉱ 7400, 74H00, 74S00, 74LS00, 74HC00, 74HCT00은 모두 논리적으로 같은 기능을 갖는 칩이며, 다른 점이 있다면 전기적 특성(출력전류, 동작 속도 등등)만 다르다.

④ TTL IC 번호

㉮ IC 핀 번호는 칩 위쪽에서 볼 때 홈이 파여 있거나 모서리가 깎인 부분을 기준으로 하여 반시계 방향으로 차례대로 번호가 붙여진다.

㉯ 【그림 11.5】는 7400 IC 내부 회로를 나타내었으며, 7400 IC는 내부에 4개의 NAND 게이트 단자, 전원 단자를 포함하여 총 14개의 핀을 가지고 있다,

㉰ 7400 IC가 동작하도록 하기 위해서는 반드시 V_{CC}로 표현된 14번 핀에 (+)5[V] 전원을 인가하고, GND로 표현된 7번 핀은 접지(ground)에 연결한다.

㉱ NAND 게이트의 입력단자에 (+)5[V](논리값 1)나 0[V](논리값 0)를 인가하면 NAND 논리연산에 따른 결과가 출력단자에 전압의 형태로 나오게 된다.

㉲ 예를 들어 1번과 2번 핀에 모두 (+)5[V](논리값 1)를 연결하면 ⇒ 3번 핀으로 (+)0[V](논리값 0)가 출력된다.

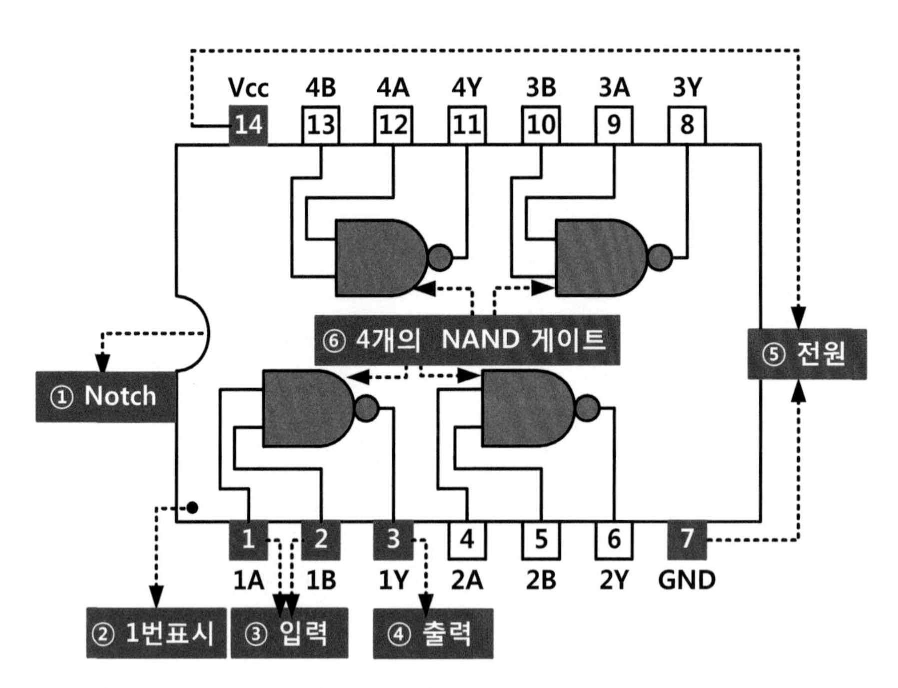

【그림 11.5】 7400 칩 내부 회로도

3 CMOS(Complementary Metal Oxide Semiconductor)

① CMOS(Complementary Metal Oxide Semiconductor)는 주로 증가형 MOSFET 소자들을 사용하여 만든 디지털 로직 IC이며, IC 이름은 기본적으로 40XX 시리즈(RCA社에서 처음 개발) 또는 45XX 시리즈(Motorola社에서 처음 개발)가 있다.

② 출력단자는 항상 위쪽이 P채널 MOSFET를 사용하고 아래쪽이 N채널 MOSFET를 사용하는 상보형(Complementary) 구조를 갖는다.

③ CMOS IC는 TTL보다 훨씬 늦게 개발되었으나, 반도체 구조가 간단하고 IC상의 공간

을 적게 차지하여 소자의 집적도를 높일 수 있기 때문에 VLSI(Very Large-Scale Integration)에도 널리 사용하고 있다.

④ CMOS IC는 TTL에 비하여 소비전력이 매우 적고, 일반적으로 +3[V]~+18[V]의 전원 전압에서 동작한다는 장점을 가지고 있으나, 바이폴러 트랜지스터를 기본으로 하는 TTL 소자보다 동작속도가 느리다는 단점도 있다.

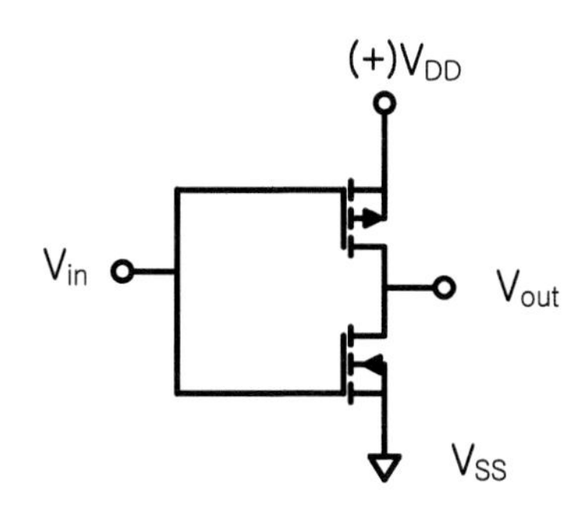

【그림 11.6】 CMOS IC 기본구조와 동작 특성

⑤ CMOS IC의 또 다른 특징은 게이트 입력단이 절연되어 있기 때문에 정전기에 의하여 파괴되기 쉽기 때문에, IC 대부분은 이러한 정전기에 대한 보호회로를 내장하고 있지만 그래도 주의하여 취급하는 것이 좋다.

4 디지털 IC 입력전압 레벨과 논리값의 관계

① 일반적으로 디지털 IC의 입력전압 레벨과 논리값의 관계는 다음과 같다.

㉮ TTL IC는 대략 입력전압이 2[V]~5[V] 사이면 논리값 "1"로 인식하고, 0[V]~0.8[V] 정도이면 논리값을 "0"으로 인식한다.

㉯ CMOS IC는 대략 입력전압이 3.5[V]~5[V] 사이면 논리값 "1"로 인식하고, 0[V]~1.5[V] 정도이면 논리값을 "0"으로 인식한다.

② TTL IC의 경우에는 입력전압이 0.8[V]~2[V]의 중간값이면 논리값을 결정할 수 없게 되므로 실제 IC를 동작시킬 때는 이와 같은 중간 전압이 인가하면 출력논리를 보장할 수 없다.

③ 각 디지털 IC에서 논리값과 대응되는 정확한 전압의 범위는 각 IC의 Data Sheet를 참

조하면 알 수 있으며, 통상적으로 0[V]를 논리값 "0"으로 (+)5[V]를 논리값 "1"로 보고 취급한다.

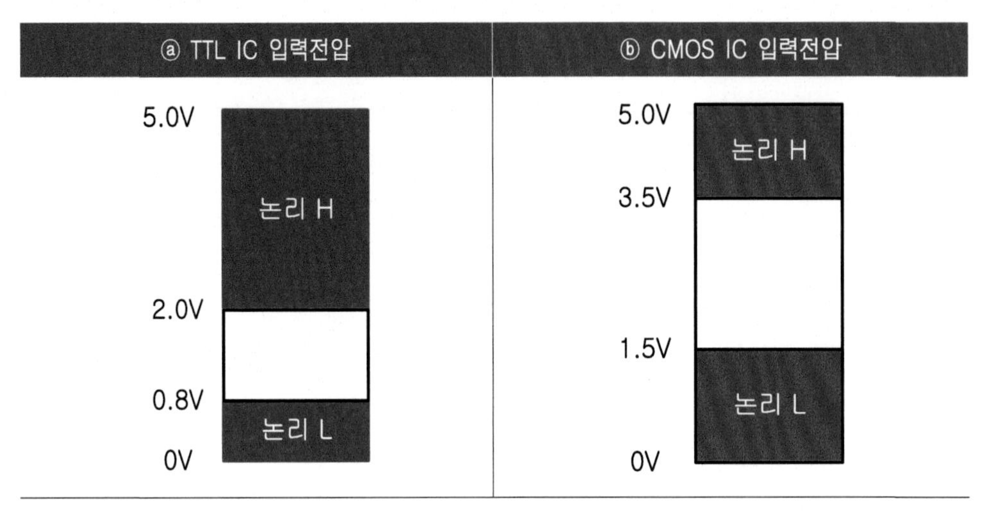

【그림 11.7】 전압입력 레벨과 논리레벨 관계

11.1.3 디지털 IC 출력

1 토템폴(Totem Pole) 출력

① (+)V_{CC} 전원단자와 GND 전원단자 사이에 2개의 트랜지스터로 회로를 구성하고, 입력신호가 "H"일 때에는 상측의 트랜지스터 "ON", 하측은 트랜지스터는 "OFF"되고, 반대로 입력신호가 "L"일 때에는 상측의 트랜지스터 "OFF", 하측의 트랜지스터가 "ON"을 하여서 논리값을 얻는 방식을 **"토템폴(Totem Pole) 출력"**이라고 한다.

② 이 방식은 전류가 양방향으로(유입, 유출) 흐를 수 있도록 출력임피던스가 낮고 신호왜곡 및 노이즈에 대한 영향이 적다.

③ 토템폴 방식의 출력은 논리레벨에 관계없이 큰 전류를 얻고 신호의 상승과 하강을 빠르게 하여 IC를 고속 동작을 할 수 있기 때문에, 출력단자에 Pull up 저항이 없이도 반전기능을 가진 게이트 IC 역할을 할 수 있다.

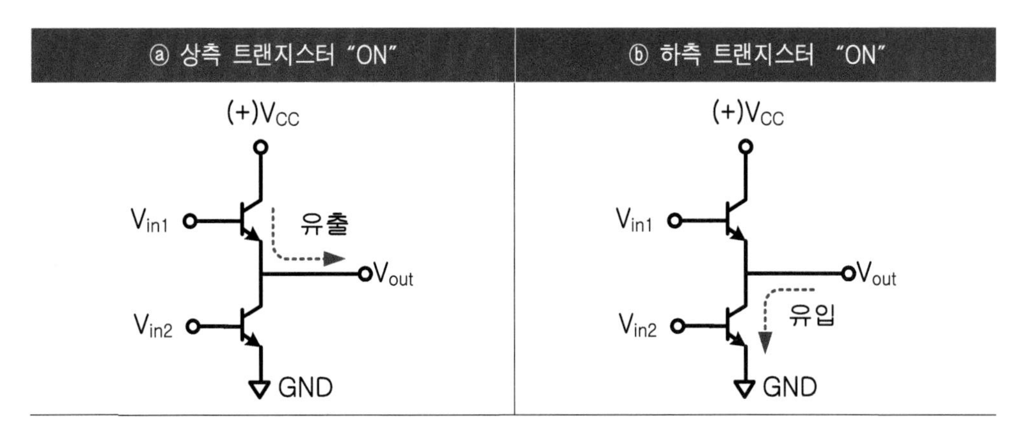

【그림 11.8】 토템폴(TOTEM POLE) 출력

2 오픈 컬렉터와 오픈 드레인 출력

① 오픈 컬렉터는 TTL IC 출력에 스위칭으로 사용되고 있는 이미터접지 증폭회로의 컬렉터, CMOS IC에서는 소스접지 증폭회로의 드레인을 개방하여 외부에서 Pull Up 저항을 사용하여 디지털 논리를 얻는 방식이다.

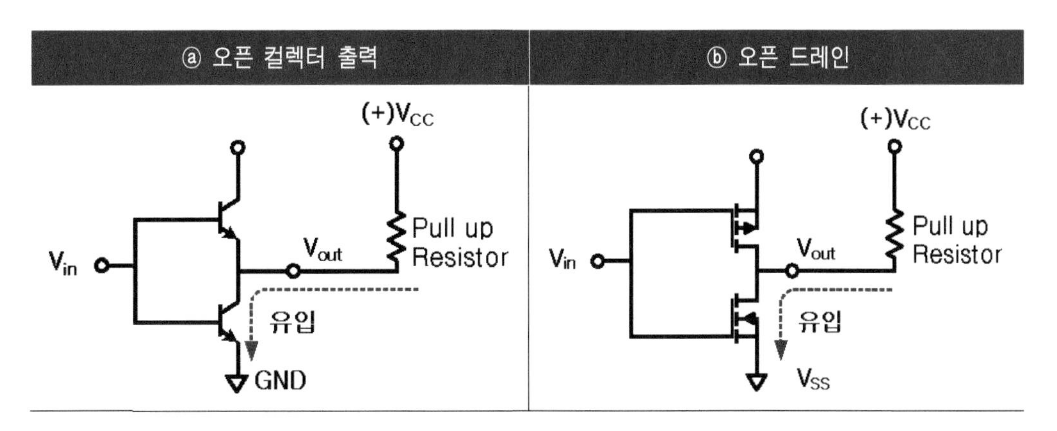

【그림 11.9】 오픈 켈렉터와 오픈 드레인 출력

② 오픈 컬렉터 또는 오픈 드레인 방식의 IC에서는 컬렉터 또는 드레인 단자에 아무것도 접속이 없는 상태, 즉 개방이 되어 있으며, 원하는 출력논리전압을 얻기 위해서는 반드시 컬렉터 또는 드레인 단자에 Pull up저항을 접속해 주어야 올바르게 IC가 동작한다.

③ 오픈 컬렉터 또는 오픈 드레인 방식의 IC에서는 출력단자에 여러 개의 출력을 함께 접속해도 관계없으며, 이것을 "Wired OR 접속"이라고 하며, 여러 개 출력을 한곳에 접

속할 경우에도 회로 구조상 풀업저항은 한 개만 있으면 된다.

④ 토템폴 출력을 하는 IC는 입력논리전압에 의하여 출력전압이 결정되는 것과 달리, 오픈 컬렉터 또는 오픈 드레인 방식의 IC에서는 풀업저항의 바이어스 전원에 따라 출력 전압과 전류를 다르게 할 수 있으므로 컬렉터 또는 드레인에 연결하는 부하가 요구하는 전압이나 전류에 따라서 부하를 구동할 수 있다.

⑤ **오픈 컬렉터** 또는 **오픈 드레인** 방식의 IC에서는 토템폴 출력보다 속도가 느리고 풀업 저항이 필요하므로 논리 회로 중간에는 잘 쓰이지 않고 주로 디지털 회로의 단말부에 많이 사용한다.

⑥ 단점으로서는 풀업 저항을 사용하기 때문에 IC의 동작속도가 느리다.

⑦ 디지털 회로의 출력부에 LED나 릴레이를 구동 할 때도 오픈 컬렉터 또는 오픈 드레인 방식을 주로 사용한다.

3 Source Current와 Sink Current

① 디지털 IC의 출력단자에서 낼 수 있는 전류를 **"소스 전류(I_{OH}, Source Current)"**라 하고, 출력단자로 받을 수 있는 전류를 **"싱크 전류(I_{OL}, Sink Current)"**라 한다.

㉮ 출력단자가 "H"일 때는 IC 출력단자 ⇒ 부하를 거쳐 GND로 전류가 흐르며, 이 경우 디지털 IC에서 출력할 수 있는 최대 전류가 "소스 전류"이며, 표준 TTL IC는 소스 전류가 0.4[mA]이다.

㉯ 출력단자가 "L"일 때는 외부전원 (+)5V ⇒ 부하 ⇒ 출력단자로 전류가 흐르며, 이 경우에 출력단자가 받을 수 있는 전류를 "싱크 전류"라고 하며, 표준 TTL IC는 싱크 전류가 8[mA]이다.

② TTL이나 CMOS와 같은 디지털 회로의 출력단은 구조적으로 보통 상위 트랜지스터보다 하위 트랜지스터가 전류용량이 커서 소스 전류보다는 싱크 전류가 훨씬 크다.

③ 【그림 11.10】 ⓐ와 같이 TTL IC의 출력이 High 레벨에서 최대 0.4[mA] 전류밖에 흘릴 수 없으므로 이것으로는 LED를 충분한 밝기로 빛나게 하는 것은 어렵지만, 【그림 11.10】 ⓑ와 같이 출력이 Low에서는 8[mA] 전류를 받을 수 있기 때문에, LED를 충분한 밝기로 구동할 수가 있다.

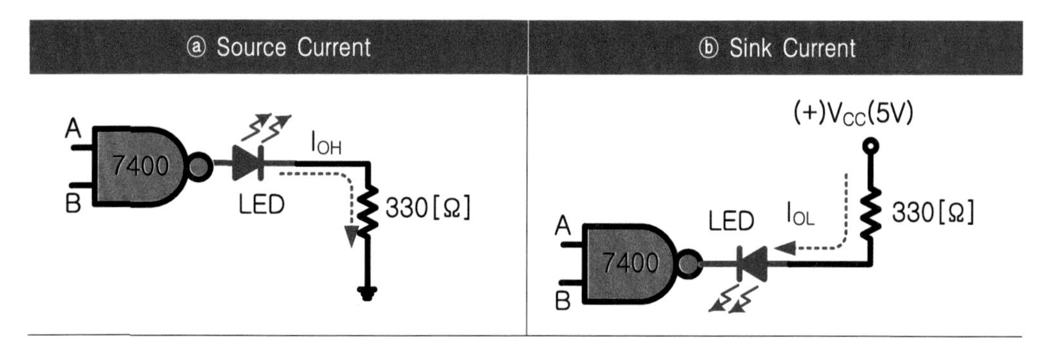

【그림 11.10】 Source Current와 Sink Current

4 팬아웃(Fanout)

① 일반적으로 디지털 회로에서 널리 사용되는 TTL IC 또는 CMOS IC는 1개의 출력신호에 접속할 수 있는 입력신호 수의 제한을 "팬아웃(fan - out)"이라고 한다.

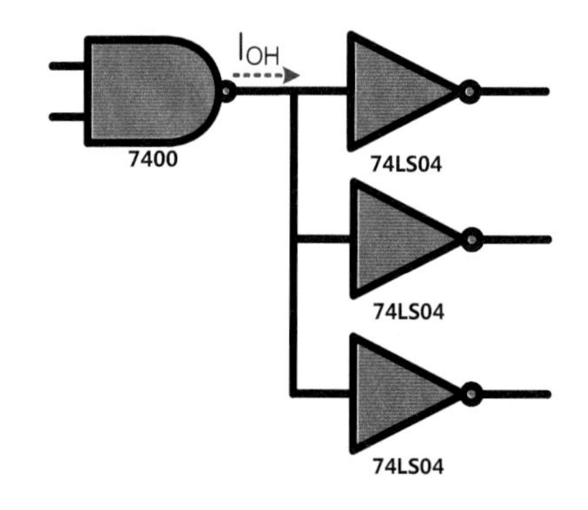

【그림 11.11】 팬아웃

② 팬아웃을 하는 것은 각 소자의 출력단에 최대로 흐를 수 있는 전류에 제한이 있기 때문이다.

③ 팬아웃을 초과하여 부하를 접속하면 출력전류가 과대하여 출력단의 회로가 소손되거나, 출력단의 전압강하 때문에 출력전압을 IC에서 보장하는 전압레벨로 유지되지 못하여 다음의 입력단에 입력되는 신호의 논리상태를 보장할 수 없게 된다.

④ 팬아웃을 초과하여 부하를 접속하게 될 경우에는 중간에 출력전류의 용량이 큰 버퍼를 사용하거나, 여러 개의 버퍼를 사용하여 부하를 몇 개씩 나누어 분담시키는 것이 바람직하다.

⑤ TTL에서 사용하는 바이폴라 트랜지스터는 베이스 전류에 의하여 동작하는 전류구동형 소자이므로 입력전류가 그 앞단 회로의 출력전류와 밀접하게 관련이 되고 따라서 팬아웃이 문제가 되지만, CMOS에서 사용하는 MOSFET는 게이트 전압에 의하여 동작하는 전압구동형 소자이므로 거의 입력전류가 0이므로 그 앞단 회로의 출력전류와 관계되는 팬아웃 문제는 발생하지 않으며, 이 때문에 일반적으로 CMOS에서는 팬아웃이 무제한이며 하나의 출력 신호로 매우 많은 CMOS 입력신호를 구동할 수 있다.

집적회로

집적회로는 트랜지스터, 다이오드, 저항, 콘덴서 등으로 만들어진 전자 회로를 작은 칩(chip) 위에 구성한 것이다. 집적 회로를 구성 소자의 수에 따라 구분하면, 한 개의 기판 위에 소자 수가 100개(게이트 수는 약 12개) 이하인 것을 소규모 집적 회로(small scale integration, SSI)라 하고, 소자 수가 100~1000개인 것을 중규모 집적 회로(medium scale integration, MSI)라 하며, 소자 수가 1000~10,000개 이하인 것을 고밀도 집적 회로(large scale integration, LSI)라 한다. 그리고 소자 수가 10,000개 이상인 것을 초고밀도 집적 회로(very large scale integration, VLSI)라 한다. 이와 같이 집적 회로를 사용하면 각각의 소자를 사용하는 것보다 크기가 작고 소비 전력이 적으며, 신뢰도가 높고 가격이 저렴하다는 장점이 있다.

11.2 기본 게이트 회로

11.2.1 게이트 회로

게이트 회로(Gate Circuit)는 입력신호가 어떤 회로의 게이트 입력단자에 인가되어 있는 시간 동안만 그 신호 입력단자에 가해진 신호를 출력단자에 전달하거나 또는 그 시간 동안만 신호의 전달을 저지하는 회로로서, 회로의 종류는 NOT 회로, AND 회로, OR 회로 등의 논리 회로가 있으며, 이 논리회로를 구현하기 위하여 사용되는 디지털 IC를 "**게이트 IC(Gate Integrated Circuit)**"라고 한다.

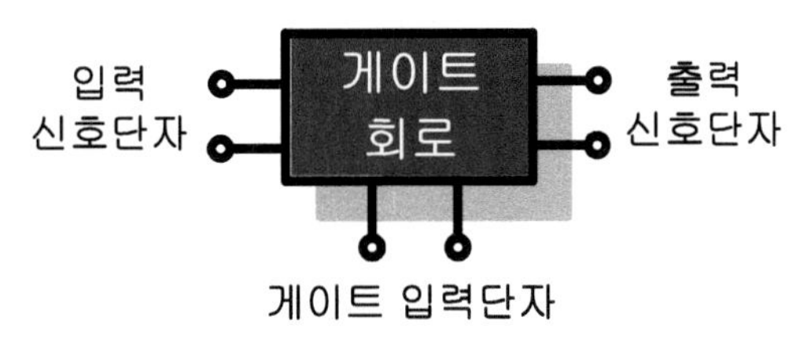

【그림 11.12】 게이트 회로의 구성

1 NOT 회로

① 【그림 11.13】 ⓐ의 회로는 저항과 트랜지스터로 NOT 회로를 구현한 것이다.

<table>
<tr><th>ⓐ DTL 회로</th><th>ⓑ 진리표</th><th>ⓒ 기호</th></tr>
<tr>
<td>(+)V_{CC}(5V)
출력(Y)
입력(A)
GND</td>
<td>
<table>
<tr><th>A(입력)</th><th>출력(Y)</th></tr>
<tr><td>H</td><td>L</td></tr>
<tr><td>L</td><td>H</td></tr>
</table>
</td>
<td>A $\bar{A}$</td>
</tr>
</table>

【그림 11.13】 NOT 회로

② 입력 신호가 Low(0.7[V] 이하)이면 컬렉터 전류는 흐르지 않아 출력 전압은 High(5[V])가 된다.

③ 입력 신호가 High(5V)가 되면 컬렉터 전류가 흘러 출력은 Low(0[V])로 된다.

④ 【그림 11.13】 ⓑ는 NOT 회로의 진리표(Sequence Chart)이며, 입력 논리와 출력 논리가 반대로 되기 때문에 NOT 회로(부정 회로, 인버터(Inverter)라고 한다.

⑤ NOT 회로의 입력 A, 출력 Y와의 관계를 논리식(Boolean Expression)으로 표현하면 $Y = \overline{A}$ 이며, $\overline{A}$ 의 바(bar) 기호는 부정의 의미이다.

⑥ 논리 기호는 【그림 11.13】 ⓒ와 같이 삼각형에 버블(Bubble)을 붙여서 표현한다. 기호에서 삼각형은 증폭기, 버블은 부정을 의미한다. 버블을 삼각형 앞에 붙이기도 한다.

⑦ 인버터를 【그림 11.14】와 같이 접속하면, 첫번째 단의 입력이 High일 때, 그 출력은 Low로 되기 때문에 두 번째 단의 출력은 High로 된다. 즉, 입력과 출력은 동일한 논리가 된다.

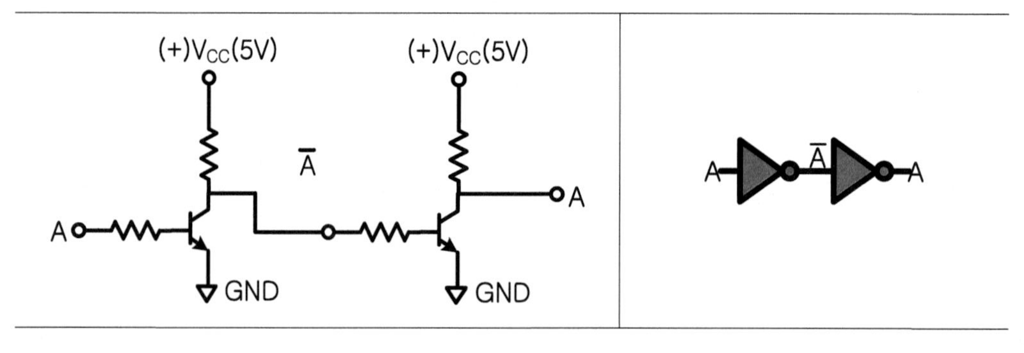

【그림 11.14】 인버터의 2단 접속

⑧ 【그림 11.15】는 인버터 기능을 가진 TTL IC "74LS04"와 "74LS05"의 핀 배치를 나타내고 있으며, IC는 인버터가 6회로가 들어가 있기 때문에 Hex Inverter(Hex는 "6개"라는 뜻)라고 한다.

⑨ 74LS04와 74LS05는 둘 다 모두 NOT 게이트 IC이지만, 차이점은 74LS04는 토템폴(Totem - Pole) 출력구조이고, 74LS05는 오픈컬렉터(Open Collector)이다.

* 오픈컬렉터(Open Collector) 형태를 나타냄

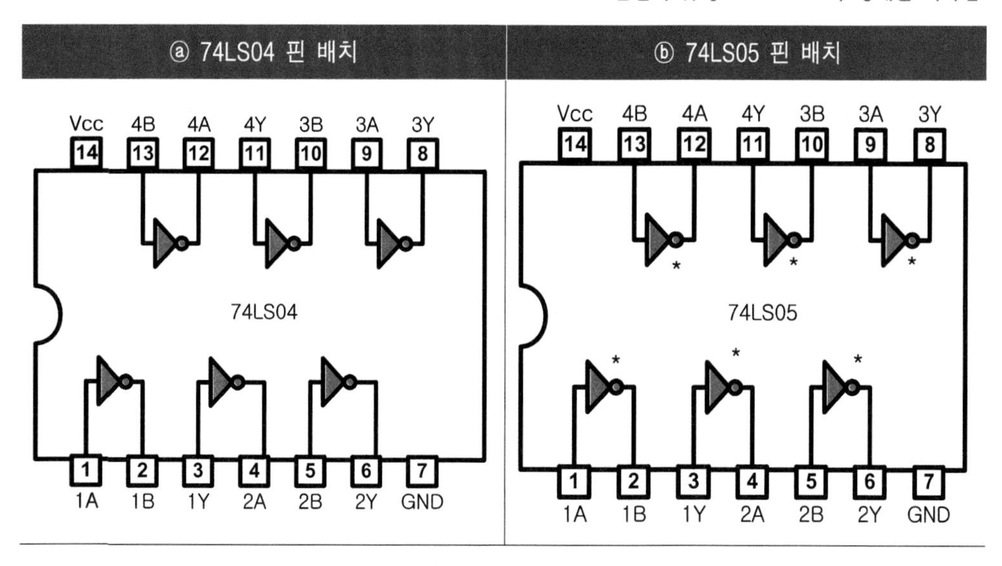

【그림 11.15】 74LS04와 LS05 핀 배치도

2 AND 회로

① 【그림 11.16】 ⓐ에 나타낸 회로는 2개의 다이오드와 저항으로 구성되는 AND 회로이며, 다이오드 AND 게이트라고 한다.

② 입력 A, B 가운데 어느 하나라도 Low(0[V])이면, (+)Vcc에서 R을 통해 다이오드에 전류가 흐르기 때문에 출력 Y는 Low(약 0.7 V)가 되며, 2개의 입력 A, B가 모두가 5[V]일 때에만 2개의 다이오드 D_1, D_2는 도통되지 않기 때문에 출력 Y는 High(5[V])가 된다.

ⓐ 회로

(+)V_{CC}(5V)
D_1
D_2
입력(A)
입력(B)
출력(Y)

ⓑ 진리표

A	B	Y
L	L	L
L	H	L
H	L	L
H	H	H

ⓒ 기호

A
B
Y

【그림 11.16】 AND 회로

③ 【그림 11.16】 ⓑ는 AND회로의 논리 동작을 나타내는 진리표이며, 두 개의 입력이 High일 때에만 출력이 High가 출력된다.

④ AND 회로의 논리 기호는 【그림 11.16】 ⓒ와 같으며, AND 회로 동작을 논리식으로 나타내면 Y=A·B, 이것을 논리곱(Logical Product)이라 한다.

⑤ 【그림 11.17】과 같이 시간적 변화를 하는 A, B 입력 신호를 AND회로에 가하면 그 출력 Y는 입력신호 A와 B가 모두 High로 되는 시간동안만 출력이 High가 된다.

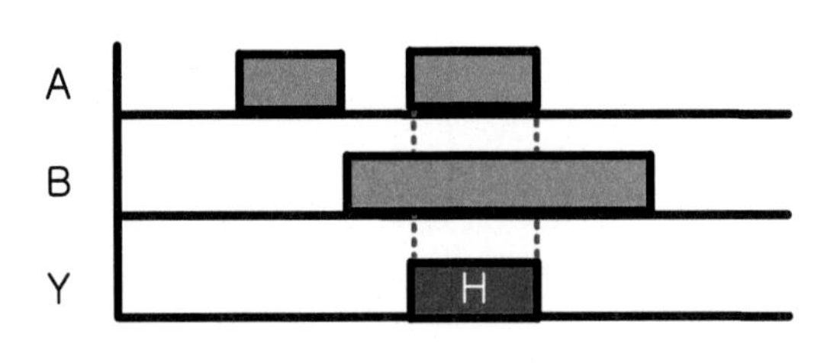

【그림 11.17】 AND 회로 동작

⑥ 【그림 11.18】은 AND 회로 기능을 가진 TTL IC 74LS08의 핀 배치를 나타낸다.

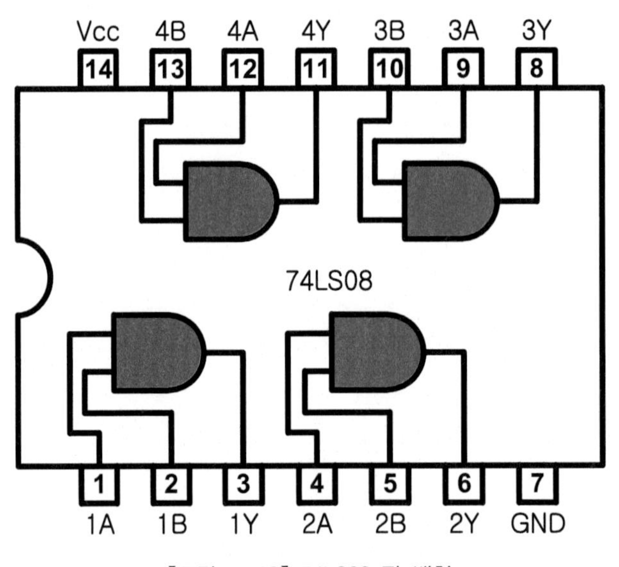

【그림 11.18】 74LS08 핀 배치

⑦ 74LS08 IC는 Dual-In Line 패키지 형태로 하나의 IC에 4개의 AND 게이트를 갖고 있기 때문에, 4개의 2-입력(Quad Two-Input) AND 게이트라 부른다.

㉮ IC 14번 핀은 전원공급 단자이며, TTL IC가 올바르게 동작하려면 공급전압은 (+)4.75~(+)5.25[V] 사이의 전압을 인가해야 한다. 이러한 사항이 모든 TTL IC에 적용된다.

㉯ 7번 핀은 공통 접지단자이고, 다른 핀들은 입력과 출력단자이다.

3 OR 회로

① 【그림 11.19】 ⓐ는 OR 회로를 나타내고 있으며, 이 회로는 입력신호 A, B 어느 것이나 High(5[V])가 되면 출력 Y는 "High"(약 4.3 V)가 되고, 입력 A, B 모두 Low(0[V]) 일 때에만 다이오드가 도통되지 않기 때문에 출력 Y는 Low(0[V])가 된다.

② 논리 동작은 【그림 11.19】 ⓑ와 같으며, OR 회로 동작을 논리식으로 나타내면 Y=A+B 이다. 이것을 논리합(Logical Sum)이라 한다.

③ OR 회로는 논리 기호는 【그림 11.19】 ⓒ로 나타낸다.

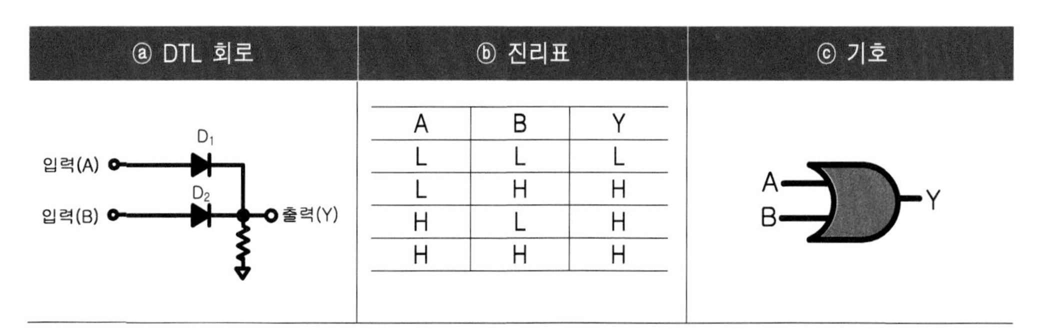

A	B	Y
L	L	L
L	H	H
H	L	H
H	H	H

【그림 11.19】 OR 회로

④ 【그림 11.20】과 같이 시간적인 변화를 하는 A, B 입력신호를 OR 회로에 인가하면 그 출력 Y는 입력신호 A 또는 B 중에서 하나가 High로 되어 있는 시간동안에 출력이 High가 된다.

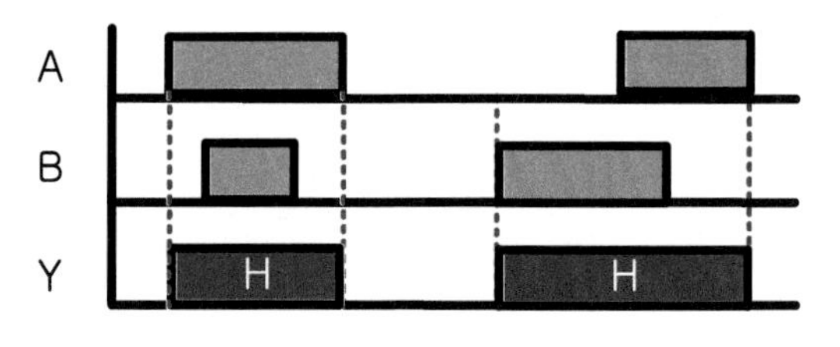

【그림 11.20】 OR 회로 동작

⑤【그림 11.21】은 OR회로 기능을 가진 TTL IC 74LS32의 핀 배치를 나타낸다.

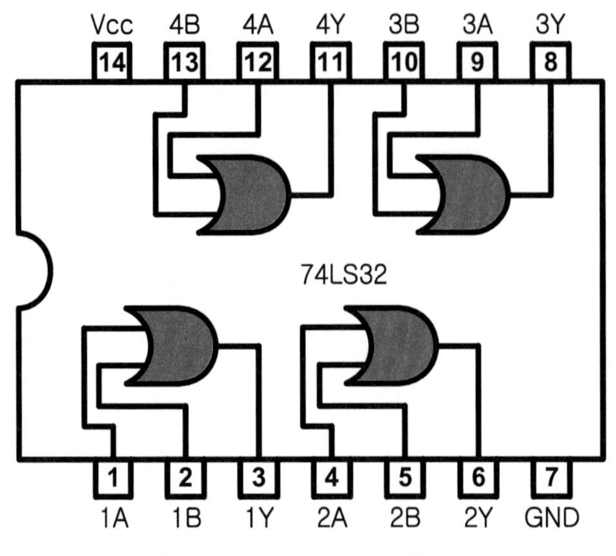

【그림 11.21】 74LS32 핀 배치도

4 NAND 회로

① 【그림 11.22】 ⓐ 회로는 D_1, D_2, R_1으로 이루어지는 다이오드 AND 회로와 트랜지스터 인버터로 NAND 회로를 구현한 회로이다.

A	B	Y
L	L	H
L	H	H
H	L	H
H	H	L

【그림 11.22】 NAND 회로

② 입력신호 A, B 중에서 하나만 Low(0[V])가 되면 다이오드 D_1, D_2 중에서 하나가 도통하므로 ⓐ점은 0.7[V]가 되어서, 트랜지스터의 베이스에 전류가 흐르지 않기 때문에 컬렉터 출력은 High(5[V])가 된다.

③ 입력신호 A, B가 모두 High일 경우에만 D_1과 D_2가 도통되지 않고, $V_{CC} \Rightarrow R_1 \Rightarrow D_3$, $D_4 \Rightarrow$ 트랜지스터 베이스에 전류가 흐르고, 따라서 컬렉터 출력은 Low(0[V])가 된다.

④【그림 11.22】ⓑ는 NAND 회로의 논리 진리표를 나타내고 있다.

⑤【그림 11.23】은 NAND 회로 기능을 가진 TTL IC 74LS00 핀 배치를 나타낸다.

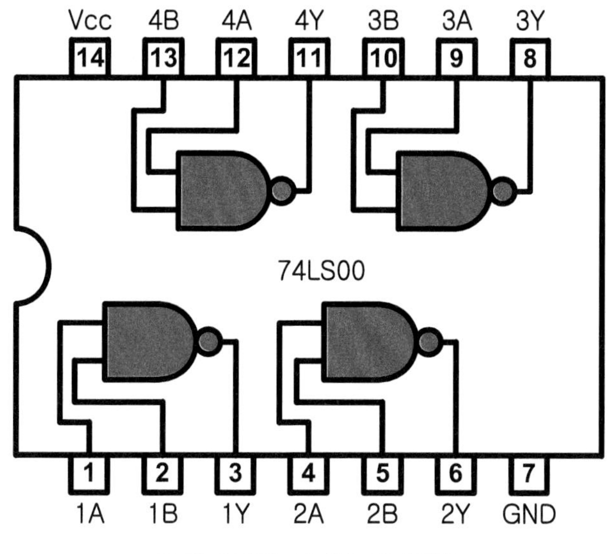

【그림 11.23】 74LS00 핀 배치도

5 NOR 회로

① NOR 회로는 OR 회로에 인버터를 접속한 것으로【그림 11.24】ⓒ와 같은 논리 기호로 표현하며, 진리표는【그림 11.24】ⓑ와 같이 OR 게이트회로의 출력논리를 부정한 것이다.

② 인버터를 2개 사용하여【그림 11.24】ⓐ와 같이 접속하면 2입력의 NOR 회로로서 동작시킬 수 있으며, TR_1과 TR_2의 컬렉터에는 부하저항 R_1이 공통적으로 연결되어 있다.

③ 입력신호 A와 B가 모두 High(5[V])일 때는 두 트랜지스터가 도통하여 컬렉터 출력 Y는 Low로 된다. 입력신호 A와 B가 모두 Low일 때에만 두 트랜지스터는 도통되지 않기 되기 때문에 출력 Y는 High(5[V])로 된다. 이 논리 동작을 정리하면 그림 ⓑ와 같은 논리 진리표로 나타낼 수 있다.

④ NOR 회로의 논리식은 $Y = \overline{A + B}$이다.

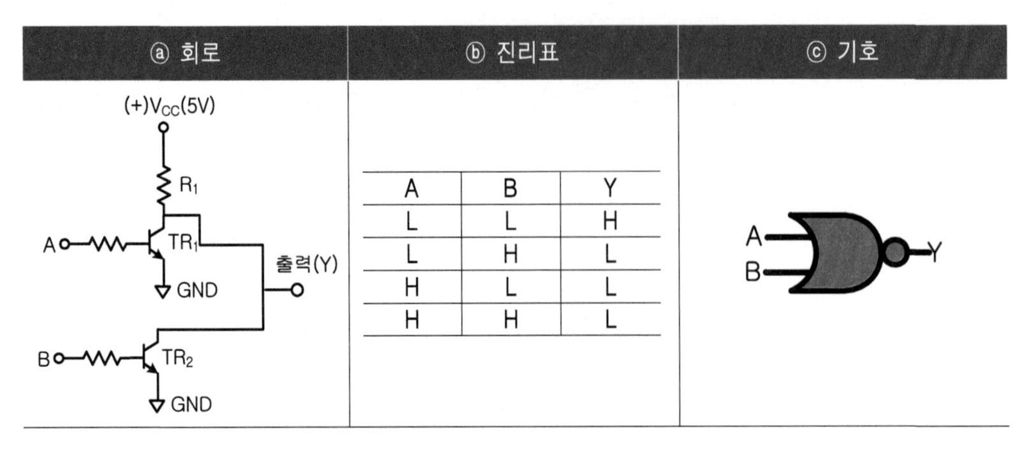

A	B	Y
L	L	H
L	H	L
H	L	L
H	H	L

【그림 11.24】 NOR 회로

⑤ 【그림 11.25】는 NOR회로 기능을 가진 TTL IC 74LS02 핀 배치를 나타낸다.

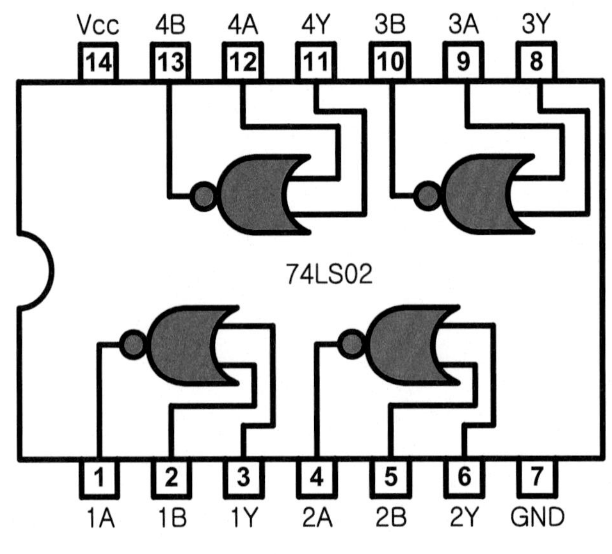

【그림 11.25】 74LS02 핀 배치도

6 EX-OR, EX-NOR

① 【그림 11.26】은 EX-OR(Exclusive OR) 및 EX-NOR(Exclusive NOR) 회로기호와 진리표이며, EX-OR 회로 동작은 입력신호 A와 B 가운데 하나만 High일 때는 출력 Y는 High, 입력신호 A와 B가 모두 High 또는 Low일 때, 입력신호의 논리가 일치했을 때, 출력 Y는 Low로 된다.

② EX-NOR 회로 동작은 EX-OR 게이트의 출력을 반전시킨 회로이다. 입력신호 A와 B의 논리 상태가 다른 경우에는 출력 Y가 L을 출력하고, 입력신호 A와 B의 상태가 일치했을 때는 출력 Y가 H를 출력한다.

ⓐ 2입력 EXOR 기호와 진리표

A	B	Y
L	L	L
L	H	H
H	L	H
H	H	L

ⓑ 2입력 EXNOR 기호와 진리표

A	B	Y
L	L	H
L	H	L
H	L	L
H	H	H

【그림 11.26】 EXOR, EXNOR 회로 기호와 진리표

③ EX-OR 회로의 논리식은 $Y = A \oplus B$이며, 이것은 $Y = X\overline{Y} + \overline{X}Y$로 나타낼 수 있다.

④ EX-NOR 회로는 EX-OR 회로의 부정이기 때문에 $Y = \overline{A \oplus B}$로 표현한다.

⑤ 【그림 11.27】은 EX-OR 회로 기능을 가진 TTL IC 74LS86과 EX-NOR 회로 기능을 가진 TTL IC 74LS266 핀 배치를 나타내고 있다.

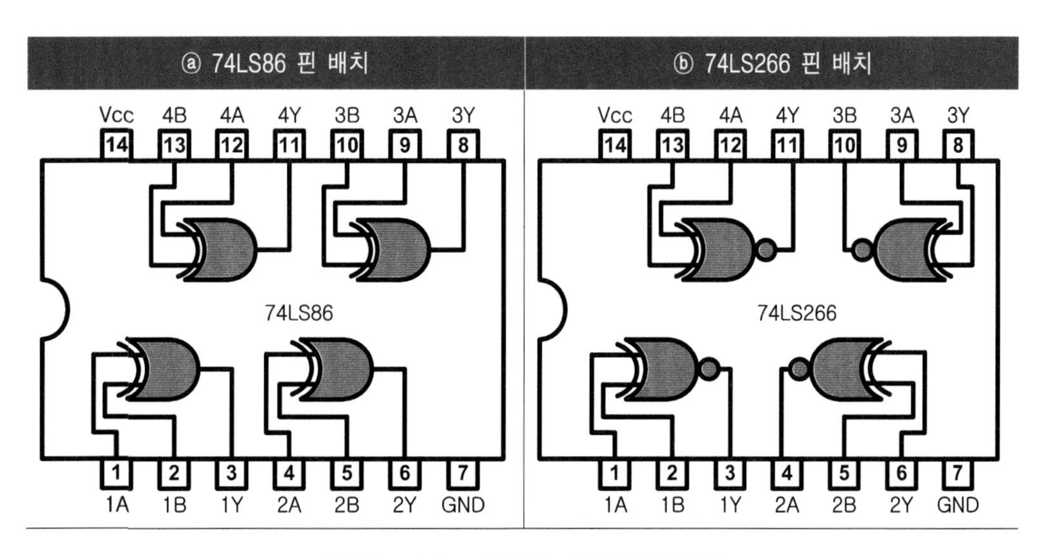

【그림 11.27】 74LS86과 74LS266 핀 배치

7 Gate IC 진리표 및 등가회로

素子名		7408	7432	7400	7402	7404	7415*
電氣信號레벨	眞理値表	A B | Y L L | L L H | L H L | L H H | H	A B | Y L L | L L H | H H L | H H H | H	A B | Y L L | H L H | H H L | H H H | L	A B | Y L L | H L H | L H L | L H H | L	A | Y L | H H | L	A | Y L | L H | H
正論理	眞理値表	A B | Y 0 0 | 0 0 1 | 0 1 0 | 0 1 1 | 1	A B | Y 0 0 | 0 0 1 | 1 1 0 | 1 1 1 | 1	A B | Y 0 0 | 1 0 1 | 1 1 0 | 1 1 1 | 0	A B | Y 0 0 | 1 0 1 | 0 1 0 | 0 1 1 | 0	A | Y 0 | 1 1 | 0	A | Y 0 | 0 1 | 1
	論理式	$Y=A \cdot B$ (POSITIVE AND)	$Y=A+B$ (POSITIVE OR)	$Y=\overline{A \cdot B}$ (POSITIVE NAND)	$Y=\overline{A+B}$ (POSITIVE NOR)	$Y=\overline{A}$ (NOT)	$Y=A$ (BUFFER)
	論理記號	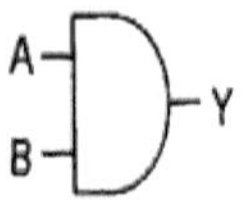	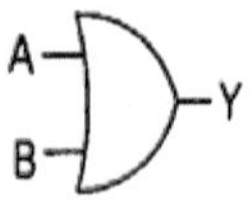	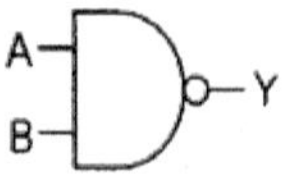	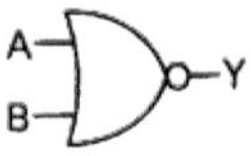	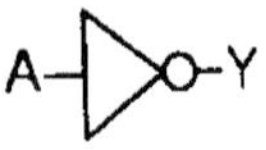	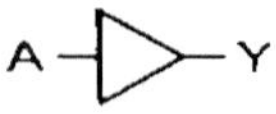
負論理	眞理値表	$\overline{A}$ $\overline{B}$ | $\overline{Y}$ 1 1 | 1 1 0 | 1 0 1 | 1 0 0 | 0	$\overline{A}$ $\overline{B}$ | $\overline{Y}$ 1 1 | 1 1 0 | 0 0 1 | 0 0 0 | 0	$\overline{A}$ $\overline{B}$ | $\overline{Y}$ 1 1 | 0 1 0 | 0 0 1 | 0 0 0 | 1	$\overline{A}$ $\overline{B}$ | $\overline{Y}$ 1 1 | 0 1 0 | 1 0 1 | 1 0 0 | 1	$\overline{A}$ | $\overline{Y}$ 1 | 0 0 | 1	$\overline{A}$ | $\overline{Y}$ 1 | 1 0 | 0
	論理式	$\overline{Y}=\overline{A}+\overline{B}$ (NEGATIVE OR)	$\overline{Y}=\overline{A} \cdot \overline{B}$ (NEGATIVE AND)	$Y=\overline{A}+\overline{B}$ (NEGATIVE NOR)	$Y=\overline{A} \cdot \overline{B}$ (NEGATIVE NAND)	$Y=\overline{A}$ (NOT)	$Y=\overline{\overline{A}}$ (BUFFER)
	論理記號	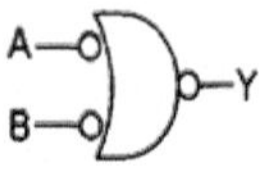	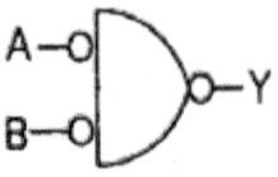	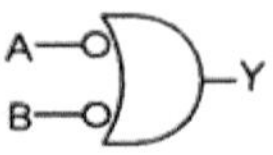	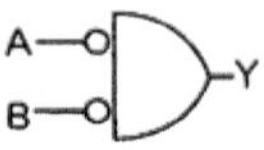	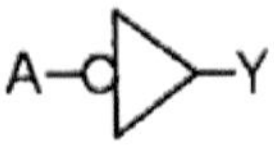	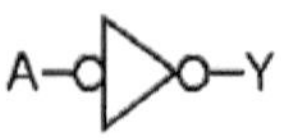

* open collector 출력

8 자기유지 회로(Self - Holding Circuit)

① "자기유지 회로"란 세트신호에 의하여 얻어진 출력 자신으로서, 동작회로를 만든 다음, 세트신호를 제거하더라도 동작을 계속하고 리세트 신호를 주는 것에 의하여 복귀하는 회로이다.

② 【그림 11.28】은 시퀀스 회로 그리고 진리표와 Timing Chart를 나타내고 있다.

③ 회로 동작을 살펴보면 자기유지 회로에서의 세트신호와 리세트신호를 동시에 입력한 경우, 세트신호가 우선하여 출력신호를 내는 회로를 "세트우선의 자기유지 회로"라 하고, 또 리세트 신호가 우선하여 출력을 내지 않는 회로를 "리세트 우선의 자기유지 회로"라 한다.

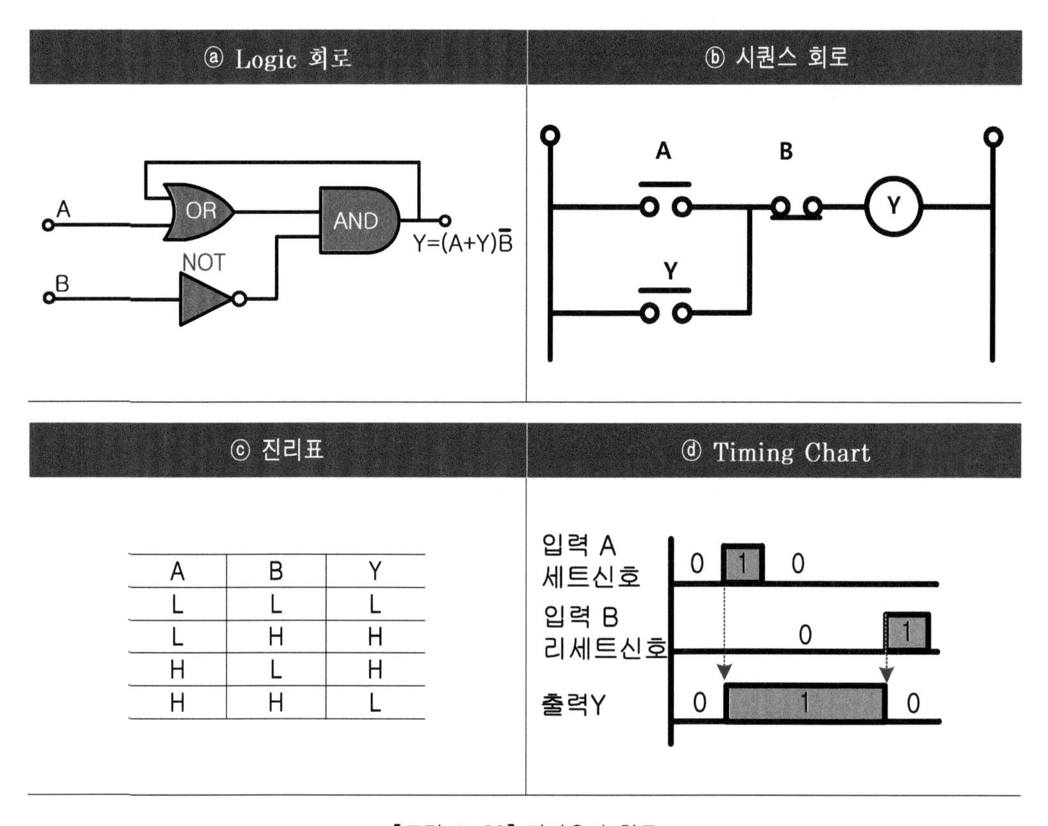

A	B	Y
L	L	L
L	H	H
H	L	H
H	H	L

【그림 11.28】 자기유지 회로

11.2.2 풀업 및 풀다운 저항

디지털 회로에서 논리적으로 "H" 레벨 상태를 유지하기 위하여 신호의 입력 또는 출력단자와 (+)V_{CC} 전원단자 사이에 접속하는 저항을 "풀업 저항(Pull Up Resistor)"이라고 하며, "L" 레벨 상태를 유지하기 위하여 입력 또는 출력단자와 접지단자 사이에 접속하는 저항을 "풀다운 저항(Pull Down Resistor)"이라고 한다.

1 입력단 회로

① 【그림 11.29】 ⓐ와 같이 TTL IC를 사용한 디지털 회로에서 푸시버튼 스위치를 이용하여 입력단자에 "L" 신호를 인가하고자 하는 경우 스위치를 눌렀을 때는 L(Low)상태 논리값이 입력된다.

② 그러나 스위치를 누르지 않았을 때는 입력신호가 플로팅(floating)되어 "H"도 아니고 "L"도 아닌 불확실한 입력상태가 된다. TTL IC과 같은 논리소자는 구조적으로 입력신호가 플로팅되면 IC에서 "H"로 인식한다.

③ 실제로 회로를 이렇게 구성하여 사용하면 외부잡음에 매우 취약해 시스템을 불안정하여서 【그림 11.29】 ⓑ처럼 입력단자에 저항으로 풀업 저항을 연결하여 사용한다.

④ 이렇게 풀업 저항을 사용하면 스위치를 눌렀을 때는 정상적으로 "L" 상태가 입력되며, 스위치가 떨어져 있을 때는 저항을 통하여 디지털 회로에 확실하게 "H" 상태의 논리값이 입력된다.

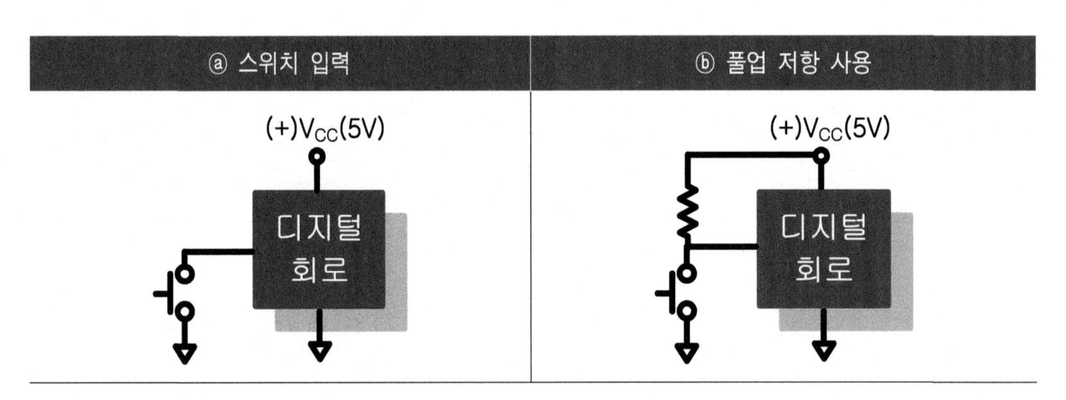

【그림 11.29】 스위치 입력과 풀업 저항

⑤ 이와 반대로 "H" 상태의 입력신호를 인가하려는 디지털 회로에서는 【그림 11.30】과 같이 풀다운 저항을 사용하는데, 스위치 입력을 받는 디지털 회로에서 만약 풀업 저항이나 풀다운 저항을 사용하지 않고 직접 (+)5V 또는 GND 단자에 스위치를 접속하고 입력 스위치를 눌렀을 때 (+)5V와 GND 단자 사이가 그대로 단락되어 과전류가 흐르게 된다.

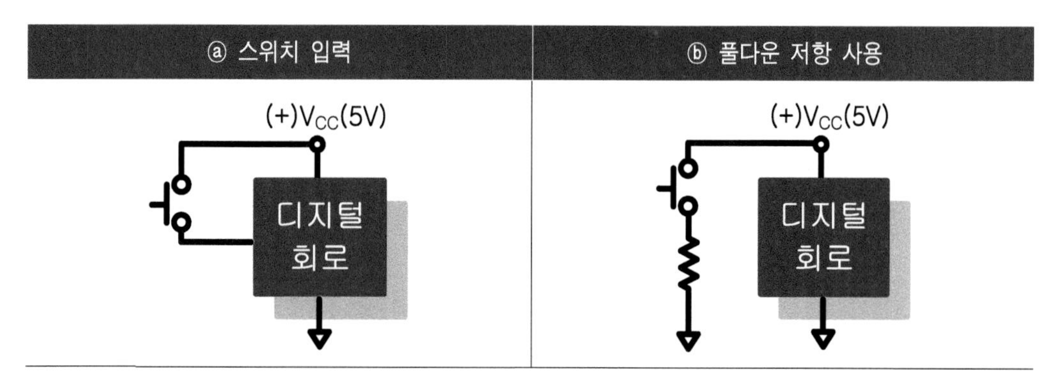

【그림 11.30】 스위치 입력과 풀다운 저항

⑥ 이러한 목적으로 사용하는 저항 크기는 입력신호와 관련되기보다는 스위치를 눌러서 (+)5V 전원과 GND 사이에 폐회로가 구성됨으로써 흐르는 전류 크기를 고려하여 결정한다.

⑦ 대부분은 이 전류가 수 m[A] 이내로 되도록 하며, 따라서 보통 수 [kΩ] 정도의 저항을 사용한다.

2 출력단 회로에서의 풀업 · 풀다운 저항

【1】 오픈 콜렉터 · 드레인 회로

① 디지털 회로의 출력단자가 오픈 콜렉터로 되어 있는 TTL 또는 오픈 드레인되어 있는 CMOS IC에서는 "L" 상태의 출력만 가능하므로 "H" 상태의 출력을 얻기 위해서 풀업 저항을 사용하게 된다.

② 【그림 11.31】과 같이, TTL 또는 CMOS IC에서는 출력단의 트랜지스터가 "ON"되면 트랜지스터로 Sink Current가 흘러들어와 "L" 상태의 논리값이 출력되며, 트랜지스터가 "OFF"되면 풀업 저항에 의하여 부하에 Source Current가 흘러나가면서 출력단자가 플로팅하지 않고 "H" 상태의 논리값을 출력하게 된다.

③ 풀업 저항값은 “L” 상태 출력 시 출력단 트랜지스터가 Sink Current를 흘릴 수 있는 전류 용량 및 “H” 상태 출력 시 부하에서 요구하는 Source Current의 크기를 고려하여 산정하며, 보통 수 [kΩ] 정도를 사용한다.

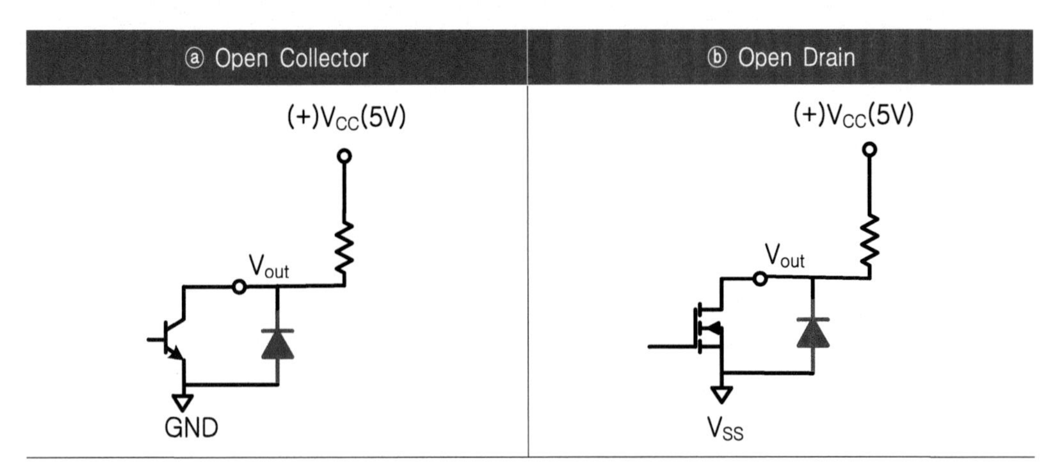

【그림 11.31】 오픈 콜렉터 또는 오픈 드레인 회로에서의 풀업 저항

【2】 출력 전류를 증가시키려는 경우

① 디지털 회로의 출력단에 많은 부하를 구동하여 출력 전류를 증가시키거나 팬아웃을 늘리기 위하여 풀업 저항을 사용하기도 한다. 이러한 방법은 마이크로프로세서의 어드레스 버스나 데이터 버스에서 흔히 사용한다.

② 출력 회로의 팬아웃은 주로 “H” 상태의 출력전류에 영향을 받기 때문에 출력단의 전류용량을 증가하려는 목적으로 주로 【그림 11.32】와 같이 풀업 저항을 사용한다.

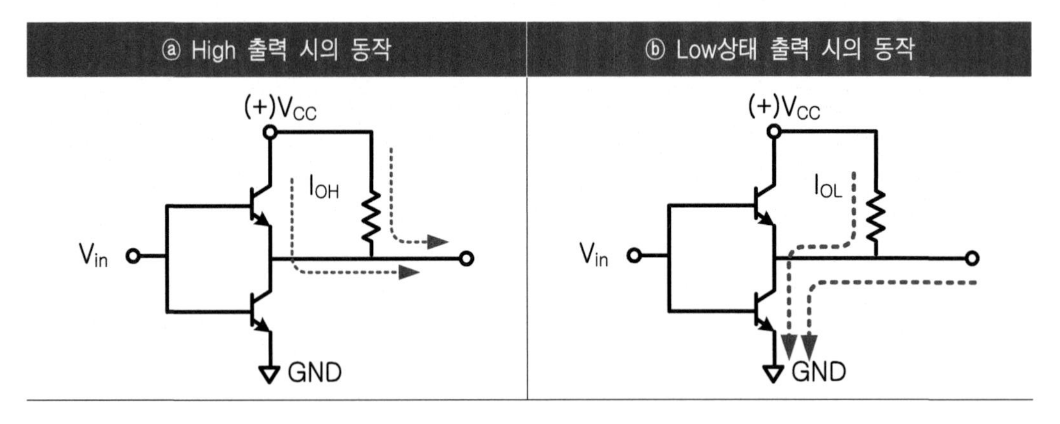

【그림 11.32】 출력전류를 증가시키는 풀업 저항

③ 풀업 저항이 작을수록 "H" 상태일 때의 출력전류가 커지므로 풀업의 효과가 좋아지지만, 풀업 저항을 너무 작게 하면 출력이 "L" 상태일 때 허용되는 Sink Current 용량을 초과할 수 있게 되므로 적절한 값을 선택해야 한다.

④ 이 경우에도 풀업 저항은 보통 수 [kΩ] 정도를 사용하며, 이와 같이 출력단 회로에서는 원리적으로 풀다운 저항을 사용하는 경우는 매우 드물고 주로 풀업 저항을 주로 사용한다.

3 디지털 IC를 이용한 트랜지스터 구동회로

① 【그림 11.33】과 같이 디지털 IC를 이용하여 트랜지스터 구동회로의 성능을 좌우하는 것이 베이스 저항값이다. 이 저항값을 산정하는 과정은 다음과 같다.

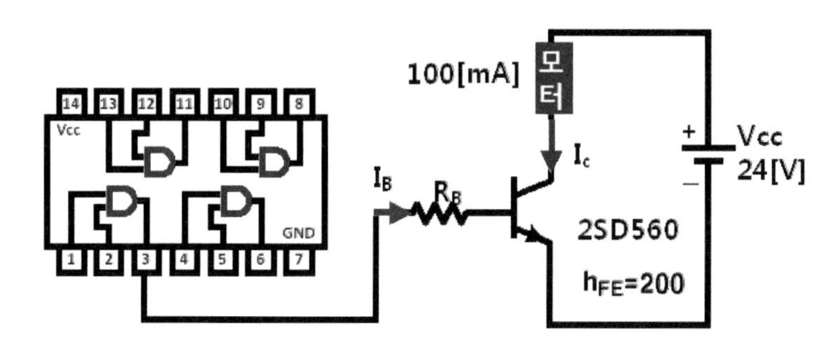

【그림 11.33】 디지털 IC를 이용한 트랜지스터 구동

② $I_B = \frac{I_C}{h_{FE}} = \frac{100[mA]}{200} = 0.5 \times 10^{-3}[A] = 0.5[mA]$

③ 디지털 IC가 출력 논리값이 "H"가 되었을 때 TTL IC의 출력전압(V_{OH} : H시 최소 출력전압)은 Data sheet에서 보장하는 최소값이 2.7[V]이므로 베이스 저항값은

$$R_B = \frac{V_{OH} - V_{BE}}{I_B} = \frac{2.7 - 0.7}{0.5 \times 10^{-3}} = 4[K\Omega]$$

④ 일반적으로 베이스 전류 I_B를 2~3배 정도 여유 있게 설정하므로 R_B=2.2[KΩ]로 선택한다.

11.3 부울 대수와 드모르간 정리

11.3.1 부울(Bool) 대수(代數)

① 부울 대수는 “0”과 “1”의 2개 요소와 +, ·의 두 연산자만을 사용하는 대수로서 다음과 같은 공리(公理)를 바탕으로 하여 전개되는 대수이다.

㉮ 정리 1. ⓐ $A \neq 0$ 이면 $A = 1$ $A = 1$ 이면 $\overline{A} = 0$ ⓑ $A \neq 1$ 이면 $A = 0$ $A = 0$ 이면 $\overline{A} = 1$ ㉯ 정리 2. ⓐ $0 \cdot 0 = 0$ ⓑ $1+1 = 1$	㉰ 정리 3. ⓐ $1 \cdot 1 = 1$ ⓑ $0+0 = 0$ ㉱ 정리 4. ⓐ $0 \cdot 1 = 1 \cdot 0 = 0$ ⓑ $1+0 = 0+1 = 1$ ㉲ 정리 5. ⓐ $\overline{1} = 0$ ⓑ $\overline{0} = 1$

② 위의 공리는 참, 거짓, 있다(實), 없다(虛) 또는 스위치의 개폐(開閉) 등으로 대응하여 설명할 수 있다. 위의 공리를 기본으로 하여 그 관계가 확실히 성립하는 부울 대수의 정리를 들면 다음과 같다.

㉮ 정리 1. 교환법칙(交換法則) ⓐ $A \cdot B = B \cdot A$ ⓑ $A+B = B+A$ ㉯ 정리 2. 결합법칙(結合法則) ⓐ $(AB)C = A(BC)$ ⓑ $(A+B)+C = A+(B+C)$ ㉰ 정리 3. 분배법칙(分配法則) ⓐ $(A+B)(A+C) = A+BC$ ⓑ $AB+AC = A(B+C)$ ㉱ 정리 4. ⓐ $A \cdot 0 = 0$ ⓑ $A+1 = 1$	㉲ 정리 5. ⓐ $A \cdot 1 = A$ ⓑ $A+0 = A$ ㉳ 정리 6. ⓐ $A \cdot \overline{A} = 0$ ⓑ $A+\overline{A} = 1$ ㉴ 정리 7. ⓐ $A \cdot A = A$ ⓑ $A+A = A$ ㉵ 정리 8. ⓐ $A(A+B) = A$ ⓑ $A+AB = A$ ㉶ 정리 9. ⓐ $\overline{\overline{A}} = A$

③ 부울 대수의 논리공식들을 정리하면 다음과 같다.

	논리식	식변	우변
a	$A \cdot A = A$		
b	$A + A = A$	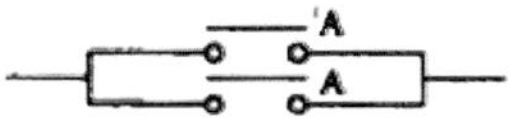	
c	$A \cdot \overline{A} = 0$		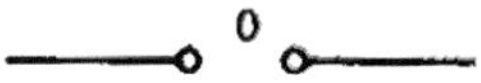
d	$A + \overline{A} = 1$	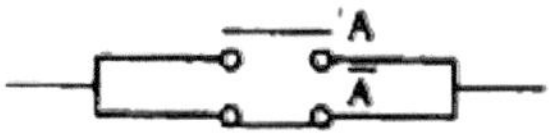	
e	$A \cdot 1 = A$		
f	$A + 0 = A$	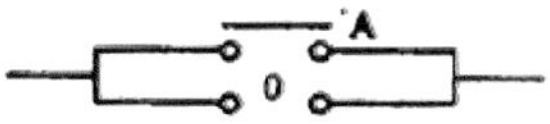	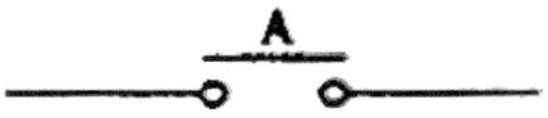
g	$A \cdot 0 = 0$		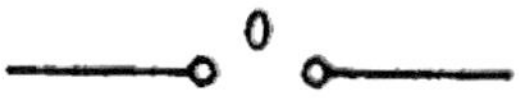
h	$A + 1 = 1$	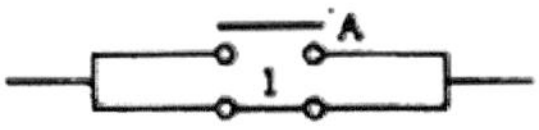	
i	$A \cdot B = B \cdot A$		
j	$A + B = B + A$		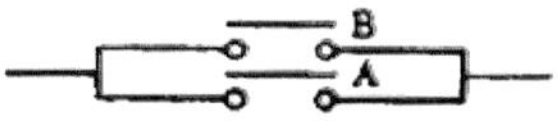
k	$A \cdot (B + C) = AB + AC$	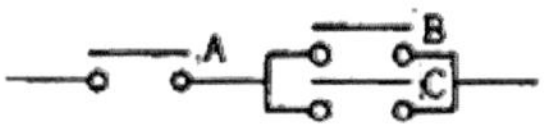	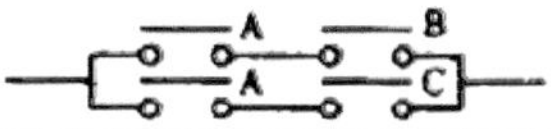
l	$A + A \cdot B = A$	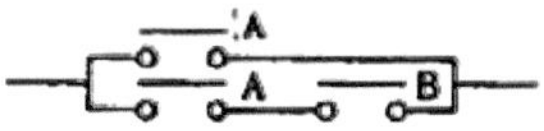	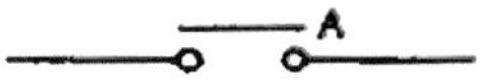
m	$A(A + B) = A$	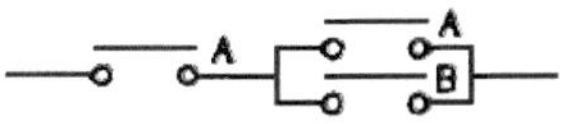	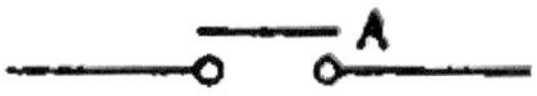
n	$A \cdot \overline{B} + B = A + B$	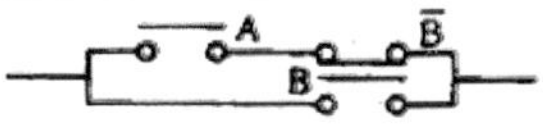	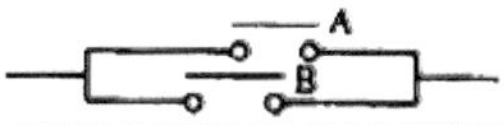
o	$(A + \overline{B})B = A \cdot B$	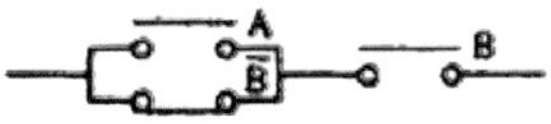	
p	$(A+B) \cdot (B+C) \cdot (C+A)$ $= (A+B) \cdot (C+\overline{A})$	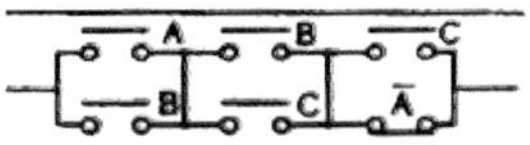	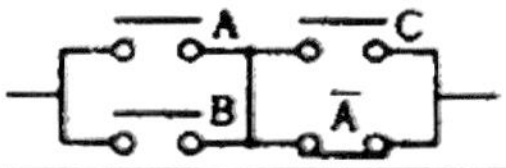
q	$(A+B) \cdot (\overline{A}+C)$ $= A \cdot C + \overline{A} \cdot B$	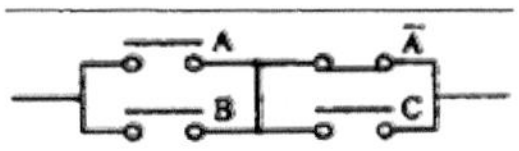	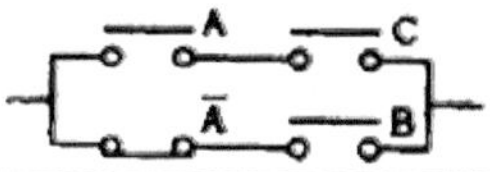

11.3.2 드모르간(De-Morgan) 정리(定理)

① 논리학에 대한 드모르간의 중요한 공헌 중에는 다음 두 가지의 정리가 있다.

㉮ $\overline{A+B}=\overline{A}\cdot\overline{B}$

㉯ $\overline{A\cdot B}=\overline{A}+\overline{B}$

② 처음 방정식은 합의 보수는 각각의 보수의 곱과 같다는 것을 뜻하며, 두 번째 방정식은 곱의 보수는 각각의 보수의 합과 같다는 것을 뜻하며, 두 식을 일반화하면 임의의 입력 수(數)에 대하여 다음과 같이 쓸 수 있다.

$$\overline{A+B+C+\ldots\ldots+N}=\overline{A}\cdot\ \overline{B}\cdot\ \overline{C}\cdot\ldots\ldots\cdot\overline{N}$$

$$\overline{A\cdot B\cdot C\cdot\ldots\ldots\cdot N}=\overline{A}+\overline{B}+\overline{C}+\ldots\ldots+\overline{N}$$

③ 위의 식을 De-Morgan의 정리라 하며, 이 두 식은 NAND 게이트와 NOR 게이트의 응용 및 논리회로를 간소화시키는데 널리 이용되고 있다.

11.3.3 카르노도(Karnaugh Map)

① 이제까지 2입력의 논리동작을 표현하는데 진리표를 사용하였다. 진리표는 논리회로의 작용을 한 눈으로 알 수 있고 편리한 것이지만 다수 입력회로에서는 어떠한가. 예컨대 NAND 게이트 3개를 【그림 11.34】와 같이 접속하고 입력 신호를 A, B, C, D로 할 경우 출력 Y를 구해보면 다음과 같다.

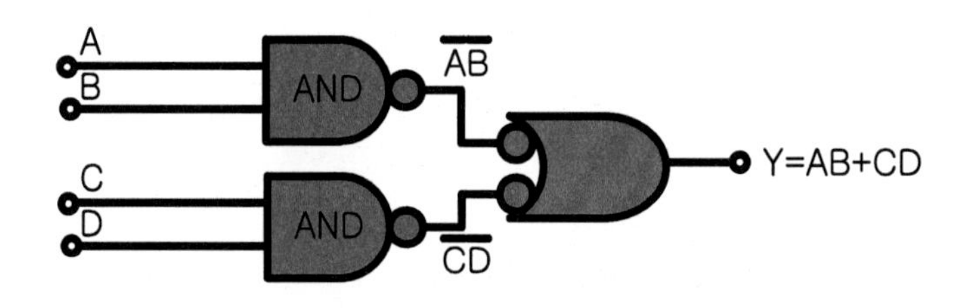

【그림 11.34】 NAND 게이트 3개의 조합

② 3개의 게이트는 동일한 소자(예컨대 SN7400의 3/4)지만, MIL 기호법에 따라서 2번째 게이트는 L레벨 능동입력으로서 INV-OR 게이트 형태로 표현되었다.

③ 진리표를 만든다면 A, B, C, D의 값은 2^4=16 종류이므로 출력 Y를 포함하여 5행×5열의 큰 공간을 필요로 한다. 이것을【그림 11.35】ⓐ처럼 A, B와 C, D를 각각 합쳐서 2차원의 표를 만들면 5행5열이면 된다.

ⓐ 4입력 진리값표

CD \ AB	00	01	10	11
00	0	0	0	1
01	0	0	0	1
10	0	0	0	1
11	1	1	1	1

ⓑ 4입력 카르노도

CD \ AB	00	01	11	10
00	0	0	1	0
01	0	0	1	0
11	1	1	1	1
10	0	0	1	0

【그림 11.35】입력 게이트 회로의 표현

④ 출력 Y는 16개의 격자속에 기입된다. 이것으로 모든 진리값을 알 수 있고 상당히 쓰기 쉽고 또 보기 쉽다. 5변수 또는 6변수가 되면 격자만으로 4행8열 또는 8행8열이 소요되는데 이것은 부득이하다.

⑤ 이 진리표를 보면 A, B가 11의 행과 C, D가 11의 열만이 진리값 1을 갖는다는 것을 알 수 있다.

⑥ 따라서 출력 X는 A, B 논리곱과 C, D 논리곱의 논리합이 되어 있을 것이다.

즉,【그림 11.34】게이트회로는,

$$X = (A \cdot B) + (C \cdot D)$$

로 표시된다.

⑦ 이것은 A, B와 C, D가 NAND 게이트에 입력되고, ($\overline{A \cdot B}$ 및 $\overline{C \cdot D}$)가 되고, 그 후 INV - OR에 들어가므로,

$$X = \overline{\overline{A \cdot B}} + \overline{\overline{C \cdot D}} = (A \cdot B) + (C \cdot D)$$

가 된다는 것으로도 알 수 있다.

⑧ 2차원 진리표는 입력 A, B 및 C, D가 별 뜻 없이 2진수의 순서, 즉 00, 01, 10, 11의 순으로 나열되어 있다. 그러나 이것이 2번째와 3번째에서 01에서 10으로 변화하면 2개의 변수값을 동시에 변경시켜야 한다.

⑨ 그래서 3번째와 4번째를 바꾸어 00, 01, 11, 10의 순서로 나열하면 옆으로 이동할 때는 하나의 변수값만 변경하면 된다. 2진수의 순서를 바이너리 코드라 부르며, 이 순서는 그레이 코드라 한다.

⑩ 최후의 10과 최초의 00도 하나만 변경하면 되기 때문에 그레이 코드로 표시해두면 주기적인 연속성도 유지되고 기계적인 회전각의 인코더(각도를 신호의 조합으로 변환하는 것) 등에도 이용할 수 있다. 전술한 2차원 진리표에서 입력의 값을 그레이 코드의 순으로 고친 것을 **"카르노도"** 또는 **"카르노맵"**이라 한다.

⑪ 【그림 11.35】 ⓑ는 【그림 11.35】 ⓐ 제3행과 제4행 및 제3열과 제4열을 교체한 것이다. 이렇게 해두면, 카르노도의 격자를 상하 또는 좌우에 하나만 옮기기 위해서는 입력 A, B, C, D 중 하나만 변화시키면 된다는 것을 알 수 있다. 이것을 논리거리가 1이라고 한다.

1 3변수의 경우

① 3변수의 논리 함수 f(A, B, C)의 카르노도를 생각하면, 【그림 11.36】 ⓐ에 나타내는 바와 같은 8개의 기입란을 사용한다. 그리고 4×2 또는 2×4인 상자형 박스 속에 각 변수마다 [0]과 [1]의 조합을 할당한다.

② 이때의 BC란에 있는 [0]과 [1]의 배열 순서에 주의하기 바란다. 3행째(11)과 4행째(10)을 반대로 하지 않도록 하는 것이다.

③ 그 다음에 변수 A를 MSB(Most Significant Bit : 최상위 비트), 변수 C를 LSB(Least Significant Bit : 최하위 비트)로 하는 3비트의 2진수로 치환하면 【그림 11.36】 ⓑ와 같이 수치를 각 난에 기입할 수 있다. 이 수치는 SOP(Sum of Products) 형식인 Σ( ) 속의 수치에 대응하는 것이다.

ⓐ 3변수 카르노도

BC \ A	0	1
00		
01		
11		
10		

ⓑ수치의 배열

BC \ A	0	1
00	0	4
01	1	5
11	3	7
10	2	6

ⓒ f(A, B, C)= Σ(0,1,2,4,5,6)

BC \ A	0	1
00	1	1
01	1	1
11		
10	1	1

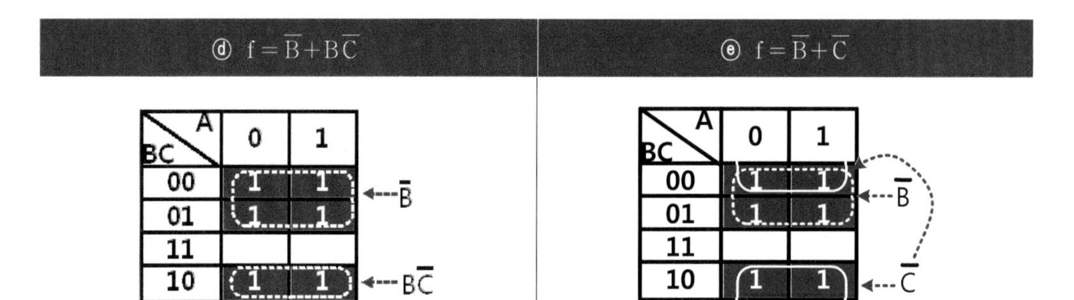

【그림 11.36】 3변수 카르노도의 사용방법

④ 예를 들면 $f(A,B,C) = \Sigma(0,1,2,4,5,6)$ 되는 논리식이 있을 때, 이것을 카르노도에 기입하면 【그림 11.36】 ⓒ와 같이 된다.

⑤ 부울 대수식을 카르노도로 간략화하는 순서는 다음과 같다.

㉮ 표준 SOP 형식으로 표현한다.

㉯ 이것을 카르노도의 해당란에 "1"로 기입한다.

㉰ 서로 인접한 "1"의 칸을 루프로 블록화하여, 이 루프는 블록화된 칸의 수는 짝수이고 또한 루프가 최대로 되도록 한다.

㉱ 칸의 "1"은 몇 번이라도 사용해도 되지만, 한번은 반드시 "1"을 사용하지 않으면 안 된다.

㉲ 각각의 루프에서 SOP 형식의 논리식을 판독한다.

㉳ 빈칸의 [0]이 매우 적을 때는 SOP 형식의 편이 간단하게 된다.

⑥ 앞에서 설명한 【그림 11.36】 ⓒ에 관해서 루프를 만들면 【그림 11.36】 ⓓ와 같이 2개의 루프가 된다.

㉮ 위의 루프는 $\Sigma(0,1,4,5) = \overline{A}\,\overline{B}\,\overline{C} + \overline{A}\,\overline{B}C + A\overline{B}\,\overline{C} + A\overline{B}C = \overline{B}$ 이고

㉯ 아래의 루프는 $\Sigma(2,6) = \overline{A}B\overline{C} + AB\overline{C} = B\overline{C}$ 따라서 $f(A,B,C) = \overline{B} + B\overline{C}$ 로 간략화할 수 있다.

⑦ 그리고 루프의 선정 방법은 【그림 11.36】 ⓔ와 같이 해도 된다. 실선을 사용한 상단의 루프는 하단의 루프와 서로 인접하고 있다는 점에 유의해야 한다. 왜냐하면 1행의 BC(0,0)과 4행 BC(1,0)은 변수 B만이 변화하고 있기 때문이다.

⑧ 그러므로 이 루프는 $\Sigma(0,2,4,6) = \overline{A}\,\overline{B}\,\overline{C} + \overline{A}B\overline{C} + A\overline{B}\,\overline{C} + AB\overline{C} = \overline{C}$ 로 된다. 이 결과 $f(A,B,C) = \overline{B} + \overline{C}$ 로 간단화할 수 있다.

⑨ 물론, 【그림 11.36】 ⓓ보다 ⓔ편이 더욱 간편화되어 있다는 것은 명백할 것이다. 즉, 루프는 가급적 크게 하는 편이 좋은 것이다.

예제

논리식 $f(A,B,C) = AB\overline{C} + A\overline{B}\,\overline{C} + \overline{A}B\overline{C} + ABC + A\overline{B}C$ 가 있다. 이것을 카르노도를 이용하여 간소화하라.

풀이

논리식에 따라서 카르노도로 도시하면 루프는 2개가 만들어지며, $f = A + B\overline{C}$ 로 간략화된다.

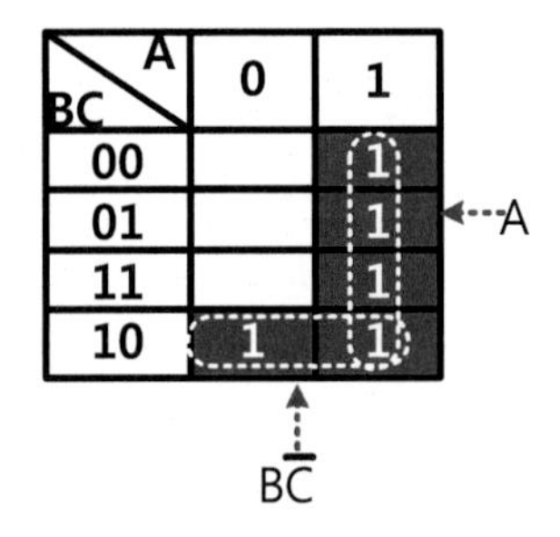

예제

다음의 카르노도에서 논리식을 유도하라.

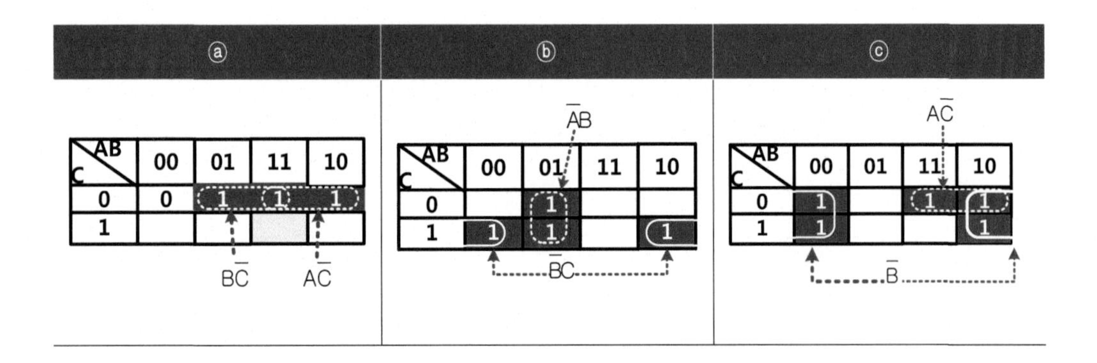

풀이

ⓐ $f = B\overline{C} + A\overline{C} = \overline{C}(A + B)$

ⓑ $f = \overline{A}B + \overline{B}C$

ⓒ $f = A\overline{C} + \overline{B}$

2 4변수의 경우

4변수의 논리 함수 f(A,B,C,D)의 경우는 2^4=16개의 기입란을 가진 카르노도가 필요하게 된다. 보통은 【그림 11.37】과 같이 16개의 박스를 가진 정사각형의 카르노도를 이용한다. Σ 형식의 논리식이라면 직접 동일 그림에 나타내는 수치의 해당란에 [1]을 기입해 가면 된다.

CD \ AB	00	01	11	10
00	0	4	12	8
01	1	5	13	9
11	3	7	15	11
10	2	6	14	10

【그림 11.37】 4변수 카르노도

예제

다음의 논리 함수 $f(A,B,C,D) = \Sigma(0,1,2,3,13,15)$를 카르노도를 이용하여 간략화하라.

풀이

① 카르노도

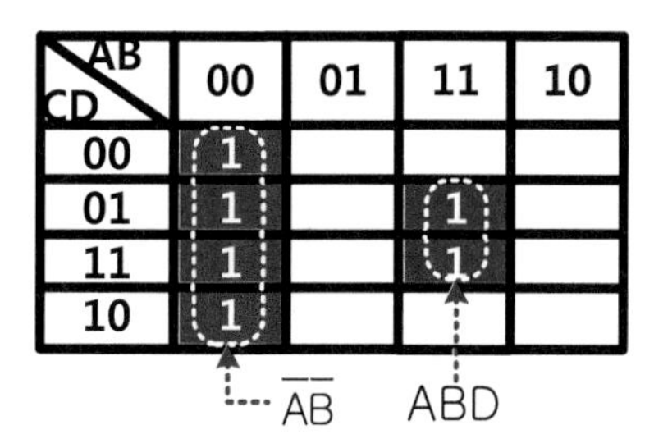

② 논리식

좌측의 루프는 $\Sigma(0,1,2,3) = \overline{A}\,\overline{B}$, 우측의 루프는 $\Sigma(13,15) = ABD$ 이다.

따라서 논리식은 $f = \overline{A}\,\overline{B} + ABD$가 된다.

예제

다음의 논리 함수 f(A,B,C,D)가 있을 때 카르노도를 이용하여 간략화하라.

ⓐ $f = \overline{A}B\overline{C}D + \overline{A}BCD + ABCD + \overline{A}\,\overline{B}C\overline{D} + A\overline{B}C\overline{D}$

ⓑ $f = \overline{A}B\overline{C}D + \overline{A}BCD + AB\overline{C}D + ABCD + A\overline{B}\,\overline{C}D$

ⓒ $f = A\overline{B}\,\overline{C}\,\overline{D} + \overline{A}\,\overline{B}C\overline{D} + \overline{A}BC\overline{D} + ABC\overline{D} + A\overline{B}C\overline{D}$

풀이

다음 식과 같이 간략화할 수 있다.

① 카르노도

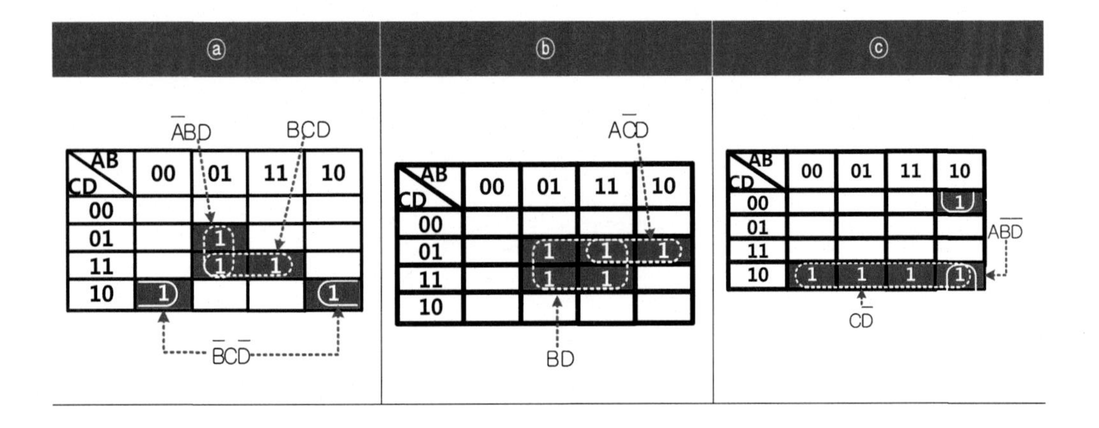

② 논리식

ⓐ $f = \overline{A}BD + BCD + \overline{B}C\overline{D}$

ⓑ $f = BD + A\overline{C}D$

ⓒ $f = C\overline{D} + A\overline{B}\,\overline{D}$

예제

다음의 논리 함수 $f(A,B,C,D) = \Sigma(0,1,2,3,4,6,8,9,10,11,15)$를 간략화하라.

풀이

① 카르노도

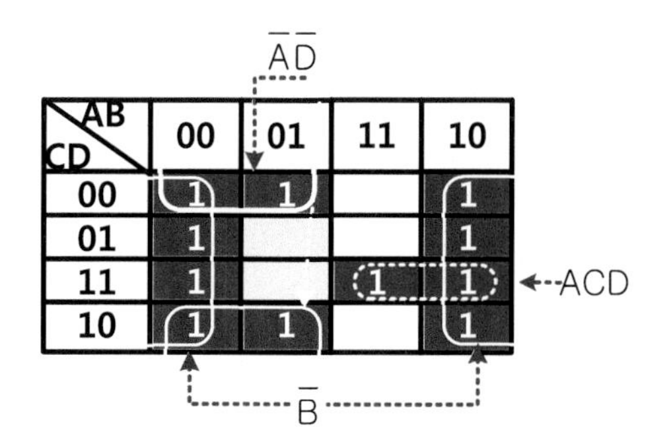

② 논리식

$f = \overline{B} + \overline{A}\,\overline{D} + ACD$로 된다.

3 비교회로 설계

① 2진 연산과정에서 두 수(A, B)의 값에 따라 판단이 필요할 때가 있다.

② 두 수의 값이 같을 때 : A=B 또는

A가 B보다 클 때 : A>B 또는

A가 B보다 작을 때 : A<B

③ 따라서 세 개의 LAMP를 이용하여 이런 비교기 회로를 설계해 보자.

L_1 : A=B

L_2 : A>B (A는 B보다 크다.)

L_3 : A<B (A는 B보다 작다.)

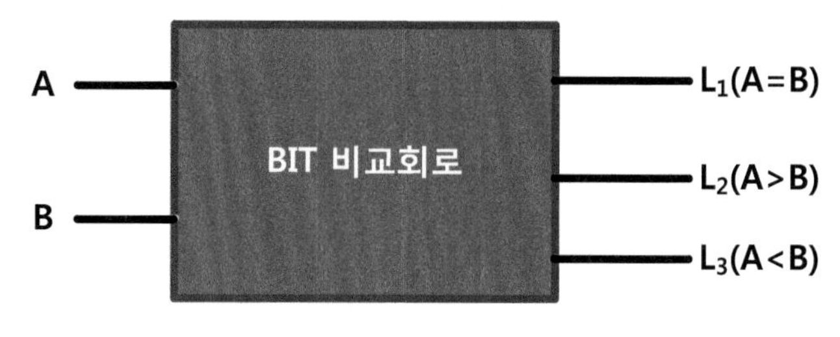

【그림 11.38】 BIT 비교

④ 디지털 회로 설계 순서

㉮ 본 시스템에 대한(조건에 맞는) 진리표를 작성한다.

B	A	L_1	L_2	L_3
		A=B	A>B	A<B
0	0	1	0	0
0	1	0	1	0
1	0	0	0	1
1	1	1	0	0

㉯ 진리표에 따라 논리식을 작성한다.

$$L_1 = \overline{A}\ \overline{B} + AB = \overline{(A \oplus B)}$$

$$L_2 = A\ \overline{B}$$

$$L_3 = \overline{A}\ B$$

㉰ ㉯항목에서 나온 식을 간략화하라(부울 대수, 카르노도 등 사용).

㉯항목에서 식은 더 이상 간략화가 되지 않기 때문에 간략화된 식에 따라 회로를 만들면 다음과 같다.

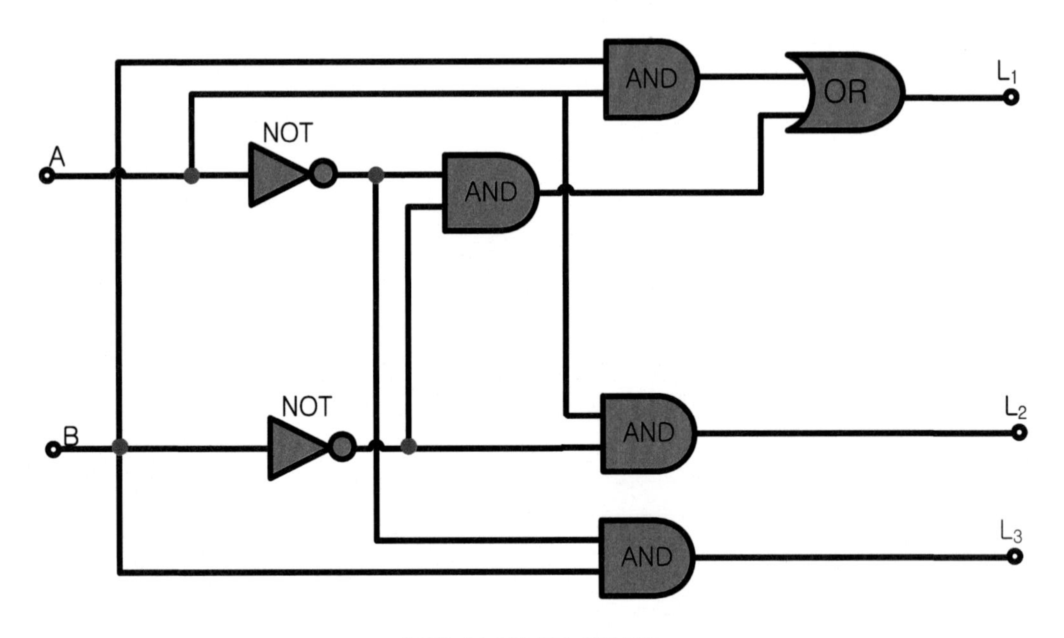

【그림 11.39】 BIT 비교회로

4 온도 제어 시스템 설계

① 3개의 온도감지장치(Thermistor)에 의해 제어되는 가스버너를 생각하자.
세 개의 온도감지장치를 아래와 같이 가정한다.
A : 외부에 장착된 온도감지장치(18℃)
B : 거실에 장착된 온도감지장치(20℃)
C : 물탱크 내에 장착된 온도감지장치(50℃)

② 이 버너는 물탱크 내의 온수 온도가 50℃ 미만일 때, 또는 거실의 온도가 20℃ 미만 그리고 외부의 온도가 18℃ 미만일 때 동작하는 제어회로를 설계하자.

③ 온도감지장치의 논리 레벨은 다음과 같다.
"1" : 온도가 정해진 온도보다 낮을 때
"0" : 온도가 정해진 온도보다 높을 때

④ 디지털 회로 설계 순서
㉮ 본 시스템에 대한(조건에 맞는) 진리표를 작성한다.

순서	온도감지 장치			가스 버너 G	
	C	B	A		
0	0	0	0	0	G_1
1	0	0	1	0	G_2
2	0	1	0	0	G_3
3	0	1	1	1	G_4
4	1	0	0	1	G_5
5	1	0	1	1	G_6
6	1	1	0	1	G_7
7	1	1	1	1	G_8

㉯ 진리표에 따라 논리식을 작성한다.

$$\begin{aligned} G &= G_4 + G_5 + G_6 + G_7 + G_8 \\ &= (A \cdot B \cdot \overline{C}) + (\overline{A} \cdot \overline{B} \cdot C) + (A \cdot \overline{B} \cdot C) + (\overline{A} \cdot B \cdot C) + (A \cdot B \cdot C) \end{aligned}$$

③ ㉯ 항목식에서 나온 식을 간략화하라(부울 대수, 카르노도 등 사용).

㉯ 항목식에서 C는 공통이므로 C로 묶으면

$$\begin{aligned} G &= (A \cdot B \cdot \overline{C}) + C \cdot [(\overline{A} \cdot \overline{B}) + (A \cdot \overline{B}) + (\overline{A} \cdot B) + (A \cdot B)] \\ &= (A \cdot B \cdot \overline{C}) + C \cdot \text{【}[\overline{B} \cdot (\overline{A} + A)] + [B \cdot (\overline{A} + A)]\text{】} \end{aligned}$$

$A + \overline{A} = 1$이므로 $G = (A \cdot B \cdot \overline{C}) + [C + (\overline{B} + B)]$

$$= (A \cdot B \cdot \overline{C}) + [C \cdot (1)] = (A \cdot B \cdot \overline{C}) + C$$

또한 $(A \cdot \overline{B}) + B = A + B$ 이므로

$\therefore\ G = (A \cdot B) + C$ 가 된다.

④ 간략화된 식에 따라 회로를 만든다.

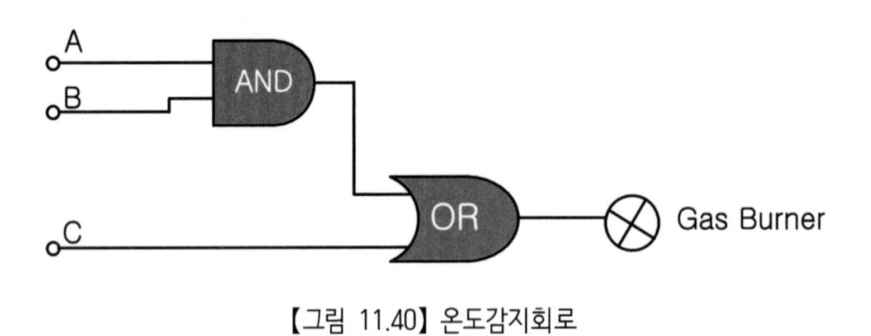

【그림 11.40】 온도감지회로

실험실습

1 실험기기 및 부품

【1】 브레드 보드 및 DMM

【2】 디지털 IC

① 74LS00 ② 74LS02 ③ 74LS04

④ 74LS08 ⑤ 74LS32

【3】 LED

【4】 저항 330[Ω]

2 OR, AND, NOT 게이트 실험

【1】 OR게이트 회로를 구성하고 출력 전압을 측정한다.

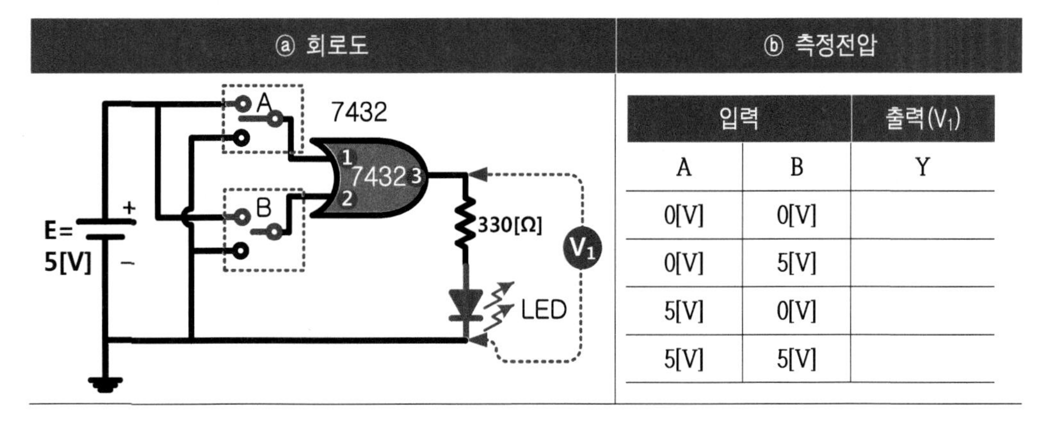

입력		출력(V_1)
A	B	Y
0[V]	0[V]	
0[V]	5[V]	
5[V]	0[V]	
5[V]	5[V]	

【2】 AND게이트 회로를 구성하고 출력 전압을 측정한다.

ⓐ 회로도	ⓑ 측정전압

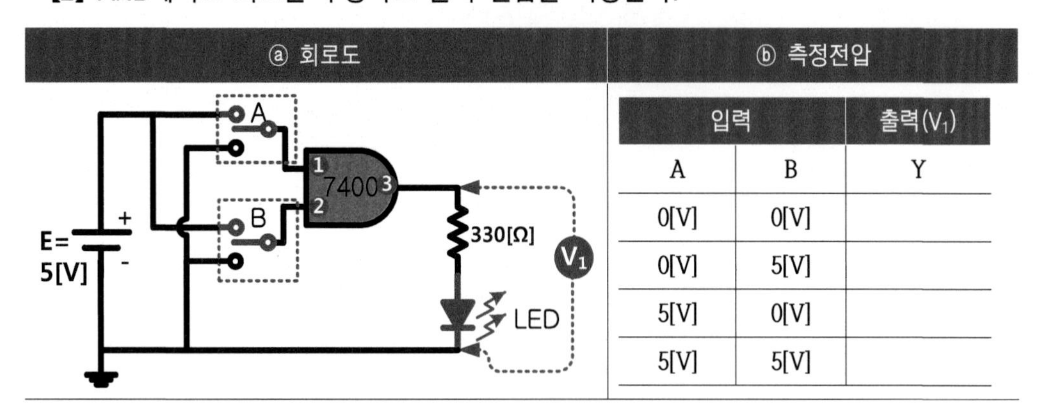

입력		출력(V_1)
A	B	Y
0[V]	0[V]	
0[V]	5[V]	
5[V]	0[V]	
5[V]	5[V]	

【3】 NOT 게이트 회로를 구성하고 출력 전압을 측정한다.

ⓐ 회로도	ⓑ 측정전압

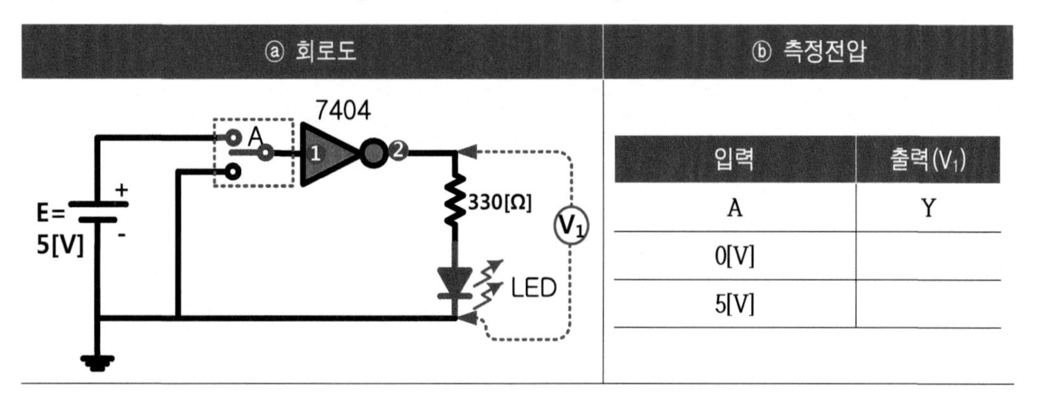

입력	출력(V_1)
A	Y
0[V]	
5[V]	

3 NAND, NOR 게이트 실험

【1】 NAND 게이트 회로를 구성하고 출력 전압을 측정한다.

ⓐ 회로도	ⓑ 측정전압

입력		출력(V_1)
A	B	Y
0[V]	0[V]	
0[V]	5[V]	
5[V]	0[V]	
5[V]	5[V]	

【2】 NOR 게이트 회로를 구성하고 출력 전압을 측정하라.

ⓐ 회로도	ⓑ 측정전압

입력		출력(V_1)
A	B	Y
0[V]	0[V]	
0[V]	5[V]	
5[V]	0[V]	
5[V]	5[V]	

4 응용회로

【1】 NAND를 사용한 AND 동작

① 회로도

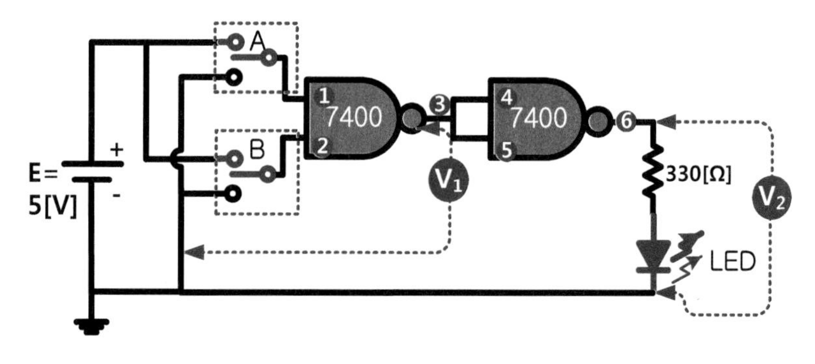

② 회로를 구성하고 출력 전압을 측정한다.

입력		출력1(V_1)	출력2(V_2)
A	B	Y1	Y2
0[V]	0[V]		
0[V]	5[V]		
5[V]	0[V]		
5[V]	5[V]		

【2】 NOR를 사용한 AND 동작

① 회로도

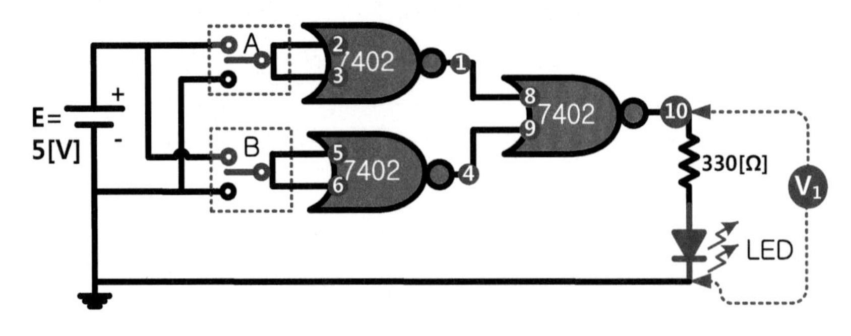

② 회로를 구성하고 출력 전압을 측정한다.

입력		출력(V_1)
A	B	Y
0[V]	0[V]	
0[V]	5[V]	
5[V]	0[V]	
5[V]	5[V]	

【3】 NAND를 사용한 OR 동작회로

① 회로도

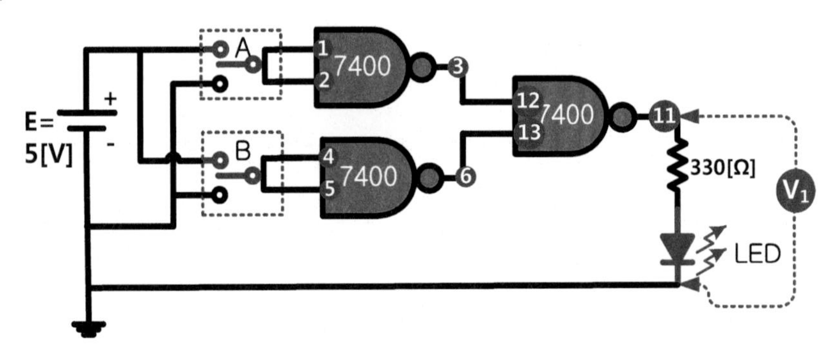

② 회로를 구성하고 출력 전압을 측정한다.

입력		출력(V_1)
A	B	Y
0[V]	0[V]	
0[V]	5[V]	
5[V]	0[V]	
5[V]	5[V]	

5 종합회로 실험

① 회로도

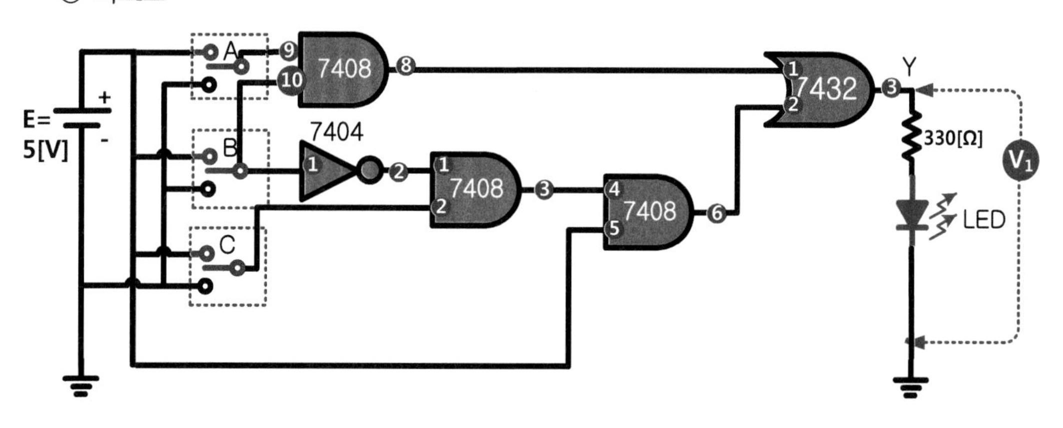

② 회로를 구성하고 출력 전압을 측정한다.

입 력			출 력
A	B	C	Y
0[V]	0[V]	0[V]	
0[V]	0[V]	5[V]	
0[V]	5[V]	0[V]	
0[V]	5[V]	5[V]	
5[V]	0[V]	0[V]	
5[V]	0[V]	5[V]	
5[V]	5[V]	0[V]	
5[V]	5[V]	5[V]	

CHAPTER

12 센서(Sensor)

【학습목표】

1】 센서의 개념에 관하여 학습한다.

2】 온도, 광, 근접센서에 관하여 학습한다.

3】 자동화용 센서에 관하여 학습한다.

• 요점정리 •

❶ "센서"는 온도, 광, 압력, 습도 등의 물리량이나 화학량을 감지하여 전기신호로 바꾸어 주는 전기 · 전자소자이다.

❷ "써미스터"는 온도에 의하여 저항값이 변화되는 가변저항과 같은 역할을 하는 소자이며, 크게 PTC형과 NTC형으로 나누어지고, PTC형은 온도가 상승하면 저항값이 증가하고, NTC형은 온도가 상승하면 저항값은 감소, 온도가 떨어지면 반대로 저항값은 증가하는 특성이 있다.

❸ "열전대"는 제어백 효과를 이용하여 온도를 측정하며, 두 종류의 금속으로 접합하여 만든 온도센서이다.

❹ "측온 저항체"는 금속에 온도를 가하면 전기저항이 증가하는 특성을 이용하여, 저항값의 변화에 의하여 온도를 측정하는 센서이다.

❺ "CdS(황화 카드뮴)"는 빛의 세기에 의해서 저항값이 변화하는 센서로, 센서 주위가 밝으면 센서 저항값은 감소하고, 어두우면 센서 저항값은 증가하는 특성을 갖고 있다.

❻ "포토 다이오드(Photo Diode)"는 빛의 세기에 따라서 애노드와 캐소드 사이의 저항값을 변화시켜 광량을 전류로 변환하는 소자이다.

❼ "포토 트랜지스터(Photo Transistor)"는 포토 다이오드와 포토 트랜지스터를 결합한 소자로서, 빛의 밝기에 따라서 컬렉터와 이미터 사이의 저항값을 변화시켜 광량을 전류로 변환하는 소자이다.

❽ 자동화용 광센서는 투과형, 직접 반사형, 회귀 반사형이 있다.

❾ "근접센서"는 검출 대상에 접촉하지 않고 물체의 유 · 무를 검출하는 센서이다.

12.1 센서 개요

12.1.1 센서 개요

1 센서 정의

① "센서"는 온도, 광, 압력, 습도 등의 물리량이나 화학량을 감지하여 처리하기 쉬운 신호(주로 전기신호)로 바꾸어주는 소자를 말한다.

② 센서는 크게 물리센서와 화학센서로 나눌 수 있으며, 물리센서는 빛, 전기, 자기, 열, 역학에 관련된 물리량을 검출하며, 화학센서는 기체 및 액체상태의 화학성분의 양을 검출한다.

㉮ 온도센서(온도 검출) ⇒ 써미스터, 열전대

㉯ 광센서(빛 검출) ⇒ CdS, 포토 다이오드, 포토 트랜지스터

㉰ 위치 검출 ⇒ 포텐쇼미터, 차동 변압기

③ 물리센서

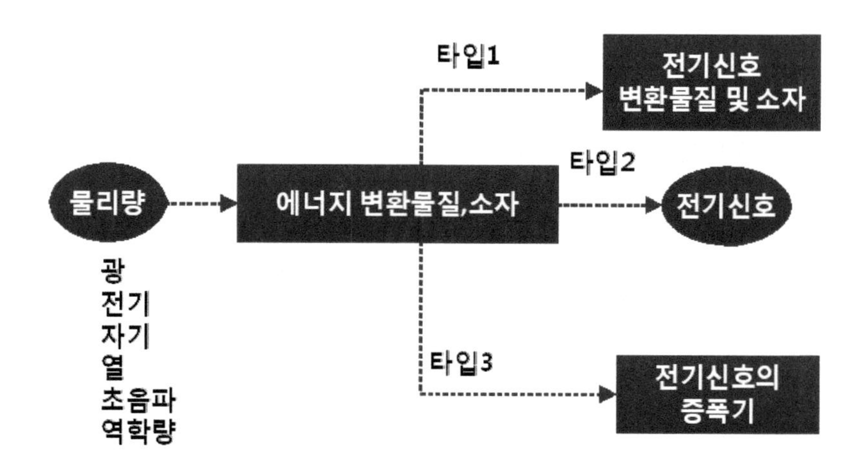

【그림 12.1】 물리센서 종류

㉮ 타입1은 초전형 적외선센서(빛 ⇒ 열 ⇒ 전압)

㉯ 타입2는 서미스터(열 ⇒ 저항), 압전소자(역학량 ⇒ 전압)

㉰ 타입3은 포토 트랜지스터(빛 ⇒ 증폭 ⇒ 전류)

2 전자제어 시스템 구성

① 센서를 이용한 전자제어 시스템 구성은 【그림 12.2】와 같이 검출부, 제어부, 부하로 구성되어 있다.

② 예를 들어 가로등을 자동으로 점멸하는 회로에서는 먼저 CdS를 센서로 사용하여 빛의 세기를 검출한다. 이 물리량을 반도체로 구성된 제어부에 인가하면, 제어부에서는 빛의 세기를 판별하여 가로등을 점등하거나 소등한다.

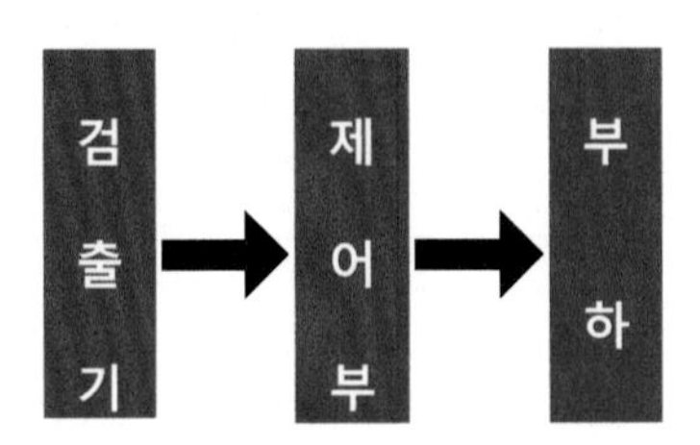

【그림 12.2】 전자제어 시스템 구성도

12.1.2 대표적인 센서

1 광센서

① "광센서"는 빛을 검출하는 소자로서, 인간의 감각기관 중에서 시각에 해당한다.

② 광센서를 사용하면 로봇을 자동적으로 이동시킬 수가 있다. 초음파나 적외선을 로봇의 전방에서 발사하여, 물체로부터 되돌아오는 빛의 강약으로 제 위치를 인식하고, 장애물로부터 멀어져 있으면 받는 빛은 약해지고, 가까워지면 강해진다. 그러므로 어느 일정한 빛의 세기에서 정지하도록 로봇에게 프로그램해서 앞쪽에 물체가 있다고 판단되면 로봇을 정지시킬 수 있다.

2 온도(열)센서

① 열을 감지하여 전기신호를 내는 센서로 일반적으로 접촉식과 비접촉식으로 나눌 수 있으며, 접촉식은 측정대상이 되는 물체에 온도센서를 직접 접촉하는 방식으로 온도 측정의 기본이 된다.

② 비접촉식은 물체로부터 방사되는 열선을 측정하므로, 접촉 때문에 발생하는 문제가 없

으며, 또한 매우 멀리 떨어진 물체 온도까지 측정할 수 있으므로, 접촉식으로는 측정할 수 없는 경우에도 측정할 수 있다. 그러나 방사에너지를 모으기 위한 렌즈 등의 각종 광학계나 기타 보조 재료가 필요하므로 일반적으로 고가이다.

3 자기센서

① 자기센서는 자기장 또는 자력선의 크기·방향을 측정하는 센서로, 전자기유도현상에 의하여 전선에 주위에 발생하는 자기에너지를 검출하거나 측정한다.

② 반도체에 흐르는 전류에 대해 수직으로 자기장을 걸면 전압이 발생하는 홀 효과(Hall effect)나, 자기장의 영향으로 전기저항이 증대하는 자기저항 효과 등을 이용한다.

③ 여러 종류가 있지만 홀 소자, MR소자(자기저항효과 소자), 써치코일(헤드)이 대표적이며, 테이프 리코더, VTR, 자기디스크의 자기헤드 등에 응용한다.

4 초음파 센서

① 초음파의 본래 뜻은 인간의 가청 주파수 범위(20[Hz]~20[kHz])보다 높은 주파수의 음파를 말한다.

② 초음파 센서는 가까운 거리에 있는 물체 또는 사람의 유·무, 거리측정, 속도측정 등에 사용된다.

③ 특히, 세라믹 초음파 센서가 많이 이용되며 외란 광에 의한 오동작이 없다. 세라믹 초음파 소자는 고유 진동에 상당하는 교류 전압을 가하면 압전 효과에 의해 효율이 좋게 진동해서 초음파를 발생시킨다.

④ 초음파가 입사되면 압전소자는 진동해서 전압이 발생하고, 역으로 압전소자에 전압을 인가하면 진동자가 진동하여 초음파가 발생한다.

⑤ 초음파 센서는 센서 자신이 갖고 있는 고유 진동 주파수와 똑같은 주파수을 갖진 교류 전압을 가하면 더욱 효율이 좋은 음파를 발생할 수 있다. 그러므로 물체에 반사된 음파를 그대로 센서에 입력(진동)시켜서 발생한 전압을 회로에서 처리함으로써 측정거리를 계산할 수 있다.

12.2 온도센서

12.2.1 온도센서(온도 검출)

① "온도"는 물체의 덥고 찬 정도를 나타내는 물리량이다.

② 온도를 측정하는 방법에는 접촉식과 비접촉식으로 분류된다.

㉮ 피측정물에 센서를 직접 접촉함으로서 온도를 알아내는 방법을 사용하면 접촉식 온도센서이다.

㉯ 피측정물에서 방사되는 열적외선을 멀리 떨어진 장소에서 수집하여 온도를 알아내는 방식을 사용하면 비접촉식 온도센서이다.

③ 본 교재에서는 접촉식 온도센서 중에서 대표적으로 가장 많이 활용되는 써미스터(Thermistor), 열전대(Thermocouple)와 측온 저항체(RTD) 온도센서에 대해서 학습하기로 한다.

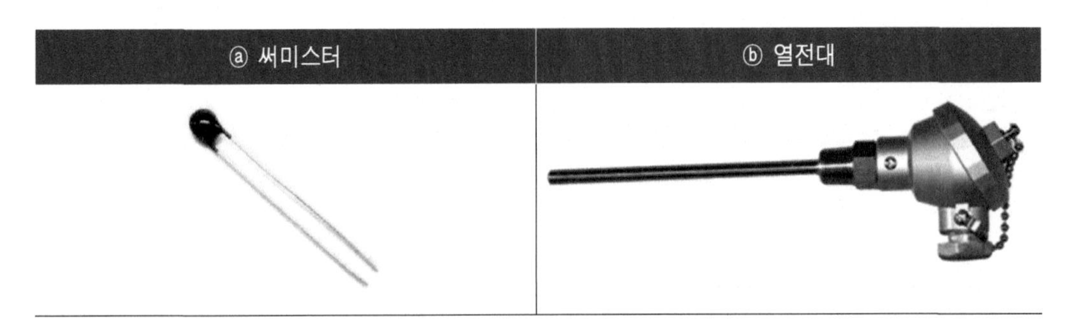

【그림 12.3】 써미스터와 열전대

12.2.2 써미스터(Thermistor)

1 써미스터(Thermally Sensitive Resistor)

① "써미스터"는 망간이나 니켈의 산화물을 혼합하여 만든 소자로서, 모양도 비교적 자유롭게 만들 수 있고 소형으로 가격도 저렴하고 일반적으로 온도센서로서 매우 많이 사용되고 있다.

② 일반적으로 최고 사용온도가 120[℃] 정도로 낮고, 그 이상의 온도 범위에서는 열전대

가 이용된다.

③ 써미스터는 일종의 저항과 같은 것으로 크게 PTC형과 NTC형으로 나눈다.

④ 사용용도는 민생용 가전기기 또는 자동차 등 높은 정밀도를 요하지 않는 온도계측에 사용한다.

【예】 가전제품(전자렌지 , 전기밥솥 , 냉 · 난방기) , OA기기, 자동차, 건강의료기구, 각종 산업기계장치(범용)

2 종류

① NTC(Negative Temperature Coefficient of Resistor)

㉮ 일반적으로 말하는 써미스터는 NTC형 써미스터를 말하며 【그림 12.4】와 같이 온도(T)가 변화하면 그 저항값(R_{TH})이 변화하는 것으로 즉, 온도가 상승하면 저항값은 감소, 온도가 낮아지면 반대로 저항값은 증가한다.

㉯ NTC형 써미스터 사용 용도는 온도감지, 온도보상, 액위, 풍속, 진공검출, 돌입전류 방지, 지연소자 등으로 사용한다.

② PTC(Positive Temperature Coefficient of Resistor)형

㉮ 온도가 상승하면 저항값도 증가하는 특성을 갖고 있다.

㉯ PTC형 써미스터는 센서로 사용하기보다는 과열 또는 과전류로부터 기계장치를 보호하는 용도로 주로 사용된다.

㉰ 예를 들어 전동기에 직렬로 PTC형 써미스터를 접속하고 전동기를 운전하면, 평상시에는 PTC형 써미스터의 저항값은 20~30[Ω]으로 전동기 운전에 방해가 되지 않지만, 전동기에서 과부하가 발생하여 전동기 온도가 100℃ 이상으로 상승하면 PTC형 써미스터의 저항값이 수 [kΩ] 이상으로 증가하므로 전동기 전류를 크게 억제하여 전동기가 과열에 의해서 타서 못 쓰게 되는 것을 방지한다.

③ CTR(Critical Temperature Coefficient of Resistor : 민감 온도계수 저항체)

㉮ "민감성 써미스터"로 특정온도(약 700℃)가 되면 저항값이 급격히 감소하여 거의단락(쇼트)상태가 되는 성질을 가진다.

㉯ PTC의 반대 용도로 사용한다.

3 기본회로

① 【그림 12.4】 ⓐ, ⓑ와 같이 회로를 구성하면 써미스터 저항값 변화를 전류나 전압의 신호로 출력한다.

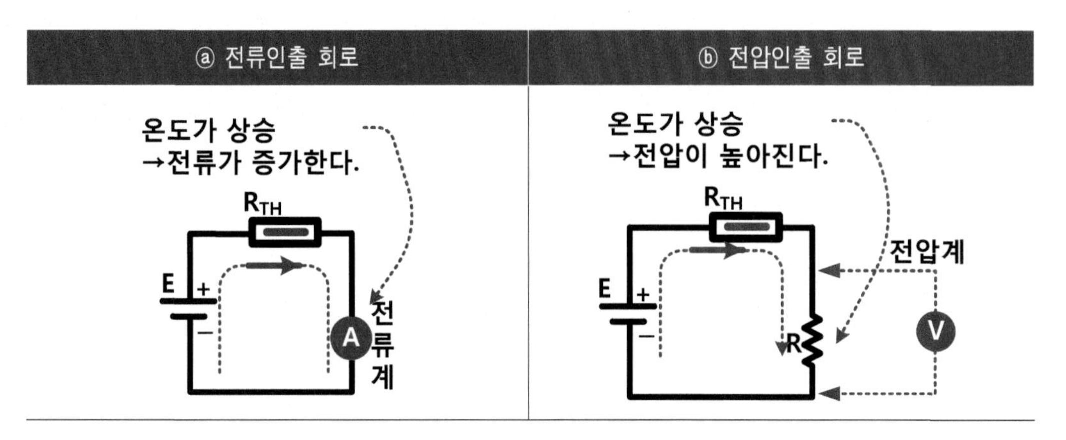

【그림 12.4】 써미스터 저항값 변화

② 【그림 12.4】 ⓐ 회로에서 흐르는 전류 I는 $I=E/R_{TH}$가 되어 R_{TH}가 변화하면 전류의 값이 변화한다.

③ 【그림 12.4】 ⓑ 회로에서는 저항 R 양단의 전압 V는 $R \cdot E/(R+R_{TH})$가 되어 R_{TH}가 변화하면 출력전압 값이 변화한다.

④ 【그림 12.5】 ⓑ와 같은 특성곡선을 가진 써미스터를 사용하여 온도를 전류로 변화하기 위해서는 【그림 12.5】 ⓐ와 같은 회로를 구성하고, 써미스터 온도가 25℃ 에서 50℃로 변화할 때 전류계 지시가 어떻게 되는가를 알아보면 다음과 같다.

㉮ 써미스터 주위 온도가 25℃인 경우에는 써미스터 저항값이 13[kΩ] ⇒ 전류계 지시값은 0.92[mA]가 된다.

㉯ 써미스터 주위 온도가 50℃인 경우에는 써미스터 저항값이 8[kΩ] ⇒ 전류계 지시값은 1.5[mA]가 된다.

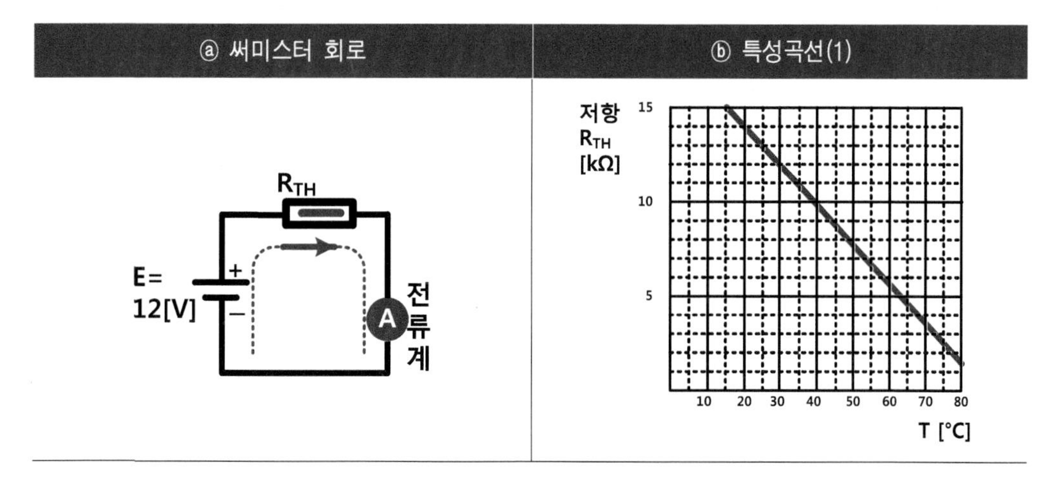

【그림 12.5】 써미스터 회로 및 특성 곡선 (1)

⑤【그림 12.6】 회로는 써미스터를 사용하여 온도를 전압으로 변환하는 회로로써, 써미스터 온도가 25℃ 에서 50℃로 변화하였을 때, 출력전압 [V]의 변화를 살펴보면 다음과 같다.

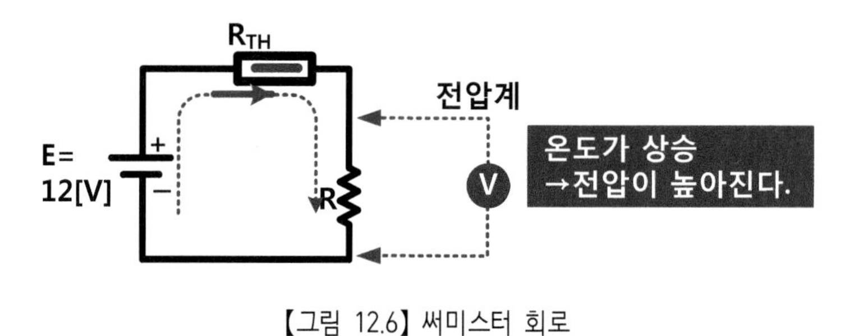

【그림 12.6】 써미스터 회로

㉮ 25℃ 일 때 ⇒ R_{TH}=13[kΩ] ⇒ V=0.86[V]

㉯ 50℃ 일 때 ⇒ R_{TH}=8[kΩ] ⇒ V=1.33[V]

⑥ 이처럼 써미스터를 사용하면 온도변화를 전류 또는 전압변화로 출력할 수 있으며, 일반적으로 이 출력전압을 온도제어부에 입력으로 인가하여 온도를 제어한다.

12.2.3 열전대(Thermo Couple)

① 써미스터는 온도변화에 의하여 저항값이 변화하는 소자이고, 열전대는 온도변화에 의하여 기전력이 발생하며, 【그림 12.7】 ⓑ와 같은 특성곡선에서 알 수 있는 바와 같이 온도가 상승할수록 열기전력이 커진다.

② 【그림 12.8】과 같이 열전대는 재질이 다른 2종류의 금속 A, B를 접속하였을 때, 2개의 접합부 T_1과 T_2 사이에 온도차가 발생하면, 그 온도차에 따라서 기전력 E[V]가 발생하는데, 이 현상은 발견자의 이름을 취하여 "제어벡 효과(Seebeck Effect)"라고 한다.

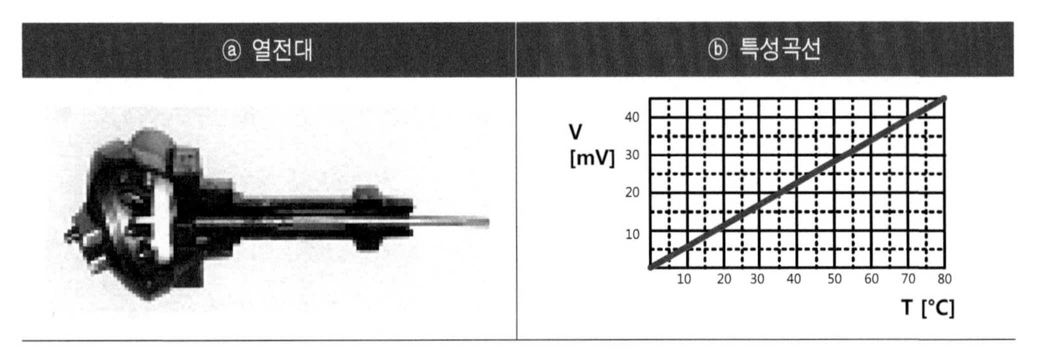

【그림 12.7】 열전대 및 특성 곡선

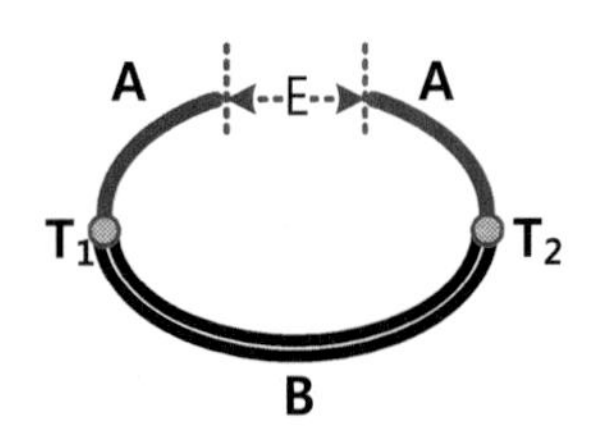

【그림 12.8】 제어벡 효과

③ 【그림 12.9】와 같이 한편의 접속점(온도고정단자)의 온도를 일정하게 유지하도록 하고, 다른 쪽(온도측정단자)을 온도 검출을 하려고 하는 부분에 부착하면 이 2개의 단자 사이의 온도차에 따라서 열기전력이 발생하여 온도를 검출할 수 있다.

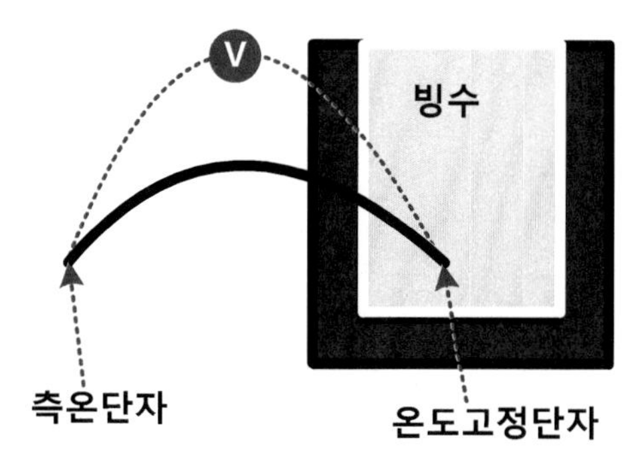

【그림 12.9】 온도고정방법

④ 열전대는 이와 같이 한편의 접속점을 어떠한 기준 온도로 고정해야 하는 불편한 점이 있으며, 따라서 일반적으로 써미스터를 사용하며 전기가열로와 같은 매우 높은 온도를 측정하는 경우 등에 열전대가 사용된다.

12.2.4 측온 저항체

1 원리

① 금속은 고유 저항값을 갖고 있으며, 금속의 전기저항은 온도가 올라가면 증가하므로 변화하는 저항을 측정함으로써 온도를 알 수 있다.

② 이러한 원리로 만든 온도계가 저항온도계이다. 이러한 특성을 이용하여 순도가 아주 높은 저항체를 감온부로 만들어 온도측정 대상체에 접촉해 온도를 감지한다.

③ 그리고 온도 크기에 따라 변한 저항값을 저항측정기로 계측하여 온도눈금으로 바꾸어 읽는 것이 전기식 온도계이다.

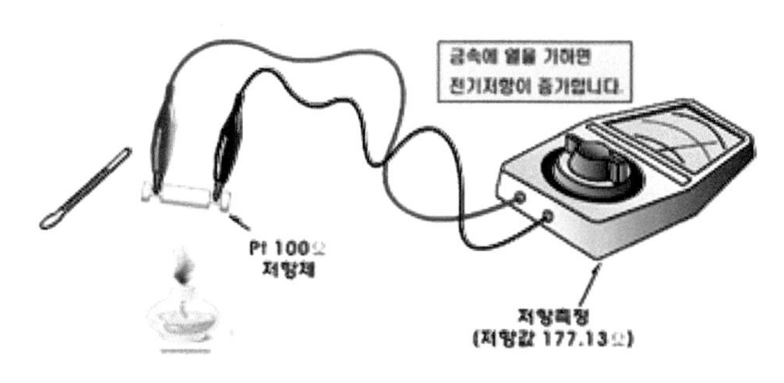

【그림 12.10】 측온 저항체의 원리

2 측온 저항체 종류

① 측온 저항체는 백금, 구리, 니켈 같은 금속 측온 저항체와 써미스터(Thermistor), 반도체(Silicon, Germanium) 등을 이용한 측온 저항체가 있다.

② 측온 저항체 종류별 사용온도

종별	기호	사용온도[℃]			R_{100}/R_0
		저온용	중온용	고온용	
백금 측온 저항체	Pt	-200~60	0~355	0~550	1.3901
니켈 측온 저항체	Ni	-50~60	0~350	-	1.6000
구리 측온 저항체	Cu	-	0~120	-	1.4250

3 공칭 저항값에 의한 분류

① "공칭 저항값"은 0[℃]에서의 저항값을 말한다.

② 백금선의 표준 온도계수는 α=0.00385[Ω]/[℃]이며, 이 의미는 온도가 1[℃] 변화되면 저항값은 0.00385[Ω]이 변화한다는 것이다.

㉮ PT 100[Ω] : 0[℃]에서 저항이 100[Ω]인 저항체(가장 많이 사용)

㉯ PT 50[Ω] : 0[℃]에서 저항이 50[Ω]인 저항체

㉰ PT 25[Ω] : 0[℃]에서 저항이 25[Ω]인 저항체

③ 【그림 12.11】 ⓐ는 일반형의 Pt100이고 ⓑ는 트랜스듀서 형이다. 아래 센서부는 같은 구조이지만 위쪽의 헤더에는 증폭 변환 등 신호처리를 하기 위한 전자장치가 들어있다.

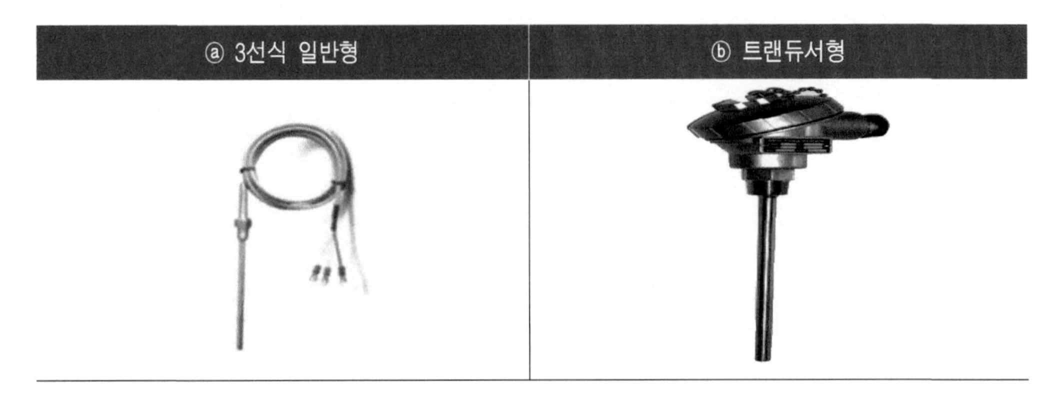

【그림 12.11】 PT100 온도센서 종류

12.3 광센서

12.3.1 빛의 성질

1 직진

① 빛은 공기중이나 수중을 통과하는 경우 항상 똑바로 통과

② 투과형 센서에 외장 슬릿을 사용하여 미세 물체를 검출한다.

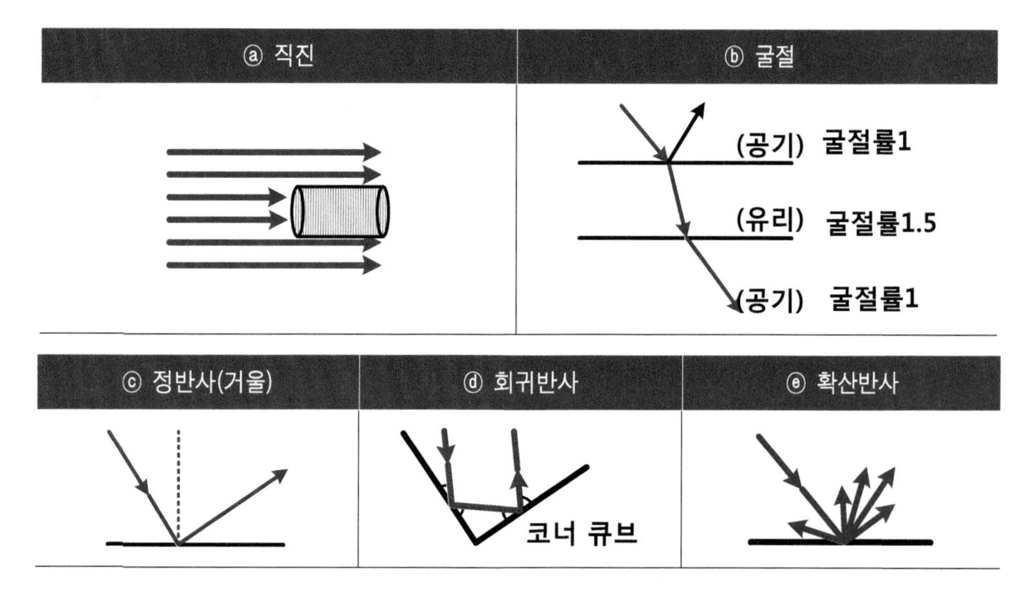

【그림 12.12】 빛의 성질

2 굴절

빛이 굴절률이 다른 경계면에 입사했을 때, 그 경계면을 통과 후 진행 방향이 바뀌는 형상을 말한다.

3 반사(정반사, 회귀 반사, 확산 반사)

① 정반사

거울이나 유리와 같은 평면상에서 빛은 입사각과 동일한 각도로 반사

② 회귀 반사

㉮ 3개의 평면을 서로 직교하듯이 조합한 형상을 코너큐브라 한다.

㉯ 코너큐브를 향해서 투광하면 정반사를 반복하여, 최종적인 반사광은 투광과 마주 보는 방향으로 진행한다.

㉰ 많은 회귀 반사판은 수 [mm]각의 코너큐브를 규칙적으로 배열한 구성이다.

③ 확산 반사

백지 등 광택성이 없는 표면상에서는 빛이 다양한 방향으로 반사.

12.3.2 광센서

우리들은 항상 눈으로 보거나 귀로 듣거나 또는 손으로 접촉하는 것에 의해서 물체의 유무를 알 수 있다. 광센서는 이 인간의 눈에 해당하는 것으로 대표적인 것은 CdS와 포토 다이오드와 포토 트랜지스터 등이 있다.

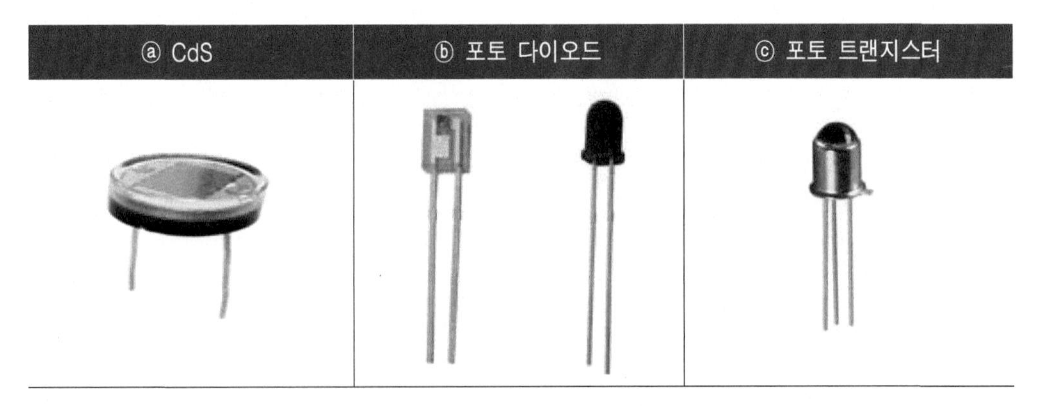

【그림 12.13】 여러 가지 광센서

1 CdS(황화 카드뮴)

① CdS도 써미스터와 같이 가변저항의 일종이며, 써미스터는 온도에 의해서 저항값이 변화하는 것에 대하여 CdS는 빛의 세기에 의해서 저항값이 변화하는 점이 다르다.

㉮ CdS에 빛이 강하게 조사된다. ⇒ 저항값은 감소한다.

㉯ CdS에 빛이 약하게 조사된다. ⇒ 저항값은 증가한다.

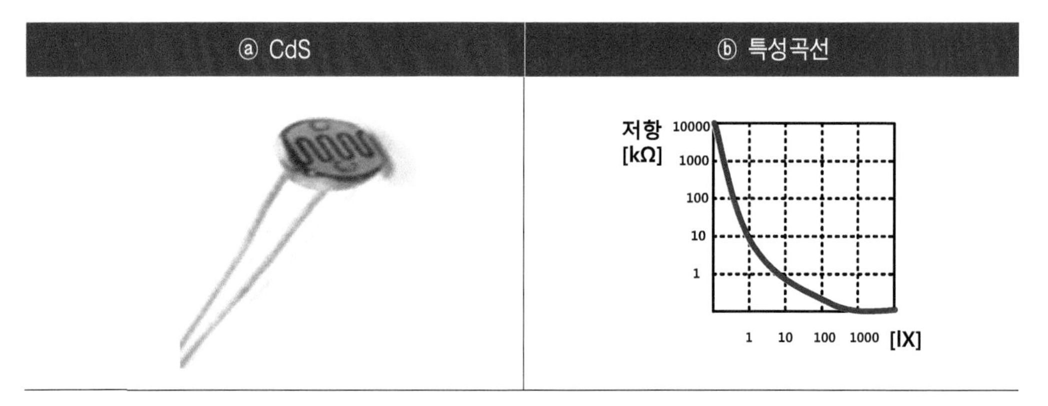

【그림 12.14】 CdS 및 특성 곡선

② 써미스터와 동일하게 CdS를 사용하여 【그림 12.15】 ⓐ 또는 ⓑ와 같은 회로를 구성하면 빛의 세기를 전류나 전압의 값으로 변환하여 사용한다. 이 CdS는 다른 광센서에 비하여 감도가 매우 높아, 전자 카메라와 가로등, 자동스위치 등에 널리 이용되고 있다.

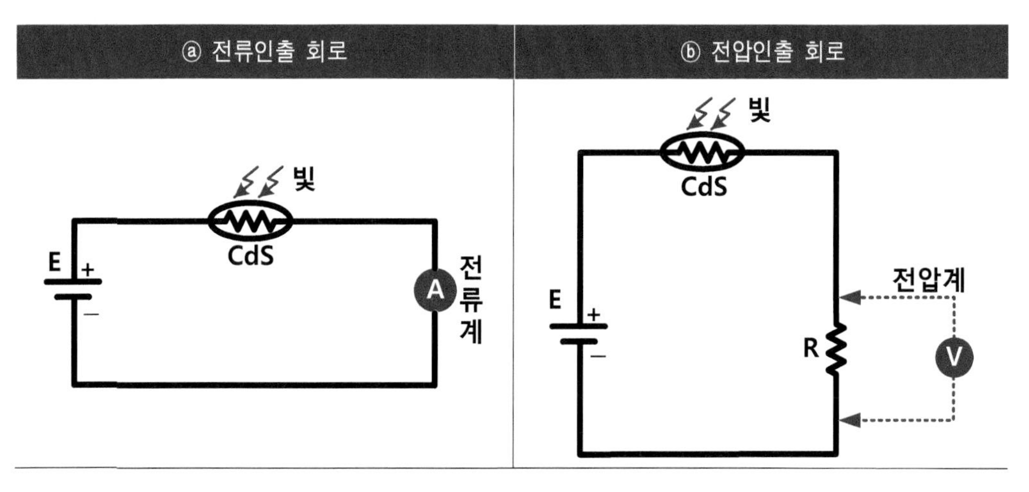

【그림 12.15】 CdS 기본회로

③ 그러나 CdS의 결점은 응답 속도가 느리며, CdS에 가하고 있는 빛이 변화하여도 CdS의 저항값은 바로 추종하여 변화할 수 없고 어느 정도의 시간 지연이 발생한다.

2 포토 다이오드(Photo Diode)

① "포토 다이오드"는 CdS와 같이 빛을 검출하는 센서로써 매우 많이 사용되고 있는 것으로, 그 이름과 같이 다이오드의 일종이다.

② 포토 다이오드를 동작하기 위하여 【그림 12.16】과 같이 다이오드에 보통 가하는 전압과는 반대로 전류가 흐르지 않는 방향, 즉 역방향 전압을 가하여 사용한다. 이와 같이 역방향전압을 가하면 전류가 흐르지 않지만, 이 상태에서 포토 다이오드에 빛이 닿으면 그 세기에 따라서 전류가 흐르게 된다.

③ 이때에 흐르는 전류의 값은 다이오드에 가하는 전압 [V]의 값에는 별로 영향이 없고 조사된 빛의 세기에 따라서 변화한다. 즉, 포토 다이오드는 수 [V]의 역방향전압을 인가하면 전류의 값은 빛의 세기에 의하여 정해진다. 즉, 포토 다이오드는 "빛의 세기를 전류로 변환하는 소자"라고 한다.

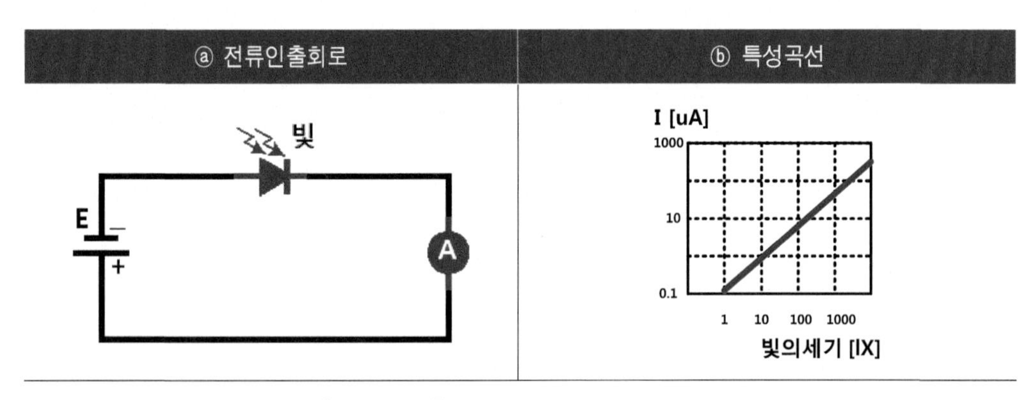

【그림 12.16】 포토 다이오드 및 특성 곡선

④ 또한, 포토 다이오드도 빛의 세기를 전압으로 변환할 수 있는데, 포토 다이오드에 직렬로 저항을 연결하면 저항의 양단에는 빛의 세기에 따라서 V=I×R에 해당하는 전압을 출력할 수 있다.

⑤ CdS는 감도는 민감하고, 응답속도가 늦은 결점이 있는 것에 비하여, 포토 다이오드는 지연 시간이 수 [μs] 이하라는 매우 빠른 응답성을 가지고 있다. 그 반면에 빛의 세기에 대한 출력(전류 변화)은 매우 적고, 따라서 감도가 좋다고 말할 수는 없다.

3 포토 트랜지스터(Photo Transistor)

① 【그림 12.17】 ⓐ와 같이 포토 다이오드를 하나의 트랜지스터로 증폭시킨 것을 "**포토 트랜지스터(Photo Transistor)**"라고 하며, 【그림 12.17】 ⓑ와 같이 2개의 트랜지스터를 결합하여 증폭한 것을 "**달링톤 포토 트랜지스터**"라고 한다.

② 포토 다이오드와 전류 증폭용 트랜지스터를 결합하여 감도를 높인 것이 포토 트랜지스터이다. 보통의 트랜지스터는 베이스로 들어오는 전류를 증폭하지만 포토 트랜지스터는 포토 다이오드에서 발생되는 광기전력과 역방향의 광전류가 베이스로 흘러들 때 이것을 증폭해준다. 따라서 포토 트랜지스터는 빛이 베이스전류를 대신한다. 그래서 별도로 베이스 전극을 만들지 않고 생략한 제품이 많다.

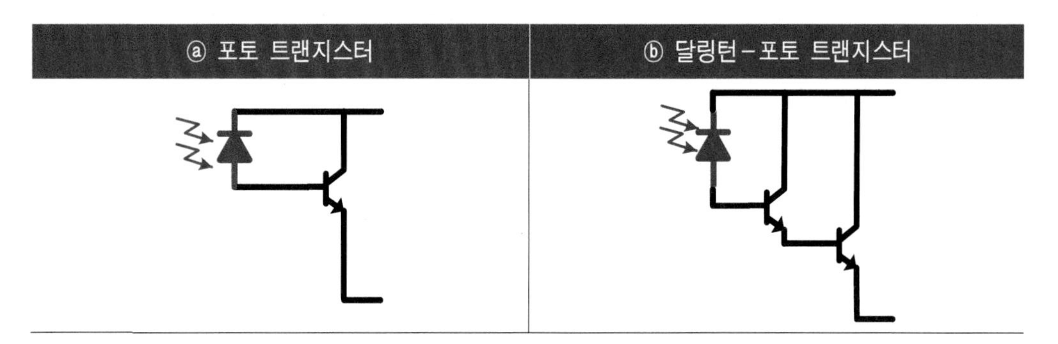

【그림 12.17】 포토 트랜지스터

③ CdS나 포토 다이오드 등은 기본적으로는 빛을 검출하고 있으므로 이 특성을 잘 이용하여 물체의 유·무나 위치검출에 이용할 수 있다.

4 포토 인터럽트(Photo Interrupter)

포토 인터럽트는 발광소자와 수광소자를 일정한 간격을 두고 마주보게 놓아 그 사이에 물체가 있으면 물체를 검출하는 센서이다.

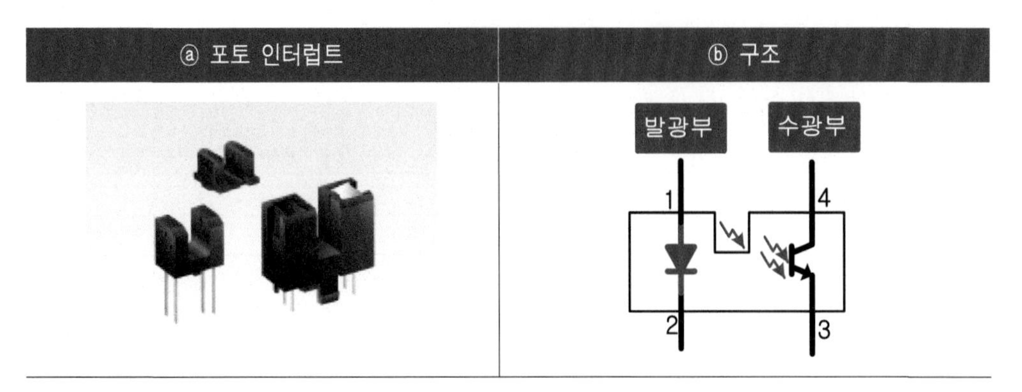

【그림 12.18】 포토 인터럽트

5 포토 커플러(Photo Coupler)

【1】 포토 커플러

① "포토 커플러"는 【그림 12.19】 ⓐ와 같이 갈륨비소를 재료로 한 고출력 적외선 발광다이오드와 고감도의 실리콘 포토 트랜지스터가 서로 마주 보는 구조다.

② 전기적으로 발광다이오드와 포토 트랜지스터는 연결되지 않지만, 발광다이오드에 전류를 흘려서 다이오드로부터 빛이 나오도록 하면 그 빛이 맞은편 포토 트랜지스터 측에 닿아 컬렉터와 이미터의 저항값을 변화시켜, 빛으로 발광 다이오드 신호에 따라 포토 트랜지스터를 "ON · OFF"할 수 있다.

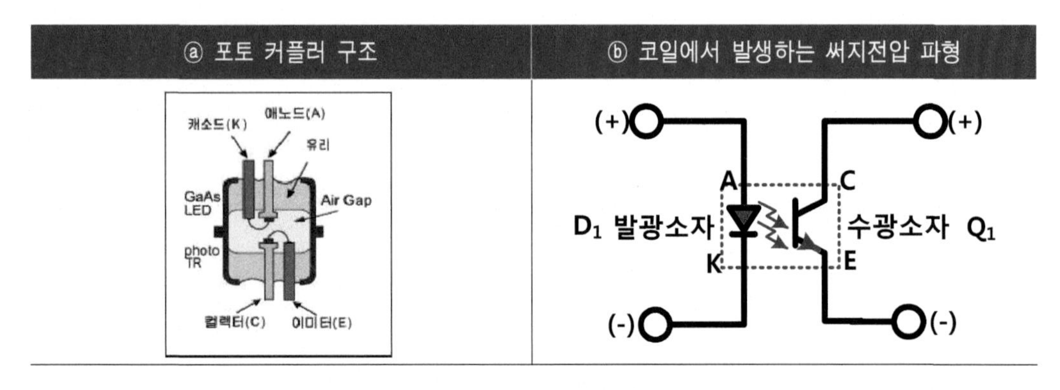

【그림 12.19】 포토 커플러 구조와 구성

③ 포토 커플러 내부구조를 살펴보면

㉮ 【그림 12.19】 ⓑ에서 LED를 D_1, 트랜지스터를 Q_1이라 하면, 우측의 Q_1의 트랜지스

터를 보면 “Base가 없다”라는 것을 알 수 있다. 보통의 트랜지스터는 베이스에 적당한 전류를 흘려줌으로써, C-E를 도통시켜 스위칭 기능을 하여서 신호를 전달한다.

㉯ D_1을 점등함으로써 LED “빛”이 Q_1 트랜지스터에 전달되어 Q_1 베이스에 전류가 흐르고, 이 전류에 의하여 출력 측에 신호가 전달되는 것이다.

【2】 포토 커플러 종류

포토 커플러는 수광소자 측의 종류에 따라 트랜지스터출력, 달링턴 트랜지스터출력, 사이리스터출력, 트라이액 출력, IC출력, FET출력 등 다양한 종류가 있다.

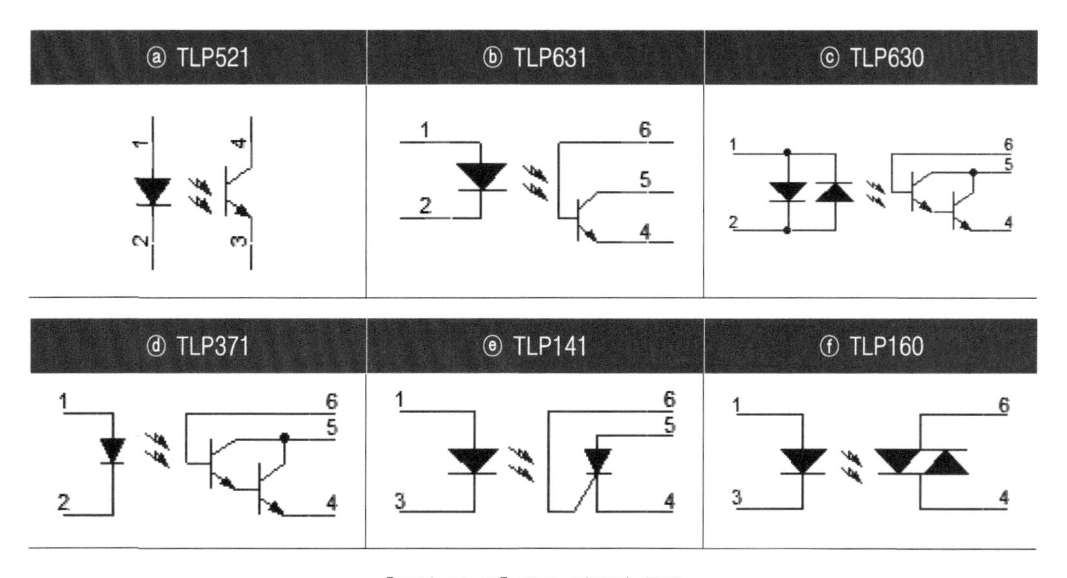

【그림 12.20】 포토 커플러 종류

【3】 포토 커플러 절연

① 비교적 작은 전력으로 동작하는 마이크로프로세서나 OP-Amp. 출력신호로 대전력의 모터를 구동하면 【그림 12.21】 ⓑ와 같이 모터에서 발생하는 큰 써지전압이 그라운드나 전원 혹은 신호선을 역으로 타고 들어와 제어회로를 파괴해 버리거나 빠른 주파수를 취급하는 로직제어회로의 신호 일부처럼 들어가 회로를 오동작시킨다.

② 모터 측의 그라운드선이나 전원선 혹은 신호선이 마이크로프로세서 회로와는 전기적으로 완전히 분리되어서 모터 측의 대전력 회로에서 나오는 큰 써지 전압, 전류를 마이크로프로세서 회로로 전달될 수 없게 되어 회로를 정상적으로 동작시킬 수 있다.

ⓐ 포토 커플러의 절연	ⓑ 코일에서 발생하는 써지전압
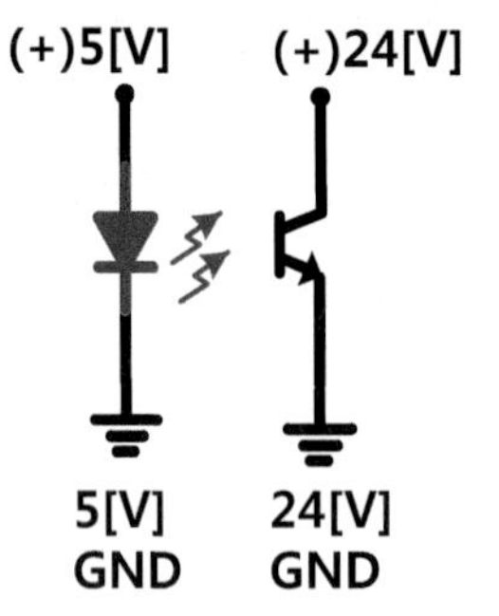	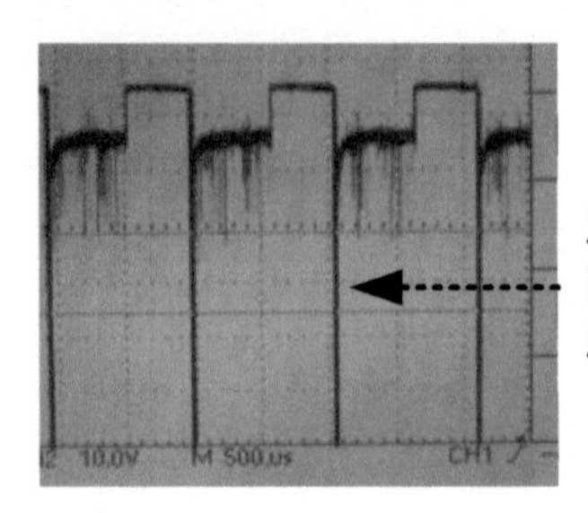

【그림 12.21】 포토 커플러 절연 및 코일 써지전압

【4】 포토 커플러를 이용한 TTL IC 입력 및 출력

① 24[V] 전압으로 구동하는 스위치의 “ON · OFF” 상태를 마이크로프로세서 또는 TTL IC에서 입력을 받기 위해서는 24[V] 전원의 그라운드와 5[V] 디지털 IC 전원의 그라운드를 포토 커플러로 전기적으로 분리해야만 노이즈에 의한 오동작이 없이 외부의 신호 입력을 받을 수 있다.

② 디지털 IC나 마이크로프로세서에 의하여 코일 부하를 제어할 경우, 부하측에 나오는 큰 써지 전압, 전류를 마이크로프로세서, 디지털 IC회로로는 전달할 수 없게 전기적으로 절연이 필요해서 포토 커플러를 이용하며, 포토 커플러 출력단에는 Relay 또는 트랜지스터 등을 연결해서 코일 부하를 제어할 수 있다.

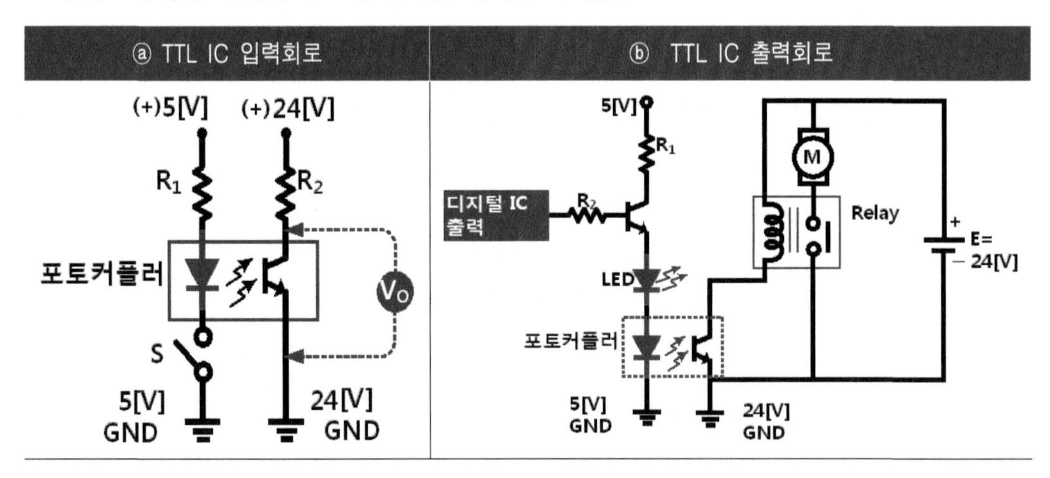

【그림 12.22】 포토 커플러를 이용한 TTL IC 입력 및 출력회로

12.4 자동화용 센서

12.4.1 광전센서

① 광전센서는 빛의 다양한 성질을 이용해서 물체의 유·무나 표면상태의 변화 등을 검출하는 센서이다.

② 광전센서는 주로 빛을 내는 투광부와 빛을 받는 수광부로 구성되어 있다. 투광된 빛이 차단되거나 반사하거나 하여 수광부에 도달하는 양이 변화한다.

③ 수광부는 빛의 변화를 검출하여 전기신호로 변환하여 출력한다.

④ 사용되는 빛으로는 가시광(주로 적색, 색판별용으로 녹색, 청색)과 적외광이 대부분이다.

⑤ 검출방식에 따른 분류

광센서는 광센서의 투광부에서 빛을 조사하여 수광부에 빛이 증가하면 검출물체가 있는 것으로 인식하는 "Light ON" 동작, 수광부에 빛이 감소하면 검출물체가 있는 것으로 인식하는 "Dark ON" 동작의 센서출력으로 분류한다.

【1】 투과형 광전센서

① 검출방식

㉮ 투광기에서 빛이 수광기로 들어가도록 투광기와 수광기를 마주 보게 설치한다.

㉯ 검출물체가 투광기와 수광기 사이에 들어와서 빛을 차단하면 수광기에 들어가는 빛의 양이 감소하고 이 감소량을 포착하여 검출한다.

② 특징

㉮ 동작 안정도가 높고 검출거리가 길다.(수 [cm]~수 십 [m])

㉯ 검출물체의 통과 경로가 변화해도 검출 위치는 변하지 않는다.

㉰ 검출물체의 광택, 색, 기울기 등의 영향이 적다.

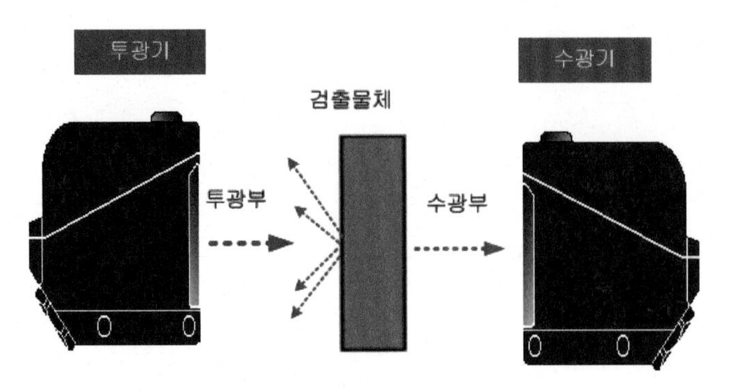

【그림 12.23】 투과형 광센서

【2】 확산 반사형 광전센서

① 검출방식

㉮ 투수광기 일체형으로 통상 수광부로 빛은 돌아가지 않는다.

㉯ 투광부에서 나온 빛이 반사되어서 수광부에 들어가 수광량이 증가하면, 그 증가량을 포착하여 물체를 검출한다.

② 특징

㉮ 검출거리는 수 [cm]~수 [m]

㉯ 간단한 설치 조정

㉰ 표면 상태에 따라서 빛의 반사광량이 변하여 검출 안정성이 변한다.

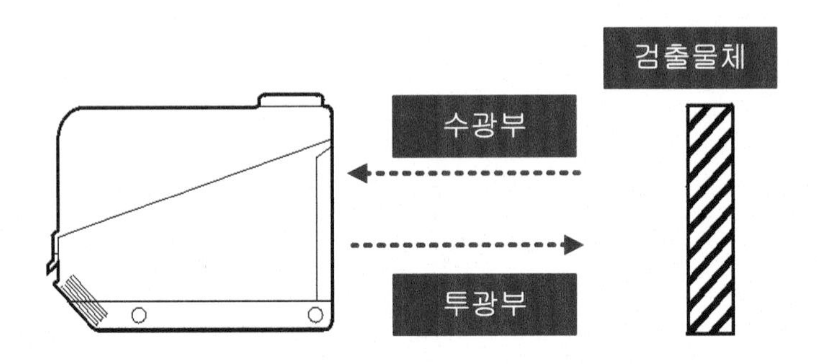

【그림 12.24】 확산 반사형 광센서

【3】 회귀 반사형 광전센서

① 검출방식

㉮ 투수광기 일체형에서, 통상 투광부에서 나온 빛은 마주 보게 설치된 반사판에 반사되어 수광부에 돌아온다.

㉯ 빛을 차단하면 수광부에 들어오는 빛의 양이 감소하며 이 감소를 포착하여 물체를 검출한다.

② 특징

㉮ 검출거리는 수 [cm]~수 [m]

㉯ 배선, 광축 조정이 쉽다.

㉰ 색, 기울기 등의 영향이 적다.

㉱ 빛이 검출물체을 2회 통과하기 때문에 투명체의 검출에 적합.

㉲ 표면이 거울면체인 경우, 표면반사광의 수광에 의해 검출전압이 없는 상태와 같아져 검출할 수 없을 수가 있다.

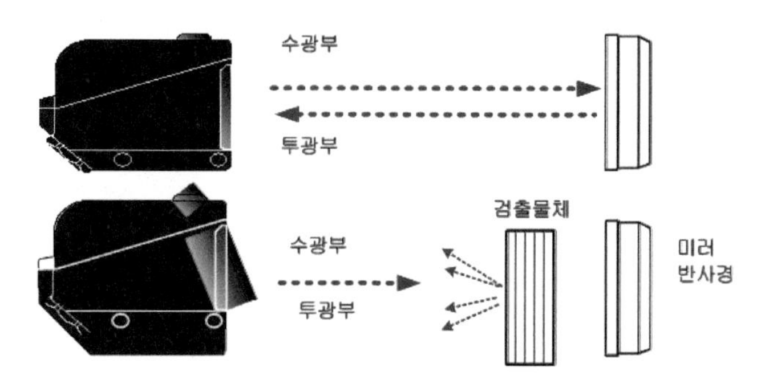

【그림 12.25】 회귀반사형 광센서

12.4.2 근접센서

① "근접센서"란 검출 대상을 접촉하지 않고 검출하는 센서를 말하며, 마이크로 스위치, 리밋 스위치를 대신하여 무접점 방식으로 물체를 검출한다.

② 센서 내부에는 NPN, PNP 트랜지스터를 내장하여, "ON · OFF" 형태로 전기적 신호를 출력한다.

③ 물체를 검출하는 방식으로는 전자유도에 의해 검출대상이 되는 금속에서 발생하는 와전류를 이용해서 금속물체의 근접 유 · 무를 검출하는 고주파 발진형(유도형), 검출체의 접

근으로 정전 용량 변화에 의해 물체의 근접 유·무를 검출하는 **정전용량형**, 자석이나 리드 스위치를 이용하는 방식이 있다.

1 유도형 근접센서

① 검출원리

㉮ 센서 내부의 검출코일에서 발생하는 고주파 자계 중에 검출물체(금속)가 근접하면 전자유도 현상에 의하여 근접물체 표면에 와전류(Eddy Current)가 흘러 자기장을 발생한다.

㉯ 금속의 성질을 지닌 물체가 센서에 근접하면 센서의 자기장에 의하여 금속 내부에서 센서 자속의 변화를 방해하는 방향으로 유도전류가 발생하여 센서 내부의 발진회로 발진 진폭을 감쇠 또는 정지시켜 금속물체의 유·무를 검출한다.

② 센서의 검출대상 물체는 **철, 알루미늄, 아연** 등의 금속 및 비철금속 등이 있다.

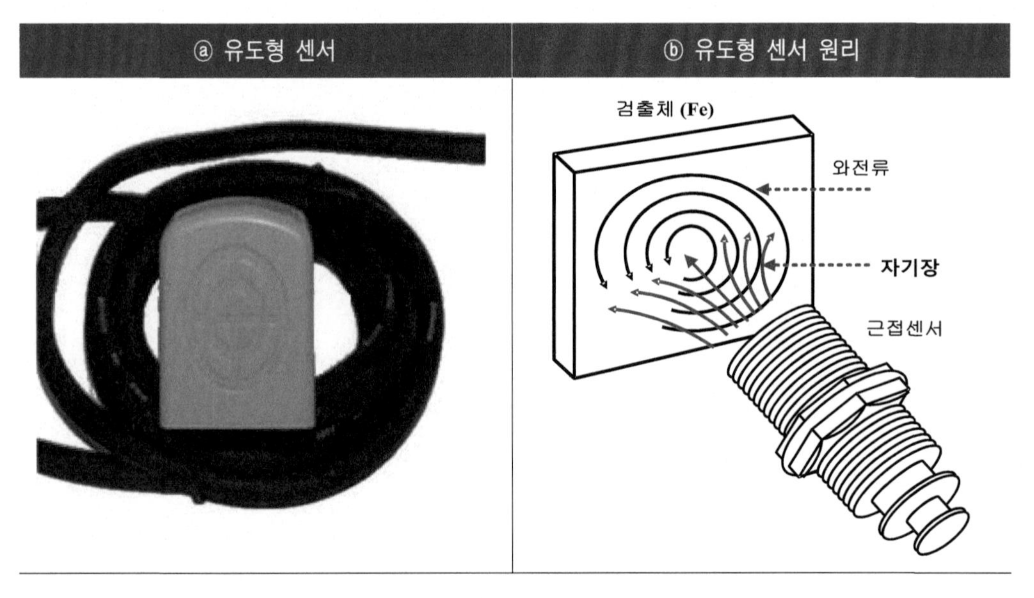

【그림 12.26】 유도형 근접센서

2 정전용량형 근접센서

① 검출원리

㉮ 센서의 한쪽을 피측정물(가상으로 접지된 상태), 다른 한쪽이 센서 검출면으로 구성하고, 이 두 극판 사이에서 형성된 정전용량의 변화를 검출하는 센서이다.

㉯ 원리는 【그림 12.27】 ⓑ와 같이 극판에 (+)전압을 인가하면 극판면에는 (+)전하가 대지 쪽에는 (-)전하가 발생하면서 극판과 대지 사이에 전계가 발생한다.

㉰ 물체가 극판 쪽으로 접근하면 정전유도 현상에 의하여 분극현상이 커져 극판면의 (+)전하가 증가하여 정전용량이 커지고, 반대로 물체가 극판에서 멀어지면 분극현상이 약해져서 정전용량이 작아진다.

② 검출 전극에 검출체(금속 또는 유전체)가 접근하면 검출 전극과 검출물체 표면에 분극(polarization)이 발생하여 대지간 정전용량이 변화하는 것을 이용하여 검출물체의 유·무를 판별한다.

③ 특징

㉮ 금속 및 비금속(물, 유리, 종이, 플라스틱) 등을 검출하며 검출거리는 재질의 비유전율에 따라 차이가 난다.

㉯ 공기의 비유전율이 1이므로 비유전율이 1 이상인 물체를 검출대상으로 하고 있으므로 모든 물체를 검출할 수 있다. 물체가 검출되면 정전용량이 증가하여 발진 신호는 지속적으로 발생한다.

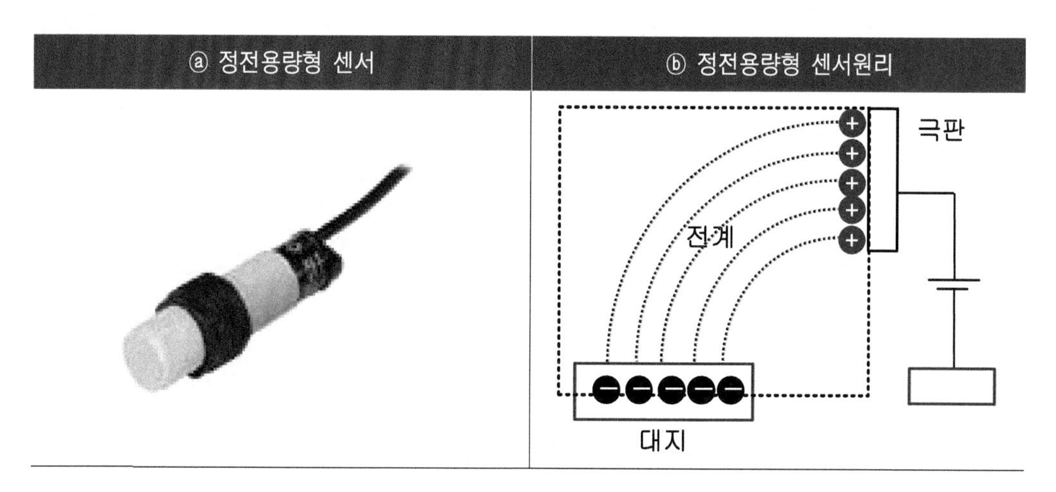

【그림 12.27】 정전용량형 근접센서

12.4.3 센서 출력

1 센서 출력

① 센서전원은 주로 직류를 사용하며, 전기적인 출력방식은 트랜지스터를 내장한 NPN, PNP방식을 주로 사용한다.

② 전기적인 출력 접점수에 따라서 2선식, 3선식, 4선식으로 분류한다.

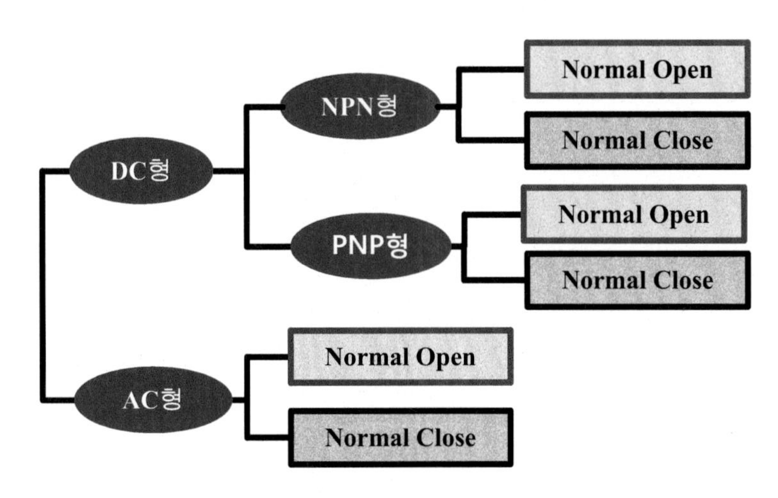

【그림 12.28】 근접센서 및 광센서의 출력

③ 출력방식

㉮ 근접센서는 검출물체가 감지가 되지 않으면, 출력접점이 차단상태가 되는 "Normal Open Type", 검출물체가 감지되지 않으면, 출력접점이 연결 상태가 되는 "Normal Close Type"으로 분류한다.

2 NPN, PNP 센서의 출력 결선

【1】 NPN 센서의 출력연결

① 연결방법

㉮ 3선식 NPN 트랜지스터 출력을 가진 센서는 갈색(또는 적색), 청색(또는 흑색) 단자가 센서전원 단자이다. 센서 갈색선에 +24[V] 전원단자를, 청색선에 전원단자의 0[V], 또는 (-)전원단자를 연결한다.

㉯ 부하 연결은 부하 (+)단자에 +24[V] 전원단자, 부하 (-)단자에 (-)전원, 또는 0[V] 전원단자를 연결한다.

② 근접센서에서 물체가 감지하면, 트랜지스터의 이미터와 켈럭터가 연결 상태가 되어서, +24[V] 전원단자 ⇒ 부하 (+)단자 ⇒ 부하 (-)단자 ⇒ 센서 컬렉터단자 ⇒ 센서 이미터단자 ⇒ 0[V], 또는 (-) 전원단자로 전류가 흘러서 부하를 동작시킨다.

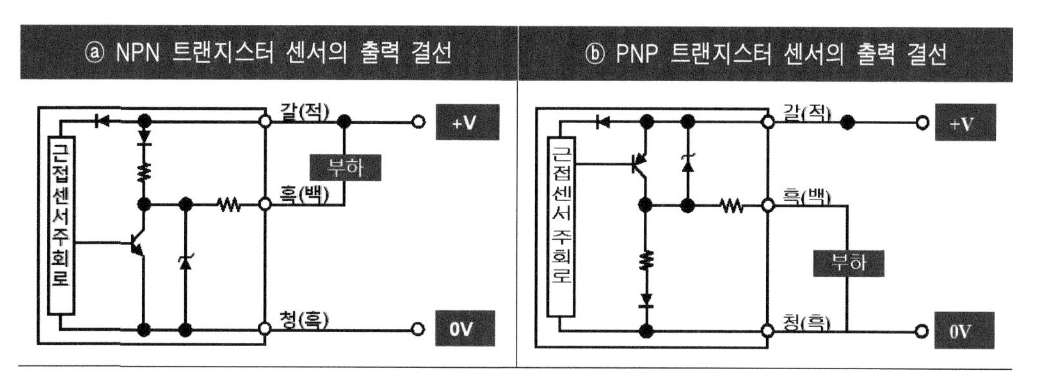

【그림 12.29】 NPN, PNP 센서의 출력 결선

【2】 PNP 센서의 출력 결선

① 결선방법

㉮ 3선식 PNP 트랜지스터 출력을 가진 센서는 갈색(또는 적색), 청색(또는 흑색) 단자가 센서전원의 입력단자이다. 센서의 갈색선에 +24[V] 전원단자, 청색선은 전원단자의 0[V], 또는 (-)전원단자를 연결한다.

㉯ 부하 연결은 부하 (+)단자에 센서출력의 컬렉터 단자를, 부하 (-)단자에 (-), 또는 영[V] 전원단자를 연결한다.

② 근접센서에서 물체를 감지하면, 트랜지스터의 이미터와 켈럭터가 연결 상태가 되어서, 전원 +24[V]단자 ⇒ 이미터단자 ⇒ 컬렉터단자⇒ 부하 (+)단자 ⇒ 부하 (-)단자⇒ 0[V], 또는 (-) 전원단자로 전류가 흘러서 부하를 동작시킨다.

실험실습

1 실험기기 및 부품

[1] 브레드 보드 및 DMM

[2] 저항

① 10[Ω] ② 100[Ω] ③ 470[Ω] ④ 2[kΩ]

⑤ 4.7[kΩ] ⑥ 5[kΩ] ⑦ 9.1[kΩ] ⑧ 20[kΩ]

[3] 센서

① 써미스터(10KD) ② CdS(2K) ③ 포토 인터럽트(TLP850)

[4] 트랜지스터

① TIP 31C ② TIP32C ③ 2SC 1815 또는 3198

④ 2N2222A ⑤ 2N2907

[5] 포토 커플러－4N25

[6] 포토 인터럽트－TLP 850

[7] 부저, 모터

2 써미스터의 저항값 측정

써미스터 양 단자에 테스터를 연결하여 다음의 경우에 대하여 저항값을 측정한다.

측정순서	온도	저항값
① 실온의 저항값(써미스터를 실온에 두었을 때)		
② 체온의 저항값(써미스터를 손으로 잡았을 때)		

3 온도변화를 전압으로 출력

[1] 회로도

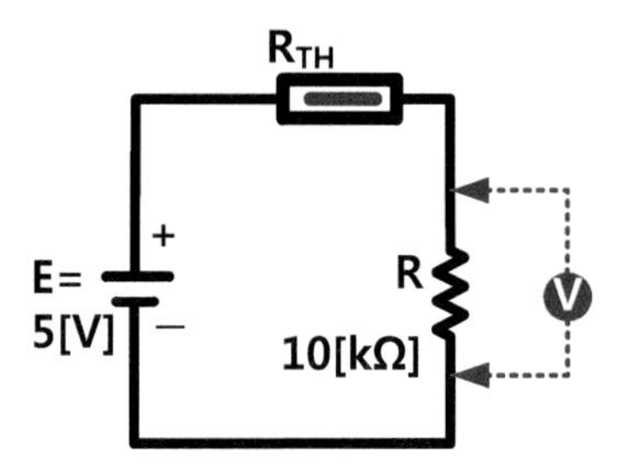

[2] 실습방법

① 먼저 실험 2 에서 측정한 실온상태와 체온상태에서 출력전압 [V]를 계산한다.

② 테스터를 사용하여 출력전압 [V]를 측정한 다음 계산치와 비교한다.

측정순서	온도	저항값
실온일 때		
체온일 때		

4 CdS 저항값 측정

측정순서	저항값
① 손으로 빛을 완전히 차단했을 때	[kΩ]
② 손으로 10[㎝] 이격 그림자에 위치했을 때	[kΩ]
③ 창문가의 햇볕에 위치했을 때	[kΩ]

5 CdS를 이용한 LED "ON · OFF" 제어 회로

【1】 회로도

다음과 같이 CdS를 이용하여 LED "ON · OFF" 제어 회로를 구성한다.

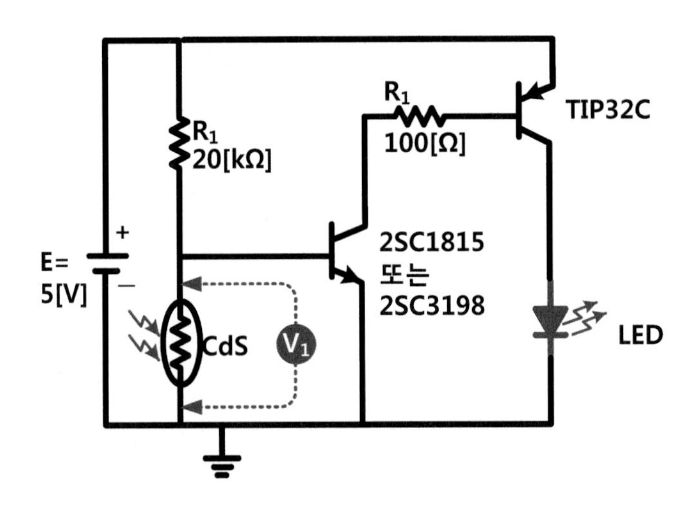

【2】 실습방법

① CdS 창을 개방했을 때 LED 상태를 관찰한 다음에 CdS에 창을 손가락으로 서서히 가리면서 CdS 저항값이 증가하여 트랜지스터가 "ON"되었을 때 LED를 점등시키는 전압 V_1을 측정한다.

② CdS 창을 개방하고 서서히 손가락을 떼면서 CdS 저항값이 감소하여 트랜지스터가 "OFF"되었을 때 LED가 소등하는 전압을 V_1을 측정한다.

측정 순서	측정 전압
①	
②	

6 포토 인터럽트를 이용한 LED "ON · OFF" 제어

【1】 회로도

다음과 같이 포토 인터럽트를 이용하여 LED "ON · OFF" 제어하는 회로를 구성한다.

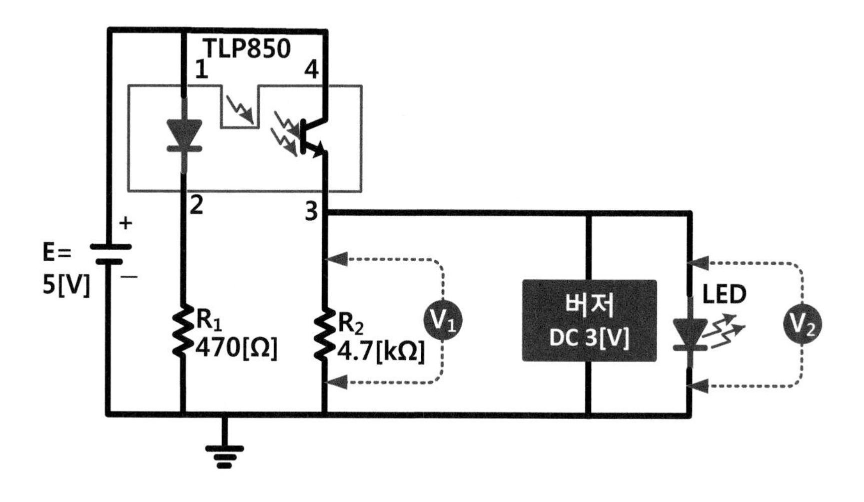

【2】 실습방법

① 이미터 출력저항 R_2 양단에 걸리는 전압을 V_1을 측정한다.

② 포토 인터럽트 사이의 슬롯에 종이 등을 삽입한 후 V_1을 측정한다.

③ R_2와 병렬로 버저와 LED를 연결한 후 슬롯을 차단하고 버저와 LED 동작을 확인한다.

측정순서	측정전압	회로 동작상태
①		
②		
③		

7 포토 커플러를 이용한 전압신호 변환회로

【1】 회로도

① 포토 커플러를 이용하여 24[V]레벨 전압신호를 5[V]레벨 전압신호로 변환하는 회로를 구성한다.

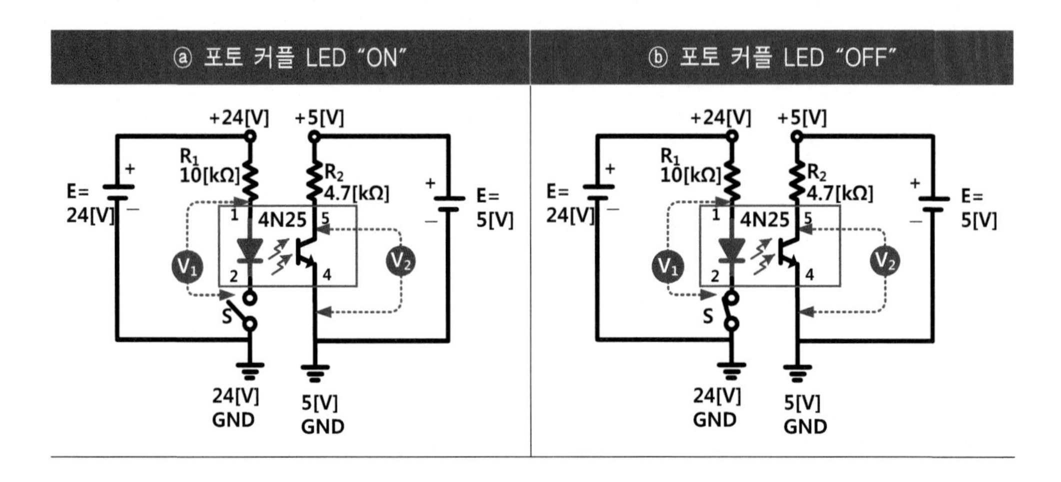

【2】 실습방법

① 스위치를 S를 연결 상태로 놓고 V_1, V_2을 측정한다.

측정순서	측정전압
① V_1 전압	
② V_2 전압	

② 스위치를 S를 차단 상태로 놓고 V_1, V_2을 측정한다.

측정순서	측정전압
① V_1 전압	
② V_2 전압	

8 온도 변화에 따른 모터 속도제어

【1】 회로도

달링턴으로 접속한 트랜지스터와 모터를 다음과 같은 회로로 구성한다.

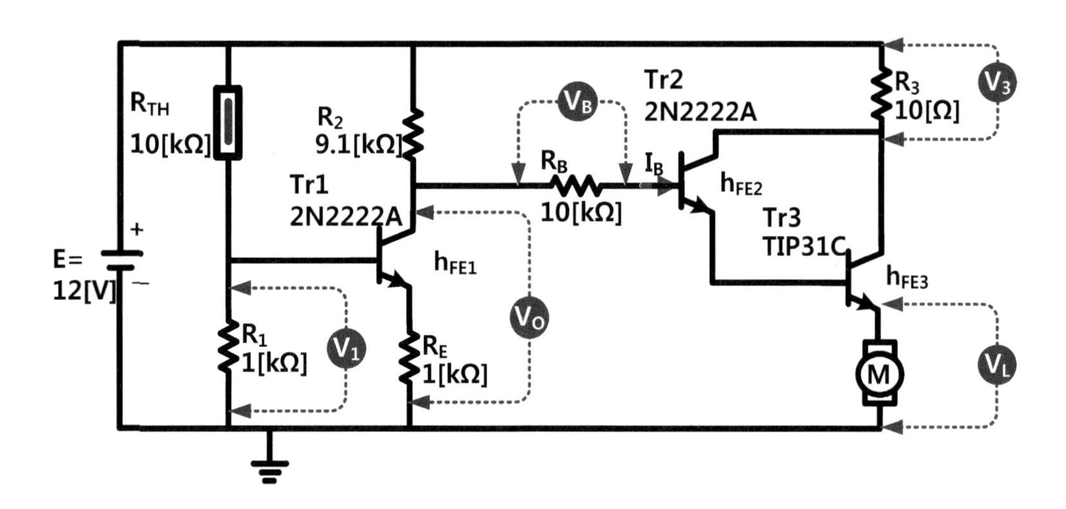

【2】 실습방법

① 실온에서 모터 양단에 인가한 전압 V_L과 Vo, 그리고 써미스터를 두 손가락으로 완전히 접촉하여 약 3분이 경과 후에 예측되는 V_L', Vo′전압을 측정한다.

② V_L과 V_L'를 측정하여 계산값과 비교하여 써미스터 온도변화에 대한 모터 회전 속도 변화를 관찰한다.(V_L과 V_L' 계산값은 Vo, Vo′ 측정값을 이용한다.)

측정순서	측정전압	계산값
V_L		
V_L'		
V_O		
V_O'		

③ 달링턴 트랜지스터로 구성한 h_{FE}를 구하기 위하여 V_{RB}와 V_3 전압을 측정하여 I_B, I_L, $h_{FE2} \times h_{FE3}$을 계산한다.

측정순서	측정전압	계산값	
V_{RB}		I_B	
		I_L	
V_3		$h_{FE2} \times h_{FE3}$	

9 빛의 세기를 검출하여 램프 "ON · OFF"제어

【1】 회로도

CdS를 이용하여 제어 전압을 인출하는 회로를 다음과 같이 구성한다.

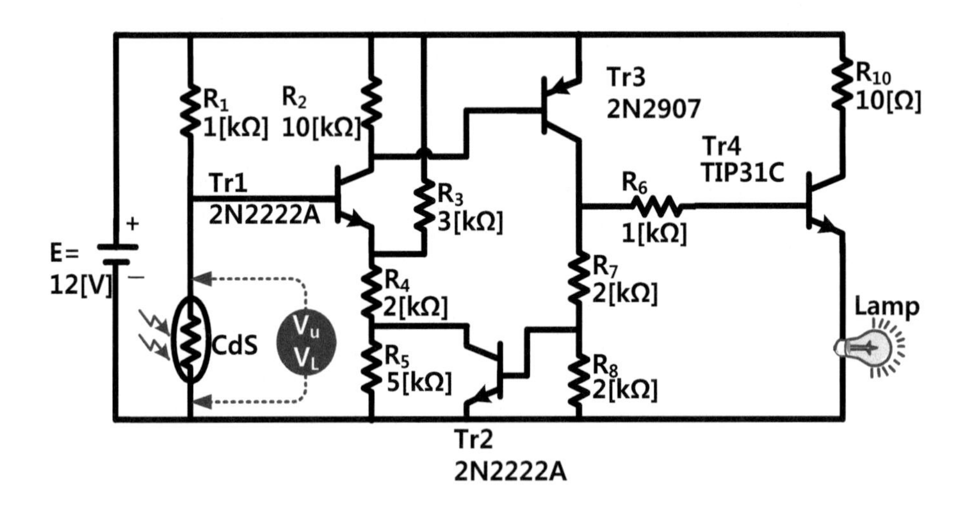

【2】 실습방법

① CdS 창을 개방했을 때 램프의 상태를 관찰한 다음에, CdS 창을 손가락으로 서서히 가리면서 CdS 저항값이 증가하여 Tr3가 "ON"되어 램프가 "ON"되는 순간의 전압 V_U를 측정한다.

② CdS에서 서서히 손가락을 떼면서 CdS 저항값이 감소하여 Tr3가 "OFF"되어 램프가 OFF되는 순간의 전압 V_L을 측정한다.

측정순서	측정 전압
① V_U	
② V_L	

CHAPTER

13 계측기

【학습목표】

1】 전압계 및 전류계 사용법에 관하여 학습한다.

2】 DMM 사용법에 관하여 학습한다.

3】 디지털 오실로스코프 사용법에 관하여 학습한다.

• 요점정리 •

❶ 전류계를 사용할 때는 회로에 직렬로 연결하고, 전류계의 극성이 바뀌면 미터기의 지침도 반대가 된다.

❷ 전압계는 회로와 병렬로 결선하며, (+)단자는 전원 (+)극 쪽에, (−)단자는 전원 (−)극 쪽에 연결한다.

❸ 전압계와 전류계를 동시에 결선할 경우에는 전압계는 부하와 병렬로 연결하고, 전류계는 직렬로 연결한다.

❹ 오실로스코프는 시간에 대한 신호의 전압변화를 볼 수 있는 계측기이다.

❺ 디지털 오실로스코프는 입력신호를 A/D Converter를 통해 디지털 데이터로 변환하여 메모리에 저장한 후 디스플레이 장치에 전압파형을 표시한다.

❻ "샘플주파수"는 초당 샘플수이며, 디지털 오실로스코프에서 입력신호의 샘플을 획득하는 빈도를 의미하는데, 이것은 영화 카메라의 프레임과 유사한 개념이다.

❼ "커플링"은 신호를 한 회로에서 다른 회로로 연결하는 방법을 말하며, DC 커플링은 입력신호를 모두 보여주고, AC 커플링은 입력신호 중 DC 성분은 차단하고 AC 성분만 보여준다.

13.1 전압계와 전류계 사용법

13.1.1 전류계 사용법

1 전류계

① "전류계"는 전류의 측정 단위인 Ampere의 "am"과 측정 기구를 뜻하는 "meter(미터)"를 합성하여 "암미터"라고도 한다. 원통형 철심에 감아 놓은 코일을 자기장 속에 두고 전류를 흘리면, 코일은 전류와 수직인 방향으로 전류의 세기에 비례하는 힘을 받는다.

② 이 힘으로 코일이 회전하고 회전축에 달아 놓은 용수철의 탄성력과 코일이 자기장으로부터 받는 힘이 같아지면 멈춘다. 회전각은 전류의 세기에 비례하므로 코일에 연결된 바늘이 가리키는 눈금을 읽으면 전류의 세기를 알 수 있다.

③ 전류계 사용법

㉮ 측정할 전류가 직류인지 교류인지 확인하여 선택한다.

㉯ "DCA"라고 표시된 것은 직류용이고, "ACA"라고 표시된 것은 교류용이다.

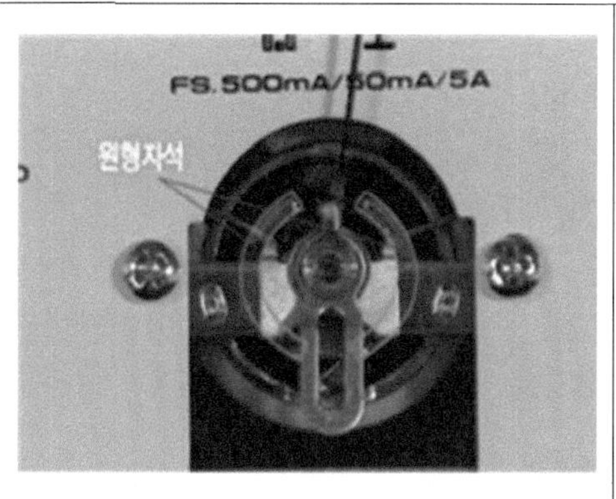

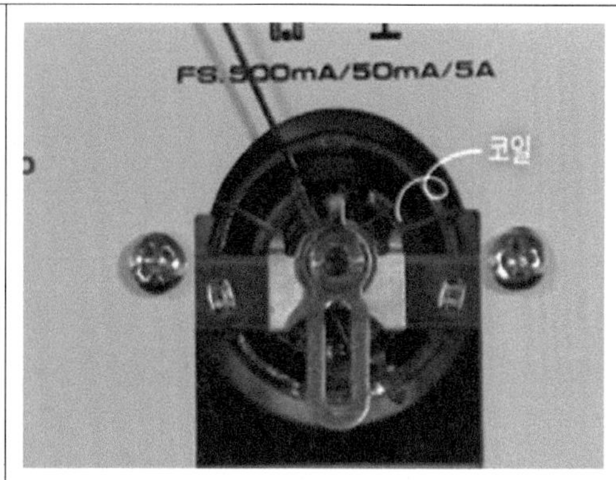

【그림 13.1】 가동 코일형 전류계의 구조

2 전류계 결선법

① 전류계를 사용할 때는 회로에 직렬로 연결하여야 하며, 전류계의 극성이 바뀌면 미터기의 지침도 반대로 움직이므로 바뀌지 않도록 주의해야 한다.

② 한편 전류계 자체의 내부저항 때문에 전압강하가 발생하면 정확한 전류를 측정하기 어렵다. 그러므로 내부 저항값을 작게 하는 것이 측정의 정확도를 높일 수 있다.

③ 또한, 보다 정밀한 측정을 할 경우는 미리 전류계의 내부저항을 조사하여 오차를 보정해 주어야 한다. 측정해야 할 전류의 크기가 매우 클 경우, 가동코일에 병렬 연결된 분류기(分流器)를 이용하면 수십 암페어에서 수백 암페어의 대전류값을 읽을 수 있다. 반대로 전류계로 측정할 수 없는 매우 작은 전류를 알고 싶을 때는 검류계(檢流計)를 이용한다.

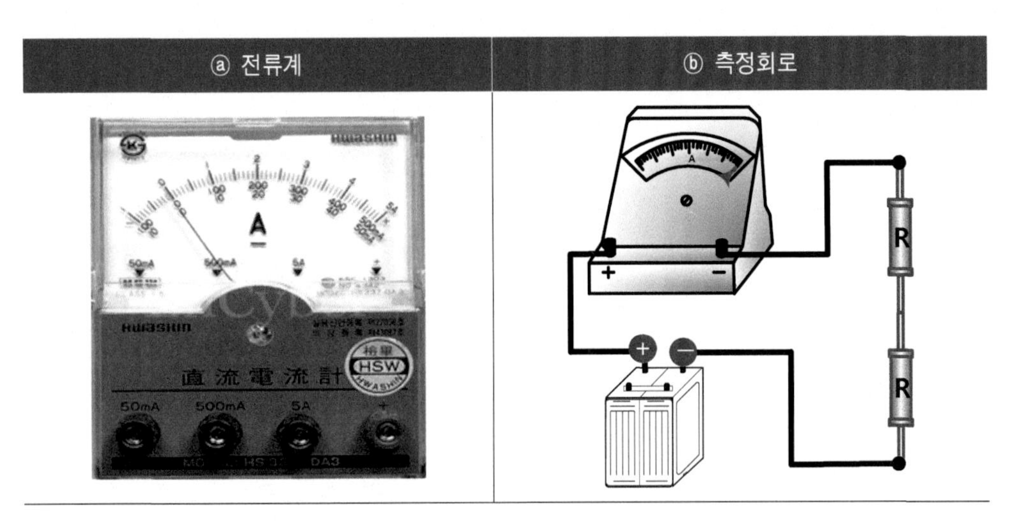

【그림 13.2】 직류 전류계와 회로결선

13.1.2 전압계 사용법

1 전압계

① "전압계"는 전기회로에서 두 점 사이에 전위 차이를 측정하기 위하여 사용하는 계측기이다. 아날로그 전압계는 전압에 해당하는 눈금 포인터가 움직이며, 디지털 전압계는 아날로그 디지털 변환회로를 사용함으로써 전압을 수치로 나타내는 화면을 보여준다.

② 전압계 사용법

㉮ 측정할 전압이 직류인지 교류인지 확인하여 선택한다.

㉯ "DCV"라고 표시된 것은 직류용이고, "ACV"라고 표시된 것은 교류용이다.

2 전압계 결선법

① 전압계는 측정할 소자와 병렬로 연결하며, (+)단자는 전원 (+)극 쪽에, (-)단자는 전원 (-)극 쪽에 연결한다.

② 직류 전압계의 극성은 회로 극성과 일치하도록 접속하여야 한다.

③ 전압계의 측정범위는 측정하려는 전압보다 높은 것을 선택한다.

④ 전압계의 내부저항에 의한 측정오차와 전압계 자체의 내부저항이 회로 동작에 영향을 미치게 되므로 전압계의 내부저항은 될 수 있으면 큰 것이 바람직하다.

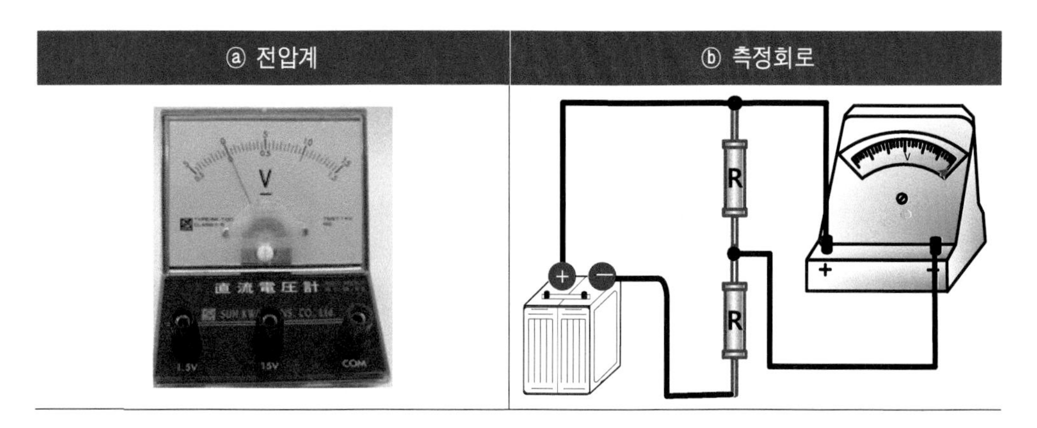

【그림 13.3】 직류 전압계와 회로결선

3 전압계와 전류계의 결선

전압계와 전류계를 동시에 결선하면 【그림 13.4】와 같이 <u>전압계는 부하와 병렬로 연결하고 전류계는 직렬로 연결한다.</u>

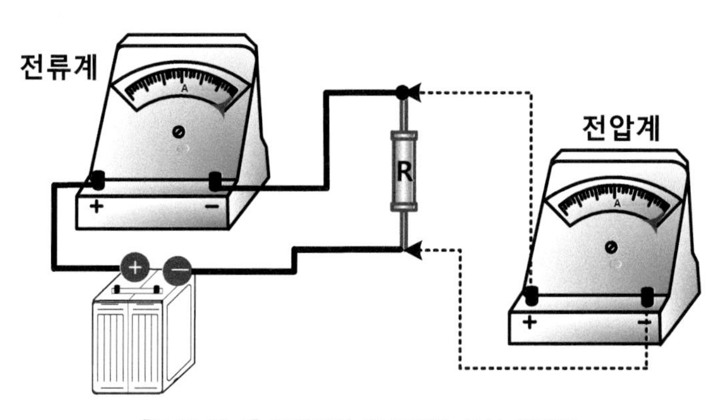

【그림 13.4】 전압계와 전류계를 동시 연결법

13.2 회로시험기(DMM)

13.2.1 DMM(Digital Multi Meter) 사용법

DMM은 AC · DC 전압, 전류, 저항, 단선, 다이오드 등의 소자 불량 등을 측정하는 계측기이며, 여러 형태의 DMM이 있다. 그 중에서 대표적인 하나의 외관은 【그림 13.15】와 같다.

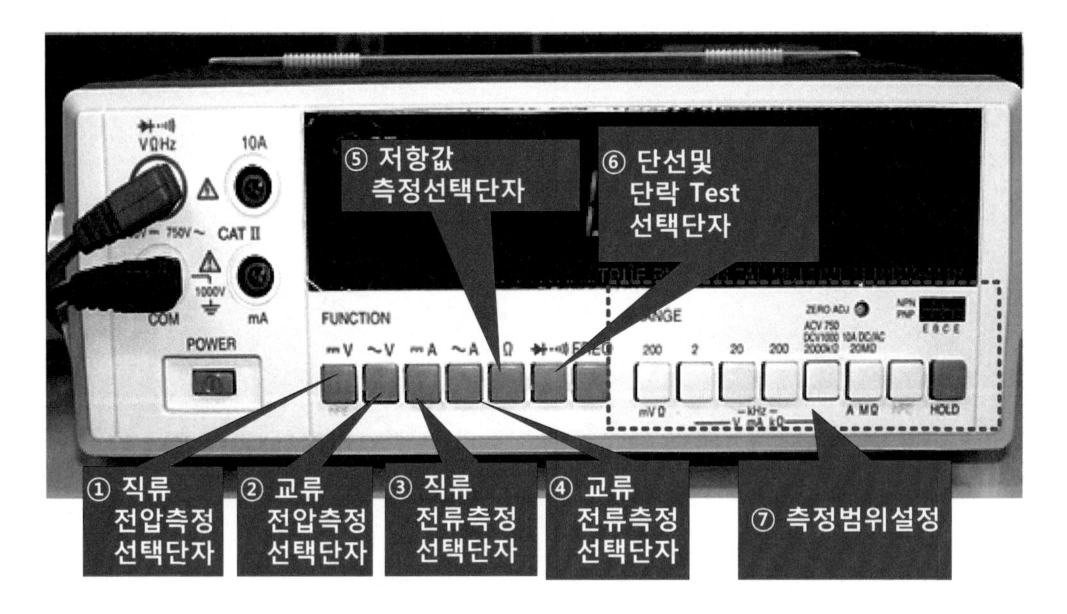

【그림 13.5】 DMM(Digital Multi Meter)

1 직류전압 측정

① 테스터 리드선 중에서 적색을 VΩHz 단자에, 흑색을 COM. 단자에 꽂는다.

② 파워 스위치를 "ON"한다.

③ 버턴 스위치(기능스위치) 즉, 【그림 13.5】의 ① 직류전압측정 선택단자를 누른다.

④ 테스터 리드선을 측정하고자 하는 곳에 연결한다.

⑤ 회로에서 전압측정은 테스터를 회로에 병렬로 접속하여 그 전압 강하분을 측정하는 것이므로 테스터의 내부저항의 대소가 문제가 된다.

⑥ 내부저항이 낮으면 회로에 흘러야 할 전류가 테스터 쪽으로 많이 흘러, 실제 회로의 전압강하를 얻을 수 없게 된다. 테스터는 내부저항이 클수록 좋다.

⑦ 아날로그 테스터는 레인지에 따라 내부저항이 다르므로, 고전압 레인지가 될수록 내부저항이 커서 유리하지만, 디지털 테스터에서는 DCV레인지 내부저항은 레인지에 관계없고, 또한 일반적으로 10[MΩ] 정도의 큰 저항을 사용하고 있으므로 아날로그 테스터보다 유리하다.

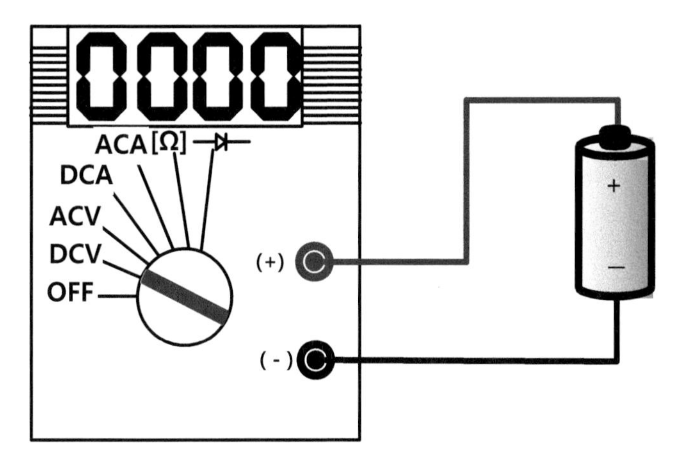

【그림 13.6】 DMM 직류전압 측정

2 교류전압 측정

① 테스터 리드선 중에서 적색을 (+)단자에 흑색을 (-)단자에 꽂는다.

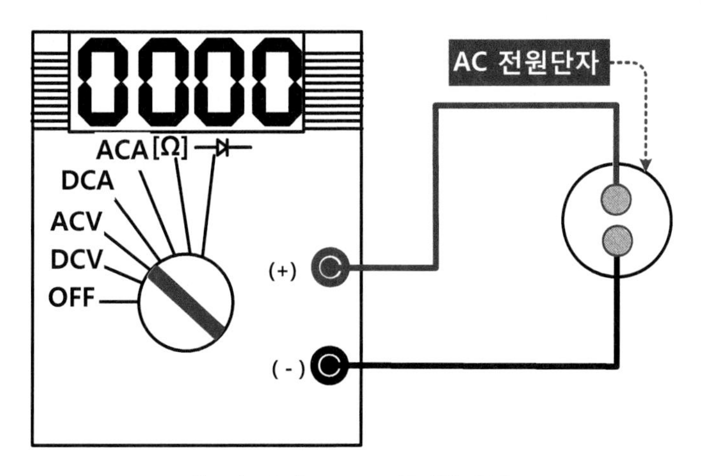

【그림 13.7】 DMM 교류전압 측정

② 파워 스위치를 "ON"한다.

③ 로터리 스위치(기능스위치)를 ACV의 피측정 전압에 적합한 레인지(높은 레인지)로 한다.

④ 테스터 리드선을 측정하고자 하는 곳에 댄다.

⑤ 교류전압도 직류전압과 같이 회로에 병렬로 접속하여 측정한다. 교류전압은 실효값을 다루지만, 직류전압은 평균값이다.

⑥ 따라서 교류를 직류로 변환하여 직류전압을 측정하므로, 교류의 실효값으로 환산하여 교정한 다음에 표시기로 읽도록 되어 있다. 이 경우 사인파 교류를 기준으로 하여 교정하기 때문에, 사인파 이외의 교류에서는 파형 일그러짐을 일으키게 된다.

3 직류전류 측정

① 테스트 리드선 중에서 적색을 (+)단자에, 흑색을 (-)단자에 꽂는다.

② 파워스위치를 "ON"으로 한다.

③ 로터리 스위치를 DC[mA]의 피측정 전류에 적합한 위치에 맞춘다.

④ 테스트 리드선을 측정하고자 하는 곳에 댄다. 보통 직류 전류를 측정할 때는 회로 일부를 끊고 그 회로에 직렬로 테스터를 삽입하여야 한다.

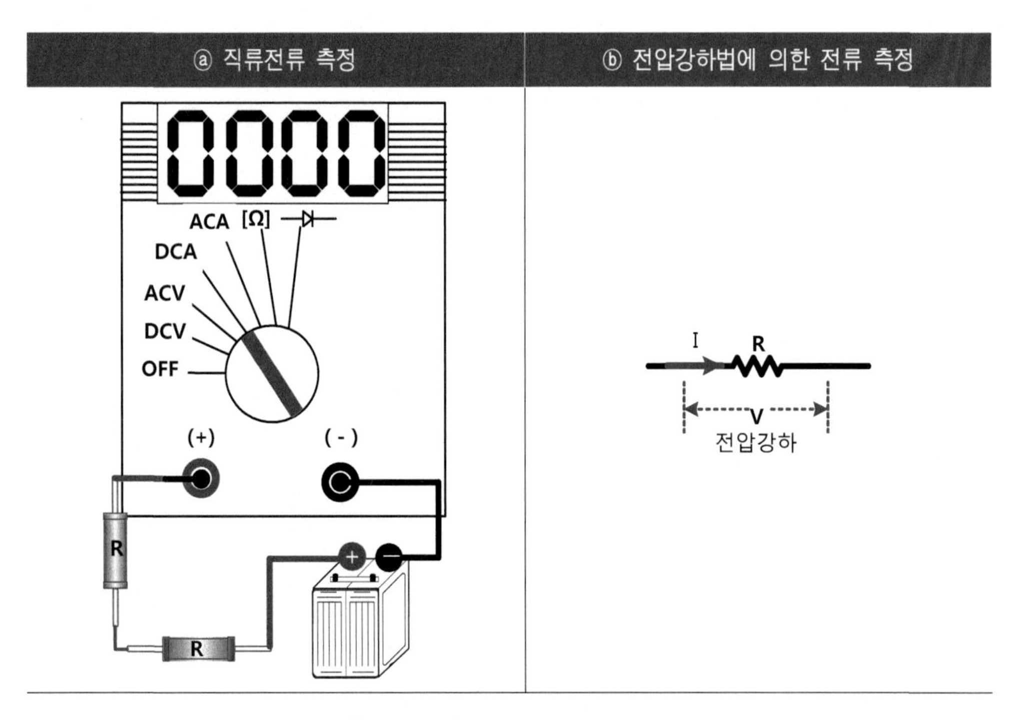

【그림 13.8】 DMM 직류전류 측정

⑤ 프린트기판에서는 회로를 절단하고 테스터를 연결할 수 없어서, 【그림 13.8】 ⓑ와 같이 전압강하법에 따라 측정하는 경우가 있다. 회로에 흐르는 전류는 I=(V/R)이기 때문에 측정저항 R보다 직류내부저항이 충분히 큰 것이 아니면 측정전류가 직류 전류계에 흘러 오차가 커지므로 주의해야 한다.

4 Ω(저항값)의 측정

① 테스트 리드선 중에서 적색을 (+)단자에, 흑색을 (-)단자에 꽂는다.

② 파워스위치를 "ON"으로 한다.

③ 로터리 스위치를 피측정 저항에 적합한 위치에 맞춘다.

④ 일반적인 저항측정일 경우는 이 방법으로 하면 되지만, 동작중인 회로의 저항, 또는 전원이나 전지의 내부저항은 측정할 수 없다.

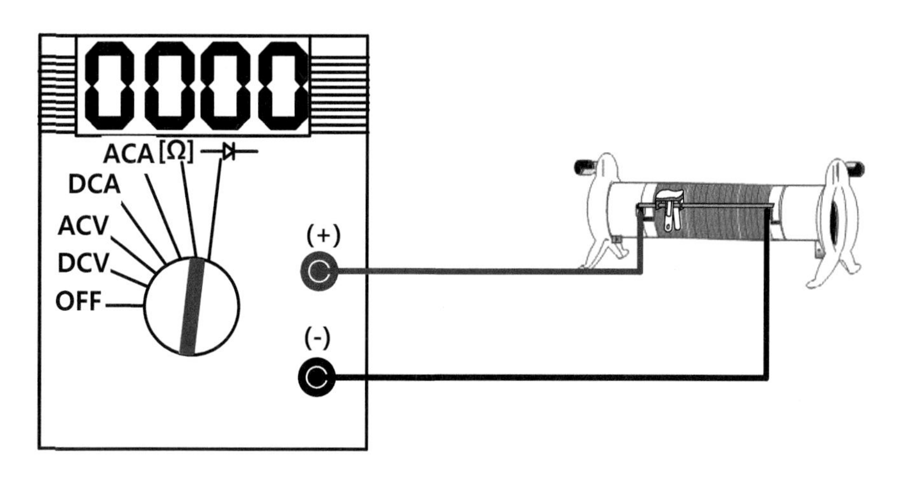

【그림 13.9】 DMM 저항값 측정

13.2.2 AC · DC Clamp Meter

① 전류와 쇄교하는 철심에서의 자기변화를 검출함으로써 교류 및 직류전류를 측정하는 계측기를 "Clamp Meter"라고 한다.

② 일반적으로 전류를 측정하기 위해서는 회로를 끊고 전류계를 삽입해야 하지만 Clamp Meter는 훅크(갈고리) 모양의 집게 사이에 도선을 넣고 전류를 측정하기 때문에 전류

측정에 편리하다.

【그림 13.10】 AC/DC Clamp Meter

③ 주요 측정기능

㉮ 교류전류(수 10[mA]~수 100[A])

㉯ 직류전류(수 10[mA]~수 100[A])

㉰ 교류전압

㉱ 직류전압

㉲ 기동전류, 접지라인 누설전류를 측정

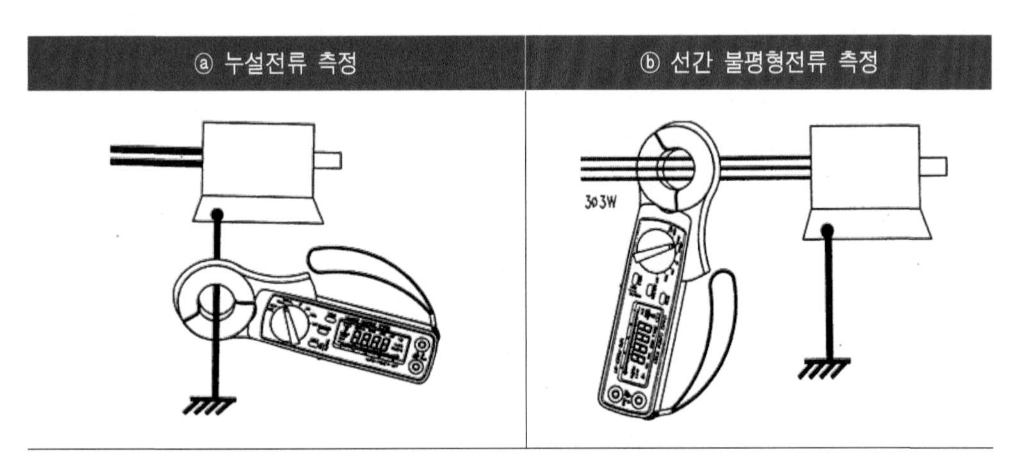

【그림 13.11】 누설전류 및 선간 불평형 전류 측정

13.3 브레드보드(Bread Board)

13.3.1 브레드보드(Bread Board)

1 디지털 - 아날로그 Training Kit

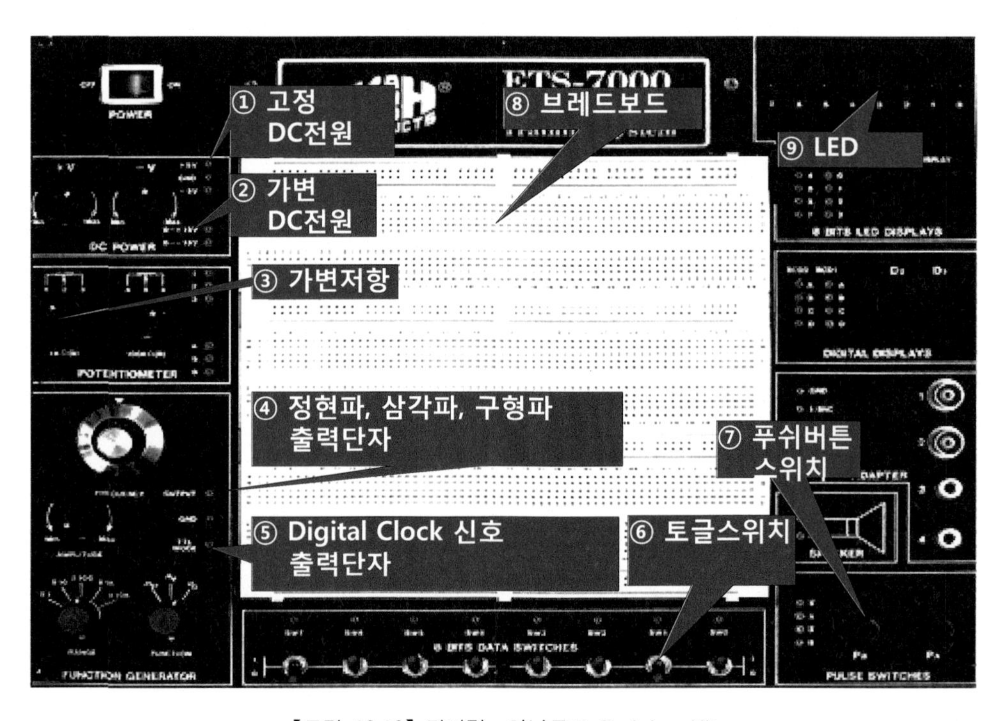

【그림 13.12】 디지털 - 아날로그 Training Kit

2 브레드보드

① <u>브레드보드</u>는 속칭 빵판이라고 하며 전기·전자회로를 구성할 수 있는 장치이다.

② 브레드보드 구조

【그림 13.13】 브레드보드의 구조

③ 올바른 배선과 틀린 배선

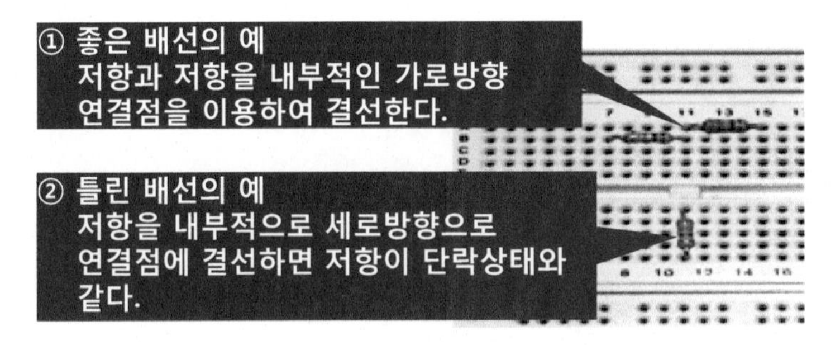

【그림 13.14】 올바른 배선과 틀린 배선

④ 점퍼를 이용한 회로 연결

【그림 13.15】 점퍼를 이용한 연결

13.4 디지털 오실로스코프

13.4.1 오실로스코프 개요

1 오실로스코프

① "오실로스코프(Oscilloscope)"는 "oscillo(진동)"와 "scope(검사하다)"의 합성어로서 "oscillo"는 진동, "scope"는 검사한다는 것을 뜻이다.

② 오실로스코프는 진동하는 신호를 측정하여 사람이 관측할 수 있도록 나타내주는 계측 장비이다.

③ 전압계는 신호전압을 수치상으로만 출력하지만, 오실로스코프는 시간에 대한 신호의 전압파형을 스크린에 볼 수 있다.

2 오실로스코프 종류

① 아날로그 오실로스코프

오실로스코프는 전압파형 변화를 CRT 화면을 통해 시각적으로 보여주는 계측기이다.

② 디지털 오실로스코프

"디지털 오실로스코프"는 아날로그 오실로스코프로부터 발전한 것이므로 기본적인 동작원리는 유사하다. 그러나 측정된 전압을 디지털 데이터로 전환하여, 데이터를 저장한다는 것이 중요한 차이점이 있다.

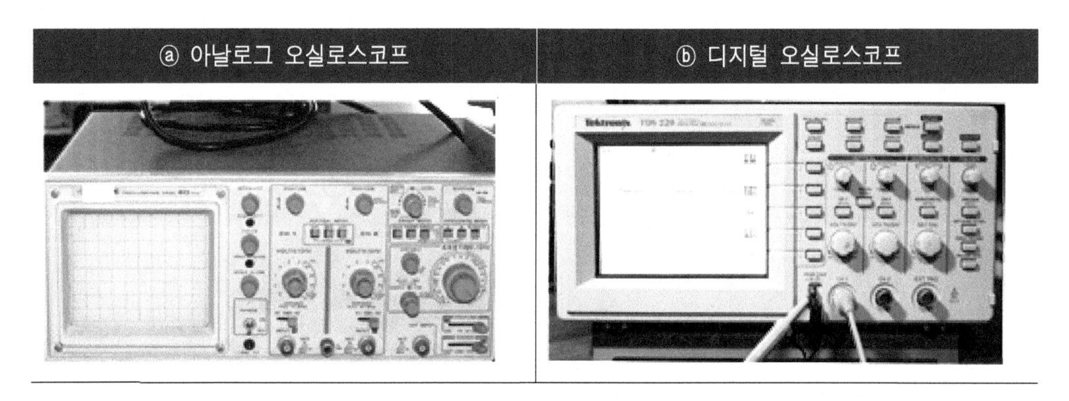

【그림 13.16】 아날로그 및 디지털 오실로스코프

3 디지털 오실로스코프 종류

① Digital Storage Oscilloscope

㉮ 디지털 스토리지 오실로스코프는 디지털 오실로스코프 중에서 가장 널리 사용되는 오실로스코프이다.

㉯ 디지털 스토리지 오실로스코프는 입력된 신호를 디지털화해서 메모리에 저장한 후, 저장된 값을 이용해서 추가적인 데이터 처리를 하거나 화면에 표시한다.

㉰ 디지털 스토리지 오실로스코프의 메모리에 저장된 값은, 디스켓이나 컴퓨터와 디지털 스토리지 오실로스코프를 연결해주는 케이블을 이용해서 쉽게 컴퓨터로 전송하거나, 컴퓨터를 이용해서 더 다양한 방법으로 데이터를 처리할 수 있다.

㉱ 측정 방식은 크게 일반적인 아날로그 오실로스코프의 동작과 비슷한 실시간(Real Time Mode) 측정 방식과, 주기적인 신호의 처리에서 대역폭을 높인 등가 시간(Equivalent Time Mode) 측정 방식이 있다.

② Digital Sampling Oscilloscope

㉮ 디지털 샘플링 오실로스코프는 높은 주파수의 주기적인 신호를 측정하는 오실로스코프이다. 기본적인 동작 방식은 디지털스토리지 오실로스코프의 등가 시간(Equivalent Time Mode) 측정 방식과 유사하다.

㉯ 실시간에서 신호를 바로 측정하는 것이 아니라, 주기적인 신호의 크기를 일정한 시간 간격으로 측정한 후에 이 정보들을 다시 재구성해서 완전한 파형을 얻는 것이다.

㉰ 그리고 넓은 대역폭을 얻기 위해서 입력 감쇄단(Input Attenuator), 입력 증폭기와 같이 오실로스코프의 대역폭을 제한하는 요소들을 제거하였다. 디지털 샘플링 오실로스코프는 이런 요소들을 사용하지 않고 바로 디지털화한 데이터를 저장하는 방식으로 대역폭을 증가시켰다.

4 디지털 오실로스코프 측정원리

① 디지털 오실로스코프는 "Amp"로 표시된 아날로그 입력부와 A/D 컨버터 및 메모리로 구성된 데이터 수집부, 그리고 아날로그 입력부와 데이터 수집부에 모두 관계되는 트리거, 컨트롤러 및 메모리로 구성된 제어부, 디스플레이부, 저장 장치 및 인터페이스로 구성된 주변 장치로 이루어져 있다.

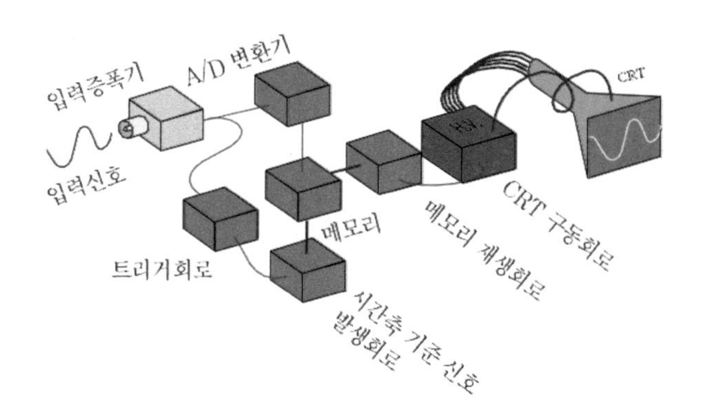

【그림 13.17】 디지털 오실로스코프의 기본 내부 구조

② 디지털 오실로스코프로 입력된 신호는 증폭기를 거쳐 증폭되고 증폭된 신호는 A/D 컨버터를 통해 디지털 데이터로 변환되어서, 입력된 신호는 일정한 시간 간격으로 샘플링되고 이 데이터는 A/D 컨버터로 입력되어 디지털화된 "0"과 "1"로 표시되는 값으로 변환된다.

③ 디지털로 변환된 데이터는 메모리에 저장되고 컨트롤러를 통해 전체적인 오실로스코프의 동작 제어 및 측정된 데이터를 처리한다. 이와 같이 처리된 데이터는 디스플레이부를 통해 화면으로 출력된다.

④ 하드 디스크나 플로피 디스크 등의 저장 장치와 RS-232C, Centronics, GPIB(General Purpose Interface Bus) 등의 인터페이스 장치들을 통해 측정된 데이터를 저장하거나 다른 장치로 전달할 수 있다.

5 A/D 변환기

① "A"란 것은 아날로그란 뜻이고 "D"는 디지털을 말하며, 간단히 말하자면 아날로그에서 디지털로 변환하는 장치이다.

② 아날로그는 아날로그 전압, 디지털은 메모리에 써 놓을 수 있는 데이터의 형태이다.

③ 3비트의 A/D 변환기를 생각해 보면, 이것으로는 0[V], 1[V], 2[V], 3[V],4[V], 5[V], 6[V], 7[V]와 같은 8종류의 전압을 표시할 수 있다.

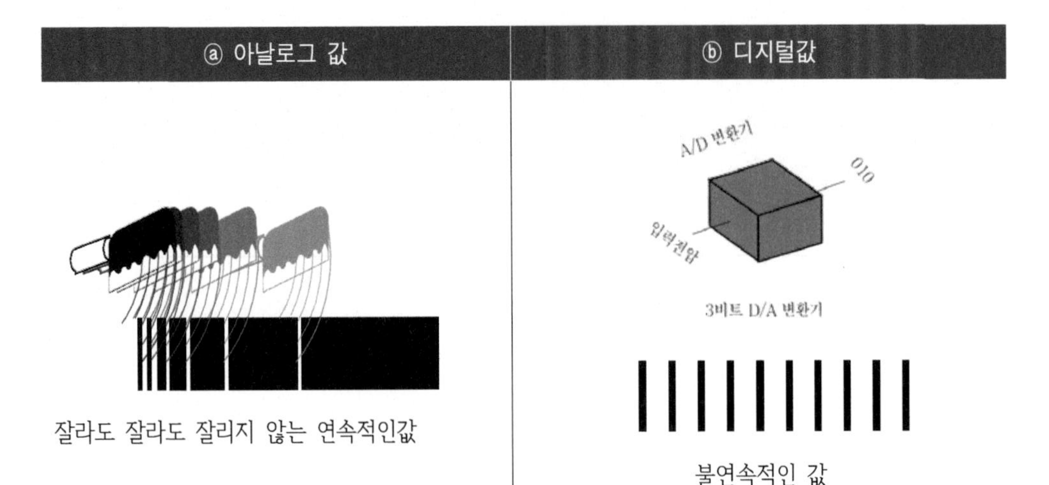

【그림 13.18】 A/D 변환기

6 샘플링주파수

① "샘플링주파수"는 초당 샘플수이며, 디지털 오실로스코프에서 입력신호 또는 샘플을 획득하는 빈도를 의미한다. 영화 카메라의 프레임과 유사하다.

② 오실로스코프의 샘플링이 빠를수록 즉, 샘플링 속도가 높을수록 표시되는 파형의 분해능과 세부 정보가 뛰어나며, 핵심 정보 또는 이벤트를 놓칠 확률이 낮다.

③ 오랜 시간에 걸쳐서 느리게 변하는 신호를 검사할 때에는 최소 샘플링 속도도 중요하다.

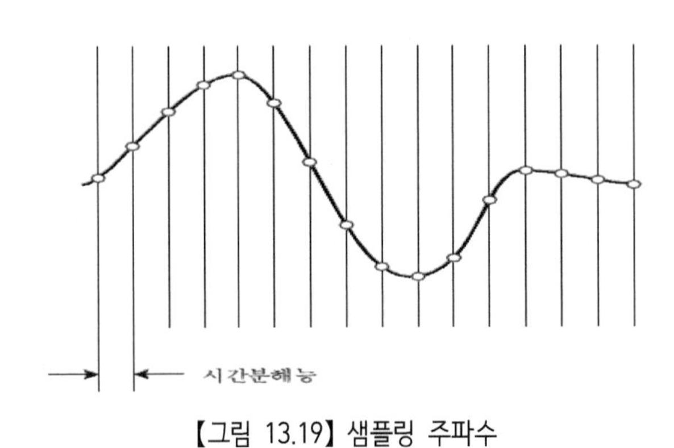

【그림 13.19】 샘플링 주파수

④ 샘플링 속도가 5[Gs/s]인 디지털 오실로스코프는 1초 동안 5,000,000,000개의 데이터를 가지고 온다는 뜻이다. 만약 1초 동안의 파형을 출력했다면 그 파형은 50억 개의 데이터의 결과물이고, 각 점들은 1/5[nsec]의 시간 정보를 가지고 있다.

㉮ 오실로스코프의 샘플주파수가 신호의 최대 주파수 컴포넌트보다 최소 2.5배 높아야 한다. 선형보간을 사용하는 경우 샘플주파수가 신호의 최대 주파수 컴포넌트보다 최소 10배 이상 높아야 한다.

㉯ 일반적으로 샘플링주파수는 최대 주파수에 대해 2배 이상이면 되지만 이것은 신호가 사인파일 경우이고, 더 정밀한 관찰을 하려면 최대 주파수에 대해 5~10배 정도의 샘플링을 필요로 하다.

㉰ 따라서 500[MHz] 신호를 관찰하려면 2~5[GHz] 정도의 샘플링 속도를 필요하다.

13.4.2 디지털 오실로스코프 사용법

1 전면 패널 및 기능검사

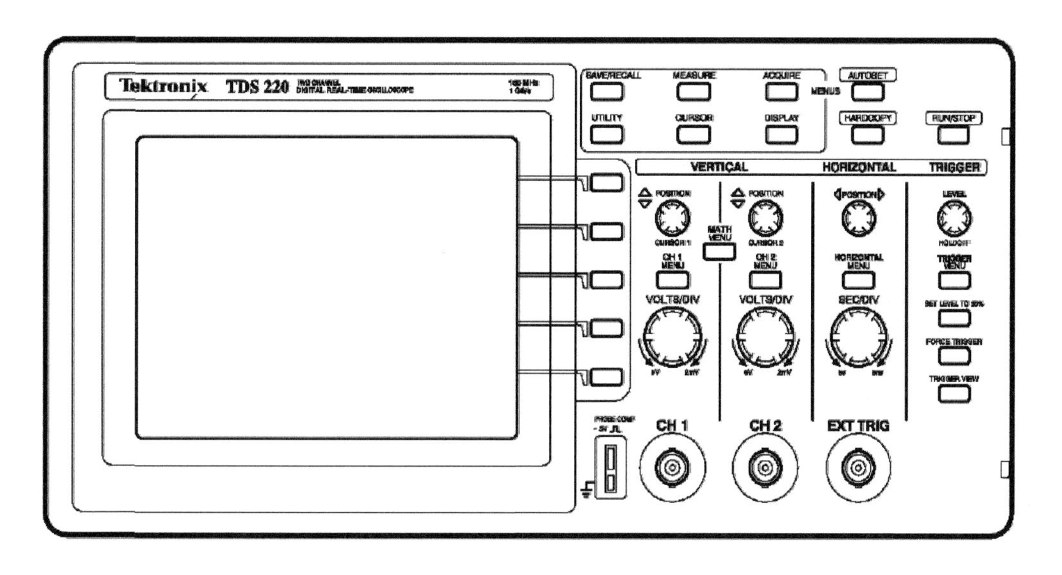

【그림 13.20】 디지털 오실로스코프 전면 패널

2 기능검사

장비가 제대로 작동하고 있는지 확인하기 위하여 수행한다.

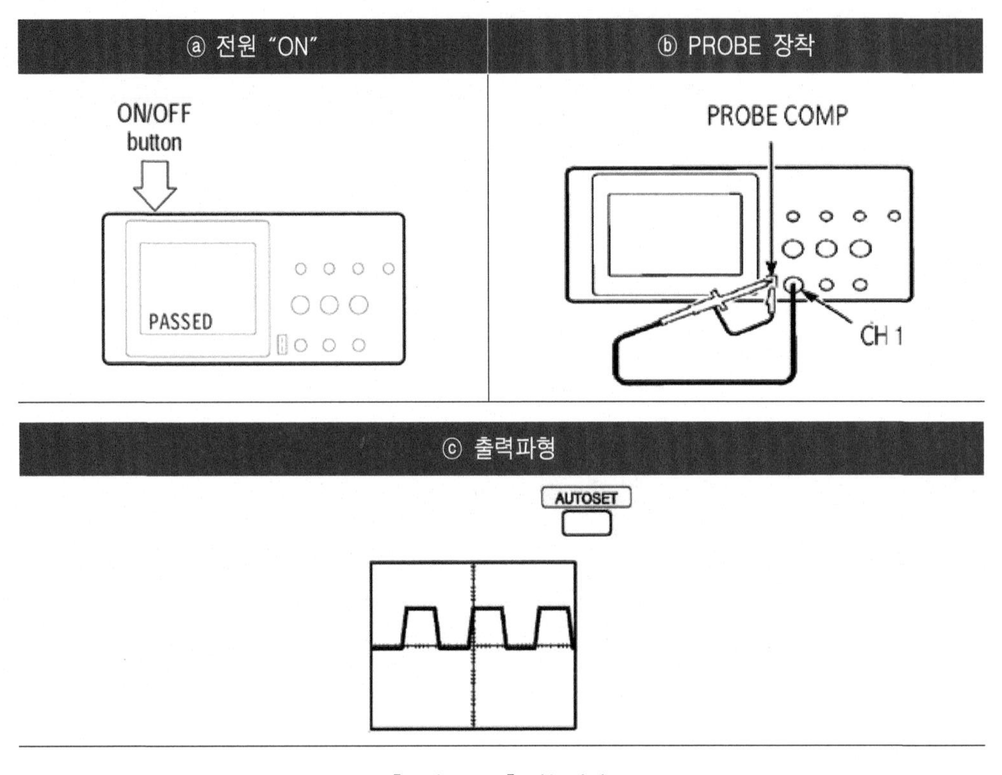

【그림 13.21】 기능검사

① 오실로스코프의 전원을 켠다.

㉮ 디스플레이가 모든 자가진단이 통과되었음을 표시할 때까지 기다린다.

㉯ SAVE/RECALL 버튼을 눌러 상단 메뉴상자에서 셋업을 선택하고 초기치 호출 메뉴상자를 누른다.

㉰ 기본 프로브 메뉴 감쇠 설정값은 10X다.

② 프로브의 스위치를 10X로 설정하고 프로브를 오실로스코프의 1번 채널에 연결하고, 프로브 끝과 기준 리드선을 PROBE COMP 커넥터에 붙인다.

③ AUTOSET 버튼을 누르면 디스플레이에 구형파(대략 1[kHz], 5[V])가 나타난다.

④ CH1 Menu 버튼을 두 번 눌러 채널1을 끄고 CH2 Menu 버튼을 눌러 채널2를 켠 다음 단계 ②와 ③을 반복한다.

3 프로브(PROVE)

【1】 프로브

① "프로브"는 오실로스코프 장치와 입력신호원을 연결해주는 결합장치로 고전압의 경우에는 1/10로 분압시키기도 하고, 임피던스를 정합시켜 주기도 한다.(트리머에 의하여 임피던스를 조절한다.)

② 오실로스코프를 사용할 때 특히 고주파신호를 측정할 때 프로브 설정이 매우 중요하며, 1X 프로브는 10X 감쇠 프로브와 유사하지만 감쇠 회로가 없다.

③ 감쇠회로가 없으므로 회로를 테스트할 때 더 많은 간섭이 일어나게 된다. 그러므로 표준 프로브로 10X 감쇠 프로브를 사용하고, 미약한 신호를 위해서는 1X 프로브를 사용하면 편리하다.

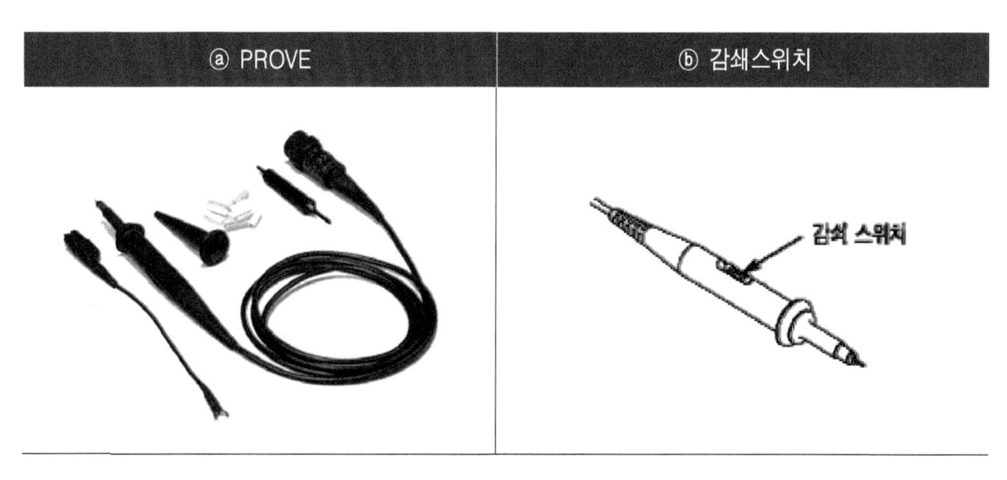

【그림 13.22】 프로브

④ 1 : 1 Prove

㉮ 1 : 1(X1) 프로브의 경우는 입력저항 1[MΩ]에 입력용량이 약 120~150[pF] 정도이다.

㉯ 주파수 대역은 기껏 15~20[MHz] 정도이며, 스코프가 수백 [MHz]대의 고가 스코프라도 1 : 1 프로브로 연결하면 수 십[MHz]정도만 측정할 수 있다.

⑤ 10 : 1 Prove

㉮ 10 : 1(x10)로 설정하면 입력저항은 10[MΩ]에 입력용량은 10~15[pF] 정도이다.

㉯ 주파수대역은 100~500[MHz] 정도이다.

⑥ 고주파 측정

㉮ 고주파 측정 시 중요한 것은 입력저항이 아니라 입력용량이다.

㉯ 펄스에서 overshoot 성분은 고조파 성분이다. 따라서 이러한 고조파 성분까지 정확하게 측정하기 위해서는 입력용량이 작은 10 : 1로 설정하여 측정해야만 한다.

㉰ 10 : 1 프로브보다 더 정확하게 측정하려면 가격이 비싸지만, FFT 프로브로 측정하면 된다.

【2】 프로브 보상

어떤 입력 채널이든지 프로브를 처음 부착할 때마다 다음 과정을 거쳐야 한다.

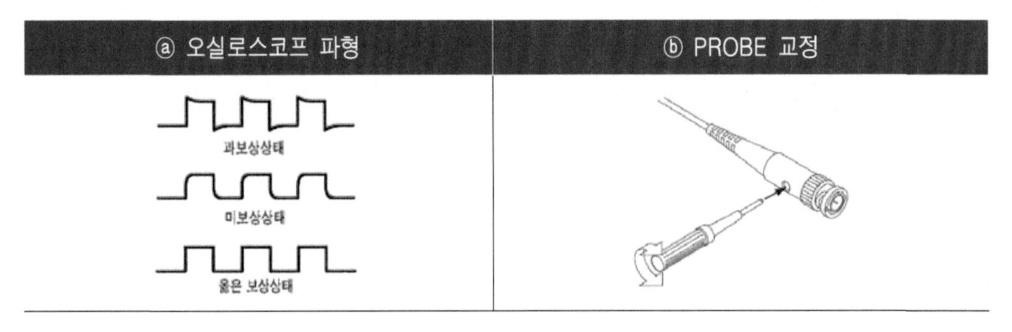

【그림 13.23】 프로브 보상

① 프로브 메뉴 감쇠량을 10X로 설정한다.

㉮ 프로브의 스위치를 10X로 설정하고 프로브를 오실로스코프의 1번 채널에 연결한다.

㉯ 프로브 팁을 PROBE COMP 5[V] 커넥터에 부착하고 기준 리드선을 PROBE COMP 접지 커넥터에 부착한 다음 채널을 켜고 AUTOSET를 누른다.

② 디스플레이된 파형의 모양을 검사한다.

③ 필요한 경우, 프로브를 조정한다.

4 커넥터

① PROBE COMP

전압 프로브 보정 출력 및 접지, 프로브를 오실로스코프 입력 회로에 전기적으로 일치시키는 데 사용한다. 프로브 보정 접지 및 BCN 절연은 접지에 연결되고 접지 단자로 간주한다.

② CH1, CH2 : 파형 디스플레이를 위한 입력 커넥터

③ EXT TRIG : 외부 트리거 소스를 위한 입력 커넥터. 트리거 메뉴를 사용하여 트리거 소스를 선택한다.

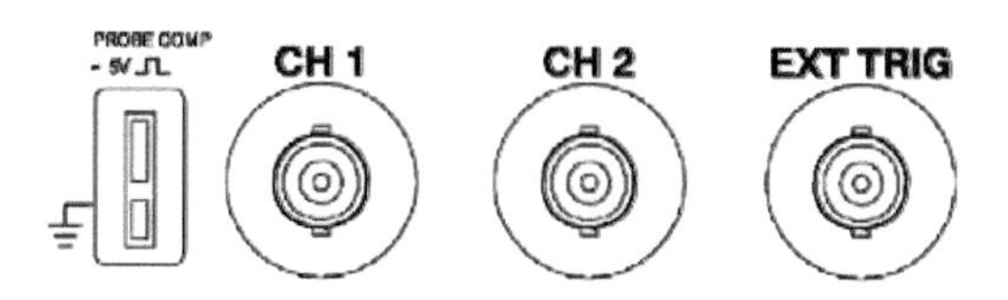

【그림 13.24】 커넥터

5 디스플레이 영역

① 아이콘 디스플레이는 획득 모드를 보여준다.

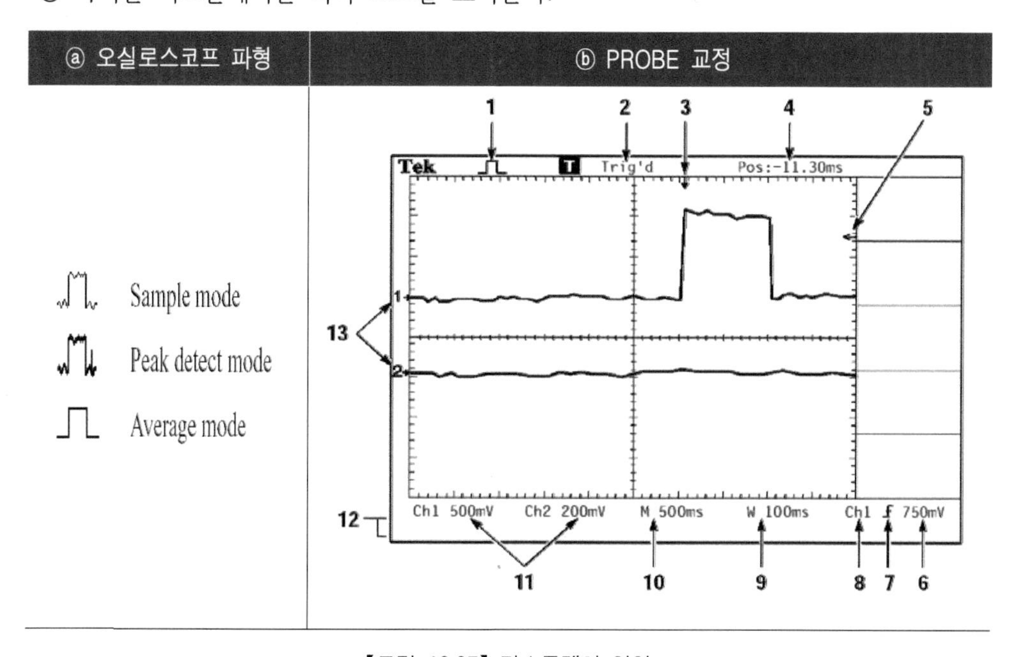

【그림 13.25】 디스플레이 영역

② 트리거 상태는 다음과 같다.

트리거 상태	
□ Armed.	오실로스코프가 사전 Trigger 데이터를 획득 중이다. 이 상태에서는 모든 Trigger가 무시된다.
[R] Ready.	모든 사전 Trigger 데이터가 획득되었고 오실로스코프는 Trigger를 받을 준비가 되어 있다.
[T] Trig'd.	오실로스코프가 Trigger를 보았고 사전 Trigger 데이터를 획득 중이다.
[R] Auto.	오실로스코프는 자동 모드에 있으며 Trigger가 없는 상태에서 파형을 획득 중이다.
□ Scan.	오실로스코프가 스캔 모드에서 계속해서 파형을 획득하고 표시하는 중이다.
● Stop.	오실로스코프가 데이터에서 파형 획득을 중지했다.

③ 마커는 Horizontal Trigger 위치를 보여준다. Horizontal Position을 돌려 마커의 위치를 조절한다.

④ 측정값은 중앙계수선의 시간을 표시한다. Trigger 시간은 제로이다.

⑤ 마커는 에지 또는 펄스폭 Trigger 레벨을 나타낸다.

⑥ 측정값은 에지 또는 펄스 폭 트리거 레벨을 수치상으로 나타낸다.

⑦ 에지 Trigger 링을 위해 선택된 Trigger 경사를 보여준다.

트리거 유형			
∫	상승 에지를 위한 에지 트리거		라인 동기를 위한 비디오 트리거
∖	하강 에지를 위한 에지 트리거		필드 동기를 위한 비디오 트리거

⑧ 측정값은 Triggering에 사용되는 트리거 소스를 보여준다.

⑨ 측정값은 윈도우 시간축을 사용 중이면 그 설정을 보여준다.

⑩ 측정값은 주 시간축 설정을 보여준다.

⑪ 측정값은 채널의 Vertical Scale Factor를 보여준다.

⑫ 표시 영역은 유용한 메시지를 표시하며 일부 메시지는 3초 동안만 표시된다.

⑬ 화면 마커는 표시된 파형의 접지 기준 포인트를 보여준다. 마커가 없으면 채널은 표시되지 않는다.

6 메뉴시스템

설정을 변경할 수 있는 원형목록, 실행 버튼, 라디오 버튼 및 페이지 선택 등 네 가지 종류의 메뉴상자가 있다.

【1】 원형목록 메뉴상자

① 원형목록 메뉴상자는 아래의 목록에서 선택이 반전 표시되어 상단의 제목과 함께 나타난다.

② 예를 들어, 메뉴상자 버튼을 눌러 CH1 Menu의 수직 커플링 선택으로 다시 돌아갈 수 있다.

【2】 실행 버튼 메뉴상자

① 실행 버튼 메뉴상자는 실행 이름을 표시한다.

② 예를 들어, DISPLAY 메뉴의 두 최하위 메뉴상자를 사용하여 대비를 증가 또는 감소시킬 수 있다.

【3】 라디오 버튼 메뉴상자

① 라디오 버튼 메뉴상자는 점선으로 구분된다.

② 선택된 메뉴상자 이름은 반전 표시된다. 예를 들어, ACQUIRE 메뉴의 상단 세 메뉴상자를 사용하여 획득 모드를 선택할 수 있다.

【4】 페이지 선택 메뉴상자

① 페이지 선택 메뉴상자는 선택된 메뉴가 반전 표시된 전면 패널의 단일 버튼에 대해 두 메뉴를 포함한다.

② 상단 메뉴상자 버튼을 누를 때마다 두 메뉴 사이를 전환하며, 아래의 메뉴상자도 변경된다.

③ 예를 들어, SAVE/RECALL 전면 패널 버튼을 누르면 상단 페이지 선택 메뉴는 셋업 및 파형 두 메뉴의 이름을 포함한다. 셋업 메뉴를 선택하면 나머지 메뉴상자를 사용하

여 셋업을 저장하거나 호출할 수 있다. 파형 메뉴를 선택하면 나머지 메뉴상자를 사용하여 파형을 저장하거나 호출할 수 있다.

④ SAVE/RECALL, MEASURE 및 트리거는 메뉴상자 선택 페이지를 나타낸다.

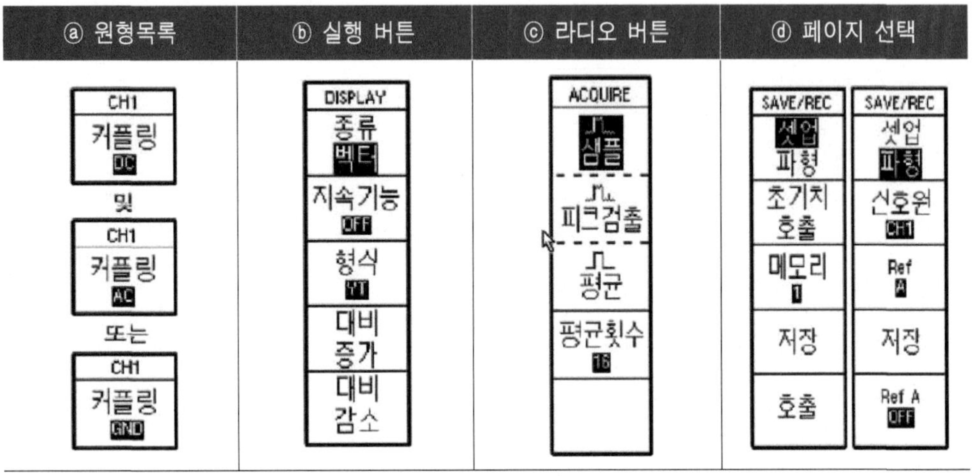

ⓐ 원형목록	ⓑ 실행 버튼	ⓒ 라디오 버튼	ⓓ 페이지 선택
CH1 커플링 DC 및 CH1 커플링 AC 또는 CH1 커플링 GND	DISPLAY 종류 벡터 지속기능 OFF 형식 YT 대비 증가 대비 감소	ACQUIRE 샘플 피크검출 평균 평균횟수 16	SAVE/REC 셋업 파형 초기치 호출 메모리 1 저장 호출 SAVE/REC 셋업 파형 신호원 CH1 Ref A 저장 Ref A OFF

【그림 13.26】 메뉴시스템

7 커플링

① "커플링"은 전기 신호를 한 회로에서 다른 회로로 연결하는 데 사용되는 방법을 가리키는 것이다.

② 입력 커플링은 테스트 회로와 오실로스코프 사이의 연결을 의미한다.

③ 커플링은 DC, AC 또는 접지가 있다.

④ DC 커플링은 입력 신호를 모두 보여준다.

⑤ 오실로스코프에서 커플링은 AC, DC, 접지로 설정할 수 있다.

㉮ AC 커플링

입력신호 중 DC 성분은 차단하고 AC 성분만 보여주며, 신호의 DC 컴포넌트를 차단함으로써 파형이 0[V] 주변으로 모이게 한다.

㉯ DC 커플링

입력 신호에 포함된 AC와 DC 모든 신호 성분을 보여준다.

㉰ 접지

입력신호를 차단함으로써 화면에서 0[V]의 위치를 찾을 수 있도록 해 준다.

㉱ 특히 DC에서 접지로 전환했다가 다시 DC로 전환하는 방법을 사용하면 전압레벨을 접지와 비교하여 쉽게 측정할 수 있다.

⑥ 【그림 13.27】은 AC 커플링과 DC 커플링의 차이를 보여준다.

㉮ 수직축의 Volt/Div 1[V]이다.

㉯ 원래 입력 신호는 2[V]의 DC 성분을 포함하고 있다.

㉰ 이 신호를 AC 커플링으로 설정하면 입력신호 중 2[V]의 DC 성분은 제거되고 순수한 AC 성분만 나타낸다.

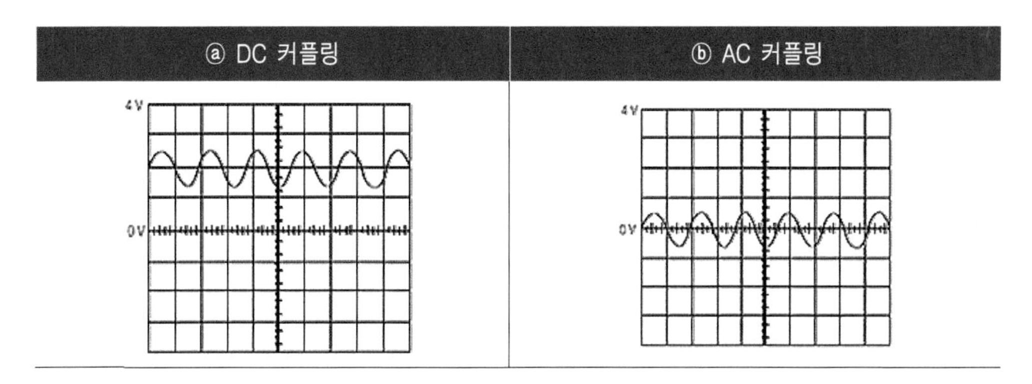

【그림 13.27】 DC 커플링과 AC 커플링

8 DISPLAY

디스플레이 메뉴를 종류는 다음과 같다.

메뉴	설정	비고
종류	벡터 도트	벡터 디스플레이에서 인접한 샘플 포인트 간의 공간을 채움. 도트는 샘플 포인트만 나타냄.
지속기능	OFF, 1/2/5 초 무한대	여분의 샘플 포인트가 디스플레이된 각각에 대해 시간의 길이를 설정.
형식	YT XY	YT 형식은 시간(수평 눈금)에 대한 수직 전압을 나타냄. XY 형식은 수평축에 1번 채널을, 수직 축에 2번 채널을 나타냄.
대비 증가		디스플레이의 검은색(혹은 회색) 영역을 어둡게 함.
대비 감소		디스플레이의 흰색 영역을 밝게 함.

9 컨트롤

【1】 수직(진폭) 컨트롤

① CH1, CH2 및 커서1과 2 위치

파형을 수직으로 조정한다. 커서가 켜져 있고 커서 메뉴가 표시되어 있으면 이 다이얼이 커서를 조정한다.

② CH1, CH2 Menu

채널 입력 메뉴선택을 표시하고 채널 디스플레이를 켜거나 꺼지게 한다.

③ VOLTS/DIV(CH1, CH2)

교정된 스케일 인자를 선택한다.

④ MATH Menu

파형 MATH 연산 메뉴를 표시하고 MATH 파형을 켜거나 끄는데 사용된다.

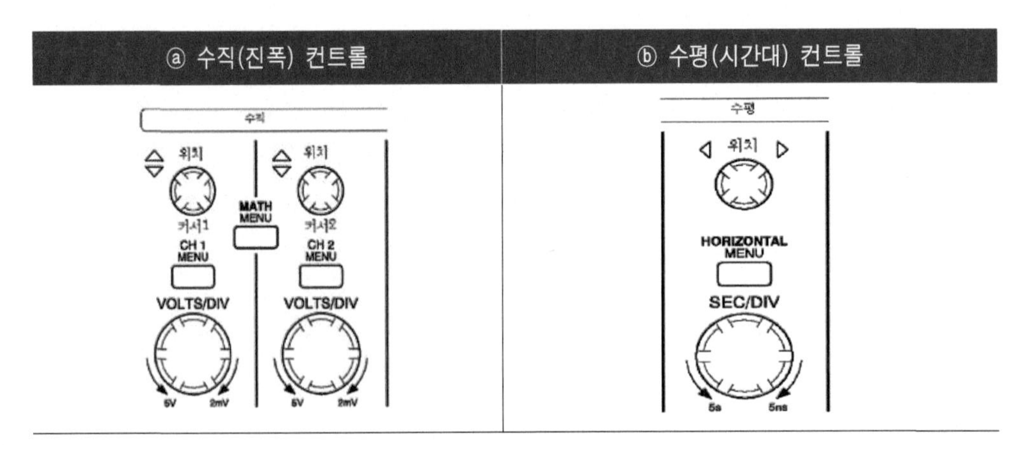

【그림 13.28】 수직 및 수평 컨트롤

【2】 수평(시간대) 컨트롤

① 위치

모든 채널과 MATH 파형의 수평 위치를 조절한다. 컨트롤의 해상도는 시간축에 따라 다양하다.

② HORIZONTAL Menu

수평 메뉴를 디스플레이한다.

③ SEC/DIV

㉮ 주 시간축 또는 확대 범위 시간축에 대한 수평 시간/구간(스케일 인자)을 선택한다.

㉯ 확대 구역이 활성화되면 확대 범위 시간축을 변경하여 확대 구역의 폭을 변경한다.

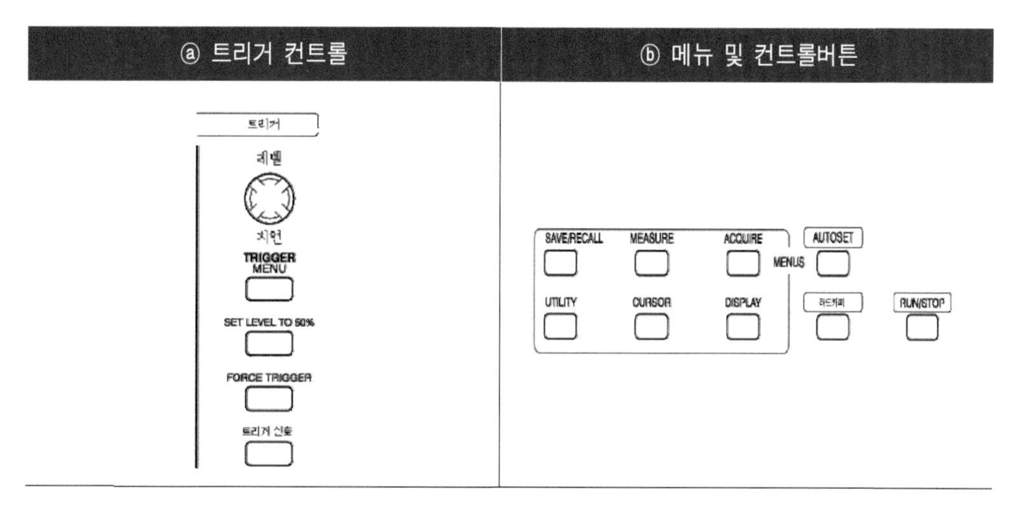

【그림 13.29】 트리거 컨트롤

【3】 트리거 컨트롤

트리거 레벨 컨트롤은 신호가 획득을 유발하기 위해 통과해야 하는 진폭 레벨을 설정한다. 또한, 지연 제어기로, 다른 트리거 이벤트가 접수되기 전까지의 시간의 양을 정한다.

① Trigger Menu

트리거 메뉴를 디스플레이한다.

② SET LEVEL TO 50%

트리거 레벨을 트리거 신호 피크 사이의 수직 중앙으로 설정한다.

③ FORCE Trigger

획득이 이미 정지되었으면 이 버튼을 눌러도 효과가 없다.

④ 트리거 신호

트리거 신호 버튼이 눌러져 있는 동안에 트리거 파형을 채널 파형 자리에 디스플레이한다. 이 버튼을 사용하면 트리거 설정이 트리거 커플링과 같은 트리거 신호에 어떤 영향을 미치는지 알 수 있다.

【4】 메뉴 및 컨트롤 버튼

① SAVE/RECALL

설정 및 파형을 위해 저장 및 호출 메뉴를 디스플레이한다.

② MEASURE

자동 측정 메뉴를 디스플레이한다.

③ ACQUIRE

획득 메뉴를 디스플레이한다.

④ DISPLAY

디스플레이 메뉴를 디스플레이한다.

⑤ CURSOR

커서 메뉴를 디스플레이하며, 커서 메뉴가 표시되어 있고 커서가 켜져 있는 동안 수직 위치 컨트롤은 커서 위치를 조정한다. 커서는 커서 메뉴가 없어진 후에도 디스플레이 된 상태를 유지하지만(끄지 않은 이상) 조정할 수는 없다.

⑥ UTILITY

유틸리티 메뉴를 디스플레이한다.

⑦ AUTOSET

입력 신호 중에서 사용 가능한 디스플레이를 만들도록 장비 컨트롤을 자동적으로 설정한다.

⑧ 하드카피

프린트 작동을 시작한다. Centronics, RS-232 또는 GPIB 포트를 가진 확장 모듈이 필요하다.

⑨ RUN/STOP

파형 획득을 시작하거나 정지한다.

실험실습

1 실험기기 및 부품

【1】 브레드보드

【2】 측정기

① 전압계 ② 오실로스코프

【3】 저항

① 100[Ω] ② 1[kΩ]

【4】 콘덴서

① 0.1[uF]

【5】 MOSFET IRF 740

2 DMM 측정 및 오실로스코프 측정

【1】 회로도

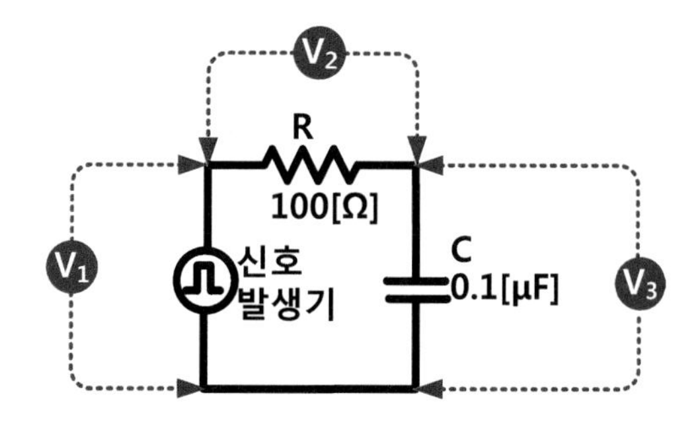

【2】 실습방법

① 다음과 같이 적분회로를 구성한다.

② 신호 발생기의 파형은 정현파로, 오실로스코프를 이용하여 주파수는 1000[Hz], 출력전압은 5[Vp-p]로 정확히 조정하고, 오실로스코프 및 DMM으로 V_1, V_2, V_3의 전압을 측정한다.

③ 신호 발생기의 파형은 삼각파로, 오실로스코프를 이용하여 주파수는 1000[Hz], 출력전압은 5[Vp - p]로 정확히 조정하고, 오실로스코프 및 DMM으로 V_1, V_2, V_3의 전압을 측정한다.

④ 신호 발생기의 파형은 구형파로, 오실로스코프를 이용하여 주파수는 1000[Hz], 출력전압은 5[Vp - p]로 정확히 조정하고, 오실로스코프 및 DMM으로 V_1, V_2, V_3의 전압을 측정한다.

측정구간	계산값 [Vp−p]	정현파 전압원		삼각파 전원원		구형파 전압원	
		스코프 [Vp−p]	DVM [V_{rms}]	스코프 [Vp−p]	DVM [V_{rms}]	스코프 [Vp−p]	DVM [V_{rms}]
V_1							
V_2							
V_3							

3 오실로스코프

【1】 Autoset을 이용한 측정

신속하게 파형을 측정하기 위해서 다음과 같이 오실로스코를 조정한다.

① 프로브 메뉴 감쇠량을 10X로 설정하며, 프로브의 스위치는 10X로 설정한다.

② 채널1 프로브를 측정신호에 연결한다.

③ AUTOSET 버튼을 누른다.

④ 오실로스코프는 수직, 수평 및 트리거 컨트롤을 자동으로 설정한다.

⑤ 파형의 디스플레이를 최적화하고 싶으면 수동으로 이 컨트롤을 조정한다.

【2】 자동 측정

신호를 자동 측정하기 위하여 다음과 같이 오실로스코를 조정한다.

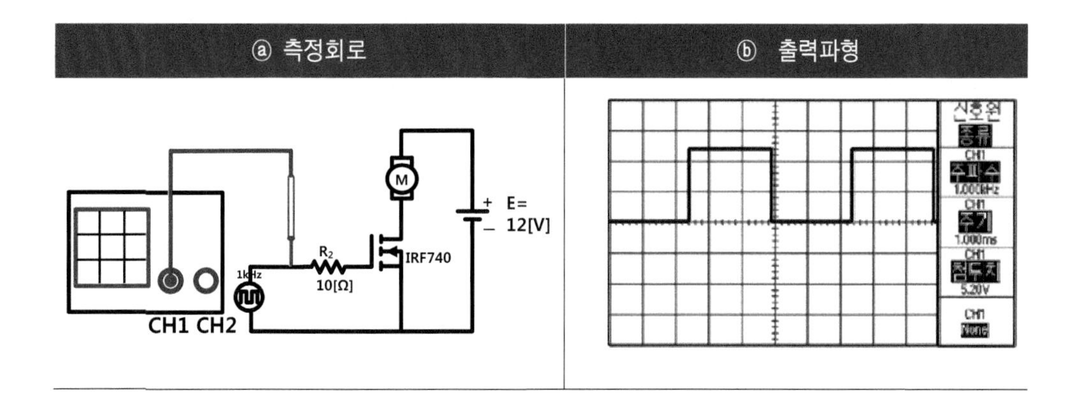

① MEASURE 버튼을 눌러 측정 메뉴를 본다.

② 상단 메뉴상자 버튼을 눌러 신호원을 선택한다.

③ 처음 새 측정에 대해 CH1을 선택한다.

④ 상단 메뉴상자 버튼을 눌러 측정 종류를 선택한다.

㉮ 실효치

파형의 완전한 사이클 1개에 관한 RMS 측정치 참값을 제공함.

㉯ 평균치

산술 평균 전압(Arithmetic Mean Voltage)을 전체 레코드에 제공함.

㉰ 주기

한 사이클에 대한 시간을 제공함.

㉱ 첨두치

전체 파형의 최대 및 최소 피크간의 절대치 차이를 제공함.

㉲ 주파수

파형 주파수를 제공함.

⑤ 첫 번째 CH1 메뉴상자 버튼을 눌러 주파수를 선택한다.

⑥ 두 번째 CH1 메뉴상자 버튼을 눌러 주기를 택한다.

⑦ 세 번째 CH1 메뉴상자 버튼을 눌러 첨두치를 선택한다.

⑧ 주파수, 주기 및 첨두치 측정이 메뉴에 표시되며 주기적으로 갱신된다.

【3】 커서 측정-펄스폭 측정

시간 커서를 사용하여 펄스폭을 측정하려면 다음과 같이 오실로스코프를 조정한다.

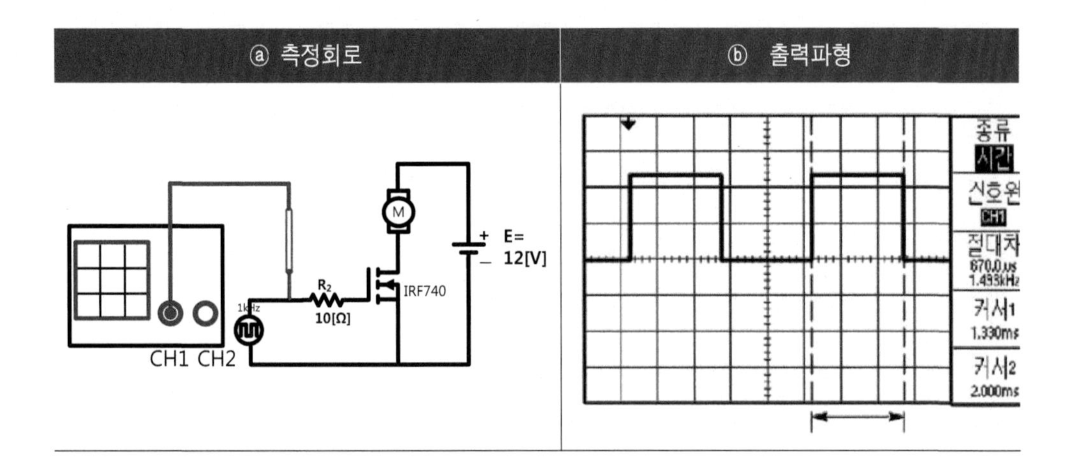

① CURSOR 버튼을 눌러 커서 메뉴를 본다.

② 상단 메뉴상자 버튼을 눌러 시간을 선택한다.

③ 신호원 메뉴상자 버튼을 눌러 CH1을 선택한다.

④ 커서1 다이얼을 사용하여 펄스의 상승 에지에 커서를 놓는다.

⑤ 커서2 다이얼을 사용하여 펄스의 하강 에지에 나머지 커서를 놓는다. 커서 메뉴에서 다음 측정을 볼 수 있다.

㉮ 트리거에 상대적인 커서1의 시간.

㉯ 트리거에 상대적인 커서2의 시간.

㉰ 펄스 폭 측정인 절대차 시간.

【4】 커서 측정 – 상승시간 측정

펄스폭 측정 후, 펄스의 상승 시간을 측정하려면 다음과 같이 오실로스코를 조정한다.

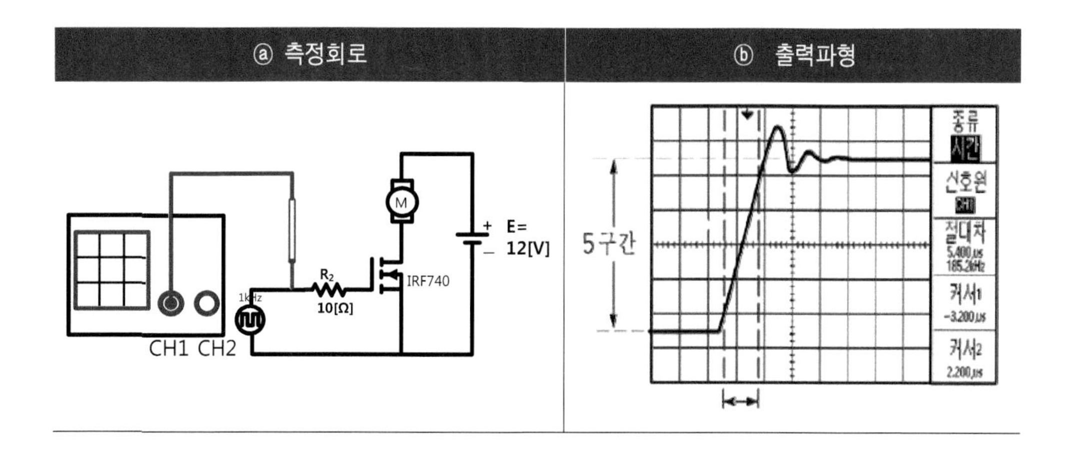

① SEC/DIV 다이얼을 조정하여 파형의 상승 에지를 표시한다.

② VOLTS/DIV 다이얼을 조정하여 파형 진폭을 약 5 구간으로 설정한다.

③ 표시되지 않으면 CH1 Menu 버튼을 눌러 CH1 메뉴를 본다.

④ Volts/Div 버튼을 눌러 미세조정을 선택한다.

⑤ VOLTS/DIV 다이얼을 조정하여 파형 진폭을 정확히 5 구간으로 설정한다.

⑥ VERTICAL POSITION 다이얼을 사용하여 파형을 중심에 맞춘다. 즉, 중심 계수선 아래 파형 2.5 구간의 베이스라인에 위치를 맞춘다.

⑦ CURSOR 버튼을 눌러 커서 메뉴를 본다.

⑧ 상단 메뉴상자 버튼을 눌러 종류를 시간으로 설정한다.

⑨ 커서1 다이얼을 사용하여 파형이 중심화면 아래 두 번째 계수선과 만나는 포인트에 커서를 놓는다. 이 위치는 파형의 10% 포인트이다.

⑩ 커서2 다이얼을 사용하여 파형이 중심화면 아래 두 번째 계수선과 만나는 포인트에 두 번째 커서를 놓는다. 이 위치는 파형의 90% 포인트이다.

⑪ 커서 메뉴의 절대차 측정값은 파형의 상승 시간이다.

【5】 링 주파수 측정

신호의 상승 에지에서 링 주파수를 측정하려면 다음과 같이 오실로스코프를 조정한다.

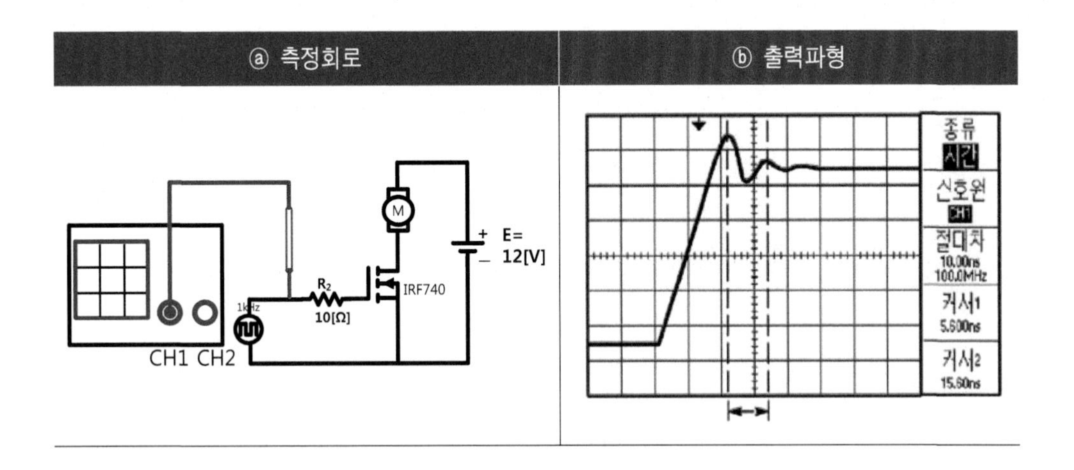

① CURSOR 버튼을 눌러 커서 메뉴를 본다.

② 상단 메뉴상자 버튼을 눌러 시간을 선택한다.

③ 커서1 다이얼을 사용하여 링의 첫 번째 피크에 커서를 놓는다.

④ 커서2 다이얼을사용하여 링의 두 번째 피크에 커서를 놓는다.

⑤ 커서 메뉴에서 절대차 시간과 주파수(측정된 링 주파수)를 볼 수 있다.

【6】 링 진폭 측정

진폭을 측정하려면 다음과 같이 오실로스코프를 조정한다.

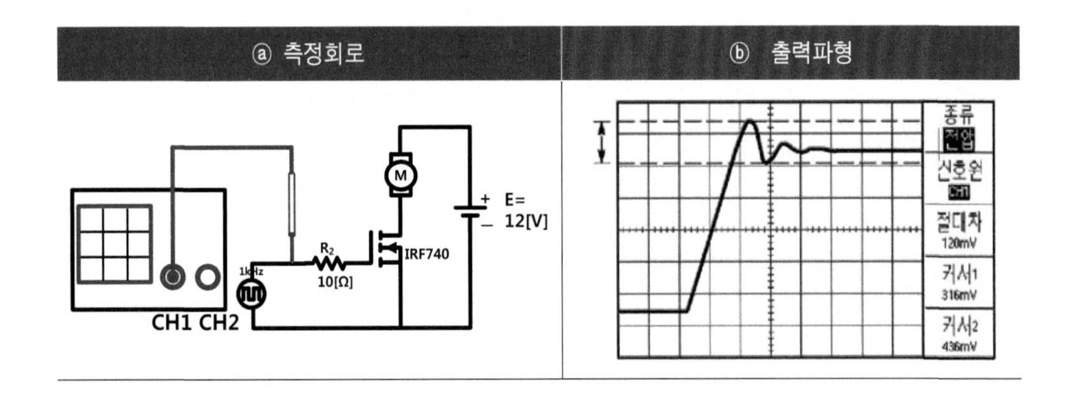

① CURSOR 버튼을 눌러 커서 메뉴를 본다.

② 상단 메뉴상자 버튼을 눌러 전압을 선택한다.

③ 커서1 다이얼을 사용하여 링의 가장 높은 피크에 커서를 놓는다

④ 커서2 다이얼을 사용하여 링의 가장 낮은 포인트에 커서를 놓는다.

⑤ 커서 메뉴에서 다음 측정을 볼 수 있다.

㉮ 절대차 전압(링의 첨두치 전압)

㉯ 커서1의 전압

㉰ 커서2의 전압

【7】 두 신호측정

두 개의 오실로스코프 채널을 사용하려면 다음과 같이 오실로스코를 조정한다.

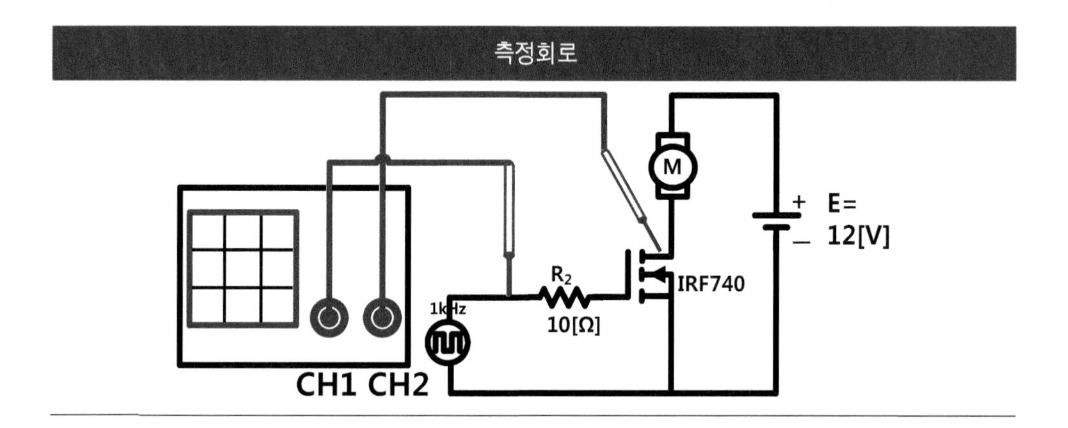

① 채널1과 채널2에 연결된 신호를 활성화하고 표시하려면 다음 단계를 수행한다.

② 채널이 표시되지 않으면 CH1 Menu를 누른 다음 CH2 Menu 버튼을 누른다.

③ AUTOSET 버튼을 누른다.

④ 두 채널에 대한 측정을 선택하려면 다음 단계를 수행한다.

㉮ 신호원 채널을 선택한다.

㉯ MEASURE 버튼을 눌러 측정 메뉴를 본다.

㉰ 상단 메뉴상자 버튼을 눌러 신호원을 선택한다.

㉱ 두 번째 메뉴상자버튼을 눌러 CH1을 선택한다.

㉮ 세 번째 메뉴상자 버튼을 눌러 CH2를 선택한다.

⑤ 각 채널에 대해 표시된 측정 종류를 첨두치를 선택한다.

전기전자 회로 보는 방법

① 전기전자 회로에 표기되는 기호와 부호는 익숙해 질 수 있도록 자주 보고, 그려서 숙지한다.

② 전기 및 전자 회로에 사용되는 수동 소자(저항, 코일, 콘덴서)의 기능을 명확히 알고 있어야 회로의 흐름을 이해 할 수 있다

㉮ 저항, 코일, 콘덴서, 모터, 릴레이, 솔레노이드 코일, 액추에이터, 스위치류 등의 기능을 충분히 이해하고 있어야 한다.

㉯ 코일과 콘덴서의 다양한 용도를 파악한다.

㉰ 코일의 역기전력(충·방전 전압)과 콘덴서의 충·방전 전류에 대하여 이해한다.

㉱ 0[V]의 물리적인 의미를 이해한다.

③ 부품(소자)의 내부등가회로를 이해한다. 다이오드, 트랜지스터, MOSFET, IGBT, SCR, Triac 소자는 저항과, 코일, 콘덴서의 등가회로로 표현할 수 있다.

④ 회로의 그라운드를 분리하는 포토 커플러, 변압기, 릴레이에 대하여 숙지한다.

⑤ 시스템이 동작하는 조건을 미리 숙지해야 한다.

⑥ 부품의 단자(pin)의 입 · 출력 기능을 알고 있어야 한다. 구성 부품의 기능을 알고 있더라도, 부품에 대한 단자(pin)의 입출력 기능을 정확히 알고 있지 않으면 회로 해석이 어렵기 때문이다

찾 아 보 기

【한글】

ㄱ

ㄴ

ㄷ

ㄹ

ㅁ

ㅂ

ㅅ

ㅇ

■ 참고문헌

1. Electric Circuits Fundamentals, Floyd, Prentice Hall, 2003년
2. Principles of Electric Circuits, Floyd, Prentice Hall, 2000년
3. Operational Amplifiers and Linear Integrated Circuits
   Robert F. Coughlin, Prentice Hall, 2000년
4. 아날로그회로(1), 사노 토시카스 외 1명, 대광서림, 1996년
5. 전자기학의 ABC, 후쿠시마 하지메, 전파과학사, 1994년
6. 펄스회로, 스가야 미쯔오 외 1명, 대광서림, 2002년
7. New 저항 콘덴서 코일, ICHISAKU TAJIMA, 한진, 2010년
8. 일렉트로닉스, MALVINO, 대영사
9. 처음으로 배우는 전기전자의 기초, 양재면, 조원사, 2004년
10. 전기전자통신 공학도를 위한 기초실험, 정훈, 기전연구사, 1995년
11. 전기전자란 무엇인가, 조한철 외 3명, 골든벨, 2001년
12. 생활속의 전기전자, 신윤기, 인터비젼, 2009년
13. 기초전기전자+전자회로실습, 박종화 외 5명, 복두출판사, 2009년
14. 전자회로, 이상철 외 6명, ITC, 2005년
15. 전자회로, 장학신 외 4명, 광문각, 2006년
16. 전력전자공학, 노의철 외 2명, 문운당, 2004년
17. 전기전자회로 보는 법, 신원향, 골든벨, 2009년
18. 전기전자기초, 지일구, 기전연구사, 2004년
19. EnCyber 두산백과사전
20. 전기전자공학의 길라잡이, 신윤기, 교보문고, 2010년
21. 자동화를 위한 유압제어기술, 신흥렬, 복두출판사, 2002년
22. 회로이론, 김경화 외 6명, 생능출판사, 2009년

실전

전기전자기초

2012년 3월 5일 제1판제1발행
2019년 2월 20일 제2판제1발행
2022년 4월 5일 제3판제1인쇄
2022년 4월 12일 제3판제1발행

공저자 지일구 · 김정일 · 오창록
발행인 나 영 찬

발행처 **기전연구사**

서울특별시 동대문구 천호대로4길 16(신설동)
전 화 : 2235-0791/2238-7744/2234-9703
FAX : 2252-4559
등 록 : 1974. 5. 13. 제5-12호

정가 27,000원

ISBN 978-89-336-1035-0
www.kijeonpb.co.kr